中 国 国 家 标 准 汇 编

2008 年修订-111

中国标准出版社　编

中 国 标 准 出 版 社

北　京

图书在版编目（CIP）数据

中国国家标准汇编：2008年修订．111/中国标准出版社编．—北京：中国标准出版社，2010

ISBN 978-7-5066-5657-3

Ⅰ．中…　Ⅱ．中…　Ⅲ．国家标准-汇编-中国-2008　Ⅳ．T-652.1

中国版本图书馆CIP数据核字（2009）第224871号

中国标准出版社出版发行
北京复兴门外三里河北街16号
邮政编码：100045

网址 www.spc.net.cn
电话：68523946　68517548
中国标准出版社秦皇岛印刷厂印刷
各地新华书店经销

*

开本 880×1230　1/16　印张 36.5　字数 1 088 千字
2010年1月第一版　2010年1月第一次印刷

*

定价 200.00 元

ISBN 978-7-5066-5657-3

出 版 说 明

1.《中国国家标准汇编》是一部大型综合性国家标准全集。自 1983 年起，按国家标准顺序号以精装本、平装本两种装帧形式陆续分册汇编出版。它在一定程度上反映了我国建国以来标准化事业发展的基本情况和主要成就，是各级标准化管理机构，工矿企事业单位，农林牧副渔系统，科研、设计、教学等部门必不可少的工具书。

2.《中国国家标准汇编》收入我国每年正式发布的全部国家标准，分为“制定”卷和“修订”卷两种编辑版本。

“制定”卷收入上年度我国发布的、新制定的国家标准，顺延前年度标准编号分成若干分册，封面和书脊上注明“20××年制定”字样及分册号，分册号一直连续。各分册中的标准是按照标准编号顺序连续排列的，如有标准顺序号缺号的，除特殊情况注明外，暂为空号。

“修订”卷收入上年度我国发布的、被修订的国家标准，视篇幅分设若干分册，但与“制定”卷分册号无关联，仅在封面和书脊上注明“20××年修订-1，-2，-3，……”字样。“修订”卷各分册中的标准，仍按标准编号顺序排列(但不连续)；如有遗漏的，均在当年最后一分册中补齐。需提请读者注意的是，个别非顺延前年度标准编号的新制定的国家标准没有收入在“制定”卷中，而是收入在“修订卷”中。

读者配套购买《中国国家标准汇编》“制定”卷和“修订”卷则可收齐上一年度我国制定和修订的全部国家标准。

3. 由于读者需求的变化，自 1996 年起，《中国国家标准汇编》仅出版精装本。

4. 2008 年制修订国家标准共 5946 项。本分册为“2008 年修订-111”，收入新制修订的国家标准 33 项。

中国标准出版社
2009 年 10 月

目　　录

ICS 65.150
B 50

GB

中华人民共和国国家标准

GB/T 20014.19—2008

良好农业规范　第19部分：罗非鱼池塘养殖控制点与符合性规范

Good agricultural practice—
Part 19: Tilapia pond culture controls points and compliance criteria

2008-02-01 发布　　2008-04-01 实施

中华人民共和国国家质量监督检验检疫总局
中国国家标准化管理委员会　发布

前　言

GB/T 20014《良好农业规范》分为以下部分：

——第 1 部分：术语；
——第 2 部分：农场基础控制点与符合性规范；
——第 3 部分：作物基础控制点与符合性规范；
——第 4 部分：大田作物控制点与符合性规范；
——第 5 部分：水果和蔬菜控制点与符合性规范；
——第 6 部分：畜禽基础控制点与符合性规范；
——第 7 部分：牛羊控制点与符合性规范；
——第 8 部分：奶牛控制点与符合性规范；
——第 9 部分：生猪控制点与符合性规范；
——第 10 部分：家禽控制点与符合性规范；
——第 11 部分：畜禽公路运输控制点与符合性规范；
——第 12 部分：茶叶控制点与符合性规范；
——第 13 部分：水产养殖基础控制点与符合性规范；
——第 14 部分：水产池塘养殖基础控制点与符合性规范；
——第 15 部分：水产工厂化养殖基础控制点与符合性规范；
——第 16 部分：水产网箱养殖基础控制点与符合性规范；
——第 17 部分：水产围拦养殖基础控制点与符合性规范；
——第 18 部分：水产滩涂、吊养、底播养殖基础控制点与符合性规范；
——第 19 部分：罗非鱼池塘养殖控制点与符合性规范；
——第 20 部分：鳗鲡池塘养殖控制点与符合性规范；
——第 21 部分：对虾池塘养殖控制点与符合性规范；
——第 22 部分：鲆鲽工厂化养殖控制点与符合性规范；
——第 23 部分：大黄鱼网箱养殖控制点与符合性规范；
——第 24 部分：中华绒螯蟹围拦养殖控制点与符合性规范。

本部分为 GB/T 20014 的第 19 部分，本部分应与第 13、第 14 部分结合使用。

本部分由中国国家认证认可监督管理委员会、中华人民共和国农业部共同提出。

本部分由中国国家标准化管理委员会归口。

本部分起草单位：中国国家认证认可监督管理委员会注册管理部、中华人民共和国山东出入境检验检疫局、中国水产科学研究院、中国水产科学研究院淡水渔业研究中心。

本部分主要起草人：宋怿、王建新、戈贤平、陈恩成、邴旭文、黄磊、王世表、陈晓。

引　言

食品安全不仅关系到消费者的身体健康和生命安全，而且还直接或间接影响到食品、农产品行业的发展。因此，食品安全是食品链（如：养殖、加工、储运）中各组织的首要要求。

作为食品链的初端，水产养殖过程控制直接影响食品的安全。为达到符合法律法规或相关标准的要求，满足消费者需求，保证食品安全和促进农业的可持续发展，本部分在遵循 GB/T 20014.13 和 GB/T 20014.14的前提下，提出以下要求：

0.1　食品安全危害的管理

本部分采用危害分析与关键控制点（HACCP）方法来识别、评价和控制食品安全危害。在水产养殖过程中，针对罗非鱼池塘养殖的生产方式和共同特点，对养殖场选址、设施、设备，养殖过程管理中池塘施肥、苗种放养、水质管理、投喂、病害防治、越冬、繁殖、收获等方面提出了要求。

0.2　渔业可持续发展的环境保护要求

本部分提出了环境保护的要求，通过要求生产者遵守环境保护的法规或标准，营造养殖水产品生产过程的良性生态环境，协调养殖水产品生产和环境保护的关系。

0.3　员工的职业健康、安全和福利要求

本部分提出了员工职业健康、安全和福利的要求。

0.4　动物福利的要求

本部分提出了动物福利的要求。

本部分将内容条款的控制点划分为 3 个等级，并遵循表 1 的原则：

表 1

等级	级别内容
1	基于危害分析与关键控制点（HACCP）和与食品安全直接相关的动物福利的所有食品安全要求
2	基于 1 级控制点要求的环境保护、员工福利、动物福利的要求
3	基于 1 级和 2 级控制点要求的环境保护、员工福利、动物福利的持续改善措施要求

良好农业规范 第19部分：罗非鱼池塘养殖控制点与符合性规范

1 范围

GB/T 20014的本部分规定了罗非鱼池塘养殖良好农业规范的要求。

本部分适用于罗非鱼池塘养殖良好农业规范要求的符合性判定。其他相似鱼类池塘养殖可参照执行。

2 规范性引用文件

下列文件中的条款通过GB/T 20014的本部分的引用而成为本部分的条款。凡是注日期的引用文件，其随后所有的修改单(不包括勘误的内容)或修订版均不适用于本部分，然而，鼓励根据本部分达成协议的各方研究是否可使用这些文件的最新版本。凡是不注日期的引用文件，其最新版本适用于本部分。

GB/T 20014.1 良好农业规范 第1部分：术语

GB/T 20014.13 良好农业规范 第13部分：水产养殖基础控制点与符合性规范

GB/T 20014.14 良好农业规范 第14部分：池塘养殖基础控制点与符合性规范

SC/T 1044.3 尼罗罗非鱼养殖技术规范 鱼苗、鱼种

3 术语和定义

GB/T 20014.1、GB/T 20014.13和GB/T 20014.14确立的术语和定义适用于本部分。

4 要求

4.1 选址、设施、设备

4.1.1 选址

序号	控制点	符合性要求	等级
4.1.1.1	池塘应选择水源充足，进排水方便，通风向阳的地方建造，土质为壤土或沙壤土。	现场检查。	2级

4.1.2 设施

序号	控制点	符合性要求	等级
4.1.2.1	池塘深度宜为2 m～3 m。	现场检查。	2级
4.1.2.2	进、出水口应设过滤装置和拦鱼设施。防止池塘内的鱼逃出，同时防止外界的野杂鱼、敌害生物进入。	现场检查。	2级

序号	控制点	符合性要求	等级
4.1.2.3	应设有罗非鱼越冬设施。可采用玻璃温房或塑料大棚进行加温保暖越冬，也可利用热源（地热、电厂等）进行室外流水保温越冬。	现场检查。如无越冬，不适用。	2级
4.1.2.4	越冬池位置应靠近水源，避风向阳，池深2 m～3 m。	现场检查。如无越冬，不适用。	2级

4.1.3 **设备**

序号	控制点	符合性要求	等级
4.1.3.1	养殖场应配备增氧、投饲设施及越冬加温设备等。	现场检查。如无越冬，则不需越冬加温设备。	2级

4.2 **养殖管理**

4.2.1 **池塘施肥**

序号	控制点	符合性要求	等级
4.2.1.1	鱼苗、鱼种投放前5 d～7 d，应进行肥水，培育饵料生物，营造良好的生态环境。	养殖场提供肥料使用记录。询问员工。如无施肥，不适用。	2级

4.2.2 **苗种放养**

4.2.2.1 **苗种放养条件**

序号	控制点	符合性要求	等级
4.2.2.1.1	当水温适宜时，即可投放鱼苗，并进行记录。	现场检查，养殖场提供记录。	2级
4.2.2.1.2	池水深度宜在0.8 m左右，水体透明度为30 cm。	现场检查。	3级

4.2.2.2 **苗种规格与放养密度**

序号	控制点	符合性要求	等级
4.2.2.2.1	放养密度应与鱼种规格、池塘条件相适应。如： ——池塘水深2 m～3 m，溶氧在3 mg/L以上时，全长6 cm～10 cm的鱼种，放养密度宜为2×10^4尾/hm^2～3×10^4尾/hm^2； ——全长4 cm～5 cm的鱼种，放养密度宜为3×10^4尾 hm^2～4×10^4尾/hm^2。	养殖场提供相关文件和记录。	3级

4.2.3 池塘水质管理

序号	控制点	符合性要求	等级
4.2.3.1	鱼池每年进行清污消毒和修整1次。	养殖场提供清塘记录，现场检查。	1级
4.2.3.2	每0.5 hm^2～1.0 hm^2水面，配备2 kW～3 kW增氧机一台。根据养殖状况，当溶解氧低于3 mg/L时，应开增氧机增氧。	现场检查。养殖场提供增氧机使用记录。	2级

4.2.4 投喂

序号	控制点	符合性要求	等级
4.2.4.1	成鱼养殖每日上、下午各投喂一次，每次投喂时间控制在40 min～60 min之内，投喂时要均匀，以使大部分鱼都能吃到饲料，投喂量为鱼体重的3%～3.5%，并根据其生长、摄食情况随时进行调整，确保罗非鱼正常生长，提高饲料的利用率。	养殖场提供投喂记录。	2级

4.2.5 病害防治

序号	控制点	符合性要求	等级
4.2.5.1	苗种入塘前，应进行鱼体消毒。消毒方法可采用2%～4%食盐溶液浸浴5 min。	养殖场提供消毒记录。	1级
4.2.5.2	苗种下塘15 d后，每立方米水体使用1 g～2 g漂白粉(28%有效氯)泼洒1次进行消毒。以后每15 d左右，用消毒剂全池消毒1次。	养殖场提供消毒记录。	1级
4.2.5.3	消毒后使用水质改良剂调节水质。	养殖场提供记录。	2级

4.2.6 越冬

序号	控制点	符合性要求	等级
4.2.6.1	越冬池应清理池底污物，并用消毒剂溶液泼洒池壁和池底进行消毒处理。	养殖场提供记录。如无越冬，则不适用。	2级
4.2.6.2	应在秋季室外水温降至18℃前，将鱼移入越冬池，在春末室外水温稳定在18℃以上后，可将鱼移出越冬池。	现场检查，养殖场提供记录。如无越冬，则不适用。	2级
4.2.6.3	越冬鱼应选择体质健壮、体形匀称、无伤无残、体型丰满的个体；鱼种质量参照SC/T 1044.3执行。	检查记录。如无越冬，则不适用。	2级

序号	控制点	符合性要求	等级
4.2.6.4	越冬亲鱼的规格以体重 0.5 kg/尾～1.0 kg/尾为宜,充气水泥池放养密度宜为 7 kg/m^3～8 kg/m^3,土池放养密度宜为 2 kg/m^3～3 kg/m^3;雌、雄分池放养。	检查记录。如无越冬,则不适用。	3 级
4.2.6.5	越冬鱼种宜按全长 3 cm～5 cm 和 6 cm～10 cm 两种规格分池放养,充气水泥池放养密度宜为 5 kg/m^3～8 kg/m^3,土池放养密度宜为 2 kg/m^3～3 kg/m^3。	检查记录。如无越冬,则不适用。	3 级
4.2.6.6	越冬鱼进池前应进行消毒,消毒方法可采用 2%～4%食盐溶液浸浴 5min。	检查记录。如无越冬,则不适用。	2 级
4.2.6.7	应经常排污,每隔 3 d～5 d 换水 1 次,1 次换水量不应超过池水的五分之一,换水时温差不应超过 2℃。池水溶解氧应保持在 3 mg/L 以上,水温保持在 18℃以上。	检查记录。如无越冬,则不适用。	2 级
4.2.6.8	越冬初期,视水温情况,每天投喂 1 次,日投喂量为鱼体重的 0.5%～0.8%;越冬鱼出池前一个月,投饲率可增加到 1%,投饲次数为每日 2 次。	检查记录。如无越冬,则不适用。	2 级

4.2.7 **繁殖**

序号	控制点	符合性要求	等级
4.2.7.1	亲鱼应专池培育。	现场检查。如无,则不适用。	2 级
4.2.7.2	繁殖用亲鱼的体重应在 0.5 kg/尾以上。雌、雄亲鱼的放养比例为 3∶1。	养殖场提供记录。如无,则不适用。	2 级
4.2.7.3	池塘水温稳定在 18℃以上时,即可放养亲鱼。	养殖场提供记录。如无,则不适用。	2 级
4.2.7.4	放养密度 1 尾/m^2～2 尾/m^2。	养殖场提供记录。如无,则不适用。	2 级
4.2.7.5	亲鱼放养时应进行消毒,消毒方法可采用 2%～4%食盐溶液浸浴 5 min。	养殖场提供记录。	1 级
4.2.7.6	投喂以配合饲料为主,日投喂量为鱼体重的 3%～5%。	养殖场提供记录。如无,则不适用。	2 级
4.2.7.7	亲鱼池边发现有集群的鱼苗时,应及时捞取鱼苗,专门培育。	现场检查,养殖场提供记录。如无,则不适用。	2 级

4.2.8 **收获**

序号	控制点	符合性要求	等级
4.2.8.1	按鱼体出池规格要求确定起捕时间。当水温下降至15℃时，所有罗非鱼均应捕完。	检查养殖场的收获记录。	3级
4.2.8.2	收获前，应先停食2 d。	检查停食记录。	2级

ICS 65.150
B 50

中华人民共和国国家标准

GB/T 20014.20—2008

良好农业规范　第20部分：鳗鲡池塘养殖控制点与符合性规范

Good agricultural practice—
Part 20: Eel pond culture control points and compliance criteria

2008-02-01 发布　　2008-04-01 实施

中华人民共和国国家质量监督检验检疫总局
中国国家标准化管理委员会　发布

前　　言

GB/T 20014《良好农业规范》分为以下部分：

——第 1 部分：术语；

——第 2 部分：农场基础控制点与符合性规范；

——第 3 部分：作物基础控制点与符合性规范；

——第 4 部分：大田作物控制点与符合性规范；

——第 5 部分：水果和蔬菜控制点与符合性规范；

——第 6 部分：畜禽基础控制点与符合性规范；

——第 7 部分：牛羊控制点与符合性规范；

——第 8 部分：奶牛控制点与符合性规范；

——第 9 部分：生猪控制点与符合性规范；

——第 10 部分：家禽控制点与符合性规范；

——第 11 部分：畜禽公路运输控制点与符合性规范；

——第 12 部分：茶叶控制点与符合性规范；

——第 13 部分：水产养殖基础控制点与符合性规范；

——第 14 部分：池塘养殖基础控制点与符合性规范；

——第 15 部分：工厂化养殖基础控制点与符合性规范；

——第 16 部分：网箱养殖基础控制点与符合性规范；

——第 17 部分：围拦养殖基础控制点与符合性规范；

——第 18 部分：滩涂、吊养、底播养殖基础控制点与符合性规范；

——第 19 部分：罗非鱼池塘养殖控制点与符合性规范；

——第 20 部分：鳗鲡池塘养殖控制点与符合性规范；

——第 21 部分：对虾池塘养殖控制点与符合性规范；

——第 22 部分：鲆鲽工厂化养殖控制点与符合性规范；

——第 23 部分：大黄鱼网箱养殖控制点与符合性规范；

——第 24 部分：中华绒螯蟹围拦养殖控制点与符合性规范。

本部分为 GB/T 20014 的第 20 部分，本部分应第 13 部分、第 14 部分结合使用。

本部分由中国国家认证认可监督管理委员会、中华人民共和国农业部共同提出。

本部分由中国国家标准化管理委员会归口。

本部分起草单位：中国国家认证认可监督管理委员会注册管理部、中华人民共和国福建出入境检验检疫局。

本部分主要起草人：陈长兴、黄建生、罗赋毅、朱晓南、陈恩成。

引　言

食品安全不仅关系到消费者的身体健康和生命安全，而且还直接或间接影响到食品、农产品行业的健康发展。因此，食品安全是对食品链中所有从事食品生产、加工、储运等组织的首要要求。

作为食品链的初端，养殖过程直接影响鳗鲡及其加工品的安全水平。为达到符合法律法规、相关标准的要求，满足消费者需求，保证食品安全和促进农业的可持续发展，本部分在遵循GB/T 20014.13和GB/T 20014.14的前提下，提出以下要求：

0.1　食品安全危害的管理

本部分采用危害分析与关键控制点（HACCP）方法识别、评价和控制食品安全危害。在水产养殖过程中，针对鳗鲡养殖方式和特点，对养殖场选址、设施、设备、苗种放养、驯养、池塘水质管理、投喂、选别和分池、日常管理、病害防治、收获等提出了要求。

0.2　农业可持续发展的环境保护要求

本部分提出了环境保护的要求，通过要求生产者遵守环境保护的法规和标准，营造养殖水产品生产过程的良性生态环境，协调养殖水产品生产和环境保护的关系。

0.3　员工的职业健康、安全和福利要求

本部分提出了员工职业健康、安全和福利的要求。

0.4　动物福利的要求

本部分提出了动物福利的要求。

本部分将内容条款的控制点划分为3个等级，并遵循表1的原则：

表1

等　级	级 别 内 容
1	基于危害分析与关键控制点（HACCP）和与食品安全直接相关的动物福利的所有食品安全要求
2	基于1级控制点要求的环境保护、员工福利、动物福利的基本要求
3	基于1级和2级控制点要求的环境保护、员工福利、动物福利的持续改善措施要求

良好农业规范　第20部分：鳗鲡池塘养殖控制点与符合性规范

1　范围

GB/T 20014 的本部分规定了鳗鲡池塘养殖良好农业规范的要求。

本部分适用于对鳗鲡池塘养殖良好农业规范要求的符合性判定。

2　规范性引用文件

下列文件中的条款通过 GB/T 20014 的本部分的引用而成为本部分的条款。凡是注日期的引用文件，其随后所有的修改单(不包括勘误的内容)或修订版均不适用于本部分，然而，鼓励根据本部分达成协议的各方研究是否可使用这些文件的最新版本。凡是不注日期的引用文件，其最新版本适用于本部分。

GB/T 20014.1　良好农业规范　第1部分：术语

GB/T 20014.13　良好农业规范　第13部分：水产养殖基础控制点与符合性规范

SC/T 1004　鳗鲡配合饲料标准

3　术语和定义

GB/T 20014.1 和 GB/T 20014.13 确定的术语和定义适用于本部分。

4　要求

4.1　选址、设施、设备

4.1.1　选址

序号	控制点	符合性要求	等级
4.1.1.1	气候变化小，每年最好有6个月以上的时间气温在15℃～32℃之间。	现场检查。	2级
4.1.1.2	远离山体滑坡易发地带、满足安全生产的需要。	现场检查。	2级

4.1.2　设施

序号	控制点	符合性要求	等级
4.1.2.1	水泥池分为三级，一级池用于培育鳗苗，面积 80 m^2～100 m^2，池深 1.0 m～1.1 m 为宜；二级池培育鳗种，面积 120 m^2～200 m^2，池深 1.1 m～1.2 m 为宜；三级池饲养成鳗，面积 200 m^2～400 m^2，池深 1.2 m～1.5 m 为宜。	现场检查。	2级
4.1.2.2	土池池埂、池底应不渗漏，深 1.6 m～2.5 m，养殖水深 1.2 m～2.0 m 。	现场检查。	2级

序号	控制点	符合性要求	等级
4.1.2.3	选别池面积应为 200 m^2～300 m^2，池深1.1 m～1.2 m。	现场检查。	2级
4.1.2.4	各池均应有独立的进排水系统。	现场检查。	2级
4.1.2.5	应设有与排水量相适应的排放水集中收集池，用于沉淀净化污水。	现场检查。	2级
4.1.2.6	对于采用水泥池养殖的，应设有供热设备，在冬春季时实施供热保温。	现场检查。	2级

4.1.3 **设备**

序号	控制点	符合性要求	等级
4.1.3.1	应设有增氧设施，以保证鳗鲡养殖过程中所需的溶解氧的浓度。一级池用功率 0.4 kW～0.5 kW的小型机，每池配置 1 台～2 台为宜；二级池用 0.75 kW 的增氧机，每池 1 台～2 台为宜；三级池用 1.5 kW 的增氧机，每池 2 台～4 台为宜。土池每 2 000 m^2～2 500 m^2 配置 1.5 kW增氧机 1 台～2 台为宜。	现场检查。	2级

4.2 养殖管理

4.2.1 苗种放养

4.2.1.1 苗种规格与放养密度

<table>
<tr><th>序号</th><th>控制点</th><th>符合性要求</th><th>等级</th></tr>
<tr><td>4.2.1.1.1</td><td>鳗苗放养密度应小于 800 尾/m^2 为宜。</td><td>养殖场提供相关文件和记录。</td><td>1级</td></tr>
<tr><td>4.2.1.1.2</td><td>水泥池适宜的放养密度见下表：
<table>
<tr><th>规格/
(尾/kg)</th><th>欧洲鳗或美洲鳗/
(尾/m^2)</th><th>日本鳗/
(尾/m^2)</th></tr>
<tr><td>5～10</td><td>＜50</td><td>＜50</td></tr>
<tr><td>11～30</td><td>＜85</td><td>＜85</td></tr>
<tr><td>31～50</td><td>＜100</td><td>＜100</td></tr>
<tr><td>51～150</td><td>＜200</td><td>＜200</td></tr>
<tr><td>151～300</td><td>＜250</td><td>＜250</td></tr>
<tr><td>301～500</td><td>＜300</td><td>＜350</td></tr>
<tr><td>501～800</td><td>＜400</td><td>＜450</td></tr>
</table></td><td>养殖场提供相关文件和记录。</td><td>1级</td></tr>
</table>

<table>
<tr><th>序号</th><th colspan="2">控制点</th><th>符合性要求</th><th>等级</th></tr>
<tr><td rowspan="6">4.2.1.1.3</td><td colspan="2">土池适宜的放养密度见下表：</td><td rowspan="6">养殖场提供相关文件和记录。</td><td rowspan="6">1级</td></tr>
<tr><td>规格/(尾/ kg)</td><td>放养密度/(尾/667m²)</td></tr>
<tr><td>≤10</td><td><1 500</td></tr>
<tr><td>11～30</td><td><3 000</td></tr>
<tr><td>31～50</td><td><5 000</td></tr>
<tr><td>51～100</td><td><9 000</td></tr>
</table>

4.2.1.2 **放养**

序号	控制点	符合性要求	等级
4.2.1.2.1	鳗苗下池前，池水应成微流水循环。池温与鳗苗存放的环境温度差小于 3℃时，放苗入池。放苗 24 h 内应注意池水水温变化，温差变化小于 3℃为宜。	养殖场提供相关文件和记录。	1级
4.2.1.2.2	鳗苗入池 24 h 后开始升温，开始升温时每 4 h～6 h 升温 0.5℃，水温达到 18℃后，可每天升温 3℃，直至升到所需水温。	养殖场提供相关文件和记录。	1级
4.2.1.2.3	当水温升至 23℃左右开始退盐，退盐时间一般为 3 d～4 d。	养殖场提供相关文件和记录。	1级

4.2.2 **驯养**

序号	控制点	符合性要求	等级
4.2.2.1	以丝蚯蚓等非配合饲料作为开口饲料时，需经适当的安全处理。	养殖场提供相关文件和记录。如无，则不适用	1级
4.2.2.2	水温升至 18℃后，即可以开始驯养，驯养从夜间开始，开口饲料投喂量为鳗苗体重的 10%～20%；3 d～4 d 后投喂次数 3 次/d，日投喂量应掌握在鳗苗总体重的 40%～50%之间。	养殖场提供相关文件和记录。	1级
4.2.2.3	鳗苗驯养 30 d 左右即可考虑转白仔料。转料前停食 1 次，转料时开口饲料和白仔料按照一定比例投喂，直至全部投喂白仔料，并逐步过渡到日投喂 2 次。白仔料一般投喂 7 d～12 d。	养殖场提供相关文件和记录。	1级

4.2.3 **投喂**

序号	控制点	符合性要求	等级
4.2.3.1	投喂配合饲料质量应符合 SC/T 1004 要求。	养殖场提供饲料采购记录。	1级
4.2.3.2	投喂鳗鲡饲料的种类和投喂量应符合鳗鲡生长不同阶段的需要，投喂频率为 2 次/d 为宜，早晚各 1 次，	养殖场提供投喂记录。	1级

序号	控制点	符合性要求	等级
4.2.3.3	冬天在温度低于12℃时，应在14：00～15：00增加投喂1次。	养殖场提供投喂记录。	3级

4.2.4　**选别和分池**

序号	控制点	符合性要求	等级
4.2.4.1	鳗苗转料后以30 d～50 d为1周期进行选别、分池饲养。选别前鳗苗池应提前降温至22℃～24℃，选别池的水温与鳗苗池水温差±1℃，黑仔池也应提前蓄水升温。应提前1 d停食，选别时应带水操作，同时每次过筛的鳗鱼量要少，减少筛选时间，避免碰伤苗体。	养殖场提供相关文件和记录，现场检查。	1级
4.2.4.2	分池时不放养带病鳗种下池塘。	养殖场提供相关文件和记录，现场检查。	1级

4.2.5　**池塘水质管理**

序号	控制点	符合性要求	等级
4.2.5.1	鱼池每年进行清污消毒和修整1次。	养殖场提供清塘记录，现场检查。	1级
4.2.5.2	水泥池日换水至少早晚各1次，日本鳗鱼的日换水量至少为30%，水质透明度30 cm左右为宜，欧洲鳗鱼或美洲鳗鱼的日换水量为80%以上，水质透明度60 cm左右为宜。土池每月换水不少于1次，每次换水量应达15%～20%，并使用适宜的水质pH调节试剂以保证水质pH值在7.5～8.5之间。台风前夕，暴雨天气应加大日换水量。	养殖场提供相关文件和记录，现场检查。	1级
4.2.5.3	精养池水温应保持在24℃～28℃，溶解氧保持在5 mg/L以上，pH值7.0～8.5。土池在养殖成鳗过程中应通过换水、增加水位等方式保持合适的水温，一般夏季水温控制在20℃～28℃，溶解氧保持在5 mg/L以上，pH值7.5～8.5。	养殖场提供相关文件和记录，现场检查。	1级
4.2.5.4	溶解氧小于5 mg/L时应开动增氧设施，中午开机时间一般为2 h～3 h，台风前夕，暴雨天气可适当延长开机时间。	养殖场提供相关文件和记录，现场检查。	1级

4.2.6 **日常管理**

序号	控制点	符合性要求	等级
4.2.6.1	每天上下午各巡塘1次，观察池塘水色变化，有无浮头，病害、塘基有无渗漏、摄食活动情况。	养殖场提供相关文件和记录，现场检查。	1级
4.2.6.2	应定期对食台及用具进行清洗消毒。	养殖场提供相关文件和记录，现场检查。	2级

4.2.7 **病害防治**

序号	控制点	符合性要求	等级
4.2.7.1	鳗苗、鳗种入塘前，应进行消毒。消毒方法可采用1%～3%氯化钠溶液浸浴20 min左右。	养殖场提供相关文件和记录。	1级

4.2.8 **收获**

序号	控制点	符合性要求	等级
4.2.8.1	活鳗应达到一定规格并无规定药物残留方可出池。	检查养殖场的药残检测记录。	1级
4.2.8.2	收获前，夏季应至少停食2 d，冬季应至少停食1 d。	检查停食记录。	2级

ICS 65.150
B 50

中华人民共和国国家标准

GB/T 20014.21—2008

良好农业规范　第21部分：对虾池塘养殖控制点与符合性规范

Good agricultural practice—
Part 21: Penaeid shrimp pond culture control points and compliance criteria

2008-02-01 发布　　　　2008-04-01 实施

中华人民共和国国家质量监督检验检疫总局
中国国家标准化管理委员会　发布

前　言

GB/T 20014《良好农业规范》分为以下部分：

——第1部分：术语；
——第2部分：农场基础控制点与符合性规范；
——第3部分：作物基础控制点与符合性规范；
——第4部分：大田作物控制点与符合性规范；
——第5部分：水果和蔬菜控制点与符合性规范；
——第6部分：畜禽基础控制点与符合性规范；
——第7部分：牛羊控制点与符合性规范；
——第8部分：奶牛控制点与符合性规范；
——第9部分：生猪控制点与符合性规范；
——第10部分：家禽控制点与符合性规范；
——第11部分：畜禽公路运输控制点与符合性规范；
——第12部分：茶叶控制点与符合性规范；
——第13部分：水产养殖基础控制点与符合性规范；
——第14部分：水产池塘养殖基础控制点与符合性规范；
——第15部分：水产工厂化养殖基础控制点与符合性规范；
——第16部分：水产网箱养殖基础控制点与符合性规范；
——第17部分：水产围拦养殖基础控制点与符合性规范；
——第18部分：水产滩涂、吊养、底播养殖基础控制点与符合性规范；
——第19部分：罗非鱼池塘养殖控制点与符合性规范；
——第20部分：鳗鲡池塘养殖控制点与符合性规范；
——第21部分：对虾池塘养殖控制点与符合性规范；
——第22部分：鲆鲽工厂化养殖控制点与符合性规范；
——第23部分：大黄鱼网箱养殖控制点与符合性规范；
——第24部分：中华绒螯蟹围拦养殖控制点与符合性规范。

本部分为GB/T 20014的第21部分，本部分应与第13部分和第14部分结合使用。

本部分由中国国家认证认可监督管理委员会、中华人民共和国农业部共同提出。

本部分由中国国家标准化管理委员会归口。

本部分起草单位：中国国家认证认可监督管理委员会注册管理部、中华人民共和国珠海出入境检验检疫局、中华人民共和国山东出入境检验检疫局、中华人民共和国浙江舟山出入境检验检疫局、中国水产科学研究院、中国水产科学研究院黄海水产研究所。

本部分主要起草人：赖子平、刘先德、吴小伦、邓雷、沈永年、孔繁明、马云杰、宋怿、王士表、张岩。

引　　言

食品安全不仅关系到消费者的身体健康和生命安全，而且还直接或间接影响到食品、农产品行业的健康发展。因此，食品安全是对食品链中所有从事食品生产、加工、储运等组织的首要要求。

作为食品链的初端，养殖水产品的养殖过程直接影响水产品及其加工品的安全水平。为达到符合法律法规、相关标准的要求，满足消费者需求，保证食品安全和促进农业的可持续发展，本部分在遵循GB/T 20014.13和GB/T 20014.14的前提下，提出以下要求：

0.1　食品安全危害的管理

本部分采用危害分析与关键控制点(HACCP)方法识别、评价和控制食品安全危害。针对对虾池塘养殖的特点，对选址、饲料、虾病防治与健康、虾药的合理使用、养殖生产过程中的记录、追溯等提出了要求。

0.2　渔业可持续发展的环境保护要求

本部分提出了环境保护的要求，通过要求生产者遵守环境保护的法规和标准，营造养殖水产品生产过程的良性生态环境，协调养殖水产品生产和环境保护的关系。

0.3　员工的职业健康、安全和福利要求

本部分提出了员工职业健康、安全和福利的要求。

0.4　动物福利的要求

本部分提出了动物福利的要求。

本部分将内容条款的控制点划分为3个等级，并遵循表1的原则：

等级	级别内容
1	基于危害分析与关键控制点(HACCP)和与食品安全直接相关的动物福利的所有食品安全要求
2	基于1级控制点要求的环境保护、员工福利、动物福利的基本要求
3	基于1级和2级控制点要求的环境保护、员工福利、动物福利的持续改善措施要求

良好农业规范 第 21 部分：对虾池塘养殖控制点与符合性规范

1 范围

GB/T 20014 的本部分规定了对虾池塘养殖良好农业规范的要求。

本部分适用于对虾池塘养殖良好农业规范要求的符合性判定，其他虾类池塘养殖参照本部分执行。

2 规范性引用文件

下列文件中的条款通过 GB/T 20014 的本部分的引用而成为本部分的条款。凡是注日期的引用文件，其随后所有的修改单(不包括勘误的内容)或修订版均不适用于本部分，然而，鼓励根据本部分达成协议的各方研究是否可使用这些文件的最新版本。凡是不注日期的引用文件，其最新版本适用于本部分。

GB/T 20014.1 良好农业规范 第 1 部分：术语

GB/T 20014.13 良好农业规范 第 13 部分：水产养殖基础控制点和符合性规范

GB/T 20014.14 良好农业规范 第 14 部分：池塘养殖基础控制点和符合性规范

3 术语和定义

GB/T 20014.1、GB/T 20014.13、GB/T 20014.14 确立的以及下列术语和定义适用于 GB/T 20014 的本部分。

3.1

亲虾 parent prawn

达到性成熟用来繁殖后代的对虾雌雄个体。

4 要求

4.1 场址、设施、设备

4.1.1 选址

序号	控制点	符合性要求	等级
4.1.1.1	建场前，应详细调查该区周围水域水质的周年变化情况。	养虾场提供相关材料。	1 级
4.1.1.2	建场前，养虾场应调查附近水域中饵料生物的种类及资源量，尽量选择自然饵料生物丰富的地区建场。	养虾场提供相关材料。	2 级
4.1.1.3	池塘底质宜为泥质或砂质底，不渗水。对于沙质地区、酸性土壤应建预防养殖池水漏渗、酸化的工程设施。	现场检查。	2 级

4.1.2 设施布局

序号	控制点	符合性要求	等级
4.1.2.1	养虾场中的育苗池、亲虾培育池和虾的养成池区域分开，进出水处理系统独立。	现场检查。	2级
4.1.2.2	养虾场应建立实验室，负责日常检测，至少能检测盐度、溶解氧、细菌总数、大肠菌群等。	现场检查。	3级

4.1.3 设备

序号	控制点	符合性要求	等级
4.1.3.1	养虾场应配备与养殖规模相配套的水泵以保证水的交换。	现场检查。	1级
4.1.3.2	养虾场应配备与养殖规模相配套的增氧机以确保良好的水质。	现场检查。	1级

4.2 育苗场

4.2.1 亲虾来源

序号	控制点	符合性要求	等级
4.2.1.1	养虾场自己提供的亲虾应经检疫合格。	养虾场提供亲虾检疫合格证明。如无，则不适用。	1级
4.2.1.2	外购亲虾应来源于行政主管部门认可的亲虾培育场。	养虾场提供亲虾培育场的许可证。如无，则不适用。	1级
4.2.1.3	如果用捕获的野生亲虾来选育，应得到行政主管部门的授权。	养虾场提供行政主管部门批准的许可证。如无，则不适用。	1级
4.2.1.4	外购亲虾到达育苗场时，应立即检疫隔离，直到核实其疾病状况，并且在转移到其他区域前应最少隔离20 d。	评估检疫记录。如无，则不适用。	1级
4.2.1.5	应对亲虾进行至少包括以下几种病毒的筛查：白斑综合症病毒(WSSV)、传染性皮下及造血组织坏死病毒(IHHNV)、桃拉综合症病毒(TSV)和黄头病毒(YHV)的筛选。	检查检测报告。	1级

4.2.2 育苗场的要求

序号	控制点	符合性要求	等级
4.2.2.1	育苗场的培育池面积一般为10 m^2～50 m^2，进排水、控温、增氧、控光设施齐备。	现场检查。	2级
4.2.2.2	育苗用水应经过消毒处理以消灭病原体。	评估消毒处理记录。	1级
4.2.2.3	育苗用水应定期进行重金属检测。	评估重金属检测记录。	3级

序号	控制点	符合性要求	等级
4.2.2.4	育苗场和(或)养虾场应制定管理体系以防止孵化虾意外排放到环境中。	评估程序。	1级
4.2.2.5	育苗场和(或)养虾场应保存过去3年发生的所有虾病的记录。	必须包括过去2年暴发的任何虾病的记录。	1级

4.2.3 培育管理

序号	控制点	符合性要求	等级
4.2.3.1	育苗用水应经过过滤、消毒处理,溶解氧保持在5 mg/L以上。	现场检查。	1级
4.2.3.2	育苗场应制定育苗工作程序,并记录投喂、虾幼体生长和病害防治等。	养虾场提供育苗工作程序和有关记录。	1级
4.2.3.3	苗种出池前应进行检疫。	养虾场提供检疫记录。	1级

4.3 养殖投入品

4.3.1 虾饲料

序号	控制点	符合性要求	等级
4.3.1.1	养虾场应保存对虾食用饲料样品至少到捕捞后12个月。这些样品应贴上注明食用该饲料虾群的标签。	检查样品的正确分析结果。询问员工,员工应了解该条款。	1级
4.3.1.2	养虾场应提供所有购买的蠕虫不携带TSV、WSSV、IHHNV和YHV病毒的证明。	检查记录。询问员工,员工应了解该条款。如无,则不适用。	1级
4.3.1.3	养虾场应提供对新鲜或冷冻饲料进行的至少包括:WSSV、TSV、IHHNV和YHV四种日常监督疾病的分析检测证明。	检查记录,记录应包括取样协议、频率与结果信息。如无,则不适用。	1级

4.3.2 投喂

序号	控制点	符合性要求	等级
4.3.2.1	养虾场应根据对虾尾数、平均体重、体长及日摄食率,计算出每日理论投喂量,再根据摄食情况、天气状况,确定当日投喂量。	现场检查。询问员工,员工应了解该条款。	1级
4.3.2.2	投饲后,养虾场应继续观察对虾摄食情况,对投饲量进行调整。	现场检查。询问员工,员工应了解该条款。	1级

4.4 养殖管理

4.4.1 苗种放养前的准备

序号	控制点	符合性要求	等级
4.4.1.1	苗种放养前,应进行清污整池。	现场检查。	1级
4.4.1.2	清污整池后进行消毒除害。应消除对虾的敌害生物、致病生物及携带病原的中间宿主。	评估消毒程序和检查记录。	1级

序号	控制点	符合性要求	等级
4.4.1.3	消毒结束后1 d～2 d,开始纳水并培养基础生物饵料。	询问员工,员工应了解该条款。	1级

4.4.2 **放养**

序号	控制点	符合性要求	等级
4.4.2.1	放苗环境应适宜,放苗时池水深度为60 cm以上,透明度达40 cm左右。大风、暴雨天不宜放苗。	现场检查。询问员工,员工应了解该条款。	1级
4.4.2.2	苗种规格应合适,一般为:南美白对虾苗0.7 cm以上,中国对虾苗1 cm以上,斑节对虾苗1.3 cm以上。	现场检查。询问员工,员工应了解该条款。	2级
4.4.2.3	放养水温应合适,放养中国对虾苗水温应达14℃以上,放养南美白对虾、斑节对虾苗水温应在20℃以上。	现场检查。询问员工,员工应了解该条款。	1级
4.4.2.4	池水盐度应合适,一般为1～32;虾苗培育池、中间培育池和养成池水盐度差应小于5,当池水盐度差大于5时,应驯化虾苗使之适应盐度的变化。	现场检查。询问员工,员工应了解该条款。	1级

4.4.3 **日常管理**

序号	控制点	符合性要求	等级
4.4.3.1	养虾场应对对虾摄食情况、生长情况(包括:成活率、体重、体长测定和蜕壳情况等)、活动情况等进行监测并记录。	检查相关记录。	1级
4.4.3.2	应制定巡池制度并记录虾的死亡情况。	养虾场提供巡池制度,检查相关记录。	1级
4.4.3.3	养虾场应每日测量水温、溶解氧、pH值、透明度、池水盐度、氨氮和亚硝酸盐等水质要素,并应对池内浮游生物种类及数量变化进行记录。	检查相关记录。	1级

4.4.4 **水质管理**

序号	控制点	符合性要求	等级
4.4.4.1	放苗前,向养成池注入清洁或经消毒清野处理的养成用水。在放苗后,加注新水要经过蓄水池沉淀、净化处理。	现场检查。	1级
4.4.4.2	饲养期间应保持良好的水质,要求水质清新,溶解氧在4 mg/L以上,水的透明度为30 cm～50 cm,并根据水质情况酌情换水。注入的新水要经净化或消毒,防止污染。	现场检查,评估相关记录。	1级

4.4.5 **病害防治**

序号	控制点	符合性要求	等级
4.4.5.1	养虾场应制定日常巡池计划，观察对虾摄食和饲料利用情况。注意发现病虾和死虾，检查病因和死因，及时处理。	养虾场提供日常巡池计划和检查有关记录。	1级
4.4.5.2	养虾场应切断传染源，不得投喂携带病原的饵料。	现场检查。询问员工，员工应了解该条款。	1级
4.4.5.3	养虾场应定期对虾池中的病原微生物检测。	养虾场提供检测记录。	1级
4.4.5.4	养虾场应建立应急措施，重点处理发现WSSV、TSV、IHHNV和YHV疾病或常见病害。	评估应急程序。询问员工，员工应了解该条款。全部适用。	1级

4.4.6 **收获**

序号	控制点	符合性要求	等级
4.4.6.1	收获后用于冰鲜运输的虾，应尽快使虾的中心温度降低到4℃以下。	检查温度记录。全部适用。	1级
4.4.6.2	收获后用于活体运输的虾，应保证其合适的存放密度和必需的氧气。	现场检查。	2级

ICS 65.150
B 50

中华人民共和国国家标准

GB/T 20014.22—2008

良好农业规范 第22部分：鲆鲽工厂化养殖控制点与符合性规范

Good agricultural practice—
Part 22: Flounders industrial culture control points and compliance criteria

2008-02-01 发布 2008-04-01 实施

中华人民共和国国家质量监督检验检疫总局
中国国家标准化管理委员会 发布

前　言

GB/T 20014《良好农业规范》分为以下部分：

——第1部分：术语；
——第2部分：农场基础控制点与符合性规范；
——第3部分：作物基础控制点与符合性规范；
——第4部分：大田作物控制点与符合性规范；
——第5部分：水果和蔬菜控制点与符合性规范；
——第6部分：畜禽基础控制点与符合性规范；
——第7部分：牛羊控制点与符合性规范；
——第8部分：奶牛控制点与符合性规范；
——第9部分：生猪控制点与符合性规范；
——第10部分：家禽控制点与符合性规范；
——第11部分：畜禽公路运输控制点与符合性规范；
——第12部分：茶叶控制点与符合性规范；
——第13部分：水产养殖基础控制点与符合性规范；
——第14部分：水产池塘养殖基础控制点与符合性规范；
——第15部分：水产工厂化养殖基础控制点与符合性规范；
——第16部分：水产网箱养殖基础控制点与符合性规范；
——第17部分：水产围拦养殖基础控制点与符合性规范；
——第18部分：水产滩涂、吊养、底播养殖基础控制点与符合性规范；
——第19部分：罗非鱼池塘养殖控制点与符合性规范；
——第20部分：鳗鲡池塘养殖控制点与符合性规范；
——第21部分：对虾池塘养殖控制点与符合性规范；
——第22部分：鲆鲽工厂化养殖控制点与符合性规范；
——第23部分：大黄鱼网箱养殖控制点与符合性规范；
——第24部分：中华绒螯蟹围拦养殖控制点与符合性规范。

本部分为GB/T 20014的第22部分，本部分应与第13部分和第15部分结合使用。

本部分由中国国家认证认可监督管理委员会、中华人民共和国农业部共同提出。

本部分由中国国家标准化管理委员会归口。

本部分起草单位：中国国家认证认可监督管理委员会注册管理部、中华人民共和国广东出入境检验检疫局、中华人民共和国珠海出入境检验检疫局、中华人民共和国山东出入境检验检疫局、中国科学院海洋研究所。

本部分主要起草人：乌日琴、刘中勇、郑映钦、林志雄、陈恩成、万鹏、孔繁明、马云杰、吴小伦、张培军、李军。

引　言

食品安全不仅关系到消费者的身体健康和生命安全，而且还直接或间接影响到食品、农产品行业的健康发展。因此，食品安全是对食品链中所有从事食品生产、加工、储运等组织的首要要求。

作为食品链的初端，养殖水产品的养殖过程直接影响水产品及其加工品的安全水平。为达到符合法律法规、相关标准的要求，满足消费者需求，保证食品安全和促进农业的可持续发展，本部分在遵循GB/T 20014.13 和 GB/T 20014.15 的前提下，提出以下要求：

0.1　食品安全危害的管理

本部分采用危害分析与关键控制点（HACCP）方法识别、评价和控制食品安全危害。在鲆、鲽类养殖过程中，针对这些养殖种类的生产方式和共同特点，对养殖场选址、养殖投入品（如：苗种、化学品、饲料、渔药）、设施设备要求、鱼病防治与健康、养殖用水管理、收获与运输、员工培训、养殖生产记录、产品追溯以及体系运转等方面提出了要求。

0.2　渔业可持续发展的环境保护要求

本部分提出了环境保护的要求，通过要求生产者遵守环境保护的法规和标准，营造养殖水产品生产过程的良性生态环境，协调养殖水产品生产和环境保护的关系。

0.3　员工的职业健康、安全和福利要求

本部分提出了员工职业健康、安全和福利的要求。

0.4　动物福利的要求

本部分提出了动物福利的要求。

本部分将内容条款的控制点划分为 3 个等级，并遵循表 1 的原则：

表 1

等　级	级 别 内 容
1	基于危害分析与关键控制点（HACCP）和与食品安全直接相关的动物福利的所有食品安全要求
2	基于 1 级控制点要求的环境保护、员工福利、动物福利的基本要求
3	基于 1 级和 2 级控制点要求的环境保护、员工福利、动物福利的持续改善措施要求

良好农业规范　第22部分：鲆鲽工厂化养殖控制点与符合性规范

1　范围

GB/T 20014的本部分规定了鲆、鲽类工厂化养殖良好农业规范的要求。

本部分适用于对鲆、鲽工厂化养殖良好农业规范要求的符合性判定，其他相似鱼类可参照执行。

2　规范性引用文件

下列文件中的条款通过GB/T 20014的本部分的引用而成为本部分的条款。凡是注日期的引用文件，其随后所有的修改单（不包括勘误的内容）或修订版均不适用于本部分，然而，鼓励根据本部分达成协议的各方研究是否可使用这些文件的最新版本。凡是不注日期的引用文件，其最新版本适用于本部分。

GB/T 20014.1　良好农业规范　第1部分：术语

GB/T 20014.13　良好农业规范　第13部分：水产养殖基础控制点与符合性规范

GB/T 20014.15　良好农业规范　第15部分：水产工厂化养殖基础控制点与符合性规范

3　术语和定义

GB/T 20014.1、GB/T 20014.13及GB/T 20014.15确立的术语和定义适用于GB/T 20014的本部分。

4　要求

4.1　场址、设施、设备

4.1.1　选址

序号	控制点	符合性要求	等级
4.1.1.1	应选择在靠近沿海、海水淡水资源和供电充足、潮差小、交通便利、社会配套设施齐全、风浪较小且不受台风影响的地点。	现场检查和询问员工。	1级

4.1.2　设施与布局

4.1.2.1　养鱼车间

序号	控制点	符合性要求	等级
4.1.2.1.1	绘制养殖车间结构示意图和布局、工艺流程图，功能区域间隔合理。	养殖场提供养殖车间结构示意图和布局、工艺流程图。	1级
4.1.2.1.2	应有控温设施、充氧设施、控光设施、进排水控制设施和水处理设施。	现场检查和查看记录。养殖场应能提供温室验收报告。	1级

序号	控制点	符合性要求	等级
4.1.2.1.3	在养殖车间合适的位置安装排风设施。	现场检查。	2级
4.1.2.1.4	养殖车间高度适宜，屋顶应防风、防压。	温室应足够牢固，不至于出现危险以致伤害员工健康。	2级

4.1.2.2 **养殖池**

序号	控制点	符合性要求	等级
4.1.2.2.1	养殖水池为混凝土、砖混或玻璃钢结构，形状依照水流转动流畅、排污清洁彻底和地面利用率高的原则设计，以圆形、椭圆形为宜。	现场检查。	2级
4.1.2.2.2	鱼池面积宜为 30 m^2～50 m^2，鱼池深度宜为 60 cm～100 cm，由池边到池中央逐渐倾斜，有 3%～10%的坡度，池中央设置排水口，排水口安装多孔排水管。	现场检查。	3级
4.1.2.2.3	进水时应将池底残饵、粪便冲起，便于及时排污。	现场检查。	1级
4.1.2.2.4	养殖池污水通过室内排水沟排出。	现场检查。	2级

4.1.3 **设备**

4.1.3.1 **供水系统**

序号	控制点	符合性要求	等级
4.1.3.1.1	自然海水或地下海水井的水量应能够满足车间养殖用水需要。	现场检查。	1级
4.1.3.1.2	水泵的功率及数量能够满足养殖活动的需要。	现场检查。	2级
4.1.3.1.3	沉淀池应根据用水量设计。海水深井要控制海水中的二价铁离子和泥沙。	现场检查并检测水质监测记录。	2级
4.1.3.1.4	养殖用水应通过过滤装置进行有效过滤。工厂化养鱼车间使用机械过滤器，封闭循环水养殖厂利用生物过滤器。	现场观察并检查水质监测记录。	1级
4.1.3.1.5	必要时，养殖用水要进行消毒处理。	现场观察并检查水质监测记录。	2级

4.1.3.2 **供电系统**

序号	控制点	符合性要求	等级
4.1.3.2.1	养殖场应配置变电设施及备用发电机组。	现场检查。	1级
4.1.3.2.2	自动化水平高的养殖场应设置电气和自动控制系统对用电设备的电压和电流、机械的运转情况、鱼池的水温、水位、水质等进行自动控制和集中管理。	提供电气和自动控制作业指导书和设备运转记录，现场检查。如无，则不适用。	3级

4.1.3.3 排水、排污系统及废弃物处理系统

序号	控制点	符合性要求	等级
4.1.3.3.1	养殖车间应配置专门的排水、排污系统和废弃物处理系统，管道设计应避免交叉污染。	现场检查。	1级
4.1.3.3.2	养殖车间污水应经过排水系统排出，经污水处理系统处理，符合环保主管部门要求后方可排放。	现场检查，养殖场应该能够提供允许污水排放证明。	1级
4.1.3.3.3	各车间养殖废弃物应统一收集，有毒有害和不可降解物质应分类处理。	现场检查，养殖场应该能够提供废弃物处理记录。	2级

4.1.3.4 其他配套设施

序号	控制点	符合性要求	等级
4.1.3.4.1	应保证养殖场增氧系统应运转正常。	现场检查。	1级
4.1.3.4.2	养殖场应有合适的供暖系统能够保障养殖场生产和生活供暖，包括：锅炉、热交换器、供热和回水管道。养殖用水温度应便于控制，以适合养殖品种特性的要求。	现场检查。	1级
4.1.3.4.3	养殖车间应配置足够的充氧设施。	现场检查。	1级
4.1.3.4.4	养殖场应建立配套设施的维修和保养制度。	养殖场提供设施的维修和保养制度。	2级
4.1.3.4.5	养殖场应配置除基本养殖设施外的其他办公设施、必要的运输工具、交通工具等。	现场观察。	3级

4.1.4 场地管理

序号	控制点	符合性要求	等级
4.1.4.1	养殖场应制定场地的卫生消毒计划并有效实施。	养殖场提供场地的卫生消毒计划和记录。	1级
4.1.4.2	养殖场应制定养殖车间所有管道的防腐蚀计划并有效实施。	养殖场提供防腐蚀计划和记录。	1级

4.2 养殖管理

4.2.1 苗种放养

序号	控制点	符合性要求	等级
4.2.1.1	应对放养鱼苗质量进行评价并筛选。	养殖场应能提供苗种质量评价标准文件和记录。	1级
4.2.1.2	放养密度应根据苗种规格进行调整。	养殖场应能提供苗种放养记录。	1级

序号	控制点	符合性要求	等级
4.2.1.3	放养前应对苗种进行消毒，同时剔除病鱼、伤残鱼，操作水温差控制在 3 ℃之内。	养殖场应能提供相关消毒文件和记录。询问员工。	1 级
4.2.1.4	苗种入池水温和运输水温温差应在 2 ℃以内，盐度差应在 5 以内。	在合适的环境中放养。	1 级

4.2.2 **水质管理**

序号	控制点	符合性要求	等级
4.2.2.1	养殖场应制定水质监测计划。	养殖场应能提供水质监测记录。询问员工。	1 级
4.2.2.2	水深应适合养殖种类生活特性。水深在 60 cm～80 cm，最低不低于 30 cm。	养殖场应能提供水质监测记录。询问员工。	1 级
4.2.2.3	养殖池水温控制在养殖种类适宜的范围之内。	养殖场应能提供水质监测记录。询问员工。	1 级
4.2.2.4	养殖池水 pH、盐度和溶解氧控制在养殖种类适宜的范围内。	养殖场应能提供相关检测规定和记录。	1 级

4.2.3 **投喂**

序号	控制点	符合性要求	等级
4.2.3.1	养殖场应避免在一个养殖周期内长期使用一种饲料。	养殖场提供投喂记录。询问员工。	1 级
4.2.3.2	配合饲料具体投喂量应根据鱼的种类、养殖池水质及鱼的摄食情况来确定，不宜有残饵。	现场检查。养殖场提供投喂记录，询问员工。	1 级
4.2.3.3	水温不适时，应定期停食。	养殖场提供投喂记录。询问员工。	2 级

4.2.4 **日常管理**

序号	控制点	符合性要求	等级
4.2.4.1	应建立养殖场日常管理制度，规定良好养殖条件的水深、水温、盐度、pH 值、溶解氧、不同时期的放养密度、光照和清洁指标，做好养殖日志。	养殖场提供日常卫生管理工作计划和养殖日志。	1 级
4.2.4.2	应注意观察鱼的体色和摄食行为，能及时处理异常情况。	养殖场提供日常卫生管理工作计划和记录。	1 级
4.2.4.3	应定期进行选别，分养。	养殖场提供记录。	1 级
4.2.4.4	应定期抽样检查鱼增长情况和饲料利用率。	养殖场提供鱼增长情况和饲料利用率记录。	1 级

4.2.5 病害防治

序号	控制点	符合性要求	等级
4.2.5.1	养殖场制定病害防治计划，坚持以预防为主，采取控光、调温、水质处理、增加流水量等综合措施预防病害。	养殖场提供病害防治计划。	1级
4.2.5.2	应定时观察各期鱼的摄食、游动和生长发育情况，及时发现病鱼及死鱼，捞出病鱼、死鱼解剖、检测，分析病因。	养殖场提供病害防治和病死鱼处理记录。	1级
4.2.5.3	养殖场应制定常见细菌病、病毒病和寄生虫病的预防措施、监测计划、治疗方案和应急预案。	养殖场提供预防措施、监测计划、治疗方案和应急预案和相关的记录。	1级
4.2.5.4	避免在生产操作中对鱼的机械损伤。	询问员工。	1级
4.2.5.5	病鱼池中使用过的生产工具应清洗消毒。	养殖场提供消毒记录。	1级

4.2.6 收获

序号	控制点	符合性要求	等级
4.2.6.1	养殖活鱼达到一定规格并无规定药物残留方可出池。	养殖场提供停药记录和药物残留分析记录。	1级
4.2.6.2	交易运输前应先停食1 d。	养殖场提供禁食记录。	2级
4.2.6.3	运输前，养殖场应根据商品鱼规格要求进行筛选，实施暂养，暂养时应注意控光、调温、水质调控等。	养殖场提供交易前运输记录和询问员工。	2级
4.2.6.4	养殖场应制定不合格商品鱼的处理计划。	养殖场提供相关文件和记录。	2级

ICS 65.150
B 50

中华人民共和国国家标准

GB/T 20014.23—2008

良好农业规范　第23部分：大黄鱼网箱养殖控制点与符合性规范

Good agricultural practice—
Part 23：Large yellow croaker cage culture controls points and compliance criteria

2008-02-01 发布　　2008-04-01 实施

中华人民共和国国家质量监督检验检疫总局
中国国家标准化管理委员会　发布

前　言

GB/T 20014《良好农业规范》分为以下部分：

——第 1 部分：术语；

——第 2 部分：农场基础控制点与符合性规范；

——第 3 部分：作物基础控制点与符合性规范；

——第 4 部分：大田作物控制点与符合性规范；

——第 5 部分：水果和蔬菜控制点与符合性规范；

——第 6 部分：畜禽基础控制点与符合性规范；

——第 7 部分：牛羊控制点与符合性规范；

——第 8 部分：奶牛控制点与符合性规范；

——第 9 部分：生猪控制点与符合性规范；

——第 10 部分：家禽控制点与符合性规范；

——第 11 部分：畜禽公路运输控制点与符合性规范；

——第 12 部分：茶叶控制点与符合性规范；

——第 13 部分：水产养殖基础控制点与符合性规范；

——第 14 部分：水产池塘养殖基础控制点与符合性规范；

——第 15 部分：水产工厂化养殖基础控制点与符合性规范；

——第 16 部分：水产网箱养殖基础控制点与符合性规范；

——第 17 部分：水产围拦养殖基础控制点与符合性规范；

——第 18 部分：水产滩涂、吊养、底播养殖基础控制点与符合性规范；

——第 19 部分：罗非鱼池塘养殖基础控制点与符合性规范；

——第 20 部分：鳗鲡池塘养殖基础控制点与符合性规范；

——第 21 部分：对虾池塘养殖基础控制点与符合性规范；

——第 22 部分：鲟鳇工厂化养殖控制点与符合性规范；

——第 23 部分：大黄鱼网箱养殖控制点与符合性规范；

——第 24 部分：中华绒螯蟹围拦养殖控制点与符合性规范。

本部分为 GB/T 20014 的第 23 部分，本部分应与第 13 部分、第 16 部分结合使用。

本部分由中国国家认证认可监督管理委员会、中华人民共和国农业部共同提出。

本部分由中国国家标准化管理委员会归口。

本部分起草单位：中国国家认证认可监督管理委员会注册管理部、中华人民共和国福建出入境检验检疫局。

本部分主要起草人：任忻生、陈锋、陈华、陈恩成、罗赋毅、朱晓南、陈长兴。

引　言

食品安全不仅关系到消费者的身体健康和生命安全，而且还直接或间接影响到食品、水产品行业的健康发展。因此，食品安全是对食品链中所有从事食品生产、加工、储运等组织的首要要求。

作为食品链的初端，大黄鱼的养殖过程直接影响大黄鱼及其加工品的安全水平。为达到符合法律法规、相关标准的要求，满足消费者需求，保证食品安全和促进渔业的可持续发展，本部分在遵循GB/T 20014.13和 GB/T 20014.16 的前提下，提出以下要求：

0.1　食品安全危害的管理

本部分采用危害分析与关键控制点(HACCP)方法识别、评价和控制食品安全危害。在大黄鱼养殖过程中，针对大黄鱼等石首科鱼类海域网箱养殖的生产方式特点，对大黄鱼的养殖鱼排选址、设施布局、设施设备、饲料、投喂以及养殖管理等提出了要求。

0.2　渔业可持续发展的环境保护要求

本部分提出了环境保护的要求，通过要求生产者遵守环境保护的法规和标准，营造养殖大黄鱼生产过程的良性生态环境，协调养殖大黄鱼生产和环境保护的关系。

0.3　员工的职业健康、安全和福利要求

本部分提出了员工职业健康、安全和福利的要求。

0.4　动物福利的要求

本部分提出了动物福利的要求。

本部分将内容条款的控制点划分为3个等级，并遵循表1的原则：

表1

等级	级别内容
1	基于危害分析与关键控制点(HACCP)和与食品安全直接相关的动物福利的所有食品安全要求
2	基于1级控制点要求的环境保护、员工福利、动物福利的基本要求
3	基于1级和2级控制点要求的环境保护、员工福利、动物福利的持续改善措施要求

良好农业规范　第23部分：大黄鱼网箱养殖控制点与符合性规范

1　范围

GB/T 20014的本部分规定了大黄鱼(*Pseudosciaena crocea*)网箱养殖良好农业规范的要求。

本部分适用于大黄鱼网箱养殖良好农业规范要求的符合性判定。

2　规范性引用文件

下列文件中的条款通过GB/T 20014的本部分的引用而成为本部分的条款。凡是注日期的引用文件，其随后所有的修改单(不包括勘误的内容)或修订版均不适用于本部分，然而，鼓励根据本部分达成协议的各方研究是否可使用这些文件的最新版本。凡是不注日期的引用文件，其最新版本适用于本部分。

GB/T 20014.1　良好农业规范　第1部分　部分：术语

GB/T 20014.13　良好农业规范　第13部分：水产养殖基础控制点与符合性规范

GB/T 20014.16　良好农业规范　第16部分：网箱养殖基础控制点与符合性规范

NY 5052　无公害食品　海水养殖用水水质

NY 5072　无公害食品　渔用配合饲料安全限量

3　术语和定义

GB/T 20014.1、GB/T 20014.13和GB/T 20014.16确立的术语和定义适用于GB/T 20014的本部分。

4　要求

4.1　员工健康、安全与福利

4.1.1　职业健康和安全

序号	控制点	符合性要求	等级
4.1.1.1	养殖和捕捞人员不应有夜盲症，适合夜间作业。	相关员工健康档案中体现其无夜盲症。	2级

4.1.2　员工福利

序号	控制点	符合性要求	等级
4.1.2.1	应有充足的电力资源和生活用水。	现场检查。	2级
4.1.2.2	应有专供来访人员的救生设施。	现场检查。	2级

4.2　场址、设施、设备

4.2.1　选址

序号	控制点	符合性要求	等级
4.2.1.1	低潮水位在5 m以上，网箱底部至海底距离应1.5 m以上，与岸边有20 m以上距离，位于可避大风浪的海区。	现场检查。	1级

序号	控制点	符合性要求	等级
4.2.1.2	底质以沙石为主。	现场检查。	2级
4.2.1.3	水环境因子应符合下列要求： ——水质：应符合GB/T 20014.13的要求； ——盐度：13～32； ——年表层水温：8℃～30℃； ——透明度：0.2 m～3.0 m，最适1.0 m； ——pH：7.85～8.35； ——溶氧：大于5 mg/L。	养殖场提供检测报告。	1级
4.2.1.4	潮流通畅，海区流速小于1.5 m/s，流向平直而稳定，经挡流等措施后网箱内流速小于0.2 m/s。	现场检查。	2级

4.2.2 **设施布局**

序号	控制点	符合性要求	等级
4.2.2.1	每个网箱区的养殖面积不得超过可养殖海面的15%。	现场检查。	2级
4.2.2.2	视风浪与潮流大小情况，小型浮式网箱整个连片面积应在1 600 m^2 为宜。	现场检查。如无，则不适用。	2级
4.2.2.3	各网箱片间应留50 m以上宽的主港道，多个20 m以上的次港道，各网箱片间的最小距离为10 m以上。网箱区面积超过5 hm^2 时，应另设1个网箱区，每个网箱区之间应间隔500 m以上。	现场检查。	2级
4.2.2.4	整个养殖场应有足够的照明设施，便于夜间巡查、收获。	现场检查。	2级

4.2.3 **设备**

序号	控制点	符合性要求	等级
4.2.3.1	放养苗种的小型浮式网箱规格一般为(3.0 m～6.0 m)×(3.0 m～6.0 m)×(2.5 m～4.0 m)，网箱的网衣为无结节网片。放养全长25 mm～30 mm鱼苗，网目长为3 mm～4 mm。放养全长40 mm～50 mm鱼苗，网目长为4 mm～5 mm；放养全长50 mm以上鱼苗，网目长为5 mm～10 mm。放养50 g/尾以上鱼种，网箱规格一般为(3.0 m～6.0 m)×(3.0 m～6.0 m)×(3.0 m～6.0 m)，网目长为10 mm～30mm，网衣为有结节或无结节网片。另外，可选择深水大网箱。	现场检查。	2级

4.2.4 场地管理

序号	控制点	符合性要求	等级
4.2.4.1	每个网箱区连续养殖2年,应收上挡流装置及网箱,休养3个月以上。	养殖场提供养殖记录。	2级
4.2.4.2	除看护犬外,不得豢养其他动物。	现场检查。	2级

4.3 养殖投入品

4.3.1 饲料

序号	控制点	符合性要求	等级
4.3.1.1	天然饲料应经冷冻处理,保持新鲜,未变质。配合饲料应符合NY 5072的规定	现场检查。养殖场提供相关饲料验收使用记录。	2级
4.3.1.2	刚入网箱的鱼苗,宜投喂适口的配合饲料、鱼贝肉糜、糠虾、大型冷冻桡足类等。养至25 g以上的鱼种宜直接投喂切碎的鱼肉块、鱼肉糜、湿性或干颗粒饲料。	养殖场提供相关记录。	2级
4.3.1.3	全长25 mm～30 mm鱼苗刚入网箱时每天投喂8次～10次,至全长160 mm后可逐渐减少至2次,早晨和傍晚投喂。全长30 mm以内的鱼苗,20℃以上时,鱼贝肉糜日投饵率100%左右,随着鱼苗长大,逐渐降低投饵率。	养殖场提供相关记录。	2级
4.3.1.4	50 g/尾以上鱼种每天早上与傍晚各投喂一次,日投饵率在3%～6%;越冬期间投喂每天一次,阴雨天气可隔天一次,日投饵率小于1%。	养殖场提供相关记录。	2级

4.4 养殖管理

4.4.1 苗种放养

序号	控制点	符合性要求	等级
4.4.1.1	应选择在小潮汛期间放养。	养殖场提供相关记录。	2级
4.4.1.2	放养前应用淡水浸浴等方式进行消毒。	养殖场提供相关记录。	1级
4.4.1.3	全长25 mm的鱼苗放养密度在1 500尾/m^3左右,50 g/尾以上的鱼种放养密度以30尾/m^3为宜。	养殖场提供相关记录。	2级

4.4.2 日常管理

序号	控制点	符合性要求	等级
4.4.2.1	每天定时观测水温、盐度、透明度与水流等理化因子，以及苗种集群、摄食、病害与死亡情况，并详细记录，发现问题应及时采取措施。	养殖场提供相关记录。	1级
4.4.2.2	应定期换洗网箱，同时对苗种进行筛选分箱和鱼体消毒。高温季节目长3 mm的网箱隔3 d～5 d，目长4 mm的网箱隔5 d～8 d，目长5 mm的网箱隔8 d～12 d，应进行换洗。网目长10 mm以上的视水温情况在15 d～30 d内进行换洗。	养殖场提供相关记录。	1级
4.4.2.3	养殖场应至少针对肠炎、体表溃疡病、弧菌病、刺激隐核虫病、本尼登虫病等病害制定病害防治计划。	养殖场提供病害防治计划和记录。	1级
4.4.2.4	养殖场应收集当地水产养殖病害测报与预报。	养殖场提供当地水产养殖病害测报与预报。	3级
4.4.2.5	每月对养殖环境水质进行监测，监测内容应涵盖水文、化学、生物三大要素。	养殖场提供环境监测报告。	1级
4.4.2.6	饲养环境安静，渔业生产操作时动作要轻，避免发出较大的声响。	现场检查。	2级

4.4.3 运输

序号	控制点	符合性要求	等级
4.4.3.1	视运输距离长短与鱼苗的规格大小，活水船运输密度为1.5×10^4尾/m^3～6×10^4尾/m^3。充氧塑料薄膜袋(0.4 m×0.8 m)包装运输宜在15℃以下进行，每袋200尾～1 000尾。100 g～150 g鱼种及成鱼的活水船运输密度为600尾/m^3～800尾/m^3。	养殖场提供相关记录。	2级

4.4.4 收获

序号	控制点	符合性要求	等级
4.4.4.1	收获前，养殖场根据休药期要求停止用药。并至少停止投喂饲料2 d。	养殖场提供相关记录。	1级
4.4.4.2	食用鱼应选择夜间收获。	养殖场提供相关记录。	2级
4.4.4.3	收获时所用海水应符合NY 5052的要求。	养殖场提供相关记录。	2级

4.5 环境保护

4.5.1 废物、污染物

编号	控制点	符合性要求	等级
4.5.1.1	生活垃圾及病、死鱼不得抛弃在网箱周围海域，应设收集容器予以分类收集，各网箱区应配备船只专人负责收集处理。	现场检查。	2级

ICS 65.150
B 50

中华人民共和国国家标准

GB/T 20014.24—2008

良好农业规范 第24部分：中华绒螯蟹围拦养殖控制点与符合性规范

Good agricultural practice—
Part 24: Chinese mitten crab net enclosure culture control points and compliance criteria

2008-02-01 发布 2008-04-01 实施

中华人民共和国国家质量监督检验检疫总局
中国国家标准化管理委员会
发布

前　言

GB/T 20014《良好农业规范》分为以下部分：

——第1部分：术语；
——第2部分：农场基础控制点与符合性规范；
——第3部分：作物基础控制点与符合性规范；
——第4部分：大田作物控制点与符合性规范；
——第5部分：水果和蔬菜控制点与符合性规范；
——第6部分：畜禽基础控制点与符合性规范；
——第7部分：牛羊控制点与符合性规范；
——第8部分：奶牛控制点与符合性规范；
——第9部分：生猪控制点与符合性规范；
——第10部分：家禽控制点与符合性规范；
——第11部分：畜禽公路运输控制点与符合性规范；
——第12部分：茶叶控制点与符合性规范；
——第13部分：水产养殖基础控制点与符合性规范；
——第14部分：水产池塘养殖基础控制点与符合性规范；
——第15部分：水产工厂化养殖基础控制点与符合性规范；
——第16部分：水产网箱养殖基础控制点与符合性规范；
——第17部分：水产围拦养殖基础控制点与符合性规范；
——第18部分：水产滩涂、吊养、底播养殖基础控制点与符合性规范；
——第19部分：罗非鱼池塘养殖基础控制点与符合性规范；
——第20部分：鳗鲡池塘养殖基础控制点与符合性规范；
——第21部分：对虾池塘养殖基础控制点与符合性规范；
——第22部分：鲆鲽工厂化养殖控制点与符合性规范；
——第23部分：大黄鱼网箱养殖控制点与符合性规范；
——第24部分：中华绒螯蟹围拦养殖控制点与符合性规范。

本部分为GB/T 20014的第24部分，本部分应与第13部分、17部分结合使用。

本部分由中国国家认证认可监督管理委员会、中华人民共和国农业部共同提出。

本部分由中国国家标准化管理委员会归口。

本部分起草单位：中国国家认证认可监督管理委员会注册管理部、中华人民共和国山东出入境检验检疫局、中国水产科学研究院、中国水产科学研究院淡水渔业研究中心。

本部分主要起草人：宋怿、郦旭文、戈贤平、王建新、陈恩成、黄磊、王世表、陈晓。

引　言

食品安全不仅关系到消费者的身体健康和生命安全，而且还直接或间接影响到食品、农产品行业的发展。因此，食品安全是食品链（如：养殖、加工、储运）中各组织的首要要求。

作为食品链的初端，水产养殖过程控制直接影响食品的安全。为达到符合法律法规或相关标准的要求，满足消费者需求，保证食品安全和促进农业的可持续发展，本部分在遵循 GB/T 20014.13 和 GB/T 20014.17的前提下，提出以下要求：

0.1　食品安全危害的管理

本部分采用危害分析与关键控制点（HACCP）方法识别、评价和控制食品安全危害。在水产养殖过程中，针对中华绒螯蟹围拦养殖的生产方式特点，对养殖场选址、围拦、饲料、养殖过程管理、捕获与运输等方面等提出了要求。

0.2　渔业可持续发展的环境保护要求

本部分提出了环境保护的要求，通过要求生产者遵守环境保护的法规或标准，营造养殖水产品生产过程的良性生态环境，协调养殖水产品生产和环境保护的关系。

0.3　员工的职业健康、安全和福利要求

本部分提出了员工职业健康、安全和福利的要求。

0.4　动物福利的要求

本部分提出了动物福利的要求。

本部分将内容条款的控制点划分为 3 个等级，并遵循表 1 的原则：

表 1

等级	级　别　内　容
1	基于危害分析与关键控制点（HACCP）和与食品安全直接相关的动物福利的所有食品安全要求
2	基于 1 级控制点要求的环境保护、员工福利、动物福利的要求
3	基于 1 级和 2 级控制点要求的环境保护、员工福利、动物福利的持续改善措施要求

良好农业规范　第24部分：中华绒螯蟹围拦养殖控制点与符合性规范

1　范围

GB/T 20014的本部分规定了中华绒螯蟹(*Eriocheir sinensis*)围拦养殖良好农业规范的要求。

本部分适用于中华绒螯蟹围拦养殖良好农业规范要求的符合性判定。

2　规范性引用文件

下列文件中的条款通过GB/T 20014的本部分的引用而成为本部分的条款。凡是注日期的引用文件，其随后所有的修改单(不包括勘误的内容)或修订版均不适用于本部分，然而，鼓励根据本部分达成协议的各方研究是否可使用这些文件的最新版本。凡是不注日期的引用文件，其最新版本适用于本部分。

GB/T 20014.1　良好农业规范　第1部分：术语

GB/T 20014.13　良好农业规范　第13部分：水产养殖基础控制点与符合性规范

GB/T 20014.17　良好农业规范　第14部分：围拦养殖基础控制点与符合性规范

3　术语和定义

GB/T 20014.1、GB/T 20014.13和GB/T 20014.17确立的术语和定义适用于GB/T 20014的本部分。

4　要求

4.1　选址、设施

4.1.1　选址

序号	控制点	符合性要求	等级
4.1.1.1	网围养殖区应环境安静，水面开阔，水源充足、清新，无污染，pH值7.5～8.5，水深宜为0.8 m～2 m。枯水期养殖区水深0.5 m以上。	现场检查。	1级

4.1.2　围拦

序号	控制点	符合性要求	等级
4.1.2.1	围拦高度随水位高低进行升降，应高出水面1 m～1.5 m，拦网网目的大小2.5 cm～3 cm，尽量节省材料并以达到围拦区水体最高交换率和有效防逃为原则。	现场检查。	2级
4.1.2.2	拦网上端用小网片或塑料膜制成宽40 cm高的、呈“Γ”型的倒檐，防蟹由上部逃逸。	现场检查。	2级

4.2 饲料

序号	控制点	符合性要求	等级
4.2.1	用作饲料的沉水植物和螺、蚬、蚌等应来源于无污染的水域。	养殖场提供采集记录。	1级

4.3 养殖过程管理

4.3.1 苗种放养

序号	控制点	符合性要求	等级
4.3.1.1	放养前采用网捕等方法进行一次彻底的清除大规格凶猛性的和摄食底栖生物的鱼类。应清除较高的挺水植物和过多的浮叶植物等。	现场检查。养殖场提供记录。	2级
4.3.1.2	围拦养殖区应种植适宜水草，覆盖率应达到50%以上。	现场检查。	2级
4.3.1.3	苗种质量要求规格整齐，体质健壮，爬行敏捷，附肢齐全，指节无损伤，无寄生虫附着。放养时，可用3%～4%食盐水溶液浸泡3 min～5 min的消毒处理。	养殖场提供消毒记录。	2级
4.3.1.4	放养苗种的规格为60只/kg ～120只/kg，放养密度为4 500只/hm^2～7 500只/hm^2。	养殖场提供放养记录。	2级

4.3.2 投喂管理

序号	控制点	符合性要求	等级
4.3.2.1	饲料投喂每天两次，投喂时间宜为6:00～7:00和16:00～17:00。每日投饵量的分配为早上占30%，傍晚占70%。	养殖场提供养殖记录。	3级
4.3.2.2	饲料投喂宜根据季节、天气、水色与蟹摄食量而定。一般日投饵量3月～4月份为蟹体重的1%左右，5月～7月为5%～8%；8月～10月为10%以上。	养殖场提供养殖记录。	2级
4.3.2.3	幼蟹早期饵料宜为螺、蚌、小杂鱼、虾等。根据蟹不同生长发育阶段需要，宜合理搭配土豆、南瓜、玉米等饲料。	养殖场提供养殖记录。	3级
4.3.2.4	投喂的水草，一次性定点投入，投喂量以第二天摄食完毕为宜。次日晨，捞去未食完的残剩水草。	现场检查，如无，则不适用。	1级
4.3.2.5	投喂的螺、蚬、蚌等动物性饵料，应随到随喂，一次性多点投入。	现场检查，如无，则不适用。	2级
4.3.2.6	饲料投喂宜沿浅水区定点“一”字形摊放。	现场检查。	3级

4.3.3 **水质管理**

序号	控制点	符合性要求	等级
4.3.3.1	宜采用生态修复技术改善养殖水质，可使用生物改良剂调节养殖用水。	养殖场提供记录。	3级
4.3.3.2	6月～8月份，可每月泼洒一次生石灰浆，用量为225 kg/hm^2～300 kg/hm^2。	养殖场提供记录。	2级

4.3.4 **包装和运输管理**

序号	控制点	符合性要求	等级
4.3.4.1	包装前商品蟹应经过视检。死的或不健康的蟹不得通过，不能供人类消费。	现场检查，询问员工。	1级
4.3.4.2	包装方法，将蟹的两螯和八步足顺序安放成团，并用细绳以十字形结扎，腹部朝下整齐排列于湿润的蒲包、网袋或其他容器中。	现场检查，询问员工。如无，则不适用。	3级
4.3.4.3	在低温清洁的环境中装运，保证鲜活。	现场检查，询问员工。	2级
4.3.4.4	运输过程中，防温度剧变、挤压、剧烈震动，不得与有害物质混运，严防运输污染。运输时，采用适当的防护包装，确保产品的卫生安全。	现场检查，询问员工。	1级
4.3.4.5	产品标志应标明产品名称、等级、净含量、生产者名称和地址、包装日期、批号和产品标准号。	养殖场提供记录，现场审查。	1级

ICS 29.120.10
K 65

中华人民共和国国家标准

GB 20041.21—2008/IEC 61386-21:2002

电缆管理用导管系统
第21部分:刚性导管系统的特殊要求

Conduit systems for cable management—
Part 21:Particular requirement—Rigid conduit systems

(IEC 61386-21:2002,IDT)

2008-12-30 发布

2010-02-01 实施

中华人民共和国国家质量监督检验检疫总局
中国国家标准化管理委员会 发布

前　　言

GB 20041 本部分的全部技术内容为强制性。

GB 20041《电缆管理用导管系统》分为 2 部分：

——第 1 部分：通用要求(GB/T 20041.1)

——第 2 部分：特殊要求(GB 20041.21～GB 20041.24)

- 第 21 部分：刚性导管系统的特殊要求
- 第 22 部分：可弯曲导管系统的特殊要求
- 第 23 部分：柔性导管系统的特殊要求
- 第 24 部分：埋入地下的导管系统的特殊要求

本部分为 GB 20041 的第 21 部分。本部分应与 GB/T 20041.1—2005 配合使用。

本部分等同采用 IEC 61386-21:2002《电缆管理用导管系统——第 21 部分：刚性导管系统的特殊要求》(第 1 版)。

本部分的附录 A、附录 B 是规范性附录。

本部分由中国电器工业协会提出。

本部分由全国电器附件标准化技术委员会归口。

本部分起草单位：中国电器科学研究院、杭州鸿雁电器有限公司、广东联塑科技实业有限公司、佛山高明顾地塑胶有限公司、广东出入境检验检疫局。

本部分主要起草人：罗怀平、单朝兰、林少全、赵侠、唐念恩、宋波、冯燕萍、李立新、周晓清、张婵兰。

电缆管理用导管系统
第21部分:刚性导管系统的特殊要求

1 范围

GB/T 20041.1—2005的本章适用,除下述内容外:

增加:

GB 20041的本部分规定了刚性导管系统的要求。

2 规范性引用文件

下列文件中的条款通过GB 20041的本部分的引用而成为本部分的条款。凡是注日期的引用文件,其随后所有的修改单(不包括勘误的内容)或修订版均不适用于本部分,然而,鼓励根据本部分达成协议的各方研究是否可使用这些文件的最新版本。凡是不注日期的引用文件,其最新版本适用于本部分。

GB/T 20041.1—2005的本章适用。

3 定义

GB/T 20041.1—2005的本章适用。

4 一般要求

GB/T 20041.1—2005的本章适用。

5 试验的一般条件

GB/T 20041.1—2005的本章适用。

6 分类

GB/T 20041.1—2005的本章适用,除下述内容外:

6.1.1 1),6.1.2 1),6.1.3 2),6.1.3 3),6.1.3 4),6.1.4 1)和6.1.5 1)不适用。

7 标志和文件

GB/T 20041.1—2005的本章做下述修改后适用。

增加:

7.1.101 导管应根据7.1要求进行标识。标识应沿着导管全长按固定的间隔进行,间隔最适宜为1 m但不超过3 m,每一段间隔应至少标识一次。

是否合格,通过观察检查。

7.1.102 制造商应为导管系统提供最小内径和符合第6章分类说明的文件。

是否合格,通过观察检查。

8 尺寸

替代:

8.1 螺纹和外径应符合 GB/T 17194 要求。

是否合格，用符合 GB/T 17194 规定的量规进行检查。

8.2 除了端接导管配件外，可形成螺纹的导管和导管配件应符合表 101 要求。除了已说明抗拉强度的导管系统的配件外，不可形成螺纹的导管配件应符合表 102 要求。制造商应声明导管系统的最小内径。

是否合格，通过测量检查。

表 101 螺纹长度

尺寸	外螺纹	内螺纹
	最小长度 mm	最小长度 mm
6	5.5	6.5
8	6.5	7.5
10	8.5	9.5
12	10.5	11.5
16	12.5	13.5
20	14.0	15.0
25	17.0	18.0
32	19.0	20.0
40	19.0	20.0
50	19.0	20.0
63	19.0	20.0
75	19.0	20.0

表 102 最大进入直径和最小进入长度说明

尺寸	外螺纹	内螺纹
	最大进入直径 mm	最小进入长度 mm
6	6.5	6.0
8	8.5	8.0
10	10.5	10.0
12	12.5	12.0
16	16.5	16.0
20	20.5	20.0
25	25.5	25.0
32	32.6	30.0
40	40.7	32.0
50	50.8	42.0
63	63.9	50.0
75	75.9	50.0

9 结构

GB/T 20041.1—2005 的本章适用。

10 机械性能

GB/T 20041.1—2005 的本章做下述修改后适用。

10.4 弯曲试验

替代：

由制造商声明的可弯曲的导管应符合 10.4.101、10.4.102 或 10.4.103 试验要求。

10.4.101 金属导管

10.4.101.1 尺寸为 16、20、25 的导管应用图 101 所示的装置进行弯曲试验。其他尺寸的导管试验应根据制造商的使用说明书进行。

10.4.101.2 长度为标称直径 30 倍的试样进行弯曲试验，当松开试验夹具时，试样能弯成(90±5)°，使其弯曲的内半径为标称直径的 6 倍。

10.4.101.3 对有焊缝的导管，用 6 个试样进行此项试验。3 个试样焊缝在弯曲面的外侧，3 个试样焊缝在弯曲面的内侧。

10.4.101.4 试验后：

——导管的本身材料和导管的保护层，应不得出现在无附加放大情况下正常或校正视力可见的裂痕；

——如有焊缝应不开裂；

——导管的截面应不过度变形。

截面的变形应通过以下试验进行检查：

弯曲后的导管应以以下方式放置进行试验：直的部分与铅垂线成 45°，试样一端朝上，另一端朝下。应能让符合图 102 所示的相应量规在其自身重量并无任何初速度的情况下通过导管。

10.4.102 非金属导管

10.4.102.1 尺寸为 16、20、25 的导管用图 103 所示的装置进行弯曲试验。试样的长度约为 500 mm，其他尺寸的试验应根据制造商的使用说明书进行。

10.4.102.2 在弯曲试验前，应将弯曲辅助件放进每个试样中。弯曲辅助件应采用方截面金属丝盘绕而成的弹簧制成，该弹簧应无毛刺且外径应比所规定的导管最小内径小 0.7 mm～1.0 mm；或者可采用制造商推荐的弯曲辅助件。

10.4.102.3 试验前，将填充了弯曲辅助件的试样在冷冻箱放置至少 2 h。冷冻箱的温度应保持在表 1 所示的温度(偏差为±2 ℃)。

弯曲装置应放置于冷冻箱旁边，在试样从冷冻箱里取出的 10 s 内应进行试验。

10.4.102.4 每个试样应放置于如图 103 所示的成形模的凹槽中，同时用夹具轻轻夹紧。绕成形模移动弯曲型辊，在放开弯曲型辊后，试样应弯曲成(90±5)°。同时应在不损坏试样或弯曲辅助件的情况下能取出弯曲辅助件。

试验后，试样应不得出现在无附加放大情况下正常或校正视力可见的裂痕；且应能让符合图 102 所示的相应量规依靠自重在无任何初速度的情况下通过导管。

10.4.103 复合导管

制造商声明可弯曲的复合导管应符合 10.4.101 和 10.4.102 试验要求。每个试验均要求用新试样进行。

试验应在表 1 所示的温度(偏差为±2 ℃)下进行。

10.5 弯折试验

GB/T 20041.1—2005 的本条不适用。

10.6 破坏性试验

替代：

10.6.101 金属导管

金属导管不进行破坏性试验。

10.6.102 非金属和复合导管

10.6.102.1 有制造商声明的可弯曲的导管，应符合除了10.4.102.3以外的10.4.102其余条款要求。

10.6.102.2 在取出弯曲弹簧或制造商推荐的其他弯曲辅助件之后，试样应固定在图104所示的刚性支架的四个夹箍中。

将试验装置与试样一起在烘箱中放置24 h±15 min，烘箱温度应如表2所示(偏差±2 ℃)。

此阶段试验后，把支架放置成使试样直的部分与铅垂线成45°，试样一端朝上，另一端朝下。应能让符合图102所示的相应量规在其自身重量并无任何初速度的情况下通过导管。

10.7 抗拉强度试验

GB/T 20041.1—2005的本条除了以下条款外均适用。

10.7.3 不适用。

11 电气性能

GB/T 20041.1—2005的本章适用。

12 热性能

GB/T 20041.1—2005的本条除了以下条款外均适用。

12.3 替代：

然后，撤掉负荷，立即将试样放于铅垂方向上，让符合图102所示的相应量规在其自身重量并无任何初速度的情况下通过导管，量规应能通过导管。

13 火焰效应

GB/T 20041.1—2005的本章适用。

14 外部影响

GB/T 2004.1—2005的本章适用。

15 电磁兼容性

GB/T 20041.1—2005的本章适用。

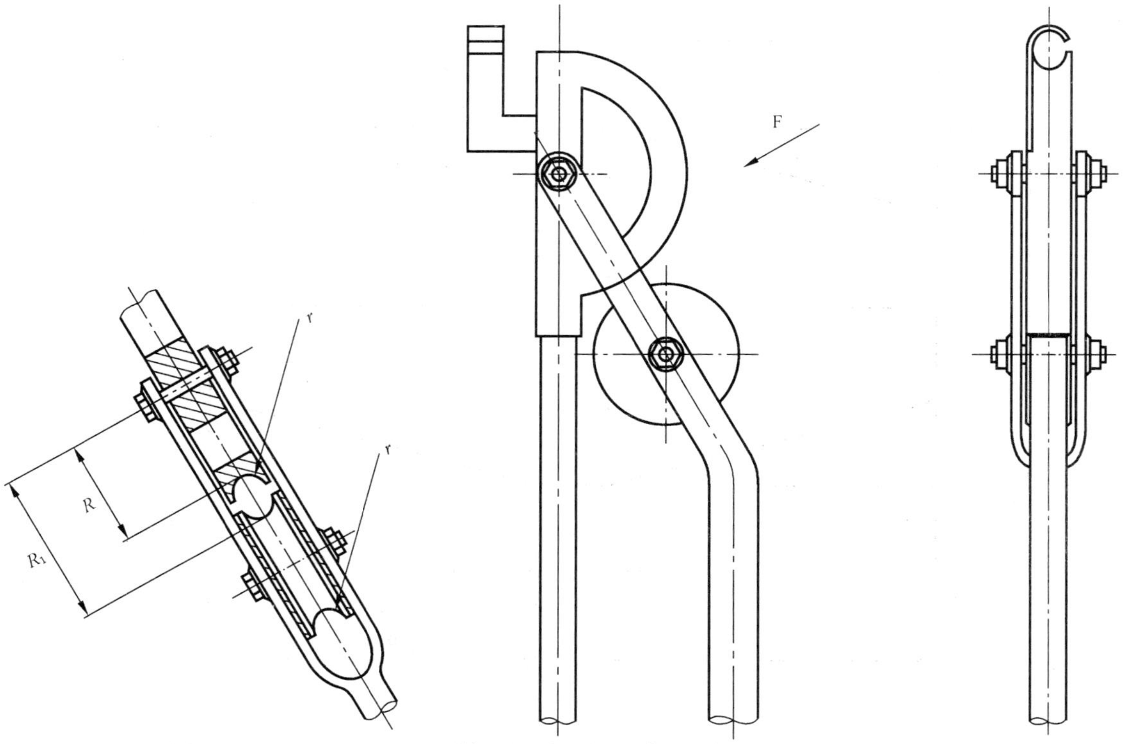

尺　　寸	弯曲半径		凹槽半径 r mm
	内半径 R mm	外半径 R_1 mm	
16	96	113	8.1
20	120	141	10.1
25	150	178	12.7

注:本图除所示尺寸之外其余不进行设计限制。

图 101　金属和复合导管的弯曲试验装置

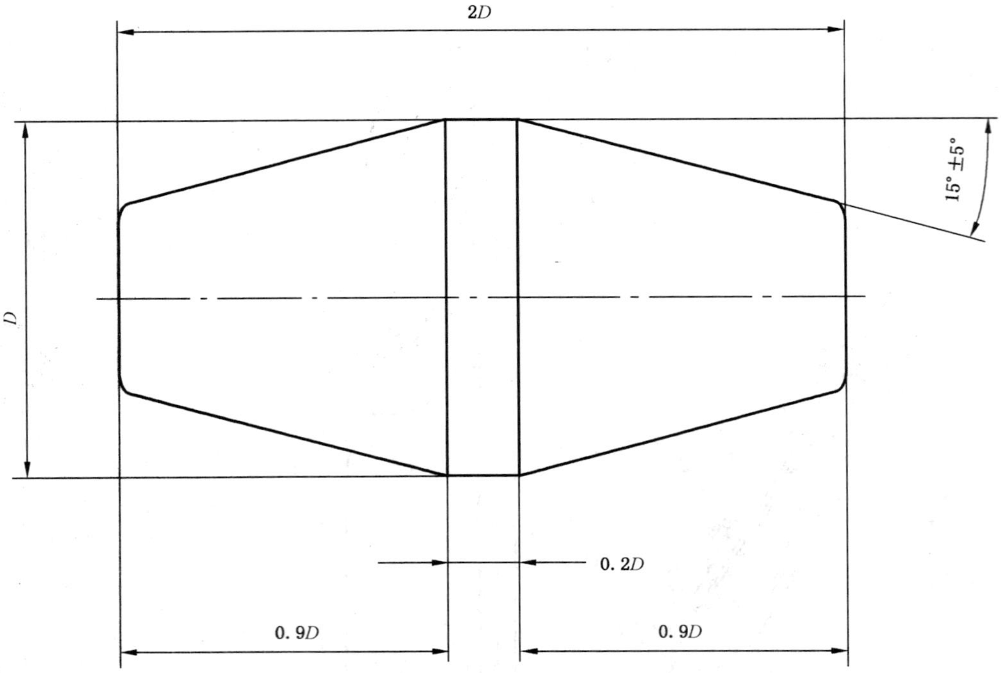

D	制造商声明导管最小内径的 80%
材料	钢材,硬质和抛光,边缘轻微抛圆
制造公差	$^{+0.05}_{0}$ mm
公差和轴心尺寸	±0.2 mm
允许磨损	0.01 mm

注:本图除了所示尺寸之外其余不进行设计限制。

图 102 在冲击、弯曲、弯折和耐热试验后检查导管最小内径的量规

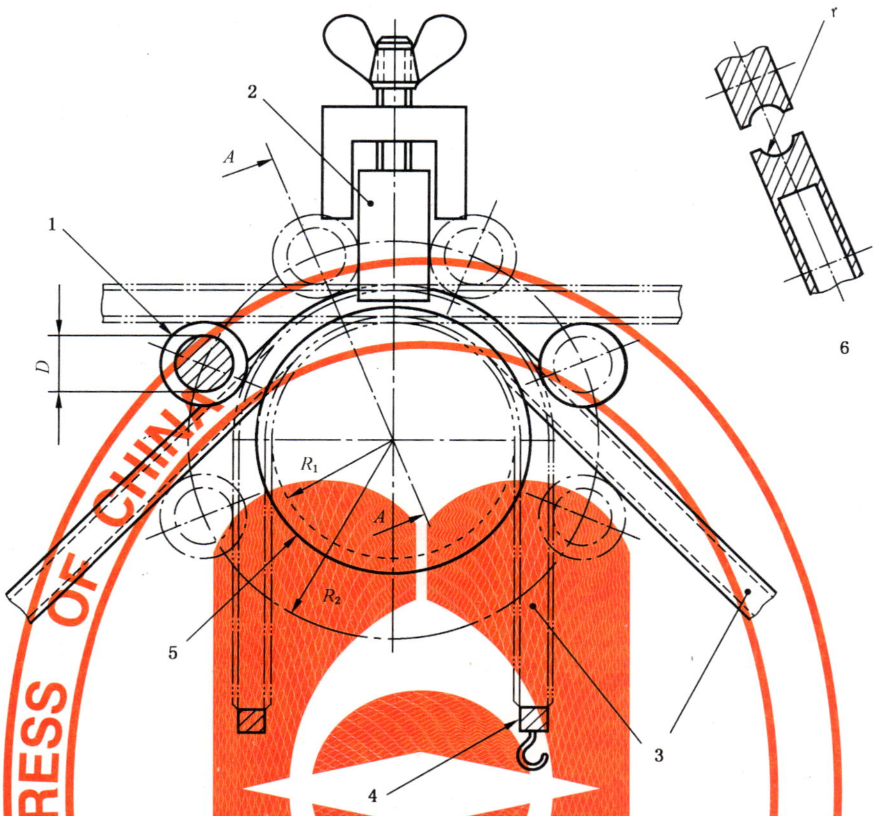

关键词：
1——弯曲型辊；
2——夹具；
3——试样；
4——弯曲弹簧；
5——成形模；
6——A—A 截面。

尺寸	成形模的凹槽底部半径 R_1 mm	经弯曲型辊中心描绘的弧线半径 R_2 mm	成形模和弯曲型辊的凹槽半径 r mm	弯曲型辊的底部的直径 D mm
16	48	84	8.1	24
20	60	105	10.1	30
25	75	131.25	12.6	37.5

注：本图除所示尺寸之外其余不进行设计限制。

图 103　非金属和复合导管的弯曲装置

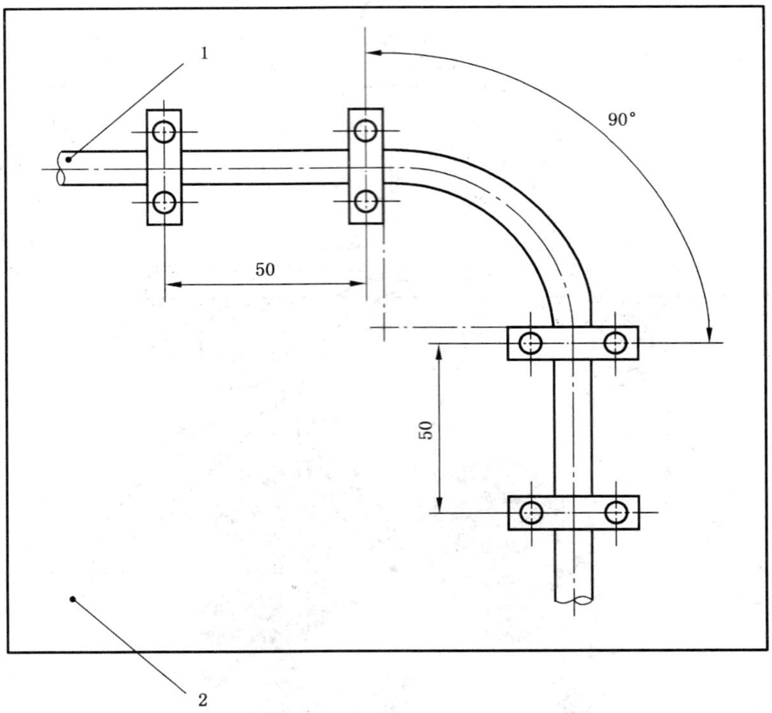

关键词：

1——试样；

2——刚性支架。

注：本图除所示尺寸之外其余不进行设计限制。

图 104 破坏性试验的布置

附　录　A
（规范性附录）
导管系统的分类代码

GB 20041.1—2005 本附录适用。

附　录　B
（规范性附录）
材料厚度的测定

GB 20041.1—2005 本附录适用。

ICS 27.070
K 82

中华人民共和国国家标准

GB/T 20042.2—2008

质子交换膜燃料电池 电池堆通用技术条件

Proton exchange membrane fuel cell—General technical specification of fuel cell stacks

2008-05-20 发布　　2009-01-01 实施

中华人民共和国国家质量监督检验检疫总局
中国国家标准化管理委员会　发布

前 言

GB/T 20042《质子交换膜燃料电池》分为以下几部分：

1） 质子交换膜燃料电池 术语(GB/T 20042.1—2005)；

2） 质子交换膜燃料电池 电池堆通用技术条件(GB/T 20042.2—2008)。

本部分是 GB/T 20042 的第 2 部分。

本部分在制定过程中参考了国际电工委员会标准 IEC 62282-2:2004《燃料电池技术 第 2 部分 燃料电池模块》,吸取了其中有关质子交换膜燃料电池堆的主要内容。

本部分的附录 A 是资料性附录。

本部分由中国电器工业协会提出。

本部分由全国燃料电池标准化技术委员会(SAC/TC 342)归口。

本部分由大连新源动力股份有限公司负责起草。

本部分参加起草单位:中国科学院大连化学物理研究所、机械工业北京电工技术经济研究所和上海神力科技有限公司等。

本部分主要起草人:侯中军、侯明、杨启明、董辉、陈妙农、邱立东等。

引　言

《质子交换膜燃料电池　电池堆通用技术条件》是国家“十五”重大科技专项的重要技术标准研究项目《新能源和可再生能源关键技术标准研究——质子交换膜燃料电池、太阳热水系统、并网型光伏发电及风力发电机组》研究制定的、结合我国“863”计划燃料电池电动汽车重大项目质子交换膜燃料电池技术的系列国家标准之一。本部分规定了质子交换膜燃料电池堆(包括直接醇类燃料电池堆)的安全、性能的基本要求,型式检验、例行检验的项目、试验方法以及标志与说明文件等方面的要求,适用于质子交换膜燃料电池堆(包括直接醇类燃料电池堆)。

燃料电池不仅适合建设为固定式电站来提供社区和家庭用电力源,更重要的在于车载燃料电池可以为电动汽车提供动力源以及微型燃料电池使用于各种通讯设备、笔记本电脑和掌上电脑等。而燃料电池技术正在从这些方面的研究和开发向产业化转变,燃料电池在固定电站、运输电源和便携式电源等方面的商业化即将来临。与燃料电池相关的一些技术也将在未来 5～10 年内实现商业化,一些新技术、新材料和新组件也将会在市场国际化的基础上快速发展,可以预见燃料电池技术将会持续而高速地发展。

我国“九五”、“十五”期间都把质子交换膜燃料电池(PEMFC)及其相关技术作为重大项目列入国家科技攻关包括“863”燃料电池汽车重大项目计划,并已取得阶段性成果。目前我国在 PEMFC 技术方面以高校和科研院所为技术支撑,以几家主要的高新技术企业为龙头,已形成了大连、上海、北京和武汉等主要的研发基地。他们当中有的已取得拥有自主知识产权专利技术,正在积极推进我国燃料电池技术的产业化和商业化。

早期制定标准对于推动这项具有无限发展潜力的新技术——燃料电池的产业化和商业化是非常重要的。国际电工委员会(IEC)成立了 IEC/TC 105 来负责燃料电池专业的标准工作,近年来活动非常频繁,目前已发布了第一份燃料电池国际标准 IEC 62282-2:2004《燃料电池技术　模块》和 IEC 62282-1:2005《燃料电池技术　术语》。我国在开展燃料电池技术科技攻关和跟踪国际标准的同时,根据我国实际安排了相关关键技术标准的研究制定,旨在体现标准早期介入科技成果产业化,与国际接轨的理念。目前已完成的标准项目有:

(1) 质子交换膜燃料电池　术语(GB/T 20042.1—2005);

(2) 质子交换膜燃料电池　电池堆通用技术条件(GB/T 20042.2—2008);

(3) 便携式质子交换膜燃料电池发电系统(GB/Z 21742—2008);

(4) 固定式质子交换膜燃料电池发电系统(独立型)性能试验方法(GB/Z 21743—2008)。

质子交换膜燃料电池
电池堆通用技术条件

1 范围

GB/T 20042 本部分规定了质子交换膜燃料电池堆(包括直接醇类燃料电池堆)的安全、性能的基本要求,型式检验、例行检验的项目、试验方法以及标志与说明文件等方面的要求。

本部分适用于质子交换膜燃料电池堆(包括直接醇类燃料电池堆)(以下简称"燃料电池堆")。

本部分仅涉及会对人体和燃料电池外部环境造成危害的情形,而对燃料电池堆内部损伤的防护,只要不影响燃料电池堆外的安全,本部分不作规定。

本部分不包括燃料和氧化剂的储存装置以及燃料和氧化剂输送过程与输送装置。

如果有更好的材料或新的结构,又能通过本部分规定的检验并满足相关要求,也可以认为是符合本部分的。

2 规范性引用文件

下列文件中的条款通过本部分的引用而成为本部分的条款。凡是注日期的引用文件,其随后所有的修改单(不包括勘误的内容)或修订版均不适用于本部分,然而,鼓励根据本部分达成协议的各方研究是否可使用这些文件的最新版本。凡是不注日期的引用文件,其最新版本适用于本部分。

GB/T 2423.10 电工电子产品环境试验 第2部分:试验方法 试验Fc和导则:振动(正弦)(GB/T 2423.10—2008,IEC 60068-2-6:1995,IDT)

GB/T 2423.55 电工电子产品环境试验 第二部分:环境测试 试验Eh:锤击试验(GB/T 2423.55—2006,IEC 60068-2-75:1997,IDT)

GB/T 3512 硫化橡胶和热塑性橡胶 热空气加速老化及耐热试验(GB/T 3512—2001,eqv ISO 188:1998)

GB 3836(所有部分) 爆炸性气体环境用电气设备(对应 IEC 60079(所有部分))

GB 4208 外壳防护等级(IP代码)(GB 4208—2008,IEC 60529:2001,IDT)

GB 4943 信息技术设备的安全(GB 4943—2001,IEC 60950-1:1999,IDT)

GB/T 5095.8 电子设备用机电元件 基本试验规程及测量方法 第8部分:连接器、接触件及引出端的机械试验(GB/T 5095.8—1997 IEC 60512-8:1993,IDT)

GB/T 5169 电工电子产品着火危险试验(对应 IEC 60695)

GB/T 5563 橡胶和塑料软管及软管组合件 静液压试验方法(GB/T 5563—2006,ISO 1402:1994,IDT)

GB/T 7826 系统可靠性分析技术 失效模式及效应分析(FMEA)程序(GB/T 7826—1987,idt IEC 60812:1985)

GB/T 7829 故障树分析程序(GB/T 7829—1987,neq IEC 60056)

GB/T 15329.1 橡胶软管及软管组合件 织物增强液压型 第1部分:油基流体用(GB/T 15329.1—2003,ISO 4079-1:2001,MOD)

GB/T 18290(所有部分) 无焊连接(idt IEC 60352 所有部分)

GB/T 20042.1 质子交换膜燃料电池 术语

IEC 61508(所有部分) 电工电子可编程序的电子安全相关系统 功能安全

ISO 37　硫化橡胶和热塑性橡胶　拉伸与压缩疲劳特性的测定
ISO 1307　一般工业用橡胶和塑料软管　内径及其公差和长度公差
ISO 4672　橡胶软管和塑料软管　低于室温条件下的柔软性试验
EN 50178　电力设备用电工器材

3　术语及定义

GB/T 2900.18、GB 3836.1、GB 4943 和 GB/T 20042.1 所定义的术语，适用于本部分。

4　要求

为了便于燃料电池制造和使用各方面的沟通，所以本部分编写了附录 A(资料性附录)，供各有关方面参考。

4.1　使用条件

除非另有规定，燃料电池堆应能在下列环境条件下运行：

a)　海拔不超过 1 000 m；

b)　环境空气中氧气体积含量为 21%±1%；

c)　环境温度：5℃～40℃。

4.2　通用安全措施

本部分仅涉及能对人身和燃料电池堆外部环境造成危害的情况，而对燃料电池堆内部损害的防护，只要不影响燃料电池堆外的安全，本部分不作规定。

注：如果按照制造商的说明书使用燃料电池，那么燃料电池堆内部损伤的防护由制造商负责。

由于燃料电池堆中有燃料和其他储能物质与能量(例如：易燃物质、加压介质、电能、机械能等)，应按照以下顺序为燃料电池堆采取通用安全措施：

a) 在这些能量尚未释放时，首先消除燃料电池堆外边的隐患；

b) 对这些能量进行被动控制(如采用防爆片、泄压阀、隔热构件等)，确保能量释放时不危及周围环境；

c) 对这些能量进行主动控制(如通过燃料电池中的电控装置)。在这种情况下，由控制装置故障引发的危险应逐一加以考虑。对安全部件的评价应符合 IEC 61508 的规定。另一方面，可将危险告知燃料电池系统集成制造商；或

d) 提供适当的、与残存危险有关的安全标记。

采取以上措施时，应需特别注意：

- 机械危险——尖角锐边、跌倒危险、运动的和不稳定的部件、材料强度以及带压力的液体和气体；
- 电气危险——人员接触带电零部件、短路、高电压；
- 电磁兼容性(EMC)危险——暴露在电磁环境中的燃料电池堆出现故障或由于燃料电池堆的电磁辐射导致其他(附近)设备发生故障；
- 热危险——热表面、高温液体、气体释放或热疲劳；
- 火灾和爆炸危险——易燃气体或液体，在正常或异常运行条件下或在故障情况下，易燃易爆混合物的潜在危险；
- 故障危险——由于软件、控制电路或保护/安全元器件的失效或加工不良或误动作引起的不安全运行；
- 材料的危险——材料变质、腐蚀、脆变，有毒有害气体释放；
- 废物处置危险——有毒材料的处置、回收，易燃液体或气体的处置；
- 环境危险——在冷、热、风、雨、进水、地震、外源火灾、烟雾等环境下的不安全运行。

4.3 设计要求

燃料电池堆制造商应根据风险评估进行设计。风险评估应符合 GB/T 7826、GB/T 7829 和 IEC 61508-1 的规定。

所有零部件应：

a) 适合于预期使用时的温度、压力、流速、电压及电流范围；

b) 在预期使用中，能耐受燃料电池堆所处环境的各种作用、各种运行过程和其他条件的不良影响。

注：除另有规定外，本部分中的气体压力均指表压。

如果燃料电池堆带有外壳，则外壳防护应根据燃料电池堆的不同使用环境，并按 GB 4208 的要求选择适当的防护等级并予以标志。

4.3.1 正常和非正常运行条件下的特性

燃料电池堆在按制造商说明书中规定的所有正常运行条件运行时，应不会产生任何损坏；在可预知的非正常运行条件下运行时，应符合 4.2 的规定。

4.3.2 气体泄漏

在制造中应尽量减少易燃气体的泄漏，并应在说明书中对泄漏速率予以说明(见 5.2)。

4.3.3 带压力运行

如果燃料电池堆采用气密并承压的外壳封装，则外壳应符合《压力容器安全技术监察规程》的规定。

压力并不是燃料电池堆设计所要考虑的最重要因素。例如，一个采用轴向压紧构件设计方案的燃料电池堆，虽未开裂却有泄漏。对于足够的强度、刚度及稳定性(静态与动态)和/或其他运行特性的要求，应首先重视尺寸的确定、材料的选择和工艺规程。

4.3.4 着火和点燃

4.3.4.1 一般要求

应对燃料电池堆采取保护措施(如通风、气体检测、防止运行温度高于自燃温度等)，以确保燃料电池堆内部泄漏或对外泄漏的气体不致达到其爆炸浓度。这些措施的设计规范(如要求的通风速率)应由燃料电池堆制造商提供，并在说明书中加以说明，以便燃料电池系统集成制造商采取预防措施，确保安全。

处于爆炸性环境中的零部件应满足 GB/T 5169 规定的 FV0，FV1 或 FV2 的阻燃材料制造。

4.3.4.2 例外情形

燃料电池堆内，膜或其他类似材料用量低于燃料电池堆总质量的 10%。

4.3.5 安全措施

按照 4.2a)和 4.2b)设计的燃料电池堆，允许在没有外部安全措施的情况下运行。

燃料电池堆安全的主动控制可由燃料电池模块或燃料电池系统中的安全装置来实现。

4.3.6 管路和管件装配

管路的尺寸应符合设计要求，其材料应满足预期输送的流体和流体压力的要求。

流体泄漏不致产生危险的部位才可采用螺纹连接，如空气供应回路、冷却回路。所有其他接缝都应焊接，或至少要按制造商要求与指定的密封部位装配连接。在燃料气体或氧气管路中，使用的接头应是磨口接头、法兰接头或压力接头，以防燃料气或氧气泄漏。

管路系统应满足 5.2 规定的的气体泄漏试验要求。

应彻底清理管路的内表面以除去颗粒物，管路端口应仔细清除障碍物和毛刺。

用来传输气体的柔性管道和相关配件应符合 GB/T 3512、GB/T 5563、GB/T 15329.1、ISO 37、ISO 1307、ISO 4672 的规定，输送氢气的管路应作特殊考虑。

4.3.6.1 非金属管路系统

在下列情况下，可使用塑料和橡胶管材、管路和组件：

非金属管路系统应适应最高运行温度和最高运行压力的共同作用，不允许释放出对燃料电池有害的物质，并能与使用、维修和保养时所接触的其他材料、化学品相容，应具有足够的机械强度，满足5.4和5.5的要求。

必要时应加防护套管或外罩来防止燃料电池堆上的塑料或橡胶管件受到机械损伤。

所有安装有输送易燃气体的塑料或橡胶管件的腔室，都应防止可能的过热。如有这种过热的可能时，应告知燃料电池系统集成制造商这一部位允许的最高温度，以便他们提供一个控制系统，在腔室温度比输送燃料管件所用材料的最低热变形温度下限尚低10 K时，即切断燃料输入。

用于危险区域内的塑料或橡胶材料应是能导电的，除非设计上能做到避免静电电荷累积。

4.3.6.2 金属管路系统

金属管路系统应适应最高运行温度和压力的共同作用，并能与使用、维修和保养时所接触的其他材料、化学品相容，金属管路系统应保持完好，应具有足够的机械强度，满足5.4和5.5的要求。

金属成型的弯管在弯曲时不应引起影响使用的缺陷。

4.3.7 接线端子和电气连接件

对外电路供电的电气连接件应满足下述要求：

a) 固定在其安装构件上，不会自行松动；

b) 导电部分不会从其预定位置滑脱；

c) 正确连接以确保导电部分不致受到损伤而影响其功能；

d) 在正常紧固过程中能防止发生旋转、扭曲或永久变形；

e) 裸露的导电连接件有保护层。

在正常使用中，与燃料电池的直接连接不应存在不符合4.3.7a)～4.3.7e)项指出的缺陷，接线端子应符合有关电气和机械方面的要求，是否符合要求，应按5.1的规定进行机械试验和连接质量的检验。

4.3.8 带电零部件

制造商应在技术文件中详细说明存在的带电零部件，特别是系统关闭后由于残余电压而存在危险的带电部分，告知燃料电池系统集成制造商应负责防止电击，还应预防燃料电池堆带电部分的意外短路。

4.3.9 绝缘材料及其绝缘强度

燃料电池堆中带电部分和不带电的导电部分之间的所有绝缘结构设计，都应符合电气绝缘结构有关标准的相应要求。

影响构件功能的材料的机械特性(如抗拉强度)应得到保证，当其所在部位温度比正常运行温度的最高值还高20 K(但不应低于80℃)时，仍应符合设计要求。

4.3.10 接地

不带电金属零部件应与公共接地点相联。

为了确保良好的电接触，所有电气连接件都不应松动或扭曲，并保持足够的接触压力。所有电气连接件都应采取防腐措施，相互连接的金属件之间不应发生化学腐蚀。

4.3.11 冲击与振动

预期使用中的冲击与振动不应引起任何危险。

4.3.12 监控方法

为确保燃料电池堆的安全，应该提供以下参数的监控措施：

a) 电池堆温度；

b) 电池堆和/或单电池的电压。

监控点的位置由电池堆制造商规定并向燃料电池系统制造商加以说明。在用其他方式对燃料电池堆提供安全运行保障的情况下，这些方式必须具有和对温度及电压监控等效的安全保障能力。

5 型式检验

5.1 概述

除非另有说明，被试样品，对于单件生产，应是准备向用户交货的燃料电池堆本身；批量生产的样品采用随机抽样的方法按规定的样本数抽取。

型式检验应在燃料电池系统模拟试验装置上进行。

对完整燃料电池堆，应按 GB/T 18290 和 GB/T 5095.8 的规定对其接线端子和电气连接进行检验，确认是否符合要求。然后，建议按以下顺序进行型式检验。

5.2 气体泄漏试验

本试验不适用于以下燃料电池堆：

——运行温度高于易燃气体的自燃温度的(见 4.3.4)，或

——置于已被证明符合相关的压力容器技术法规的气密容器中。

在无法对整个电池堆进行试验时，可以减少单体电池节数，但仍应具有代表性，总的泄漏应依据单体电池的节数按比例计算。

燃料电池堆应在满载电流下运行，直至在最高运行温度下达到热稳定。达到这些条件后，停止运行，吹扫燃料电池堆并关闭气体出口；燃料电池堆的温度降至规定的最低运行温度甚至更低。然后逐渐充入阳极气体，也可以是充入氦气或氮气[1)]，直至压力达到最高工作压力，并稳定 1 min。在泄漏试验过程中入口压力应稳定不变，用位于燃料电池堆进气口、泄压装置上游、精度不低于 2% 的流量计测量漏气速率。如果用氦气或氮气做试验气体，漏气速率应该按照式(1)校正：

$$R = q_{\text{fuel}} / q_{\text{test}} \qquad \cdots\cdots(1)$$

式中：

q_{fuel}——燃料气体泄漏速率(标准状态)，mL/s 或 mL/min；

q_{test}——试验气体泄漏速率(标准状态)，mL/s 或 mL/min；

R——修正系数，见式(2)或式(3)。

$$R = (d_{\text{test}} / d_{\text{fuel}})^{1/2} \qquad \cdots\cdots(2)$$

式中；

d_{test}——试验气体的相对密度；

d_{fuel}——燃料气体的相对密度。

或者

$$R = \mu_{\text{test}} / \mu_{\text{fuel}} \qquad \cdots\cdots(3)$$

式中：

μ_{test}——试验气体的运动黏度；

μ_{fuel}——燃料气体的运动黏度。

应采用式(2)和式(3)计算修正系数 R，取较高值，并应写入试验报告。

应记录气体泄漏速率，包括气体通过泄压阀的流速率，并写入试验报告。

如果因为压力滞后现象或压力设定而在试验中没有采用泄压装置，总泄漏值应该是测得值与泄压装置在最大燃料供应压力下的单独测得的泄漏量之和。

考虑参考条件和气体种类的修正，若用燃料气体或氦气作为试验气体，则将测得的气体泄漏速率乘以 1.5，若用氮气作为试验气体，则将测得的气体泄漏速率乘以 2。这一最终计算的结果，应不超过给用户提供的技术文件中的气体泄漏速率的规定[见 8.5.1e)]，并应向燃料电池系统集成制造商说明，要求将此信息提供给产品最终使用者，以便计算必要通风量。

1) IEC 62282-2 中，试验气体仅包括阳极气体和氦气，未提到氮气，此处用氮气是按我国实际情况。

5.3 正常运行试验

正常运行就是燃料电池堆在制造商说明书规定的正常条件下运行，具体为：

——电功率输出为额定值；

——热能输出（如果有的话）为额定值（对于冷却剂温度和流量）；

——燃料电池堆温度在正常范围内；

——燃料成分在正常范围内；

——燃料和氧化剂的流量在正常范围内；

——燃料和氧化剂的压力在正常范围内；

——冷却剂（如果有的话）的温度、压力和流量在正常范围内；

——输出功率变化率在正常范围内。

为了进行正常运行的型式试验，燃料电池堆应在上述规定的正常条件下运行，直至达到热稳定。应测量以下参数，记录测量结果并应符合如下要求：

a) 满载电流条件下燃料电池堆的端电压，其测得值应不低于 8.5.1t)的规定；

b) 燃料电池堆的运行温度、最高表面温度及环境温度，其测得值应不超出 8.5.1m)、8.5.1n)、8.5.1j)规定的范围；

c) 燃料压力，其测得值应不超出 8.5.1c)规定值的 95%～105%或相应规定值±1 kPa（两者中取较高值）；

d) 燃料耗用速率，其测得值应不超出 8.5.1d)规定值的 95%～105%；

e) 氧化剂消耗速率，其测得值应不超出 8.5.1d)规定值的 95%～105%；

f) 氧化剂压力，其测得值应不超出 8.5.1c)规定值的 95%～105%或相应规定值±1 kPa（两者中取较高值）；g) 冷却剂（如果有的话）的入口和出口温度、压力、流量，其测得值应分别符合 8.5.1p)、8.5.1q) 中的相应规定。

5.4 允许工作压力试验

燃料电池堆的允许工作压力试验应在最高或最低运行温度下进行（取两者中较为严格的条件），试验介质为氮气或压缩空气。

如果在正常运行时燃料电池堆的燃料侧和氧化剂侧的内部压力相同或相近，试验时可将其相互连通。如果燃料电池堆有冷却通道而且工作压力与燃料腔和氧化剂腔相同或相近，则该通道也可同时按相同方法进行允许工作压力试验。

应对燃料电池堆（阳极和阴极通道、冷却剂通道）逐步加压，直到压力达到它们的允许工作压力（按较高压力的）的 1.3 倍，至少保持压力稳定 1 min。

如果燃料电池堆有泄压阀，则应将其拆下或令其不起作用。

如果能满足试验条件，此项试验应在气体泄漏试验或正常运行试验期间进行。

如果不能满足试验条件，燃料电池堆可以在压力不低于允许工作压力 1.5 倍、温度为环境温度的条件下进行试验。

允许工作压力试验中，燃料电池堆不应出现开裂、破碎、永久变形或其他物理损伤。

5.5 冷却系统的压力试验

如果在允许工作压力试验中没有对冷却系统进行试验，则应对冷却系统进行压力试验，试验介质采用规定的冷却介质。

燃料电池堆温度应与允许工作压力试验时的温度相同。

燃料电池堆的冷却系统应加压到其允许工作压力的 1.3 倍，至少保持 10 min。

如果不能满足试验温度要求，试验可在环境温度和冷却系统允许工作压力 1.5 倍的条件下进行。

压力试验中，系统不应出现开裂、破碎、永久变形或其他物理损伤。如果使用液体试验介质，试验中试验介质不应泄漏。

5.6 窜气试验

按5.6.1和5.6.2所测得的窜气泄漏速度不大于8.5.1f)的规定值则可判定为符合要求。

5.6.1 燃料腔向氧化剂腔窜气速度的测定

试验时，除燃料腔和氧化剂腔的各一个进气接口外，其余进出接口全部封住。将氧化剂腔的进气接口接上精度不低于2%的流量计（如皂泡流量计），由燃料腔的进气接口通入氮气，调整压力至允许最大工作压力差，稳定1 min后，读出在时间 t_1 内流量计读数 Q_1。相应窜气速度 X_1 按式(4)求得：

$$X_1 = 2RQ_1/t_1 \qquad (4)$$

式中：

X_1——燃料腔向氧化剂腔的窜气速度（标准状态），mL/ min；

R——按式(2)和式(3)计算得出的修正系数中的较大者；

Q_1——在时间 t_1 内测得的燃料腔向氧化剂腔的气体窜漏量（标准状态），mL；

t_1——测量时间，min。

5.6.2 燃料腔和氧化剂腔向冷却剂腔的窜气速度的测定

试验时，除燃料腔、氧化剂腔和冷却剂腔的各一个进气接口外，其余进出接口全部封住。将冷却剂腔进气接口接上精度不低于2%的流量计（如皂泡流量计），由燃料腔和氧化剂腔的进气接口同时通入氮气，调整气压至燃料腔的最大运行压力，并稳定压力1 min，读出在时间 t_2 内流量计读数 Q_2。相应窜气速度 X_2 按式(5)求得：

$$X_2 = 2RQ_2/t_2 \qquad (5)$$

式中：

X_2——燃料腔和氧化剂腔向冷却剂腔的窜气速度（标准状态），mL/min；

R——按式(2)和式(3)计算得出的修正系数中的较大者；

Q_2——在时间 t_2 内测得的燃料腔和氧化剂腔向冷却剂腔的气体窜漏量（标准状态），mL；

t_2——测量时间，min。

注：对于无冷却剂腔或冷却剂腔为开放型的燃料电池堆，燃料腔和氧化剂腔对冷却剂腔的窜气的测定则不必进行。

5.7 耐撞击和耐振动试验

燃料电池堆耐撞击试验方法按GB/T 2423.55的规定进行，耐振动试验方法按GB/T 2423.10的规定进行。

注：由于燃料电池堆大小和使用条件相差很大，所以撞击和振动试验条件与严酷程度应随产品的结构和使用条件不同而不同。制造商在规定允许值的同时，也应规定试验的严酷条件。

试验后，燃料电池堆不应出现开裂、破碎或其他物理损伤，且应能承受5.9～5.13规定的试验并符合相关要求。

5.8 电气过载试验

为检验燃料电池堆是否具有规定的电气过载能力，应进行电气过载试验。燃料电池堆应先在额定电流下稳定运行，然后将电流逐渐增加到8.5.1u)规定值并在规定时间内保持不变。

过载试验后，燃料电池堆不应出现开裂、破碎、永久变形或其他物理损伤。

5.9 介电强度试验

燃料电池堆可按照两种不同的设计制造：

a) 固定（接地）的电池堆；

b) 可移动的电池堆。

对于设计a)无需进行介电强度试验，只需考查开路电压。

对于设计b)，应在正常通入冷却介质且在运行温度下进行介电强度试验。如果燃料电池堆不能保持运行温度不变，介电强度试验应该在最高允许温度下进行，并应记录试验时的温度。

对进行介电强度试验的燃料电池堆，应切断燃料供应并用吹扫气体进行吹扫。在带电部分和不带电金属构件之间施加试验电压，采用直流电或 50 Hz±2 Hz 的正弦交流电。试验电压应在不少于 10 s 的时间内稳定增加到规定值，然后至少维持 1 min。如果没有出现绝缘击穿，且泄漏电流不超过 1 mA 乘以试验电压与开路电压之比，则认为符合要求。

试验电压如表 1。

表 1 介电强度试验的试验电压[2)]

开路电压	试验电压			
	对带基本绝缘的电路和带分隔保护的电路的试验		对电路和易触及表面(不通电或通电但未经保护接地的表面)之间的试验	
	交流(有效值)	直流	交流(有效值)	直流
	kV			
≤$50\sqrt{2}$ V=71 V	0.35	0.5	0.35	0.5
$100\sqrt{2}$ V=141 V	0.5	0.7	0.7	1.0
$150\sqrt{2}$ V=212 V	0.8	1.1	1.3	1.8
$230\sqrt{2}$ V=325 V	1.1	1.6	1.8	2.5
$300\sqrt{2}$ V=424 V	1.2	1.7	2.2	3.1
$400\sqrt{2}$ V=566 V	1.35	1.9	2.6	3.7
$600\sqrt{2}$ V=849 V	1.65	2.3	3.5	5.0
$690\sqrt{2}$ V=976 V	1.8	2.5	3.8	5.4
$1\sqrt{2}$ kV=1.41 kV	2.25	3.2	5.0	7.1
$1.5\sqrt{2}$ kV=2.12 kV	3.0	4.2	6.4	9.1
$3\sqrt{2}$ kV=4.24 kV	5.25	7.4	11.2	15.8
$6\sqrt{2}$ kV=8.4 kV	9.75	13.8	17.5	24.8
$10\sqrt{2}$ kV=14.14 kV	15.75	22.3	34.0	48.1
注：整个电压范围内允许采用内插法。				

5.10 压力差试验

对阳极和阴极通道内工作压力不同的燃料电池堆，应进行压力差试验。试验在燃料电池堆的最高允许工作温度或最低工作温度(取两者中更为严格者)下进行。向阳极和阴极通道通入适当的气体，并逐渐加压，达到最大允许工作压差的 1.3 倍，保持压力稳定不少于 1 min，测量泄漏速率，例如在试验中用流量计连续测量，若不可能，则在增压至允许工作压差之前和之后测量。压差试验中，燃料电池堆不能有开裂、破碎、永久变形或其他物理损伤。在试验温度下，不应因为本项试验导致阴极和阳极腔之间的泄漏率增大。增压后的测得值与最初试验结果的偏差，不应超过仪器规定的精度要求。

5.11 气体泄漏试验(重复试验)

燃料电池堆应该在没有预先调节的情况下再次进行气体泄漏试验，试验条件与 5.2 相同。

气体泄漏率应不超过规定值，变化不得超过最初试验值的 10%或 5 mL/min(取两者中的较高值)。

5.12 正常运行试验(重复试验)

按 5.3 的说明重复进行正常运行试验，测得值与最初试验结果的偏差，不应超过仪器规定的的精度要求。

5.13 易燃气体的浓度试验

本项试验只适用于带有集中安全通风系统和吹扫程序的封闭系统，其运行温度低于易燃气体的自

2) 来源于 EN 50178。

燃温度。

安全通风和吹扫过程与燃料电池堆的具体特征和要求密切相关，此试验应测定正常运行时燃料电池堆外壳内易燃气体的最高浓度。

试验应在正常条件下进行，试验区域内应没有可感知的气流。燃料电池堆在正常温度范围内运行，直至达到热稳定。然后在距吹扫口和气体排放出口一定距离的位置测量，以保证测得的易燃气体浓度是外壳内的浓度。此试验应连续进行，两个测量读数间的时间间隔应不少于 30 min，直到连续两个测得值的增量不超过连续四个测得值平均值的 5%。

如果测得的易燃气体浓度低于低可燃极限的 25%，则结果合格。

5.14 冻结/解冻循环试验

此项试验适用于在 0℃ 以下储存或运行的燃料电池堆。

燃料电池正常地稳定运行后，关闭电池堆。在规定的最低环境温度下，对燃料电池堆进行冷冻处理，冻结之后按照制造商说明书的说明对其解冻，直到温度升到不低于 10℃，如此冷冻/解冻循环重复 10 次，然后，再次进行气体泄漏试验。

6 例行检验

例行检验应在燃料电池系统的模拟试验装置上进行。

如果是直接在初始起动和调节相关的过程中进行例行试验，则燃料电池堆应与调节装置连接并处于制造商规定的运行条件之下；否则燃料电池堆应当集成在燃料电池系统或如上所述的系统模拟装置中，并根据说明书进行启动，这样燃料电池堆就达到了以下规定例行试验所要求的运行条件。

例行检验项目见 6.1 和 6.2，试验顺序建议按以下顺序进行。

6.1 气密性试验

每台产品都应进行气密性试验。

在所有接头和承压零部件连接部位涂上渗漏检测液，在规定的最大工作压力下进行试验，以不产生气泡为合格。

6.2 介电强度试验

每台产品都应进行介电强度试验。

介电强度试验通常应按 5.9 的规定进行。也允许在室温条件下进行试验，但应保证在运行温度下的介电强度符合本部分的规定。

7 检验规则

7.1 一般规定

每台燃料电池堆都须经检验合格后才能出厂，并应附有产品合格证。针对不同的产品，检验分为型式检验和例行检验。

7.2 型式检验规定

7.2.1 凡符合下列情况之一的产品，应进行型式检验。检验样品通常为一台。

a) 新产品试制或小批试生产；

b) 设计或工艺的变化足以引起产品的性能发生变化时；

c) 产品转厂生产或长期停止生产后又恢复生产；

d) 上级质量监督部门有要求时。

7.2.2 型式检验项目及检验方法按第 5 章的规定。

7.3 例行检验的规定

对于正常生产，即除 7.2.1a)～b) 规定以外的产品，可仅进行例行检验。例行检验项目及检验方法按第 6 章的规定。

8 标志和说明

8.1 一般规定

8.1.1 每台燃料电池堆上都应有必要的标志牌或标签，标志牌或标签上标志的内容应清晰、耐久。所标志的符号、代号及其颜色都应符合有关标准和法规的规定。

8.1.2 标志牌和标签应可靠固定，应保证在燃料电池堆整个寿命期内不致脱落。尤其是金属或带有金属层的复合箔制作的标志牌和标签，更应防止因其脱落而造成带电部分之间的短路或发生接地故障。

8.2 铭牌

燃料电池堆上应有铭牌。铭牌应可靠地固定在易于观察到的部位。

铭牌标志至少应包含：

a) 制造商名称或注册商标；

b) 产品型号；

c) 标准编号；

d) 生产日期代码或可查询生产日期的序列号。

8.3 连接件的标志

如果由于连接件的连接错误可能导致不安全，则应当给出识别标志。如果电气接头有极性之分，或有接地端子与接地连接线，都应予以标明。

8.4 警示标志

存在危险的部位应使用警示标志，例如：

a) 触电危险；

b) 高温；

c) 易燃气体或液体；

d) 腐蚀性介质(如果有的话)；

e) 有毒介质(如果有的话)。

如果存在高电压时，在燃料电池堆上应设置“高压、操作前放电”的警示牌。

8.5 给用户提供的技术文件

8.5.1 一般要求

燃料电池系统的集成、安装、操作和维护所必需的燃料电池堆的信息应以图样、表格、说明书的形式给予说明。除非系统制造商和燃料电池堆制造商另有协议，否则电池堆制造商应为每个燃料电池堆提供这些技术文件。

应向燃料电池系统集成制造商提供以下信息：

a) 符合 4.2 规定的通用安全措施；

b) 燃料和氧化剂的种类，可用的燃料和氧化剂种类；(包括气体成分、杂质含量等)

c) 燃料和氧化剂气体的最高和最低供气压力及允许最大工作压力差；

d) 在额定及最大功率下燃料和氧化剂的消耗量；

e) 燃料最大泄漏速率；

f) 最大窜气速率(包括燃料腔对氧化剂腔和燃料腔与氧化剂腔对冷却剂腔)；

g) 燃料和氧化剂供气的允许温度；

h) 最高排气温度；

i) 典型排放物；

j) 运行和存储时周围环境的温度和湿度范围；

k) 运行时允许的海拔范围；

注：输出功率有赖于氧的浓度，在高海拔地区运行时可能降低性能。

l) 允许的冲击和振动水平；

m) 电池堆的正常运行温度，允许的最高和最低运行温度；

n) 最高表面温度；

o) 冷却剂种类和品质；

p) 冷却剂入口和出口温度规定值；

q) 冷却剂供给压力和流量范围；

r) 吹扫要求；

s) 尺寸和重量；

t) 电气输出定额（额定电压、额定电流、额定功率、开路电压、满载电流时的端电压）；

u) 最大过载电流和过载时间；

v) 使用的外购元器件型号；

w) 接地点的位置；

x) 使用寿命的相关信息。

8.5.2 安装指南

安装指南应对燃料电池堆的安装和固定，电气线路、燃料管路、氧化剂管路、冷却系统管路的连接，给出清晰、详细的说明。

安装指南应包括：

a) 装卸、运输和存储；

b) 安装前的准备；

c) 安装方位（向上或向下等）；

d) 固定方法；

e) 输气管路和冷却剂管路的连接方法；

f) 电路和传感器的连接方法；

g) 注意事项和禁止的操作；

h) 安装图。

8.5.3 安装图

安装图应给出安装燃料电池堆的准备工作所有必需的信息。

安装图应清晰地标出所附的器材、线缆、软硬管件和其他安装物件的类型和推荐安装位置。对所需的各种保护设备的选型、特性、额定值和设定值的必要数据应予以说明。

燃料电池堆和用户配套的相关设备之间的连接管路、底板或支撑件的尺寸、型式和用途应予以详细说明。

必要时，图中应说明燃料电池堆搬运或维修所需的空间。另外，应提供连接图表，给出所有外部连接的完整信息。

8.5.4 操作手册

技术文件中应包含操作手册，详尽地说明燃料电池堆正确启动和使用的程序，对安全措施和可能出现的不正确操作应予以特别提醒。

当燃料电池堆编程运行时，应提供程序设计的详细资料、必要设备、程序校验以及随之而来的、必要的安全规程的详细信息。

操作手册应包含：

a) 启动和操作规程；

b) 操作顺序；

c) 检测频次；

d) 正常和紧急关机规程；

e) 储存要求；

f) 注意事项和禁止的操作；

g) 自然环境(如振动烈度、冲击强度、大气污染物等)信息。

8.5.5 **维护手册**

技术文件应包含维护手册。维护手册应详尽地说明调试、维修和预防性检查、修理的要求和时间间隔。应详细说明正确操作的确认方法(如软件测试程序)。

维护手册中最好还应包括维修记录。

燃料电池堆制造商还应对零部件和元器件的处置和再生利用加以说明。

8.5.6 **零部件清单**

为保障用户燃料电池堆的正常运行、预防性维护或故障检修,零部件清单至少应包含定购的备件或备品(如组件、装置、软件,试验设备,技术文件)的必要信息。

零部件清单应列出以下各项：

a) 技术文件中所用的参考资料名称；

b) 备件或备品的型号、名称；

c) 供应商和可供选择的供应商；

d) 备件或备品一般特性。

附 录 A
（资料性附录）
产品型号编制办法

A.1 产品型号的构成

燃料电池堆的产品型号通常由产品代号、规格代号和补充代号三部分组成，每一部分之间用分隔符“-”分开。产品型号的编制除宜按 A.2 的规定外，其他代号可由燃料电池堆制造商自行确定。产品型号的含义宜在说明书中说明。

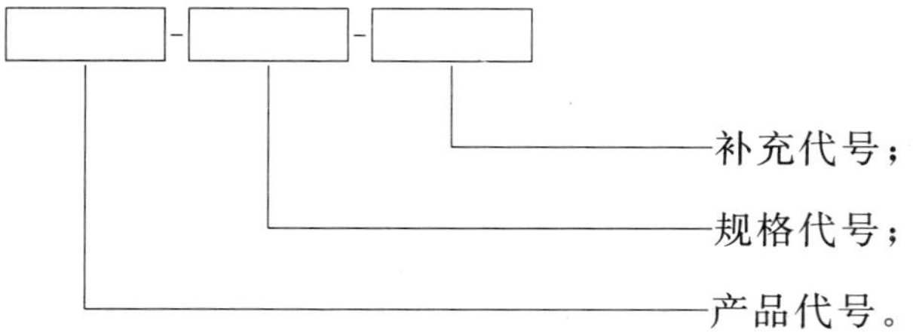

A.2 产品型号的要求

A.2.1 产品代号

产品代号一般用汉语拼音字母和阿拉伯数字表示，汉语拼音字母一般用大写字母，具体含义如下：

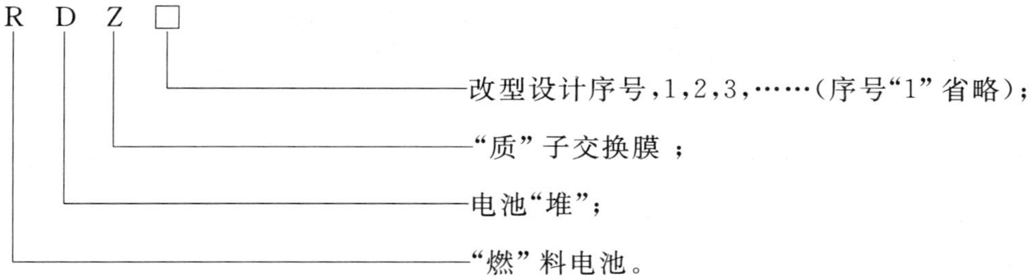

A.2.2 规格代号

规格代号用数字、字母和分隔符“/”表示：第一段为额定功率，1 kW 及以上的规格，用千瓦数加字母“K”表示，1 kW 以下的规格，用瓦数表示；第二段为额定电压，以伏特数表示。

A.2.3 补充代号

补充代号由制造商自行确定，但应在说明书中加以说明。

A.2.4 型号示例

示例 1 表示额定功率为 1.5 kW、额定电压为 220 V 的燃料电池堆；示例 2 表示额定功率为 50 W、额定电压为 40 V 的燃料电池堆：

示例 1：RDZ-1.5 K/220；

示例 2：RDZ-50/40。

注：示例 1 和示例 2 仅仅用于表示型号的构成，并不表示燃料电池堆的标准规格。

ICS 29.080.30
K 15

中华人民共和国国家标准

GB/T 20111.2—2008/IEC 61857-21:2004

电气绝缘系统　热评定规程
第2部分:通用模型的特殊要求
散绕绕组应用

**Electrical insulation systems—Procedures for thermal evaluation—
Part 2: Specific requirements for general-purpose models—
Wire-wound applications**

(IEC 61857-21:2004,IDT)

2008-11-07 发布　　　　2009-11-01 实施

中华人民共和国国家质量监督检验检疫总局
中国国家标准化管理委员会　发布

前　　言

GB/T 20111 分为如下 3 个部分：

电气绝缘结构　热评定规程　第 1 部分：总要求　低压

电气绝缘系统　热评定规程　第 2 部分：通用模型的特殊要求　散绕绕组应用

电气绝缘系统　热评定规程　第 3 部分：包封线圈模型的特殊要求　散绕绕组电气绝缘系统(EIS)

本部分是 GB/T 20111 的第 2 部分。

本部分等同采用 IEC 61857-21:2004《电气绝缘系统　热评定规程　第 21 部分：通用模型的特殊要求　散绕绕组应用》(第 2 版，英文版)。

本部分在技术内容上与 IEC 61857-21:2004 无差异。为便于使用，本部分做了下列编辑性修改：

——删除了国际标准的前言和引言；

——把第 2 章“规范性引用文件”中的“IEC 61857-1:1998”改为已等同采用其转化的“GB/T 20111.1—2006”，把“IEC 60505:1999”改为已等同采用其转化的“GB/T 20112—2006”。

本部分由中国电器工业协会提出。

本部分由全国电气绝缘材料与绝缘系统评定标准化技术委员会(SAC/TC 301)归口。

本部分负责起草单位：上海电器科学研究所(集团)有限公司、北京毕捷电机股份有限公司、冠城大通股份有限公司、江门市江晟电机厂有限公司、浙江金龙电机股份有限公司、山东华力电机集团股份有限公司、苏州巨峰绝缘材料有限公司。

本部分参加起草单位：桂林电器科学研究所、上海电缆研究所。

本部分主要起草人：张生德、李锦梁、张妃、刘立明、林年福、刘权、叶锦武、王庆东、张犇、李学敏、王新营。

本部分为首次制定。

电气绝缘系统　热评定规程
第2部分:通用模型的特殊要求
散绕绕组应用

1　范围

GB/T 20111 的本部分规定了在特殊电工产品不适用或不要求的场合所使用的散绕绕组电气绝缘系统(EIS)评定的通用模型(GPM)和深槽替代模型(GPM-TC)。

2　规范性引用文件

下列文件中的条款通过 GB/T 20111 的本部分的引用而成为本部分的条款。凡是注日期的引用文件,其随后所有的修改单(不包括勘误的内容)或修订版均不适用于本部分,然而,鼓励根据本部分达成协议的各方研究是否可使用这些文件的最新版本。凡是不注日期的引用文件,其最新版本适用于本部分。

GB/T 20111.1—2006　电气绝缘结构　热评定规程　第1部分:总要求　低压(IEC 61857-1:1998,IDT)

GB/T 20112—2006　电气绝缘结构的评定与鉴别(IEC 60505:1999,IDT)

IEC 60455(所有部分)　电气绝缘用可聚合树脂复合物

IEC 60464(所有部分)　电气绝缘用浸渍漆

3　术语和定义

GB/T 20112—2006 和 GB/T 20111.1—2006 确立的以及下列术语和定义适用于本部分。

3.1

对地绝缘　ground insulation

用来隔离导电部件和接地之间的电气绝缘材料(EIM)。

3.2

线圈间绝缘　coil-to-coil insulation

用来隔离相邻绕组线圈的 EIM。

4　结构

4.1　说明

通用模型可用于评定在待评 EIS 中所用的电气绝缘材料的相容性,不可能模拟实际绕组制造加工工艺的影响,因此,应减少制造加工过程的影响。GPM 可使用简易的工具手工装配。

通用模型的主要组件是在同一对槽中按放两个线圈(GPM)或三个线圈(GPM-TC),并分别放置线圈间绝缘和对地绝缘的 EIM,从而模仿变压器框架内的线圈,或者是模仿电动机或发电机槽内的线圈。

典型电工产品迭片的槽型是以适当方式加工成型的不锈钢板构成,并安装在底座上,不同厚度的 EIM 可用作结构中的对地绝缘,每一线圈用两个绝缘子固定在底座上。

线圈应双股并绕(双线绕组),填满槽部,每一线圈可用不同型号的绕组线,而且每一型号绕组线要同对地绝缘和线圈间绝缘相接触。为便于进行对地、线圈间和匝间介电试验,所有线圈要连接到绝缘子。

图1表示 GPM 的结构原理,图2表示 GPM-TC 的结构原理。图3是 GPM 和 GPM-TC 试品照片。

4.2 模型组件

a) 模型架：

试样架有刚性金属支撑底座，其一端有螺栓固定合适的陶瓷或其他适用材料制成的支座绝缘子，另一端有螺栓固定的内外板材构成的两个槽。图1或图2所示为规定尺寸。支座上的孔是用来在机械应力试验（振动）期间固定模型。装配后的槽部有两或三个线圈，由对地绝缘将试样架绝缘开，线圈间彼此绝缘，用槽楔固定在适当位置。

b) 线圈：

每一线圈应双股并绕，以便于进行导体间介电试验，所有线圈在绕线模上可以机械绕或手工绕，并绕的两端应隔离开以进行导体间耐压试验。

当应用 GPM-TC 评定多种绕组线时，必须放置作为线圈间绝缘评定的 EIM，且 EIM 要同每种绕组线接触。

c) 绕组线：

采用厚膜涂层，线径优先使用 1.0 mm～1.12 mm。

d) EIM：

是用作在槽部的对地绝缘和线圈间绝缘。在一个 EIS 中，只可用一种 EIM 作为对地绝缘或线圈间绝缘，并应标明被评定 EIM 的厚度。线圈间放置的 EIM 应有足够的宽度以保证线圈间完全绝缘，在半圆部放置的 EIM 可用切割或其他方式加工成同线圈弯曲部一致的形状并比绕成的线圈稍宽。

当用 GPM-TC 评定两套 EIM 的性能时，要求每一型号的 EIM 要同每一种绕组线接触。如果上层和中间线圈间放置的 EIM 与中间和下层线圈间放置的 EIM 不同，上层线圈的绕组线应与下层线圈的绕组线相同。中间线圈的绕组线可任选。

e) 槽楔：

槽楔应有足够的强度来固定槽中的线圈，一端倒成圆角确保容易穿过槽部。

f) 绑扎绳和/或电工级绑扎带。

g) 电气绝缘漆或树脂，若作为 EIS 组分，应符合 IEC 60455 或 IEC 60464。

4.3 模型装配

a) 每一线圈应在具有两平行边和两端有半圆的绕线模上绕制，平行边长 65 mm，半圆直径 45 mm，且具有足够的匝数填充除绝缘和槽楔外槽部剩余空间的一半（GPM）或三分之一（GPM-TC），距半圆形端中部 5 mm 处切断并绕两导线的一端作为不连接端，为了确保绝缘及导体间进行介电试验，两不连接端应彼此分离且保持最小距离 5 mm，另外的导线端要有足够长度，从线圈直线部分引出连接到支撑绝缘子，单一线圈应用绑扎绳或电工绑扎带绑扎保护。

b) 每一金属部件装配前应仔细清洗和干燥，这些金属部件应小心装配以保证槽宽度相等且两边平行，简单的办法是切削两个和槽口宽度相等的木块，在扭紧槽部压紧螺栓前将木块放在槽中以对准槽部。

c) 槽部绝缘是从被评定厚度的条形 EIM 上切成固定形状，对 GPM 切成 65 mm 的方形，对 GPM-TC 切成 65 mm×90 mm 的矩形，且弯曲以适合槽部。槽楔下槽绝缘允许交叠，并在槽的两端各伸出 5 mm。如果槽部所用的 EIM 多于一种，要使用合适的尺寸形状以使在槽内的每一对地绝缘有 5 mm 的交叠。在槽部最多可放置三种 EIM。

d) 嵌入线圈时，槽绝缘应向外弯曲覆盖槽顶部边缘，确保绕组线不被划伤或磨损。下层线圈下线时，应使其不连接端处于线圈下面，引线处于线圈上面。下层线圈下线完毕，放入层间绝缘，使之在槽内完全覆盖下层线圈。对 GPM-TC 模型，嵌入中间线圈时，应使其不连接端在下层线圈不连接端的另一端，放入第二层层间绝缘以完全覆盖中间线圈，嵌入上层线圈时，其不连接端在相邻线圈不连接端的另一端。如要评定多种 EIM，要用合适的尺寸形状保证每种

EIM 有 5 mm 的交叠，并在槽两端各伸出 5 mm，线圈半圆端部间放置的 EIM 应与槽部伸出的 EIM 交叠。槽绝缘的两端应弯折以覆盖上层线圈的上部，槽楔按放在槽绝缘的上部，其至少要10 mm 宽、75 mm 长。

e) 测试引接线以保证与绝缘端子相接，在连接到端子前，引接线要剥去适当绝缘并用焊锡涂敷。每一引接线要连接到一个独立端子，浸渍处理前，所有线圈应依据 6.1 进行匝间绝缘检查。

f) 浸渍处理应使用与产品相同的浸渍材料，并按制造商推荐的固化工艺进行。

g) 对每一曝露温度，一套试品要用螺栓固定在约 15 mm 厚刚性铝制成的底板上，底板的加工要保证试品间有较大空间，以使空气循环流畅，底板尺寸要适合烘箱和冷凝室，并能安全固定在振动台上。

5 试品数量

每一老化温度下的一组试品数量应至少 10 个。

6 试验规程

6.1 总则

所有试品应进行初始筛选试验，然后按以下顺序进行反复循环的分周期耐热性试验：

a) 热老化分周期；

b) 按顺序进行的预诊断机械应力、热冲击及潮湿曝露分周期；

c) 介电诊断试验。

6.2 初始筛选试验

6.2.1 总则

在第一个热老化分周期高温曝露前，所有试品应进行初始筛选试验以剔除有缺陷的试品。初始筛选试验应由以下步骤组成并按给定顺序进行：

a) 外观检查；

b) 初始介电试验(见 6.2.2)；

c) 机械应力(见 6.3.3)；

d) 若需要，进行热冲击(见 6.3.4)；

e) 潮湿曝露(见 6.3.5)；

f) 介电诊断试验(见 6.3.6)。

6.2.2 初始介电试验

在进行其他预诊断应力和热老化试验之前(见表 1)，每个试品应用介电技术进行初始筛选试验。

表 1 初始介电试验

承受应力的 EIM	电压/V	合格判据
导体间	400±40	≤40 mA
线圈间[a]	2 000±100	≤40 mA
线圈对试样架	2 000±100	≤40 mA

[a] 对 GPM-TC 试品，上层对中间线圈、中间对下层线圈分别试验。

- 初始介电试验电压应施加至少 60 s。
- 试验电压频率应为 48 Hz～62 Hz。

注：不推荐施加瞬时满载电压。建议在试验电路中加入脉冲保护器以消除意外的峰值高压。

对于施加电压进行评定的试品，预先校准过的跳闸时间为 2 s～3 s 机电式过电流断路器使用经验相当成熟，其可用于检测失效。

应确定失效的原因。若失效发生在 EIS 内部，则试品不再进行下一步试验。若失效未发生在 EIS

内部，且能进行不影响 EIS 的修理，则试品可重试，若通过则进行下一步试验。

6.3 耐热性试验

6.3.1 老化试验周期

在初始筛选试验之后，所有试品应进行反复循环的由分周期组成的耐热性试验周期，顺序如下：

a) 热老化分周期；

b) 机械应力分周期；

c) 热冲击分周期；

d) 潮湿曝露分周期；

e) 介电诊断试验。

6.3.2 热老化

应按 GB/T 20111.1—2006 中 6.3 进行热老化，包括选择老化温度、初始老化周期和老化规程。

使用的加热烘箱应符合 GB/T 20111.1—2006 中 6.3.4。

6.3.3 机械应力

机械应力的施加应是把试品固定在振动台上，以 48 Hz～62 Hz 间的频率，以(15±3)ms^{-2} 加速度进行正弦振动，持续时间(60±5)min。振动期间不施加电压。

6.3.4 热冲击

除非另有协议，基准 EIS 和待评 EIS 均应经受低温热冲击。热冲击应将室温下试品放入(－20±5)℃的低温箱至少 2 h。热冲击期间不施加电压。

6.3.5 潮湿曝露

应按 GB/T 20111.1—2006 中 6.6 进行有可见凝露的潮湿曝露试验。

6.3.6 介电诊断试验

在进行 6.3.3～6.3.5 所述每一老化周期和分周期之后，按表 2 规定的介电诊断试验评定试品。

表 2 介电诊断试验

承受应力的 EIM	电压/V	失效判据
导体间	110±10	0.5 A～0.75 A
线圈间[a]	600±30	0.5 A～0.75 A
线圈对试样架	600±30	0.5 A～0.75 A

[a] 对 GPM-TC 试品，上层对中间线圈、中间对下层线圈分别试验。

- 介电诊断试验电压应施加至少 10 min。
- 在施加电压周期结束前表 2 规定的电流通过试品即为失效。
- 试验电压频率应在 48 Hz～62 Hz 之间。

注：不推荐施加瞬时满载电压。建议在试验电路中加入脉冲保护器以消除意外的峰值高压。

对于施加电压进行评定的试品，预先校准过的跳闸时间为 2 s～3 s 机电式过电流断路器使用经验相当成熟，其可用于检测失效。

为了检查试品状况并测定寿命终点，应在每个连续潮湿曝露之后试品仍在潮湿箱里或取出后仍潮湿时立即进行介电诊断试验。

7 寿命终点判定

单个试样的寿命终点判定应是试品承受按表 2 所示电压在规定的时间周期内发生失效。应确定失效原因。若失效发生在 EIS 内部，则试品不再进行下一步试验。若失效未发生在 EIS 内部，且能进行不影响 EIS 的修理，则试品可重试，若通过则返回试验规程。

8 分析、报告和分级

分析、报告和分级应遵照 GB/T 20111.1—2006 中第 7 章。

尺寸单位为毫米(±10%)

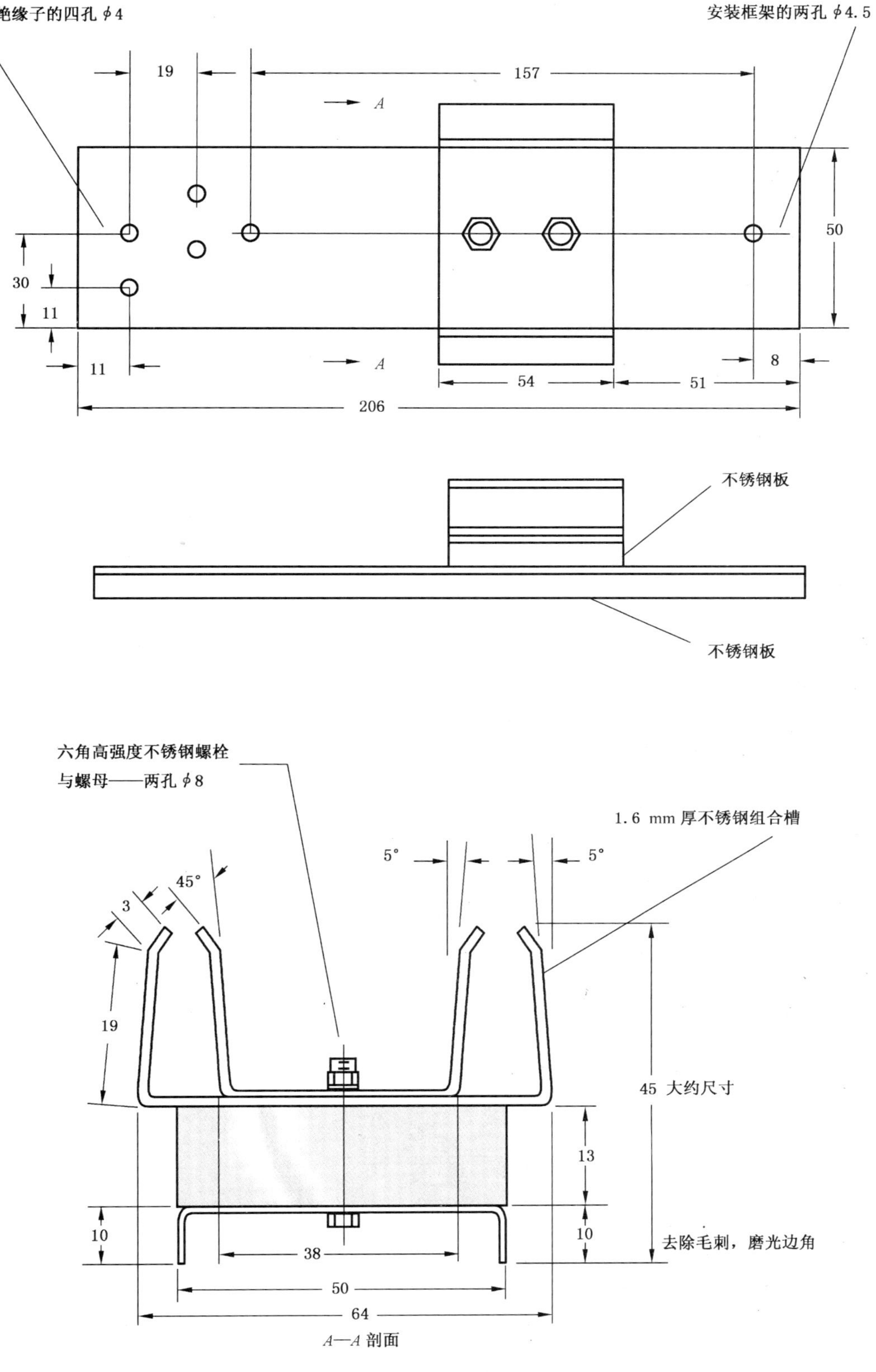

A—A 剖面

图 1　GPM 结构示意图

尺寸单位为毫米(±10%)

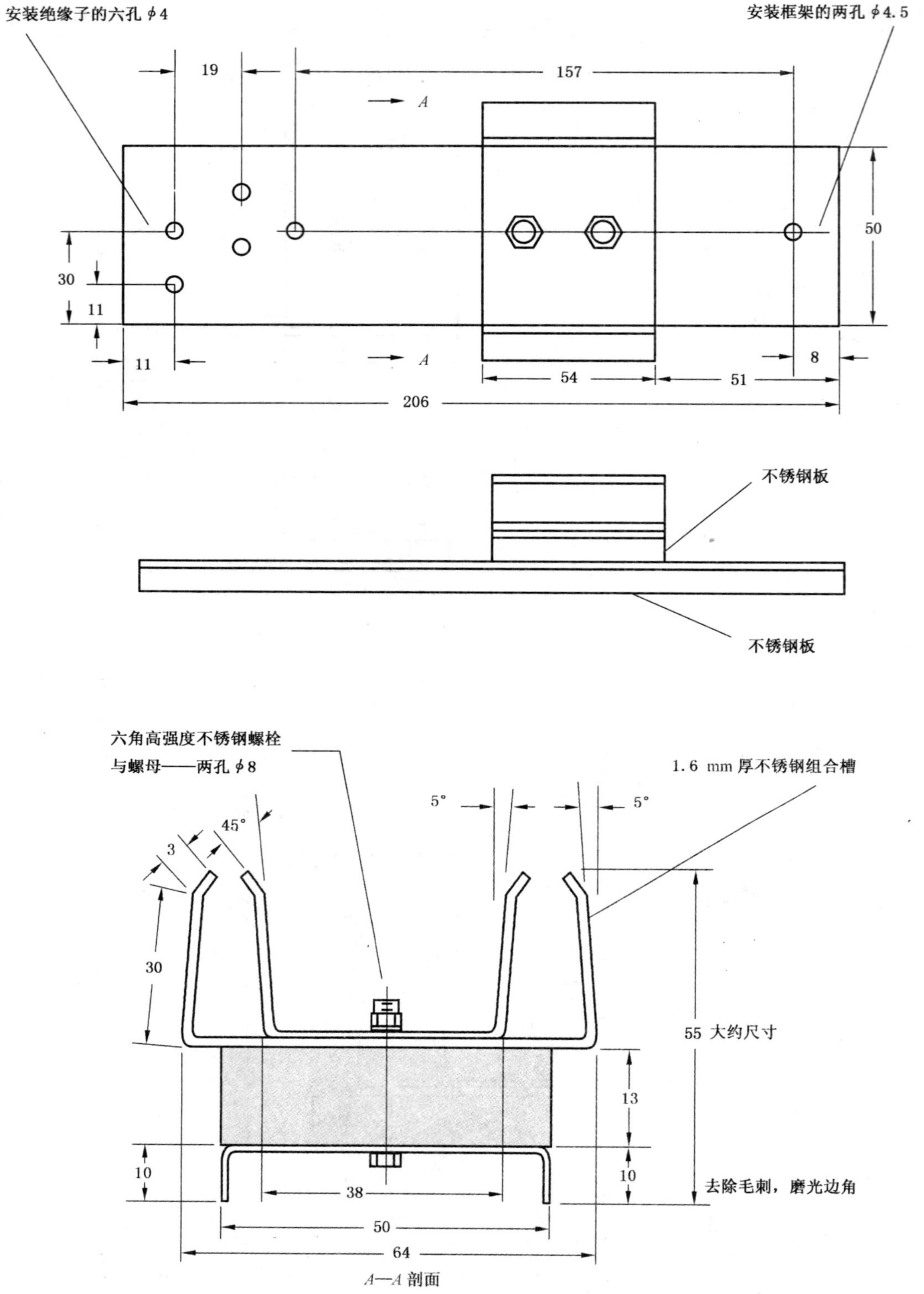

图 2 GPM-TC 制造结构示意图

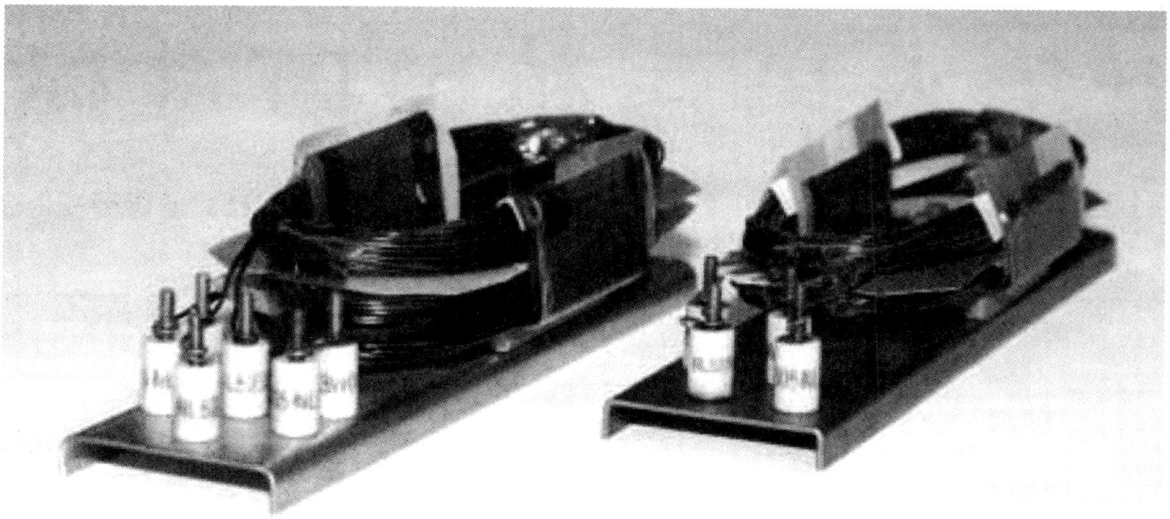

注：在 GMP-TC(左面照片)槽部的额外高度要考虑三个线圈绕组的评定，额外一对端子可以进行附加线圈的电气试验。

图 3　GPM 和 GPM-TC 试品照片

ICS 29.080.30
K 15

中华人民共和国国家标准

GB/T 20111.3—2008/IEC 61857-22:2002

电气绝缘系统 热评定规程 第3部分:包封线圈模型的特殊要求 散绕绕组电气绝缘系统(EIS)

Electrical insulation systems—Procedures for thermal evaluation—
Part 3:Specific requirements for encapsulated-coil model—
Wire-wound electrical insulation system (EIS)

(IEC 61857-22:2002,IDT)

2008-12-15 发布 2009-10-01 实施

中华人民共和国国家质量监督检验检疫总局
中国国家标准化管理委员会 发布

前　言

GB/T 20111《电气绝缘系统　热评定规程》分为如下3个部分：

第1部分：总要求　低压；

第2部分：通用模型的特殊要求　散绕绕组应用；

第3部分：包封线圈模型的特殊要求　散绕绕组电气绝缘系统(EIS)。

本部分是GB/T 20111的第3部分。

本部分等同采用IEC 61857-22:2002《电气绝缘系统热评定规程　第22部分：包封线圈模型的特殊要求　散绕绕组电气绝缘系统(EIS)》(第一版，英文版)。

本部分在技术内容上与IEC 61857-22:2002无差异。为便于使用，本部分做了下列编辑性修改：

——删除了国际标准的前言和引言；

——把第2章"规范性引用文件"中的"IEC 61857-1:1998"改为已等同采用其转化的"GB/T 20111.1—2006"。

本部分的附录A为资料性附录。

本部分由中国电器工业协会提出。

本部分由全国电气绝缘材料与绝缘系统评定标准化技术委员会(SAC/TC 301)归口。

本部分负责起草单位：上海电器科学研究所(集团)有限公司、北京毕捷电机股份有限公司、冠城大通股份有限公司、江门市江晟电机厂有限公司、浙江金龙电机股份有限公司、山东华力电机集团股份有限公司、苏州巨峰绝缘材料有限公司。

本部分参加起草单位：桂林电器科学研究所、上海电缆研究所。

本部分主要起草人：张生德、李锦梁、张妃、刘立明、林年福、刘权、叶锦武、王庆东、张犇、李学敏、王新营。

本部分为首次制定。

电气绝缘系统　热评定规程
第3部分:包封线圈模型的特殊要求
散绕绕组电气绝缘系统(EIS)

1　范围

本部分规定了用于评定包封散绕绕组 EIS 的包封线圈模型(ECM)。

2　规范性引用文件

下列文件中的条款通过本部分的引用而成为本部分的条款。凡是注日期的引用文件,其随后所有的修改单(不包括勘误的内容)或修订版均不适用于本部分,然而,鼓励根据本部分达成协议的各方研究是否可使用这些文件的最新版本。凡是不注日期的引用文件,其最新版本适用于本部分。

GB/T 20111.1—2006　电气绝缘系统　热评定规程　第1部分:总要求　低压(IEC 61857-1:1998,IDT)

3　术语和定义

GB/T 20111.1—2006 确立的以及下列术语和定义适用于本部分。

3.1

包封　encapsulant

除和外部的连接外完全包住线圈的电气绝缘材料(EIM),也是电气绝缘系统(EIS)的组分之一。

注:包封线圈模型(ECM)不使用附加外壳。

3.2

包封　encapsulation

使用包封剂的工艺过程。

注:根据评定电气绝缘系统(EIS)的需要,工艺过程可由注塑、压铸、浇注或其他方法组成。

3.3

线圈架　bobbin

绕制线圈的模具。

3.4

线圈　coil

连续绕制的绝缘导线。

3.5

绕组间绝缘　interwinding insulation

线圈之间的电气绝缘材料(EIM)。

3.6

对地绝缘　earth insulation

线圈和接地金属间的电气绝缘材料(EIM)。

4　结构

4.1　概述

ECM 适用于评定在待评 EIS 中所用 EIM 的相容性。要能模拟实际制造过程的影响,比如绕线工艺、接线工艺和封装工艺。

ECM 的主要部件是线圈架、绕组线、连接线和包封剂。

绕组线可连接到穿过包封壁的接线柱或引接线上。

4.2 ECM 组分

a) 线圈：可由两股线并绕（双股绕制）或单股绕制。

b) 电磁线：采用厚膜涂敷，线径优先使用 0.4 mm～0.6 mm。

c) 对地绝缘：线圈架所用的 EIM 和具有线圈-对地绝缘功能的作为包封剂的 EIM。只作为线圈架绝缘评定过的 EIM 不能同时作为包封材料使用，作为包封剂使用的 EIM 同样要被评定。

d) 电工带：除非承受电应力并进行评定，否则电工带不能作为 EIS 的部件。

e) 连接线：在包封剂内部连接绕组线到接线柱或引接线的部分，是 ECM 的基本部件。

f) 电气浸渍树脂/漆：若在包封工艺之前使用，是 EIS 的部件。

注：若与试品合为一体的金属框架或迭片不具有失效路径的功能，则它就不是试品的基本部件。

4.3 组装 ECM

a) 用常用的绕线工艺把绕组线绕制在线圈架上。

b) 使用电工绑扎带或其他组件把绕组线固定在适当位置。

c) 把绕组线连接到接线柱或引接线上。

d) 若是待评 EIS 的部件，则用浸渍树脂/漆处理。

e) 使用包封材料。

4.4 基准 ECM 和待评 ECM 的相似性

基准 ECM 和待评 ECM 的外形和组装必须相似。最基本的是基准 ECM 和待评 ECM 用的绕组线之间的线径误差不超过±0.2 mm。更多的信息参见附录 A。应按照 GB/T 20111.1—2006 中 7.4 在报告中详细说明基准 ECM 和待评 ECM 的结构。

5 试品的数量

每种 EIS 在每一老化温度点的试品数量应至少有 10 个。

6 试验规程

6.1 概述

所有试品应经过初始筛选试验，然后按以下顺序进行反复循环的分周期耐热性试验：

a) 热老化分周期；

b) 按顺序进行的预诊断机械应力、其他预诊断要求和潮湿曝露的分周期；

c) 介电诊断试验。

6.2 初始筛选试验

6.2.1 概述

在第一个热老化分周期高温曝露之前，所有试品应经过初始筛选试验以剔除有缺陷的试品。初始筛选试验应由以下步骤组成并按给定顺序进行：

a) 外观检查；

b) 初始介电试验（见 6.2.2）；

c) 机械应力（见 6.3.3）；

d) 热冲击（若需要）（见 6.3.4）；

e) 潮湿曝露（见 6.3.5）；

f) 介电诊断试验（见 6.3.6）。

6.2.2 初始介电试验

在进行其他预诊断应力和热老化之前(见表1),每个ECM应使用介电方法进行初始筛选试验。

对于施加电压进行评定的试品,预先校准过的跳闸时间为2 s～3 s机电式过电流断路器使用经验相当成熟,其可用于检测失效。

应确定失效原因。若失效发生在EIS内部,则ECM就不用进行下一步的试验。若失效不是发生在EIS内部,且能进行不影响EIS的修理,则ECM可重试,若通过则可返回试验规程。

表1 ECM的初始介电试验

试验	方法	电压/V	判据
单股线圈的线	电阻变化	使用将产生最大可容许电流密度的直流电压,测量绕组的有效电阻[a]	线圈设计的电阻降低值<3 %
双股线圈的线	导体—导体	400±40	0.5 A～0.75 A
线圈—线圈(多个线圈结构)	耐压试验	2 000±100	(40±10) mA
对地绝缘材料	耐压试验	2 000±100	(40±10) mA

[a] 横截面最大电流密度:1 A/mm^2。

- 施加的初始介电试验电压持续时间应至少60 s。
- 在施加电压周期结束前表1规定的电流通过试品即为失效。
- 试验电压频率范围应在48 Hz～62 Hz。

注:不推荐施加瞬时满载电压。建议在试验电路中加入脉冲保护器以消除意外的峰值高压。

6.3 耐热性试验

6.3.1 老化试验周期

在初始筛选试验之后,所有试品应经受反复循环的由分周期组成的耐热性试验周期,并按以下顺序进行:

a) 热老化分周期;

b) 机械应力分周期;

c) 热冲击分周期;

d) 潮湿曝露分周期;

e) 介电诊断试验。

6.3.2 热老化

应按GB/T 20111.1—2006中6.3进行热老化,包括选择老化温度、初始老化周期和老化规程。

使用的烘箱应符合GB/T 20111.1—2006中6.3.4的要求。

6.3.3 机械应力

机械应力的施加应是把试品固定在振动台上,以48 Hz～62 Hz间的频率,以(14.7±3)ms^{-2}恒定加速度进行正弦振动,持续时间55 min～65 min。振动期间不施加电压。

6.3.4 热冲击

除非相关各方同意,基准EIS和待评EIS都应经受低温热冲击。热冲击应是把ECM直接从室温放入温度为(−20±5)℃的低温箱中至少2 h。热冲击期间不施加电压。

6.3.5 潮湿曝露

应按GB/T 20111.1—2006中6.6进行有可视凝露的潮湿曝露试验。

6.3.6 介电诊断试验

在每一老化周期和按6.3.3～6.3.5所述的条件处理之后,按表2给出的介电诊断试验评定ECM样品。

对于施加电压进行评定的试品，预先校准过的跳闸时间为 2 s～3 s，机电式过电流断路器使用经验相当成熟，其可用于检测失效。

为了检查试品状况并测定终点寿命，应在每个连续潮湿曝露之后试品仍在潮湿箱里或取出后仍潮湿时立即进行介电诊断试验。

表 2　ECM 的介电诊断试验

试　验	方　法	电压/V	判　据
单股线圈中的线	电阻变化	使用将产生最大可容许电流密度的直流电压，测量绕组的有效电阻[a]	线圈设计的电阻降低值≥10 %
双股线圈中的线	导体—导体	110±10	0.5 A～0.75 A
线圈—线圈（多个线圈结构）	耐压试验	600±30	0.5 A～0.75 A
对地绝缘材料	耐压试验	2 000±100	(40±10)mA
[a] 横截面最大电流密度：1 A/mm²。			

- 除电阻变化的测量外，施加的介电诊断试验电压持续时间应至少 10 min。
- 测量电阻变化时施加的介电诊断试验电压持续时间应至少 60 s。
- 在施加电压周期结束前表 2 规定的电流通过试品即为失效。
- 试验电压频率范围应在 48 Hz～62 Hz 之间。

注：不推荐施加瞬时满载电压。建议在试验电路中加入脉冲保护器以消除意外的峰值高压。

7　终点寿命判定

单个试样的寿命终点判定应是 ECM 承受表 2 所示的电压在规定的时间周期内发生失效。应确定失效原因。若失效发生在 EIS 内部，则 ECM 就不用进行下一步的试验。若失效不是发生在 EIS 内部，且能进行不影响 EIS 的修理，则 ECM 可返回试验规程。

8　分析、报告和分级

分析、报告和分级应遵照 GB/T 20111.1—2006 的第 7 章。

附 录 A
（资料性附录）
基准试样和待评试样的相似性

本部分集中对试品的研究遵循一种经济的方法。本部分主要关注的是试图规定专一的或优选尺寸的试品可能导致的昂贵费用。这些建议要求公司在模具上作出较大的经济投资，而且很可能该模具只能用于评定待评 EIS 的试品制作，而不能作为最终用途设备。这不是一个可接受的方法。

经验表明，对评定待评包封 EIS 感兴趣的公司能提供便于使用的并可接受的试品模具。为了保持合理的试验费用，本部分已认识到并支持在试品设计上要有灵活性。

另外，所有按照 GB/T 20111 进行的 EIS 评定是在基准 EIS 和待评 EIS 间进行相对比较。若两种 EIS 的设计相似，就可达到对比的目的。因此，对试品结构在物理形状和装配上的陈述应彼此相似，要考虑到不同壁厚、不同结构的线圈架壁和/或不同种类的包封剂的评定。

经验还表明，因为介电耐压应力是恒定的，线规的显著差异会改变给定老化温度下的寿命。在试验规程中介电耐受应力和给定老化温度下的寿命小时数之间必定是相关的。据此，本部分中包含的导则建议当基准 EIS 和待评 EIS 所用的电磁线之间的线径不同时，所用的线径彼此间差值应在 0.2 mm 以内。

ICS 19.020
A 21

中华人民共和国国家标准

GB/T 20159.2—2008/IEC TR 60721-4-2:2003

环境条件分类 环境条件分类与环境试验之间的关系及转换指南 运输

Classification of environmental conditions—Guidance for the correlation and transformation of environmental condition classes to the environment tests—Transportation

(IEC TR 60721-4-2:2003,IDT)

2008-12-30 发布 2009-10-01 实施

中华人民共和国国家质量监督检验检疫总局
中国国家标准化管理委员会
发布

前　言

GB/T 20159《环境条件分类　环境条件分类与环境试验之间的关系及转换指南》目前分为以下若干部分：

——GB/T 20159.1　环境条件分类　环境条件分类与环境试验之间的关系及转换指南　贮存；

——GB/T 20159.2　环境条件分类　环境条件分类与环境试验之间的关系及转换指南　运输；

——GB/T 20159.3　环境条件分类　环境条件分类与环境试验之间的关系及转换指南　有气候防护场所固定使用；

——GB/T 20159.4　环境条件分类　环境条件分类与环境试验之间的关系及转换指南　无气候防护场所固定使用；

——GB/T 20159.5　环境条件分类　环境条件分类与环境试验之间的关系及转换指南　地面车辆使用；

——GB/T 20159.6　环境条件分类　环境条件分类与环境试验之间的关系及转换指南　船用；

——GB/T 20159.7　环境条件分类　环境条件分类与环境试验之间的关系及转换指南　携带和非固定使用；

——GB/T 20159.8　环境条件分类　环境条件分类与环境试验之间的关系及转换指南　导言；

……

本部分为 GB/T 20159 的第 2 部分。

本部分等同采用 IEC TR 60721-4-2:2003《环境条件分类:第 4-5 部分:IEC 60721-3 中环境条件分类与 IEC 60068 中环境试验之间的关系及转换指南　运输》(英文版)。

考虑到我国实际情况,本部分对 IEC 60721-4-2 作了以下编辑性修改:

——“IEC 60721 的本部分”修改为“GB/T 20159 的本部分”;

——“本技术报告”修改为“本部分”;

——在本部分中涉及的其他标准,有对应国家标准的,引用国家标准;暂无国家标准的则引用所列的 ISO 标准。本部分第 2 章规范性引用文件的编排顺序与 IEC TR 60721-4-2 不同;

——删除了 IEC 60721-4-2 的前言;

——增加了国家标准的前言;

——对于 IEC 原文中引用的 IEC 60068-2-56:1988(对应试验 Cb),由于现已经合并修订为 IEC 60068-2-78:2001(对应试验 Cab),本部分在引用时采用引用相应的国家标准 GB/T 2423.3—2006,对应试验为 Cab;

——对各表格表题后括号内对该等级的叙述,按 GB/T 4798.2 的相应内容对 IEC 的文字叙述进行修改和补充;

——对于机械条件的表 5、表 6、表 7 中的加速度谱密度(ASD)的单位,IEC 原文采用 m^2/s^3,本部分根据我国机械条件试验相关国标,改为 $(m/s^2)^2/Hz$,并在表 5 中添加相应脚注。

本部分的附录 A 为资料性附录。

本部分由全国电工电子产品环境条件与环境试验标准化技术委员会(SAC/TC 8)提出并归口。

本部分起草单位:广州电器科学研究院。

本部分主要起草人:黄开云、陈心欣、洪菊。

本部分首次发布。

环境条件分类　环境条件分类与环境试验之间的关系及转换指南　运输

1　范围和目的

GB/T 20159 的本部分是用于 GB/T 4798.2 环境条件分类与 GB/T 2423 环境试验之间的关系和转换指南。

环境可以包括很多环境条件，例如机械的、气候的、生物的以及基于其他化学和机械活性物质的效应。在本部分中，只考虑了机械条件和气候条件。

本部分的目的是为规范制定者提供指南以及一套便于应用的表格，表格便于这些条件相互关联及转换。

2　规范性引用文件

下列文件中的条款通过 GB/T 20159 的本部分的引用而成为本部分的条款。凡是注日期的引用文件，其随后所有的修改单(不包括勘误的内容)或修订版均不适用于本部分，然而，鼓励根据本部分达成协议的各方研究是否可使用这些文件的最新版本。凡是不注日期的引用文件，其最新版本适用于本部分。

GB/T 2421—1999　电工电子产品环境试验　第 1 部分：总则(idt IEC 60068-1:1988)

GB/T 2423.1—2008　电工电子产品环境试验　第 2 部分：试验方法　试验 A：低温(IEC 60068-2-1:1990,IDT)

GB/T 2423.2—2008　电工电子产品环境试验　第 2 部分：试验方法　试验 B：高温(IEC 60068-2-2:1974,IDT)

GB/T 2423.3—2006　电工电子产品环境试验　第 2 部分：试验方法　试验 Cab：恒定湿热试验(IEC 60068-2-78:2001,IDT)

GB/T 2423.4—2008　电工电子产品环境试验　第 2 部分：试验方法　试验 Db：交变湿热循环(12 h+12 h 循环)(IEC 60068-2-30:2005,IDT)

GB/T 2423.5—1995　电工电子产品环境试验　第 2 部分：试验方法　试验 Ea 及导则：冲击(IEC 60068-2-27:1987,IDT)

GB/T 2423.6—1995　电工电子产品环境试验　第 2 部分：试验方法　试验 Eb 和导则：碰撞(idt IEC 60068-2-29:1987)

GB/T 2423.7—1995　电工电子产品环境试验　第 2 部分：试验方法　试验 Ec 和导则：倾跌与翻倒(主要用于设备型样品)(idt IEC 60068-2-31:1982)

GB/T 2423.8—1995　电工电子产品环境试验　第 2 部分：试验方法　试验 Ed：自由跌落(idt IEC 60068-2-32:1990)

GB/T 2423.10—2008　电工电子产品环境试验　第 2 部分：试验方法　试验 Fc：振动(正弦)(IEC 60068-2-6:1995,IDT)

GB/T 2423.15—1995　电工电子产品环境试验　第 2 部分：试验方法　试验 Ga 和导则：稳态加速度(idt IEC 60068-2-7:1986)

GB/T 2423.21—2008　电工电子产品环境试验　第 2 部分：试验方法　试验 M：低气压(IEC 60068-2-13:1983,IDT)

GB/T 2423.22—2002 电工电子产品环境试验 第2部分：试验方法 试验N：温度变化(idt IEC 60068-2-14：1984)

GB/T 2423.24—1995 电工电子产品环境试验 第2部分：试验方法 试验Sa：模拟地面上的太阳辐射(idt IEC 60068-2-5：1975)

GB/T 2423.38—2008 电工电子产品环境试验 第2部分：试验方法 试验R：水试验方法及导则(IEC 60068-2-18：2000，IDT)

GB/T 2423.55—2006 电工电子产品环境试验 第2部分：试验方法 试验Eh：锤击试验(IEC 60068-2-75：1997，IDT)

GB/T 2423.56—2006 电工电子产品环境试验 第2部分：试验方法试验Fh：宽带随机振动(数字控制)和导则(IEC 60068-2-64：1993，IDT)

GB/T 4797.2 电工电子产品自然环境条件 第2部分：海拔与气压、水深与水压(IEC 60721-2-3：1987，MOD)

GB/T 4797.4 电工电子产品自然环境条件 太阳辐射与温度(GB/T 4797.4—2006，IEC 60721-2-4：1987，IDT)

GB/T 4798.2 电工电子产品应用环境条件 运输(GB/T 4798.2—1996，neq IEC 60721-3-2：1985)

GB/T 4798.10 电工电子产品应用环境条件 导言(GB/T 4798.10—2006，IEC 60721-3-0：2002，IDT)

GB/T 4857.3—2008 包装 运输包装件 静载荷堆码试验方法(ISO 2234：2000，IDT)

GB/T 20159.8—2008 环境条件分类 环境条件分类与环境试验之间的关系及转换指南 导言(IEC 60721-4-0：2002，IDT)

ISO 554：1976 条件试验和(或)检验用的标准大气 规范

ISO 2533：1975 标准大气 附录1(1995)，附录2(1997)

ISO 4180-2：1980 成套、装满运输包装 编制试验时刻表的通用规则 第2部分：定期

ISO 12048：1994 包装-成套，满装运输包装 用压力试验机进行的压力和堆积试验

3 概述

3.1 对GB/T 4798.2的一般说明

GB/T 4798.2制定了与环境条件相关的环境参数组的分类，在这些环境条件下，产品可能会在运输过程中暴露在外。这些等级中的参数是分别给出的，但产品可能同时暴露于其中。其中一些参数是互相独立的，而另一些参数则是密切相关的，例如太阳辐射和温度。

3.2 对GB/T 2423的一般说明

GB/T 2423建立了一系列环境试验过程以及适合的试验严酷程度。试验严酷程度的选择基于产品失效结果。两种产品可能会放在同一个环境等级的不同场所。但是，由于失效结果的不同，一种产品相对另外那种，可能在更严酷的条件下进行试验。本部分仅仅选择常规的失效结果；对于更严重的失效结果，则必须根据具有专业知识的人员对产品的了解增加试验严酷等级。

3.3 严酷等级

GB/T 4798.2建立了包括产品可能会暴露在其中的极端短期条件在内的环境条件分类分级，产品超出这个条件范围的概率非常低。本部分表格给出的试验严酷程度的建议也将此考虑在内。更多的信息可以参考GB/T 20159.8—2008，即GB/T 20159的引言。

3.4 推荐试验

下面的表格中有两类试验，第一类试验列举了GB/T 2423的试验，使用最接近于推荐试验的严酷程度的试验。第二类是本部分推荐的试验方法和严酷等级，一般认为更适用于对大多数电工电子产品。

3.5 运输等级的环境试验

GB/T 4798.2 对环境参数进行分类，并对产品通过陆运、海运和空运，包括加载和非加载，从一个地方运往另一个地方所承受到的严酷程度进行分级。如果产品是正常包装好运输的，那么环境条件适用于包装好的产品。

如有可能，产品应在正常运输的状态下试验。例如产品处于包装好状态，那就应在其包装情况下进行试验。假如产品是在包装好和未包装两种状态下运输的话，则必须进行两种状态的试验。对于某些试验和产品来说，经包装的产品要比未经包装的产品，试验要更严酷些。例如对于密封包装的产品而言，湿度试验的变化可能会引起冷凝。

由一起安放的密封箱内的产品产生的环境条件不包括在这一等级内。

3.6 试验持续时间

表 1～表 7 中推荐的试验持续时间是在经验基础上选择的，经验证明这些持续时间足以表明环境条件对大多数产品的影响。但是，如果经过特定应用验证，用户可以改变这些数值。为便于用户理解，本部分表格中的相关注解解释了为什么选择这些推荐持续时间。

3.7 周围环境

某些推荐试验所使用的术语“周围环境”是指在 GB/T 2421—1999 中规定的标准大气条件，即：温度 15 ℃～35 ℃，相对湿度 25%～75%（最大绝对湿度为 22 g/m^3），气压在 86 kPa～106 kPa。ISO 2533:1975 及其附录中提供了标准大气的详细描述，GB/T 4797.2 仅提供摘要。ISO 554:1976 中规定了试验用的“基准条件”。

4 气候条件

表 1 GB/T 4798.2 等级 2K2 的推荐试验

（本等级包括除寒冷和寒温以外一般户外气候下的无采暖、有气候防护条件。还包括了在通风壳内的运输）

GB/T 4798.2——气候条件		GB/T 2423——气候试验				
环境参数[a]	等级 2K2	最接近 GB/T 2423		推荐试验		注释序号
		试验方法	严酷程度	试验方法	严酷程度	
a) 低气温	−25 ℃	最接近 GB/T 2423		GB/T 2423.1—2008:Ab	−25 ℃，16 h	1)
b) 高气温，未通风空气	+60 ℃	同推荐试验		GB/T 2423.2—2008:Bb	+55 ℃，16 h	2)
c) 高温，在通风的壳体内的空气或室外空气中	+40 ℃	同推荐试验		GB/T 2423.2—2008:Bb	+40 ℃，16 h	3)
d) 温度变化：空气/空气	−25 ℃/+25 ℃	同推荐试验		GB/T 2423.22—2002:Na	−25 ℃，室温五个周期 $t_1=3$ h	4)
e) 温度变化：空气/水	无					
f) 相对湿度，不与快速温度变化混合	−75%，+35 ℃	同推荐试验		GB/T 2423.3:Cab	+30 ℃，85%相对湿度，96 h	5)
g) 相对湿度，与快速温度变化混合：在高相对湿度下空气/空气	无					
h) 绝对湿度，与快速温度变化混合：高含水量的空气/空气	无					

表 1（续）

GB/T 4798.2——气候条件		GB/T 2423——气候试验				
环境参数[a]	等级 2K2	最接近 GB/T 2423		推荐试验		注释序号
		试验方法	严酷程度	试验方法	严酷程度	
i) 低气压	70 kPa	GB/T 2423.21—2008:M	70 kPa,30 s	通常不要求试验,见注释 6)		6)
j) 气压变化	无					
k) 周围空气运动	无					
l) 降水(下雨)	无					
m) 太阳辐射	700 W/m²	GB/T 2423.24—1995 程序 C	1 120 W/m²,72 h,40 ℃	进行干热试验和评定材料的光化学反应		7)
n) 辐射:热	无					
o) 除下雨以外的其他来源的水	无					
p) 潮湿	无					
注:在等级栏中“无”,表示 GB/T 4798.2 没有规定条件。						
[a] 运输等级无气候图,因为他们在 GB/T 4798.2 中没有包括。						

表 1——等级 2K2 注释:

1) 试验温度与 GB/T 4798.2 这一等级的环境参数相等。由于一旦达到最低温稳定,材料中的化学和物理性能很少变化,推荐的 16 h 持续时间是足够的,对带低热容量的小产品来说,可以减少到 2 h。试验 Aa 不推荐做,因为试验 Na 是用来评定温度变化影响的(见表 1 中的 d)行)。

2) +55 ℃试验温度与 GB/T 4798.2 中的环境参数不一致,实际上它是 GB/T 2423 中最接近的优选值。对于本等级中所述的通风的条件来说,60 ℃也被认为是高值。这一试验温度对大多数应用是足够的。选用 16 h 持续时间,对大多数应用是足够的。试验 Ba 不推荐做,因为试验 Na 是用来评定温度变化影响的(见表 1 中的 d))行。

3) 试验温度与 GB/T 4798.2 的这一等级的环境参数等。选用 16 h 持续时间,对与在GB/T 2423 中大多数用来进行验收试验是可以接受的。

4) 温度变化试验经常用来试验设计容差,范围并不重要。但是在本等级中,会发生冷凝,因此提出一个跨越 0 ℃的温度范围。在本部分 3.7 中所述的环境条件作为较高的温度提出,以便能使用单室方法,这样就能使试验更为经济。温度的快速变化用来模拟敞开式容量和产品暴露在室外空气中的条件。

5) 实验温度最接近 GB/T 2423.3—2006 试验 Cab(湿热,稳定状态)提出的实验严酷程度,尽管相对湿度比 GB/T 4798.2 的特性严酷程度的数值要高。96 h 持续时间是考虑到能充分论证产品设计是足以经受得住这一湿度的。

6) 对于密封的产品以及含有液体或有液体流过的产品,推荐采用 GB/T 2423.21—2008 的试验 M。对于空气压力的影响是在部件一级以上进行评定的正常使用来说,不推荐进行试验。

7) 选择 GB/T 2423.24—1995 中试验方法 C 中的模拟地面上的太阳辐射影响的试验,是因为它产生连续的辐射,因此可以评定光降解影响。尽管这一等级的严酷程度是 700 W/m²,而GB/T 2423.3—2006 中试验 Sa 条件为太阳辐射值 1 120 W/m²。

建议不要进行太阳辐射试验,因为在产品运输过程中,主要的太阳辐射影响是场所的温升。这一温度升高包括在干热条件使用值中因此不要求进行附加试验。由暴露在太阳辐射下产生的光化学反应通常只有在选择部件、材料和成品时才考虑。

表 2　GB/T 4798.2 等级 2K3 的推荐试验

（本等级包括除寒冷和寒温以外的一般户外气候下的不通风的密封体内以及无气候防护条件下的运输。空运时仅包括在采暖和加压的机舱中运输）

GB/T 4798.2——气候条件		GB/T 2423——气候试验				
环境参数[a]	等级 2K3	最接近 GB/T 2423		推荐试验		注释序号
		试验方法	严酷程度	试验方法	严酷程度	
a) 低气温	−25 ℃	同试验方法		GB/T 2423.1—2001:Ab	−25 ℃,16 h	1)
b) 高气温,未通风壳体中的空气	+70 ℃	同试验方法		GB/T 2423.2—2001:Bb	+70 ℃,16 h	2)
c) 高温,未通风的壳体内的空气或室外空气	+40 ℃	同推荐试验		GB/T 2423.2—2001:Bb	+40 ℃,16 h	2)
d) 温度变化:空气/空气	−25 ℃/+30 ℃	同推荐试验		GB/T 2423.22—2002:Na	−25 ℃到环境温度 五个周期 t_1=3 h t_2<3 min	3) 6)
e) 温度变化:空气/水	+40 ℃/+5 ℃	GB/T 2423 无此试验		一般不要求试验——见注释 4)		4)
f) 相对湿度,不与快速温度变化混合	95%,+40 ℃	同推荐试验		GB/T 2423.3—2006:Cab	+40 ℃,93%RH,至少 96 h	5) 6)
g) 相对湿度,与快速温度变化混合:在高相对湿度下空气/空气	95%,−25 ℃/+30 ℃	GB/T 2423 无此试验		稳态湿度试验（试验 Cab),紧接着马上转为温度试验(试验 Na)		6)
h) 绝对湿度,与快速温度变化混合:在高含水量的空气/空气	60 g/m³,+70 ℃/+15 ℃	同推荐试验		GB/T 2423.4—2008:Db 变量 2	+55 ℃,90%~100%RH 二个周期	7)
i) 低气压	70 kPa	GB/T 2423.21—2008:M	70 kPa 30 min	一般不要求试验——见注释 8)		8)
j) 气压变化	无					
k) 周围空气运动	20 m/s	GB/T 2423 无此试验		一般不要求试验——见注释 9)		9)
l) 降水量(降雨)	6 mm/min	同推荐试验		GB/T 2423.38—2008:Rb 方法 2.2	暴露 1 min/m² 持续时间: 至少 5 min	10)
m) 太阳辐射	1 120 W/m²	GB/T 2423.24—1995:Sa 程序 C	1 120 W/m²,72 h,40 ℃	进行干热试验和评定材料的光化学反应		11)
n) 辐射:热	600 W/m²	GB/T 2423 无此试验		一般不要求试验——见注释 12)		12)
o) 除下雨以外的其他来源的水	1 m/s	GB/T 2423 无此试验		见注释 13)		13)

表 2（续）

GB/T 4798.2——气候条件		GB/T 2423——气候试验				
环境参数[a]	等级 2K3	最接近 GB/T 2423		推荐试验		注释序号
		试验方法	严酷程度	试验方法	严酷程度	
p）潮湿—潮湿表面的条件		GB/T 2423 无此试验		一般不要求试验——见注释 14）		14）
注：在等级栏中“无”，表示 GB/T 4798.2 没规定条件。						
[a] 运输等级无气候图，因为它们在 GB/T 4798.2 中没有包括。						

表 2——等级 2K3 注释：

1） 试验温度与 GB/T 4798.2 这一等级的环境参数相等。由于一旦达到低温状态，材料中的化学和物理性能很少变化，推荐的 16 h 持续时间足够的，对带低热容量的小产品来说，可以减少到 2 h。试验 Aa 不推荐做，因为试验 Na 是用来评定温度变化影响的［见表 2 中的 d）行］。

2） 试验温度等于 GB/T 4798.2 这一等级的环境参数。选用的 16 h 持续时间对大多数应用是足够的。试验 Ba 不推荐做，因为试验 Na 是用来评定温度变化影响的［见表 2 中的行 d）］。

3） 温度变化试验经常用来试验设计容差，范围并不重要。但是在本等级中，会发生冷凝，因此提出一个跨越 0 ℃ 的温度范围。在本部分 3.7 中所述的环境条件作为较高的温度提出，以便能使用单室方法，这样就能使试验更为经济。温度的快速变化用来模拟敞开式壳体和产品暴露在室外空气中的条件。

4） 由于考虑产品在热天下雨时遭受到的快速温度变化的影响要比产品暴露在温度空气/空气（试验 Na）变化时所遭受到的严酷程度要轻微些，因此不推荐进行附加试验。

5） 湿热的最适合试验严酷程度，选定了稳态试验，尽管相对湿度要比特性的严酷程度略低一些。96 h 持续时间是考虑到能证明产品设计是足以经受得住这种湿度的。

6） 由于受到物理上的一些约束，所以事实上并不进行这种条件试验。但是，用稳态湿度试验紧接着通过温度试验的快速变化，是可以产生近似的结果的。具体方法是在上述二种试验中省略前后两个条件阶段。在这样进行复合试验时，是足以论证条件的影响的。如果进行这种复合试验，那么用户可以决定免做一些［f）行和 d）行］单独试验。

7） 这是最适合的湿热周期试验条件，并且认为是足以显示这一条件的影响（试验条件的绝对湿度较高，温度较低）。采用持续二个周期（48 h）是考虑为了满足大多数产品的要求。选用试验 Db 的方案 2 是因为它能适合条件的试验，而且比方案 1 容易进行。

8） 对密封产品或含有加工液体的产品来说，推荐采用 GB/T 2423.21—2008 的试验 M。对于是在部件一级的评估气压影响的正常使用，无推荐试验。

9） 这一条件被认为对于这一等级运输的多数产品来说是温和了些，因此不推荐进行试验。

10） 试验 Rb 被选用，是因为它是一种简易、能够在所有尺寸的产品上重复进行的试验。

11） 选择 GB/T 2423.24—1995 中试验方法 C 中的模拟地面上的太阳辐射影响的试验，是因为它产生连续的辐射，因此可以评定光降解影响。这一等级的严酷程度是 1 120 W/m^2，它与GB/T 2423.24—1995 中所含的 Sa 试验条件相一致。

而且还推荐不要进行太阳辐射试验，因为在产品运输过程中，太阳辐射的主要影响是所处地区的温度升高。温度升高包括在干热条件的所用数值中，因此不要求进行附加试验。由暴露在太阳辐射下而出现的光化学反应，通常只有在挑选部件、材料和表面涂层时考虑。

12） 无推荐试验。GB/T 2423 没有这一条件的试验方法。这个影响被认为是包括在干热试验［见表 2 b）行或 c）］行中。对于安装在接近高热辐射源处的产品来说，需要进行专门预防或要求进行附加性的高温试验。

13） 鉴于在 GB/T 4798.2 中没有指出水源。用户就必须从 GB/T 2423.38—2008 中选择附有持续时间和严酷程度适当的试验。作为指引，下面各点可能会有助于用户选定合适的试验：

a） 滴水：如果产品带有防御雨水的保护，但是类似暴露在上表面的结露或者漏滴水，GB/T 2423.38—2008：Ra2——滴水箱法，滴水高度 2 m，倾斜角度 0°，持续时间 1 h 是最好的方法。

b） 溅水：如果产品有可能暴露于洒水系统或者水轮车喷溅环境中时，则 GB/T 2423.38—2008：试验 Rb2.1——摆动管法或者 Rb2.2——手持洒水法，1 min/m^2，最多 30 min 是优选的方法。

c） 水浪：如果产品有可能暴露于冲洗或冲刷中，则 GB/T 2423.38—2008：试验 Rb3——软管法是优选的方法。

d） 射水：如果喷射水有可能冲击产品，选择 GB/T 2423.38—2008 试验 Ra 或者试验 Rb 来表明该产品是为了在这些条件下运行而设计的。

14） 无推荐试验。在 GB/T 4798.2 潮湿表面一节中找不到数值。潮湿表面的影响是用在本等级中其他一些试验（例如，见表 2 中 i）行降雨试验）求证的。

表 3　GB/T 4798.2 等级 2K4 的推荐试验

（本等级包括在寒温气候条件下的无气候防护运输）

<table>
<tr><th colspan="2">GB/T 4798.2——气候条件</th><th colspan="5">GB/T 2423——气候试验</th></tr>
<tr><th rowspan="2">环境参数[a]</th><th rowspan="2">等级 2K4</th><th colspan="2">最接近 GB/T 2423</th><th colspan="2">推荐试验</th><th rowspan="2">注释序号</th></tr>
<tr><th>试验方法</th><th>严酷程度</th><th>试验方法</th><th>严酷程度</th></tr>
<tr><td>a) 低气温</td><td>−40 ℃</td><td colspan="2">同推荐试验</td><td>GB/T 2423.1—2008:Ab</td><td>−40 ℃,16 h</td><td>1)</td></tr>
<tr><td>b) 高气温,未通风壳体内的空气</td><td>+70 ℃</td><td colspan="2">同推荐试验</td><td>GB/T 2423.2—2008:Bb</td><td>+70 ℃,16 h</td><td>2)</td></tr>
<tr><td>c) 高温,未通风的壳体内的空气或室外空气</td><td>+40 ℃</td><td colspan="2">同推荐试验</td><td>GB/T 2423.2—2008:Bb</td><td>+40 ℃,16 h</td><td>2)</td></tr>
<tr><td>d) 温度变化:空气/空气</td><td>−40 ℃/
+30 ℃</td><td colspan="2">同推荐试验</td><td>GB/T 2423.22—2002:Na</td><td>−40 ℃到环境温度
五个周期
t_1=3 h t_2<3 min</td><td>3)
6)</td></tr>
<tr><td>e) 温度变化:空气/水</td><td>+40 ℃/
+5 ℃</td><td colspan="2">GB/T 2423 无此试验</td><td colspan="2">一般不要求试验——见注释 4)</td><td>4)</td></tr>
<tr><td>f) 相对湿度,不与快速温度变化混合</td><td>95%,
+45 ℃</td><td colspan="2">同推荐试验</td><td>GB/T 2423.3—2006:Cab</td><td>+40 ℃,93%RH,
至少 96 h</td><td>5)
6)</td></tr>
<tr><td>g) 相对湿度,与快速温度变化混合:在高相对湿度下的空气/空气</td><td>95%,
−40 ℃/
+30 ℃</td><td colspan="2">GB/T 2423 无此试验</td><td colspan="2">稳态湿度试验(试验 Cab),紧接着马上转为温度试验(试验 Na)</td><td>6)</td></tr>
<tr><td>h) 绝对湿度与快速温度变化混合:在高含水量的空气/空气</td><td>60 g/m³,
+70 ℃/
+15 ℃</td><td colspan="2">同推荐试验</td><td>GB/T 2423.4—2008:
Db 变量 2</td><td>+55 ℃,
(90～100)%RH
二个周期</td><td>7)</td></tr>
<tr><td>i) 低气压</td><td>70 kPa</td><td>GB/T 2423.21—2008:M</td><td>70 kPa,30 min</td><td colspan="2">一般不要求试验——见注释 8)</td><td>8)</td></tr>
<tr><td>j) 气压变化</td><td>无</td><td colspan="2"></td><td colspan="2"></td><td></td></tr>
<tr><td>k) 周围空气运动</td><td>20 m/s</td><td colspan="2">GB/T 2423 无此试验</td><td colspan="2">一般不要求试验——见注释 9)</td><td>9)</td></tr>
<tr><td>l) 降水量(降雨)</td><td>6 mm/min</td><td colspan="2">同推荐试验</td><td>GB/T 2423.38—2008:
Rb 方法 2.2</td><td>暴露 1 min/m² 持续时间:至少 5 min</td><td>10)</td></tr>
<tr><td>m) 太阳辐射</td><td>1 120 W/m²</td><td>GB/T 2423.24—1995:
Sa 程序 C</td><td>1 120 W/m²
72 h,40 ℃</td><td colspan="2">进行干热试验和评定材料的光化学反应</td><td>11)</td></tr>
<tr><td>n) 辐射:热</td><td>600 W/m²</td><td colspan="2">GB/T 2423 无此试验</td><td colspan="2">一般不要求试验——见注释 12)</td><td>12)</td></tr>
<tr><td>o) 除下雨以外的其他来源的水</td><td>1 m/s</td><td colspan="2">GB/T 2423 无此试验</td><td colspan="2">见注释 13)</td><td>13)</td></tr>
</table>

表 3（续）

GB/T 4798.2——气候条件		GB/T 2423——气候试验				
环境参数[a]	等级 2K4	最接近 GB/T 2423		推荐试验		注释序号
		试验方法	严酷程度	试验方法	严酷程度	
p）潮湿—潮湿表面的条件		GB/T 2423 无此试验		一般不要求试验——见注释 14）		14）
注：在等级栏中“无”，表示 GB/T 4798.2 没规定条件。						
[a] 运输等级无气候图，因为它们在 GB/T 4798.2 中没有包括。						

表 3——等级 2K4 注释：

1） 试验温度与 GB/T 4798.2 这一等级的环境参数相等。由于一旦达到低温状态，材料中的化学和物理性能很少变化，推荐的 16 h 持续时间足够的，对带低热容量的小产品来说，可以减少到 2 h。试验 Aa 不推荐做，因为试验 Na 是用来评定温度变化影响的[见表 3 中的 d)行]。

2） 试验温度等于 GB/T 4798.2 这一等级的环境参数。选用的 16 h 持续时间对大多数应用是足够的。试验 Ba 不推荐做，因为试验 Na 是用来评定温度变化影响的[见表 3 中的 d)行]。

3） 温度变化试验经常用来试验设计容差，范围并不重要。但是在本等级中，会发生冷凝，因此提出一个跨越 0 ℃的温度范围。在本部分 3.7 中所述的环境条件做为较高的温度提出，以便能使用单室方法，这样就能使试验更为经济。温度的快速变化用来模拟敞开式壳体和产品暴露在室外空气中的条件。

4） 由于考虑产品在热天下雨时遭受到的快速温度变化的影响，要比产品暴露在温度空气/空气（试验 Na）变化时所遭受到的严酷程度要轻微些，因此不推荐进行附加试验。

5） 湿热的最适合试验严酷程度，选定了稳态试验，尽管相对湿度要比特性的严酷程度略低一些。96 h 持续时间是考虑到能证明产品设计是足以经受得住这种湿度的。

6） 由于受到物理上的一些约束，所以事实上并不进行这种条件试验。但是，用稳态湿度试验紧接着通过温度试验的快速变化，是可以产生近似的结果的。具体方法是在上述二种试验中省略前后两个条件阶段。在这样进行复合试验时，是足以论证条件的影响的。如果进行这种复合试验，那么用户可以决定免做一些[f)行和 d)行]的单独试验。

7） 这是最适合的湿热周期试验条件，并且认为是足以显示这一条件的影响（试验条件的绝对湿度较高，温度较低）。采用持续二个周期(48 h)是为了考虑满足大多数产品的要求。选用试验 Db 的方案 2 是因为它能适合条件的试验，而且比方案 1 容易进行。

8） 对密封产品或含有加工液体的产品来说，推荐采用 GB/T 2423.21—2008 的试验 M。对于是在部件一级评估气压影响的正常使用，无推荐试验。

9） 这一条件被认为对于这一等级运输的多数产品是温和了些，因此不推荐进行试验。

10） 试验 Rb 被选用，是因为它是一种简易、能够在所有尺寸的产品上重复进行的试验。

11） 选择 GB/T 2423.24—1995 中试验方法 C 中模拟地面上的太阳辐射影响的试验，是因为它产生连续的辐射，因此可以评定光降解影响。这一等级的严酷程度是 1 120 W/m^2，它与GB/T 2423.24—1995 中所含的 Sa 试验条件相一致。

　　而且还推荐不要进行太阳辐射试验，因为在产品运输过程中，太阳辐射的主要影响是所处地区的温度升高。温度升高包括在干热条件的所用数据中；因此不要求进行附加试验。由暴露在太阳辐射下而出现的光化学反应，通常只有在挑选部件、材料和表面涂层时考虑。

12） 无推荐试验。GB/T 2423 没有这一条件的试验方法。这个影响被认为是包括在干热试验[见表 3b)行或 c)行]中。对于安装在接近高热辐射源处的产品来说，需要进行专门预防或要求进行附加性的高温试验。

13） 鉴于在 GB/T 4798.2 中没有指出水源。用户就必须从 GB/T 2423.38—2008 中选择附有持续时间和严酷程度的适当的试验。作为指引，下面各点可能会有助于用户选定合适的试验：

a） 滴水：如果产品带有防御雨水的保护，但是类似暴露在上表面的结露或者漏滴水，GB/T 2423.38—2008：Ra2——滴水箱法，滴水高度 2 m，倾斜角度 0°，持续时间 1 h 是最好的方法。

b） 溅水：如果产品有可能暴露于洒水系统或者水轮车喷溅环境中时，则 GB/T 2423.38—2008：试验 Rb2.1——摆动管法或者 Rb2.2——手持洒水法，1 min/m^2，最多 30 min 是优选的方法。

c） 水浪：如果产品有可能暴露于冲洗或冲刷中，则 GB/T 2423.38—2008：试验 Rb3——软管法是优选的方法。

d） 射水：如果喷射水有可能冲击产品，选择 GB/T 2423.38—2008 试验 Ra 或者试验 Rb 来表明该产品是为了在这些条件下运行而设计的。

14） 无推荐试验。在 GB/T 4798.2 潮湿表面一节中找不到数值。潮湿表面的影响是用在本等级中其他一些试验（例如，见表 3i)行降雨试验）求证的。

表 4 GB/T 4798.2 等级 2K5 的推荐试验

（本等级包括在世界范围内的不通风的密封体内以及无气候防护条件下的运输，还包括在非加压机舱内的运输）

GB/T 4798.2——气候条件		GB/T 2423——气候试验				
环境参数[a]	等级 2K5	最接近 GB/T 2423		推荐试验		注释序号
		试验方法	严酷程度	试验方法	严酷程度	
a) 低气温	−65 ℃	同推荐试验		GB/T 2423.1—2008:Ab	−65 ℃,16 h	1)
b) 高气温，通风壳体内的空气	+85 ℃	同推荐试验		GB/T 2423.2—2008:Bb	+85 ℃,16 h	2)
c) 高温，未通风的壳体内的空气或室外空气	+55 ℃	同推荐试验		GB/T 2423.2—2008:Bb	+55 ℃,16 h	2)
d) 温度变化：空气/空气	−65 ℃/ +30 ℃	同推荐试验		GB/T 2423.22—2002:Na	−40 ℃到环境温度 五个周期 t_1=3 h t_2<3 min	3) 6)
e) 温度变化：空气/水	+55 ℃/ +5 ℃	GB/T 2423 无此试验		一般不要求试验——见注释 4)		4)
f) 相对湿度，不与快速温度变化混合	95%, +50 ℃	同推荐试验		GB/T 2423.3—2006: Cab	+40 ℃,93%RH, 至少 96 h	5) 6)
g) 相对湿度，与快速温度变化混合：在高相对湿度下的空气/空气	95%, −65 ℃/ +30 ℃	GB/T 2423 无此试验		稳态湿度试验(试验 Cab)，紧接着马上转为温度试验(试验 Na)		6)
h) 绝对湿度，与快速温度变化混合：在高含水量的空气/空气	80 g/m^3, +85 ℃/ +15 ℃	同推荐试验		GB/T 2423.4—2008: Db 变量 2	+55 ℃, (90～100)%RH 二个周期	7)
i) 低气压	30 kPa	GB/T 2423.21 —2008:M	70 kPa 30 min	一般不要求试验——见注释 8)		8)
j) 气压变化	6 kPa/min	GB/T 2423 无此试验		一般不要求试验——见注释 9)		9)
k) 周围空气运动	30 m/s	GB/T 2423 无此试验		一般不要求试验——见注释 10)		10)
l) 降水量(降雨)	15 mm/min	同推荐试验		GB/T 2423.38—2008: Rb 方法 2.2	暴露:1 min/m^2 持续时间: 最少 5 min	11)
m) 太阳辐射	1 120 W/m^2	GB/T 2423.24 —1995: Sa 程序 C	1 120 W/m^2, 72 h,40 ℃	进行干热试验和评定材料的光化学反应		12)
n) 辐射：热	600 W/m^2	GB/T 2423 无此试验		一般不要求试验——见注释 13)		13)
o) 除下雨以外的其他来源的水	3 m/s	GB/T 2423 无此试验		见注释 14)		14)

表 4（续）

GB/T 4798.2——气候条件		GB/T 2423——气候试验				
环境参数[a]	等级 2K5	最接近 GB/T 2423		推荐试验		注释序号
		试验方法	严酷程度	试验方法	严酷程度	
p) 潮湿—潮湿表面的条件		GB/T 2423 无此试验		一般不要求试验——见注释 15)		15)
[a] 运输等级无气候图，因为它们在 GB/T 4798.2 中没有包括。						

表 4——等级 2K5 注释：

1） 试验温度与 GB/T 4798.2 这一等级的环境参数相等。由于一旦达到低温状态，材料中的化学和物理性能很少变化，推荐的 16 h 持续时间足够的，对带低热容量的小产品来说，可以减少到 2 h。试验 Aa 不推荐做，因为试验 Na 是用来评定温度变化影响的[见表 4 中的 d)行]。

2） 试验温度等于 GB/T 4798.2 这一等级的环境参数。选用的 16 h 持续时间对大多数应用是足够的。试验 Ba 不推荐做，因为试验 Na 是用来（评定）温度变化影响的[见表 4 中的 d)行]。

3） 温度变化试验经常用来试验设计容差，范围并不重要。但是在本等级中，会发生冷凝，因此提出一个跨越 0 ℃ 的温度范围。在本部分 3.7 中所述的环境条件做为较高的温度提出，以便能使用单室方法，这样就能使试验更为经济。温度的快速变化用来模拟敞开式壳体和产品暴露在室外空气中的条件。

4） 由于考虑产品在热天下雨时遭受到的快速温度变化的影响，要比产品暴露在温度空气/空气（试验 Na）变化时所遭受到的严酷程度要轻微些，因此不推荐进行附加试验。

5） 湿热的最适合试验严酷程度，选定了稳态试验，尽管相对湿度要比特性的严酷程度略低一些。96 h 持续时间是考虑到能证明产品设计是足以经受得住这种湿度的。

6） 由于受到物理上的一些约束，所以事实上并不进行这种条件试验。但是，用稳态湿度试验紧接着通过温度试验的快速变化，是可以产生近似的结果的。具体方法是在上述二种试验中省略前后两个条件阶段。在这样进行复合试验时，是足以论证条件的影响的。如果进行这种复合试验，那么用户可以决定免做一些[f)行和 d)行]的单独试验。

7） 这是最适合的湿热周期试验条件，并且认为是足以显示这一条件的影响（试验条件的绝对湿度较高，温度较低）。采用持续二个周期（48 h）是为了考虑满足大多数产品的要求。选用试验 Db 的方案 2 是因为它能适合条件的试验，而且比方案 1 容易进行。

8） 对密封产品或含有加工液体的产品来说，推荐采用 GB/T 2423.21—2008 的试验 M。对于是在部件一级评估气压影响的正常使用，无推荐试验。

9） 不存在适合的 GB/T 2423 试验。对于正常使用，气压变化的影响是在部件上评定的。对密封产品，必须设计专门的试验。

10） 不存在适合的 GB/T 2423 试验。这一条件被认为对于供这种运输等级的多数产品，是温和了些，因此无推荐试验。

11） 试验 Rb 被选用，是因为它是一种简易、能够在所有尺寸的产品上重复进行的试验。

12） 选择 GB/T 2423.24 中试验方法 C 中模拟地面上的太阳辐射影响的试验，是因为它产生连续的辐射，因此可以评定光降解影响。这一等级的严酷程度是 1 120 W/m²，它与 GB/T 2423.24—1995 中所含的 Sa 试验条件相一致。

而且还推荐不要进行太阳辐射试验，因为在产品运输过程中，太阳辐射的主要影响是所处地区的温度升高。温度升高包括在干热条件的所用数据中；因此不要求进行附加试验。由暴露在太阳辐射下而出现的光化学反应，通常只有在挑选部件、材料和表面涂层时考虑。

13） 无推荐试验。GB/T 2423 没有这一条件的试验方法。这个影响被认为是包括在干热试验[见表 4b)行或 c)行]中。对于安装在接近高热辐射源处的产品来说，需要进行专门预防或要求进行附加性的高温试验。

14） 鉴于在 GB/T 4798.2 中没有指出水源。用户就必须从 GB/T 2423.38—2008 中选择附有持续时间和严酷程度的适当的试验。作为指引，下面各点可能会有助于用户选定合适的试验：

a） 滴水：如果产品带有防御雨水的保护，但是类似暴露在上表面的结露或者漏滴水，GB/T 2423.38—2008：Ra2——滴水箱法，滴水高度 2 m，倾斜角度 0°，持续时间 1 h 是最好的方法。

b） 溅水：如果产品有可能暴露于洒水系统或者水轮车喷溅环境中时，则 GB/T 2423.38—2008：试验 Rb2.1——摆动管法或者 Rb2.2——手持洒水法，1 min/m²，最多 30 min 是优选的方法。

c） 水浪：如果产品有可能暴露于冲洗或冲刷中，则 GB/T 2423.38—2008：试验 Rb3——软管法是优选的方法。

d） 射水：如果喷射水有可能冲击产品，选择 GB/T 2423.38—2008 试验 Ra 或者试验 Rb 来表明该产品是为了在这些条件下运行而设计的。

15） 无推荐试验。在 GB/T 4798.2 潮湿表面一节中找不到数值。潮湿表面的影响是用在本等级中其他一些试验[例如，见表 i)行降雨试验]求证的。

5 机械条件

大多数 GB/T 2423 试验表明试验主要是针对非包装项目的，但是这对那些通常是包装状态的样品来说，就产生了一种不真实的试验。因此推荐这种试验在那些通常处于运输状态下的产品上进行。特别是对软包装，试验方法中的“固定点”是刚性的固定试验设备，或试验设备的安装表面。

表 5 GB/T 4798.2 等级 2M1 的推荐试验

（本等级包括机械装运和飞机船舶以及空气减振卡车挂车等的运输）

GB/T 4798.2——机械条件					GB/T 2423——机械试验				
环境参数	单位	等级 2M1			最接近 GB/T 2423 试验方法	最接近 GB/T 2423 严酷程度	推荐试验 试验方法	推荐试验 严酷程度	注释序号
a) 稳态正弦振动[a]					同推荐试验		GB/T 2423.10—2008 Fc:振动 正弦		
位移	mm	3.5						3.5	1)
加速度	m/s²		10	15				10	
频率范围	Hz	2～9	9～200	200～500				1～500	
轴向								3	2)
扫描周期								10	
b) 随机振动[a]					同推荐试验		GB/T 2423.56—2006 Fh:振动 宽带随机		
加速度频谱密度(ASD)[b]	(m/s²)²/Hz	1.0	0.3					1.0; 0.5	
斜率	dB/oct							−3	
频率范围	Hz	10～200	200～2 000					10～100; 100～200; 200～2 000	3)
轴向								3	
持续时间/轴	min							30	4)
c) 冲击					GB/T 2423.5—1995 Ea:冲击（半正弦）		GB/T 2423.6—1995: Eb 碰撞		
冲击响应谱		类型Ⅰ	类型Ⅱ						
最大加速度	m/s²	100	无			150		100	5)
持续时间	ms	11				11		16	
冲击次数/方向						每个方向三次		每个方向 100 次	6)
冲击方向						6		6	
d) 自由跌落					GB/T 2423.8—1995 Ed:自由跌落程序 1		ISO 4180-2:1980		7)
跌落次数						每一规定高度下落两次		每一规定高度下落两次	
质量	kg	<20	>20	>100		<20; >20; >100		<10; >10; >20; >30; >40; >50; >100	
下落高度	m	0.25	0.25	0.1		0.25; 0.25; 0.1		0.8; 0.6; 0.5; 0.4; 0.3; 0.2; 0.1	
e) 跌落与翻倒					GB/T 2423.7—1995 Ec:跌落与翻倒			底部边缘的每一个边缘翻倒一次	7)
1) 跌落在边角上		无							
质量	kg								
高度	m								
边角处									
2) 翻侧(或推倒)									
质量		<20	>20	>100		底部的每一个边缘翻倒一次			8)
边缘		任意	无	无					

表 5（续）

GB/T 4798.2——机械条件			GB/T 2423——机械试验				
环境参数	单位	等级 2M1	最接近 GB/T 2423		推荐试验		注释序号
			试验方法	严酷程度	试验方法	严酷程度	
f) 摇摆和倾斜 角度 周期	 (°) s	 无					
g) 加速度 稳态	m/s²	20	GB/T 2423.15—1995 Ge:加速度,稳态	30	一般不要求试验——见注释 9)		9)
h) 静载 包装产品	kPa	5	GB/T 2423 无此试验		ISO 12048:1994:压缩和堆积——见注释 10)		10)
注:在等级栏中“无”,表示 GB/T 4798.2 没规定条件。							
[a] 这表示推荐选用正弦或随机试验,但不是二种都做。 [b] 加速度谱密度(ASD)的单位,IEC 原文采用 m^2/s^3,此处根据我国机械试验相关国标,改为 $(m/s^2)^2/Hz$。							

表 5——等级 2M1 注释:

1) 实际交替频率在 8 Hz 和 9 Hz 之间,是在位移和加速度之间形成一个平坦的过渡方式,通过计算确定的。在这种情况下,是知道产品是包装好的或未包装好的,是不会有任何低于 10 Hz 的共振的,允许将 GB/T 2423.10 中所示的频率从 1 Hz 改为 5 Hz,以便使用标准试验设备。

   试验表明,200 Hz 的振动等级是缺乏现实性的,因此是不适当的,一般的做法是减少运输振动等级和增加频率。

2) 产品在运输时所经受的居主要振动,实际上是随机的。因此随机振动试验推荐按照GB/T 2423.56—2006 中所示的方式进行。建议在随机振动试验之前或试验时使用正弦共振测查。

3) 运输试验包括铁路、汽车和飞机等所有的种类,试验频谱中所述的有效值为 32.55 m/s^2。对高的内部减震的车辆定线运输,频率范围可限制在 500 Hz。

4) 一般说 30 min/轴的持续时间被认为是足够的。如果产品预期要长距离运输,或者它要运输很长时间,则推荐长持续时间。

5) 冲击条件在 GB/T 4798.2 中有说明,但是相应的 GB/T 2423.5—1995:Ea 试验在表中只给出限制冲击数。在运输期间,冲击数可能会高些,并推荐随后的碰撞试验用来替代冲击试验。

6) 运输时样品的放置姿态是已知的(通常是立式的),但是鉴于冲击对同一高度的同一方向来说是最重要的,在这一方向和所说的这种姿态应该用具体的冲击数。但是,如果已知产品具有一个临界方向,则试验轴之一应该对准这个临界方向。

7) 如果指定放置的样品推荐在边角上,那就应省略跌落和翻倒试验。与此同时要进行GB/T 4798.2 等级 2M1 试验。因此推荐能反应 GB/T 4798.2 的大量种类的试验严酷程度。推荐使用 ISO 4180-2:1980 中给示的跌落高度。这些高度被认为要比 GB/T 4798.2 中的更为现实。

8) 对于质量小于 20 kg 的样品来说,考虑降落要比自由跌落试验的严酷程度要低一些,因此推荐不要进行试验。但是对于那些质量小于 20 kg 的高大项目,这种试验可能是合适的,如果已经采取防止降落的专门措施,或者产品的集合形状不会发生这种降落,那么这种试验可以省略。

9) 运输时的稳态加速度是不严重的。对于产品运输而言,由产品引发的应力设想是要与由进行专门的振动和冲击试验引发的相等或低一些。因此只有在特定的场合下需要进行检验。

10) 对于带有货盘或不带货盘的单层或多层包装的产品,可以使用 GB/T 4857.3—2008 用静载的堆积试验。用压缩试验机的压缩和堆积试验是一种交替试验。

    未经包装的产品只有当它有一个适当的水平顶表面时,才能暴露在静态下。5 kPa 等级对成套的货盘负载的严酷程度可能是不充分的。

大多数 GB/T 2423 试验状况是试验主要是供非包装项目用的。但是这对那些通常是包装状态的样品来说,就产生了一种不真实的试验。因此,这种试验被推荐在那些通常处于运输状态下的产品上进行。特别是对软包装,试验方法中的“定位点”是刚性的固定试验设备,或试验设备的安装表面。

表 6　GB/T 4798.2 等级 2M2 的推荐试验

（本等级包括在公路系统良好的地区的各种卡车挂车的运输，还包括了有专门缓冲设施的铁路运输和船只运输）

GB/T 4798.2——机械条件					GB/T 2423——机械试验												
环境参数	单位	等级 2M2			最接近 GB/T 2423				推荐试验								注释序号
					试验方法	严酷程度			试验方法	严酷程度							
a) 稳态正弦振动[a]																	
位移	mm	3.5			同推荐试验				GB/T 2423.10—2008 Fc:振动正弦	7.5							1)
加速度	m/s²		10	15						20							
频率范围	Hz	2～9	9～200	200～500						1～500							
轴向										3							2)
扫描周期										10							
b) 随机振动[a]																	
加速度频谱密度(ASD)[b]	(m/s²)²/Hz	1.0	0.3		同推荐试验				GB/T 2423.56—2006 Fh:振动宽带随机	5.0				1.0			
斜率	dB/oct											−7					
频率范围	Hz	10～200	200～2 000							10～100		100～200		200～2 000			3)
轴向										3							
持续时间/轴	min									30							4)
c) 冲击																	
冲击响应谱		类型Ⅰ	类型Ⅱ		GB/T 2423.5—1995 Ea:冲击(半正弦)				GB/T 2423.6—1995 Eb:碰撞								
最大加速度	m/s²	100	600			150	300			250		或者		1 000			5)
持续时间	ms	11	6			11	6			6				2			6)
冲击次数/方向										每个方向 100 次							7)
冲击方向										6							
d) 自由跌落					GB/T 2423.8—1995 Ed:自由跌落 程序 1												
下落次数						每一规定高度下落两次			ISO 4180-2:1980	每一规定高度下落两次 见下							8)
质量	kg	<20	>20	>100		<20	>20	>100									
下落高度	m	1.2	1.0	0.25		0.25	0.25	0.1									
水路运输																	
质量	kg									<10	>10	>20	>30	>40	>50	>100	
下落高度	m									1.0	0.8	0.6	0.5	0.4	0.3	0.2	
公路、铁路和航空运输																	
质量	kg									<10	>10	>20	>30	>40	>50	>100	
下落高度	m									0.8	0.6	0.5	0.4	0.3	0.2	0.1	

表 6（续）

GB/T 4798.2——机械条件					GB/T 2423——机械试验					
环境参数	单位	等级 2M2			最接近 GB/T 2423		推荐试验			注释序号
					试验方法	严酷程度	试验方法	严酷程度		
e) 跌落与翻倒 1) 跌落在边角上 质量 高度 边角处	 kg m	无					GB/T 2423.7—1995 Ec:跌落与翻倒	<50 0.1°或30°	>50 0.05°或30°	
								取小的那个相关边缘每个跌落一次		9)
2) 翻侧(或推倒) 质量 边缘	 kg	 <20 任意	 >20 任意	 >100 任意	同推荐试验		GB/T 2423.7—1995 Ec:跌落与翻倒	底部边缘的每一个边缘翻倒一次		10)
f) 滚动和俯仰 角度 周期	 (°) s	 ±35 8			GB/T 2423 无此试验		一般不要求试验——见注释 11)			11)
g) 加速度 稳态	 m/s^2	20			GB/T 2423.15—1995 Ge:加速度,稳态	30	一般不要求试验——见注释 12)			12)
h) 静载 包装产品	 kPa	10			GB/T 2423 无此试验		ISO 12048:1994:压缩和堆积——见注释 13)			13)
注:在等级栏中“无”,表示 GB/T 4798.2 没规定条件。										
a 这表示推荐选用正弦或随机试验,但不是二种都做。 b 加速度谱密度(ASD)的单位,IEC 原文采用 m^2/s^3,此处根据我国机械试验相关国标,改为 $(m/s^2)^2/Hz$。										

表 6——等级 2M2 注释:

1) 实际交替频率在 8 Hz 和 9 Hz 之间,是在位移和加速度之间形成一个平坦的过渡方式,通过计算确定的。在这种情况下,是知道产品是包装好的或未包装好的,是不会有任何低于 10 Hz 的共振的,允许将 GB/T 2423.10—2008 中给出的频率从 1 Hz 改为 5 Hz,以便使用标准试验设备。

   试验表明,200 Hz 的振动等级是缺乏现实性的,因此是不适当的,一般做法是减少运输振动等级和增加频率。

2) 产品在运输时所经受的主要振动,实际上是随机的。因此随机振动试验推荐按照GB/T 2423.56—2006 中所示的方式进行。建议在随机振动试验之前或试验时使用正弦共振测查。

3) 运输试验包括铁路、汽车和飞机等所有的运输种类,试验频谱中所述的有效值为 32.55 m/s^2。0.5 的 ASD 值是被选用,它能适用于大多数运输产品。对于高度抗震的交通工具运输频率范围可限制在 500 Hz 以下。

4) 一般说 30 min/轴的持续时间,被认为是足够的。如果产品预期要长距离运输,或者要运输很长时间,则推荐延长持续时间。

5) 冲击条件在 GB/T 4798.2 中有说明,但是相应的 GB/T 2423.5—1995:Ea 试验只给出限制冲击数。给出了二种冲击响应频谱,但是在 GB/T 4798.2 中并没有确定使用哪一种。在运输期间,冲击数可能会高一些,故推荐随后用碰撞试验来替代冲击试验。

6) 在上述试验中进行选择,会受到下列各点的影响:

   ——当已知运输的种类是用软悬浮车辆或相当的器材时,推荐 100 m/s^2/16 ms 试验;

   ——在本等级中允许的所有其他形式的运输或未知运输种类的情况下,推荐采用 250 m/s^2 试验。质量也是要考虑的。

对质量大于 100 kg 的样品，严酷程度应减少到 100 m/s²/16 ms。

7) 运输时样品的放置姿态是知道的(通常是立式的)，但是鉴于冲击对一个轴的同一方向来说是最重要的，在这一方向和所说的这种姿态应该用具体的冲击数，如果已知产品具有一个临界方向，则试验轴之一应该对准这个临界方向。

8) 如果指定放置的样品掉落在角落上，那么就应忽略降落和倒下试验。

推荐采用 ISO 4180-2:1980 中给示的跌落高度。这些高度被认为要比 GB/T 4798.2 中的更为现实。由于这一等级产品可能会用船只运输，因此给出替代的严酷程度。这仅需要在模拟这种条件下进行一次试验。假如采用船只运输或未知运输方式，那就要选择船只的严酷程度。

9) 由于在 GB/T 4798.2 当中没有关于样品掉落在角落的试验，因此推荐使用 GB/T 2423.7—1995 提供的试验。

10) 如果采用预防跌落的专门措施，或者如果产品的几何形状是不会导致跌落的，那么这一试验可以忽略。

11) 在 GB/T 2423 中没有合适的试验。只有在待定的场合下才要求进行检验。

12) 运输时的稳态加速度是不严重的。对于产品运输而言，有产品引发的应力设想是要与由进行专门振动和冲击。用试验引发相等或低一些。因此只有在特定的场合下才要求进行检验。

13) 对于带有货盘或不带货盘的单层或多层包装的产品，可以使用 GB/T 4857.3—2008 用静载的堆积试验。用压缩试验机的压缩和堆积试验是一种交替试验。

5 kPa 等级对成套的货盘负载的严酷程度可能是不充分的。

未经包装的产品只有当它有一个大致的水平表面时，才能暴露在静态下。

大多数 GB/T 2423 试验状况的试验主要是提供非包装项目用的。但是这对通常在包装状态的样品来说，就产生了一种不真实的试验。因此，这种试验被推荐在那些通常处于运输状态下的产品上进行。特别是对硬度低的包装，试验方法中的“定位点”是刚性的固定试验设备，或试验设备的安装表面。

表 7 GB/T 4798.2 等级 2M3 的推荐试验

(本等级包括各种方式的运输以及在公路条件比较差的地区的运输)

GB/T 4798.2——机械条件					GB/T 2423——机械试验							
环境参数	单位	等级 2M3			最接近 GB/T 2423			推荐试验				注释序号
					试验方法	严酷程度		试验方法	严酷程度			
a) 稳态正弦振动[a]					同推荐试验			GB/T 2423.10—2008 Fc:振动正弦				
位移	mm	7.5							7.5			1)
加速度	m/s²		20	40					20			
频率范围	Hz	2～8	9～200	200～500					1～500			
轴向									3			
扫描周期									10			2)
b) 随机振动[a]					同推荐试验			GB/T 2423.56—2006 Fh:振动宽带随机				
加速度频谱密度(ASD)[b]	(m/s²)²/Hz	3.0	1.0						5.0		1.0	
斜率	dB/oct									−7		
频率范围	Hz	10～200	200～2 000						10～100	100～200	200～2 000	3)
轴向									3			
持续时间/轴	min								30			4)
c) 冲击					GB/T 2423.5—1995 Ea:冲击(半正弦)			GB/T 2423.6—1995 Eb:碰撞				
冲击响应谱		类型Ⅰ	类型Ⅱ									
最大加速度	m/s²	300	1 000			300	1 000		250	或者	1 000	5)
持续时间	ms	11	6			11	6		6		2	6)
冲击次数/方向						3			每个方向 100 次			7)
冲击方向						6			6			

表 7（续）

GB/T 4798.2——机械条件					GB/T 2423——机械试验												
环境参数	单位	等级 2M3			最接近 GB/T 2423				推荐试验								注释序号
					试验方法	严酷程度			试验方法	严酷程度							
d) 自由跌落 下落次数					GB/T 2423.8—1995 Ed：自由跌落 程序 1	每一规定高度下落两次			ISO 4180-2：1980	每一规定高度下落两次 如下							8)
质量	kg	<20	>20	>100		<20	>20	>100									
下落高度	m	1.5	1.2	0.5		1.5	1.2	0.5									
水路运输																	
质量	kg									<10	>10	>20	>30	>40	>50	>100	
下落高度	m									1.0	0.8	0.6	0.5	0.4	0.3	0.2	
公路、铁路和航空运输																	
质量	kg									<10	>10	>20	>30	>40	>50	>100	
下落高度	m									0.8	0.6	0.5	0.4	0.3	0.2	0.1	
e) 跌落与翻倒 1) 跌落在边角上 质量 高度 边角处	kg m	无							GB/T 2423.7—1995 Ec：跌落与翻倒	<50 0.1°或 30°	>50 0.05°或 30°	取小的那个相关边缘每个跌落一次					9)
2) 翻侧(或推倒) 质量 边缘	kg	<20 任意	>20 任意	>100 任意	GB/T 2423.7—1995 Ec：跌落与翻倒	相关边缘每个跌落一次			一般不要求试验——见注释 10)								10)
f) 滚动和俯仰 角度 周期	(°) s	±35 8							一般不要求试验——见注释 11)								11)
g) 加速度 稳态	m/s^2	20			GB/T 2423.15—1995 Ge：加速度，稳态	30			一般不要求试验——见注释 12)								12)
h) 静载 包装产品	kPa	10			GB/T 2423 无此试验				ISO 12048：1994：压缩和堆积——见注释 13)								13)
注：在等级栏中“无”，表示 GB/T 4798.2 没规定条件。																	
[a] 这表示推荐选用正弦或随机试验，但不是二种都做。 [b] 加速度谱密度(ASD)的单位，IEC 原文采用 m^2/s^3，此处根据我国机械试验相关国标，改为 $(m/s^2)^2/Hz$。																	

表 7——等级 2M3 的注释：

1) 实际交替频率在 8 Hz 和 9 Hz 之间，是在位移和加速度之间形成一个平坦的过渡方式，通过计算确定的。在这种情况下，当知道产品是包装好的或未包装好的，是不会有任何低于 10 Hz 的共振，允许将 GB/T 2423.10—2008 中给示的频率从 1 Hz 改为 5 Hz，以便使用标准试验设备。

   试验表明，200 Hz 的振动等级是缺乏现实性的，因此是不适当的，一般做法是减少运输振动等级和增加频率。

2) 产品在运输时所经受的主要振动，实际上是随机的。因此随机振动试验推荐照GB/T 2423.56—2006 中所示的方式进行。建议在随机振动试验之前或试验时使用正弦共振测查。

3) 运输试验应该包括铁路、汽车和飞机的所有种类，试验频谱中所述的有效值为 49.8 m/s^2。频率范围和频密度(ASD)是选用 GB/T 2423.56—2006 中最接近值。频率范围可降低到500 Hz。对高减振的车辆交通运输，频率范围可限制在 500 Hz。

4) 一般说 30 min/轴的持续时间被认为是足够的。在特殊场合下，试验曝露可选用高至100 min/轴。

5) 冲击条件在 GB/T 4798.2 中有说明，但是相应的 GB/T 2423.5—1995：Ea 试验只给出限制冲击数。在运输期间，冲击数可能会高些，故推荐用随后的振动试验来替代冲击试验。

6) 在上述试验中进行选择，会受到下列的影响：

——当已知运输的种类是用软悬浮车辆或相当器材时，推荐 250 m/s^2/6 ms 试验；

——在本等级中允许的所有其他形式的运输或未知运输种类的情况下，推荐采用 1 000 m/s^2/2 ms 试验。

质量也是要考虑的。对质量大于 100 kg 的样品，严酷程度应减少到 100 m/s^2/16 ms。

7) 运输时样品的放置姿态是知道的(通常是立式的)，但是鉴于冲击对一个轴的同一方向来说是最重要的，在这一方向和所说的这种姿态应该用具体的冲击数，如果已知产品具有一个临界方向，则试验轴之一应该对准这个临界方向。

8) 按照 GB/T 2423.8—1995，跌落高度被限制在最大为 1 m。仍然推荐采用 ISO 4180-2：1980 中给示的跌落高度。这些跌落高度被认为是比 GB/T 4798.2 所规定的要更现实一些。

如果指定放置的样品掉落在边角上，那就应忽略降落和跌下试验。

9) 尽管在 GB/T 4798.2 中没有规定降落在边角上的试验，还是推荐进行 GB/T 2423.7—1995 的有关试验。

10) 如果采用预防跌落的专门设施，或者如果产品的几何形状是不会导致跌落的，那么这一试验可以忽略。

11) 在 GB/T 2423 中没有合适的试验，并且考虑到对于大多数产品来说，这一个条件被认为是温和的，因此无推荐试验。对于那些敏感的产品，应进行稳态加速度试验。

12) 这一严酷程度最接近 GB/T 2423.15—1995 试验 Ga 中推荐。运输期间的稳态加速度并不严酷。对于产品运输而言，产品所经受的应力设想与产品进行规定的振动和冲击试验时的应力相同或小些。因此只有在转变得场合下才要求进行检验。

13) 对于带有货盘或不带货盘的单层或多层包装的产品，可以使用 GB/T 4857.3—2008 用静载的堆积试验。用压缩试验箱的压缩和堆积试验是一种交替方法。

5 kPa 等级对于成套的货盘负载的严酷程度可能是不当的。

未经包装的产品只有当它有一个适当的水平表面时，才能暴露在静态下。

附 录 A
（资料性附录）
运输——气候条件

表 A.1 GB/T 4798.2 等级 2K1 的推荐试验

（本等级包括有气候防护、有采暖和通风条件下的一般运输条件）

GB/T 4798.2——气候条件		GB/T 2423——气候试验				
环境参数[a]	等级 2K1	最接近 GB/T 2423		推荐试验		注释序号
		试验方法	严酷程度	试验方法	严酷程度	
a) 低空气温度	+5 ℃	同推荐试验		GB/T 2423.1—2008:Ab	+5 ℃,16 h	1)
b) 高空气温度:不通风	无[b]					
c) 高空气温度:通风的环境或户外	+40 ℃	同推荐试验		GB/T 2423.2—2008:Bb	+40 ℃,16 h	2)
d) 温度变化:空气/空气	无					
e) 温度变化:空气/水分	无					
f) 相对湿度:不与快速温度变化结合	75% +30℃	同推荐试验		GB/T 2423.3—2006:Cab	+30 ℃,85%RH,96 h	3)
g) 与快速温度变化结合的相对湿度：高度的相对湿度下的空气/空气	无					
h) 与快速温度变化相结合的绝对湿度：在高度湿度下的空气/空气	无					
i) 低气压	70 kPa	GB/T 2423.21—2008:M	70 kPa,30 min	一般不要求试验——见注释 4)		4)
j) 气压变换	无					
k) 周围空气运动	无					
l) 骤雨	无					
m) 太阳辐射	700 W/m²	GB/T 2423.24—1995:Sa 程序 C	1 120 W/m²,72 h,+40 ℃	通过干热试验和评估原材料来反应光化反应		5)
n) 辐射:热量	无					
o) 不同于雨水的水源	无					
p) 湿润	无					

[a] 运输等级无气候图，因为他们在 GB/T 4798.2 中没有包括。

[b] 在等级栏中“无”，表示 GB/T 4798.2 没有规定条件。

表 A.1——等级 2K1 注释：

1) 试验温度相当于 GB/T 4798.2 中这一等级的环境参数。因为由于一旦达到低温状态，材料中的化学性能和物理性能很少变化，推荐的持续时间为 16 h 被认为是足够的并且对于小质量的产品持续时间可以缩减到 2 h。

2) 试验温度相当于 GB/T 4798.2 中这一等级的环境参数。16 h 的持续时间被推荐在GB/T 2423 中，因可以适用于大多数的应用试验。

3) 湿度的试验应该首选 GB/T 2423.3—2006 中 Cab 试验的严酷试验（湿热，恒稳态），尽管相对湿度比 GB/T 4798.2中的严酷特征值更高。96 h 的持续时间是经过充分考虑的，能够证明设备的设计是充分的，能够承受这样的潮湿。

4) 对于未知的设备或是包含的设备或是处理液体，推荐 GB/T 2423.21—2008 中的试验 M。在气压影响的评估是在构成标准的情况下时，对于正常的应用，所有的试验都不被推荐。

5) GB/T 2423.24—1995 中的程序 C 是用来对模拟地表太阳辐射的影响进行试验，当产生连续照射后选择程序 C 试验，因此容许对光降解进行估计。虽然这个等级的严酷数值是700 W/m²，但是在 GB/T 2423.24—1995：Sa 中有唯一的条件限制是 1 120 W/m² 的太阳辐射效率。

在产品运输过程中没有太阳辐射的试验是被推荐的，对产品主要的影响是在当地温度的增高。温度的升高包括对干热条件适应的数值，因此不需要其他试验。当选择原料的组成时暴露在太阳辐射下产生的光化反应是被考虑过的。

表 A.2 GB/T 4798.2 等级 2K5H 的推荐试验

（本等级类似于 2K5，但是低温条件跟 2K3 等级一样）

GB/T 4798.2——气候条件		GB/T 2423——气候试验				
环境参数[a]	等级 2K5H	最接近 GB/T 2423		推荐试验		注释序号
		试验方法	严酷程度	试验方法	严酷程度	
a) 低空气温度	−25 ℃	同推荐试验		GB/T 2423.1—2008：Ab	−25 ℃，16 h	1)
b) 高空气温度：不通风	+85 ℃	同推荐试验		GB/T 2423.2—2008：Bb	+85 ℃，16 h	2)
c) 高空气温度：通风的环境或户外	+55 ℃	同推荐试验		GB/T 2423.2—2008：Bb	+55 ℃，16 h	2)
d) 温度变化：空气/空气	−25 ℃/+30 ℃	同推荐试验		GB/T 2423.22—2002：Na	周围环境−25 ℃，五个周期，$t_1=3$ h，$t_2<3$ min	3)，6)
e) 温度变化：空气/水分	+55 ℃/+5 ℃	GB/T 2423 无此试验		一般不要求试验——见注释 4)		4)
f) 相对湿度：不与快速温度变化结合	95% +50 ℃	同推荐试验		GB/T 2423.3：Cab	+40 ℃，93%RH，最小值 96 h	5)，6)
g) 与快速温度变化结合的相对湿度：高度的相对湿度下的空气/空气	95%，−25 ℃/+30 ℃	GB/T 2423 无此试验		不变的潮湿试验（试验 Cab）之后立即做温度的快速变换试验（试验 Na）		6)
h) 与快速温度变化相结合的绝对湿度：在高度湿度下的空气/空气	80 g/m³，+85 ℃/，+15 ℃	同推荐试验		GB/T 2423.4—2008：Db 变量 2	+55 ℃，(90～100)%RH 2 个周期	7)
i) 低气压	30 kPa	GB/T 2423.21—2008：M	70 kPa，30 min	一般不要求试验——见注释 8)		8)

表 A.2（续）

GB/T 4798.2——气候条件		GB/T 2423——气候试验				
环境参数[a]	等级 2K5H	最接近 GB/T 2423		推荐试验		注释序号
		试验方法	严酷程度	试验方法	严酷程度	
j) 气压变换	6 kPa/min	GB/T 2423 无此试验		一般不要求试验——见注释 9)		9)
k) 周围空气运动	30 m/s	GB/T 2423 无此试验		一般不要求试验——见注释 10)		10)
l) 骤雨	15 mm/min	同推荐试验		GB/T 2423.38—2008:Rb 方法 2.2	暴露:3 min/m² 最少持续 15 min	11)
m) 太阳辐射	1 120 W/m²	GB/T 2423.24—1995:Sa 程序 C	1 120 W/m²，72 h，+40 ℃	通过干热试验和评估原材料来反应光化反应		12)
n) 辐射:热量	600 W/m²	GB/T 2423 无此试验		一般不要求试验——见注释 13)		13)
o) 不同于雨水的水源	3 m/s	GB/T 2423 无此试验		见注释 14)		14)
p) 湿润		GB/T 2423 无此试验		一般不要求试验——见注释 15)		15)
[a] 运输等级无气候图，因为他们在 GB/T 4798.2 中没有包括。						

表 A.2——等级 2K5H 注释：

1) 试验温度与 GB/T 4798.2 这一等级的环境参数相等。由于一旦达到低温状态，材料中的化学性能和物理性能很少变化，推荐的 16 h 持续时间足够的，对带低热容量的小产品来说，可以减少到 2 h。试验 Aa 不推荐做，因为试验 Na 是用来评定温度变化影响的[见表 A.2 中的 d)行]。

2) 试验温度等于 GB/T 4798.2 这一等级的环境参数。选用的 16 h 持续时间对大多数应用是足够的。试验 Ba 不推荐做，因为试验 Na 是用来评定温度变化影响的[见本表 A.2 中的 d)行]。

3) 温度变化试验经常用来试验设计容差，范围并不重要。但是在本等级中，会发生冷凝，因此提出一个跨越 0 ℃ 的温度范围。在本部分 3.7 中所述的环境条件做为较高的温度提出，以便能使用单室方法，这样就能使试验更为经济。温度的快速变化用来模拟敞开式壳体和产品暴露在室外空气中的条件。

4) 由于考虑产品在热天下雨时遭受到的快速温度变化的影响要比产品暴露在温度空气/空气（试验 Na）变化时所遭受到的严酷程度要轻微些，因此不推荐进行附加试验。

5) 湿热的最适合试验严酷程度，选定了稳态试验，尽管温度和相对湿度要比特性的严酷程度略低一些。96 h 持续时间是考虑到能证明设备设计是足以经受得住这种湿度的。

6) 由于受到物理上的一些约束，所以事实上并不进行这种条件试验。但是，用稳态湿度试验紧接着通过温度试验的快速变化，是可以产生近似的结果的。具体方法是在上述二种试验中省略前后两个条件阶段。在这样进行复合试验时，是足以论证条件的影响的。如果进行这种复合试验，那么用户可以决定免做一些[f)行和 d)行]单独试验。

7) 这是最适合的湿热周期试验条件，并且认为是足以显示这一条件的影响（试验条件的绝对湿度较高，温度较低）。采用持续二个周期（48 h）是考虑为了满足大多数产品的要求。选用试验 Db 的方案 2 是因为它能适合条件的试验，而且比方案 1 容易进行。

8) 对密封产品或含有加工液体的产品来说，推荐采用 GB/T 2423.21—2008 的试验 M。对于是在部件一级的评估气压影响的正常使用，无推荐试验。

9) 不存在适合的 GB/T 2423 试验。对于正常使用，气压变化的影响是在部件上评定的。对密封产品，必须设计专门的试验。

10) 不存在适合的 GB/T 2423 试验。这一条件被认为对于供这种运输等级的多数产品，是温和了些，因此无推荐试验。

11) 试验 Rb 被选用，是因为它是一种简易、能够在所有尺寸的产品上重复进行的试验。

12） 选择 GB/T 2423.24—1995 中试验方法 C 中模拟地面上的太阳辐射影响的试验，是因为它产生连续的辐射，因此可以评定光降解影响。这一等级的严酷程度是 1 120 W/m²，它与GB/T 2423.24—1995 中所含的 Sa 试验条件相一致。

而且还推荐不要进行太阳辐射试验，因为在产品运输过程中，太阳辐射的主要影响是所处地区的温度升高。温度升高包括在干热条件的所用数值中；因此不要求进行附加试验。由暴露在太阳辐射下而出现的光化学反应，通常只有在挑选部件、材料和表面涂层时考虑。

13） 无推荐试验。GB/T 2423 没有这一条件的试验方法。这个影响被认为是包括在干热试验[见表 A.2 中 b）行或 c）行]中。对于安装在接近高热辐射源处的产品来说，需要进行专门预防或要求进行附加性的高温试验。

14） 鉴于在 GB/T 4798.2 中没有指出水源。用户就必须从 GB/T 2423.38—2008 中选择附有持续时间和严酷程度的适当的试验。作为指引，下面各点可能会有助于用户选定合适的试验：

a） 滴水：如果产品带有防御雨水的保护，但是类似暴露在上表面的结露或者漏滴水，GB/T 2423.38—2008：Ra2——滴水箱法，滴水高度 2 m，倾斜角度 0°，持续时间 1 h 是最好的方法。

b） 溅水：如果产品有可能暴露于洒水系统或者水轮车喷溅环境中时，则 GB/T 2423.38—2008：试验 Rb2.1——摆动管法或者 Rb2.2——手持洒水法，1 min/m²，最多 30 min 是优选的方法。

c） 水浪：如果产品有可能暴露于冲洗或冲刷中，则 GB/T 2423.38—2008：试验 Rb3——软管法是优选的方法。

d） 射水：如果喷射水有可能冲击产品，选择 GB/T 2423.38—2008 试验 Ra 或者试验 Rb 来表明该产品是为了在这些条件下运行而设计的。

15） 无推荐试验。在 GB/T 4798.2 潮湿表面一节中找不到数值。潮湿表面的影响是用在本等级中其他一些试验[例如，见表 A.2i）行降雨试验]求证的。

表 A.3 GB/T 4798.2 等级 2K5L 的推荐试验

（本等级类似于 2K5，但是高温条件跟 2K4 等级一样）

GB/T 4798.2——气候条件		GB/T 2423——气候试验				
环境参数[a]	等级 2K5L	最接近 GB/T 2423		推荐试验		注释序号
		试验方法	严酷程度	试验方法	严酷程度	
a） 低气温	−65 ℃	同推荐试验		GB/T 2423.1—2008：Ab	−65 ℃，16 h	1）
b） 高气温，通风壳体内的空气	+70 ℃	同推荐试验		GB/T 2423.2—2008：Bb	+70 ℃，16 h	2）
c） 高温，未通风的壳体内的空气或室外空气	+40 ℃	同推荐试验		GB/T 2423.2—2008：Bb	+40 ℃，16 h	2）
d） 温度变化：空气/空气	−65 ℃/+30 ℃	同推荐试验		GB/T 2423.22—2002：Na	−40 ℃到环境温度五个周期 t_1=3 h t_2<3 min	3） 6）
e） 温度变化：空气/水	+40 ℃/+5 ℃	GB/T 2423 无此试验		一般不要求试验——见注释 4）		4）
f） 相对湿度：不与快速温度变化混合	95%，+45 ℃	同推荐试验		GB/T 2423.3—2006：Cab	+40 ℃，93%RH，至少 96 h	5） 6）
g） 相对湿度，与快速温度变化混合：在高相对湿度下的空气/空气	95% −65 ℃/+30 ℃	GB/T 2423 无此试验		稳态湿度试验（试验 Cab）紧接着马上转为温度试验（试验 Na）		6）
h） 绝对湿度，与快速温度变化混合：在高含水量的空气/空气	60 g/m³ +70 ℃/+15 ℃	同推荐试验		GB/T 2423.4—2008：Db 变量 2	+55 ℃，90%～100% RH 二个周期	7）

表 A.3(续)

GB/T 4798.2——气候条件		GB/T 2423——气候试验				
环境参数[a]	等级 2K5L	最接近 GB/T 2423		推荐试验		注释序号
		试验方法	严酷程度	试验方法	严酷程度	
i) 低气压	30 kPa	GB/T 2423.21—2008:M	70 kPa,30 min	一般不要求试验——见注释 8)		8)
j) 气压变化	6 kPa/min	GB/T 2423 无此试验		一般不要求试验——见注释 9)		9)
k) 周围空气运动	30 m/s	GB/T 2423 无此试验		一般不要求试验——见注释 10)		10)
l) 降水量(降雨)	15 mm/min	同推荐试验		GB/T 2423.38—2008:Rb 方法 2.2	暴露:1 min/m² 持续时间:最少 5 min	11)
m) 太阳辐射	1 120 W/m²	GB/T 2423.24—1995:Sa 程序 C		进行干热试验和评定材料的光化学反应		12)
n) 辐射:热	600 W/m²	GB/T 2423 无此试验		一般不要求试验——见注释 13)		13)
o) 除下雨以外的其他来源的水	3 m/s	GB/T 2423 无此试验		GB/T 2423.38—2008:Ra,Rb	见注释 14)	14)
p) 潮湿—潮湿表面的条件		GB/T 2423 无此试验		一般不要求试验——见注释 15)		15)
[a] 运输等级无气候图,因为他们在 GB/T 4798.2 中没有包括。						

表 A.3——等级 2K5L 注释:

1) 试验温度与 GB/T 4798.2 这一等级的环境参数相等。由于一旦达到低温状态,材料中的化学性能和物理性能很少变化,推荐的 16 h 持续时间足够的,对带低热容量的小产品来说,可以减少到 2 h。试验 Aa 不推荐做,因为试验 Na 是用来评定温度变化影响的[见表 A.3 中的 d)行]。

2) 试验温度等于 GB/T 4798.2 这一等级的环境参数。选用的 16 h 持续时间对大多数应用是足够的。试验 Ba 不推荐做,因为试验 Na 是用来(评定)温度变化影响的[见表 A.3 中的 d)行]。

3) 温度变化试验经常用来试验设计容差,范围并不重要。但是在本等级中,会发生冷凝,因此提出一个跨越 0 ℃ 的温度范围。在本部分 3.7 中所述的环境条件做为较高的温度提出,以便能使用单室方法,这样就能使试验更为经济。温度的快速变化用来模拟敞开式壳体和产品暴露在室外空气中的条件。

4) 由于考虑产品在热天下雨时遭受到的快速温度变化的影响,要比产品暴露在温度空气/空气(试验 Na)变化时所遭受到的严酷程度要轻微些,因此不推荐进行附加试验。

5) 湿热的最适合试验严酷程度,选定了稳态试验,尽管相对湿度要比特性的严酷程度略低一些。96 h 持续时间是考虑到能证明产品设计是足以经受得住这种湿度的。

6) 由于受到物理上的一些约束,所以事实上并不进行这种条件试验。但是,用稳态湿度试验紧接着通过温度试验的快速变化,是可以产生近似的结果的。具体方法是在上述二种试验中省略前后两个条件阶段。在这样进行复合试验时,是足以论证条件的影响的。如果进行这种复合试验,那么用户可以决定免做一些[f)行和 d)行]的单独试验。

7) 这是最适合的湿热周期试验条件,并且认为是足以显示这一条件的影响(试验条件的绝对湿度较高,温度较低)。采用持续二个周期(48 h)是为了考虑满足大多数产品的要求。选用试验 Db 的方案 2 是因为它能适合条件的试验,而且比方案 1 容易进行。

8) 对密封产品或含有加工液体的产品来说,推荐采用 GB/T 2423.21—2008 的试验 M。对于是在部件一级评估气压影响的正常使用,无推荐试验。

9) 不存在适合的 GB/T 2423 试验。对于正常使用,气压变化的影响是在部件上评定的。对密封产品,必须设计专门的试验。

10) 不存在适合的 GB/T 2423 试验。这一条件被认为对于供这种运输等级的多数产品,是温和了些,因此无推荐试验。

11) 试验 Rb 被选用,是因为它是一种简易、能够在所有尺寸的产品上重复进行的试验。

12) 选择 GB/T 2423.24 中试验方法 C 中的模拟地面上的太阳辐射影响的试验,是因为它产生连续的辐射,因此可以评定光降解影响。这一等级的严酷程度是 1 120 W/m^2,它与 GB/T 2423.24—1995 中所含的 Sa 试验条件相一致。

而且还推荐不要进行太阳辐射试验,因为在产品运输过程中,太阳辐射的主要影响是所处地区的温度升高。温度升高包括在干热条件的所用数据中;因此不要求进行附加试验。由暴露在太阳辐射下而出现的光化学反应,通常只有在挑选部件、材料和表面涂层时考虑。

13) 无推荐试验。GB/T 2423 没有这一条件的试验方法。这个影响被认为是包括在干热试验[见表 A.3b)行或 c)行]中。对于安装在接近高热辐射源处的产品来说,需要进行专门预防或要求进行附加性的高温试验。

14) 鉴于在 GB/T 4798.2 中没有指出水源。用户就必须从 GB/T 2423.38—2008 中选择附有持续时间和严酷程度的适当的试验。作为指引,下面各点可能会有助于用户选定合适的试验:

a) 滴水:如果产品带有防御雨水的保护,但是类似暴露在上表面的结露或者漏滴水,GB/T 2423.38—2008:Ra2——滴水箱法,滴水高度 2 m,倾斜角度 0°,持续时间 1 h 是最好的方法。

b) 溅水:如果产品有可能暴露于洒水系统或者水轮车喷溅环境中时,则 GB/T 2423.38—2008:试验 Rb2.1——摆动管法或者 Rb2.2——手持洒水法,1 min/m^2,最多 30 min 是优选的方法。

c) 水浪:如果产品有可能暴露于冲洗或冲刷中,则 GB/T 2423.38—2008:试验 Rb3——软管法是优选的方法。

d) 射水:如果喷射水有可能冲击产品,选择 GB/T 2423.38—2008 试验 Ra 或者试验 Rb 来表明该产品是为了在这些条件下运行而设计的。

15) 无推荐试验。在 GB/T 4798.2 潮湿表面一节中找不到数值。潮湿表面的影响是用在本等级中其他一些试验(例如,见表 A.3i)行降雨试验)求证的。

表 A.4 GB/T 4798.2 等级 2K6 的推荐试验

(本等级代表了湿热和类湿热的户外气候(热带雨林地区的湿热气候类型))

GB/T 4798.2——气候条件		GB/T 2423——气候试验				
环境参数[a]	等级 2K6	最接近 GB/T 2423		推荐试验		注释序号
		试验方法	严酷程度	试验方法	严酷程度	
a) 低气温	+5℃	同推荐试验		GB/T 2423.1—2008:Ab	+5 ℃,16 h	1)
b) 高气温,通风壳体内的空气	+70 ℃	同推荐试验		GB/T 2423.2—2008:Bb	+70 ℃,16 h	2)
c) 高温,未通风的壳体内的空气或室外空气	+40 ℃	同推荐试验		GB/T 2423.2—2008:Bb	+40 ℃,16 h	2)
d) 温度变化:空气/空气	+5 ℃/+30 ℃	同推荐试验		GB/T 2423.22—2002:Na	+5 ℃到环境温度五个周期 t_1=3 h t_2<3 min	3) 6)
e) 温度变化:空气/水	+40 ℃/+5℃	GB/T 2423 无此试验		一般不要求试验——见注释 4)		4)
f) 相对湿度,不与快速温度变化混合	95%,+45 ℃	同推荐试验		GB/T 2423.3—2006:Cab	+40 ℃,93%RH,至少 96 h	5) 6)
g) 相对湿度,与快速温度变化混合:在高相对湿度下的空气/空气	95%,+5 ℃/+30 ℃	GB/T 2423 无此试验		稳态湿度试验(试验 Cab),紧接着马上转为温度试验(试验 Na)		6)

表 A.4（续）

GB/T 4798.2——气候条件		GB/T 2423——气候试验				
环境参数[a]	等级 2K6	最接近 GB/T 2423		推荐试验		注释序号
		试验方法	严酷程度	试验方法	严酷程度	
h) 绝对湿度，与快速温度变化混合：在高含水量的空气/空气	60 g/m³，+70 ℃/+15 ℃	同推荐试验		GB/T 2423.4—2008:Db 变量 2	+55 ℃，(90～100)% RH 二个周期	7)
i) 低气压	30 kPa	GB/T 2423.21—2008:M	70 kPa 30 min	一般不要求试验——见注释 8)		8)
j) 气压变化	6 kPa/min	GB/T 2423 无此试验		一般不要求试验——见注释 9)		9)
k) 周围空气运动	30 m/s	GB/T 2423 无此试验		一般不要求试验——见注释 10)		10)
l) 降水量(降雨)	15 mm/min	同推荐试验		GB/T 2423.38—2008:Rb 方法 2.2	暴露：1 min/m² 持续时间：最少 5 min	11)
m) 太阳辐射	1 120 W/m²	GB/T 2423.24—1995:Sa 程序 C		进行干热试验和评定材料的光化学反应		12)
n) 辐射：热	600 W/m²	GB/T 2423 无此试验		一般不要求试验——见注释 13)		13)
o) 除下雨以外的其他来源的水	3 m/s	GB/T 2423 无此试验		GB/T 2423.38—2008:Ra,Rb	见注释 14)	14)
p) 潮湿—潮湿表面的条件		GB/T 2423 无此试验		一般不要求试验——见注释 15)		15)

[a] 运输等级无气候图，因为他们在 GB/T 4798.2 中没有包括。

表 A.4——等级 2K6 注释：

1) 试验温度与 GB/T 4798.2 这一等级的环境参数相等。由于一旦达到低温状态，材料中的化学性能和物理性能很少变化，推荐的 16 h 持续时间足够的，对带低热容量的小产品来说，可以减少到 2 h。试验 Aa 不推荐做，因为试验 Na 是用来评定温度变化影响的[见表 A.4 中的 d)行]。

2) 试验温度等于 GB/T 4798.2 这一等级的环境参数。选用的 16 h 持续时间对大多数应用是足够的。试验 Ba 不推荐做，因为试验 Na 是用来(评定)温度变化影响的[见表 A.4 中的 d)行]。

3) 温度变化试验经常用来试验设计容差，范围并不重要。但是在本等级中，会发生冷凝，因此提出一个跨越 0 ℃ 的温度范围。在本部分 3.7 中所述的环境条件做为较高的温度提出，以便能使用单室方法，这样就能使试验更为经济。温度的快速变化用来模拟敞开式壳体和产品暴露在室外空气中的条件。

4) 由于考虑产品在热天下雨时遭受到的快速温度变化的影响，要比产品暴露在温度空气/空气(试验 Na)变化时所遭受到的严酷程度要轻微些，因此不推荐进行附加试验。

5) 湿热的最适合试验严酷程度，选定了稳态试验，尽管相对湿度要比特性的严酷程度略低一些。96 h 持续时间是考虑到能证明产品设计是足以经受得住这种湿度的。

6) 由于受到物理上的一些约束，所以事实上并不进行这种条件试验。但是，用稳态湿度试验紧接着通过温度试验的快速变化，是可以产生近似的结果的。具体方法是在上述二种试验中省略前后两个条件阶段。在这样进行复合试验时，是足以论证条件的影响的。如果进行这种复合试验，那么用户可以决定免做一些[f)行和 d)行]的单独试验。

7) 这是最适合的湿热周期试验条件，并且认为是足以显示这一条件的影响(试验条件的绝对湿度较高，温度较低)。采用持续二个周期(48 h)是为了考虑满足大多数产品的要求。选用试验 Db 的方案 2 是因为它能适合条件的试验，而且比方案 1 容易进行。

8) 对密封产品或含有加工液体的产品来说，推荐采用 GB/T 2423.21—2008 的试验 M。对于是在部件一级评估气压影响的正常使用，无推荐试验。

9) 不存在适合的 GB/T 2423 试验。对于正常使用，气压变化的影响是在部件上评定的。对密封产品，必须设计专门的试验。

10) 不存在适合的GB/T 2423试验。这一条件被认为对于供这种运输等级的多数产品，是温和了些，因此无推荐试验。

11) 试验Rb被选用，是因为它是一种简易、能够在所有尺寸的产品上重复进行的试验。

12) 选择GB/T 2423.24—1995中试验方法C中的模拟地面上的太阳辐射影响的试验，是因为它产生连续的辐射，因此可以评定光降解影响。这一等级的严酷程度是1 120 W/m²，它与GB/T 2423.24—1995中所含的Sa试验条件相一致。

而且还推荐不要进行太阳辐射试验，因为在产品运输过程中，太阳辐射的主要影响是所处地区的温度升高。温度升高包括在干热条件的所用数据中；因此不要求进行附加试验。由暴露在太阳辐射下而出现的光化学反应，通常只有在挑选部件、材料和表面涂层时考虑。

13) 无推荐试验。GB/T 2423没有这一条件的试验方法。这个影响被认为是包括在干热试验（见表A.4 b)行或c)行）中。对于安装在接近高热辐射源处的产品来说，需要进行专门预防或要求进行附加性的高温试验。

14) 鉴于在GB/T 4798.2中没有指出水源。用户就必须从GB/T 2423.38—2008中选择附有持续时间和严酷程度的适当的试验。作为指引，下面各点可能会有助于用户选定合适的试验：

a) 滴水：如果产品带有防御雨水的保护，但是类似暴露在上表面的结露或者漏滴水，GB/T 2423.38—2008：Ra2——滴水箱法，滴水高度2 m，倾斜角度0°，持续时间1 h是最好的方法。

b) 溅水：如果产品有可能暴露于洒水系统或者水轮车喷溅环境中时，则GB/T 2423.38—2008：试验Rb2.1——摆动管法或者Rb2.2——手持洒水法，1 min/m²，最多30 min是优选的方法。

c) 水浪：如果产品有可能暴露于冲洗或冲刷中，则GB/T 2423.38—2008：试验Rb3——软管法是优选的方法。

d) 射水：如果喷射水有可能冲击产品，选择GB/T 2423.38—2008试验Ra或者试验Rb来表明该产品是为了在这些条件下运行而设计的。

15) 无推荐试验。在GB/T 4798.2潮湿表面一节中找不到数值。潮湿表面的影响是用在本等级中其他一些试验［例如，见表A.4 i)行降雨试验］求证的。

表A.5 GB/T 4798.2等级2K7的推荐试验

（本等级代表了干热、中等干热以及极干热气候的户外条件（赤道附近如沙漠地区的赤道干燥气候）

GB/T 4798.2——气候条件		GB/T 2423——气候试验				
环境参数[a]	等级2K7	最接近GB/T 2423		推荐试验		注释序号
		试验方法	严酷程度	试验方法	严酷程度	
a) 低气温	−20 ℃	同推荐试验		GB/T 2423.1—2008：Ab	−25 ℃，16 h	1)
b) 高气温，通风壳体内的空气	+85 ℃	同推荐试验		GB/T 2423.2—2008：Bb	+85 ℃，16 h	2)
c) 高温，未通风的壳体内的空气或室外空气	+55 ℃	同推荐试验		GB/T 2423.2—2008：Bb	+55 ℃，16 h	2)
d) 温度变化：空气/空气	−20 ℃/+30 ℃	同推荐试验		GB/T 2423.22—2002：Na	−25 ℃到环境温度五个周期 $t_1=3$ h $t_2<3$ min	3) 6)
e) 温度变化：空气/水	+55 ℃/+5℃	GB/T 2423无此试验		一般不要求试验——见注释4)		4)
f) 相对湿度，不与快速温度变化混合	95%，+45 ℃	同推荐试验		GB/T 2423.3—2006：Cab	+40 ℃，93%RH，至少96 h	5) 6)
g) 相对湿度，与快速温度变化混合：在高相对湿度下的空气/空气	95%，−20 ℃/+30 ℃	GB/T 2423无此试验		稳态湿度试验（试验Cab），紧接着马上转为温度试验（试验Na）		6)

表 A.5(续)

GB/T 4798.2——气候条件		GB/T 2423——气候试验				
环境参数[a]	等级 2K7	最接近 GB/T 2423		推荐试验		注释序号
		试验方法	严酷程度	试验方法	严酷程度	
h) 绝对湿度,与快速温度变化混合:在高含水量的空气/空气	80 g/m³,+70 ℃/+15 ℃	同推荐试验		GB/T 2423.4—2008:Db 变量 2	+55 ℃,(90～100)%RH 二个周期	7)
i) 低气压	30 kPa	GB/T 2423.21—2008:M	70 kPa 30 min	一般不要求试验——见注释 8)		8)
j) 气压变化	6 kPa/min	GB/T 2423 无此试验		一般不要求试验——见注释 9)		9)
k) 周围空气运动	30 m/s	GB/T 2423 无此试验		一般不要求试验——见注释 10)		10)
l) 降水量(降雨)	15 mm/min	同推荐试验		GB/T 2423.38—2008:Rb 方法 2.2	暴露:1 min/m² 持续时间:最少 5 min	11)
m) 太阳辐射	1 120 W/m²	GB/T 2423.24—1995:Sa 程序 C		进行干热试验和评定材料的光化学反应		12)
n) 辐射:热	600 W/m²	GB/T 2423 无此试验		一般不要求试验——见注释 13)		13)
o) 除下雨以外的其他来源的水	3 m/s	GB/T 2423 无此试验		GB/T 2423.38—2008:Ra,Rb	见注释 14)	14)
p) 潮湿—潮湿表面的条件		GB/T 2423 无此试验		一般不要求试验——见注释 15)		15)

[a] 运输等级无气候图,因为他们在 GB/T 4798.2 中没有包括。

表 A.5——等级 2K7 注释:

1) 试验温度与 GB/T 4798.2 这一等级的环境参数相等。由于一旦达到低温状态,材料中的化学性能和物理性能很少变化,推荐的 16 h 持续时间足够的,对带低热容量的小产品来说,可以减少到 2 h。试验 Aa 不推荐做,因为试验 Na 是用来评定温度变化影响的[见表 A.5 中的 d)行]。

2) 试验温度等于 GB/T 4798.2 这一等级的环境参数。选用的 16 h 持续时间对大多数应用是足够的。试验 Ba 不推荐做,因为试验 Na 是用来(评定)温度变化影响的[见表 A.5 中的 d)行]。

3) 温度变化试验经常用来试验设计容差,范围并不重要。但是在本等级中,会发生冷凝,因此提出一个跨越 0 ℃ 的温度范围。在本部分 3.7 中所述的环境条件做为较高的温度提出,以便能使用单室方法,这样就能使试验更为经济。温度的快速变化用来模拟敞开式壳体和产品暴露在室外空气中的条件。

4) 由于考虑产品在热天下雨时遭受到的快速温度变化的影响,要比产品暴露在温度空气/空气(试验 Na)变化时所遭受到的严酷程度要轻微些,因此不推荐进行附加试验。

5) 湿热的最适合试验严酷程度,选定了稳态试验,尽管相对湿度要比特性的严酷程度略低一些。96 h 持续时间是考虑到能证明产品设计是足以经受得住这种湿度的。

6) 由于受到物理上的一些约束,所以事实上并不进行这种条件试验。但是,用稳态湿度试验紧接着通过温度试验的快速变化,是可以产生近似的结果的。具体方法是在上述二种试验中省略前后两个条件阶段。在这样进行复合试验时,是足以论证条件的影响的。如果进行这种复合试验,那么用户可以决定免做一些[f)行和 d)行]的单独试验。

7) 这是最适合的湿热周期试验条件,并且认为是足以显示这一条件的影响(试验条件的绝对湿度较高,温度较低)。采用持续二个周期(48 h)是为了考虑满足大多数产品的要求。选用试验 Db 的方案 2 是因为它能适合条件的试验,而且比方案 1 容易进行。

8) 对密封产品或含有加工液体的产品来说,推荐采用 GB/T 2423.21—2008 的试验 M。对于是在部件一级评估气压影响的正常使用,无推荐试验。

9) 不存在适合的 GB/T 2423 试验。对于正常使用,气压变化的影响是在部件上评定的。对密封产品,必须设计专门的试验。

10) 不存在适合的 GB/T 2423 试验。这一条件被认为对于供这种运输等级的多数产品,是温和了些,因此无推荐试验。

11) 试验 Rb 被选用,是因为它是一种简易、能够在所有尺寸的产品上重复进行的试验。

12) 选择 GB/T 2423.24—1995 中试验方法 C 中的模拟地面上的太阳辐射影响的试验,是因为它产生连续的辐射,因此可以评定光降解影响。这一等级的严酷程度是 1 120 W/m^2,它与GB/T 2423.24—1995 中所含的 Sa 试验条件相一致。

而且还推荐不要进行太阳辐射试验,因为在产品运输过程中,太阳辐射的主要影响是所处地区的温度升高。温度升高包括在干热条件的所用数据中;因此不要求进行附加试验。由暴露在太阳辐射下而出现的光化学反应,通常只有在挑选部件、材料和表面涂层时考虑。

13) 无推荐试验。GB/T 2423 没有这一条件的试验方法。这个影响被认为是包括在干热试验[见表 A.5 b)行或 c)行]中。对于安装在接近高热辐射源处的产品来说,需要进行专门预防或要求进行附加性的高温试验。

14) 鉴于在 GB/T 4798.2 中没有指出水源。用户就必须从 GB/T 2423.38—2008 中选择附有持续时间和严酷程度的适当的试验。作为指引,下面各点可能会有助于用户选定合适的试验:

a) 滴水:如果产品带有防御雨水的保护,但是类似暴露在上表面的结露或者漏滴水,GB/T 2423.38—2008:Ra2——滴水箱法,滴水高度 2 m,倾斜角度 0°,持续时间 1 h 是最好的方法。

b) 溅水:如果产品有可能暴露于洒水系统或者水轮车喷溅环境中时,则 GB/T 2423.38—2008:试验 Rb2.1——摆动管法或者 Rb2.2——手持洒水法,1 min/m^2,最多 30 min 是优选的方法。

c) 水浪:如果产品有可能暴露于冲洗或冲刷中,则 GB/T 2423.38—2008:试验 Rb3——软管法是优选的方法。

d) 射水:如果喷射水有可能冲击产品,选择 GB/T 2423.38—2008 试验 Ra 或者试验 Rb 来表明该产品是为了在这些条件下运行而设计的。

15) 无推荐试验。在 GB/T 4798.2 潮湿表面一节中找不到数值。潮湿表面的影响是用在本等级中其他一些试验[例如,见表 A.5 i)行降雨试验]求证的。

ICS 19.020
A 21

中华人民共和国国家标准

GB/T 20159.5—2008/IEC TR 60721-4-5:2003

环境条件分类　环境条件分类与环境试验之间的关系及转换指南　地面车辆使用

Classification of environmental conditions—Guidance for the correlation and transformation of environmental condition classes to the environment tests—Ground vehicle installations

(IEC TR 60721-4-5:2003,IDT)

2008-12-30 发布　　2009-10-01 实施

中华人民共和国国家质量监督检验检疫总局
中国国家标准化管理委员会　发布

前　言

GB/T 20159《环境条件分类　环境条件分类与环境试验之间的关系及转换指南》目前分为以下若干部分：

——GB/T 20159.1　环境条件分类　环境条件分类与环境试验之间的关系及转换指南　贮存；
——GB/T 20159.2　环境条件分类　环境条件分类与环境试验之间的关系及转换指南　运输；
——GB/T 20159.3　环境条件分类　环境条件分类与环境试验之间的关系及转换指南　有气候防护场所固定使用；
——GB/T 20159.4　环境条件分类　环境条件分类与环境试验之间的关系及转换指南　无气候防护场所固定使用；
——GB/T 20159.5　环境条件分类　环境条件分类与环境试验之间的关系及转换指南　地面车辆运输；
——GB/T 20159.6　环境条件分类　环境条件分类与环境试验之间的关系及转换指南　船用；
——GB/T 20159.7　环境条件分类　环境条件分类与环境试验之间的关系及转换指南　携带和非固定使用；
——GB/T 20159.8　环境条件分类　环境条件分类与环境试验之间的关系及转换指南　导言；
……

本部分为 GB/T 20159 的第 5 部分。

本部分等同采用 IEC TR 60721-4-5:2003《环境条件分类：第 4-5 部分：IEC 60721-3 中环境条件分类与 IEC 60068 中环境试验之间的关系及转换指南　地面车辆使用》(英文版)。

考虑到我国实际情况，本部分对 IEC TR 60721-4-5 作了以下编辑性修改：

——“IEC 60721 的本部分”修改为“GB/T 20159 的本部分”；
——“本技术报告”修改为“本部分”；
——删除了 IEC 60721-4-5 的前言；
——增加了国家标准的前言；
——引用了采用国际标准的我国标准，而非国际标准，并改变了排列顺序，以适合我国国情；
——对于 IEC 原文中引用的 IEC 60068-2-56：1988(对应试验 Cb)，由于现已经合并修订为 IEC 60068-2-78:2001(对应试验 Cab)，本部分在引用时采用引用相应的 GB/T 2423.3—2006，对应试验为 Cab；
——对各表格表题后括号内对该等级的叙述，按 GB/T 4798.5 中相应内容对 IEC 的文字叙述进行修改和补充；
——对于机械条件的表 3、表 4、表 5 中的加速度谱密度(ASD)的单位，IEC 原文采用 m^2/s^3，本部分根据我国机械条件试验相关国标，改为 $(m/s^2)^2/Hz$，并在表 6 中添加相应脚注。

本部分的附录 A 为资料性附录。

本部分由全国电工电子产品环境条件与环境试验标准化技术委员会(SAC/TC 8)提出并归口。

本部分起草单位：广州电器科学研究院。

本部分主要起草人：陈心欣。

本部分属首次发布。

环境条件分类　环境条件分类与环境试验之间的关系及转换指南　地面车辆使用

1　范围

GB/T 20159 的本部分是用于 GB/T 4798.5 环境条件与 GB/T 2423 的环境试验之间的关系与转换指南。

环境可以由许多环境条件组成,诸如机械的、气候的、生物的以及由于化学活性物质和机械活性物质产生的其他效应。本部分中仅考虑机械条件和气候条件。

本部分的目的是为规范制定者提供指南及一套便于应用的表格,表格使这些条件相互关联及转换。

2　规范性引用文件

下列文件中的条款通过 GB/T 20159 的本部分的引用而成为本部分的条款。凡是注日期的引用文件,其随后所有的修改单(不包括勘误的内容)或修订版均不适用于本部分,然而,鼓励根据本部分达成协议的各方研究是否可使用这些文件的最新版本。凡是不注日期的引用文件,其最新版本适用于本部分。

GB/T 2421—1999　电工电子产品环境试验　第 1 部分:总则(idt IEC 60068-1:1988)

GB/T 2423.1—2008　电工电子产品环境试验　第 2 部分:试验方法　试验 A:低温(IEC 60068-2-1:2007,IDT)

GB/T 2423.2—2008　电工电子产品环境试验　第 2 部分:试验方法　试验 B:高温(IEC 60068-2-2:2007,IDT)

GB/T 2423.3—2006　电工电子产品环境试验　第 2 部分:试验方法　试验 Cab:恒定湿热试验(IEC 60068-2-78:2001,IDT)

GB/T 2423.4—2008　电工电子产品环境试验　第 2 部分:试验方法　试验 Db 交变湿热(12 h+12 h 循环)(IEC 60068-2-30:2005,IDT)

GB/T 2423.5—1995　电工电子产品环境试验　第 2 部分:试验方法　试验 Ea 及导则:冲击(idt IEC 60068-2-27:1987)

GB/T 2423.10—2008　电工电子产品环境试验　第 2 部分:试验方法　试验 Fc:振动(正弦)(IEC 60068-2-6:1995,IDT)

GB/T 2423.21—2008　电工电子产品环境试验　第 2 部分:试验方法　试验 M:低气压(neq IEC 60068-2-13:1983,IDT)

GB/T 2423.22—2002　电工电子产品环境试验　第 2 部分:试验方法　试验 N:温度变化(idt IEC 60068-2-14:1984)

GB/T 2423.24—1995　电工电子产品环境试验　第 2 部分:试验方法　试验 Sa:模拟地面上的太阳辐射(idt IEC 60068-2-5:1975)

GB/T 2423.38—2008　电工电子产品环境试验　第 2 部分:试验方法　试验 R:水试验方法及导则(IEC 60068-2-18:2000,IDT)

GB/T 2423.55—2006　电工电子产品环境试验　第 2 部分:试验方法　试验 Eh:锤击试验(IEC 60068-2-75:1997,IDT)

GB/T 2423.56—2006　电工电子产品环境试验　第 2 部分:试验方法　试验 Fh:宽带随机振动(数字控制)和导则(IEC 60068-2-64:1993,IDT)

GB/T 4797.2　电工电子产品自然环境条件　第 2 部分:海拔与气压、水深与水压(GB/T 4797.2—

2005,IEC 60721-2-3:1987,MOD)

GB/T 4797.4 电工电子产品自然环境条件 太阳辐射与温度(GB/T 4797.4—2006,IEC 60721-2-4:2002,IDT)

GB/T 4798.5 电工电子产品应用环境条件 第5部分:地面车辆使用(GB/T 4798.5—2007,IEC 60721-3-5:1997,MOD)

GB/T 20159.8—2008 环境条件分类 环境条件分类与环境试验之间的关系及转换指南 导言(IEC 60721-4-0:2002,IDT)

ISO 554:1976 条件试验和(或)检验用的标准大气 规范

ISO 2533:1975 标准大气 附录1(1995),附录2(1997)

3 概述

3.1 对 GB/T 4798.5 的一般说明

GB/T 4798.5 制定了与环境条件相关的环境参数组的分类,在这些环境条件下,产品可能会在运输过程中暴露在外。这些等级中的参数是分别给出的,但产品可能同时暴露于其中。其中一些参数是互相独立的,而另一些参数则是密切相关的,例如太阳辐射和温度。

3.2 对 GB/T 2423 的一般说明

GB/T 2423 建立了一系列环境试验过程以及适合的试验严酷程度。试验严酷程度的选择基于产品失效结果。两种产品可能会放在同一个环境等级的不同场所。但是,由于失效结果的不同,一种产品相对另外那种,可能在更严酷的条件下进行试验。本部分仅仅选择常规的失效结果;对于更严重的失效结果,则必须根据具有专业知识的人员对产品的了解增加试验严酷等级。

3.3 严酷等级

GB/T 4798.5 建立了包括产品可能会暴露在其中的极端短期条件在内的环境条件分类分级,产品超出这个条件范围的概率非常低。本部分表格给出的推荐性试验严酷等级也考虑到这一点。更多的信息可以参考 GB/T 20159.8—2008,即 GB/T 20159 的引言。

3.4 推荐试验

下面的表格中有两类试验,第一类试验列举了 GB/T 2423 的试验,使用最接近于推荐试验的严酷等级的试验。第二类是本部分推荐的试验方法和严酷等级,一般认为更适用于对大多数电工电子产品。

3.5 地面车辆使用分类的环境试验

地面车辆分类专指产品(不是车辆的组成部件)在使用时暴露的环境条件。由一起安放在密封箱内的产品产生的环境条件,不包括在这些分类中。虽然这些分类不是为车辆的组成部件设计的,但是该环境条件也可用于某些可替换部件。

相关的技术规范应规定在环境试验进程期间,明确产品何时处于运行状态,明确在试验前、试验中与试验后应测量的性能参数,以及明确产品的失效判据。

3.6 试验持续时间

表1～表5中推荐的试验持续时间是在经验基础上选择的,经验证明这些持续时间足以表明该环境条件对大多数产品的影响。但如果经过特定应用验证,用户可以改变这些数值。为了便于用户理解,本部分中表格的相关注释解释了为什么选择该推荐持续时间。

3.7 周围环境

某些推荐试验所使用的术语“周围环境”是指在 GB/T 2421—1999 中规定的标准大气条件,即:温度 15 ℃～35 ℃,相对湿度 25%～75%(最大绝对湿度为 22 g/m^3),气压在 86 kPa～106 kPa。ISO 2533:1975及其附录中提供了标准大气的详细描述,GB/T 4797.2 仅提供摘要。ISO 554:1976 中规定了试验用的“基准条件”。

4 气候条件

表 1 GB/T 4798.5 等级 5K2 推荐试验

（本等级适用于封闭或部分打开、加热或无加热，以及不同风室内的产品）

GB/T 4798.5——气候条件		GB/T 2423——气候试验				
环境参数[a]	等级 5K2	最接近 GB/T 2423		推荐试验		注释序号
		试验方法	严酷等级	试验方法	严酷等级	
a) 低温	−25 ℃	同推荐试验		GB/T 2423.1—2008:Ab	−25 ℃，16 h	1)
b) 高温，室外或者通风室空气（发动机室除外）	+40 ℃	同推荐试验		GB/T 2423.2—2008:Bb	+40 ℃，16 h	2)
c) 高温，不通风室空气（发动机室除外）	+70 ℃	同推荐试验		GB/T 2423.2—2008:Bb	+70 ℃，16 h	2)
d) 高温，发动机室空气	+70 ℃	同推荐试验		GB/T 2423.2—2008:Bb	+70 ℃，16 h	2)
e) 温度变化：空气/空气	−25 ℃/+30 ℃	同推荐试验		GB/T 2423.22—2002:Na	−25 ℃到室温，5 个循环 $t_1=3$ h $t_2<3$ min	3)
f) 温度逐渐变化，空气/空气（发动机室除外）	−25 ℃/+30 ℃ 5 ℃/min	GB/T 2423.22—2002:Nb	−25 ℃～+30 ℃，两个循环 5 ℃/min $t_1=3$ h	一般不需试验——参照注释 4)		4)
g) 温度逐渐变化，空气/空气（发动机室空气）	−25 ℃/+60 ℃ 10 ℃/min	GB/T 2423.22—2002:Nb	−25 ℃～+60 ℃，两个循环 5 ℃/min $t_1=3$ h	GB/T 2423.22—2002:Nb	−25 ℃～+60 ℃，两个循环 10 ℃/min $t_1=3$ h	5)
h) 温度逐渐变化，空气/水（发动机室除外）	无					
i) 温度逐渐变化，空气/水（发动机室内）	+60 ℃/+5 ℃	GB/T 2423 无此试验		GB/T 2423 无此试验		6)
j) 温度逐渐变化，空气/雪（发动机室内）	+60 ℃/−5 ℃	GB/T 2423 无此试验		GB/T 2423 无此试验		6)

表 1（续）

GB/T 4798.5——气候条件		GB/T 2423——气候试验				
环境参数[a]	等级 5K2	最接近 GB/T 2423		推荐试验		注释序号
		试验方法	严酷等级	试验方法	严酷等级	
k）不伴随温度急剧变化的相对湿度，内燃机驱动车辆发动机室除外	95% +40 ℃	同推荐试验		GB/T 2423.3—2006：Cab	40 ℃， 93%RH，96 h	7）
l）不伴随温度急剧变化的相对湿度，内燃机驱动车辆发动机室内	无					
m）伴随温度急剧变化的相对湿度：空气/空气在高湿度下，不靠近空调系统	95% −25 ℃/+30 ℃	同推荐试验		湿热，稳定状态试验（表中试验 Cab），紧接着温度快速变化试验（试验 Na）		8）
n）伴随有温度急剧变化的相对湿度：空气/空气在高湿度下，靠近空调系统	95% +10 ℃/+70 ℃	同推荐试验		湿热，稳定状态试验（表中试验 Cab），紧接着温度快速变化试验（试验 Na）		8）
o）伴随有温度急剧变化的绝对湿度：空气/空气在高水分含量下	60 g/m³ +70 ℃/+15 ℃	同推荐试验		GB/T 2423.4—2008：Db	+55 ℃， （90～100）%RH 两个循环	9）
p）低相对湿度	10% +30℃	GB/T 2423 无此试验				10）
q）低气压	70 kPa	GB/T 2423.21—2008：M	70 kPa，30 min	一般不需试验——参照注释 11）		11）
r）周围空气运动	20 m/s	GB/T 2423 无此试验		一般不需试验——参照注释 12）		12）
s）降雨	无					
t）太阳辐射	700 W/m²	GB/T 2423.24—1993：Sa 过程 C	1 120 W/m²， 72 h，40 ℃	高温试验增加 10 ℃，对材料做光化学反应测定		13）
u）热辐射，发动机室除外	600 W/m²	GB/T 2423 无此试验		一般不需试验——参照注释 14）		14）

表 1（续）

GB/T 4798.5——气候条件		GB/T 2423——气候试验				
环境参数[a]	等级 5K2	最接近 GB/T 2423		推荐试验		注释序号
		试验方法	严酷等级	试验方法	严酷等级	
v）热辐射，发动机室内	600 W/m²	GB/T 2423 无此试验		一般不需试验——参照注释 14）		14）
w）非降雨源水	0.3 m/s	GB/T 2423 无此试验		GB/T 2423.38—2008：Ra/Rb	参照注释 15）	15）
x）潮湿，潮湿表面条件		GB/T 2423 无此试验		一般不需试验——参照注释 16）		16）
注：等级栏内的“无”表示 GB/T 4798.5 没有规定该条件。						
[a] 气候条件等级无气候图表显示，因为 GB/T 4798.5 没有包括。						

表 1——等级 5K2 注释：

1） 试验温度与 GB/T 4798.5 此类的环境参数等价；然而，太阳照射的效果也应该被考虑（参照注释 13）。采用持续条件 16 h，足够用于大部分设计为对此温度充分耐热的散热样品。

2） 试验温度与 GB/T 4798.5 此类的环境参数等价。采用持续条件 16 h，足够用于大部分设计为对此温度充分耐热的散热样品。

3） 温度变化的试验一般用于检查设计容差，温度变化范围并不重要。然而，在这个等级，结露可能会发生，所以建议一个包括低温的温度范围，以促进低散热样品的结露。3.7 中描述的周围条件建议作为高温以使得单室方法可用，从而使得试验显得经济。

4） 温度变化的试验一般用于检查设计容差，温度变化范围并不重要。然而，在这个等级，结露可能会发生，所以建议一个包括低温的温度范围，以促进低散热样品的结露。对大多数产品来说，此条件不如温度快速变化[参考表 1 中 e)行]那样严酷，因此，如果预设温度快速变化的试验，此试验可以被忽略。

5） GB/T 4798.5 规定的温度变化速率为 10 ℃/min；然而，在 GB/T 2423.22—2002 中最高的合适温度为 5 ℃/min；根据环境参数推荐使用 10 ℃/min 数值试验。

6） GB/T 2423 无此试验。产品经验表明，当它在温暖地方的雨或雪中，温度快速变化的结果与空气/空气（试验 Na）的温度变化部分相同。因此，无需外加的 GB/T 2423 试验推荐。

7） 该严酷条件为最接近 GB/T 2423.24—1993 的值，在正常试验容差范围内，湿度的微小变化是无意义的。96 h 的持续条件，足够用于大部分设计为对该湿度充分耐热的散热样品。

8） 由于物理约束，此条件不能用于实际试验。然而，它可以通过一个复合试验（快速温度变化试验后紧接稳定状态的湿度试验）来近似试验，而忽略两个试验之间的前期和后期条件时间。通过进行这种复合试验，这种情况的作用能够充分地体现出来。如果进行了这种复合试验，那么用户可以决定免去[如表 1 中 e)行与 k)行、l)行]的单独试验。

9） 这是最合适的湿热循环试验条件的最大值，条件（试验条件：绝对湿度高、低温）的结果被认为是足以验证的。两个循环（48 h）的容忍条件被认为对大多数产品来说足够。

10） 没有 GB/T 2423 系列的合适试验。低相对湿度的主要结果是脆化、收缩、力学强度损伤、接触表面磨损增加以及产生静电荷。典型的烘干产生的缺陷是非金属部分的力学缺陷、裂化和电缺陷。低相对湿度可能吸引灰尘粒子，它会产生，例如：接触表面磨损。此结果在为此类产品选购材料和复合物已经考虑在内。

11） 密封产品或产品中包含液体的，推荐 GB/T 2423.21—2008 的试验 M。对空气压力的效果预计在复合水平的正常应用来说，没有推荐试验。

12） GB/T 2423 当中没有适合的试验；然而，尤其对大型产品来说，需要专门准备，如果要估计条件的话，用者需要发展自己的方法论。

13） 选择 GB/T 2423.24—1995 中试验方法 C 中的模拟地面上的太阳辐射影响的试验，是因为它产生连续辐射，因此可以评定光降解影响。尽管本等级的严酷等级为 700 W/m²，而 GB/T 2423.3—2006 中试验 Sa 条件为太阳辐射值为 1 120 W/m²。

由于难以重现实际承受的真实辐射，太阳辐射试验不太理想。建议通过提高高温试验的温度 10 ℃来评定这个条件，并且评定材料和元件的光化学反应。更多的信息参见 IEC 60741-4-0。

产品要针对太阳辐射作防护，例如，安置有效的热保护罩，这样，在高温试验的预计温度可以忽略，或者由于预防措施有效而严酷条件得到减小。为了提供产品的抗太阳辐射能力的信心，需要做预防的模型正常实践。

这个水平的太阳辐射，表面温度可能高出周围环境 25 ℃。由于热辐射，表面温度也会在夜间降下（参见 GB/T 4797.4）。当选择材料时应重视此结果，降温试验也应该作为低温试验（试验 Ab/Ad）的一个考虑。

14） 无推荐试验。没有此条件的 GB/T 2423 试验方法。此结果被考虑为包括在高温试验当中[参见表 1 中 c)行和 d)行]。产品放置在干热辐射中，需要特殊的防御措施，或者需要附加的预计温度试验。

15） 水源不包含在 GB/T 4798.5 中。用者必须选择近似的试验，同时用 GB/T 2423.38—2008 的持续条件和试验严酷等级。作为指引，下文可以指引用这选择合适的试验：

a） 滴水：如果产品带有防御雨水的保护，但是有来自上方的结露或者存在漏滴水，GB/T 2423.38—2008：Ra2——滴水箱法，滴水高度 2 m，倾斜角度 0°，持续时间 1 h 是最好的方法。

b） 溅水：如果产品有可能暴露于洒水系统或者水轮车喷溅环境中时，则 GB/T 2423.38—2008：试验 Rb2.1——摆动管法或者 Rb2.2——手持洒水法，1 min/m²，最多 30 min 是优选的方法。

c） 水浪：如果产品有可能暴露于冲洗或冲刷中，则 GB/T 2423.38—2008：试验 Rb3——软管法是优选的方法。

d） 射水：如果喷射水有可能冲击产品，选择 GB/T 2423.38—2008 试验 Ra 或者试验 Rb 来表明该产品是为了在这些条件下运行而设计的。

16） 无推荐试验，GB/T 4798.5 没有潮湿表面的可用值。潮湿表面的结果由此类的几个其他的试验[例如，表 1 中 s)行的降雨试验]部分展现，在选择材料时应考虑。不可能给出所有的潮湿表面的数值。此结果可能比降雨的结果更严酷，因为它可能是持续的，而且氧浓度差异增加与另一表面接触的表面腐蚀。这样能加速电化学腐蚀作用，尤其是两个表面是不同金属的。

表 2 GB/T 4798.5 等级 5K3 推荐试验

（本等级适用于在寒温气候区域户外使用的车辆，也适用于不通风室内和有湿表面室内的产品）

GB/T 4798.5——气候条件		GB/T 2423——气候试验				
环境参数[a]	等级 5K3	最接近 GB/T 2423		推荐试验		注释序号
		试验方法	严酷等级	试验方法	严酷等级	
a) 低温	−40 ℃	同推荐试验		GB/T 2423.1—2008：Ab	−45 ℃，16 h	1)
b) 高温，室外或者通风室空气（发动机室除外）	+40 ℃	同推荐试验		GB/T 2423.2—2008：Bb	+40 ℃，16 h	2)
c) 高温，不通风室空气（发动机室除外）	+70 ℃	同推荐试验		GB/T 2423.2—2008：Bb	+70 ℃，16 h	2)
d) 高温，发动机室空气	+70 ℃	同推荐试验		GB/T 2423.2—2008：Bb	+70 ℃，16 h	2)
e) 温度变化：空气/空气	−40 ℃/+30 ℃	同推荐试验		GB/T 2423.22—2002：Na	−40 ℃～室温，5 个循环 t_1=3 h t_2<3 min	3)
f) 温度逐渐变化，空气/空气（发动机室除外）	−40 ℃/+30 ℃ 5 ℃/min	GB/T 2423.22—2002：Nb	−40 ℃～+30 ℃，两个循环 5 ℃/min t_1=3 h	一般不需试验——参照注释 4)		4)

表 2（续）

GB/T 4798.5——气候条件		GB/T 2423——气候试验				
环境参数[a]	等级 5K3	最接近 GB/T 2423		推荐试验		注释序号
		试验方法	严酷等级	试验方法	严酷等级	
g）温度逐渐变化，空气/空气（发动机室空气）	−40 ℃/+70 ℃ 10 ℃/min	GB/T 2423.22—2002：Nb	−40 ℃～+70 ℃，两个循环 5 ℃/min t_1=3 h	GB/T 2423.22—2002：Nb	−40 ℃～+70 ℃，两个循环 10 ℃/min t_1=3 h	5）
h）温度逐渐变化，空气/水（发动机室除外）	+40 ℃ +5 ℃	GB/T 2423 无此试验		一般不需试验——参照注释 6）		6）
i）温度逐渐变化，空气/水（发动机室内）	+70 ℃ +5 ℃	GB/T 2423 无此试验		一般不需试验——参照注释 6）		6）
j）温度逐渐变化，空气/雪（发动机室内）	+70 ℃ −5 ℃	GB/T 2423 无此试验		一般不需试验——参照注释 6）		6）
k）不伴随温度急剧变化的相对湿度，内燃机驱动车辆发动机室除外	95% +40 ℃	同推荐试验		GB/T 2423.3—2006：Cab	+40 ℃，93%RH，96 h	7）
l）不伴随温度急剧变化的相对湿度，内燃机驱动车辆发动机室内	95% +70 ℃	同推荐试验		GB/T 2423.3—2006：Cab	+55 ℃，93%RH，96 h	8）
m）伴随温度急剧变化的相对湿度：空气/空气在高湿度下，不靠近空调系统	95% −40 ℃/+30 ℃	同推荐试验		湿热，稳定状态试验（表中试验 Cab），紧接着温度快速变化试验（试验 Na）		9）
n）伴随有温度急剧变化的相对湿度：空气/空气在高湿度下，靠近空调系统	95% +10 ℃/+70 ℃	同推荐试验		湿热，稳定状态试验（表中试验 Cab），紧接着温度快速变化试验（试验 Na）		9）
o）伴随有温度急剧变化的绝对湿度：空气/空气在高水分含量下	60 g/m³ +70 ℃/+15 ℃	同推荐试验		GB/T 2423.4—2008：Db	+55 ℃，(90～100)%RH 两个循环	10）

表 2（续）

GB/T 4798.5——气候条件		GB/T 2423——气候试验				
环境参数[a]	等级 5K3	最接近 GB/T 2423		推荐试验		注释序号
		试验方法	严酷等级	试验方法	严酷等级	
p）低相对湿度	10% +30 ℃	GB/T 2423 无此试验		一般不需试验——参照注释 11）		11）
q）低气压	70 kPa	GB/T 2423.21—2008：M	70 kPa，30 min	一般不需试验——参照注释 12）		12）
r）周围空气运动	20 m/s	GB/T 2423 无此试验		一般不需试验——参照注释 13）		13）
s）降雨	6 mm/min	GB/T 2423.38—2008：Ra 方法 1	强度：400 mm/h 持续时间： 至少 10 min	GB/T 2423.38—2008：Rb2.2	暴露：1 min/mm^2 持续时间： 至少 5 min	14）
t）太阳辐射	1 120 W/m^2	GB/T 2423.24—1995：Sa 过程 C	1 120 W/m^2， 72 h，40 ℃	高温试验增加 15 ℃，对材料做光化学反应测定		14）
u）热辐射，发动机室除外	600 W/m^2	GB/T 2423 无此试验		一般不需试验——参照注释 15）		15）
v）热辐射，发动机室内	1 200 W/m^2	GB/T 2423 无此试验		一般不需试验——参照注释 16）		16）
w）非降雨源水	1.0 m/s	GB/T 2423 无此试验		GB/T 2423.38—2008：Ra/Rb	参照注释 17）	17）
x）潮湿，潮湿表面条件		GB/T 2423 无此试验		一般不需试验——参照注释 18）		18）

[a] 气候条件等级无气候图表显示，因为 GB/T 4798.5 没有包括。

表 2——等级 5K3 注释：

1） 试验温度与 GB/T 4798.5 此类的环境参数等价；然而，太阳照射的效果也应该被考虑（参照注释 15）。采用持续条件 16 h，足够用于大部分设计为对此温度充分耐热的散热样品。

2） 试验温度与 GB/T 4798.5 此类的环境参数等价。采用持续条件 16 h，足够用于大部分设计为对此温度充分耐热的散热样品。

3） 温度变化的试验一般用于检查设计容差，温度变化范围并不重要。然而，在这个等级，结露可能会发生，所以建议一个包括低温的温度范围，以促进低散热样品的结露。3.7 中描述的周围条件建议作为高温以使得单室方法可用，从而使得试验显得经济。

4） 温度变化的试验一般用于检查设计容差，温度变化范围并不重要。然而，在这个等级，结露可能会发生，所以建议一个包括低温的温度范围，以促进低散热样品的结露。对大多数产品来说，此条件不如温度快速变化[参考表 2 中 e)行]那样严酷，因此，如果预设温度试验的快速变化，此试验可以被忽略。

5） GB/T 4798.5 规定的温度变化速率为 10 ℃/min；然而，在 GB/T 2423.22—2002 中最高的合适温度为 5 ℃/min；根据环境参数推荐使用 10 ℃/min 数值试验。

6） GB/T 2423 无此试验。产品经验表明，当它在温暖地方的雨或雪中，温度快速变化的结果与空气/空气（试验 Na）的温度变化部分相同，因此，无需外加的 GB/T 2423 试验推荐。

7） 该严酷条件为最接近 GB/T 2423.3—2006 的值，在正常试验容差范围内，湿度的微小变化是无意义的。96 h 的持续条件，足够用于大部分设计为对该湿度充分耐热的散热样品。

8） 湿热试验最推荐的试验严酷等级，选择持续状态试验，虽然此参数的条件更加严酷。因此推荐根据条件选择成分，估计温度用于湿热试验。

9） 由于物理约束，此条件不能用于实际试验。然而，它可以通过一个复合试验（快速温度变化试验后紧接稳定状态的湿度试验）来近似试验，而忽略两个试验之间的前期和后期条件时间。通过进行这种复合试验，这种情况的作用能够充分地体现出来。如果进行了这种复合试验，那么用户可以决定免去[如表 2 中 e)行与 k)、l)行]的单独试验。

10） 这是最合适的湿热循环试验条件的最大值，它被认为足以验证此条件（试验条件绝对潮湿低温）的结果。两个循环（48 h）的容忍条件被认为对大多数产品来说足够。

11） 没有 GB/T 2423 系列的合适试验。低相对湿度的主要结果是脆化、收缩、力学强度损伤、接触表面磨损增加以及产生静电荷。典型的烘干产生的缺陷是非金属部分的力学缺陷、裂化和电缺陷。低相对湿度可能吸引灰尘粒子，它会产生，例如，接触表面磨损。此结果在为此类产品选购材料和复合物已经考虑在内。

12） 密封产品或产品中包含液体的，推荐 GB/T 2423.21—2008 的试验 M。对空气压力的效果预计在复合水平的正常应用来说，没有推荐试验。

13） GB/T 2423 当中没有适合的试验；然而，尤其对大型产品来说，需要专门准备，如果要估计条件的话，用者需要发展自己的方法论。

14） 对暴露于雨中的产品，GB/T 2423.38—2008 推荐试验 Ra 1。但是这与 GB/T 4798.5 的降雨强度不符合所以对大型条目不可行。因此推荐试验 Rb 2.2，因为它是一个简单、可重复的、能用于所有尺寸的产品的试验。

15） 选择 GB/T 2423.24—1995 中试验方法 C 中的模拟地面上的太阳辐射影响的试验，是因为它产生连续辐射，因此，可以评定光降解影响。本等级的严酷等级为 1 120 W/m^2，这与 GB/T 2423.24—1995 试验 Sa 中包含的试验条件一致。

由于难以重现实际承受的真实辐射，太阳辐射试验不太理想。建议通过提高高温试验的温度 10 ℃来评定这个条件，并且评定材料和元件的光化学反应。更多的信息参见 IEC 60741-4-0。

产品要针对太阳辐射作防护，例如，安置有效的热保护罩，这样，在高温试验的预计温度可以忽略，或者由于预防措施有效而严酷条件得到减小。为了提供产品的抗太阳辐射能力的信心，需要做预防的模型正常实践。

这个水平的太阳辐射，表面温度可能高出周围环境 25 ℃。由于热辐射，表面温度也会在夜间降下（参见 GB/T 4797.4）。当选择材料时应重视此结果，降温试验也应该作为低温试验（试验 Ab/Ad）的一个考虑。

16） 无推荐试验。没有此条件的 GB/T 2423 试验方法。此结果被考虑为包括在高温试验当中[参见表格 c)和 d)行]。产品放置在干热辐射中，需要特殊的防御措施，或者需要附加的预计温度试验。

17） 水源不包含在 GB/T 4798.5 中。用者必须选择近似的试验，同时用 GB/T 2423.38—2008 的持续条件和试验严酷等级。作为指引，下文可以指引用这选择合适的试验：

a） 滴水：如果产品带有防御雨水的保护，但是类似暴露在上表面的结露或者漏滴水，GB/T 2423.38—2008：试验 Ra2——滴水箱法，滴水高度 2 m，倾斜角度 0°，持续时间 1 h 是最好的方法。

b） 溅水：如果产品有可能暴露于洒水系统或者水轮车喷溅环境中时，则 GB/T 2423.38—2008：试验 Rb2.1——摆动管法或者 Rb2.2——手持洒水法，1 min/m^2，最多 30 min 是优选的方法。

c） 水浪：如果产品有可能暴露于冲洗或冲刷中，则 GB/T 2423.38—2008：试验 Rb3——软管法是优选的方法。

d） 射水：如果喷射水有可能冲击产品，选择 GB/T 2423.38—2005 试验 Ra 或者试验 Rb 来表明该产品是为了在这些条件下运行而设计的。

18） 无推荐试验，GB/T 4798.5 没有潮湿表面的可用值。潮湿表面的结果由此类的几个其他的试验[例如，表格 s)行的降雨试验]部分展现，在选择材料时应考虑。不可能给出所有的潮湿表面的数值。此结果可能比降雨的结果更严酷，因为它可能是持续的，而且氧浓度差异增加与另一表面接触的表面腐蚀。这样能加速电化学腐蚀作用，尤其是两个表面是不同金属的。

5 机械条件

表 3 GB/T 4798.5 等级 5M1 推荐试验

（仅用于户内平滑地面上电机驱动车辆内的产品，例如仓库用电瓶车）

GB/T 4798.5——机械条件				GB/T 2423——机械试验				
环境参数	单位	等级 5M1		最接近 GB/T 2423 试验方法	最接近 GB/T 2423 严酷等级	推荐试验 试验方法	推荐试验 严酷等级	注释序号
a) 稳态正弦振动[a]								
位移	mm	1.5		同推荐试验		GB/T 2423.10—2008	1.5	
加速度	m/s^2		5.0			Fc：振动	5.0	1)
频率范围	Hz	2～9	9～200			正弦	1～200	
轴向							3	
循环次数							10	2)
b) 随机振动[a]								3)
加速度谱密度(ASD)[b]	$\frac{(m/s^2)^2}{Hz}$	0.3	0.1	同推荐试验		GB/T 2423.56—2006	0.5	0.1
						Fh：振动		
频率范围	Hz	10～200	200～500			宽带随机	5～200	200～500
轴向							3	
持续时间/轴	min						30	
c) 冲击								
冲击响应谱		类型 I		同推荐试验		GB/T 2423.5—1995		
最大加速度	m/s^2	50				Ea：冲击	50	4)
持续时间	ms	11				（半正弦）	11	
冲击次数/轴向							3	
冲击轴向							6	
d) 外来物体，石头的撞击		无						

注：等级栏内的“无”表示 GB/T 4798.5 没有规定该条件。

[a] 推荐选择或为正弦或为随机试验，但并非两者皆试。

[b] 加速度谱密度(ASD)的单位，IEC 原文采用 m^2/s^3，此处根据我国振动试验相关国标，改为 $(m/s^2)^2/Hz$。

表 3——等级 5M1 注释：

1) 这些严酷等级最接近 GB/T 2423.10—2008 的推荐值，频率的微小改变被认为是无意义的。对大多数产品来说，为证实它的设计足够耐用，循环次数 10 的持续条件足够。产品不包括任何低于 10 Hz 的谐振，容许频率范围改变到 1 Hz～5 Hz，以便于标准试验设备的使用。

2) 安置在地面车辆的产品的主要振动是自然随机的，因此推荐如 GB/T 2423.56—2006 所述的随机振动试验。鼓励在随机振动试验之前或试验时使用正弦共振测查。

3) 试验频谱描述的加速度 r.m.s. 值是 11.3 m/s^2，选择 GB/T 2423.56—2006 最接近的参数；低频部分等级更高。这可能在一些电力学摆动超过位置限制有效。在这种情况，应增加第一频率断点(f_1)，直到接近所使用系统的能力范围。只容许在已知产品不含有任何低于 f_1 的谐振情况下使用。

4) 选择 GB/T 2423.5—1995 中最接近参数。

表 4　GB/T 4798.5 等级 5M2 推荐试验

（适用于良好公路系统地区适用的所有道路车辆，履带车、摩托车、轻型摩托车和其他小型车辆除外。它包括安装于车厢内、其表面可能遭受飞石撞击的产品。）

GB/T 4798.5——机械条件					GB/T 2423——机械试验					
环境参数	单位	等级 5M2			最接近 GB/T 2423		推荐试验			注释序号
					试验方法	严酷等级	试验方法	严酷等级		
a) 稳态正弦振动[a]										
位移	mm	3.3			同推荐试验		GB/T 2423.10—2008	3.5		
加速度	m/s^2		10	15			Fc:振动	10	15	1)
频率范围	Hz	2～9	9～200	200～500			正弦	1～200	200～500	
轴向								3		
循环次数								10		2)
b) 随机振动[a]										3)
加速度谱密度(ASD)[b]	$(m/s^2)^2/Hz$	10		0.3	同推荐试验		GB/T 2423.56—2006 Fh:振动	0.1	0.5	
频率范围	Hz	10～200		200～500			宽带随机	5～200	200～500	
轴向								3		
持续时间/轴	min							100		
c) 冲击										
冲击响应谱		类型Ⅰ		类型Ⅱ	同推荐试验		GB/T 2423.5—1995			
最大加速度	m/s^2	100		300			Ea:冲击	150	300	4)
持续时间	ms	11		6			（半正弦）	11	6	
冲击次数/轴向								3		
冲击轴向								6		
d) 外来物体，石头的撞击	J	5			同推荐试验		GB/T 2423.55—2006 Eh:锤击试验	5		5)

[a] 推荐选择或为正弦或为随机试验，但并非两者皆试。

[b] 加速度谱密度(ASD)的单位，IEC 原文采用 m^2/s^3，此处根据我国振动试验相关国标，改为$(m/s^2)^2/Hz$。

表 4——等级 5M2 注释：

1) 这些严酷等级最接近 GB/T 2423.10—2008 的推荐值，频率的微小改变被认为是无意义的。对大多数产品来说，为证实它的设计足够耐用，循环次数 10 的持续条件足够。产品不包括任何低于 10 Hz 的谐振，容许频率范围改变到1 Hz～5 Hz，以便于标准试验设备的使用。
2) 安置在地面车辆的产品的主要振动是自然随机的，因此推荐如 GB/T 2423.56—2006 所述的随机振动试验。鼓励在随机振动试验之前或试验时使用正弦共振测查。
3) 试验频谱描述的加速度 r.m.s. 值是 18.6 m/s^2，选择 GB/T 2423.56—2006 最接近的参数；低频部分等级更高。这可能在一些电力学摆动超过位置限制有效。在这种情况，应增加第一频率断点(f_1)，直到接近所使用系统的能力范围。只容许在已知产品不含有任何低于 f_1 的谐振情况下使用。高频部分是高水平但增加水平被认为是无意义的。
4) 选择 GB/T 2423.5—1995 试验 Ea 中最接近参数。
5) 此情况，来源于飞石等的间接激励是可能的。

表 5　GB/T 4798.5 等级 5M3 推荐试验

（适用于在没有良好公路系统地区适用的道路车辆，轻型车辆、履带车和自推式机械。它包括可能直接遭受飞石撞击的产品。）

GB/T 4798.5——机械条件					GB/T 2423——机械试验					
环境参数	单位	等级 5M3			最接近 GB/T 2423 试验方法	最接近 GB/T 2423 严酷等级	推荐试验 试验方法	推荐试验 严酷等级		注释序号
a）稳态正弦振动[a]										
位移	mm	7.5			同推荐试验		GB/T 2423.10—2008	7.5		
加速度	m/s^2		20	40			Fc：振动	20	50	1）
频率范围	Hz	2～8	8～200	200～500			正弦	1～200	200～500	
轴向								3		
循环次数								10		2）
b）随机振动[a]										3）
加速度谱密度(ASD)[b]	$(m/s^2)^2/Hz$	3.0		1.0	同推荐试验		GB/T 2423.56—2006	5.0	1.0	
频率范围	Hz	10～200		200～500			Fh：振动	5～200	200～500	
轴向							宽带随机	3		
持续时间/轴	min							100		
c）冲击										
冲击响应谱		类型Ⅰ		类型Ⅱ	GB/T 2423.5—1995		GB/T 2423.5—1995			
最大加速度	m/s^2	300		1 000	Ea：冲击	300 / 1 000	Ea：冲击	150	300	4）
持续时间	ms	11		6	（半正弦）	11 / 6	（半正弦）	11	6	
冲击次数/轴向					3			3		
冲击轴向					6			6		
d）外来物体，石头的撞击	J	20			同推荐试验		GB/T 2423.55—2006 Eh：锤击试验	20		5）

a 推荐选择或为正弦或为随机试验，但并非两者皆试。

b 加速度谱密度（ASD）的单位，IEC 原文采用 m^2/s^3，此处根据我国振动试验相关国标，改为 $(m/s^2)^2/Hz$。

表 5——等级 5M3 注释：

1） 此水平及频率的严酷等级最接近 GB/T 2423.10—2008 试验 Fc 的推荐值。GB/T 2423.10—2008 试验 Fc 推荐低频，由指引 5.1 修改，产品不包括任何低于 10 Hz 的谐振，允许频率范围改变到 1 Hz～5 Hz，以便于标准试验设备的使用。

2） 安置在地面车辆的产品的主要振动是自然随机的，因此推荐如 GB/T 2423.56—2006 所述的随机振动试验。鼓励在随机振动试验之前或试验时使用正弦共振测查。

3） 试验光谱描述的加速度 r.m.s. 值是 35.7 m/s^2，选择 GB/T 2423.56—2006 最接近的参数；低频部分等级更高。这可能在一些电力学摆动超过位置限制有效。在这种情况，应增加第一频率断点（f_1），直到接近所使用系统的能力范围。只容许在已知产品不含有任何低于 f_1 的谐振情况下使用。

4） 这些数值被认为太严酷，等级 5M2 的数值作为替代值推荐。

5） 此情况，来源于飞动物体的直接激励是可能的，应该考虑防护。

附 录 A
（资料性附录）
地面车辆使用——气候条件

表 A.1 GB/T 4798.5 等级 5K1 推荐试验

［适用于由气候防护、通风、加热场所的车辆内产品，或加热、通风的室内产品（预热后产品方可使用）。］

GB/T 4798.5——气候条件		GB/T 2423——气候试验				
环境参数[a]	等级 5K1	最接近 GB/T 2423		推荐试验		注释序号
		试验方法	严酷等级	试验方法	严酷等级	
a) 低温	+5 ℃	同推荐试验		GB/T 2423.1—2008:Ab	+5 ℃,16 h	1)
b) 高温，室外或者通风室空气（发动机室除外）	+40 ℃	同推荐试验		GB/T 2423.2—2008:Bb	+40 ℃,16 h	2)
c) 高温，不通风室空气（发动机室除外）	无					2)
d) 高温，发动机室空气	+60 ℃	GB/T 2423.2—2008:Bb	+55 ℃,16 h	GB/T 2423.2—2008:Bb	+60 ℃,16 h	2)
e) 温度变化：空气/空气	无					
f) 温度逐渐变化，空气/空气（发动机室除外）	无					
g) 温度逐渐变化，空气/空气（发动机室空气）	无					
h) 温度逐渐变化，空气/水（发动机室除外）	无					
i) 温度逐渐变化，空气/水（发动机室内）	无					
j) 温度逐渐变化，空气/雪（发动机室内）	无					
k) 不伴随温度急剧变化的相对湿度，内燃机驱动车辆发动机室除外	75% +30 ℃	GB/T 2423.3—2006:Cab	+30 ℃， 相对湿度 85% 96h	一般不需试验——参照注释 3)		3)
l) 不伴随温度急剧变化的相对湿度，内燃机驱动车辆发动机室内	无					

表 A.1（续）

GB/T 4798.5——气候条件		GB/T 2423——气候试验				
环境参数[a]	等级 5K1	最接近 GB/T 2423		推荐试验		注释序号
		试验方法	严酷等级	试验方法	严酷等级	
m）伴随温度急剧变化的相对湿度：空气/空气在高湿度下，不靠近空调系统	无					
n）伴随有温度急剧变化的相对湿度：空气/空气在高湿度下，靠近空调系统	无					
o）伴随有温度急剧变化的绝对湿度：空气/空气在高水分含量下	无					
p）低相对湿度	10% +30 ℃	GB/T 2423 无此试验				4）
q）低气压	70 kPa	GB/T 2423.21—2008：M	70 kPa，30 min	一般不需试验——参照注释 5）		5）
r）周围空气运动	无					
s）降雨	无					
t）太阳辐射	无					
u）热辐射，发动机室除外	无					
v）热辐射，发动机室内	600 W/m²	GB/T 2423 无此试验		一般不需试验——参照注释 6）		6）
w）非降雨源水	无					
x）潮湿，潮湿表面条件	无					

注：等级栏内的“无”表示 GB/T 4798.5 没有规定该条件。

[a] 气候条件等级无气候图表显示，因为 GB/T 4798.5 没有包括。

表 A.1——等级 5K1 注释：

1） 试验温度与 GB/T 4798.5 此类的环境参数等价。采用持续条件 16 h，足够用于大部分设计为对此温度充分耐热的散热样品。

2） 试验温度接近 GB/T 2423.2—2008 的推荐值。然而，推荐试验温度增加到 +60 ℃，这样可以反映 GB/T 4798.5此类的条件。采用持续条件 16 h，足够用于大部分设计为对此温度充分耐热的产品。

3） 这些温度与湿度条件是在标准大气条件下的，如 GB/T 2421—1999 所述，因此并无推荐试验。

4） 没有 GB/T 2423 系列的合适试验。低相对湿度的主要结果是脆化、收缩、力学强度损伤、接触表面磨损增加以及产生静电荷。典型的烘干产生的缺陷是非金属部分的力学缺陷，裂化和电缺陷。低相对湿度可能吸引灰尘粒子,它会产生,例如,接触表面磨损。此结果在为此类产品选购材料和复合物已经考虑在内。

5) 密封产品或产品中包含液体的,推荐 GB/T 2423.21—2008 的试验 M。对空气压力的效果预计在复合水平的正常应用来说,没有推荐试验。

6) 无推荐试验。没有此条件的 GB/T 2423 试验方法。此结果被考虑为包括在高温试验当中[参见表 A.1 中 c)行和 d)行]。产品放置在干热辐射中,需要特殊的防御措施,或者需要附加的预计温度试验。

表 A.2 GB/T 4798.5 等级 5K4 推荐试验

(适用于世界性气候区域的适用车辆)

GB/T 4798.5——气候条件		GB/T 2423——气候试验				
环境参数	等级 5K4	最接近 GB/T 2423		推荐试验		注释序号
		试验方法	严酷等级	试验方法	严酷等级	
a) 低温	−65 ℃	同推荐试验		GB/T 2423.1—2008:Ab	−65 ℃,16 h	1)
b) 高温,室外或者通风室空气(发动机室除外)	+55 ℃	同推荐试验		GB/T 2423.2—2008:Bb	+55 ℃,16 h	2)
c) 高温,不通风室空气(发动机室除外)	+85 ℃	同推荐试验		GB/T 2423.2—2008:Bb	+85 ℃,16 h	2)
d) 高温,发动机室空气	+85 ℃	同推荐试验		GB/T 2423.2—2008:Bb	+85 ℃,16 h	2)
e) 温度变化:空气/空气	−65 ℃/+30 ℃	同推荐试验		GB/T 2423.22—2002:Na	−65 ℃到室温,5 个循环 $t_1=3$ h $t_2<3$ min	3)
f) 温度逐渐变化,空气/空气(发动机室除外)	−65 ℃/+30 ℃ 5 ℃/min	GB/T 2423.22—2002:Nb	−65 ℃～+30 ℃,两个循环 5 ℃/min $t_1=3$ h	一般不需试验——参照注释 4)		4)
g) 温度逐渐变化,空气/空气(发动机室空气)	−65 ℃/+70 ℃ 10 ℃/min	GB/T 2423.22—2002:Nb	−65 ℃～+70 ℃,两个循环 5 ℃/min $t_1=3$ h	GB/T 2423.22—2002:Nb	−65℃～+70℃,两个循环 10 ℃/min $t_1=3h$	5)
h) 温度逐渐变化,空气/水(发动机室除外)	+55 ℃/+5 ℃	GB/T 2423 无此试验		一般不需试验——参照注释 6)		6)
i) 温度逐渐变化,空气/水(发动机室内)	+85 ℃/+5 ℃	GB/T 2423 无此试验		一般不需试验——参照注释 6)		6)
j) 温度逐渐变化,空气/雪(发动机室内)	+70 ℃/−5 ℃	GB/T 2423 无此试验		一般不需试验——参照注释 6)		6)
k) 不伴随温度急剧变化的相对湿度,内燃机驱动车辆发动机室除外	95% +50 ℃	同推荐试验		GB/T 2423.3—2006:Cab	+40 ℃,93%RH,96 h	7)
l) 不伴随温度急剧变化的相对湿度,内燃机驱动车辆发动机室内	95% +85 ℃	同推荐试验		GB/T 2423.3—2006:Cab	+55 ℃,93%RH,21 d	8)

表 A.2（续）

GB/T 4798.5——气候条件		GB/T 2423——气候试验				
环境参数	等级 5K4	最接近 GB/T 2423		推荐试验		注释序号
		试验方法	严酷等级	试验方法	严酷等级	
m）伴随温度急剧变化的相对湿度：空气/空气在高湿度下，不靠近空调系统	95% −65 ℃/ +30 ℃	同推荐试验		湿热，稳定状态试验（表中试验 Cab），紧接着温度快速变化试验（试验 Na）		9）
n）伴随有温度急剧变化的相对湿度：空气/空气在高湿度下，靠近空调系统	95% +10 ℃/ +85 ℃	同推荐试验		湿热，稳定状态试验（表中试验 Cab），紧接着温度快速变化试验（试验 Na）		9）
o）伴随有温度急剧变化的绝对湿度：空气/空气在高水分含量下	80 g/m³ +85 ℃/ +15 ℃	同推荐试验		GB/T 2423.4—2008：Db	+55 ℃， （90～100）%RH 两个循环	10）
p）低相对湿度	10% +30 ℃	GB/T 2423 无此试验		一般不需试验——参照注释 11）		11）
q）低气压	70 kPa	GB/T 2423.21—2008：M	70 kPa， 30 min	一般不需试验——参照注释 12）		12）
r）周围空气运动	30 m/s	GB/T 2423 无此试验		一般不需试验——参照注释 13）		13）
s）降雨	15 mm/min	同推荐试验		GB/T 2423.38—2008：Rb2.2	暴露：3 min/m² 持续时间：至少 15 min	14）
t）太阳辐射	1 120 W/m²	GB/T 2423.24—1995：Sa 过程 C	1 120 W/m²， 72 h，40 ℃	高温试验增加 15 ℃，对材料做光化学反应测定		14）
u）热辐射，发动机室除外	600 W/m²	GB/T 2423 无此试验		一般不需试验——参照注释 15）		15）
v）热辐射，发动机室内	1 200 W/m²	GB/T 2423 无此试验		一般不需试验——参照注释 16）		16）
w）非降雨源水	3.0 m/s	GB/T 2423 无此试验		GB/T 2423.38—2008：Ra/Rb	参照注释 17）	17）
x）潮湿，潮湿表面条件		GB/T 2423 无此试验		一般不需试验——参照注释 18）		18）

表 A.2——等级 5K4 注释：

1） 试验温度与 GB/T 4798.5 此类的环境参数等价；然而，太阳照射的效果也应该被考虑[参照注释 15）]。采用持续条件 16 h，足够用于大部分设计为对此温度充分耐热的散热样品。

2） 试验温度与 GB/T 4798.5 此类的环境参数等价。采用持续条件 16 h，足够用于大部分设计为对此温度充分耐热的散热样品。

3） 温度变化的试验一般用于检查设计容差，温度变化范围并不重要。然而，在这个等级，结露可能会发生，所以建议一个包括低温的温度范围，以促进低散热样品的结露。3.7 中描述的周围条件建议作为高温以使得单室方法可用，从而使得试验显得经济。

4) 温度变化的试验一般用于检查设计容差，温度变化范围并不重要。然而，在这个等级，结露可能会发生，所以建议一个包括低温的温度范围，以促进低散热样品的结露。对大多数产品来说，此条件不如温度快速变化[参考表 A.2 中e)行]那样严酷，因此，如果预设温度试验的快速变化，此试验可以被忽略。

5) GB/T 4798 指定的温度变化速率为 10 ℃/min；然而，在 GB/T 2423.22—2002 中最高的合适温度为 5 ℃/min；根据环境参数推荐使用 10 ℃/min 数值试验。

6) GB/T 2423 无此试验。产品经验表明，当它在温暖地方的雨或雪中，温度快速变化的结果与空气/空气（试验 Na）的温度变化部分相同，因此，无需外加的 GB/T 2423 试验推荐。

7) 该严酷条件为最接近 GB/T 2423.3—2006 的值，在正常试验容差范围内，湿度的微小变化是无意义的。96 h 的持续条件，足够用于大部分设计为对该湿度充分耐热的散热样品。

8) 湿热试验最推荐的试验严酷等级，选择持续状态试验，虽然此参数的条件更加严酷。因此推荐根据条件选择成分，估计温度用于湿热试验。

9) 由于物理约束，此条件不能用于实际试验。然而，它可以通过一个复合试验（快速温度变化试验后紧接稳定状态的湿度试验）来近似试验，而忽略两个试验之间的前期和后期条件时间。通过进行这种复合试验，这种情况的作用能够充分地体现出来。如果进行了这种复合试验，那么用户可以决定免去[如表 A.2 的 e)行与 k)、l)行]的单独试验。

10) 这是最合适的湿热循环试验条件的最大值，它被认为足以验证此条件（试验条件绝对潮湿低温）的结果。两个循环（48 h）的容忍条件被认为对大多数产品来说足够。

11) 没有 GB/T 2423 系列的合适试验。低相对湿度的主要结果是脆化、收缩、力学强度损伤、接触表面磨损增加以及产生静电荷。典型的烘干产生的缺陷是非金属部分的力学缺陷、裂化和电缺陷。低相对湿度可能吸引灰尘粒子，它会产生，例如，接触表面磨损。此结果在为此类产品选购材料和复合物已经考虑在内。

12) 密封产品或产品中包含液体的，推荐 GB/T 2423.21—2008 的试验 M。对空气压力的效果预计在复合水平的正常应用来说，没有推荐试验。

13) GB/T 2423 当中没有适合的试验；然而，尤其对大型产品来说，需要专门准备，如果要估计条件的话，用者需要发展自己的方法论。

14) 对暴露于雨中的产品，GB/T 2423.38—2008 推荐试验 Ra 1。但是这与 GB/T 4798.5 的降雨强度不符合所以对大型条目不可行。因此推荐试验 Rb 2.2，因为它是一个简单、可重复的、能用于所有尺寸的产品的试验。

15) 选择 GB/T 2423.24—1995 中试验方法 C 中的模拟地面上的太阳辐射影响的试验，是因为它产生连续辐射，因此可以评定光降解影响。本等级的严酷等级为 1 120 W/m^2，这与 GB/T 2423.24—1995 试验 Sa 中包含的试验条件一致。

由于难以重现实际承受的真实辐射，太阳辐射试验不太理想。建议通过提高高温试验的温度 15 ℃来评定这个条件，并且评定材料和元件的光化学反应。更多的信息参见 IEC 60741-4-0。

产品要针对太阳辐射作防护，例如，安置有效的热保护罩，这样，在高温试验的预计温度可以忽略，或者由于预防措施有效而严酷条件得到减小。为了提供产品的抗太阳辐射能力的信心，需要做预防的模型正常实践。

这个水平的太阳辐射，表面温度可能高出周围环境 25 ℃。由于热辐射，表面温度也会在夜间降下（参见 GB/T 4797.4）。当选择材料时应重视此结果，降温试验也应该作为低温试验（试验 Ab/Ad）的一个考虑。

16) 无推荐试验。没有此条件的 GB/T 2423 试验方法。此结果被考虑为包括在高温试验当中[参见表 A.2 的 c)行和 d)行]。产品放置在干热辐射中，需要特殊的防御措施，或者需要附加的预计温度试验。

17) 水源不包含在 GB/T 4798.5 中。用者必须选择近似的试验，同时用 GB/T 2423.38—2008 的持续条件和试验严酷等级。作为指引，下文可以指引用这选择合适的试验：

a) 滴水：如果产品带有防御雨水的保护，但是类似暴露在上表面的结露或者漏滴水，GB/T 2423.38—2008：试验 Ra2——滴水箱法，滴水高度 2 m，倾斜角度 0°，持续时间 1 h 是最好的方法。

b) 溅水：如果产品有可能暴露于洒水系统或者水轮车喷溅环境中时，则 GB/T 2423.38—2008：试验 Rb2.1——摆动管法或者 Rb2.2——手持洒水法，1 min/m^2，最多 30 min 是优选的方法。

c) 水浪：如果产品有可能暴露于冲洗或冲刷中，则 GB/T 2423.38—2008：试验 Rb3——软管法是优选的方法。

d) 射水：如果喷射水有可能冲击产品，选择 GB/T 2423.38—2008 试验 Ra 或者试验 Rb 来表明该产品是为了在这些条件下运行而设计的。

18） 无推荐试验，GB/T 4798.5 没有潮湿表面的可用值。潮湿表面的结果由此类的几个其他的试验[例如，表 A.2 的 s)行的降雨试验]部分展现，在选择材料时应考虑。不可能给出所有的潮湿表面的数值。此结果可能比降雨的结果更严酷，因为它可能是持续的，而且氧浓度差异增加与另一表面接触的表面腐蚀。这样能加速电化学腐蚀作用，尤其是两个表面是不同金属的。

表 A.3 GB/T 4798.5 等级 5K4H 推荐试验

（密闭或者部分开放室内-对低温有限制的全球气候。除低温数值与 5K2 等级相同外，其他参数的数值均与 5K4 等级相同。）

GB/T 4798.5——气候条件		GB/T 2423——气候试验				
环境参数	等级 5K4H	最接近 GB/T 2423		推荐试验		注释序号
		试验方法	严酷等级	试验方法	严酷等级	
a) 低温	−25 ℃	同推荐试验		GB/T 2423.1—2008:Ab	−25 ℃，16 h	1)
b) 高温，室外或者通风室空气（发动机室除外）	+55 ℃	同推荐试验		GB/T 2423.2—2008:Bb	+55 ℃，16 h	2)
c) 高温，不通风室空气（发动机室除外）	+85 ℃	同推荐试验		GB/T 2423.2—2008:Bb	+85 ℃，16 h	2)
d) 高温，发动机室空气	+85 ℃	同推荐试验		GB/T 2423.2—2008:Bb	+85 ℃，16 h	2)
e) 温度变化：空气/空气	−25 ℃/+30 ℃	同推荐试验		GB/T 2423.22—2002:Na	−25 ℃到室温，5 个循环 t_1=3 h t_2<3 min	3)
f) 温度逐渐变化，空气/空气（发动机室除外）	−25 ℃/+30 ℃ 5 ℃/min	GB/T 2423.22—2002:Nb	−25 ℃～+30 ℃，两个循环 5 ℃/min t_1=3 h	一般不需试验——参照注释 4)		4)
g) 温度逐渐变化，空气/空气（发动机室空气）	−25 ℃/+70 ℃ 10 ℃/min	GB/T 2423.22—2002:Nb	−25 ℃～+70 ℃，两个循环 5 ℃/min t_1=3 h	GB/T 2423.22—2002:Nb	−25 ℃～+70 ℃，两个循环 10 ℃/min t_1=3 h	5)
h) 温度逐渐变化，空气/水（发动机室除外）	+55 ℃/+5 ℃	GB/T 2423 无此试验		一般不需试验——参照注释 6)		6)
i) 温度逐渐变化，空气/水（发动机室内）	+85 ℃/+5 ℃	GB/T 2423 无此试验		一般不需试验——参照注释 6)		6)
j) 温度逐渐变化，空气/雪（发动机室内）	+70 ℃/−5℃	GB/T 2423 无此试验		一般不需试验——参照注释 6)		6)
k) 不伴随温度急剧变化的相对湿度，内燃机驱动车辆发动机室除外	95% +50 ℃	同推荐试验		GB/T 2423.3—2006:Cab	+40 ℃，93%RH，96 h	7)
l) 不伴随温度急剧变化的相对湿度，内燃机驱动车辆发动机室内	95% +85 ℃	同推荐试验		GB/T 2423.3—2006:Cab	+55 ℃，93%RH，21 d	8)

表 A.3（续）

GB/T 4798.5——气候条件		GB/T 2423——气候试验				
环境参数	等级 5K4H	最接近 GB/T 2423		推荐试验		注释序号
		试验方法	严酷等级	试验方法	严酷等级	
m）伴随温度急剧变化的相对湿度：空气/空气在高湿度下，不靠近空调系统	95% −25 ℃/ +30 ℃	同推荐试验		湿热，稳定状态试验（表中试验 Cab），紧接着温度快速变化试验（试验 Na）		9）
n）伴随有温度急剧变化的相对湿度：空气/空气在高湿度下，靠近空调系统	95% +10 ℃/ +85 ℃	同推荐试验		湿热，稳定状态试验（表中试验 Cab），紧接着温度快速变化试验（试验 Na）		9）
o）伴随有温度急剧变化的绝对湿度：空气/空气在高水分含量下	80 g/m³ +85 ℃/ +15 ℃	同推荐试验		GB/T 2423.4—2008：Db	+55 ℃，（90～100）%RH 两个循环	10）
p）低相对湿度	10% +30 ℃	GB/T 2423 无此试验		一般不需试验——参照注释 11）		11）
q）低气压	70 kPa	GB/T 2423.21—2008：M	70 kPa， 30 min	一般不需试验——参照注释 12）		12）
r）周围空气运动	30 m/s	GB/T 2423 无此试验		一般不需试验——参照注释 13）		13）
s）降雨	15 mm/min	同推荐试验		GB/T 2423.38—2008：Rb2.2	暴露：3 min/mm² 持续时间：至少 15 min	14）
t）太阳辐射	1 120 W/m²	GB/T 2423.24—1995：Sa 过程 C	1 120 W/m²， 72 h，40 ℃	高温试验增加 15 ℃，对材料做光化学反应测定		14）
u）热辐射，发动机室除外	600 W/m²	GB/T 2423 无此试验		一般不需试验——参照注释 15）		15）
v）热辐射，发动机室内	1 200 W/m²	GB/T 2423 无此试验		一般不需试验——参照注释 16）		16）
w）非降雨源水	3.0 m/s	GB/T 2423 无此试验		GB/T 2423.38—2008：Ra/Rb	参照注释 17）	17）
x）潮湿，潮湿表面条件		GB/T 2423 无此试验		一般不需试验——参照注释 18）		18）

表 A.3——等级 5K4H 注释：

1） 试验温度与 GB/T 4798.5 此类的环境参数等价；然而，太阳照射的效果也应该被考虑[参照注释 15）]。采用持续条件 16 h，足够用于大部分设计为对此温度充分耐热的散热样品。

2） 试验温度与 GB/T 4798.5 此类的环境参数等价。采用持续条件 16 h，足够用于大部分设计为对此温度充分耐热的散热样品。

3） 温度变化的试验一般用于检查设计容差，温度变化范围并不重要。然而，在这个等级，结露可能会发生，所以建议一个包括低温的温度范围，以促进低散热样品的结露。3.7 中描述的周围条件建议作为高温以使得单室方法可用，从而使得试验显得经济。

4) 温度变化的试验一般用于检查设计容差，温度变化范围并不重要。然而，在这个等级，结露可能会发生，所以建议一个包括低温的温度范围，以促进低散热样品的结露。对大多数产品来说，此条件不如温度快速变化[参考表 A.3 中 e)行]那样严酷，因此，如果预设温度试验的快速变化，此试验可以被忽略。

5) GB/T 4798 指定的温度变化速率为 10 ℃/min；然而，在 GB/T 2423.22—2002 中最高的合适温度为 5 ℃/min；根据环境参数推荐使用 10 ℃/min 数值试验。

6) GB/T 2423 无此试验。产品经验表明，当它在温暖地方的雨或雪中，温度快速变化的结果与空气/空气（试验 Na）的温度变化部分相同，因此，无需外加的 GB/T 2423 试验推荐。

7) 该严酷条件为最接近 GB/T 2423.3—2006 的值，在正常试验容差范围内，湿度的微小变化是无意义的。96 h 的持续条件，足够用于大部分设计为对该湿度充分耐热的散热样品。

8) 湿热试验最推荐的试验严酷等级，选择持续状态试验，虽然此参数的条件更加严酷。因此推荐根据条件选择成分，估计温度用于湿热试验。

9) 由于物理约束，此条件不能用于实际试验。然而，它可以通过一个复合试验（快速温度变化试验后紧接稳定状态的湿度试验）来近似试验，而忽略两个试验之间的前期和后期条件时间。通过进行这种复合试验，这种情况的作用能够充分地体现出来。如果进行了这种复合试验，那么用户可以决定免去[如表 A.3 中 e)行与 k)、l)行]的单独试验。

10) 这是最合适的湿热循环试验条件的最大值，它被认为足以验证此条件（试验条件绝对潮湿低温）的结果。两个循环（48 h）的容忍条件被认为对大多数产品来说足够。

11) 没有 GB/T 2423 系列的合适试验。低相对湿度的主要结果是脆化、收缩、力学强度损伤、接触表面磨损增加以及产生静电荷。典型的烘干产生的缺陷是非金属部分的力学缺陷、裂化和电缺陷。低相对湿度可能吸引灰尘粒子，它会产生，例如，接触表面磨损。此结果在为此类产品选购材料和复合物已经考虑在内。

12) 密封产品或产品中包含液体的，推荐 GB/T 2423.21—2008 的试验 M。对空气压力的效果预计在复合水平的正常应用来说，没有推荐试验。

13) GB/T 2423 当中没有适合的试验；然而，尤其对大型产品来说，需要专门准备，如果要估计条件的话，用者需要发展自己的方法论。

14) 对暴露于雨中的产品，GB/T 2423.38—2005 推荐试验 Ra 1。但是这与 GB/T 4798.5 的降雨强度不符合所以对大型条目不可行。因此推荐试验 Rb 2.2，因为它是一个简单、可重复的、能用于所有尺寸的产品的试验。

15) 选择 GB/T 2423.24—1995 中试验方法 C 中的模拟地面上的太阳辐射影响的试验，是因为它产生连续辐射，因此可以评定光降解影响。本等级的严酷等级为 1 120 W/m²，这与 GB/T 2423.24—1995 试验 Sa 中包含的试验条件一致。

由于难以重现实际承受的真实辐射，太阳辐射试验不太理想。建议通过提高高温试验的温度 15 ℃来评定这个条件，并且评定材料和元件的光化学反应。更多的信息参见 IEC 60741-4-0。

产品要针对太阳辐射作防护，例如，安置有效的热保护罩，这样，在高温试验的预计温度可以忽略，或者由于预防措施有效而严酷条件得到减小。为了提供产品的抗太阳辐射能力的信心，需要做预防的模型正常实践。

这个水平的太阳辐射，表面温度可能高出周围环境 25 ℃。由于热辐射，表面温度也会在夜间降下（参见 GB/T 4797.4）。当选择材料时应重视此结果，降温试验也应该作为低温试验（试验 Ab/Ad）的一个考虑。

16) 无推荐试验。没有此条件的 GB/T 2423 试验方法。此结果被考虑为包括在高温试验当中[参见表 A.3 中 c)行和 d)行]。产品放置在干热辐射中，需要特殊的防御措施，或者需要附加的预计温度试验。

17) 水源不包含在 GB/T 4798.5 中。用者必须选择近似的试验，同时用 GB/T 2423.38—2008 的持续条件和试验严酷等级。作为指引，下文可以指引用这选择合适的试验：

   a) 滴水：如果产品带有防御雨水的保护，但是类似暴露在上表面的结露或者漏滴水，GB/T 2423.38—2008：试验 Ra2——滴水箱法，滴水高度 2 m，倾斜角度 0°，持续时间 1 h 是最好的方法。

   b) 溅水：如果产品有可能暴露于洒水系统或者水轮车喷溅环境中时，则 GB/T 2423.38—2008：试验 Rb2.1——摆动管法或者 Rb2.2——手持洒水法，1 min/m²，最多 30 min 是优选的方法。

   c) 水浪：如果产品有可能暴露于冲洗或冲刷中，则 GB/T 2423.38—2008：试验 Rb3——软管法是优选的方法。

   d) 射水：如果喷射水有可能冲击产品，选择 GB/T 2423.38—2008 试验 Ra 或者试验 Rb 来表明该产品是为了在这些条件下运行而设计的。

18）无推荐试验，GB/T 4798.5 没有潮湿表面的可用值。潮湿表面的结果由此类的几个其他的试验[例如，表 A.3 中 s)行的降雨试验]部分展现，在选择材料时应考虑。不可能给出所有的潮湿表面的数值。此结果可能比降雨的结果更严酷，因为它可能是持续的，而且氧浓度差异增加与另一表面接触的表面腐蚀。这样能加速电化学腐蚀作用，尤其是两个表面是不同金属的。

表 A.4 GB/T 4798.5 等级 5K4L 推荐试验

（密闭或者部分开放室内-对高温有限制的全球气候。除高温数值与 5K2 等级相同外，其他参数的数值均与 5K4 等级相同。）

GB/T 4798.5——气候条件		GB/T 2423——气候试验				
环境参数	等级 5K4L	最接近 GB/T 2423		推荐试验		注释序号
		试验方法	严酷等级	试验方法	严酷等级	
a) 低温	−65 ℃	同推荐试验		GB/T 2423.1—2008:Ab	−65 ℃，16 h	1)
b) 高温，室外或者通风室空气（发动机室除外）	+40 ℃	同推荐试验		GB/T 2423.2—2008:Bb	+40 ℃，16 h	2)
c) 高温，不通风室空气（发动机室除外）	+70 ℃	同推荐试验		GB/T 2423.2—2008:Bb	+70 ℃，16 h	2)
d) 高温，发动机室空气	+70 ℃	同推荐试验		GB/T 2423.2—2008:Bb	+70 ℃，16 h	2)
e) 温度变化：空气/空气	−65 ℃ +30 ℃	同推荐试验		GB/T 2423.22—2002:Na	−65 ℃到室温，5 个循环 t_1=3 h t_2<3 min	3)
f) 温度逐渐变化，空气/空气（发动机室除外）	−65 ℃/ +30 ℃ 5 ℃/min	GB/T 2423.22—2002:Nb	−65 ℃～+30 ℃，两个循环 5 ℃/min t_1=3h	一般不需试验——参照注释 4)		4)
g) 温度逐渐变化，空气/空气（发动机室空气）	−65 ℃/ +70 ℃ 10 ℃/min	GB/T 2423.22—2002:Nb	−65 ℃～+70 ℃，两个循环 5 ℃/min t_1=3 h	GB/T 2423.22—2002:Nb	−65 ℃～+70 ℃，两个循环 10 ℃/min t_1=3 h	5)
h) 温度逐渐变化，空气/水（发动机室除外）	+40 ℃/ +5 ℃	GB/T 2423 无此试验		一般不需试验——参照注释 6)		6)
i) 温度逐渐变化，空气/水（发动机室内）	+70 ℃/ +5 ℃	GB/T 2423 无此试验		一般不需试验——参照注释 6)		6)
j) 温度逐渐变化，空气/雪（发动机室内）	+70 ℃/ −5 ℃	GB/T 2423 无此试验		一般不需试验——参照注释 6)		6)
k) 不伴随温度急剧变化的相对湿度，内燃机驱动车辆发动机室除外	95% +45 ℃	同推荐试验		GB/T 2423.3—2006:Cab	+40 ℃，93%RH，96 h	7)
l) 不伴随温度急剧变化的相对湿度，内燃机驱动车辆发动机室内	95% +70 ℃	同推荐试验		GB/T 2423.3—2006:Cab	+55 ℃，93%RH，21 d	8)

表 A.4(续)

GB/T 4798.5——气候条件		GB/T 2423——气候试验				
环境参数	等级 5K4L	最接近 GB/T 2423		推荐试验		注释序号
		试验方法	严酷等级	试验方法	严酷等级	
m) 伴随温度急剧变化的相对湿度:空气/空气在高湿度下,不靠近空调系统	95% −65 ℃/ +30 ℃	同推荐试验		湿热,稳定状态试验(表中试验Cab),紧接着温度快速变化试验(试验Na)		9)
n) 伴随有温度急剧变化的相对湿度:空气/空气在高湿度下,靠近空调系统	95% +10 ℃/ +70 ℃	同推荐试验		湿热,稳定状态试验(表中试验Cab),紧接着温度快速变化试验(试验Na)		9)
o) 伴随有温度急剧变化的绝对湿度:空气/空气在高水分含量下	60 g/m³ +70 ℃/ +15 ℃	同推荐试验		GB/T 2423.4—2008:Db	+55 ℃, (90~100)%RH 两个循环	10)
p) 低相对湿度	10% +30 ℃	GB/T 2423 无此试验		一般不需试验——参照注释 11)		11)
q) 低气压	70 kPa	GB/T 2423.21—2008:M	70 kPa,30 min	一般不需试验——参照注释 12)		12)
r) 周围空气运动	30 m/s	GB/T 2423 无此试验		一般不需试验——参照注释 13)		13)
s) 降雨	6 mm/min	同推荐试验		GB/T 2423.38—2008:Rb2.2	暴露:1 min/mm² 持续时间:至少 5 min	14)
t) 太阳辐射	1 120 W/m²	GB/T 2423.24—1995:Sa 过程 C	1 120 W/m², 72 h,40 ℃	高温试验增加 15 ℃,对材料做光化学反应测定		14)
u) 热辐射,发动机室除外	600 W/m²	GB/T 2423 无此试验		一般不需试验——参照注释 15)		15)
v) 热辐射,发动机室内	1 200 W/m²	GB/T 2423 无此试验		一般不需试验——参照注释 16)		16)
w) 非降雨源水	3.0 m/s	GB/T 2423 无此试验		GB/T 2423.38—2008:Ra/Rb	参照注释 17)	17)
x) 潮湿,潮湿表面条件		GB/T 2423 无此试验		一般不需试验——参照注释 18)		18)

表 A.4——等级 5K4L 注释:

1) 试验温度与 GB/T 4798.5 此类的环境参数等价;然而,太阳照射的效果也应该被考虑[参照注释 15)]。采用持续条件 16 h,足够用于大部分设计为对此温度充分耐热的散热样品。

2) 试验温度与 GB/T 4798.5 此类的环境参数等价。采用持续条件 16 h,足够用于大部分设计为对此温度充分耐热的散热样品。

3) 温度变化的试验一般用于检查设计容差,温度变化范围并不重要。然而,在这个等级,结露可能会发生,所以建议一个包括低温的温度范围,以促进低散热样品的结露。3.7 中描述的周围条件建议作为高温以使得单室方法可用,从而使得试验显得经济。

4) 温度变化的试验一般用于检查设计容差,温度变化范围并不重要。然而,在这个等级,结露可能会发生,所以建议一个包括低温的温度范围,以促进低散热样品的结露。对大多数产品来说,此条件不如温度快速变化[参考表 A.4 中的 e)行]那样严酷,因此,如果预设温度试验的快速变化,此试验可以被忽略。

5) GB/T 4798 指定的温度变化速率为 10 ℃/min;然而,在 GB/T 2423.22—2002 中最高的合适温度为 5 ℃/min;根据环境参数推荐使用 10 ℃/min 数值试验。

6) GB/T 2423 无此试验。产品经验表明,当它在温暖地方的雨或雪中,温度快速变化的结果与空气/空气(试验 Na)的温度变化部分相同,因此,无需外加的 GB/T 2423 试验推荐。

7) 该严酷条件为最接近 GB/T 2423.9—2006 的值,在正常试验容差范围内,湿度的微小变化是无意义的。96 h 的持续条件,足够用于大部分设计为对该湿度充分耐热的散热样品。

8) 湿热试验最推荐的试验严酷等级,选择持续状态试验,虽然此参数的条件更加严酷。因此推荐根据条件选择成分,估计温度用于湿热试验。

9) 由于物理约束,此条件不能用于实际试验。然而,它可以通过一个复合试验(快速温度变化试验后紧接稳定状态的湿度试验)来近似试验,而忽略两个试验之间的前期和后期条件时间。通过进行这种复合试验,这种情况的作用能够充分地体现出来。如果进行了这种复合试验,那么用户可以决定免去[如表 A.4 中 e)行与 k)、l)行]的单独试验。

10) 这是最合适的湿热循环试验条件的最大值,它被认为足以验证此条件(试验条件绝对潮湿低温)的结果。两个循环(48 h)的容忍条件被认为对大多数产品来说足够。

11) 没有 GB/T 2423 系列的合适试验。低相对湿度的主要结果是脆化、收缩、力学强度损伤、接触表面磨损增加以及产生静电荷。典型的烘干产生的缺陷是非金属部分的力学缺陷、裂化和电缺陷。低相对湿度可能吸引灰尘粒子,它会产生,例如,接触表面磨损。此结果在为此类产品选购材料和复合物已经考虑在内。

12) 密封产品或产品中包含液体的,推荐 GB/T 2423.21—2008 的试验 M。对空气压力的效果预计在复合水平的正常应用来说,没有推荐试验。

13) GB/T 2423 当中没有适合的试验;然而,尤其对大型产品来说,需要专门准备,如果要估计条件的话,用者需要发展自己的方法论。

14) 对暴露于雨中的产品,GB/T 2423.38—2008 推荐试验 Ra 1。但是这与 GB/T 4798.5 的降雨强度不符合所以对大型条目不可行。因此推荐试验 Rb 2.2,因为它是一个简单、可重复的、能用于所有尺寸的产品的试验。

15) 选择 GB/T 2423.24—1995 中试验方法 C 中的模拟地面上的太阳辐射影响的试验,是因为它产生连续辐射,因此可以评定光降解影响。本等级的严酷等级为 1 120 W/m^2,这与 GB/T 2423.24—1995 试验 Sa 中包含的试验条件一致。

由于难以重现实际承受的真实辐射,太阳辐射试验不太理想。建议通过提高高温试验的温度 15 ℃来评定这个条件,并且评定材料和元件的光化学反应。更多的信息参见 IEC 60721-4-0。

产品要针对太阳辐射作防护,例如,安置有效的热保护罩,这样,在高温试验的预计温度可以忽略,或者由于预防措施有效而严酷条件得到减小。为了提供产品的抗太阳辐射能力的信心,需要做预防的模型正常实践。

这个水平的太阳辐射,表面温度可能高出周围环境 25 ℃。由于热辐射,表面温度也会在夜间降下(参见 GB/T 4797.4)。当选择材料时应重视此结果,降温试验也应该作为低温试验(试验 Ab/Ad)的一个考虑。

16) 无推荐试验。没有此条件的 GB/T 2423 试验方法。此结果被考虑为包括在高温试验当中[参见表 A.4 的 c)行和 d)行]。产品放置在于热辐射中,需要特殊的防御措施,或者需要附加的预计温度试验。

17) 水源不包含在 GB/T 4798.5 中。用者必须选择近似的试验,同时用 GB/T 2423.38—2008 的持续条件和试验严酷等级。作为指引,下文可以指引用这选择合适的试验:

a) 滴水:如果产品带有防御雨水的保护,但是类似暴露在上表面的结露或者漏滴水,GB/T 2423.38—2008:试验 Ra2——滴水箱法,滴水高度 2 m,倾斜角度 0°,持续时间 1 h 是最好的方法。

b) 溅水:如果产品有可能暴露于洒水系统或者水轮车喷溅环境中时,则 GB/T 2423.38—2008:试验 Rb2.1——摆动管法或者 Rb2.2——手持洒水法,1 min/m^2,最多 30 min 是优选的方法。

c) 水浪:如果产品有可能暴露于冲洗或冲刷中,则 GB/T 2423.38—2008:试验 Rb3——软管法是优选的方法。

d) 射水:如果喷射水有可能冲击产品,选择 GB/T 2423.38—2008 试验 Ra 或者试验 Rb 来表明该产品是为了在这些条件下运行而设计的。

18) 无推荐试验,GB/T 4798.5 没有潮湿表面的可用值。潮湿表面的结果由此类的几个其他的试验[例如,表 A.4

中 s)行的降雨试验]部分展现，在选择材料时应考虑。不可能给出所有的潮湿表面的数值。此结果可能比降雨的结果更严酷，因为它可能是持续的，而且氧浓度差异增加与另一表面接触的表面腐蚀。这样能加速电化学腐蚀作用，尤其是两个表面是不同金属的。

表 A.5 GB/T 4798.5 等级 5K5 推荐试验

（适用于湿热和恒定湿热气候类型的产品，热带雨林地区的湿热气候类型）

GB/T 4798.5——气候条件		GB/T 2423——气候试验				
环境参数	等级 5K5	最接近 GB/T 2423		推荐试验		注释序号
		试验方法	严酷等级	试验方法	严酷等级	
a) 低温	+5℃	同推荐试验		GB/T 2423.1—2008:Ab	+5 ℃,16 h	1)
b) 高温，室外或者通风室空气（发动机室除外）	+40 ℃	同推荐试验		GB/T 2423.2—2008:Bb	+40 ℃,16 h	2)
c) 高温，不通风室空气（发动机室除外）	+70 ℃	同推荐试验		GB/T 2423.2—2008:Bb	+70 ℃,16 h	2)
d) 高温，发动机室空气	+70 ℃	同推荐试验		GB/T 2423.2—2008:Bb	+70 ℃,16 h	2)
e) 温度变化：空气/空气	+5 ℃/ +30 ℃	同推荐试验		GB/T 2423.22—2002:Na	+5 ℃到室温，两个循环 $t_1=3$ h $t_2<3$ min	3)
f) 温度逐渐变化，空气/空气（发动机室除外）	+5 ℃/ +30 ℃ 5 ℃/min	GB/T 2423.22—2002:Nb	−5 ℃～+30 ℃，两个循环 5 ℃/min $t_1=3$ h	一般不需试验——参照注释 4）		4）
g) 温度逐渐变化，空气/空气（发动机室空气）	+5 ℃+70 ℃ 10 ℃/min	GB/T 2423.22—2002:Nb	−5 ℃～+70 ℃，两个循环 5 ℃/min，$t_1=3$ h	GB/T 2423.22—2002:Nb	+5 ℃～+70 ℃，两个循环 10 ℃/min $t_1=3$ h	5）
h) 温度逐渐变化，空气/水（发动机室除外）	+40 ℃/ +5 ℃	GB/T 2423 无此试验		一般不需试验——参照注释 6）		6）
i) 温度逐渐变化，空气/水（发动机室内）	+70 ℃/ +5 ℃	GB/T 2423 无此试验		一般不需试验——参照注释 6）		6）
j) 温度逐渐变化，空气/雪（发动机室内）	+70 ℃/ −5 ℃	GB/T 2423 无此试验		一般不需试验——参照注释 6）		6）
k) 不伴随温度急剧变化的相对湿度，内燃机驱动车辆发动机室除外	95% +45 ℃	同推荐试验		GB/T 2423.3—2006:Cab	+40 ℃，93%RH,21 d	7）
l) 不伴随温度急剧变化的相对湿度，内燃机驱动车辆发动机室内	95% +85 ℃	同推荐试验		GB/T 2423.3—2006:Cab	+55℃，93%RH,96 h	8）
m) 伴随温度急剧变化的相对湿度：空气/空气在高湿度下，不靠近空调系统	95% +5 ℃/ +30 ℃	同推荐试验		湿热，稳定状态试验（表中试验 Cab），紧接着温度快速变化试验（试验 Na）		9）

表 A.5(续)

GB/T 4798.5——气候条件		GB/T 2423——气候试验				
环境参数	等级 5K5	最接近 GB/T 2423		推荐试验		注释序号
		试验方法	严酷等级	试验方法	严酷等级	
n) 伴随有温度急剧变化的相对湿度:空气/空气在高湿度下,靠近空调系统	95% +10 ℃/ +85 ℃	同推荐试验		湿热,稳定状态试验(表中试验 Cab),紧接着温度快速变化试验(试验 Na)		9)
o) 伴随有温度急剧变化的绝对湿度:空气/空气在高水分含量下	60 g/m³ +70 ℃/ +15 ℃	同推荐试验		GB/T 2423.4—2008:Db	+55 ℃, (90~100)%RH 两个循环	10)
p) 低相对湿度	10% +30 ℃	GB/T 2423 无此试验		一般不需试验——参照注释 11)		11)
q) 低气压	70 kPa	GB/T 2423.21—2008:M	70 kPa, 30 min	一般不需试验——参照注释 12)		12)
r) 周围空气运动	30 m/s	GB/T 2423 无此试验		一般不需试验——参照注释 13)		13)
s) 降雨	15 mm/min	同推荐试验		GB/T 2423.38—2008:Rb2.2	暴露:3 min/mm² 持续时间:至少 15 min	14)
t) 太阳辐射	1 120 W/m²	GB/T 2423.24—1995:Sa 过程 C	1 120 W/m², 72 h,40 ℃	高温试验增加 15 ℃,对材料做光化学反应测定		14)
u) 热辐射,发动机室除外	600 W/m²	GB/T 2423 无此试验		一般不需试验——参照注释 15)		15)
v) 热辐射,发动机室内	1 200 W/m²	GB/T 2423 无此试验		一般不需试验——参照注释 16)		16)
w) 非降雨源水	3.0m/s	GB/T 2423 无此试验		GB/T 2423.38—2008:Ra/Rb	参照注释 17)	17)
x) 潮湿,潮湿表面条件		GB/T 2423 无此试验		一般不需试验——参照注释 18)		18)

表 A.5——等级 5K5 注释:

1) 试验温度与 GB/T 4798.5 此类的环境参数等价;然而,太阳照射的效果也应该被考虑[参照注释 15)]。采用持续条件 16 h,足够用于大部分设计为对此温度充分耐热的散热样品。

2) 试验温度与 GB/T 4798.5 此类的环境参数等价。采用持续条件 16 h,足够用于大部分设计为对此温度充分耐热的散热样品。

3) 温度变化的试验一般用于检查设计容差,温度变化范围并不重要。然而,在这个等级,结露可能会发生,所以建议一个包括低温的温度范围,以促进低散热样品的结露。3.7 中描述的周围条件建议作为高温以使得单室方法可用,从而使得试验显得经济。

4) 温度变化的试验一般用于检查设计容差,温度变化范围并不重要。然而,在这个等级,结露可能会发生,所以建议一个包括低温的温度范围,以促进低散热样品的结露。对大多数产品来说,此条件不如温度快速变化[参考表 A.5 中 e)行]那样严酷,因此,如果预设温度试验的快速变化,此试验可以被忽略。

5) GB/T 4798 指定的温度变化速率为 10 ℃/min；然而，在 GB/T 2423.22—2002 中最高的合适温度为 5 ℃/min；根据环境参数推荐使用 10 ℃/min 数值试验。

6) GB/T 2423 无此试验。产品经验表明，当它在温暖地方的雨或雪中，温度快速变化的结果与空气/空气（试验 Na）的温度变化部分相同，因此，无需外加的 GB/T 2423 试验推荐。

7) 该严酷条件为最接近 GB/T 2423.3—2006 的值，在正常试验容差范围内，湿度的微小变化是无意义的。96 h 的持续条件，足够用于大部分设计为对该湿度充分耐热的散热样品。

8) 湿热试验最推荐的试验严酷等级，选择持续状态试验，虽然此参数的条件更加严酷。因此推荐根据条件选择成分，估计温度用于湿热试验。

9) 由于物理约束，此条件不能用于实际试验。然而，它可以通过一个复合试验（快速温度变化试验后紧接稳定状态的湿度试验）来近似试验，而忽略两个试验之间的前期和后期条件时间。通过进行这种复合试验，这种情况的作用能够充分地体现出来。如果进行了这种复合试验，那么用户可以决定免去[如表 A.5 中 e)行与 k)、l)行]的单独试验。

10) 这是最合适的湿热循环试验条件的最大值，它被认为足以验证此条件（试验条件绝对潮湿低温）的结果。两个循环（48 h）的容忍条件被认为对大多数产品来说足够。

11) 没有 GB/T 2423 系列的合适试验。低相对湿度的主要结果是脆化、收缩、力学强度损伤、接触表面磨损增加以及产生静电荷。典型的烘干产生的缺陷是非金属部分的力学缺陷、裂化和电缺陷。低相对湿度可能吸引灰尘粒子，它会产生，例如，接触表面磨损。此结果在为此类产品选购材料和复合物时已经考虑在内。

12) 密封产品或产品中包含液体的，推荐 GB/T 2423.21—2008 的试验 M。对空气压力的效果预计在复合水平的正常应用来说，没有推荐试验。

13) GB/T 2423 当中没有适合的试验；然而，尤其对大型产品来说，需要专门准备，如果要估计条件的话，用者需要发展自己的方法论。

14) 对暴露于雨中的产品，GB/T 2423.38—2008 推荐试验 Ra 1。但是这与 GB/T 4798.5 的降雨强度不符合所以对大型条目不可行。因此推荐试验 Rb 2.2，因为它是一个简单、可重复的、能用于所有尺寸的产品的试验。

15) 选择 GB/T 2423.24—1995 中试验方法 C 中的模拟地面上的太阳辐射影响的试验，是因为它产生连续辐射，因此可以评定光降解影响。本等级的严酷等级为 1 120 W/m^2，这与 GB/T 2423.24—1995 试验 Sa 中包含的试验条件一致。

    由于难以重现实际承受的真实辐射，太阳辐射试验不太理想。建议通过提高高温试验的温度 10 ℃来评定这个条件，并且评定材料和元件的光化学反应。更多的信息参见 IEC 60741-4-0。

    产品要针对太阳辐射作防护，例如，安置有效的热保护罩，这样，在高温试验的预计温度可以忽略，或者由于预防措施有效而严酷条件得到减小。为了提供产品的抗太阳辐射能力的信心，需要做预防的模型正常实践。

    这个水平的太阳辐射，表面温度可能高出周围环境 25 ℃。由于热辐射，表面温度也会在夜间降下（参见 GB/T 4797.4）。当选择材料时应重视此结果，降温试验也应该作为低温试验（试验 Ab/Ad）的一个考虑。

16) 无推荐试验。没有此条件的 GB/T 2423 试验方法。此结果被考虑为包括在高温试验当中[参见表 A.5 中 c)行和 d)行]。产品放置在干热辐射中，需要特殊的防御措施，或者需要附加的预计温度试验。

17) 水源不包含在 GB/T 4798.5 中。用者必须选择近似的试验，同时用 GB/T 2423.38—2008 的持续条件和试验严酷等级作为指引。下文可以指引用来选择合适的试验：

    a) 滴水：如果产品带有防御雨水的保护，但是类似暴露在上表面的结露或者漏滴水，GB/T 2423.38—2008：试验 Ra2——滴水箱法，滴水高度 2 m，倾斜角度 0°，持续时间 1 h 是最好的方法。

    b) 溅水：如果产品有可能暴露于洒水系统或者水轮车喷溅环境中时，则 GB/T 2423.38—2008：试验 Rb2.1——摆动管法或者 Rb2.2——手持洒水法，1 min/m^2，最多 30 min 是优选的方法。

    c) 水浪：如果产品有可能暴露于冲洗或冲刷中，则 GB/T 2423.38—2008：试验 Rb3——软管法是优选的方法。

    d) 射水：如果喷射水有可能冲击产品，选择 GB/T 2423.38—2008 试验 Ra 或者试验 Rb 来表明该产品是为了在这些条件下运行而设计的。

18) 无推荐试验，GB/T 4798.5 没有潮湿表面的可用值。潮湿表面的结果由此类的几个其他的试验[例如，表 A.5 中 s)行的降雨试验]部分展现，在选择材料时应考虑。不可能给出所有的潮湿表面的数值。此结果可能比降雨的结果更严酷，因为它可能是持续的，而且氧浓度差异增加与另一表面接触的表面腐蚀。这样能加速电化学腐蚀作用，尤其是两个表面是不同金属的。

表 A.6　GB/T 4798.5 等级 5K6 推荐试验

（适用于干热、中等干热和极干热气候类型，靠近沙漠地区的干热气候类型）

GB/T 4798.5——气候条件		GB/T 2423——气候试验				
环境参数	等级 5K6	最接近 GB/T 2423		推荐试验		注释序号
		试验方法	严酷等级	试验方法	严酷等级	
a) 低温	−20 ℃	GB/T 2423.1:Ab	−25 ℃，16 h	GB/T 2423.1—2008:Ab	−20 ℃，16 h	1)
b) 高温，室外或者通风室空气（发动机室除外）	+55 ℃	同推荐试验		GB/T 2423.2—2008:Bb	+55 ℃，16 h	2)
c) 高温，不通风室空气（发动机室除外）	+85 ℃	同推荐试验		GB/T 2423.2—2008:Bb	+85 ℃，16 h	2)
d) 高温，发动机室空气	+85 ℃	同推荐试验		GB/T 2423.2—2008:Bb	+85 ℃，16 h	2)
e) 温度变化：空气/空气	−20 ℃/+30 ℃	同推荐试验		GB/T 2423.22—2002:Na	−20 ℃到室温，两个循环 t_1=3 h t_2<3 min	3)
f) 温度逐渐变化，空气/空气（发动机室除外）	−20 ℃/+30 ℃ 5 ℃/min	GB/T 2423.22:Nb	−25 ℃～+30 ℃，两个循环 5 ℃/min t_1=3 h	一般不需试验——参照注释 4)		4)
g) 温度逐渐变化，空气/空气（发动机室空气）	−20 ℃/+70 ℃ 10 ℃/min	GB/T 2423.22:Nb	−25 ℃～+70 ℃，两个循环 5 ℃/min t_1=3 h	GB/T 2423.22—2002:Nb	−20 ℃～+70 ℃，两个循环 10 ℃/min t_1=3 h	5)
h) 温度逐渐变化，空气/水（发动机室除外）	+55 ℃/+5 ℃	GB/T 2423 无此试验		一般不需试验——参照注释 6)		6)
i) 温度逐渐变化，空气/水（发动机室内）	+85 ℃/+5 ℃	GB/T 2423 无此试验		一般不需试验——参照注释 6)		6)
j) 温度逐渐变化，空气/雪（发动机室内）	+70 ℃/−5 ℃	GB/T 2423 无此试验		一般不需试验——参照注释 6)		6)
k) 不伴随温度急剧变化的相对湿度，内燃机驱动车辆发动机室除外	95% +50 ℃	同推荐试验		GB/T 2423.3—2006:Cab	55 ℃，93%RH，96 h	7)
l) 不伴随温度急剧变化的相对湿度，内燃机驱动车辆发动机室内	95% +85 ℃	同推荐试验		GB/T 2423.3—2006:Cab	+55 ℃，93%RH，21 d	8)
m) 伴随温度急剧变化的相对湿度：空气/空气在高湿度下，不靠近空调系统	95% −20 ℃/+30 ℃	同推荐试验		湿热，稳定状态试验（表中试验 Cab），紧接着温度快速变化试验（试验 Na）		9)

表 A.6（续）

GB/T 4798.5——气候条件		GB/T 2423——气候试验				
环境参数	等级 5K6	最接近 GB/T 2423		推荐试验		注释序号
		试验方法	严酷等级	试验方法	严酷等级	
n）伴随有温度急剧变化的相对湿度：空气/空气在高湿度下，靠近空调系统	95% +10 ℃/ +85 ℃	同推荐试验		湿热，稳定状态试验（表中试验Cab），紧接着温度快速变化试验（试验 Na）		9）
o）伴随有温度急剧变化的绝对湿度：空气/空气在高水分含量下	60 g/m³ +85 ℃/ +15 ℃	同推荐试验		GB/T 2423.4—2008：Db 变量 2	+55 ℃，(90～100)%RH 两个循环	10）
p）低相对湿度	10% +30 ℃	GB/T 2423 无此试验		一般不需试验——参照注释 11）		11）
q）低气压	70 kPa	GB/T 2423.21—2008：M	70 kPa，30 min	一般不需试验——参照注释 12）		12）
r）周围空气运动	30 m/s	GB/T 2423 无此试验		一般不需试验——参照注释 13）		13）
s）降雨	15 mm/min	同推荐试验		GB/T 2423.38—2008：Rb2.2	暴露：3 min/mm² 持续时间：至少 15 min	14）
t）太阳辐射	1 120 W/m²	GB/T 2423.24—1995：Sa 过程 C	1 120 W/m²，72 h，40 ℃	高温试验增加 15 ℃，对材料做光化学反应测定		14）
u）热辐射，发动机室除外	600 W/m²	GB/T 2423 无此试验		一般不需试验——参照注释 15）		15）
v）热辐射，发动机室内	1 200 W/m²	GB/T 2423 无此试验		一般不需试验——参照注释 16）		16）
w）非降雨源水	3.0 m/s	GB/T 2423 无此试验		GB/T 2423.38—2008：Ra/Rb	参照注释 17）	17）
x）潮湿，潮湿表面条件		GB/T 2423 无此试验		一般不需试验——参照注释 18）		18）

表 A.6——等级 5K6 注释：

1）试验温度接近 GB/T 2423 的推荐值，根据与 GB/T 4798.5 这一等级的环境条件，推荐使用－20℃的，然而，太阳照射的效果也应该被考虑[参照注释 15）]。采用持续条件 16 h，足够用于大部分设计为对此温度充分耐热的散热样品。

2）试验温度与 GB/T 4798.5 此类的环境参数等价。采用持续条件 16 h，足够用于大部分设计为对此温度充分耐热的散热样品。

3）温度变化的试验一般用于检查设计容差，温度变化范围并不重要。然而，在这个等级，结露可能会发生，所以建议一个包括低温的温度范围，以促进低散热样品的结露。3.7 中描述的周围条件建议作为高温以使得单室方法可用，从而使得试验显得经济。

4）温度变化的试验一般用于检查设计容差，温度变化范围并不重要。然而，在这个等级，结露可能会发生，所以建议一个包括低温的温度范围，以促进低散热样品的结露。对大多数产品来说，此条件不如温度快速变化[参考表 A.6 中 e)行]那样严酷，因此，如果预设温度试验的快速变化，此试验可以被忽略。

5）GB/T 4798 指定的温度变化速率为 10 ℃/min；然而，在 GB/T 2423.22—2002 中最高的合适温度为5 ℃/min；根据环境参数推荐使用 10 ℃/min 数值试验。

6）GB/T 2423 无此试验。产品经验表明，当它在温暖地方的雨或雪中，温度快速变化的结果与空气/空气（试验

Na)的温度变化部分相同,因此,无需外加的 GB/T 2423 试验推荐。

7) 该严酷条件为最接近 GB/T 2423.3—2006 的值,在正常试验容差范围内,湿度的微小变化是无意义的。96 h 的持续条件,足够用于大部分设计为对该湿度充分耐热的散热样品。

8) 湿热试验最推荐的试验严酷等级,选择持续状态试验,虽然此参数的条件更加严酷。因此推荐根据条件选择成分,估计温度用于湿热试验。推荐使用在这一条件下的温和的试验参数,最高采用 21 d 的持续条件。

9) 由于物理约束,此条件不能用于实际试验。然而,它可以通过一个复合试验(快速温度变化试验后紧接稳定状态的湿度试验)来近似试验,而忽略两个试验之间的前期和后期条件时间。通过进行这种复合试验,这种情况的作用能够充分地体现出来。如果进行了这种复合试验,那么用户可以决定免去[如表 A.6 中 e)行与 k)、l)行]的单独试验。

10) 这是最合适的湿热循环试验条件的最大值,它被认为足以验证此条件(试验条件绝对潮湿低温)的结果。两个循环(48 h)的容忍条件被认为对大多数产品来说足够。选用试验方法 Db 的变量 2,因为它足够用于这一条件,而且比变量 1 简单。

11) 没有 GB/T 2423 系列的合适试验。低相对湿度的主要结果是脆化、收缩、力学强度损伤、接触表面磨损增加以及产生静电荷。典型的烘干产生的缺陷是非金属部分的力学缺陷、裂化和电缺陷。低相对湿度可能吸引灰尘粒子,它会产生,例如,接触表面磨损。此结果在为此类产品选购材料和复合物已经考虑在内。

12) 密封产品或产品中包含液体的,推荐 GB/T 2423.21—2008 的试验 M。对空气压力的效果预计在复合水平的正常应用来说,没有推荐试验。

13) GB/T 2423 当中没有适合的试验;然而,尤其对大型产品来说,需要专门准备,如果要估计条件的话,用者需要发展自己的方法论。

14) 对暴露于雨中的产品,GB/T 2423.38—2008 推荐试验 Ra 1。但是这与 GB/T 4798.5 的降雨强度不符合所以对大型条目不可行。因此推荐试验 Rb 2.2,因为它是一个简单、可重复的、能用于所有尺寸的产品的试验。

15) 选择 GB/T 2423.24—1995 中试验方法 C 中的模拟地面上的太阳辐射影响的试验,是因为它产生连续辐射,因此可以评定光降解影响。本等级的严酷等级为 1 120 W/m^2,这与 GB/T 2423.24—1995 试验 Sa 中包含的试验条件一致。

由于难以重现实际承受的真实辐射,太阳辐射试验不太理想。建议通过提高高温试验的温度 15 ℃来评定这个条件,并且评定材料和元件的光化学反应。更多的信息参见 IEC 60741-4-0。

产品要针对太阳辐射作防护,例如,安置有效的热保护罩,这样,在高温试验的预计温度可以忽略,或者由于预防措施有效而严酷条件得到减小。为了提供产品的抗太阳辐射能力的信心,需要做预防的模型正常实践。

这个水平的太阳辐射,表面温度可能高出周围环境 25 ℃。由于热辐射,表面温度也会在夜间降下(参见 GB/T 4797.4)。当选择材料时应重视此结果,降温试验也应该作为低温试验(试验 Ab/Ad)的一个考虑。

16) 无推荐试验。没有此条件的 GB/T 2423 试验方法。此结果被考虑为包括在高温试验当中[参见表 A.6 中 c)行和 d)行]。产品放置在干热辐射中,需要特殊的防御措施,或者需要附加的预计温度试验。

17) 水源不包含在 GB/T 4798.5 中。用者必须选择近似的试验,同时用 GB/T 2423.38—2008 的持续条件和试验严酷等级。作为指引,下文可以指引用这选择合适的试验:

a) 滴水:如果产品带有防御雨水的保护,但是类似暴露在上表面的结露或者漏滴水,GB/T 2423.38—2008:试验 Ra2——滴水箱法,滴水高度 2 m,倾斜角度 0°,持续时间 1 h 是最好的方法。

b) 溅水:如果产品有可能暴露于洒水系统或者水轮车喷溅环境中时,则 GB/T 2423.38—2008:试验 Rb2.1——摆动管法或者 Rb2.2——手持洒水法,1 min/m^2,最多 30 min 是优选的方法。

c) 水浪:如果产品有可能暴露于冲洗或冲刷中,则 GB/T 2423.38—2008:试验 Rb3——软管法是优选的方法。

d) 射水:如果喷射水有可能冲击产品,选择 GB/T 2423.38—2008 试验 Ra 或者试验 Rb 来表明该产品是为了在这些条件下运行而设计的。

18) 无推荐试验,GB/T 4798.5 没有潮湿表面的可用值。潮湿表面的结果由此类的几个其他的试验[例如,表 A.6 中 s)行的降雨试验]部分展现,在选择材料时应考虑。不可能给出所有的潮湿表面的数值。此结果可能比降雨的结果更严酷,因为它可能是持续的,而且氧浓度差异增加与另一表面接触的表面腐蚀。这样能加速电化学腐蚀作用,尤其是两个表面是不同金属的。

ICS 19.020
A 21

中华人民共和国国家标准

GB/T 20159.6—2008/IEC TR 60721-4-6:2003

环境条件分类　环境条件分类与环境试验之间的关系及转换指南　船用

Classification of environmental conditions—Guidance for the correlation and transformation of environmental condition classes to the environment tests—Ship environment

(IEC TR 60721-4-6:2003,IDT)

2008-12-30 发布　　2009-10-01 实施

中华人民共和国国家质量监督检验检疫总局
中国国家标准化管理委员会　发布

前言

GB/T 20159《环境条件分类 环境条件分类与环境试验之间的关系及转换指南》目前分为以下若干部分：

——GB/T 20159.1 环境条件分类 环境条件分类与环境试验之间的关系及转换指南 贮存

——GB/T 20159.2 环境条件分类 环境条件分类与环境试验之间的关系及转换指南 运输

——GB/T 20159.3 环境条件分类 环境条件分类与环境试验之间的关系及转换指南 有气候防护场所固定使用

——GB/T 20159.4 环境条件分类 环境条件分类与环境试验之间的关系及转换指南 无气候防护场所固定使用

——GB/T 20159.5 环境条件分类 环境条件分类与环境试验之间的关系及转换指南 地面车辆运输

——GB/T 20159.6 环境条件分类 环境条件分类与环境试验之间的关系及转换指南 船用

——GB/T 20159.7 环境条件分类 环境条件分类与环境试验之间的关系及转换指南 携带和非固定使用

——GB/T 20159.8 环境条件分类 环境条件分类与环境试验之间的关系及转换指南 导言

……

本部分为 GB/T 20159 的第 6 部分。

本部分等同采用 IEC TR 60721-4-6:2003《环境条件分类：第 4-6 部分：IEC 60721-3 中环境条件分类与 IEC 60068 中环境试验之间的关系及转换指南 船用》(英文版)。

考虑到我国实际情况，本部分对 IEC 60721-4-6 作了以下编辑性修改：

——“IEC 60721 的本部分”修改为“GB/T 20159 的本部分”；

——“本技术报告”修改为“本部分”；

——引用了采用国际标准的我国标准，而非国际标准，并改变了排列顺序，以适合我国国情；

——删除了 IEC 60721-4-6 的前言；

——增加了国家标准的前言。

本部分的附录 A 和附录 B 均为资料性附录。

本部分由全国电工电子产品环境条件与环境试验标准化委员会(SAC/TC 8)提出并归口。

本部分主要起草单位：广州电器科学研究院、上海工业自动化仪表研究所。

本部分主要起草人：黄海军、王捷、陈心欣。

本部分属首次发布。

环境条件分类　环境条件分类与环境试验之间的关系及转换指南　船用

1　范围和目的

GB/T 20519 的本部分是用于 GB/T 4798.6 环境条件分类与 GB/T 2423 环境试验之间的关系和转换指南。

环境可以由许多环境条件组成，诸如机械的、气候的、生物的以及由于化学活性物质和机械活性物质的效应。在本部分中，只考虑了机械条件和气候条件。

本部分目的是为规范制定者提供一套便于应用的表格，表格使这些条件相互关联及转换。

2　规范性引用文件

下列文件中的条款通过 GB/T 20159 的本部分的引用而成为本部分的条款。凡是注日期的引用文件，其随后所有的修改单(不包括勘误的内容)或修订版均不适用于本部分，然而，鼓励根据本部分达成协议的各方研究是否可使用这些文件的最新版本。凡是不注日期的引用文件，其最新版本适用于本部分。

GB/T 2421—1999　电工电子产品环境试验　第 1 部分：总则(idt IEC 60068-1:1988)

GB/T 2423.1—2008　电工电子产品环境试验　第 2 部分：试验方法　试验 A：低温(IEC 60068-2-1:2007,IDT)

GB/T 2423.2—2008　电工电子产品环境试验　第 2 部分：试验方法　试验 B：高温(IEC 60068-2-2:2007,IDT)

GB/T 2423.3—2006　电工电子产品环境试验　第 2 部分：试验方法　试验 Cab：恒定湿热试验(IEC 60068-2-78:2001,IDT)

GB/T 2423.4—2008　电工电子产品环境试验　第 2 部分：试验方法　试验 Db　交变湿热(12 h+12 h 循环)(IEC 60068-2-30:2005,IDT)

GB/T 2423.5—1995　电工电子产品环境试验　第 2 部分：试验方法　试验 Ea 及导则：冲击(idt IEC 60068-2-27:1987)

GB/T 2423.6—1995　电工电子产品环境试验　第 2 部分：试验方法　试验 Eb 和导则：碰撞(idt IEC 60068-2-29:1987)

GB/T 2423.10—2008　电工电子产品环境试验　第 2 部分：试验方法　试验 Fc：振动(正弦)(IEC 60068-2-6:1995,IDT)

GB/T 2423.14—1995　电工电子产品环境试验　太阳辐射试验导则(idt IEC 60068-2-9:1975)

GB/T 2423.15—1995　电工电子产品环境试验　第 2 部分：试验方法　试验 Ga 和导则：稳态加速度(IEC 60068-2-7:1986,IDT)

GB/T 2423.18—2000　电工电子产品环境试验　第 2 部分：试验方法　试验 Kb：盐雾，交变(氯化钠溶液)(idt IEC 60068-2-52:1996)

GB/T 2423.21—2008　电工电子产品环境试验　第 2 部分：试验方法　试验 M：低气压(IEC 60068-2-13:1983,IDT)

GB/T 2423.22—2002　电工电子产品环境试验　第 2 部分：试验方法　试验 N：温度变化(idt IEC 60068-2-14:1984)

GB/T 2423.24—1995 电工电子产品环境试验 第2部分:试验方法 试验Sa:模拟地面上的太阳辐射(idt IEC 60068-2-5:1975)

GB/T 2423.38—2008 电工电子产品环境试验 第2部分:试验方法 试验R:水试验方法及导则(IEC 60068-2-18:2000,IDT)

GB/T 4797.2 电工电子产品自然环境条件 第2部分:海拔(GB/T 4797.2—2005,IEC 60721-2-3:1987,IDT)

GB/T 4797.4 电工电子产品 自然环境条件 太阳辐射与温度(GB/T 4797.4—2006,IEC 60721-2-4:2002,IDT)

GB/T 4797.7 环境条件分类 自然环境条件 地震振动和冲击(IEC 60721-2-6:1990,IDT)

GB/T 4798.6 电工电子产品应用环境条件 船用(GB/T 4798.6—1996,idt IEC 60721-3-6:1987)

GB/T 20159.8—2008 环境条件分类 环境条件分类与环境试验之间的关系及转换指南 导言(IEC 60721-4-0:2002,IDT)

ISO 554:1976 条件试验和(或)检验用的标准大气 规范

ISO 2533:1975 标准大气 附录1(1995),附录2(1997)

3 概述

3.1 对GB/T 4798.6的一般说明

GB/T 4798.6制定了与环境条件相关的环境参数组的分类,在这些环境条件下,产品可能会在运输过程中暴露在外。这些等级中的参数是分别给出的,但产品可能同时暴露于其中。其中一些参数是互相独立的,而另一些参数则是密切相关的,例如太阳辐射和温度。

3.2 对GB/T 2423的一般说明

GB/T 2423建立了一系列环境试验过程以及适合的试验严酷程度。试验严酷程度的选择基于产品失效结果。两种产品可能会放在同一个环境等级的不同场所。但是,由于失效结果的不同,一种产品相对另外那种,可能在更严酷的条件下进行试验。本部分仅仅选择常规的失效结果;对于更严重的失效结果,则必须根据具有专业知识的人员对产品的了解增加试验严酷等级。

3.3 严酷等级

GB/T 4798.6建立了包括产品可能会暴露在其中的极端短期条件在内的环境条件分类分级,产品超出这个条件范围的概率非常低。本部分表格给与试验严酷程度的建议也将此考虑在内。更多的信息可以参考GB/T 20159.8—2008,即GB/T 20159的引言。

3.4 推荐试验

下面的表格中有两类试验,第一类试验列举了GB/T 2423的试验,使用最接近于推荐试验的严酷等级的试验。第二类是本部分推荐的试验方法和严酷等级,一般认为更适用于对大多数电工电子产品。

3.5 船用环境试验

船舶分类指定产品(安装在船上)在使用时暴露环境条件。由一起安放在密封箱内的产品产生的环境条件不包括在这些分类中。

相关的技术规范应规定在环境试验进程期间,明确产品何时处于运行状态,明确在试验前、试验中与试验后应测量的性能参数,以及民却产品的失效判据。

3.6 试验持续时间

表1～表6中推荐的试验持续时间是在经验基础上选择的,经验证明这些持续时间足以表明该环境条件对大多数产品的影响。但如果经过特定应用验证,用户可以改变这些数值。为了便于用户理解,本部分中表格的相关注释解释了为什么选择该推荐持续时间。

3.7 周围环境

某些推荐试验所使用的术语“周围环境”是指在GB/T 2421—1999中规定的标准大气条件,即:温度 15 ℃～35 ℃，相对湿度 25%～75%（最大绝对湿度为 22 g/m^3），气压在 86 kPa～106 kPa。ISO 2533:1975 及其附录中提供了标准大气的详细描述，GB/T 4797.2 仅提供摘要。ISO 554:1976 中规定了试验用的“基准条件”。

4 气候条件

表 1 GB/T 4798.6 等级 6K1 推荐试验

（完全有气候防护，供热和通风等部位的各种产品在升温后的情况）

GB/T 4798.6——气候条件		GB/T 2423——气候试验				
环境参数[a]	等级 6K1	最接近 GB/T 2423		推荐试验		注释序号
		试验方法	严酷等级	试验方法	严酷等级	
a) 低温，空气	+5 ℃	同推荐试验		GB/T 2423.1—2008：Ab/Ad	+5 ℃，16 h	1)
b) 低气温，水：水的凝固点		GB/T 2423 无此试验		一般不要求试验——参照注释 2)		2)
c) 高温，空气	+40 ℃	同推荐试验		GB/T 2423.2—2008：Bb/Bd	+40 ℃，16 h	3)
d) 高温，表面	无					
e) 高温，水	+30 ℃	GB/T 2423 无此试验		一般不要求试验——参照注释 4)		4)
f) 温度渐变，空气/空气	无					
g) 温度变化，空气/水	无					
h) 未伴随快速温度变化的相对湿度	95% +30 ℃	同推荐试验		GB/T 2423.3—2006：Cab	+30 ℃，93% RH，10 d	5)
i) 伴随有温度急剧变化的相对湿度：空气/空气，在高相对湿度下	无					
j) 伴随有温度急剧变化的绝对湿度：空气/空气，在高含水量下	无					
k) 低相对湿度	10% +30 ℃	GB/T 2423 无此试验		一般不要求试验——参照注释 6)		6)
l) 周围空气的运动	可忽略					
m) 降雨强度	无					
n) 太阳辐射	可忽略					
o) 热辐射	可忽略					
p) 除雨以外的水	无					
q) 潮湿	无					
注：等级栏内的“无”的分类列表示 GB/T 4798.6 没有规定该条件。						
[a] 气候条件分类无气候图表显示，因为它们不被包括在 GB/T 4798.6 当中。						

表 1——等级 6K1 注释：

1) 试验温度与 GB/T 4798.6 此类的环境参数等价，但是，太阳辐射作用还需要考虑（见表 2 中注释 14））。对于大多数散热样品来说，16 h 的试验时间足以展示它们的设计能够耐受该温度。

2) GB/T 2423 中没有该条件下的试验方法。那些会被海上浮冰形成影响的产品，在经过表 1 中的 GB/T 2423.1—

2008：Ab/Ad 方法试验之前，还应该考虑经过 GB/T 2423.38—2008：Rb 方法 2.2 试验。例如，当冰块在产品结构中的衔接处或者狭窄位置形成时，将会导致机械和绝缘的缺陷、裂开和泄漏。然而，使用者应当注意这种试验不能仿制在这个等级中可能存在的冰块。

3) 试验温度与 GB/T 4798.6 此类的环境参数等价。对于大多数散热样品来说，16 h 的试验时间足以展示它们的设计能够耐受该温度。

4) GB/T 2423 中没有该条件下的试验方法。当选择该产品的材料时，这种影响需要考虑。

5) 选择了湿热稳定状态的最接近优化试验的严酷等级，虽然其相对湿度略低于特征严酷等级的相对湿度。对于大多数散热样品来说，10 d 的试验时间足以展示它们的设计能够耐受该温度。

6) GB/T 2423 中没有该条件下的试验方法。低相对湿度的主要影响是变脆、收缩、机械性能降低、增加接触表面的磨损和形成静电电荷。干燥导致的典型缺陷就是非金属部件的机械缺陷、破裂和电缺陷。低相对湿度会吸附灰尘颗粒，这将导致接触面磨损等问题。因此，当选择这个等级产品的材料和成分时，这种影响需要考虑。

表 2　GB/T 4798.6 等级 6K4 推荐试验

（除寒冷气候类型外承受太阳辐射，雨和水流影响的非通风部位，也包括除寒冷外一切气候类型中无气候防护的产品，但不包括航行于降雨量异常和有飓风的水域）

GB/T 4798.6——气候条件		GB/T 2423——气候试验				
环境参数[a]	等级 6K4	最接近 GB/T 2423		推荐试验		注释序号
		试验方法	严酷等级	试验方法	严酷等级	
a) 低温，空气	−25 ℃	同推荐试验		GB/T 2423.1—2008：Ab/Ad	−25 ℃，16 h	1)
b) 低气温，水：水的凝固点		GB/T 2423 无此试验		一般不要求试验——参照注释 2)		2)
c) 高温，空气	+70 ℃	同推荐试验		GB/T 2423.2—2008：Bb/Bd	+70 ℃，16 h	3)
d) 高温，表面	+70 ℃	GB/T 2423 无此试验		一般不要求试验——参照注释 4)		4)
e) 高温，水	+35 ℃	GB/T 2423 无此试验		一般不要求试验——参照注释 5)		5)
f) 温度渐变，空气/空气	−25 ℃/ +40 ℃ 3 ℃/min	同推荐试验		GB/T 2423.22—2002：Nb	−25 ℃～+40 ℃，速率：3 ℃/min，二个循环	6)
g) 温度变化，空气/水	+40℃/ +5℃	GB/T 2423 无此试验		一般不要求试验——参照注释 7)		7)
h) 未伴随快速温度变化的相对湿度	95% +45℃	同推荐试验		GB/T 2423.3—2006：Cab	+40℃，93% RH，10 d	8)
i) 伴随有温度急剧变化的相对湿度：空气/空气，在高相对湿度下	95% −25 ℃/ +35 ℃	同推荐试验		稳定状态湿度试验（表中试验 Cb），紧接着温度快速变化试验（试验 Na）		9)
j) 伴随有温度急剧变化的绝对湿度：空气/空气，在高含水量下	60 g/m² +70 ℃/ +15 ℃	同推荐试验		GB/T 2423.4—2008：Db 变化 2	+55℃，(90%～100%) RH，二个循环	10)
k) 低相对湿度	10% +30℃	GB/T 2423 无此试验		一般不要求试验——参照注释 11)		11)
l) 周围空气的运动	30 m/s	GB/T 2423 无此试验		一般不要求试验——参照注释 12)		12)
m) 降雨强度	6 mm/min	同推荐试验		GB/T 2423.38—2008：Rb 方法 2.2	暴露：6 min/m²；持续时间：最少 30 min	13)

表 2（续）

GB/T 4798.6——气候条件		GB/T 2423——气候试验				
环境参数[a]	等级 6K4	最接近 GB/T 2423		推荐试验		注释序号
		试验方法	严酷等级	试验方法	严酷等级	
n） 太阳辐射	1 120 W/m²	GB/T 2423.2—2008：Sa 过程 C	1 120 W/m²，三个循环，40 ℃	高温试验提高 15 ℃并评价材料的光化学反应		14）
o） 热辐射	1 120 W/m²	GB/T 2423 无此试验		一般不要求试验——参照注释 15）		15）
p） 除雨以外的水	3 m/s	GB/T 2423 无此试验		GB/T 2423.38—2008：Ra/Rb	见注释 16）	16）
q） 潮湿：潮湿表面		GB/T 2423 无此试验		一般不要求试验——参照注释 17）		17）

[a] 气候条件分类无气候图表显示，因为它们不被包括在 GB/T 4798.6 当中。

表 2——等级 6K4 注释：

1） 试验温度与 GB/T 4798.6 此类的环境参数等价，但是，太阳辐射作用还需要考虑[见表 2 中注释 14)]。对于大多数散热样品来说，16 h 的试验时间足以展示它们的设计能够耐受该温度。

2） GB/T 2423 中没有该条件下的试验方法。那些会被海上浮冰形成影响的产品，在经过表 1 中的 GB/T 2423.1—2008：Ab/Ad 方法试验之前，还应该考虑经过 GB/T 2423.38—2008：Rb 方法 2.2 试验。例如，当冰块在产品结构中的衔接处或者狭窄位置形成时，将会导致机械和绝缘的缺陷、裂开和泄漏。然而，使用者应当注意这种试验不能仿制在这个等级中可能存在的冰块。

3） 试验温度与 GB/T 4798.6 此类的环境参数等价。对于大多数散热样品来说，16 h 的试验时间足以展示它们的设计能够耐受该温度。

4） GB/T 2423 中没有该条件下的试验方法。当产品与固体物质的热表面相接触时，会导致温度的快速变化，然而 GB/T 2423.2—2008 试验没有体现这种变化。产品表面的热状态通过太阳辐射试验 Sa 或者通过定向热源模拟来体现。当选择产品的材料时，需要考虑这种情况，特别是产品包装。

5） GB/T 2423 中没有该条件下的试验方法。当选择该产品的材料时，这种影响需要考虑。

6） 温度变化试验一般是用来检测设计容差，并且温度的范围不重要。然而，在这个等级中，冷凝作用可能会发生，因此，包含 0 ℃的温度范围需要制定，以使非散热样品能够冷凝。

7） GB/T 2423 中没有该条件下的试验方法。当一个温暖的场所下雨或者下雪时，产品的温度可能变化很快，这就与这项的标题相矛盾。如果，产品温度可能经历如此快的变化，那么需要执行 GB/T 2423.22—2002 试验 Na：5 个循环 $t_1=3$ h，$t_2<3$ min（温度范围为＋5 ℃～＋40 ℃）。

8） 选择了湿热的稳定状态试验的最接近优化试验的严酷等级，虽然该条件的相对湿度略低于特征严酷等级的相对湿度。对于大多数散热样品来说，10 d 的试验时间足以展示它们的设计能够耐受该温度。

9） 由于物理约束，这种条件实际上是无法试验的。然而，其可能可以通过一个复合试验（快速温度变化试验后紧接稳定状态的湿度试验）来近似试验[见注释 7)]，在这两个试验之间忽略了前期和当前条件。通过进行这种复合试验，这种情况的作用能够充分地体现出来。如果这种复合试验能够有效，那么使用者可忽略单独的试验[见表 2 中第 h)行和注释 7)]。

10） GB/T 2423 中没有该条件下的试验方法。然而，这种条件可以通过 GB/T 2423.21—2008 中的 Db 潮湿热循环试验来近似处理。这是最大的优化潮湿热循环试验条件并且被认为能够适合展示这种情况的作用（试验条件的绝对湿度更高且温度更低）。二个循环的持续时间（48 h）对大多数产品来说已经足够了。选择试验 Db 的变化 2，是因为它能够充分试验这种情况，并且比变化 1 更容易进行。

11） GB/T 2423 中没有该条件下的试验方法。低相对湿度的主要影响是变脆、收缩、机械性能降低、增加接触表面的磨损和形成静电电荷。干燥导致的典型缺陷就是非金属部件的机械缺陷，破裂和电缺陷。低相对湿度会吸附灰尘颗粒，这将导致接触面磨损等问题。因此，当选择这个等级产品的材料和成分时，这种影响需要考虑。

12） GB/T 2423 中没有该条件下的试验方法，然而，需要采取特殊的预防，特别是当大件产品和使用者可能会发展他们自己的该条件的评估方法时。

13) 对于暴露于雨水中产品,GB/T 2423.38—2008 建议使用试验 Ra 1。然而,这与 GB/T 4798 的雨水强度没有对应并且对于大尺寸产品不可行。试验 Rb 2.2 具有等效的试验严酷度,并且因为它是简单、且在任何尺寸的产品上可重复的试验,因此被推荐。

14) 选择 GB/T 2423.24—1995 中试验方法 C 中的模拟地面上的太阳辐射影响的试验,是因为它产生连续辐射,因此可以评定光降解影响。尽管本等级的严酷等级是 1 120 W/m²,这与 GB/T 2423.24—1995 中试验 Sa 条件是一致的。

由于难以重现实际承受的真实辐射,太阳辐射试验不太理想。推荐通过提高高温试验的温度 15 ℃来评定这个条件,并且评估材料和元件的光化学反应。更多信息可参阅 GB/T 20159.8—2008。

这个水平的太阳辐射,表面温度可能高出周围环境 25 ℃。由于热辐射,表面温度也会在夜间降下(参见 GB/T 4797.4)。当选择材料时应重视此结果,降温试验也应该作为低温试验(试验 Ab/Ad)的一个考虑。

产品要针对太阳辐射作防护,例如,安置有效的热保护罩,这样,在高温试验的预计温度可以忽略,或者由于预防措施有效而严酷条件得到减小。为了提供产品的抗太阳辐射能力的信心,需要做预防的模型正常实践。

15) GB/T 2423 中没有该条件下的试验方法,并且由于这种作用通常包含在高温试验中,因此无需额外试验。对于安装在接近高热辐射的产品,特殊的预防,例如热屏蔽或者绝缘是必须的,或者附加一个升温试验,温度升高的度数取决于热源的严酷性。

16) 水源没有在 GB/T 4798.6 中给出。使用者必须结合耐久度和试验严酷性从 GB/T 2423.38—2008 中选择合适的试验。以下这些建议也许能够帮助使用者选择合适的试验:

a) 滴水:如果产品通常带有防御雨水措施,但是有可能暴露于降落的凝露水滴或者上面的渗漏水滴中,则 GB/T 2423.38—2008:Ra 2——滴水试验是优选的试验方法是,滴落高度 2 m,倾斜角度 0°,持续时间 1 h。

b) 喷水:如果产品有可能暴露于洒水系统或者水轮车喷溅环境中,则 GB/T 2423.38—2008:Rb 2.1——摆动管法或者 Rb 2.2——手持洒水法,1 min/m²,最多 30 min,是优选的方法。

c) 水浪:如果产品有可能暴露于冲洗或者冲刷中,则 GB/T 2423.38—2008:Rb 3——用软管法是优选的方法。

d) 射水:如果喷射水有可能冲击产品,选择 GB/T 2423.38—2008:Ra 或者 Rb 试验,来表明产品是为了在这些条件下运行而设计的。

这些试验没有展示波导致的机械震动。在 GB/T 2423 系列中,当设计产品时,需要考虑没有合适的试验针对这种情况。当选择材料和化合物时,盐水的暴露需要考虑,并且特别推荐 GB/T 2423.18—2008:Kb 严酷等级 1 试验。

17) 无推荐试验,GB/T 4798.6 没有潮湿表面的可用值。潮湿表面的结果由此类的几个其他的试验[例如,表格 s)行的降雨试验]部分展现,在选择材料时应考虑。不可能给出所有的潮湿表面的数值。此结果可能比降雨的结果更严酷,因为它可能是持续的,而且氧气浓度差异增加与另一表面接触的表面腐蚀。这样能加速电化学腐蚀作用,尤其是两个表面是不同金属的。

表 3 GB/T 4798.6 等级 6K5 推荐试验

(在寒冷气候类型中,安装在有气候防护但不加温的部位和无气候防护部位的产品)

GB/T 4798.6——气候条件		GB/T 2423—气候试验				
环境参数[a]	等级 6K5	最接近 GB/T 2423		推荐试验		注释序号
		试验方法	严酷等级	试验方法	严酷等级	
a) 低温,空气	−40 ℃	同推荐试验		GB/T 2423.1—2008:Ab/Ad	−40 ℃,16 h	1)
b) 低气温,水:水的凝固点		GB/T 2423 无此试验		一般不要求试验——参照注释 2)		2)
c) 高温,空气	+70 ℃	同推荐试验		GB/T 2423.2—2008:Bb/Bd	+70 ℃,16 h	3)
d) 高温,表面	+70 ℃	GB/T 2423 无此试验		一般不要求试验——参照注释 4)		4)
e) 高温,水	+35 ℃	GB/T 2423 无此试验		一般不要求试验——参照注释 5)		5)

表 3（续）

GB/T 4798.6——气候条件		GB/T 2423——气候试验				
环境参数[a]	等级 6K5	最接近 GB/T 2423		推荐试验		注释序号
		试验方法	严酷等级	试验方法	严酷等级	
f) 温度渐变，空气/空气	−25 ℃/ +40 ℃ 3 ℃/min	同推荐试验		GB/T 2423.22—2002：Nb	−25 ℃～+40 ℃， 速率：3 ℃/min， 二个循环	6)
g) 温度变化，空气/水	+40 ℃/ +5 ℃	GB/T 2423 无此试验		一般不要求试验——参照注释 7)		7)
h) 未伴随快速温度变化的相对湿度	95% +45℃	同推荐试验		GB/T 2423.3—2006：Cab	+40℃，93% RH，10 d	8)
i) 伴随有温度急剧变化的相对湿度：空气/空气，在高相对湿度下	95% −25 ℃/ +35℃	同推荐试验		稳定状态湿度试验（表中试验 Cb），紧接着温度快速变化试验（试验 Na）		9)
j) 伴随有温度急剧变化的绝对湿度：空气/空气，在高含水量下	60 g/m³ +70 ℃/ +15 ℃	同推荐试验		GB/T 2423.4—2008：Db 变化 2	+55 ℃， (90～100)%RH， 二个循环	10)
k) 低相对湿度	10% +30 ℃	GB/T 2423 无此试验		一般不要求试验——参照注释 11)		11)
l) 周围空气的运动	50 m/s	GB/T 2423 无此试验		一般不要求试验——参照注释 12)		12)
m) 降雨强度	15 mm/min	同推荐试验		GB/T 2423.38—2008：Rb 方法 2.2	暴露：6 min/m²； 持续时间： 最少 30 min	13)
n) 太阳辐射	1 120 W/m²	GB/T 2423.2—2008：Sa 过程 C	1 120 W/m²， 三个循环， 40 ℃	高温试验提高 15 ℃并评价材料的光化学反应		14)
o) 热辐射	1 120 W/m²	GB/T 2423 无此试验		一般不要求试验——参照注释 15)		15)
p) 除雨以外的水	10 m/s	GB/T 2423 无此试验		GB/T 2423.38—2008：Ra/Rb	见注释 16)	16)
q) 潮湿：潮湿表面		GB/T 2423 无此试验		一般不要求试验——参照注释 17)		17)

[a] 气候条件分类无气候图表显示，因为它们不被包括在 GB/T 4798.6 当中。

表 3——等级 6K5 注释：

1) 试验温度与 GB/T 4798.6 此类的环境参数等价，但是，太阳辐射作用还需要考虑[见表 2 中注释 14)]。对于大多数散热样品来说，16 h 的试验时间足以展示它们的设计能够耐受该温度。

2) GB/T 2423 中没有该条件下的试验方法。那些会被海上浮冰形成影响的产品，在经过表 1 中的 GB/T 2423.1—2008：Ab/Ad 方法试验之前，还应该考虑经过 GB/T 2423.38—2008：Rb 方法 2.2 试验。例如，当冰块在产品结构中的衔接处或者狭窄位置形成时，将会导致机械和绝缘的缺陷、裂开和泄漏。然而，使用者应当注意这种试验不能仿制在这个等级中可能存在的冰块。

3) 试验温度与 GB/T 4798.6 此类的环境参数等价。对于大多数散热样品来说，16 h 的试验时间足以展示它们的设计能够耐受该温度。

4) GB/T 2423 中没有该条件下的试验方法。当产品与固体物质的热表面相接触时，会导致温度的快速变化，然而 GB/T 2423.2—2008 试验没有体现这种变化。产品表面的热状态通过太阳辐射试验 Sa 或者通过定向热源模拟来体现。当选择产品的材料时，需要考虑这种情况，特别是产品包装。

5) GB/T 2423 中没有该条件下的试验方法。当选择该产品的材料时，这种影响需要考虑。

6) 温度变化试验一般是用来检测设计容差，并且温度的范围不重要。然而，在这个等级中，冷凝作用可能会发生，因此，包含 0 ℃的温度范围需要制定，以使非散热样品能够冷凝。

7) GB/T 2423 中没有该条件下的试验方法。当一个温暖的场所下雨或者下雪时，产品的温度可能变化很快，这就与这项的标题相矛盾。如果，产品温度可能经历如此快的变化，那么需要执行 GB/T 2423.22—2002 试验 Na：5 个循环 $t_1=3$ h，$t_2<3$ min(温度范围为＋5 ℃～＋40 ℃)。

8) 选择了湿热的稳定状态试验的最接近优化试验的严酷等级，虽然该条件的相对湿度略低于特征严酷等级的相对湿度。对于大多数散热样品来说，10 d 的试验时间足以展示它们的设计能够耐受该温度。

9) 由于物理约束，这种条件实际上是无法试验的。然而，其可能可以通过一个复合试验(快速温度变化试验后紧接稳定状态的湿度试验)来近似试验[见注释 7)]，在这两个试验之间忽略了前期和当前条件。通过进行这种复合试验，这种情况的作用能够充分地体现出来。如果这种复合试验能够有效，那么使用者可忽略单独的试验[见表 3 中第 h)行和注释 7)]。

10) GB/T 2423 中没有该条件下的试验方法。然而，这种条件可以通过 GB/T 2423.21—2008 中的 Db 潮湿热循环试验来近似处理。这是最大的优化潮湿热循环试验条件并且被认为能够适合展示这种情况的作用(试验条件的绝对湿度更高且温度更低)。二个循环的持续时间(48 h)对大多数产品来说已经足够了。选择试验 Db 的变化 2，是因为它能够充分试验这种情况，并且比变化 1 更容易进行。

11) GB/T 2423 中没有该条件下的试验方法。低相对湿度的主要影响是变脆、收缩、机械性能降低、增加接触表面的磨损和形成静电电荷。干燥导致的典型缺陷就是非金属部件的机械缺陷、破裂和电缺陷。低相对湿度会吸附灰尘颗粒，这将导致接触面磨损等问题。因此，当选择这个等级产品的材料和成分时，这种影响需要考虑。

12) GB/T 2423 中没有该条件下的试验方法，然而，需要采取特殊的预防，特别是当大件产品和使用者可能会发展他们自己的该条件的评估方法时。

13) 对于暴露于雨水中产品，GB/T 2423.38—2008 建议使用试验 Ra 1。然而，这与 GB/T 4798 的雨水强度没有对应并且对于大尺寸产品不可行。试验 Rb 2.2 具有等效的试验严酷度，并且因为它是简单、且在任何尺寸的产品上可重复的试验，因此被推荐。

14) 选择 GB/T 2423.24—1995 中试验方法 C 中的模拟地面上的太阳辐射影响的试验，是因为它产生连续辐射，因此可以评定光降解影响。尽管本等级的严酷等级是 1 120 W/m²，这与 GB/T 2423.24—1995 中试验 Sa 条件是一致的。

由于难以重现实际承受的真实辐射，太阳辐射试验不太理想。推荐通过提高高温试验的温度 15 ℃来评定这个条件，并且评估材料和元件的光化学反应。更多信息可参阅 GB/T 20159.8—2008。

这个水平的太阳辐射，表面温度可能高出周围环境 25 ℃。由于热辐射，表面温度也会在夜间降下(参见 GB/T 4797.4)。当选择材料时应重视此结果，降温试验也应该作为低温试验(试验 Ab/Ad)的一个考虑。

产品要针对太阳辐射作防护，例如，安置有效的热保护罩，这样，在高温试验的预计温度可以忽略，或者由于预防措施有效而严酷条件得到减小。为了提供产品的抗太阳辐射能力的信心，需要做预防的模型正常实践。

15) GB/T 2423 中没有该条件下的试验方法，并且由于这种作用通常包含在高温试验中，因此无需额外试验。对于安装在接近高热辐射的产品，特殊的预防，例如热屏蔽或者绝缘是必须的，或者附加一个升温试验，温度升高的度数取决于热源的严酷性。

16) 水源没有在 GB/T 4798.6 中给出。使用者必须结合耐久度和试验严酷性从 GB/T 2423.38—2008 中选择合适的试验。以下这些建议也许能够帮助使用者选择合适的试验：

a) 滴水：如果产品通常带有防御雨水措施，但是有可能暴露于降落的凝露水滴或者上面的渗漏水滴中，则 GB/T 2423.38—2008：Ra 2——滴水试验是优选的试验方法是，滴落高度 2 m，倾斜角度 0°，持续时间 1 h。

b) 喷水：如果产品有可能暴露于洒水系统或者水轮车喷溅环境中，则 GB/T 2423.38—2008：Rb 2.1——摆动管法或者 Rb 2.2——手持洒水法，1 min/m²，最多 30 min，是优选的方法。

c) 水浪：如果产品有可能暴露于冲洗或者冲刷中，则 GB/T 2423.38—2008：Rb 3——用软管法是优选的方法。

d) 射水：如果喷射水有可能冲击产品，选择 GB/T 2423.38—2008：Ra 或者 Rb 试验，来表明产品是为了在这些条件下运行而设计的。

这些试验没有展示波导致的机械震动。在 GB/T 2423 系列中，当设计产品时，需要考虑没有合适的试验针对这种情况。当选择材料和化合物时，盐水的暴露需要考虑，并且特别推荐 GB/T 2423.18—2000：Kb 严酷等级 1 试验。

17） 无推荐试验，GB/T 4798.6 没有潮湿表面的可用值。潮湿表面的结果由此类的几个其他的试验[例如，表格 s）行的降雨试验]部分展现，在选择材料时应考虑。不可能给出所有的潮湿表面的数值。此结果可能比降雨的结果更严酷，因为它可能是持续的，而且氧气浓度差异增加与另一表面接触的表面腐蚀。这样能加速电化学腐蚀作用，尤其当两个表面是不同金属的。

5 机械条件

表 4 GB/T 4798.6 等级 6M2 推荐试验

（重量大于 1 000 t 机动船舶上的装置，但载重量小于 20 000 t 船舶尾部的装置除外）

<table>
<tr><th colspan="4">GB/T 4798.6——机械条件</th><th colspan="5">GB/T 2423——机械试验</th></tr>
<tr><th rowspan="2">环境参数</th><th rowspan="2">单位</th><th rowspan="2" colspan="2">等级 6M3</th><th colspan="2">等级 6M3</th><th colspan="2">推荐试验</th><th rowspan="2">注释序号</th></tr>
<tr><th>试验方法</th><th>严酷等级</th><th>试验方法</th><th>严酷等级</th></tr>
<tr><td>a） 稳态正弦振动
位移
加速度
频率范围
轴向
循环次数</td><td>mm
m/s^2
Hz</td><td>1.5

2～13</td><td>20
13～200</td><td colspan="2">同推荐试验</td><td>GB/T 2423.10—2008
Fc：振动正弦</td><td>3.5
10
1～200
3
10</td><td>1）</td></tr>
<tr><td>b） 冲击
冲击响应谱图
峰值加速度
持续时间
冲击次数/轴向
冲击轴向</td><td>m/s^2
ms</td><td>类型Ⅰ
100
11</td><td>类型Ⅱ
300
6</td><td>GB/T 2423.5—1995
Ea：
冲击（半正弦）</td><td>150　300
11　6
各方向 3
6</td><td>GB/T 2423.6—1995
Eb：碰撞</td><td>250
6
各方向 100
6</td><td>2）</td></tr>
<tr><td>c） 角运动倾斜
绕 x 轴的旋转（横倾）
绕 y 轴的旋转（纵倾）</td><td>（°）
（°）</td><td colspan="2">15
10</td><td colspan="2">无 GB/T 2423 试验</td><td colspan="2">一般不要求试验——
参照注释 3）</td><td>3）</td></tr>
<tr><td>d） 角运动摇摆
绕 x 轴的旋转
（横摇）
绕 y 轴的旋转
（纵摇）
绕 z 轴的旋转
（首摇）</td><td>（°）
Hz
（°）
Hz
（°）
Hz</td><td colspan="2">22.5
0.14
10
0.2
4
0.05</td><td colspan="2">无 GB/T 2423 试验</td><td colspan="2">一般不要求试验——
参照注释 4）</td><td>4）</td></tr>
<tr><td>e） 恒加速度
x 轴（纵落）
y 轴（横落）
z 轴（垂落）</td><td>m/s^2
m/s^2
m/s^2</td><td colspan="2">5
6
10</td><td>GB/T 2423.15—1995：Ga</td><td>30
30
30</td><td colspan="2">一般不要求试验——
参照注释 5）</td><td>5）</td></tr>
</table>

表 4——等级 6M2 注释：

1） 这些严酷等级最接近 GB/T 2423.10—2008：Fc 的推荐值，认为频率和位移的微小改变不显著。已知产品在 10 Hz 以下不会发生共振时，允许将 GB/T 2423.10—2008 中给定的较低频率由 1 Hz 调整到 5 Hz 以便于使用标准试验设备。但是由于采用了防震装置，必须从 1 Hz 开始试验。对于那些小巧、紧凑的产品，有必要将频率范围扩大到 200 Hz。

2） 在船上环境，会遇到重复冲击，并且建议使用 GB/T 2423.6—1995 Eb：碰撞。这些严酷程度最接近

GB/T 2423.6—1995Eb:碰撞试验的推荐值。仅在样品的安装方位以及主轴或者主导方向(一般是垂直方向),需要使用碰撞的特定次数。如果一种产品有一个临界方向,那么就应该考虑一个附加的试验方向。

3) 没有试验可推荐,是由于这是一个静态的移动条件,并且大多数产品受它影响除非它重力敏感。

4) 没有试验可推荐,是由于涉及低频率,这与静止环境一样。

5) 这种良性环境条件认为是被正弦运动和冲击试验覆盖。

表 5　GB/T 4798.6 等级 6M3 推荐试验

(载重量小于 1 000 t 船舶上的装置和载重量小于 20 000 t 船舶尾部的装置,也包括直接与装载系统、集装箱导轨和起货机相连的装置,以及挖泥船上的装置)

GB/T 4798.6——机械条件			GB/T 2423——机械试验				
环境参数	单位	等级 6M2	等级 6M2 试验方法	等级 6M2 严酷等级	推荐试验 试验方法	推荐试验 严酷等级	注释序号
a) 稳态正弦振动 位移 加速度 频率范围 轴向 循环次数	 mm m/s² Hz	 1.5　— —　20 2～18　18～100	GB/T 2423.10—2008 Fc:振动正弦	 7.5 20 1～150 3 10	GB/T 2423.10—2008 Fc:振动正弦	 5.0 20 1～150 3 10	1)
b) 冲击 冲击响应谱图 峰值加速度 持续时间 冲击次数/轴向 冲击轴向	 m/s² ms	类型Ⅰ　类型Ⅱ　类型Ⅲ 100　300　500 11　6　2.3	GB/T 2423.5—1995 Ea:冲击 (半正弦)	150　300　500 11　6　3 各方向 3 6	GB/T 2423.6—1995 Eb:碰撞	250 6 各向 100 6	2)
c) 角运动倾斜 绕 x 轴的旋转(横倾) 绕 y 轴的旋转(纵倾)	 (°) (°)	 15 10	无 GB/T 2423 试验		一般不要求试验——参照注释 3)		3)
d) 角运动摇摆 绕 x 轴的旋转 (横摇) 绕 y 轴的旋转 (纵摇) 绕 z 轴的旋转 (首摇)	 (°) Hz (°) Hz (°) Hz	 22.5 0.14 10 0.2 4 0.05	无 GB/T 2423 试验		一般不要求试验——参照注释 4)		4)
e) 恒加速度 x 轴(纵落) y 轴(横落) z 轴(垂落)	 m/s² m/s² m/s²	 5 6 10	GB/T 2423.15—1995:Ga	 30 30 30	一般不要求试验——参照注释 5)		5)

表 5——等级 6M3 注释:

1) 这些严酷等级最接近 GB/T 2423.10—2008:Fc 的推荐值,后者具有在标准交越频率(大约为 9 Hz)下以加速度为 20 m/s² 的振动(或位移)。然而,在推荐栏中的严酷程度是那些能够产生大约为 18 Hz 的交越频率。对于大多数试样来说,10 个循环的扫描足以展示它们能够在该条件下工作。已知产品在 10 Hz 以下不会发生共振时,允许将 GB/T 2423.10—2008 中给定的较低频率由 1 Hz 调整到 5 Hz 以便于使用标准试验设备。但是由于采用了防震装置,必须从 1 Hz 开始试验。对于那些小巧、紧凑的产品,有必要将频率范围扩大到 200 Hz。

2) 在船上环境,会遇到重复冲击,并且建议使用 GB/T 2423.6—1995 Eb:碰撞。这些严酷程度最接近

GB/T 2423.6—1995 Eb:碰撞试验的推荐值,可执行 GB/T 4798 类型Ⅰ和Ⅱ。仅在样品的安装方位以及主轴或者主导方向(一般是垂直方向),需要使用碰撞的特定次数。如果一种产品有一个临界方向,那么就应该考虑一个附加的试验方向。

3) 没有试验可推荐,是由于这是一个静态的移动条件,并且大多数产品受它影响除非它重力敏感。

4) 没有试验可推荐,是由于涉及低频率,这与静止环境一样。

5) 这种良性环境条件认为是被正弦运动和冲击试验覆盖。

表 6 GB/T 4798.6 等级 6M4 推荐试验

(直接与往复机械相连接的装置)

GB/T 4798.6——机械条件			GB/T 2423——机械试验				
环境参数	单位	等级 6M4	等级 6M4 试验方法	等级 6M4 严酷等级	推荐试验 试验方法	推荐试验 严酷等级	注释序号
a) 稳态正弦振动			GB/T 2423.10—2008 Fc:振动正弦		GB/T 2423.10—2008 Fc:振动正弦		1)
位移	mm	1.5 / —		1.0		3.5	
加速度	m/s²	— / 50		50		10	
频率范围	Hz	2~28 / 28~200		1~150		1~150	
轴向				3		3	
循环次数				10		10	
b) 冲击			GB/T 2423.5—1995 Ea:冲击(半正弦)		GB/T 2423.6—1995 Eb:碰撞		2)
冲击响应谱图		类型Ⅰ / 类型Ⅱ / 类型Ⅲ					
峰值加速度	m/s²	100 / 300 / 500		150 / 300 / 500		250	
持续时间	ms	11 / 6 / 2.3		11 / 6 / 3		6	
冲击次数/轴向				各方向 3		各方向 100	
冲击轴向				6		6	
c) 角运动倾斜			无 GB/T 2423 试验		一般不要求试验——参照注释 3)		3)
绕 x 轴的旋转(横倾)	(°)	15					
绕 y 轴的旋转(纵倾)	(°)	10					
d) 角运动摇摆			无 GB/T 2423 试验		一般不要求试验——参照注释 4)		4)
绕 x 轴的旋转	(°)	22.5					
(横摇)	Hz	0.14					
绕 y 轴的旋转	(°)	10					
(纵摇)	Hz	0.2					
绕 z 轴的旋转	(°)	4					
(首摇)	Hz	0.05					
e) 恒加速度			GB/T 2423.15—1995:Ga		一般不要求试验——参照注释 5)		5)
x 轴(纵落)	m/s²	5		30			
y 轴(横落)	m/s²	6		30			
z 轴(垂落)	m/s²	10		30			

表 6——等级 6M4 注释:

1) 这些严酷等级最接近 GB/T 2423.10—2008:Fc 的推荐值,后者具有在标准交越频率(大约为 60 Hz)下以加速度为 50 m/s² 的振动(或位移)。然而,在推荐栏中的严酷程度是那些能够产生大约为 28 Hz 的交越频率。对于大多数试样来说,10 个循环的扫描足以展示它们能够在该条件下工作。已知产品在 10 Hz 以下不会发生共振时,允许将 GB/T 2423.10—2008 中给定的较低频率由 1 Hz 调整到 5 Hz 以便于使用标准试验设备。但是由于采用了防震装置,必须从 1 Hz 开始试验。对于那些小巧、紧凑的产品,有必要将频率范围扩大到 200 Hz。

2) 在船上环境,会遇到重复冲击,并且建议使用 GB/T 2423.6—1995 Eb:碰撞。这些严酷程度最接近

GB/T 2423.6—1995 Eb:碰撞试验的推荐值,可执行 GB/T 4798 类型Ⅰ和Ⅱ。仅在样品的安装方位以及主轴或者主导方向(一般是垂直方向),需要使用碰撞的特定次数。如果一种产品有一个临界方向,那么就应该考虑一个附加的试验方向。

3) 没有试验可推荐,是由于这是一个静态的移动条件,并且大多数产品受它影响,除非它对重力敏感。

4) 没有试验可推荐,是由于涉及低频率,这与静止环境一样。

5) 这种良性环境条件认为是被正弦运动和冲击试验覆盖。

附　录　A
（资料性附录）
船用——气候条件

表 A.1　GB/T 4798.6 等级 6K2 推荐试验
（热且通风的气候防护场所，除机舱外）

GB/T 4798.6——气候条件		GB/T 2423——气候试验				
环境参数[a]	等级 6K1	最接近 GB/T 2423		推荐试验		注释序号
		试验方法	严酷等级	试验方法	严酷等级	
a)　低温，空气	−25 ℃	同推荐试验		GB/T 2423.1—2008：Ab/Ad	−25 ℃，16 h	1）
b)　低气温，水：水的凝固点		GB/T 2423 无此试验		一般不要求试验——参照注释 2）		2）
c)　高温，空气	+40 ℃	同推荐试验		GB/T 2423.2—2008：Bb/Bd	+40 ℃，16 h	3）
d)　高温，表面	无					
e)　高温，水	+35 ℃	GB/T 2423 无此试验		一般不要求试验——参照注释 4）		4）
f)　温度渐变，空气/空气	−25 ℃/+20 ℃ 1 ℃/min	同推荐试验		GB/T 2423.22—2002：Nb	−25 ℃到环境温度速率：1 ℃/min 二个循环，t_1=3 h	5）
g)　温度变化，空气/水	无					
h)　未伴随快速温度变化的相对湿度	95% +35℃	同推荐试验		GB/T 2423.3—2006：Cab	+30℃，93% RH，10 d	6）
i)　伴随有温度急剧变化的绝对湿度：空气/空气，在高相对湿度下	无					
j)　伴随有温度急剧变化的绝对湿度：空气/空气，在高含水量下	无					
k)　低相对湿度	10% +30℃	GB/T 2423 无此试验		一般不要求试验——参照注释 7）		7）
l) 周围空气的运动	可忽略					
m)　降雨强度	无					
n)　太阳辐射	700 W/m²	GB/T 2423.24—1995	1 120 W/m²，三个循环，+40 ℃	高温试验提高 10℃并评价材料的光化学反应		8）
o)　热辐射	600 W/m²	GB/T 2423 无此试验		一般不要求试验——参照注释 9）		9）
p)　除雨以外的水	0.3 m/s	GB/T 2423 无此试验		GB/T 2423.38—2008	见注释 10）	10）
q)　潮湿						

[a] 气候条件分类无气候图表显示，因为它们不被包括在 GB/T 4798.6 当中。

表 A.1——等级 6K2 注释：

1) 试验温度与 GB/T 4798.6 此类的环境参数等价，但是，太阳辐射作用还需要考虑[见注释 8)]。对于大多数散热样品来说，16 h 的试验时间足以展示它们的设计能够耐受该温度。

2) GB/T 2423 中没有该条件下的试验方法。那些会被海上浮冰形成影响的产品，在经过表 1 中的 GB/T 2423.1—2008：Ab/Ad 方法试验之前，还应该考虑经过 GB/T 2423.38—2008：Rb 方法 2.2 试验。例如，当冰块在产品结构中的衔接处或者狭窄位置形成时，将会导致机械和绝缘的缺陷、裂开和泄漏。然而，使用者应当注意这种试验不能仿制在这个等级中可能存在的冰块。

3) 试验温度与 GB/T 4798.6 此类的环境参数等价。对于大多数散热样品来说，16 h 的试验时间足以展示它们的设计能够耐受该温度。

4) GB/T 2423 中没有该条件下的试验方法。当选择该设备的材料时，需要考虑这种情况。

5) 选择了湿热的稳定状态试验的最接近优化试验的严酷等级，虽然该条件的相对湿度略低于特征严酷等级的相对湿度。对于大多数散热样品来说，10 d 的试验时间足以展示它们的设计能够耐受该温度。

6) 温度变化试验一般是用来检测设计容差，并且温度的范围不重要。然而，在这个等级中，冷凝作用可能会发生，因此，包含 0 ℃的温度范围需要制定，以使低热量散失率设备能够冷凝。

7) GB/T 2423 中没有该条件下的试验方法。低相对湿度的主要影响是变脆、收缩、机械性能降低、增加接触表面的磨损和形成静电电荷。干燥导致的典型缺陷就是非金属部件的机械缺陷、破裂和电缺陷。低相对湿度会吸附灰尘颗粒，这将导致接触面磨损等问题。因此，当选择这个等级设备的材料和成分时，这种影响需要考虑。

8) 选用 GB/T 2423.24 过程 C 试验，模拟在地面的太阳辐射结果，是因为它产生连续的辐射，从而允许照片降解结果的预估。这个等级的严酷等级是 700 W/m^2，然而 GB/T 2423.24—1995 中包含的 Sa 试验的太阳能辐射值为 1 120 W/m^2。

   阳光试验并不足够，因为它对腐蚀现实辐射实践经验来说很困难。推荐用条件可估计的增加 10 ℃的干热升温试验，评估材料和复合物的照片化学反应。更多信息可参阅 GB/T 20159.8—2008。

   这个水平的太阳辐射，表面温度可能高出周围环境 25 ℃。由于热辐射，表面温度也会在夜间降下(参见 GB/T 4797.4)。当选择材料时应重视此结果，降温试验也应该作为低温试验(试验 Ab/Ad)的一个考虑。

   产品要针对太阳辐射作防护，例如，安置有效的热保护罩，这样，在高温试验的预计温度可以忽略，或者由于预防措施有效而严酷条件得到减小。为了提供产品的抗太阳辐射能力的信心，需要做预防的模型正常实践。

9) GB/T 2423 中没有该条件下的试验方法，并且由于这种作用通常包含在高温试验中，因此无需额外试验。对于安装在接近高热辐射的产品，特殊的预防，例如热屏蔽或者绝缘是必须的，或者附加一个升温试验，温度升高的度数取决于热源的严酷性。

10) 水源没有在 GB/T 4798.6 中给出。使用者必须结合耐久度和试验严酷性从 GB/T 2423.38—2008 中选择合适的试验。以下这些建议也许能够帮助使用者选择合适的试验：

   a) 滴水：如果产品通常带有防御雨水措施，但是有可能暴露于降落的凝露水滴或者上面的渗漏水滴中，则 GB/T 2423.38—2008：Ra 2——滴水试验是优选的试验方法是，滴落高度 2 m，倾斜角度 0°，持续时间 1 h。

   b) 喷水：如果产品有可能暴露于洒水系统或者水轮车喷溅环境中，则 GB/T 2423.38—2008：Rb 2.1——摆动管法或者 Rb 2.2——手持洒水法，1 min/m^2，最多 30 min，是优选的方法。

   c) 水浪：如果产品有可能暴露于冲洗或者冲刷中，则 GB/T 2423.38—2008：Rb 3——用软管法是优选的方法。

   d) 射水：如果喷射水有可能冲击产品，选择 GB/T 2423.38—2008：Ra 或者 Rb 试验，来表明产品是为了在这些条件下运行而设计的。

   这些试验没有展示波导致的机械震动。在 GB/T 2423 系列中，当设计产品时，需要考虑没有合适的试验针对这种情况。当选择材料和化合物时，盐水的暴露需要考虑，并且特别推荐 GB/T 2423.18—2000：Kb 严酷等级 1 试验。

表 A.2 GB/T 4798.6 等级 6K3 推荐试验

（在热且通风的气候防护场所，包括机舱）

GB/T 4798.6——气候条件		GB/T 2423——气候试验				
环境参数[a]	等级 6K3	最接近 GB/T 2423		推荐试验		注释序号
		试验方法	严酷等级	试验方法	严酷等级	
a) 低温，空气	−25 ℃	同推荐试验		GB/T 2423.1—2008：Ab/Ad	−25 ℃，16 h	1)
b) 低气温，水：水的凝固点		GB/T 2423 无此试验		一般不要求试验——参照注释 2)		2)
c) 高温，空气	+55 ℃	同推荐试验		GB/T 2423.2—2008：Bb/Bd	+55 ℃，16 h	3)
d) 高温，表面	无					
e) 高温，水	+35 ℃	GB/T 2423 无此试验		一般不要求试验——参照注释 4)		4)
f) 温度渐变，空气/空气	−20 ℃/+40 ℃ 3 ℃/min	同推荐试验		GB/T 2423.22—2002：Nb	−20 ℃～+40 ℃，速率：3 ℃/min，二个循环，t_1=3 h	5)
g) 温度变化，空气/水	无					
h) 未伴随快速温度变化的相对湿度	95％ +35 ℃	同推荐试验		GB/T 2423.3—2006：Cab	+30 ℃，93％ RH，10 d	6)
i) 伴随有温度急剧变化的相对湿度：空气/空气，在高相对湿度下	95％ −25 ℃/+35 ℃	同推荐试验		稳定状态湿度试验（表中试验 Cb），紧接着温度快速变化试验（试验 Na）		7)
j) 伴随有温度急剧变化的绝对湿度：空气/空气，在高含水量下	无					
k) 低相对湿度	10％ +30 ℃	GB/T 2423 无此试验		一般不要求试验——参照注释 8)		8)
l) 周围空气的运动	可忽略					
m) 降雨强度	无					
n) 太阳辐射	700 W/m²	GB/T 2423.2—2008：Sa 过程 C	1 120 W/m²，三个循环，+55 ℃	高温试验提高 10 ℃并评价材料的光化学反应		9)
o) 热辐射	1 200 W/m²	GB/T 2423 无此试验		一般不要求试验——参照注释 10)		10)
p) 除雨以外的水	0.3 m/s	GB/T 2423 无此试验		GB/T 2423.38—2008：Ra/Rb	见注释 11)	11)
q) 潮湿：潮湿表面		GB/T 2423 无此试验		一般不要求试验——参照注释 12)		12)

[a] 气候条件分类无气候图表显示，因为它们不被包括在 GB/T 4798.6 当中。

表 A.2——等级 6K3 注释：

1) 试验温度与 GB/T 4798.6 此类的环境参数等价，但是，太阳辐射作用还需要考虑[见在注释 9)]。对于大多数散热样品来说，16 h 的试验时间足以展示它们的设计能够耐受该温度。

2) GB/T 2423 中没有该条件下的试验方法。那些会被海上浮冰形成影响的产品，在经过表 1 中的 GB/T 2423.1—

2008:Ab/Ad 方法试验之前,还应该考虑经过 GB/T 2423.38—2008:Rb 方法 2.2 试验。例如,当冰块在产品结构中的衔接处或者狭窄位置形成时,将会导致机械和绝缘的缺陷、裂开和泄漏。然而,使用者应当注意这种试验不能仿制在这个等级中可能存在的冰块。

3) 试验温度与 GB/T 4798.6 此类的环境参数等价。对于大多数散热样品来说,16 h 的试验时间足以展示它们的设计能够耐受该温度。

4) GB/T 2423 中没有该条件下的试验方法。当选择该设备的材料时,需要考虑这种情况。

5) 温度变化试验一般是用来检测设计容差,并且温度的范围不重要。然而,在这个等级中,冷凝作用可能会发生,因此,包含 0 ℃的温度范围需要制定,以使非散热样品能够冷凝。

6) 选择了湿热的稳定状态试验的最接近优化试验的严酷等级,虽然该条件的相对湿度略低于特征严酷等级的相对湿度。对于大多数散热样品来说,10 d 的试验时间足以展示它们的设计能够耐受该温度。

7) 由于物理约束,这种条件实际上是无法试验的。然而,其可能可以通过一个复合试验(快速温度变化试验后紧接稳定状态的湿度试验)来近似试验[见注释 5)],在这两个试验之间忽略了前期和当前条件。通过进行这种复合试验,这种情况的作用能够充分地体现出来。如果这种复合试验能够有效,那么使用者可忽略单独的试验[见 h)行和注释 6)]。

8) GB/T 2423 中没有该条件下的试验方法。低相对湿度的主要影响是变脆、收缩、机械性能降低、增加接触表面的磨损和形成静电电荷。干燥导致的典型缺陷就是非金属部件的机械缺陷、破裂和电缺陷。低相对湿度会吸附灰尘颗粒,这将导致接触面磨损等问题。因此,当选择这个等级设备的材料和成分时,这种影响需要考虑。

9) 选用 GB/T 2423.24—1995 中试验方法 C 中的模拟地面上的太阳辐射影响的试验,是因为它产生连续的辐射,因此可以评定光降解影响。尽管本等级的严酷等级是 700 W/m^2,而 GB/T 2423.24—1995 中试验 Sa 条件太阳能辐射值为 1 120 W/m^2。

由于难以重现实际承受的真实辐射,太阳辐射试验不太理想。建议通过提高高温试验的温度 15 ℃来评定这个条件,并且评定材料和元件的光化学反应。更多信息可参阅 GB/T 20159.8—2008。

这个水平的太阳辐射,表面温度可能高出周围环境 25 ℃。由于热辐射,表面温度也会在夜间降下(参见 GB/T 4797.4)。当选择材料时应重视此结果,降温试验也应该作为低温试验(试验 Ab/Ad)的一个考虑。

产品要针对太阳辐射作防护,例如,安置有效的热保护罩,这样,在高温试验的预计温度可以忽略,或者由于预防措施有效而严酷条件得到减小。为了提供产品的抗太阳辐射能力的信心,需要做预防的模型正常实践。

10) GB/T 2423 中没有该条件下的试验方法,并且由于这种作用通常包含在高温试验中,因此无需额外试验。对于安装在接近高热辐射的产品,特殊的预防,例如热屏蔽或者绝缘是必须的,或者附加一个升温试验,温度升高的度数取决于热源的严酷性。

11) 水源没有在 GB/T 4798.6 中给出。使用者必须结合耐久度和试验严酷性从 GB/T 2423.38—2005 中选择合适的试验。以下这些建议也许能够帮助使用者选择合适的试验:

a) 滴水:如果产品通常带有防御雨水措施,但是有可能暴露于降落的凝露水滴或者上面的渗漏水滴中,则 GB/T 2423.38—2008:Ra 2——滴水试验是优选的试验方法是,滴落高度 2 m,倾斜角度 0°,持续时间 1 h。

b) 喷水:如果产品有可能暴露于洒水系统或者水轮车喷溅环境中,则 GB/T 2423.38—2008:Rb 2.1——摆动管法或者 Rb 2.2——手持洒水法,1 min/m^2,最多 30 min,是优选的方法。

c) 水浪:如果产品有可能暴露于冲洗或者冲刷中,则 GB/T 2423.38—2008:Rb 3——用软管法是优选的方法。

d) 射水:如果喷射水有可能冲击产品,选择 GB/T 2423.38—2008:Ra 或者 Rb 试验,来表明产品是为了在这些条件下运行而设计的。

这些试验没有展示波导致的机械震动。在 GB/T 2423 系列中,当设计产品时,需要考虑没有合适的试验针对这种情况。当选择材料和化合物时,盐水的暴露需要考虑,并且特别推荐 GB/T 2423.18—2000:Kb 严酷等级 1 试验。

12) 无推荐试验,GB/T 4798.6 没有潮湿表面的可用值。潮湿表面的结果由此类的几个其他的试验[例如,表格 s)行的降雨试验]部分展现,在选择材料时应考虑。不可能给出所有的潮湿表面的数值。此结果可能比降雨的结果更严酷,因为它可能是持续的,而且氧气浓度差异增加与另一表面接触的表面腐蚀。这样能加速电化学腐蚀作用,尤其是两个表面是不同金属的。

表 A.3　GB/T 4798.6 等级 6K6 推荐试验
（热带的潮湿气候）

<table>
<tr><th colspan="2">GB/T 4798.6——气候条件</th><th colspan="5">GB/T 2423——气候试验</th></tr>
<tr><th rowspan="2">环境参数[a]</th><th rowspan="2">等级 6K6</th><th colspan="2">最接近 GB/T 2423</th><th colspan="2">推荐试验</th><th rowspan="2">注释序号</th></tr>
<tr><th>试验方法</th><th>严酷等级</th><th>试验方法</th><th>严酷等级</th></tr>
<tr><td>a) 低温，空气</td><td>+5 ℃</td><td colspan="2">同推荐试验</td><td>GB/T 2423.1—2008：Ab/Ad</td><td>+5 ℃，16 h</td><td>1)</td></tr>
<tr><td>b) 低气温，水：水的凝固点</td><td>+15℃</td><td colspan="2">GB/T 2423 无此试验</td><td colspan="2">一般不要求试验——参照注释 2)</td><td>2)</td></tr>
<tr><td>c) 高温，空气</td><td>+55 ℃</td><td colspan="2">同推荐试验</td><td>GB/T 2423.2—2008：Bb/Bd</td><td>+55 ℃，16 h</td><td>3)</td></tr>
<tr><td>d) 高温，表面</td><td>+70 ℃</td><td colspan="2">GB/T 2423 无此试验</td><td colspan="2">一般不要求试验——参照注释 4)</td><td>4)</td></tr>
<tr><td>e) 高温，水</td><td>+35 ℃</td><td colspan="2">GB/T 2423 无此试验</td><td colspan="2">一般不要求试验——参照注释 5)</td><td>5)</td></tr>
<tr><td>f) 温度渐变，空气/空气</td><td>+5 ℃/
+40 ℃
3 ℃/min</td><td colspan="2">同推荐试验</td><td>GB/T 2423.22—2002：Nb</td><td>+5 ℃～+40 ℃，
速率：3 ℃/min，
二个循环，
t_1=3 h</td><td>6)</td></tr>
<tr><td>g) 温度变化，空气/水</td><td>+40 ℃/
+15 ℃</td><td colspan="2">GB/T 2423 无此试验</td><td colspan="2">一般不要求试验——参照注释 7)</td><td>7)</td></tr>
<tr><td>h) 未伴随快速温度变化的相对湿度</td><td>95%
+30℃</td><td colspan="2">同推荐试验</td><td>GB/T 2423.3—2006：Cab</td><td>+30 ℃，93%
RH，10 d</td><td>8)</td></tr>
<tr><td>i) 伴随有温度急剧变化的相对湿度：空气/空气，在高相对湿度下</td><td>95%
+5 ℃/
+35 ℃</td><td colspan="2">同推荐试验</td><td colspan="2">稳定状态湿度试验（表中试验 Cb），
紧接着温度快速变化试验（试验 Na）</td><td>9)</td></tr>
<tr><td>j) 伴随有温度急剧变化的绝对湿度：空气/空气，在高含水量下</td><td>60%
+55 ℃/
+15 ℃</td><td colspan="2">同推荐试验</td><td>GB/T 2423.4—2008：Db 变化 2</td><td>+55 ℃，
(90～100)%RH，
二个循环</td><td>10)</td></tr>
<tr><td>k) 低相对湿度</td><td>10%
+30 ℃</td><td colspan="2">GB/T 2423 无此试验</td><td colspan="2">一般不要求试验——参照注释 11)</td><td>11)</td></tr>
<tr><td>l) 周围空气的运动</td><td>50 m/s</td><td colspan="2">GB/T 2423 无此试验</td><td colspan="2">一般不要求试验——参照注释 12)</td><td>12)</td></tr>
<tr><td>m) 降雨强度</td><td>15 mm/min</td><td colspan="2">同推荐试验</td><td>GB/T 2423.38—2008：Rb 方法 2.2</td><td>暴露 3 min/mm²；
持续时间：
最少 15 min</td><td>13)</td></tr>
<tr><td>n) 太阳辐射</td><td>1 120 W/m²</td><td>GB/T 2423.2—2008：Sa 过程 C</td><td>1 120 W/m²，三个循环，+55 ℃</td><td colspan="2">高温试验提高 15 ℃并评价材料的
光化学反应</td><td>14)</td></tr>
<tr><td>o) 热辐射</td><td>1 120 W/m²</td><td colspan="2">GB/T 2423 无此试验</td><td colspan="2">一般不要求试验——参照注释 15)</td><td>15)</td></tr>
<tr><td>p) 除雨以外的水</td><td>10 m/s</td><td colspan="2">GB/T 2423 无此试验</td><td>GB/T 2423.38—2008：Ra/Rb</td><td>见注释 16)</td><td>16)</td></tr>
<tr><td colspan="2">q) 潮湿：潮湿表面</td><td colspan="2">GB/T 2423 无此试验</td><td colspan="2">一般不要求试验——参照注释 17)</td><td>17)</td></tr>
<tr><td colspan="7">a 气候条件分类无气候图表显示，因为它们不被包括在 GB/T 4798.6 当中。</td></tr>
</table>

表 A.3——等级 6K6 注释：

1） 试验温度与 GB/T 4798.6 此类的环境参数等价，但是，太阳辐射作用还需要考虑[见注释 14)]。对于大多数散热样品来说，16 h 的试验时间足以展示它们的设计能够耐受该温度。

2） GB/T 2423 中没有该条件下的试验方法。那些会被海上浮冰形成影响的产品，在经过表 1 中的 GB/T 2423.1—2008：Ab/Ad 方法试验之前，还应该考虑经过 GB/T 2423.38—2008：Rb 方法 2.2 试验。例如，当冰块在产品结构中的衔接处或者狭窄位置形成时，将会导致机械和绝缘的缺陷、裂开和泄漏。然而，使用者应当注意这种试验不能仿制在这个等级中可能存在的冰块。

3） 试验温度与 GB/T 4798.6 此类的环境参数等价。对于大多数散热样品来说，16 h 的试验时间足以展示它们的设计能够耐受该温度。

4） GB/T 2423 中没有该条件下的试验方法。当产品与固体物质的热表面相接触时，会导致温度的快速变化，然而 GB/T 2423.2—2008 试验没有体现这种变化。产品表面的热状态通过太阳辐射试验 Sa 或者通过定向热源模拟来体现。当选择设备的材料时，需要考虑这种情况，特别是设备的包装。

5） GB/T 2423 中没有该条件下的试验方法。当选择该设备的材料时，这种影响需要考虑。

6） 温度变化试验一般是用来检测设计容差，并且温度的范围不重要。然而，在这个等级中，冷凝作用可能会发生，因此，包含 0 ℃的温度范围需要制定，以使非散热样品能够冷凝。

7） GB/T 2423 中没有该条件下的试验方法。当一个温暖的场所下雨或者下雪时，产品的温度可能变化很快，这就与这项的标题相矛盾。如果，产品温度可能经历如此快的变化，那么需要执行 GB/T 2423.22—2002 试验 Na：五个循环 $t_1=3$ h，$t_2<3$ min(温度范围为＋5℃～＋40 ℃)。

8） 选择了湿热的稳定状态试验的最接近优化试验的严酷等级，虽然该条件的相对湿度略低于特征严酷等级的相对湿度。对于大多数散热样品来说，10 d 的试验时间足以展示它们的设计能够耐受该温度。

9） 由于物理约束，这种条件实际上是无法试验的。然而，其可能可以通过一个复合试验(快速温度变化试验后紧接稳定状态的湿度试验)来近似试验[见注释 7)]，在这两个试验之间忽略了前期和当前条件。通过进行这种复合试验，这种情况的作用能够充分地体现出来。如果这种复合试验能够有效，那么使用者可忽略单独的试验[见第 h)行的注释 8)]。

10） GB/T 2423 中没有该条件下的试验方法。然而，这种条件可以通过 GB/T 2423.21—2008 中的 Db 潮湿热循环试验来近似处理。这是最大的优化潮湿热循环试验条件并且被认为能够适合展示这种情况的作用(试验条件的绝对湿度更高且温度更低)。二个循环的持续时间(48 h)对大多数产品来说已经足够了。选择试验 Db 的变化 2，是因为它能够充分试验这种情况，并且比变化 1 更容易进行。

11） GB/T 2423 中没有该条件下的试验方法。低相对湿度的主要影响是变脆、收缩、机械性能降低、增加接触表面的磨损和形成静电电荷。干燥导致的典型缺陷就是非金属部件的机械缺陷、破裂和电缺陷。低相对湿度会吸附灰尘颗粒，这将导致接触面磨损等问题。因此，当选择这个等级产品的材料和成分时，这种影响需要考虑。

12） GB/T 2423 中没有该条件下的试验方法，然而，需要采取特殊的预防，特别是当大件产品和使用者可能会发展他们自己的该条件的评估方法时。

13） 对于暴露于雨水中产品，GB/T 2423.38—2008 建议使用试验 Ra 1。然而，这与 GB/T 4798 的雨水强度没有对应并且对于大尺寸产品不可行。试验 Rb 2.2 具有等效的试验严酷度，并且因为它是简单、且在任何尺寸的产品上可重复的试验，因此被推荐。

14） 选用 GB/T 2423.24—1995 中试验方法 C 中的模拟地面上的太阳辐射影响的试验，是因为它产生连续的辐射，因此可以评定光降解影响。尽管本等级的严酷等级是 700 W/m^2，而 GB/T 2423.24—1995 中试验 Sa 条件太阳能辐射值为 1 120 W/m^2。

由于难以重现实际承受的真实辐射，太阳辐射试验不太理想。建议通过提高高温试验的温度 15 ℃来评定这个条件，并且评定材料和元件的光化学反应。更多信息可参阅 GB/T 20159.8—2008。

这个水平的太阳辐射，表面温度可能高出周围环境 25 ℃。由于热辐射，表面温度也会在夜间降下(参见 GB/T 4797.4)。当选择材料时应重视此结果，降温试验也应该作为低温试验(试验 Ab/Ad)的一个考虑。

产品要针对太阳辐射作防护，例如，安置有效的热保护罩，这样，在高温试验的预计温度可以忽略，或者由于预防措施有效而严酷条件得到减小。为了提供产品的抗太阳辐射能力的信心，需要做预防的模型正常实践。

15） GB/T 2423 中没有该条件下的试验方法，并且由于这种作用通常包含在高温试验中，因此无需额外试验。对于安装在接近高热辐射的产品，特殊的预防，例如热屏蔽或者绝缘是必须的，或者附加一个升温试验，温度升高的度数取决于热源的严酷性。

16） 水源没有在 GB/T 4798.6 中给出。使用者必须结合耐久度和试验严酷性从 GB/T 2423.38—2008 中选择合适的试验。以下这些建议也许能够帮助使用者选择合适的试验：

a） 滴水：如果产品通常带有防御雨水措施，但是有可能暴露于降落的凝露水滴或者上面的渗漏水滴中，则 GB/T 2423.38—2008：Ra 2——滴水试验是优选的试验方法是，滴落高度 2 m，倾斜角度 0°，持续时间 1 h。

b） 喷水：如果产品有可能暴露于洒水系统或者水轮车喷溅环境中，则 GB/T 2423.38—2008：Rb 2.1——摆动管法或者 Rb 2.2——手持洒水法，1 min/m²，最多 30 min，是优选的方法。

c） 水浪：如果产品有可能暴露于冲洗或者冲刷中，则 GB/T 2423.38—2008：Rb 3——用软管法是优选的方法。

d） 射水：如果喷射水有可能冲击产品，选择 GB/T 2423.38—2008：Ra 或者 Rb 试验，来表明产品是为了在这些条件下运行而设计的。

这些试验没有展示波导致的机械震动。在 GB/T 2423 系列中，当设计产品时，需要考虑没有合适的试验针对这种情况。当选择材料和化合物时，盐水的暴露需要考虑，并且特别推荐 GB/T 2423.18—2000：Kb 严酷等级 1 试验。

17） 无推荐试验，GB/T 4798.6 没有潮湿表面的可用值。潮湿表面的结果由此类的几个其他的试验［例如，表格 s）行的降雨试验］部分展现，在选择材料时应考虑。不可能给出所有的潮湿表面的数值。此结果可能比降雨的结果更严酷，因为它可能是持续的，而且氧气浓度差异增加与另一表面接触的表面腐蚀。这样能加速电化学腐蚀作用，尤其是两个表面是不同金属的。

表 A.4 GB/T 4798.6 等级 6K7 推荐试验

（热带的干燥的气候）

GB/T 4798.6——气候条件		GB/T 2423——气候试验				
环境参数[a]	等级 6K7	最接近 GB/T 2423		推荐试验		注释序号
		试验方法	严酷等级	试验方法	严酷等级	
a） 低温，空气	−20 ℃	GB/T 2423.1—2008：Ab/Ad	−25 ℃，16 h	GB/T 2423.1—2008：Ab/Ad	−20 ℃，16 h	1）
b） 低气温，水：水的凝固点	+15 ℃	GB/T 2423 无此试验		一般不要求试验——参照注释 2）		2）
c） 高温，空气	+70 ℃	同推荐试验		GB/T 2423.2—2008：Bb/Bd	+70 ℃，16 h	3）
d） 高温，表面	+70 ℃	GB/T 2423 无此试验		一般不要求试验——参照注释 4）		4）
e） 高温，水	+35 ℃	GB/T 2423 无此试验		一般不要求试验——参照注释 5）		5）
f） 温度渐变，空气/空气	−20 ℃/+40 ℃ 3 ℃/min	GB/T 2423.22—2002：Nb	−25 ℃～+40 ℃，速率：3 ℃/min，二个循环，t_1=3 h	GB/T 2423.22—2002：Nb	−20 ℃～+40 ℃，速率：3 ℃/min，二个循环，t_1=3 h	6）
g） 温度变化，空气/水	+40 ℃/+15 ℃	GB/T 2423 无此试验		一般不要求试验——参照注释 7）		7）
h） 未伴随快速温度变化的相对湿度	95% +45 ℃	同推荐试验		GB/T 2423.3—2006：Cab	+40 ℃，93% RH，10 d	8）

表 A.4（续）

GB/T 4798.6——气候条件		GB/T 2423—气候试验				
环境参数[a]	等级 6K7	最接近 GB/T 2423		推荐试验		注释序号
		试验方法	严酷等级	试验方法	严酷等级	
i) 伴随有温度急剧变化的相对湿度：空气/空气，在高相对湿度下	95% −20 ℃/ +35 ℃	同推荐试验		稳定状态湿度试验（表中试验 Cb），紧接着温度快速变化试验（试验 Na）		9)
j) 伴随有温度急剧变化的绝对湿度：空气/空气，在高含水量下	60% +70 ℃/ +15 ℃	同推荐试验		GB/T 2423.4—2008：Db 变化 2	+55 ℃，(90～100)%RH，二个循环	10)
k) 低相对湿度	10% +30 ℃	GB/T 2423 无此试验		一般不要求试验——参照注释 11)		11)
l) 周围空气的运动	50 m/s	GB/T 2423 无此试验		一般不要求试验——参照注释 12)		12)
m) 降雨强度	15 mm/min	同推荐试验		GB/T 2423.38—2008：Rb 方法 2.2	暴露 3 min/mm²；持续时间：最少 15 min	13)
n) 太阳辐射	1 120 W/m²	GB/T 2423.24—2008：Sa 过程 C	1 120 W/m²，三个循环，+55 ℃	太阳辐射热效应已经包含在 c)条的高气温值中		14)
o) 热辐射	1 120 W/m²	GB/T 2423 无此试验		一般不要求试验——参照注释 15)		15)
p) 除雨以外的水	10 m/s	GB/T 2423 无此试验		GB/T 2423.38—2008：Ra/Rb	见注释 16)	16)
q) 潮湿：潮湿表面		GB/T 2423 无此试验		一般不要求试验——参照注释 17)		17)

[a] 气候条件分类无气候图表显示，因为它们不被包括在 GB/T 4798.6 当中。

表 A.4——等级 6K7 注释：

1) 试验温度与 GB/T 4798.6 此类的环境参数等价，但是，太阳辐射作用还需要考虑[见注释 14)]。对于大多数散热样品来说，16 h 的试验时间足以展示它们的设计能够耐受该温度。

2) GB/T 2423 中没有该条件下的试验方法。那些会被海上浮冰形成影响的产品，在经过表 1 中的 GB/T 2423.1—2008：Ab/Ad 方法试验之前，还应该考虑经过 GB/T 2423.38—2008：Rb 方法 2.2 试验。例如，当冰块在产品结构中的衔接处或者狭窄位置形成时，将会导致机械和绝缘的缺陷、裂开和泄漏。然而，使用者应当注意这种试验不能仿制在这个等级中可能存在的冰块。

3) 试验温度与 GB/T 4798.6 此类的环境参数等价。对于大多数散热样品来说，16 h 的试验时间足以展示它们的设计能够耐受该温度。

4) GB/T 2423 中没有该条件下的试验方法。当产品与固体物质的热表面相接触时，会导致温度的快速变化，然而 GB/T 2423.2—2008 试验没有体现这种变化。产品表面的热状态通过太阳辐射试验 Sa 或者通过定向热源模拟来体现。当选择设备的材料时，需要考虑这种情况，特别是设备的包装。

5) GB/T 2423 中没有该条件下的试验方法。当选择该设备的材料时，这种影响需要考虑。

6) 温度变化试验一般是用来检测设计容差，并且温度的范围不重要。然而，在这个等级中，冷凝作用可能会发生，因此，包含 0 ℃的温度范围需要制定，以使非散热样品能够冷凝。展示了最接近 GB/T 2423.22—2002 试验的温度－25 ℃。然而，推荐使用温度为－20 ℃，以用于反映这个等级的GB/T 2424.6—2006的条件。

7) GB/T 2423中没有该条件下的试验方法。当一个温暖的场所下雨或者下雪时，产品的温度可能变化很快，这就与这项的标题相矛盾。如果，产品温度可能经历如此快的变化，那么需要执行GB/T 2423.22—2002试验Na:5个循环 $t_1=3$ h，$t_2<3$ min(温度范围为＋5 ℃～＋40 ℃)。

8) 选择了湿热的稳定状态试验的最接近优化试验的严酷等级，虽然该条件的相对湿度略低于特征严酷等级的相对湿度。对于大多数散热样品来说，10 d的试验时间足以展示它们的设计能够耐受该温度。

9) 由于物理约束，这种条件实际上是无法试验的。然而，其可能可以通过一个复合试验(快速温度变化试验后紧接稳定状态的湿度试验)来近似试验[见注释7)]，在这两个试验之间忽略了前期和当前条件。通过进行这种复合试验，这种情况的作用能够充分地体现出来。如果这种复合试验能够有效，那么使用者可忽略单独的试验[见第h)行的注释8)]。

10) GB/T 2423中没有该条件下的试验方法。然而，这种条件可以通过GB/T 2423.21—2008中的Db潮湿热循环试验来近似处理。这是最大的优化潮湿热循环试验条件并且被认为能够适合展示这种情况的作用(试验条件的绝对湿度更高且温度更低)。二个循环的持续时间(48 h)对大多数产品来说已经足够了。选择试验Db的变化2，是因为它能够充分试验这种情况，并且比变化1更容易进行。

11) GB/T 2423中没有该条件下的试验方法。低相对湿度的主要影响是变脆、收缩、机械性能降低、增加接触表面的磨损和形成静电电荷。干燥导致的典型缺陷就是非金属部件的机械缺陷，破裂和电缺陷。低相对湿度会吸附灰尘颗粒，这将导致接触面磨损等问题。因此，当选择这个等级产品的材料和成分时，这种影响需要考虑。

12) GB/T 2423中没有该条件下的试验方法，然而，需要采取特殊的预防，特别是当大件产品和使用者可能会发展他们自己的该条件的评估方法时。

13) 对于暴露于雨水中产品，GB/T 2423.38—2008建议使用试验Ra 1。然而，这与GB/T 4798的雨水强度没有对应并且对于大尺寸产品不可行。试验Rb 2.2具有等效的试验严酷度，并且因为它是简单、且在任何尺寸的产品上可重复的试验，因此被推荐。

14) 选用GB/T 2423.24—1995中试验方法C中的模拟地面上的太阳辐射影响的试验，是因为它产生连续的辐射，因此可以评定光降解影响。尽管本等级的严酷等级是1 120 W/m²，而GB/T 2423.24—1995中试验Sa条件是一致的。

由于难以重现实际承受的真实辐射，太阳辐射试验不太理想。建议通过提高高温试验的温度15 ℃来评定这个条件，并且评定材料和元件的光化学反应。更多信息可参阅GB/T 20159.8—2008。

这个水平的太阳辐射，表面温度可能高出周围环境25 ℃。由于热辐射，表面温度也会在夜间降下(参见GB/T 4797.4)。当选择材料时应重视此结果，降温试验也应该作为低温试验(试验Ab/Ad)的一个考虑。

产品要针对太阳辐射作防护，例如，安置有效的热保护罩，这样，在高温试验的预计温度可以忽略，或者由于预防措施有效而严酷条件得到减小。为了提供产品的抗太阳辐射能力的信心，需要做预防的模型正常实践。

15) GB/T 2423中没有该条件下的试验方法，并且由于这种作用通常包含在高温试验中，因此无需额外试验。对于安装在接近高热辐射的产品，特殊的预防，例如热屏蔽或者绝缘是必须的，或者附加一个升温试验，温度升高的度数取决于热源的严酷性。

16) 水源没有在GB/T 4798.6中给出。使用者必须结合耐久度和试验严酷性从GB/T 2423.38—2008中选择合适的试验。以下这些建议也许能够帮助使用者选择合适的试验：

a) 滴水：如果产品通常带有防御雨水措施，但是有可能暴露于降落的凝露水滴或者上面的渗漏水滴中，则GB/T 2423.38—2008:Ra 2——滴水试验是优选的试验方法是，滴落高度2 m，倾斜角度0°，持续时间1 h。

b) 喷水：如果产品有可能暴露于洒水系统或者水轮车喷溅环境中，则GB/T 2423.38—2008:Rb 2.1——摆动管法或者Rb 2.2——手持洒水法，1 min/m²，最多30 min，是优选的方法。

c) 水浪：如果产品有可能暴露于冲洗或者冲刷中，则GB/T 2423.38—2008:Rb 3——用软管法是优选的方法。

d) 射水：如果喷射水有可能冲击产品，选择GB/T 2423.38—2008:Ra或者Rb试验，来表明产品是为了在这些条件下运行而设计的。

这些试验没有展示波导致的机械震动。在 GB/T 2423 系列中，当设计产品时，需要考虑没有合适的试验针对这种情况。当选择材料和化合物时，盐水的暴露需要考虑，并且特别推荐 GB/T 2423.18—2000：Kb 严酷等级 1 试验。

17) 无推荐试验，GB/T 4798.6 没有潮湿表面的可用值。潮湿表面的结果由此类的几个其他的试验[例如，m)项的雨试验]部分展现，在选择材料时应考虑。不可能给出所有的潮湿表面的数值。此结果可能比降雨的结果更严酷，因为它可能是持续的，而且氧气浓度差异增加与另一表面接触的表面腐蚀。这样能加速电化学腐蚀作用，尤其是两个表面是不同金属的。

附　录　B
（资料性附录）
船用——机械条件

表 B.1　GB/T 4798.6 等级 6M1 推荐试验

（在大于 1 000 t 的船舶上——除在小于 20 000 t 的船舶的一些严格场所之外）

GB/T 4798.6——机械条件			GB/T 2423——机械试验				
环境参数	单位	等级 6M1	等级 6M3		推荐试验		注释序号
			试验方法	严酷等级	试验方法	严酷等级	
a) 稳态正弦振动 位移 加速度 频率范围 轴向 循环次数	 mm m/s² Hz	无					
b) 冲击 冲击响应谱图 峰值加速度 持续时间 冲击次数/轴向 冲击轴向	 m/s² ms	类型Ⅰ　类型Ⅱ 50　100 11　6	GB/T 2423.5 —1995 Ea:冲击 （半正弦）	50　150 30　11 3 6	GB/T 2423.6 —1995 Eb:碰撞	150 6 100 6	1)
c) 角运动倾斜 绕 x 轴的旋转(横倾) 绕 y 轴的旋转(纵倾)	 (°) (°)	 15 10	无 GB/T 2423 试验		一般不要求试验—— 参照注释 2)		2)
d) 角运动摇摆 绕 x 轴的旋转 （横摇） 绕 y 轴的旋转 （纵摇） 绕 z 轴的旋转 （首摇）	 (°) Hz (°) Hz (°) Hz	 22.5 0.14 10 0.2 4 0.05	无 GB/T 2423 试验		一般不要求试验—— 参照注释 3)		3)
e) 恒加速度 x 轴(纵落) y 轴(横落) z 轴(垂落)	 m/s² m/s² m/s²	 5 6 10	GB/T 2423.15 —1995:Ga	 30 30 30	一般不要求试验—— 参照注释 4)		4)

表 B.1——等级 6M1 注释：

1)　在船上环境，会遇到重复冲击，并且建议使用 GB/T 2423.6—1995 Eb：碰撞。这些严酷程度最接近 GB/T 2423.6—1995 Eb:碰撞试验的推荐值。仅在样品的安装方位以及主轴或者主导方向(一般是垂直方向),需要使用碰撞的特定次数。如果一种产品有一个临界方向,那么就应该考虑一个附加的试验方向。

2) 没有试验可推荐,是由于这是一个静态的移动条件,并且大多数产品受它影响,除非它对重力敏感。

3) 没有试验可推荐,是由于涉及低频率,这与静止环境一样。

4) 这种良性环境条件认为是被正弦运动和冲击试验覆盖。

ICS 19.020
A 21

中华人民共和国国家标准

GB/T 20159.7—2008

环境条件分类 环境条件分类与环境试验之间的关系及转换指南 携带和非固定使用

Classification of environmental conditions—Guidance for the correlation and transformation of environmental condition classes to the environment tests—Portable and non-stationary use

(IEC TR 60721-4-7:2003,MOD)

2008-12-30 发布 2009-10-01 实施

中华人民共和国国家质量监督检验检疫总局
中国国家标准化管理委员会 发布

前言

GB/T 20159《环境条件分类 环境条件分类与环境试验之间的关系及转换指南》目前分为以下若干部分：

——GB/T 20159.1 环境条件分类 环境条件分类与环境试验之间的关系及转换指南 贮存；
——GB/T 20159.2 环境条件分类 环境条件分类与环境试验之间的关系及转换指南 运输；
——GB/T 20159.3 环境条件分类 环境条件分类与环境试验之间的关系及转换指南 有气候防护场所固定使用；
——GB/T 20159.4 环境条件分类 环境条件分类与环境试验之间的关系及转换指南 无气候防护场所固定使用；
——GB/T 20159.5 环境条件分类 环境条件分类与环境试验之间的关系及转换指南 地面车辆运输；
——GB/T 20159.6 环境条件分类 环境条件分类与环境试验之间的关系及转换指南 船用；
——GB/T 20159.7 环境条件分类 环境条件分类与环境试验之间的关系及转换指南 携带和非固定使用；
——GB/T 20159.8 环境条件分类 环境条件分类与环境试验之间的关系及转换指南 导言；
……

本部分为 GB/T 20159 的第 7 部分。

本部分修改采用 IEC TR 60721-4-7:2003《环境条件分类：第 4-7 部分：IEC 60721-3 中环境条件分类与 IEC 60068 中环境试验之间的关系及转换指南 携带与非固定使用》(英文版)。

考虑到我国实际情况，本部分对 IEC 60721-4-7 作了以下修改：

——“IEC 60721 的本部分”修改为“GB/T 20159 的本部分”。
——“本技术报告”修改为“本部分”。
——删除了 IEC 60721-4-7 的前言。
——增加了国家标准的前言。
——引用了采用国际标准的我国标准，而非国际标准，并改变了排列顺序，以适合我国国情。
——对于 IEC 原文中引用的 IEC 60068-2-56：1988(对应试验 Cb)，由于现已经合并修订为 IEC 60068-2-78:2001(对应试验 Cab)，本部分在引用时采用引用相应的 GB/T 2423.3—2006，对应试验为 Cab。
——根据 GB/T 4798.7 的参数，对附录 A 表格 A.1 的 c)行中等级 7K5 的相对湿度参数作了修改，由“4%”改为“5%”，并增加相应的脚注。
——对各表格表题后括号内对该等级的叙述，按 GB/T 4798.7 相应内容对 IEC 的文字叙述进行修改和补充。
——对于机械条件的表 5、表 6、表 7 中的加速度谱密度(ASD)的单位，IEC 原文采用 m^2/s^3，本部分根据我国机械条件试验相关国标，改为 $(m/s^2)^2/Hz$，并在表 6 中添加相应脚注。

本部分的附录 A 为资料性附录。

本部分由全国电工电子产品环境条件与环境试验标准化技术委员会(SAC/TC 8)提出并归口。

本部分起草单位：广州电器科学研究院。

本部分主要起草人：陈心欣。

本部分属首次发布。

环境条件分类 环境条件分类与环境试验之间的关系及转换指南 携带和非固定使用

1 范围和目的

GB/T 20159 的本部分是用于 GB/T 4798.7 环境条件与 GB/T 2423 的环境试验之间的关系与转换指南。

环境可以由许多环境条件组成，例如机械的、气候的、生物的以及基于其他化学和机械活性物质的效应。在本部分中，只考虑了机械条件和气候条件。

本部分的目的是为规范制定者提供指南以及一套便于应用的表格，表格使这些条件相互关联及转换。

2 规范性引用文件

下列文件中的条款通过 GB/T 20159 的本部分的引用而成为本部分的条款。凡是注日期的引用文件，其随后所有的修改单(不包括勘误的内容)或修订版均不适用于本部分，然而，鼓励根据本部分达成协议的各方研究是否可使用这些文件的最新版本。凡是不注日期的引用文件，其最新版本适用于本部分。

GB/T 2421—1999 电工电子产品环境试验 第 1 部分：总则(idt IEC 60068-1:1988,IDT)

GB/T 2423.1—2008 电工电子产品环境试验 第 2 部分：试验方法 试验 A:低温(IEC 60068-2-1:2007,IDT)

GB/T 2423.2—2008 电工电子产品环境试验 第 2 部分：试验方法 试验 B:高温(IEC 60068-2-2:2007,IDT)

GB/T 2423.3—2006 电工电子产品环境试验 第 2 部分：试验方法 试验 Cab:恒定湿热试验(IEC 60068-2-78:2001,IDT)

GB/T 2423.4—2008 电工电子产品环境试验 第 2 部分：试验方法 试验 Db:交变湿热(12 h+12 h 循环)(IEC 60068-2-30:2005,IDT)

GB/T 2423.5—1995 电工电子产品环境试验 第 2 部分：试验方法 试验 Ea 及导则：冲击(idt IEC 60068-2-27:1987)

GB/T 2423.7—1995 电工电子产品环境试验 第二部分：试验方法 试验 Ec 和导则：倾跌与翻倒(主要用于设备型样品)(idt IEC 60068-2-31:1982)

GB/T 2423.8—1995 电工电子产品环境试验 第二部分：试验方法 试验 Ed:自由跌落(idt IEC 60068-2-32:1990)

GB/T 2423.10—2008 电工电子产品环境试验 第 2 部分：试验方法 试验 Fc:振动(正弦)(IEC 60068-2-6:1995,IDT)

GB/T 2423.21—2008 电工电子产品环境试验 第 2 部分：试验方法 试验 M:低气压(IEC 60068-2-13:1983,IDT)

GB/T 2423.22—2002 电工电子产品环境试验 第 2 部分：试验方法 试验 N:温度变化(idt IEC 60068-2-14:1984)

GB/T 2423.24—1995 电工电子产品环境试验 第 2 部分：试验方法 试验 Sa:模拟地面上的太阳辐射(idt IEC 60068-2-5:1975)

GB/T 2423.38—2008 电工电子产品环境试验 第 2 部分：试验方法 试验 R:水试验方法及导

则(idt IEC 60068-2-18:2000)

GB/T 2423.39—2008　电工电子产品环境试验　第2部分:试验方法　试验Ee:弹跳(IEC 60068-2-55:1987,IDT)

GB/T 2423.55—2006　电工电子产品环境试验　第2部分:试验方法　试验Eh:锤击试验(IEC 60068-2-75:1997,IDT)

GB/T 2423.56—2006　电工电子产品环境试验　第2部分:试验方法　试验Fh:宽带随机振动(数字控制)和导则(IEC 60068-2-64:1993,IDT)

GB/T 4797.2　电工电子产品自然环境条件　第2部分:海拔与气压、水深与水压(GB/T 4797.2—2005,IEC 60721-2-3:1987,MOD)

GB/T 4797.4　电工电子产品自然环境条件　太阳辐射与温度(GB/T 4797.4—2006,IEC 60721-2-4:1987,IDT)

GB/T 4798.3　电工电子产品应用环境条件　第3部分:有气候防护场所固定使用(GB/T 4798.3—2007,IEC 60721-3-3:2002,IDT)

GB/T 4798.4　电工电子产品应用环境条件　第4部分:无气候防护场所固定使用(GB/T 4798.4—2007,IEC 60721-3-4:1995,MOD)

GB/T 4798.7　电工电子产品应用环境条件　第7部分:携带和非固定使用(GB/T 4798.7—2007,IEC 60721-3-7:2002,MOD)

GB/T 20159.8—2008　环境条件分类　环境条件分类与环境试验之间的关系及转换指南　导言(IEC 60721-4-0:2002,IDT)

ISO 554:1976　条件试验和(或)检验用的标准大气　规范

ISO 2533:1975　标准大气　附录1(1995),附录2(1997)

3　概述

3.1　对GB/T 4798.7的一般说明

GB/T 4798.7制定了与环境条件相关的环境参数组的分类,在这些环境条件下,产品可能会在运输过程中暴露在外。这些等级中的参数是分别给出的,但产品可能同时暴露于其中。其中一些参数是互相独立的,而另一些参数则是密切相关的,例如太阳辐射和温度。

3.2　对GB/T 2423的一般说明

GB/T 2423建立了一系列环境试验过程以及适合的试验严酷程度。试验严酷程度的选择基于产品失效结果。两种产品可能会放在同一个环境等级的不同场所。但是,由于失效结果的不同,一种产品相对另外那种,可能在更严酷的条件下进行试验。本部分仅仅选择常规的失效结果;对于更严重的失效结果,则必须根据具有专业知识的人员对产品的了解增加试验严酷等级。

3.3　严酷等级

GB/T 4798.7建立了包括产品可能会暴露在其中的极端短期条件在内的环境条件分类分级,产品超出这个条件范围的概率非常低。本部分表格给与试验严酷程度的建议也将此考虑在内。更多的信息可以参考GB/T 20159.8—2008,即GB/T 20159的引言。

3.4　推荐试验

下面的表格中有两类试验,第一类试验列举了GB/T 2423的试验,使用最接近于推荐试验的严酷等级的试验。第二类是本部分推荐的试验方法和严酷等级,一般认为更适用于大多数电工电子产品。

3.5　机械环境

产品是到处频繁移动的。搬运时没有对产品加以专门的包装。搬运时间的总和会占到产品寿命期的很大部分。产品并不是永久性地安装在任何构件上,或者放置在一个固定的地点。产品会在其处于固定状态,或搬运状态下运作。

GB/T 4798.7 表 6 中所说明的振动等级与频率范围是指场所的结构件。携带与非固定产品通常并不是刚性地连接到这些结构件上，而且，如果这些数据是用来设计一项试验规范，则具体设备的特性与场所应予以考虑。

因此，这类等级的影响应要求没有将设备用绳链或其他方式连接到试验台。大于 10 m/s² 左右的垂直振动加速度将对产生类似于“弹跳”的影响，GB/T 2423.39—2008 方法 A 叙述了此弹跳试验的方法，最高加速度为 1.1g_n[1)] ～1.2g_n，这表明产品没有特定的固定点。GB/T 2423.10—2008 与 GB/T 2423.56—2006 要求对受试样品确定固定点，因此，用户在作振动试验之前应确定这些固定点。

3.6 携带与非固定使用的环境试验

携带与非固定使用等级规定了便携产品在使用时经受到的环境条件。这包括搬运—停机、维护与修理的时期。由一起安放在密封箱内的产品所产生的环境条件，不包括在这类等级内。

相关的技术规范应规定在环境试验进程期间，明确产品何时处于运行状态，明确在试验前、试验中与试验后应测量的性能参数，以及明却产品的失效判据。

3.7 试验持续时间

表 1～表 7 中推荐的试验持续时间是在经验基础上选择的，经验证明这些持续时间足以表明环境条件对大多数产品的影响。但是如果经过特定应用验证，用户可以改变这些数值。为了便于用户理解，本部分中表格的相关注解解释了为什么选择这些推荐持续时间。

3.8 周围环境

某些推荐试验所使用的术语“周围环境”是指在 GB/T 2421—1999 中规定的标准大气条件，即：温度 15 ℃～35 ℃，相对湿度 25%～75%（最大绝对湿度为 22 g/m³），气压在 86 kPa～106 kPa。ISO 2533:1975 及其附录中提供了标准大气的详细描述，GB/T 4797.2 仅提供摘要。ISO 554:1976 中规定了试验用的“基准条件”。

4 气候条件

表 1 GB/T 4798.7 等级 7K1 推荐试验

（本等级适用于由温度控制的封闭场所及场所之间的直接移动，不控制湿度）

<table>
<tr><th colspan="2">GB/T 4798.7——气候条件</th><th colspan="5">GB/T 2423——气候试验</th></tr>
<tr><th rowspan="2">环境参数</th><th rowspan="2">等级 7K1</th><th colspan="2">最接近 GB/T 2423</th><th colspan="2">推荐试验</th><th rowspan="2">注释序号</th></tr>
<tr><th>试验方法</th><th>严酷程度</th><th>试验方法</th><th>严酷程度</th></tr>
<tr><td colspan="2" rowspan="3">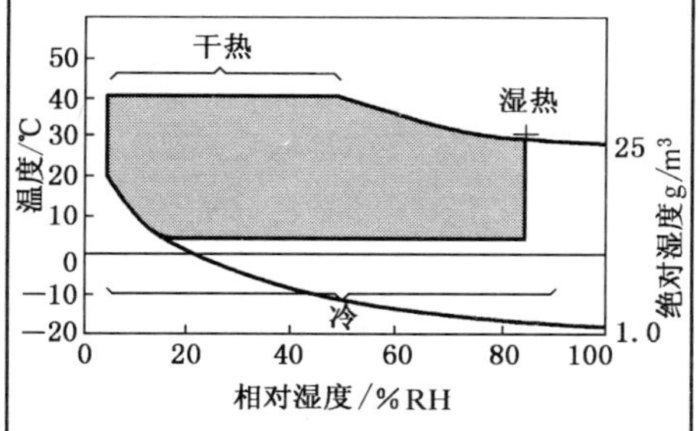

等级 7K1 气候图</td><td rowspan="3"></td><td rowspan="3"></td><td>X)高温
GB/T 2423.2—2008:
Bb/Bd</td><td>+40 ℃，16 h</td><td>1)，2)</td></tr>
<tr><td>Y)低温
GB/T 2423.1—2008:
Ab/Ad</td><td>+5 ℃，16 h</td><td>1)，2)</td></tr>
<tr><td>Z)湿热
GB/T 2423.3—2006:
Cab</td><td>+30 ℃，
85%RH，
96 h</td><td>1)，3)</td></tr>
<tr><td>a) 低温</td><td>+5 ℃</td><td colspan="2">同推荐试验</td><td colspan="2">见上</td><td></td></tr>
<tr><td>b) 高温</td><td>+40 ℃</td><td colspan="2">同推荐试验</td><td colspan="2">见上</td><td></td></tr>
<tr><td>c) 低相对湿度</td><td>5%</td><td colspan="2">同推荐试验</td><td colspan="2">见上</td><td></td></tr>
</table>

1) g_n，标准重力加速度，对一般的机械试验，g_n 取 10 m·s^{-2}。

表 1（续）

GB/T 4798.7——气候条件		GB/T 2423——气候试验				
环境参数	等级 7K1	最接近 GB/T 2423		推荐试验		注释序号
		试验方法	严酷程度	试验方法	严酷程度	
d）高相对湿度	85%	同推荐试验		见上		
e）低绝对湿度	1 g/m³	同推荐试验		见上		
f）高绝对湿度	25 g/m³	同推荐试验		见上		
g）温度变化	5 ℃/25 ℃	同推荐试验		GB/T 2423.22—2002:Na	+5 ℃到室温 二个循环 $t_1=3$ h， $t_2\leqslant 3$ min	4）
h）低气压	70 kPa	GB/T 2423.21—2008:M	70 kPa，30 min	一般不需试验——参照注释 5）		5）
i）高气压	106 kPa	无 GB/T 2423 试验		一般不需试验——参照注释 6）		6）
j）气压快速变化	可忽略	无 GB/T 2423 试验		一般不需试验——参照注释 7）		7）
k）太阳辐射	700 W/m²	GB/T 2423.24—1995:Sa 程序 C	1 120 W/m²，72 h，+40 ℃	高温试验增加 10 ℃，对材料做光化学反应测定		8）
l）热辐射 用户从 7Z1，7Z2，7Z3 中选取		无 GB/T 2423 试验		一般不需试验——参照注释 9）		9）
m）周围空气运动 用户从 7Z4，7Z5，7Z6 或 7Z7 中选取		无 GB/T 2423 试验		一般不需试验——参照注释 10）		10）
n）冷凝条件	有	无 GB/T 2423 试验		GB/T 2423.4—2008:Db 变量 2	+40 ℃，(90～100)%RH 两个循环	11）
o）降落物条件（雨、雪、雹等）	没有					
p）降雨强度	无					
q）低雨水温度	无					
r）除雨水以外的水源 用户从 7Z8，7Z9，7Z10，7Z11，7Z12 或 7Z13 中选取		无 GB/T 2423 试验		GB/T 2423.38—2008:Ra 或 Rb	参照注释 12）	12）
s）结冰和结霜条件	没有					
注：等级栏内的“无”表示 GB/T 4798.7 没有规定该条件。						

表 1——等级 7K1 注释：

说明：正如 GB/T 4798.7 所述，本等级中的产品也将达到 2K1 和 3K1 等级的要求。

1） 对于按气候图的条件所作试验的产品，通常仅使用三种试验：

——高温试验，其中相对湿度不应超过 50%，不精确控制相对湿度；

——低温试验，此试验中的相对湿度未予控制；

——湿热试验，稳态，此试验中的温度与湿度均加以控制。

在表格中这些试验表示为试验 X、Y 和 Z。气候图中的其他边界条件不要求试验，在 GB/T 2423 中没有这类试验可供使用。

2) 试验温度与 GB/T 4798.4 中该等级的环境参数相等。一般认为，对于大多数散热试验样品来说，选择持续时间为 16 h 足以说明这些产品的构造完全有能力在该温度下工作。GB/T 4798.3 包括了＋55 ℃这一特殊条件。如果此一条件应用于产品，则推荐＋55 ℃达 16 h 的替代性试验。

3) 这些严酷程度相同于 GB/T 4798.7 中此一等级的环境参数，96 h 持续时间被认为是对于大多数散热样品来说是足够的，这对于其设计所定的容差在此温度是足够发挥功能。

4) 温度变化试验经常用来试验设计容差，温度变化范围并不重要。建议将 3.8 所述的周围环境条件作为温度上限，以允许单箱法得以使用，从而使试验经济地进行。GB/T 2423.22—2002 试验 Na 规定了持续时间 t_1 与周期数。

5) 对于密封式产品，或者用于内含/加工液体的产品推荐使用 GB/T 2423.21—2008 试验 M：低气压。对于气压的影响是在部件高度评定的通常应用情况，对试验未作推荐。

6) 无 GB/T 2423 试验。GB/T 2423 对此一条件未有试验方法。该条件对大多数产品来说认为是温和的。

7) 无 GB/T 2423 试验。对此一条件，未有 GB/T 4798.7 严酷程度或 GB/T 2423 试验方法。该条件对大多数产品来说认为是温和的。

8) 选择 GB/T 2423.24—1995 中程序 C，模拟地面上的太阳辐射影响的试验，是因为它产生连续辐射，因此可以评定光降解影响。尽管本等级的严酷程度为 700 W/m²，而 GB/T 2423.24—1995 中试验 Sa 条件为太阳辐射值1 120 W/m²。

由于难以重现实际承受的真实辐射，太阳辐射试验不太理想。建议通过提高高温试验的温度 10 ℃来评定这个条件，并且评定材料和元件的光化学反应。更多的信息参见 GB/T 20159.8—2008。

一次太阳辐射水平来说，表面温度会高于周围环境 25 ℃以上。由于散热，表面温度在晚间也会下降(见 GB/T 4797.4)。选择材料时应考虑到这些影响，对于低温试验(试验 Ab/Ad)来说，宜认为是简化的温度试验。

可以为产品就太阳辐射影响而加以防护，例如，安装有效的防热盖，在此情况下，可以免去高温试验中的升温，或者可降低严酷程度。这要看防御措施的有效性。通常的做法应该是模拟这种防御措施，以使产品给出防御太阳辐射影响能力的可靠程度。

9) 无 GB/T 2423 试验。GB/T 4798.7 对热辐射没有数值可供使用，其影响通常包括在高温试验中，对于安装在较高热辐射源附近的产品，有必要采取诸如防护盖或隔热层的特殊防护措施，或要求做附加的升温试验，升高的度数取决于热源的严酷度。

10) 无 GB/T 2423 试验。建议用户根据现场测量从 7Z4、7Z5、7Z6 或 7Z7 中选择一项条件。没有合适的 GB/T 2423 试验存在，故用户如果要评定此一条件可制定其自己的方法。

11) 试验温度并不与高绝对温度特征的严酷度一致，由于它是 GB/T 2423 中的次最优选值。然而，强烈推荐此一温度降至 30 ℃以使试验在气候图描述的规定值以内进行。对于大多数产品来说，二个周期的持续时间(48 h)被认为是足够的。对于高散热样品，可免去此一试验，因为自热影响将阻止凝露的产生，而且，试验 Cab(试验 Z)包含了高温度的影响。选用试验 Db 的变量 1 以使重新产生凝露的可能性最大化。如果样品是低发热的，则可使用变量 2。

12) 如果具有合适的数据，建议用户从 7Z8、7Z9、7Z10、7Z11、7Z12 或 7Z13 中选择一项条件。然后，用户要从 GB/T 2423.38—2008 中选择相应的试验以及持续时间与试验严酷度。作为指南，下列所述对用户选择一项合适的条件会有所帮助：

a) 滴水：如果产品带有防御雨水的保护，但是有来自上方的结露滴水或者存在漏滴水，GB/T 2423.38—2008：Ra2——滴水箱法，滴水高度 2 m，倾斜角度 0°，持续时间 1 h 是最好的方法。

b) 溅水：如果产品有可能暴露于洒水系统或者水轮车喷溅环境中时，则 GB/T 2423.38—2008：试验 Rb2.1——摆动管法或者 Rb2.2——手持洒水法，1 min/m²，最多 30 min 是优选的方法。

c) 水浪：如果产品有可能暴露于冲洗或冲刷中，则 GB/T 2423.38—2008：试验 Rb3——软管法是优选的方法。

d) 射水：如果喷射水有可能冲击产品，选择 GB/T 2423.38—2008：试验 Ra 或者试验 Rb 来表明该产品是为了在这些条件下运行而设计的。

表 2　GB/T 4798.7 等级 7K2 推荐试验

（本等级适用于无温度控制、无湿度控制的封闭场所。当户外气候条件与本等级存在较大差异时，可使用加热设备提升低温。）

GB/T 4798.7——气候条件		GB/T 2423——气候试验				
环境参数	等级 7K2	最接近 GB/T 2423		推荐试验		注释序号
		试验方法	严酷程度	试验方法	严酷程度	
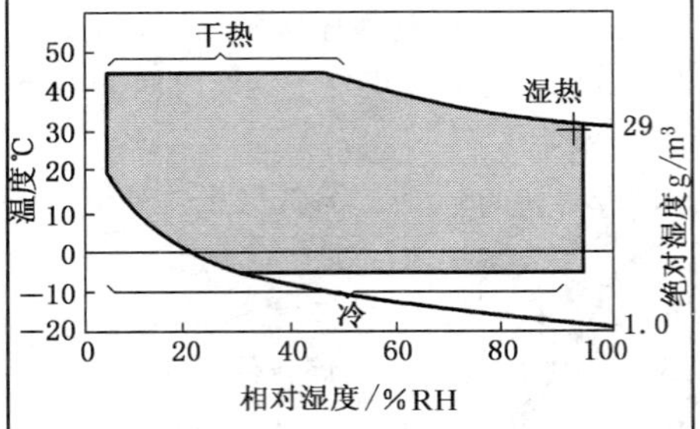 等级 7K2 气候图				X）高温 GB/T 2423.2—2008：Bb/Bd Y）低温 GB/T 2423.1—2008：Ab/Ad Z）湿热 GB/T 2423.3—2006：Cab	+45 ℃，16 h −5 ℃，16 h +30 ℃，93%RH，96 h	1），2） 1），2） 1），3）
a）低温	−5 ℃	同推荐试验		见上		
b）高温	+45 ℃	同推荐试验		见上		
c）低相对湿度	5%	同推荐试验		见上		
d）高相对湿度	95%	同推荐试验		见上		
e）低绝对湿度	1 g/m³	同推荐试验		见上		
f）高绝对湿度	29 g/m³	同推荐试验		见上		
g）温度变化	−5 ℃/25 ℃	同推荐试验		GB/T 2423.22—2002：Na	−5 ℃到室温 五个循环 t_1=3 h， t_2≤3 min	4）
h）低气压	70 kPa	GB/T 2423.21—2008：M	70 kPa，30 min	一般不需试验——参照注释 5）		5）
i）高气压	106 kPa	无 GB/T 2423 试验		一般不需试验——参照注释 6）		6）
j）气压快速变化	可忽略	无 GB/T 2423 试验		一般不需试验——参照注释 7）		7）
k）太阳辐射	700 W/m²	GB/T 2423.24—1995：Sa 方法 C	1 120 W/m²，72 h，+40 ℃	高温试验增加 10 ℃，对材料做光化学反应测定		8）
l）热辐射 用户从 7Z1，7Z2，7Z3 中选取		无 GB/T 2423 试验		一般不需试验——参照注释 9）		9）
m）周围空气运动 用户从 7Z4，7Z5，7Z6 或 7Z7 中选取		无 GB/T 2423 试验		一般不需试验——参照注释 10）		10）
n）冷凝	有	同推荐试验		GB/T 2423.4—2008：Db 变量 1	+40 ℃，(90～100)%RH 二个循环	11）

表 2（续）

GB/T 4798.7——气候条件		GB/T 2423——气候试验				
环境参数	等级 7K2	最接近 GB/T 2423		推荐试验		注释序号
		试验方法	严酷程度	试验方法	严酷程度	
o) 降水(雨、雪、冰雹等)	没有					
p) 降雨强度	无					
q) 低雨水温度	无					
r) 除雨水以外的水源 用户从 7Z8,7Z9,7Z10,7Z11,7Z12 或 7Z13 中选取		无 GB/T 2423 试验		GB/T 2423.38—2008：Ra 或 Rb	参照注释 12)	12)
s) 结冰和结霜条件	有	无 GB/T 2423 试验		一般不需试验——参照注释 13)		13)
注：等级栏内的“无”表示 GB/T 4798.7 没有规定该条件。						

表 2——等级 7K2 注释：

说明：正如 GB/T 4798.7 所述，本等级中的产品也将达到 2K1 和 3K5 等级的要求。

1) 对于按气候图的条件所作试验的产品，通常仅使用三种试验：

——高温试验，此试验中相对湿度应不超过 50%，但未予具体控制；

——低温试验，此试验中的相对湿度未予控制；

——湿热试验，稳态，此试验中的温度与湿度均加以控制。

在表格中这些试验表示为试验 X、Y 和 Z。气候图中的其他边界条件不要求试验，在 GB/T 2423 没有这类试验可供使用。

2) 试验温度与 GB/T 4798.4 中该等级的环境参数相等。一般认为，对于大多数散热试验样品来说，选择持续时间为 16 h 足以说明这些产品的构造完全有能力在该温度下工作。GB/T 4798.3 包括了 +55 ℃这一特殊条件。如果此一条件应用于产品，则推荐 +55 ℃达 16 h 的替代性试验。

3) 这些严酷程度是 GB/T 2423 中最接近的优选值，在温度与湿度方面与 GB/T 4798.7 的环境参数的小差别被认为是无关紧要的，且出于通常的测量容差以内。96 h 持续时间被认为是对于大多数散热样品来说是足够的，这对于其设计所定的容差在此温度是足够发挥功能。

4) 温度变化试验经常用来测试设计容差，温度变化范围并不重要。然而，在此一等级中会产生凝露，故提议一个跨过 0 ℃的边界范围，以允许散热样品产生凝露。如 3.8 所述，建议周围环境条件作为温度上限，以允许单箱法得以使用，从而使实验经济地进行。

5) 对于密封式产品，或者用于内含/加工液体的产品推荐使用 GB/T 2423.21—2008 试验 M：低气压。对于气压的影响是在部件高度评定的通常应用情况，对试验未作推荐。

6) 无 GB/T 2423 试验。GB/T 2423 对此一条件未有试验方法。该条件对大多数产品来说认为是温和的。

7) 无 GB/T 2423 试验。对此一条件，未有 GB/T 4798.7 严酷程度或 GB/T 2423 试验方法。该条件对大多数产品来说认为是温和的。

8) 选择 GB/T 2423.24—1995 中程序 C，模拟地面上的太阳辐射影响的试验，是因为它产生连续辐射，因此可以评定光降解影响。尽管本等级的严酷程度为 700 W/m^2，而 GB/T 2423.24—1995 中试验 Sa 条件为太阳辐射值1 120 W/m^2。

由于难以重现实际承受的真实辐射，太阳辐射试验不太理想。建议通过提高高温试验的温度 10 ℃来评定这个条件，并且评定材料和元件的光化学反应。更多的信息参见 GB/T 20159.8—2008。

一次太阳辐射水平来说，表面温度会高于周围环境 25 ℃以上。由于散热，表面温度在晚间也会下降(见 GB/T 4797.4)。选择材料时应考虑到这些影响，对于低温试验(试验 Ab/Ad)来说，宜认为是简化的温度试验。

可以为产品就太阳辐射影响而加以防护，例如，安装有效的防热盖，在此情况下，可以免去高温试验中的升温，或者可降低严酷程度。这要看防御措施的有效性。通常的做法应该是模拟这种防御措施，以使产品给出防御太阳辐射影响能力的可靠程度。

9） 无 GB/T 2423 试验。GB/T 4798.7 对热辐射没有数值可供使用，其影响通常包括在高温试验中，对于安装在较高热辐射源附近的产品，有必要采取诸如防护盖或隔热层的特殊防护措施，或要求做附加的升温试验，升高的度数取决于热源的严酷度。

10） 无 GB/T 2423 试验。建议用户根据现场测量从 7Z4、7Z5、7Z6 或 7Z7 中选择一项条件。没有合适的 GB/T 2423 试验存在，故用户如果要评定此一条件可制定其自己的方法。

11） 试验温度并不与高绝对温度特征的严酷度一致，由于它是 GB/T 2423 中的次最优选值。然而，强烈推荐此一温度降至 30 ℃以便试验在气候图描述的规定值以内进行。对于大多数产品来说，二个周期的持续时间(48 h)被认为是足够的。对于高散热样品，可免去此一试验，因为自热影响将阻止凝露的产生，而且，试验 Cab（试验 Z）包含了高温度的影响。选用试验 Db 的变量 1 以使重新产生凝露的可能性最大化。如果样品是低发热的，则可使用变量 2。

12） 如果具有合适的数据，建议用户从 7Z8、7Z9、7Z10、7Z11、7Z12 或 7Z13 中选择一项条件。然后，用户要从 GB/T 2423.38—2008 中选择相应的试验以及持续时间与试验严酷度。作为指南，以下可以帮助用户选用适当的试验：

a） 滴水：如果产品带有防御雨水的保护，但是有来自上方的结露滴水或者存在漏滴水，GB/T 2423.38—2008：试验 Ra2——滴水箱法，滴水高度 2 m，倾斜角度 0°，持续时间 1 h 是最好的方法。

b） 溅水：如果产品有可能暴露于洒水系统或者水轮车喷溅环境中时，则 GB/T 2423.38—2008：试验 Rb2.1——摆动管法或者 Rb2.2——手持洒水法，1 min/m^2，最多 30 min 是优选的方法。

c） 水浪：如果产品有可能暴露于冲洗或冲刷中，则 GB/T 2423.38—2008：试验 Rb3——软管法是优选的方法。

d） 射水：如果喷射水有可能冲击产品，选择 GB/T 2423.38—2008：试验 Ra 或者试验 Rb 来表明该产品是为了在这些条件下运行而设计的。

13） 除了寒冷试验（试验 Ab/Ad）外，GB/T 2423 没有合适的试验。然而，当为这一等级设计产品时，此一条件应予以考虑，尤其是产品含有运动部件的时候，应进行特殊的预防措施。

表 3　GB/T 4798.7 等级 7K3 推荐试验

（本等级适用于位于暖温、干热、亚湿热、极干热（EWDr）、湿热及恒定湿热（WdaE）等气候类型的任何结构建筑物内全部或部分气候防护场所，直接暴露于户外气候条件限制组的无气候防护场所的使用，以及上述场所间的移动）

GB/T 4798.7——气候条件		GB/T 2423——气候试验				
环境参数	等级 7K3	最接近 GB/T 2423		推荐试验		注释序号
		试验方法	严酷程度	试验方法	严酷程度	
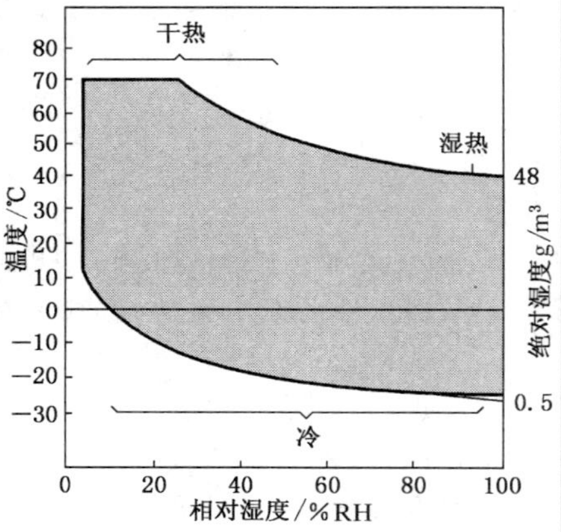 等级 7K3 气候图				X）高温 GB/T 2423.2—2008：Bb/Bd	+70 ℃，16 h	1），2）
				Y）低温 GB/T 2423.1—2008：Ab/Ad	−25 ℃，16 h	1），2）
				Z）湿热 GB/T 2423.3—2006：Cab	+40 ℃，93%RH，96 h	1），3）
a） 低温	−25 ℃	同推荐试验		见上		
b） 高温	+70 ℃	同推荐试验		见上		

表 3（续）

GB/T 4798.7——气候条件		GB/T 2423——气候试验				
环境参数	等级 7K3	最接近 GB/T 2423		推荐试验		注释序号
		试验方法	严酷程度	试验方法	严酷程度	
c) 低相对湿度	5%	同推荐试验		见上		
d) 高相对湿度	100%	同推荐试验		见上		
e) 低绝对湿度	0.5 g/m³	同推荐试验		见上		
f) 高绝对湿度	48 g/m³	同推荐试验		见上		
g) 温度变化	−25 ℃/+30 ℃	同推荐试验		GB/T 2423.22—2002:Na	−25 ℃到室温 五个循环 $t_1=3$ h, $t_2\leqslant 3$ min	4)
h) 低气压	70 kPa	GB/T 2423.21—2008:M	70 kPa,30 min	一般不需试验——参照注释 5)		5)
i) 高气压	106 kPa	无 GB/T 2423 试验		一般不需试验——参照注释 6)		6)
j) 气压快速变化	可忽略	无 GB/T 2423 试验		一般不需试验——参照注释 7)		7)
k) 太阳辐射	1 120 W/m²	GB/T 2423.24—1995:Sa 方法 C	1 120 W/m²,72 h,+40 ℃	高温试验增加 15 ℃, 对材料做光化学反应测定		8)
l) 热辐射 用户从 7Z1,7Z2,7Z3 中选取		无 GB/T 2423 试验		一般不需试验——参照注释 9)		9)
m) 周围空气运动 用户从 7Z4,7Z5,7Z6 或 7Z7 中选取		无 GB/T 2423 试验		一般不需试验——参照注释 10)		10)
n) 冷凝	有	同推荐试验		GB/T 2423.4—2008:Db 变量 1	+40 ℃, (90～100)%RH 二个循环	11)
o) 降水(雨、雪、冰雹等)	有	无 GB/T 2423 试验		一般不需试验——参照注释 12)		12)
p) 降雨强度	6 mm/min	同推荐试验		GB/T 2423.38:Rb 方法 2.2	暴露:1 min/m² 持续时间:至少 5 min	13)
q) 低雨水温度	+5 ℃	无 GB/T 2423 试验		一般不需试验——参照注释 14)		14)
r) 除雨水以外的水源 用户从 7Z8,7Z9,7Z10,7Z11,7Z12 或 7Z13 中选取		无 GB/T 2423 试验		GB/T 2423.38—2008:Ra 或 Rb	参照注释 15)	15)
s) 结冰和结霜条件	有	无 GB/T 2423 试验		一般不需试验——参照注释 16)		16)

表 3——等级 7K3 注释：

说明：正如 GB/T 4798.7 所述，本等级中的产品也将达到 2K3、3K6 和 4K1 等级的要求。

1） 对于按气候图的条件所作试验的产品，通常仅使用三种试验：

——高温试验，此试验中相对湿度应不超过 50%，但未予具体控制；

——低温试验，此试验中的相对湿度未予控制；

——湿热试验，稳态，此试验中的温度与湿度均加以控制。

在表格中这些试验表示为试验 X、Y 和 Z。气候图中的其他边界条件不要求试验，在 GB/T 2423 没有这类试验可供使用。

2） 试验温度与 GB/T 4798.4 中该等级的环境参数相等。一般认为，对于大多数散热试验样品来说，选择持续时间为 16 h 足以说明这些产品的构造完全有能力在该温度下工作。

3） 这些严酷程度是 GB/T 2423 中最接近的优选值，在温度与湿度方面与 GB/T 4798.7 的环境参数的小差别被认为是无关紧要的，且出于通常的测量容差以内。96 h 持续时间被认为是对于大多数散热样品来说是足够的，这对于其设计所定的容差在此温度是足够发挥功能。

4） 温度变化试验经常用来测试设计容差，温度变化范围并不重要。然而，在此一等级中会产生凝露，故提议一个跨过 0 ℃的边界范围，以允许散热样品产生凝露。如 3.8 所述，建议周围环境条件作为温度上限，以允许单箱法得以使用，从而使实验经济地进行。

5） 对于密封式产品，或者用于内含/加工液体的产品推荐使用 GB/T 2423.21—2008 试验 M：低气压。对于气压的影响是在部件高度评定的通常应用情况，对试验未作推荐。

6） 无 GB/T 2423 试验。GB/T 2423 对此一条件未有试验方法。该条件对大多数产品来说认为是温和的。

7） 无 GB/T 2423 试验。对此一条件，未有 GB/T 4798.7 严酷程度或 GB/T 2423 试验方法。该条件对大多数产品来说认为是温和的。

8） 选择 GB/T 2423.24—1995 中程序 C，模拟地面上的太阳辐射影响的试验，是因为它产生连续辐射，因此可以评定光降解影响。GB/T 2423.24—1995 中试验 Sa 条件为太阳辐射值 1 120 W/m^2。

由于难以重现实际承受的真实辐射，太阳辐射试验不太理想。建议通过提高高温试验的温度 15 ℃来评定这个条件，并且评定材料和元件的光化学反应。更多的信息参见 GB/T 20159.8—2008。

一次太阳辐射水平来说，表面温度会高于周围环境 25 ℃以上。由于散热，表面温度在晚间也会下降（见 GB/T 4797.4）。选择材料时应考虑到这些影响，对于低温试验（试验 Ab/Ad）来说，宜认为是简化的温度试验。

可以为产品就太阳辐射影响而加以防护，例如，安装有效的防热盖，在此情况下，可以免去高温试验中的升温，或者可降低严酷程度。这要看防御措施的有效性。通常的做法应该是模拟这种防御措施，以使产品给出防御太阳辐射影响能力的可靠程度。

9） 无 GB/T 2423 试验。GB/T 4798.7 对热辐射没有数值可供使用，其影响通常包括在高温试验中，对于安装在较高热辐射源附近的产品，有必要采取诸如防护盖或隔热层的特殊防护措施，或要求做附加的升温试验，升高的度数取决于热源的严酷度。

10） 无 GB/T 2423 试验。建议用户根据现场测量从 7Z4、7Z5、7Z6 或 7Z7 中选择一项条件。没有合适的 GB/T 2423 试验存在，故用户如果要评定此一条件可制定其自己的方法。

11） 试验温度并不与高绝对温度特征的严酷度一致，由于它是 GB/T 2423 中的次最优选值。对于大多数产品来说，二个周期的持续时间（48 h）被认为是足够的。对于高散热样品，可免去此一试验，因为自热影响将阻止凝露的产生，而且，试验 Cab（试验 Z）包含了高温度的影响。选用试验 Db 的变量 1 以使重新产生凝露的可能性最大化。如果样品是低发热的，则可使用变量 2。

12） 无 GB/T 2423 试验。GB/T 4798.7 中对降水无数值可供使用。雨水的影响包括在雨水试验内[见表 3 中的 p)行]。在选择材料时，应评定冰雹与雪的影响，以及在设计用于此等级的产品时，也应考虑此影响。

13） GB/T 2423.38—2008 对暴露于雨水的产品推荐试验 Ra1。然而，这与 GB/T 4798 等级的降雨量不一致，而且对大件物品来说不实用。因而推荐试验 Rb2.2，这是由于该试验是一项简易又可重复的试验，可对各种体积的产品进行的试验。

14） GB/T 2423 没有合适的试验。根据 GB/T 2423.38—2008，应使用新鲜自来水来进行水试验，而且对温度未加控制。温度快速变化试验（试验 Na）部分涉及了冷却影响。

15） 如果具有合适的数据，建议用户从 7Z8、7Z9、7Z10、7Z11、7Z12 或 7Z13 中选择一项条件。然后，用户要从

GB/T 2423.38—2008 中选择相应的试验以及持续时间与试验严酷度。作为指南，下列所述对用户选择一项合适的条件会有所帮助：

a) 滴水：如果产品带有防御雨水的保护，但是有来自上方的结露滴水或者存在漏滴水，GB/T 2423.38—2008：试验 Ra2——滴水箱法，滴水高度 2 m，倾斜角度 0°，持续时间 1 h 是最好的方法。

b) 溅水：如果产品有可能暴露于洒水系统或者水轮车喷溅环境中时，则 GB/T 2423.38—2008：试验 Rb2.1——摆动管法或者 Rb2.2——手持洒水法，1 min/m²，最多 30 min 是优选的方法。

c) 水浪：如果产品有可能暴露于冲洗或冲刷中，则 GB/T 2423.38—2008：试验 Rb3——软管法是优选的方法。

d) 射水：如果喷射水有可能冲击产品，选择 GB/T 2423.38—2008：试验 Ra 或者试验 Rb 来表明该产品是为了在这些条件下运行而设计的。

16) 除了寒冷试验（试验 Ab/Ad）外，GB/T 2423 没有合适的试验。然而，当为这一等级设计产品时，此一条件应予以考虑，尤其是产品含有运动部件的时候，应进行特殊的预防措施。

表 4 GB/T 4798.7 等级 7K4 推荐试验

（本等级适用于位于寒温、暖温、干热、亚湿热、极干热（EWDr）、湿热及恒定湿热（WdaE）等气候类型的任何结构建筑物内全部或部分气候防护场所，直接暴露于户外气候条件中等组的无气候防护场所的使用，以及上述场所间的移动）

GB/T 4798.7——气候条件		GB/T 2423——气候试验				
环境参数	等级 7K4	最接近 GB/T 2423		推荐试验		注释序号
		试验方法	严酷程度	试验方法	严酷程度	
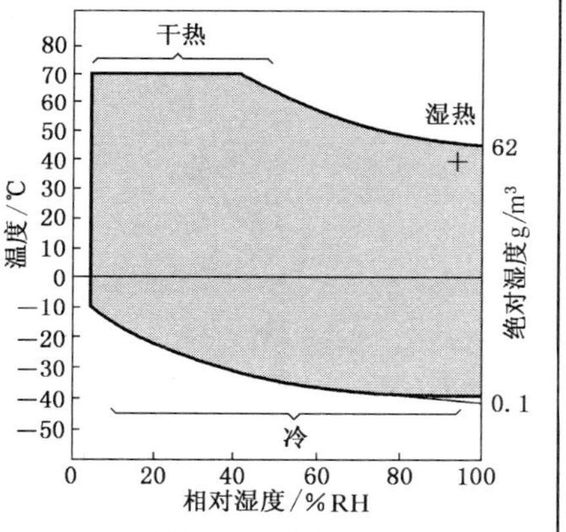 等级 7K4 气候图				X）高温 GB/T 2423.2—2008：Bb/Bd	+70 ℃，16 h	1），2）
				Y）低温 GB/T 2423.1—2008：Ab/Ad	−40 ℃，16 h	1），2）
				Z）湿热 GB/T 2423.3—2006：Cab	+40 ℃，93%RH，96 h	1），3）
a) 低温	−40 ℃	同推荐试验		见上		
b) 高温	+70 ℃	同推荐试验		见上		
c) 低相对湿度	5%	同推荐试验		见上		
d) 高相对湿度	100%	同推荐试验		见上		
e) 低绝对湿度	0.1 g/m³	同推荐试验		见上		
f) 高绝对湿度	62 g/m³	同推荐试验		见上		
g) 温度变化	−40 ℃/+30 ℃	同推荐试验		GB/T 2423.22—2002：Na	+5 ℃到室温 五个循环 t_1=3 h， t_2≤3 min	4）

表 4（续）

GB/T 4798.7——气候条件		GB/T 2423——气候试验				
环境参数	等级 7K4	最接近 GB/T 2423		推荐试验		注释序号
		试验方法	严酷程度	试验方法	严酷程度	
h) 低气压	70 kPa	GB/T 2423.21—2008:M	70 kPa，30 min	一般不需试验——参照注释 5)		5)
i) 高气压	106 kPa	无 GB/T 2423 试验		一般不需试验——参照注释 6)		6)
j) 气压快速变化	可忽略	无 GB/T 2423 试验		一般不需试验——参照注释 7)		7)
k) 太阳辐射	1 120 W/m²	GB/T 2423.24—1995:Sa 方法 C	1 120 W/m²，72 h，+55 ℃	高温试验增加 15 ℃，对材料做光化学反应测定		8)
l) 热辐射 用户从 7Z1，7Z2，7Z3 中选取		无 GB/T 2423 试验		一般不需试验——参照注释 9)		9)
m) 周围空气运动 用户从 7Z4，7Z5，7Z6 或 7Z7 中选取		无 GB/T 2423 试验		一般不需试验——参照注释 10)		10)
n) 冷凝	有	同推荐试验		GB/T 2423.4—2008:Db 变量 1	+40 ℃，(90～100)%RH 二个循环	11)
o) 降水(雨、雪、冰雹等)	有	无 GB/T 2423 试验		一般不需试验——参照注释 12)		12)
p) 降雨强度	6 mm/min	同推荐试验		GB/T 2423.38—2008:Rb 方法 2.2	暴露:1 min/m² 持续时间:至少 5 min	13)
q) 低雨水温度	+5 ℃	无 GB/T 2423 试验		一般不需试验——参照注释 14)		14)
r) 除雨水以外的水源 用户从 7Z8，7Z9，7Z10，7Z11，7Z12 或 7Z13 中选取		无 GB/T 2423 试验		GB/T 2423.38—2008:Ra 或 Rb	参照注释 15)	15)
s) 结冰和结霜条件	有	无 GB/T 2423 试验		一般不需试验——参照注释 16)		16)

表 4——等级 7K4 注释：

说明：正如 GB/T 4798.7 所述，本等级中的产品也将达到 2K4、3K7 和 4K2 等级的要求。

1) 对于按气候图的条件所作试验的产品，通常仅使用三种试验：

——高温试验，此试验中相对湿度应不超过 50%，但未予具体控制；

——寒冷试验,此试验中的相对湿度未予控制;

——湿热试验,稳态,此试验中的温度与湿度均加以控制。

这些试验在气候图中的试验 X、Y 与 Z 表示,其后图中的其他边界条件无需加以试验,GB/T 2423 没有这类试验可供使用。

2) 试验温度相同于 GB/T 4798.7 中此一等级的环境参数。选用 16 h 持续时间被认为是对于大多数散热样品来说是足够的,这对于其设计所定的容差在此温度是足够发挥功能。GB/T 4798.3 包括了 +55 ℃这一特殊条件。如果此一条件应用于产品,则推荐 +55 ℃达 16 h 的替代性试验。

3) 这些严酷程度是 GB/T 2423 中最接近的优选值,在温度与湿度方面与 GB/T 4798.7 的环境参数的小差别被认为是无关紧要的,且出于通常的测量容差以内。96 h 持续时间被认为是对于大多数散热样品来说是足够的,这对于其设计所定的容差在此温度是足够发挥功能。

4) 温度变化试验通常用于检验设计的耐受力,其范围无关紧要。然而,在此一等级中会产生凝露,故提议一个跨过 0 ℃的边界范围,以允许散热样品产生凝露。如 3.8 所述,建议周围环境条件作为温度上限,以允许单箱法得以使用,从而使实验经济地进行。

5) 对于密封式产品,或者用于内含/加工液体的产品推荐使用 GB/T 2423.21—2008 试验 M:低气压。对于气压的影响是在部件高度评定的通常应用情况,对试验未作推荐。

6) 无 GB/T 2423 试验。GB/T 2423 对此一条件未有试验方法。该条件对大多数产品来说认为是温和的。

7) 无 GB/T 2423 试验。对此一条件,未有 GB/T 4798.7 严酷程度或 GB/T 2423 试验方法。该条件对大多数产品来说认为是温和的。

8) 选择 GB/T 2423.24 中程序 C,模拟地面上的太阳辐射影响的试验,是因为它产生连续辐射,因此允许固定光降解影响。而 GB/T 2423.24—1995 的唯一试验条件 Sa 对太阳辐射值定为 1 120 W/m^2。

由于实践中遇到的实际辐射难以复现,太阳试验并不认为是理想的。推荐本条件应以高温试验的温度增加 15 ℃以及对材料和部件作光化学反应来评定。更详细的情况见 GB/T 20159.8—2008。

一次太阳辐射水平来说,表面温度会高于周围环境 25 ℃以上。由于散热,表面温度在晚间也会下降(见 GB/T 4797.4)。选择材料时应考虑到这些影响,且应对低温试验(试验 Ab/Ad)考虑一项降温试验。

可以为产品就太阳辐射影响而加以防护,例如,安装有效的防热盖,在此情况下,可以免去高温试验中的升温,或者可降低严酷程度。这要看防御措施的有效性。通常的做法应该是模拟这种防御措施,以使产品给出防御太阳辐射影响能力的可靠程度。

9) 无 GB/T 2423 试验。GB/T 4798.7 对热辐射没有数值可供使用,其影响通常包括在高温试验中,对于安装在较高热辐射源附近的产品,有必要采取诸如防护盖或隔热层的特殊防护措施,或要求做附加的升温试验,升高的度数取决于热源的严酷度。

10) 无 GB/T 2423 试验。建议用户根据现场测量从 7Z4、7Z5、7Z6 或 7Z7 中选择一项条件。没有合适的 GB/T 2423 试验存在,故用户如果要评定此一条件可制定其自己的方法。

11) 试验温度并不与高绝对温度特征的严酷度一致,由于它是 GB/T 2423 中的次最优选值。然而,强烈推荐此一温度降至 30 ℃以便试验在气候图描述的规定值以内进行。对于大多数产品来说,二个周期的持续时间(48 h)被认为是足够的。对于高散热样品,可免去此一试验,因为自热影响将阻止凝露的产生,而且,试验 Cab(试验 Z)包含了高温度的影响。选用试验 Db 的变量 1 以使重新产生凝露的可能性最大化。如果样品是低发热的,则可使用变量 2。

12) 无 GB/T 2423 试验。GB/T 4798.7 中对降水无数值可供使用。雨水的影响包括在雨水试验内[见表 4 中的 p)行]。在选择材料时,应评定冰雹与雪的影响,以及在设计用于此等级的产品时,也应考虑此影响。、

13) GB/T 2423.38—2008 对暴露于雨水的产品推荐试验 Ra1。然而,这与 GB/T 4798 等级的降雨量不一致,而且对大件物品来说不实用。因而推荐试验 Rb2.2,这是由于该试验是一项简易又可重复的试验,可对各种体积的产品进行的试验。

14) GB/T 2423 没有合适的试验。根据 GB/T 2423.38—2008,应使用新鲜自来水来进行水试验,而且对温度未加控制。温度快速变化试验(试验 Na)部分涉及了冷却影响。

15) 如果具有合适的数据,建议用户从 7Z8、7Z9、7Z10、7Z11、7Z12 或 7Z13 中选择一项条件。然后,用户要从 GB/T 2423.38中选择相应的试验以及持续时间与试验严酷度。作为指南,下列所述对用户选择一项合适的条件会有所帮助:

a) 滴水：如果产品带有防御雨水的保护，但是有来自上方的结露滴水或者存在漏滴水，GB/T 2423.38—2008：试验 Ra2——滴水箱法，滴水高度 2 m，倾斜角度 0°，持续时间 1 h 是最好的方法。

b) 溅水：如果产品有可能暴露于洒水系统或者水轮车喷溅环境中时，则 GB/T 2423.38—2008：试验 Rb2.1——摆动管法或者 Rb2.2——手持洒水法，1 min/m²，最多 30 min 是优选的方法。

c) 水浪：如果产品有可能暴露于冲洗或冲刷中，则 GB/T 2423.38—2008：试验 Rb3——软管法是优选的方法。

d) 射水：如果喷射水有可能冲击产品，选择 GB/T 2423.38—2008：试验 Ra 或者试验 Rb 来表明该产品是为了在这些条件下运行而设计的。

16) 除了寒冷试验（试验 Ab/Ad）外，GB/T 2423 没有合适的试验。然而，当为这一等级设计产品时，此一条件应予以考虑，尤其是产品含有运动部件的时候，应进行特殊的预防措施。

5 机械条件

表 5 GB/T 4798.7 等级 7M1 推荐试验

（本等级适用于具有低能量振动、中等能量冲击的场所。细心操作和移动产品）

GB/T 4798.7——机械条件					GB/T 2423——机械试验						
环境参数	单位	等级 7M1			最接近 GB/T 2423 试验方法	最接近 GB/T 2423 严酷程度	推荐试验 试验方法	推荐试验 严酷程度			注释序号
a) 稳态正弦振动[a]					同推荐试验		GB/T 2423.10—2008 Fc：振动 正弦				
位移	mm	3.5						3.5			1)
加速度	m/s²		10	15				10			
频率范围	Hz	2～9	9～200	200～500				1～500			
轴向								3			2)
循环次数								10			
b) 随机振动[a]					同推荐试验		GB/T 2423.56—2006 Fh：振动 宽带随机				
加速度谱密度（ASD）[b]	(m/s²)²/Hz	10	0.3								
斜度	dB/oct							1.0	−3	0.5	3)
频率范围	Hz	10～200	200～2 000					10～100	100～200	200～2 000	
轴向								3			
持续时间/轴	min							30			4)
c) 冲击					同推荐试验		GB/T 2423.5—1995：Ea 冲击（半正弦）				
冲击响应谱		类型Ⅰ									
最大加速度	m/s²	100						150			5)
持续时间	ms	11						11			
冲击次数/轴向								每个方向三次			
冲击轴向								6			
d) 自由跌落					同推荐试验		GB/T 2423.8—1995 Ed：方法 1 自由跌落	每一规定高度			
下落次数								下落二次			6)
质量	kg	<1	<10	<50				<1	<10	<50	
下落高度	m	0.025	0.025	0.025				0.025	0.025	0.025	

[a] 推荐选择正弦或随机试验，但并非两者皆试。

[b] 加速度谱密度（ASD）的单位，IEC 原文采用 m²/s³，此处根据我国振动试验相关国标，改为 (m/s²)²/Hz。

表 5——等级 7M1 注释：

1) 实际的交越频率落在 8 Hz 与 9 Hz 之间，但由计算来确定，从而可在位移与加速度之间顺利过渡。当已知产品在 10 Hz 以下不含有共振时，则允许产品按 GB/T 2423.56—2006 给出的频率范围从 1 Hz～5 Hz 之间变化，以方便适用标准的试验设备。

试验表明，200 Hz 的这一振动等级较不现实，因而也是不适当的。总的趋势是，振动等级随频率增加而降低。

2） 产品在搬运期间遇到的主要振动在性质上是随机的，因此推荐如 GB/T 2423.56—2006 所述的随机振动试验。建议在随机振动试验之前或试验时使用正弦共振测查。

3） 该试验的最大 ASD(加速度谱密度)的频率范围扩展至 100 Hz。所述试验频谱的有效值(r.m.s)为 49.8 m/s^2。选用了等于 0.5 的 ASD 值，此值对于大多数便携式产品来说应该是足够的。

4） 一般来说，30 min/轴的持续时间被认为是足够的。如果预期产品要长距离的搬运，或者要搬运很多次，推荐延长持续时间。

5） 已从 GB/T 2423.5—1995 的试验 Ea 的最接近数值之中选择了严酷程度。如果已知产品具有一个临界方向，则试验轴之一应该对准这个邻接方向。对这一"使用中"的等级，不推荐碰撞(bump)试验，这是由于在这一严酷程度的冲击次数预期不会很高。

6） 自由跌落试验与 GB/T 4798.7 为此一等级而定的环境参数相同。GB/T 2423.8—1995 自由跌落试验规范并不以质量分类，而 GB/T 4798.7 的等级 7M1 却是。因此，推荐试验严酷程度应反映出 GB/T 4798.7 中的此一分类法。

对于通常在带有铺垫和类似材料的区域使用的产品，冲击到材料(由木材支撑的特殊钢除外)的自由跌落试验会较为适合。

表 6 GB/T 4798.7 等级 7M2 推荐试验

（本等级适用于具有高能量冲击的场所。不细心操作和移动产品）

GB/T 4798.7——机械条件			GB/T 2423——机械试验				
环境参数	单位	等级 7M2	最接近 GB/T 2423		推荐试验		注释序号
			试验方法	严酷程度	试验方法	严酷程度	
a) 稳态正弦振动[a] 位移 加速度 频率范围 轴向 循环次数	 mm m/s^2 Hz	3.5 | 10 | 15 2～9 | 9～200 | 200～500	同推荐试验		GB/T 2423.10—2008 Fc：振动正弦	3.5 10 1～500 3 10	1) 2)
b) 随机振动[a] 加速度谱密度(ASD)[b] 斜度 频率范围 轴向 持续时间/轴	 $(m/s^2)^2/Hz$ dB/oct Hz min	1.0 | 0.3 10～200 | 200～2 000	同推荐试验		GB/T 2423.56—2006 Fh：振动宽带随机	1.0 | −3 | 0.5 10～100 | 100～200 | 200～2 000 3 30	3) 4)
c) 冲击 冲击响应谱 最大加速度 持续时间 冲击次数/轴向 冲击轴向	 m/s^2 ms	类型Ⅰ | 类型Ⅱ 100 | 600 11 | 6	同推荐试验		GB/T 2423.5—1995 Ea：冲击(半正弦)	类型Ⅰ | 类型Ⅱ 150 | 300 11 | 6 每个方向三次 6	5)
d) 自由跌落 下落次数 质量 下落高度	 kg m	<1 | <10 | <50 0.025 | 0.025 | 0.025	同推荐试验		GB/T 2423.8—1995 Ed：方法1 自由跌落	每一规定高度下落二次 <1 | <10 | <50 0.25 | 0.1 | 0.05	6)

表 6（续）

GB/T 4798.7——机械条件			GB/T 2423——机械试验				
环境参数	单位	等级 7M2	最接近 GB/T 2423		推荐试验		注释序号
			试验方法	严酷程度	试验方法	严酷程度	
e) 跌落与翻倒[c] 1)跌落在边角上 质量 高度 边角处	 kg m	无			GB/T 2423.7—1995 Ec:跌落与翻倒	<50 | >50 0.1 或 30° | 0.05 或 30° 取较小的 每个相关边角跌落一次	(7)
2)翻侧(或推倒) 质量 边缘					GB/T 2423.7—1995 Ec:跌落与翻倒	4 个底部边缘的每一个边缘翻倒一次	8)

[a] 推荐选择正弦或随机试验，但并非两者皆试。

[b] 加速度谱密度(ASD)的单位，IEC 原文采用 m^2/s^3，此处根据我国振动试验相关国标，改为 $(m/s^2)^2/Hz$。

[c] GB/T 4798.7 对跌落与翻倒条件未作规定，见注释 7)与 8)。

表 6——等级 7M2 注释：

1) 实际的交越频率落在 8 Hz 与 9 Hz 之间，但由计算来确定，从而可在位移与加速度之间顺利过渡。当已知产品在 10 Hz 以下不含有共振时，则允许产品按 GB/T 2423.56—2006 给出的频率范围从 1 Hz～5 Hz 之间变化，以方便适用标准的试验设备。

   试验表明，200 Hz 的这一振动等级较不现实，因而也是不适当的。总的趋势是，振动等级随频率增加而降低。

2) 产品在搬运期间遇到的主要振动在性质上是随机的，因此推荐如 GB/T 2423.56—2006 所述的随机振动试验。建议在随机振动试验之前或试验时使用正弦共振测查。

3) 该试验的最大 ASD(加速度谱密度)的频率范围扩展至 100 Hz。所述试验频谱的有效值(r. m. s)为 32.55 m/s^2。选用了等于 0.5 的 ASD 值，此值对于大多数便携式产品来说应该是足够的。如果产品似乎没经过足够的高频振源振动测试的话，频率范围可能降低到 500 Hz。

4) 一般来说，30 min/轴的持续时间被认为是足够的。如果预期产品要长距离的搬运，或者要搬运很多次，推荐延长持续时间。

5) 已从 GB/T 2423.5—1995 的试验 Ea 的最接近数值之中选择了严酷程度。如果已知产品具有一个临界方向，则试验轴之一应该对准这个邻接方向。对这一“使用中”的等级，不推荐碰撞(bump)试验，这是由于在这一严酷程度的冲击次数预期不会很高。

6) 自由跌落试验与 GB/T 4798.7 为此一等级而定的环境参数相同。GB/T 2423.8—1995 自由跌落试验规范并不以质量分类，而 GB/T 4798.7 的等级 7M2 却是。因此，推荐试验严酷程度应反映出 GB/T 4798.7 中的此一分类法。

   对于通常在带有铺垫和类似材料的区域使用的产品，冲击到材料(由木材支撑的特殊钢除外)的自由跌落试验会较为适合。

7) GB/T 4798.7 虽无规定，但推荐，除了对通常含直立使用的某些便携式产品，在其表面做自由跌落试验外，还须进行 GB/T 2423.7—1995 试验：跌落到边角处。例如，某些便携式示波器或电压表会以各表面的任一面为底放置使用，推荐在产品的放置面与各表面的任一面相关的 4 个边缘各一边跌落一次。

8) GB/T 4798.7 虽无规定，但推荐除了对某些便携式产品做自由跌落试验外，还需要进行 GB/T 2423.7 试验：翻倒。此试验应在于通常放置面的各表面的任一面相关的四个边缘的面上进行。对于通常在稳定方位使用的便携式产品，无须对翻侧作评定。对产品的几何图形，应对照 GB/T 2423.7—1995 的 4.1 要求作稳定性评定。对于质量少于 20 kg 的产品，反倒的严酷程度被认为小于自由跌落试验，因此对试验不作推荐。

表 7　GB/T 4798.7 等级 7M3 推荐试验

（本等级适用于有显著振动和高能量冲击的场所。粗心操作和移动产品）

GB/T 4798.7——机械条件					GB/T 2423——机械试验							
环境参数	单位	等级 7M3			最接近 GB/T 2423			推荐试验				注释序号
					试验方法	严酷程度		试验方法	严酷程度			
a) 稳态正弦振动[a]												
位移	mm	7.5			GB/T	7.5		GB/T	7.5			1)
加速度	m/s²		20	40	2423.10	20	50	2423.10	20			
频率范围	Hz	2～8	8～200	200～500	—2008	1～200	200～500	—2008	1～500			
轴向					Fc:振动	3		Fc:振动	3			2)
循环次数					正弦	10		正弦	10			
b) 随机振动[a]												
加速度谱密度	(m/s²)²/Hz	3.0	1.0		同推荐试验			GB/T	5.0		0.1	3)
(ASD)[b]								2423.56		−7		
斜率	dB/oct							—2006				
频率范围	Hz	10～200	200～2 000					Fh:振动	10～100	100～200	200～2 000	
轴向								宽带随机	3			
持续时间/轴	min								30			4)
c) 冲击					同推荐试验			GB/T				
冲击响应谱		类型Ⅰ	类型Ⅱ					2423.5				
最大加速度	m/s²	300	1 000					—1995	300	1 000		5)
持续时间	ms	11	6					Ea:冲击	11	6		
冲击次数/轴向								(半正弦)	每个方向三次			
冲击轴向									6			
d) 自由跌落					同推荐试验			GB/T	每一规定高度			
下落次数								2423.8	下落二次			
								—1995				6)
质量	kg	<1	<10	<50				Ed:方法 1	<1	<10	<50	
下落高度	m	1.0	0.5	0.25				自由跌落	1.0	0.5	0.25	
e) 跌落与翻倒[c]								GB/T				
1)跌落在边角上								2423.7				
质量	kg	无						—1995	<50	>50		(7)
高度	m							Ec:跌落	0.1 或 30°	0.05 或 30°		
								与翻倒	取较小的			
边角处									每个相关边角跌落 1 次			
2)翻侧(或推倒)								GB/T 2423.7—1995		4 个底部边缘		
质量										的每一个边		8)
边缘								Ec:跌落与翻倒		缘翻倒一次		

a 推荐选择正弦或随机试验，但并非两者皆试。

b 加速度谱密度(ASD)的单位，IEC 原文采用 m^2/s^3，此处根据我国振动试验相关国标，改为$(m/s^2)^2/Hz$。

c GB/T 4798.7 对跌落与翻倒条件未作规定，见注释 7)与 8)。

表 7——等级 7M3 注释：

1) 实际的交越频率落在 8 Hz 与 9 Hz 之间，但由计算来确定，从而可在位移与加速度之间顺利过渡。当已知产品在 10 Hz 以下不含有共振时，则允许产品按 GB/T 2423.56 给出的频率范围从 1 Hz～5 Hz 之间变化，以方便适用标准的试验设备。

试验表明，200 Hz 的这一振动等级较不现实，因而也是不适当的。总的趋势是，振动等级随频率增加而降低。

2）产品在搬运期间遇到的主要振动在性质上是随机的，因此推荐如 GB/T 2423.56—2006 所述的随机振动试验。建议在随机振动试验之前或试验时使用正弦共振测查。

3）该试验的最大 ASD（加速度谱密度）的频率范围扩展至 100 Hz。所述试验频谱的有效值（r.m.s）为 49.8 m/s^2。选用了等于 0.5 的 ASD 值，此值对于大多数便携式产品来说应该是足够的。如果产品似乎没经过足够的高频振源振动测试的话，频率范围可能降低到 500 Hz。

4）一般来说，30 min/轴的持续时间被认为是足够的。如果预期产品要长距离的搬运，或者要搬运很多次，推荐延长持续时间。

5）已从 GB/T 2423.5 的试验 Ea 的最接近数值之中选择了严酷程度。如果已知产品具有一个临界方向，则试验轴之一应该对准这个邻接方向。对这一“使用中”的等级，不推荐碰撞（bump）试验，这是由于在这一严酷程度的冲击次数预期不会很高。

6）自由跌落试验与 GB/T 4798.7 为此一等级而定的环境参数相同。GB/T 2423.8—1995 自由跌落试验规范并不以质量分类，而 GB/T 4798.7 的等级 7M3 却是。因此，推荐试验严酷程度应反映出 GB/T 4798.7 中的此一分类法。

对于通常在带有铺垫和类似材料的区域使用的产品，冲击到材料（由木材支撑的特殊钢除外）的自由跌落试验会较为适合。

7）GB/T 4798.7 虽无规定，但推荐，除了对通常含直立使用的某些便携式产品，在其表面做自由跌落试验外，还须进行 GB/T 2423.7—1995 试验：跌落到边角处。例如，某些便携式示波器或电压表会以各表面的任一面为底放置使用，推荐在产品的放置面与各表面的任一面相关的 4 个边缘各一边跌落一次。

8）GB/T 4798.7 虽无规定，但推荐除了对某些便携式产品做自由跌落试验外，还需要进行 GB/T 2423.7—1995 试验：翻倒。此试验应在于通常放置面的各表面的任一面相关的四个边缘的面上进行。对于通常在稳定方位使用的便携式产品，无须对翻侧作评定。对产品的几何图形，应对照 GB/T 2423.7—1995 的 4.1 要求作稳定性评定。对于质量少于 20 kg 的产品，反倒的严酷程度被认为小于自由跌落试验，因此对试验不作推荐。

附 录 A
（资料性附录）
携带使用——气候条件

表 A.1 GB/T 4798.7 等级 7K5 推荐试验

（本等级适用于全球范围内完全或部分气候防护场所，直接暴露于户外气候条件的无气候防护场所，以及任意方式在上述场所间移动，包括飞机非加压仓运输。）

GB/T 4798.7——气候条件		GB/T 2423——气候试验				
环境参数	等级 7K5	最接近 GB/T 2423		推荐试验		注释序号
		试验方法	严酷程度	试验方法	严酷程度	
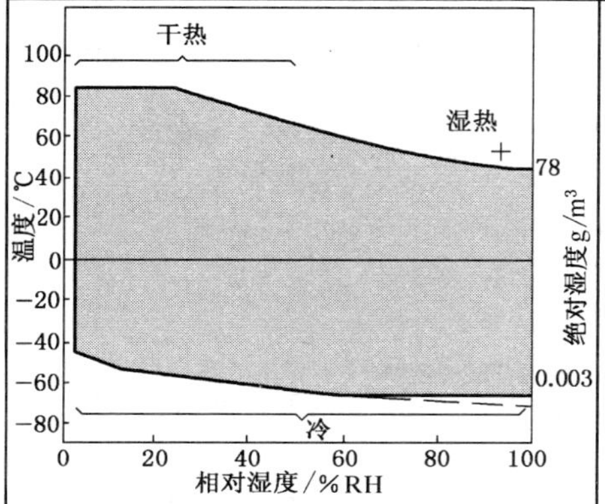 等级 7K5 气候图				X)高温 GB/T 2423.2—2008: Bb/Bd Y)低温 GB/T 2423.1—2008: Ab/Ad Z)湿热 GB/T 2423.3—2006: Cab	+85 ℃,16 h −65 ℃,16 h +40 ℃, 93%RH, 96 h	1),2) 1),2) 1),3)
a) 低温	−65 ℃	同推荐试验		见上		
b) 高温	+85 ℃	同推荐试验		见上		
c) 低相对湿度	5%[a]	同推荐试验		见上		
d) 高相对湿度	100%	同推荐试验		见上		
e) 低绝对湿度	0.003 g/m³	同推荐试验		见上		
f) 高绝对湿度	78 g/m³	同推荐试验		见上		
g) 温度变化	−65 ℃/ +30 ℃	同推荐试验		GB/T 2423.22—2002:Na	−65 ℃到室温 五个循环 $t_1=3$ h, $t_2=3$ min	4)
h) 低气压	30 kPa	GB/T 2423.21—2008:M	30 kPa, 30 min	一般不需试验——参照注释 5)		5)
i) 高气压	106 kPa	无 GB/T 2423 试验		一般不需试验——参照注释 6)		6)
j) 气压快速变化	6 kPa/min	无 GB/T 2423 试验		一般不需试验——参照注释 7)		7)
k) 太阳辐射	1 120 W/m²	GB/T 2423.24—1995:Sa 方法 C	1 120 W/m², 二个循环, +55 ℃	太阳辐射的热效应已经包含在 b)行的高温值当中		8)

表 A.1（续）

GB/T 4798.7——气候条件		GB/T 2423——气候试验				
环境参数	等级 7K5	最接近 GB/T 2423		推荐试验		注释序号
		试验方法	严酷程度	试验方法	严酷程度	
l） 热辐射 用户从 7Z1,7Z2,7Z3 中选取		无 GB/T 2423 试验		一般不需试验——参照注释 9）		9）
m） 周围空气运动 用户从 7Z4,7Z5,7Z6 或 7Z7 中选取		无 GB/T 2423 试验		一般不需试验——参照注释 10）		10）
n） 冷凝	有	同推荐试验		GB/T 2423.4—2008：Db 变量 1	+55 ℃，(90～100)%RH 二个循环	11）
o） 降水(雨、雪、冰雹等)	有	无 GB/T 2423 试验		一般不需试验——参照注释 12）		12）
p） 降雨强度	15 mm/min	同推荐试验		GB/T 2423.38—2008：Rb 方法 2.2	暴露：3 min/m² 持续时间：至少 15 min	13）
q） 低雨水温度	+5 ℃	无 GB/T 2423 试验		一般不需试验——参照注释 14）		14）
r） 除雨水以外的水源 用户从 7Z8,7Z9,7Z10,7Z11,7Z12 或 7Z13 中选取		无 GB/T 2423 试验		GB/T 2423.38—2008：Ra 或 Rb	参照注释 15）	15）
s） 结冰和结霜条件	有	无 GB/T 2423 试验		一般不需试验——参照注释 16）		16）

[a] IEC 当中此数值为 4%，此处根据 GB/T 4798.7 中的参数作出修改。

表 A.1——等级 7K5 注释：

说明：正如 GB/T 4798.7 所述，本等级中的产品也将达到 2K5、3K8 和 4K4 等级的要求。

1） 对于按气候图的条件所作试验的产品，通常仅使用三种试验：
——高温试验，此试验中相对湿度应不超过 50%，但未予具体控制；
——寒冷试验，此试验中的相对湿度未予控制；
——湿热试验，稳态，此试验中的温度与湿度均加以控制。
这些试验在气候图中的试验 X、Y 与 Z 表示，其后图中的其他边界条件无需加以试验，GB/T 2423 没有这类试验可供使用。

2） 试验温度相同于 GB/T 4798.7 中此一等级的环境参数。选用 16 h 持续时间被认为是对于大多数散热样品来说是足够的，这对于其设计所定的容差在此温度是足够发挥功能。

3） 这些严酷程度是 GB/T 2423 中最接近的优选值，在温度与湿度方面与 GB/T 4798.7 的环境参数的小差别被认为是无关紧要的，且出于通常的测量容差以内。96 h 持续时间被认为是对于大多数散热样品来说是足够的，这对于其设计所定的容差在此温度是足够发挥功能。

4） 温度变化试验通常用于检验设计的耐受力，其范围无关紧要。然而，在此一等级中会产生凝露，故提议一个跨过 0 ℃的边界范围，以允许散热样品产生凝露。如 3.8 所述，建议周围环境条件作为温度上限，以允许单箱法得以使用，从而使实验经济地进行。

5） 对于密封式产品，或者用于内含/加工液体的产品推荐使用 GB/T 2423.21—2008 试验 M：低气压。对于气压的影响是在部件高度评定的通常应用情况，对试验未作推荐。

6） 无 GB/T 2423 试验。GB/T 2423 对此一条件未有试验方法。该条件对大多数产品来说认为是温和的。

7） 无 GB/T 2423 试验。对此一条件，未有 GB/T 4798.7 严酷程度或 GB/T 2423 试验方法。该条件对大多数产品来说认为是温和的。

8) 选择 GB/T 2423.24 中程序 C,模拟地面上的太阳辐射影响的试验,是因为它产生连续辐射,因此允许固定光降解影响。GB/T 2423.24—1995 的试验条件 Sa 对太阳辐射值定为 1 120 W/m^2。

由于实践中遇到的实际辐射难以复现,太阳试验并不认为是理想的。推荐本条件应该用高温试验的同等温度以及光化学反应的同等材料和部件来评定,更详细的情况见 GB/T 20159.8—2008。

一次太阳辐射水平来说,表面温度会高于周围环境 25 ℃以上。由于散热,表面温度在晚间也会下降(见 GB/T 4797.4)。选择材料时应考虑到这些影响,且应对低温试验(试验 Ab/Ad)考虑一项降温试验。

可以为产品就太阳辐射影响而加以防护,例如,安装有效的防热盖,在此情况下,可以免去高温试验中的升温,或者可降低严酷程度。这要看防御措施的有效性。通常的做法应该是模拟这种防御措施,以使产品给出防御太阳辐射影响能力的可靠程度。

9) 无 GB/T 2423 试验。GB/T 4798.7 对热辐射没有数值可供使用,其影响通常包括在高温试验中,对于安装在较高热辐射源附近的产品,有必要采取诸如防护盖或隔热层的特殊防护措施,或要求做附加的升温试验,升高的度数取决于热源的严酷度。

10) 无 GB/T 2423 试验。建议用户根据现场测量从 7Z4、7Z5、7Z6 或 7Z7 中选择一项条件。没有合适的 GB/T 2423 试验存在,故用户如果要评定此一条件可制定其自己的方法。

11) 试验温度并不与高绝对温度特征的严酷度一致,由于它是 GB/T 2423 中的次最优选值。对于大多数产品来说,二个周期的持续时间(48 h)被认为是足够的。对于高散热样品,可免去此一试验,因为自热影响将阻止凝露的产生,而且,试验 Cab(试验 Z)包含了高温度的影响。选用试验 Db 的变量 1 以使重新产生凝露的可能性最大化。如果样品是低发热的,则可使用变量 2。

12) 无 GB/T 2423 试验。GB/T 4798.7 中对降水无数值可供使用。雨水的影响包括在雨水试验内[见表 A.1 中的 p)行]。在选择材料时,应评定冰雹与雪的影响,以及在设计用于此等级的产品时,也应考虑此影响。

13) GB/T 2423.38—2008 对暴露于雨水的产品推荐试验 Ra1。然而,这与 GB/T 4798 等级的降雨量不一致,而且对大件物品来说不实用。因而推荐试验 Rb2.2,这是由于该试验是一项简易又可重复的试验,可对各种体积的产品进行的试验。

14) GB/T 2423 没有合适的试验。根据 GB/T 2423.38—2008,应使用新鲜自来水来进行水试验,而且对温度未加控制。温度快速变化试验(试验 Na)部分涉及了冷却影响。

15) 如果具有合适的数据,建议用户从 7Z8、7Z9、7Z10、7Z11、7Z12 或 7Z13 中选择一项条件。然后,用户要从 GB/T 2423.38—2008 中选择相应的试验以及持续时间与试验严酷度。作为指南,下列所述对用户选择一项合适的条件会有所帮助:

a) 滴水:如果产品带有防御雨水的保护,但是有来自上方的结露滴水或者存在漏滴水,GB/T 2423.38—2008:试验 Ra2——滴水箱法,滴水高度 2 m,倾斜角度 0°,持续时间 1 h 是最好的方法。

b) 溅水:如果产品有可能暴露于洒水系统或者水轮车喷溅环境中时,则 GB/T 2423.38—2008:试验 Rb2.1——摆动管法或者 Rb2.2——手持洒水法,1 min/m^2,最多 30 min 是优选的方法。

c) 水浪:如果产品有可能暴露于冲洗或冲刷中,则 GB/T 2423.38—2008:试验 Rb3——软管法是优选的方法。

d) 射水:如果喷射水有可能冲击产品,选择 GB/T 2423.38—2008:试验 Ra 或者试验 Rb 来表明该产品是为了在这些条件下运行而设计的。

16) 除了寒冷试验(试验 Ab/Ad)外,GB/T 2423 没有合适的试验。然而,当为这一等级设计产品时,此一条件应予以考虑,尤其是产品含有运动部件的时候,应进行特殊的预防措施。

表 A.2　GB/T 4798.7 等级 7K6 推荐试验

（包括湿热、恒定湿热户外气候条件，热带雨林地区的热带湿热气候类型）

GB/T 4798.7——气候条件		GB/T 2423——气候试验				
环境参数	等级 7K6	最接近 GB/T 2423		推荐试验		注释序号
		试验方法	严酷程度	试验方法	严酷程度	
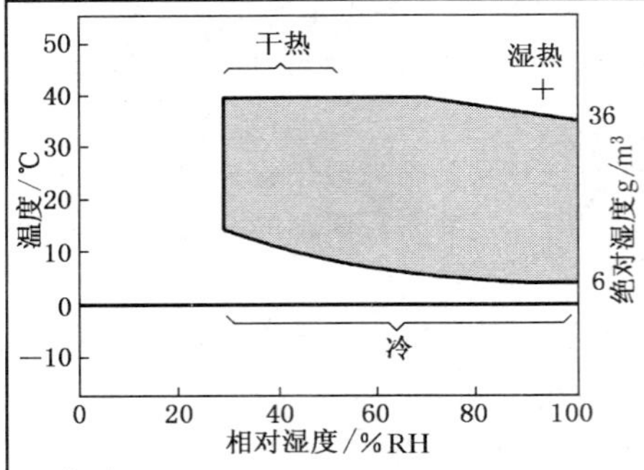等级 7K6 气候图				X）高温 GB/T 2423.2—2008：Bb/Bd Y）低温 GB/T 2423.1—2008：Ab/Ad Z）湿热 GB/T 2423.3—2006：Cab	+40 ℃，16 h +5 ℃，16 h +40 ℃，93%RH，96 h	1），2） 1），2） 1），3）
a）低温	+5 ℃	同推荐试验		见上		
b）高温	+40 ℃	同推荐试验		见上		
c）低相对湿度	30%	同推荐试验		见上		
d）高相对湿度	100%	同推荐试验		见上		
e）低绝对湿度	6 g/m³	同推荐试验		见上		
f）高绝对湿度	36 g/m³	同推荐试验		见上		
g）温度变化	+5 ℃/+30 ℃	同推荐试验		GB/T 2423.22—2002：Na	+5 ℃到室温 五个循环 t_1=3 h， t_2=(2～3)min	4）
h）低气压	70 kPa	GB/T 2423.21—2008：M	70 kPa，30 min	一般不需试验——参照注释 5）		5）
i）高气压	106 kPa	无 GB/T 2423 试验		一般不需试验——参照注释 6）		6）
j）气压快速变化	6 kPa/min	无 GB/T 2423 试验		一般不需试验——参照注释 7）		7）
k）太阳辐射	1 120 W/m²	GB/T 2423.24—1995：Sa 方法 C	1 120 W/m²，三个循环，+40 ℃	高温试验增加 15 ℃，对材料做光化学反应测定		8）
l）热辐射 用户从 7Z1，7Z2，7Z3 中选取		无 GB/T 2423 试验		一般不需试验——参照注释 9）		9）
m）周围空气运动 用户从 7Z4，7Z5，7Z6 或 7Z7 中选取		无 GB/T 2423 试验		一般不需试验——参照注释 10）		10）
n）冷凝	有	同推荐试验		GB/T 2423.4—2008：Db 变量 1	+40 ℃，(90～100)%RH 二个循环	11）

表 A.2（续）

GB/T 4798.7——气候条件		GB/T 2423——气候试验				
环境参数	等级 7K6	最接近 GB/T 2423		推荐试验		注释序号
		试验方法	严酷程度	试验方法	严酷程度	
o) 降水(雨、雪、冰雹等)	有	无 GB/T 2423 试验		一般不需试验——参照注释 12)		12)
p) 降雨强度	15 mm/min	同推荐试验		GB/T 2423.38—2008：Rb 方法 2.2	暴露：3 min/m^2 持续时间：至少 15 min	13)
q) 低雨水温度	+5 ℃	无 GB/T 2423 试验		一般不需试验——参照注释 14)		14)
r) 除雨水以外的水源 用户从 7Z8、7Z9、7Z10、7Z11、7Z12 或 7Z13 中选取		无 GB/T 2423 试验		GB/T 2423.38—2008：Ra 或 Rb	参照注释 15)	15)
s) 结冰和结霜条件	有	无 GB/T 2423 试验		一般不需试验——参照注释 16)		16)

表 A.2——等级 7K6 注释：

说明：正如 GB/T 4798.7 所述，本等级中的产品也将达到 1K10、3K9 和 4K5 等级的要求。

1) 对于按气候图的条件所作试验的产品，通常仅使用三种试验：

——高温试验，此试验中相对湿度应不超过 50%，但未予具体控制；

——寒冷试验，此试验中的相对湿度未予控制；

——湿热试验，稳态，此试验中的温度与湿度均加以控制。

这些试验在气候图中的试验 X、Y 与 Z 表示，其后图中的其他边界条件无需加以试验，GB/T 2423 没有这类试验可供使用。

2) 试验温度相同于 GB/T 4798.7 中此一等级的环境参数。选用 16 h 持续时间被认为是对于大多数散热样品来说是足够的，这对于其设计所定的容差在此温度是足够发挥功能。

3) 这些严酷程度是 GB/T 2423 中最接近的优选值，在温度与湿度方面与 GB/T 4798.7 的环境参数的小差别被认为是无关紧要的，且出于通常的测量容差以内。96 h 持续时间被认为是对于大多数散热样品来说是足够的，这对于其设计所定的容差在此温度是足够发挥功能。

4) 温度变化试验通常用于检验设计的耐受力，其范围无关紧要。然而，在此一等级中会产生凝露，故提议一个跨过 0 ℃的边界范围，以允许散热样品产生凝露。如 3.8 所述，建议周围环境条件作为温度上限，以允许单箱法得以使用，从而使实验经济地进行。

5) 对于密封式产品，或者用于内含/加工液体的产品推荐使用 GB/T 2423.21—2008 试验 M：低气压。对于气压的影响是在部件高度评定的通常应用情况，对试验未作推荐。

6) 无 GB/T 2423 试验。GB/T 2423 对此一条件未有试验方法。该条件对大多数产品来说认为是温和的。

7) 无 GB/T 2423 试验。对此一条件，未有 GB/T 4798.7 严酷程度或 GB/T 2423 试验方法。该条件对大多数产品来说认为是温和的。

8) 选择 GB/T 2423.24—1995 中程序 C，模拟地面上的太阳辐射影响的试验，是因为它产生连续辐射，因此允许固定光降解影响。GB/T 2423.24—1995 的 Sa 试验条件对太阳辐射值定为 1 120 W/m^2。

由于实践中遇到的实际辐射难以复现，太阳试验并不认为是理想的。推荐本条件应以高温试验的温度增加 15 ℃以及对材料和部件作光化学反应来评定。更详细的情况见 GB/T 20159.8—2008。

一次太阳辐射水平来说，表面温度会高于周围环境 25 ℃以上。由于散热，表面温度在晚间也会下降(见 GB/T 4797.4)。选择材料时应考虑到这些影响，且应对低温试验(试验 Ab/Ad)考虑一项降温试验。

可以为产品就太阳辐射影响而加以防护，例如，安装有效的防热盖，在此情况下，可以免去高温试验中的升温，或者可降低严酷程度。这要看防御措施的有效性。通常的做法应该是模拟这种防御措施，以使产品给出防御太阳辐射影响能力的可靠程度。

9) 无 GB/T 2423 试验。GB/T 4798.7 对热辐射没有数值可供使用，其影响通常包括在高温试验中，对于安装在较高热辐射源附近的产品，有必要采取诸如防护盖或隔热层的特殊防护措施，或要求做附加的升温试验，升高的度数取决于热源的严酷度。

10) 无 GB/T 2423 试验。建议用户根据现场测量从 7Z4、7Z5、7Z6 或 7Z7 中选择一项条件。没有合适的 GB/T 2423 试验存在，故用户如果要评定此一条件可制定其自己的方法。

11) 试验温度并不与高绝对温度特征的严酷度一致，由于它是 GB/T 2423 中的次最优选值。然而，强烈推荐此一温度降至 30 ℃以便试验在气候图描述的规定值以内进行。对于大多数产品来说，二个周期的持续时间(48 h)被认为是足够的。对于高散热样品，可免去此一试验，因为自热影响将阻止凝露的产生，而且，试验 Cab(试验 Z)包含了高温度的影响。选用试验 Db 的变量 1 以使重新产生凝露的可能性最大化。如果样品是低发热的，则可使用变量 2。

12) 无 GB/T 2423 试验。GB/T 4798.7 中对降水无数值可供使用。雨水的影响包括在雨水试验内[见表 A.2 中的 p)行]。在选择材料时，应评定冰雹与雪的影响，以及在设计用于此等级的产品时，也应考虑此影响。

13) GB/T 2423.38—2008 对暴露于雨水的产品推荐试验 Ra1。然而，这与 GB/T 4798 等级的降雨量不一致，而且对大件物品来说不实用。因而推荐试验 Rb2.2，这是由于该试验是一项简易又可重复的试验，可对各种体积的产品进行的试验。

14) GB/T 2423 没有合适的试验。根据 GB/T 2423.38—2008，应使用新鲜自来水来进行水试验，而且对温度未加控制。温度快速变化试验(试验 Na)部分涉及了冷却影响。

15) 如果具有合适的数据，建议用户从 7Z8、7Z9、7Z10、7Z11、7Z12 或 7Z13 中选择一项条件。然后，用户要从 GB/T 2423.38中选择相应的试验以及持续时间与试验严酷度。作为指南，下列所述对用户选择一项合适的条件会有所帮助：

a) 滴水：如果产品带有防御雨水的保护，但是有来自上方的结露滴水或者存在漏滴水，GB/T 2423.38—2008：试验 Ra2——滴水箱法，滴水高度 2 m，倾斜角度 0°，持续时间 1 h 是最好的方法。

b) 溅水：如果产品有可能暴露于洒水系统或者水轮车喷溅环境中时，则 GB/T 2423.38—2008：试验 Rb2.1——摆动管法或者 Rb2.2——手持洒水法，1 min/m²，最多 30 min 是优选的方法。

c) 水浪：如果产品有可能暴露于冲洗或冲刷中，则 GB/T 2423.38—2008：试验 Rb3——软管法是优选的方法。

d) 射水：如果喷射水有可能冲击产品，选择 GB/T 2423.38—2008：试验 Ra 或者试验 Rb 来表明该产品是为了在这些条件下运行而设计的。

16) 除了寒冷试验(试验 Ab/Ad)外，GB/T 2423 没有合适的试验。然而，当为这一等级设计产品时，此一条件应予以考虑，尤其是产品含有运动部件的时候，应进行特殊的预防措施。

表 A.3　GB/T 4798.7 等级 7K7 推荐试验

(包括干热、中等干热和极干热户外气候条件，热带沙漠地区的热带干热气候类型)

GB/T 4798.7——气候条件		GB/T 2423——气候试验				
环境参数	等级 7K7	最接近 GB/T 2423		推荐试验		注释序号
		试验方法	严酷程度	试验方法	严酷程度	
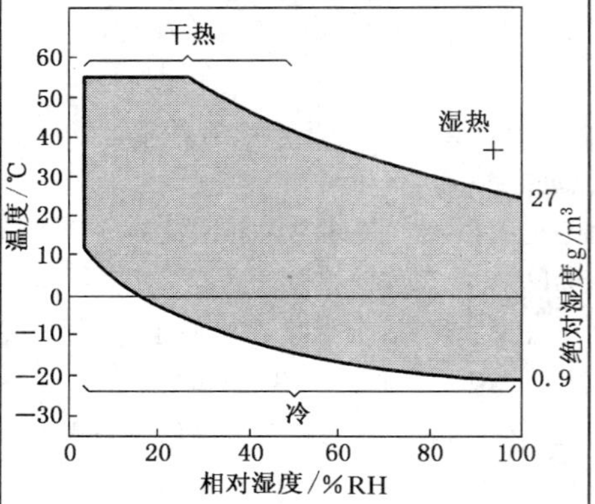 等级 7K7 气候图				X)高温 GB/T 2423.2—2008：Bb/Bd	+55 ℃，16 h	1)，2)
				Y)低温 GB/T 2423.1—2008：Ab/Ad	−20 ℃，16 h	1)，2)
				Z)湿热 GB/T 2423.3—2006：Cab	+40 ℃，93%RH，96 h	1)，3)

表 A.3（续）

GB/T 4798.7——气候条件		GB/T 2423——气候试验				
环境参数	等级 7K7	最接近 GB/T 2423		推荐试验		注释序号
		试验方法	严酷程度	试验方法	严酷程度	
a) 低温	−20 ℃	GB/T 2423.2—2008：Bb/Bd	−25 ℃，16 h	见上		
b) 高温	+55 ℃	同推荐试验		见上		
c) 低相对湿度	4%	同推荐试验		见上		
d) 高相对湿度	100%	同推荐试验		见上		
e) 低绝对湿度	0.9 g/m³	同推荐试验		见上		
f) 高绝对湿度	27 g/m³	同推荐试验		见上		
g) 温度变化	−20 ℃/+30 ℃	GB/T 2423.22—2002：Na	−25 ℃到室温 五个循环 t_1=3 h， t_2=(2～3)min	GB/T 2423.22—2002：Na	−20 ℃到室温 五个循环 t_1=3 h， t_2=(2～3)min	4)
h) 低气压	70 kPa	GB/T 2423.21—2008：M	70 kPa，30 min	一般不需试验——参照注释 5)		5)
i) 高气压	106 kPa	无 GB/T 2423 试验		一般不需试验——参照注释 6)		6)
j) 气压快速变化	6 kPa/min	无 GB/T 2423 试验		一般不需试验——参照注释 7)		7)
k) 太阳辐射	1 120 W/m²	GB/T 2423.24—1995：Sa 方法 C	1 120 W/m²，三个循环，+55 ℃	高温试验增加 15 ℃，对材料做光化学反应测定		8)
l) 热辐射 用户从 7Z1，7Z2，7Z3 中选取		无 GB/T 2423 试验		一般不需试验——参照注释 9)		9)
m) 周围空气运动 用户从 7Z4，7Z5，7Z6 或 7Z7 中选取		无 GB/T 2423 试验		一般不需试验——参照注释 10)		10)
n) 冷凝	有	同推荐试验		GB/T 2423.4—2008：Db 变量 1	+40 ℃，(90～100)%RH 二个循环	11)
o) 降水（雨、雪、冰雹等）	有	无 GB/T 2423 试验		一般不需试验——参照注释 12)		12)
p) 降雨强度	15 mm/min	同推荐试验		GB/T 2423.38—2008：Rb 方法 2.2	暴露：3 min/m² 持续时间：至少 15 min	13)
q) 低雨水温度	+5 ℃	无 GB/T 2423 试验		一般不需试验——参照注释 14)		14)
r) 除雨水以外的水源 用户从 7Z8，7Z9，7Z10，7Z11，7Z12 或 7Z13 中选取		无 GB/T 2423 试验		GB/T 2423.38—2008：Ra 或 Rb	参照注释 15)	15)
s) 结冰和结霜条件	有	无 GB/T 2423 试验		一般不需试验——参照注释 16)		16)

表 A.3——等级 7K7 注释：

说明：正如 GB/T 4798.7 所述，本等级中的产品也将达到 1K10、3K9 和 4K5 等级的要求。

1) 对于按气候图的条件所作试验的产品，通常仅使用三种试验：

——高温试验，此试验中相对湿度应不超过 50%，但未予具体控制；

——寒冷试验，此试验中的相对湿度未予控制；

——湿热试验，稳态，此试验中的温度与湿度均加以控制。

这些试验在气候图中的试验 X、Y 与 Z 表示，其后图中的其他边界条件无需加以试验，GB/T 2423 没有这类试验可供使用。

2) 试验温度相同于 GB/T 4798.7 中此一等级的环境参数。选用 16 h 持续时间被认为是对于大多数散热样品来说是足够的，这对于其设计所定的容差在此温度是足够发挥功能。

3) 这些严酷程度是 GB/T 2423 中最接近的优选值，在温度与湿度方面与 GB/T 4798.7 的环境参数的小差别被认为是无关紧要的，且出于通常的测量容差以内。96 h 持续时间被认为是对于大多数散热样品来说是足够的，这对于其设计所定的容差在此温度是足够发挥功能。

4) 温度变化试验通常用于检验设计的耐受力，其范围无关紧要。然而，在此一等级中会产生凝露，故提议一个跨过 0 ℃的边界范围，以允许散热样品产生凝露。如 3.8 所述，建议周围环境条件作为温度上限，以允许单箱法得以使用，从而使实验经济地进行。最接近 GB/T 2423.22—2002 的测试温度为 －25 ℃，然而，根据 GB/T 4798.7此一等级的条件推荐使用－20 ℃这一条件。

5) 对于密封式产品，或者用于内含/加工液体的产品推荐使用 GB/T 2423.21—2008 试验 M：低气压。对于气压的影响是在部件高度评定的通常应用情况，对试验未作推荐。

6) 无 GB/T 2423 试验。GB/T 2423 对此一条件未有试验方法。该条件对大多数产品来说认为是温和的。

7) 无 GB/T 2423 试验。对此一条件，未有 GB/T 4798.7 严酷程度或 GB/T 2423 试验方法。该条件对大多数产品来说认为是温和的。

8) 选择 GB/T 2423.24—1995 中程序 C，模拟地面上的太阳辐射影响的试验，是因为它产生连续辐射，因此允许固定光降解影响。GB/T 2423.24—1995 的 Sa 试验条件对太阳辐射值定为 1 120 W/m^2。

由于实践中遇到的实际辐射难以复现，太阳试验并不认为是理想的。推荐本条件应以高温试验的温度增加 15 ℃以及对材料和部件作光化学反应来评定。更详细的情况见 GB/T 20159.8—2008。

一次太阳辐射水平来说，表面温度会高于周围环境 25 ℃以上。由于散热，表面温度在晚间也会下降(见 GB/T 4797.4)。选择材料时应考虑到这些影响，且应对低温试验(试验 Ab/Ad)考虑一项降温试验。

可以为产品就太阳辐射影响而加以防护，例如，安装有效的防热盖，在此情况下，可以免去高温试验中的升温，或者可降低严酷程度。这要看防御措施的有效性。通常的做法应该是模拟这种防御措施，以使产品给出防御太阳辐射影响能力的可靠程度。

9) 无 GB/T 2423 试验。GB/T 4798.7 对热辐射没有数值可供使用，其影响通常包括在高温试验中，对于安装在较高热辐射源附近的产品，有必要采取诸如防护盖或隔热层的特殊防护措施，或要求做附加的升温试验，升高的度数取决于热源的严酷度。

10) 无 GB/T 2423 试验。建议用户根据现场测量从 7Z4、7Z5、7Z6 或 7Z7 中选择一项条件。没有合适的 GB/T 2423 试验存在，故用户如果要评定此一条件可制定其自己的方法。

11) 试验温度并不与高绝对温度特征的严酷度一致，由于它是 GB/T 2423 中的次最优选值。对于大多数产品来说，二个周期的持续时间(48 h)被认为是足够的。对于高散热样品，可免去此一试验，因为自热影响将阻止凝露的产生，而且，试验 Cab(试验 Z)包含了高温度的影响。选用试验 Db 的变量 1 以使重新产生凝露的可能性最大化。如果样品是低发热的，则可使用变量 2。

12) 无 GB/T 2423 试验。GB/T 4798.7 中对降水无数值可供使用。雨水的影响包括在雨水试验内[见表中的 p)行]。在选择材料时，应评定冰雹与雪的影响，以及在设计用于此等级的产品时，也应考虑此影响。

13) GB/T 2423.38—2008 对暴露于雨水的产品推荐试验 Ra1。然而，这与 GB/T 4798 等级的降雨量不一致，而且对大件物品来说不实用。因而推荐试验 Rb2.2，这是由于该试验是一项简易又可重复的试验，可对各种体积的产品进行的试验。

14) GB/T 2423 没有合适的试验。根据 GB/T 2423.38—2008，应使用新鲜自来水来进行水试验，而且对温度未加控制。温度快速变化试验(试验 Na)部分涉及了冷却影响。

15）如果具有合适的数据，建议用户从7Z8、7Z9、7Z10、7Z11、7Z12或7Z13中选择一项条件。然后，用户要从GB/T 2423.38—2008中选择相应的试验以及持续时间与试验严酷度。作为指南，下列所述对用户选择一项合适的条件会有所帮助：

a）滴水：如果产品带有防御雨水的保护，但是有来自上方的结露滴水或者存在漏滴水，GB/T 2423.38—2008：试验Ra2——滴水箱法，滴水高度2 m，倾斜角度0°，持续时间1 h是最好的方法。

b）溅水：如果产品有可能暴露于洒水系统或者水轮车喷溅环境中时，则GB/T 2423.38—2008：试验Rb2.1——摆动管法或者Rb2.2——手持洒水法，1 min/m^2，最多30 min是优选的方法。

c）水浪：如果产品有可能暴露于冲洗或冲刷中，则GB/T 2423.38—2008：试验Rb3——软管法是优选的方法。

d）射水：如果喷射水有可能冲击产品，选择GB/T 2423.38—2008：试验Ra或者试验Rb来表明该产品是为了在这些条件下运行而设计的。

16）除了寒冷试验（试验Ab/Ad）外，GB/T 2423没有合适的试验。然而，当为这一等级设计产品时，此一条件应予以考虑，尤其是产品含有运动部件的时候，应进行特殊的预防措施。

ICS 19.020
A 21

中华人民共和国国家标准

GB/T 20159.8—2008/IEC TR 60721-4-0:2002

环境条件分类 环境条件分类与环境试验之间的关系及转换指南 导言

Classification of environmental conditions—Guidance for the correlation and transformation of environmental condition classes to the environmental tests—Introduction

(IEC TR 60721-4-0:2002,IDT)

2008-12-30 发布 2009-10-01 实施

中华人民共和国国家质量监督检验检疫总局
中国国家标准化管理委员会 发布

前　　言

GB/T 20159《环境条件分类　环境条件分类与环境试验之间的关系及转换指南》目前包含以下若干部分：

——GB/T 20159.1　贮存

——GB/T 20159.2　运输

——GB/T 20159.3　有气候防护场所固定使用

——GB/T 20159.4　无气候防护场所固定使用

——GB/T 20159.5　地面车辆运输

——GB/T 20159.6　船用

——GB/T 20159.7　携带和非固定使用

——GB/T 20159.8　导言

……

本部分为GB/T 20159的第8部分。

本部分等同采用IEC TR 60721-4-0:2002《环境条件分类　第4-0部分：GB/T 4798中环境条件分类与GB/T 2423中环境试验之间的关系及转换指南　导言》(英文版)。

考虑到我国实际情况，本部分对IEC TR 60721-4-0做了以下编辑性修改：

——“IEC 60721本部分”修改为“GB/T 20159本部分”；

——“本技术报告”修改为“本部分”；

——引用了采用国际标准的我国标准，而非国际标准，并改变了排列顺序，以适合我国国情；

——删除了IEC 60721-4-0的前言；

——增加了国家标准的前言；

——增加了附录NA。

本部分的附录NA为资料性附录。

本部分由全国电工电子产品环境条件与环境技术标准化技术技术委员会(SAC/TC 8)提出并归口。

本部分主要起草单位：广州电器科学研究院、上海工业自动化仪表研究所。

本部分主要起草人：颜景莲、王捷、陈心欣。

本部分属首次发布。

引　言

产品所暴露的典型环境通常包括若干的环境条件,GB/T 4798 对这些条件进行了规定,分为气候的、机械的、生物的以及由于化学活性物质和生物活性物质引起的其他影响。GB/T 20159 仅考虑了气候条件和机械条件。

在本部分中,引用了以下系列标准:

GB/T 4798　电工电子产品应用环境条件

GB/T 20159　环境条件分类　环境条件分类与环境试验之间的关系及转换指南

GB/T 2423　电工电子产品环境试验

除非引用到具体的某个标准,本部分将以上标准分别称为 GB/T 4798、GB/T 20159 以及 GB/T 2423。

由于 GB/T 20159 对于世界范围内的应用情况做出强制要求不太可能,因此,有必要强调其指南的性质。但是,对于 GB/T 20159 没包括的一些情况,本部分给出了确定替代试验的原则和方法。GB/T 4798和 GB/T 20159 都没有提及安全边际、加速因子等问题,这些问题最好留给设计者、生产者、试验顾问以及最终用户进行判断。

当 GB/T 4798 中定义环境条件的参数与 GB/T 2423 中规定试验和/或严酷程度的参数不同时,给出了转换指南。

GB/T 20159 给出了相关性理由,以鼓励规范制定者经过应用证明后修改试验。GB/T 4798 与 GB/T 2423 中给出的参数数值不同时,使用 GB/T 2423 中给出的严酷程度。如果推荐采用的严酷程度不同于 GB/T 2423,则详细说明原因并推荐替代试验。

GB/T 20159 研究了 GB/T 4798 最常用的等级的气候条件和机械条件,建立了确定环境严酷程度有效的数据库,GB/T 4798 中给出的严酷程度随着 GB/T 20159 的更新及时作出确认或更新。

环境条件分类　环境条件分类与环境试验之间的关系及转换指南　导言

1　目的和范围

本部分是研究GB/T 4798中给定的环境条件与GB/T 2423中规定的环境试验之间的关系及转换的技术报告，是本系列标准的导言，目的在于为规范制定者提供一套便于应用的表格，表格使这些环境条件相互关联及转换。

本部分的目的是推荐环境试验，为了证明产品有能力在承受GB/T 4798规定的气候和机械环境条件时可选择这些试验，试验的严酷程度包括推荐的试验周期不是为了证明产品的可靠性，相应的指南应该从适用性、可靠性相关的出版物中选择。

不可能针对所有的产品、场所和应用都推荐试验严酷程度，但可以对大多数的情况推荐试验严酷程度。指南中给出了推荐试验的严酷程度是如何选择的。当GB/T 4798系列标准不足以描述某些特定的环境条件或应用时，指南中包含的原理同样可以用于修改试验严酷程度。

2　规范性引用文件

下列文件中的条款通过GB/T 20159的本部分的引用而成为本部分的条款。凡是注日期的引用文件，其随后所有的修改单(不包括勘误的内容)或修订版均不适用于本部分，然而，鼓励根据本部分达成协议的各方研究是否可使用这些文件的最新版本。凡是不注日期的引用文件，其最新版本适用于本部分。

GB/T 2421—1999　电工电子产品环境试验　第1部分 总则(idt IEC 60068-1:1988)

GB/T 2423(所有部分，详细信息见附录NA.1)

GB/T 2423.10—2008　电工电子产品环境试验　第2部分：试验方法　试验Fc和导则：振动(正弦)(IEC 60068-2-6:1995，IDT)

GB/T 2423.24—1995　电工电子产品环境试验　第2部分：试验方法　试验Sa：模拟地面上的太阳辐射(idt IEC 60068-2-5:1975)

GB/T 2423.56—2006　电工电子产品环境试验　第2部分：试验方法　试验Fh：宽带随机振动(数字控制)和导则(IEC 60068-2-64:1993，IDT)

GB/T 4797(所有部分，详细信息见附录NA.2)

GB/T 4797.1　电工电子产品自然环境条件　温度和湿度(GB/T 4797.1—2005，IEC 60721-2-1:1982，IDT)

GB/T 4797.2　电工电子产品自然环境条件　第2部分：海拔与气压、水深与水压(GB/T 4797.2—2005，IEC 60721-2-3:1987，MOD)

GB/T 4797.4　电工电子产品自然环境条件　太阳辐射和温度(GB/T 4797.4—2006，IEC 60721-2-4:1982，IDT)

GB/T 4798(所有部分，详细信息见附录NA.3)

GB/T 4798.1　电工电子产品应用环境条件　贮存(GB/T 4798.1—2005，IEC 60721-3-1:1997，MOD)

GB/T 4798.2　电工电子产品应用环境条件　运输(GB/T 4798.2—2008，IEC 60721-3-2:1997，

MOD)

GB/T 4798.3　电工电子产品应用环境条件　有气候防护场所固定使用(GB/T 4798.3—2007,IEC 60721-3-3:2002,MOD)

GB/T 4798.4　电工电子产品应用环境条件　无气候防护场所固定使用(GB/T 4798.4—2007,IEC 60721-3-4:1995,MOD)

GB/T 4798.5　电工电子产品应用环境条件　地面车辆使用(GB/T 4798.5—2007,IEC 60721-3-5:1997,MOD)

GB/T 4798.6　电工电子产品应用环境条件　船用(GB/T 4798.6—1996,eqv IEC 60721-3-6:1987)

GB/T 4798.7　电工电子产品应用环境条件　携带和非固定使用(GB/T 4798.7—2007,IEC 60721-3-7:2002,MOD)

GB/T 4798.10　电工电子产品应用环境条件　导言(GB/T 4798.10—2006,IEC 60721-3-0:2002,IDT)

GB/T 20159.1—2006　环境条件分类　环境条件分类与环境试验之间的关系及转换指南　贮存(IEC TR 60721-4-1:2001,IDT)

GB/T 20159.2—2008　环境条件分类　环境条件分类与环境试验之间的关系及转换指南　运输(IEC TR 60721-4-2:2001,IDT)

GB/T 20159.3[1)]　环境条件分类　环境条件分类与环境试验之间的关系及转换指南　有气候防护场所固定使用(IEC TR 60721-4-3:2001,IDT)

GB/T 20159.4[1)]　环境条件分类　环境条件分类与环境试验之间的关系及转换指南　无气候防护场所固定使用(IEC TR 60721-4-4:2001,IDT)

GB/T 20159.5—2008　环境条件分类　环境条件分类与环境试验之间的关系及转换指南　地面车辆运输(IEC TR 60721-4-5:2001,IDT)

GB/T 20159.6—2008　环境条件分类　环境条件分类与环境试验之间的关系及转换指南　船用(IEC TR 60721-4-6:2001,IDT)

GB/T 20159.7—2008　环境条件分类　环境条件分类与环境试验之间的关系及转换指南　携带和非固定使用(IEC TR 60721-4-7:2001,MOD)

ISO 554:1976　条件试验和(或)检验用的标准大气　规范

ISO 2533:1975　标准大气　附录 1(1995)分层表,附录 2(1997)海拔 5 000 m 内高度与标准大气的函数关系

ISO 4180-2:1980　满装的运输包装 性能试验计划编制的一般规则　第 2 部分:定量的数据

ISO 12048:1994　包装、满装的运输包装、使用压力试验机的压力试验和堆积试验

3　概述

3.1　对 GB/T 4798 的一般说明

GB/T 4798 将产品在使用过程中可能暴露于其中的环境条件,进行了环境参数组的分类分级。这些等级中的参数是分别给出的,但产品可能同时暴露于其中。其中一些参数是互相独立的,而另一些参数则是密切相关的,例如太阳辐射和温度。

3.2　对 GB/T 2423 的一般说明

GB/T 2423 建立了一系列环境试验过程以及适合的试验严酷程度。试验严酷程度的选择基于产品失效结果。两种产品可能会放在同一个环境等级的不同场所。但是,由于失效结果的不同,一种产品

1)　本部分出版时,此标准正在报批过程中。

相对另外那种，可能在更严酷的条件下进行试验。本部分仅仅选择常规的失效结果；对于更严重的失效结果，则必须根据具有专业知识的人员对产品的了解增加试验严酷等级。更多信息，参见 GB/T 2421。

3.3 对 GB/T 20159 的一般说明

GB/T 20159 提供了一些 GB/T 4798 中给定的环境条件与 GB/T 2423 中规定的环境试验之间的关系及转换，见图 1。

GB/T 4798 环境条件与 GB/T 2423 环境试验用表格给出，每个表格分为 4 部分，如表 1 所示。四部分给出的信息解释说明见 a)～d)。

表 1 GB/T 4798 环境条件与 GB/T 2423 环境试验示例

GB/T 4798 机械环境条件				GB/T 2423 机械试验				
环境参数	单位	等级 3M2		最接近的 GB/T 2423		推荐试验		注释序号
				试验方法	严酷等级	试验方法	严酷等级	
稳态正弦振动 位移： 加速度： 频率范围：	 mm m/s² Hz	 1.5 2～9	 5.0 9～200	GB/T 2423.10 Fc： 振动 （正弦）	 1.5 5.0 1～150	GB/T 2423.10 Fc： 振动 （正弦）	 0.75 2.0 1～150	 1） 2）
轴的个数： 扫频次数：					3 5		3 5	
a）				b）		c）		d）

a） GB/T 4798 环境条件

描述了 GB/T 4798 中该等级的环境条件。如果需要更多细节，应参考相关的 GB/T 4798 标准。

b） 最接近的 GB/T 2423 试验方法和严酷程度

给出了 GB/T 4798 条件和 GB/T 2423 试验方法最相近的相关性。

c） 推荐试验方法和严酷度

当最接近的 GB/T 2423 试验方法不适用时，细化给出了适用于大多数产品的推荐试验。此种情况下，本指南的信息部分给出了推荐的理由。

d） 注释号

指以注释的形式出现的相关的指南信息。这些注释是本系列标准的必要组成部分，在确定试验前一定要仔细阅读和理解，它们详述了：

——影响选择试验和严酷程度的原理；

——替代测试，对于某些场所和产品来说，不同的试验方法可能比大多数产品的推荐试验更合适；

——转换，这时，其他类型的试验是评价 GB/T 4798 中条件的最好方式；

——指南信息，便于用户针对产品和应用条件确定最合适的试验和严酷程度；

——当推荐的试验和严酷程度 c）与最接近的 GB/T 2423 试验方法和严酷程度 b）不同，这种状况通常出现在不能用等级描述的条件中 a）。

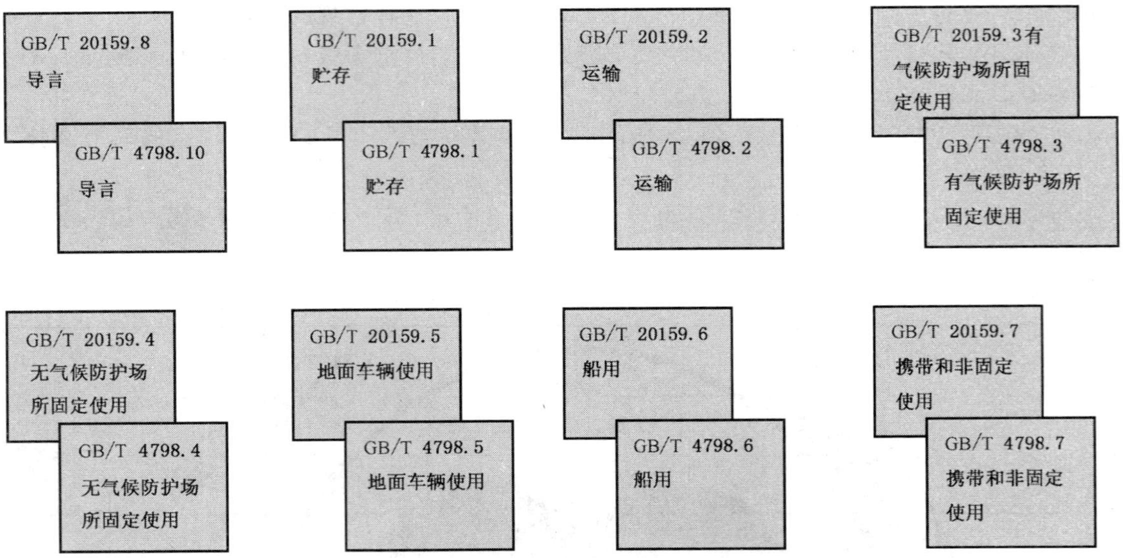

图 1　GB/T 20159 与 GB/T 4798 对应关系

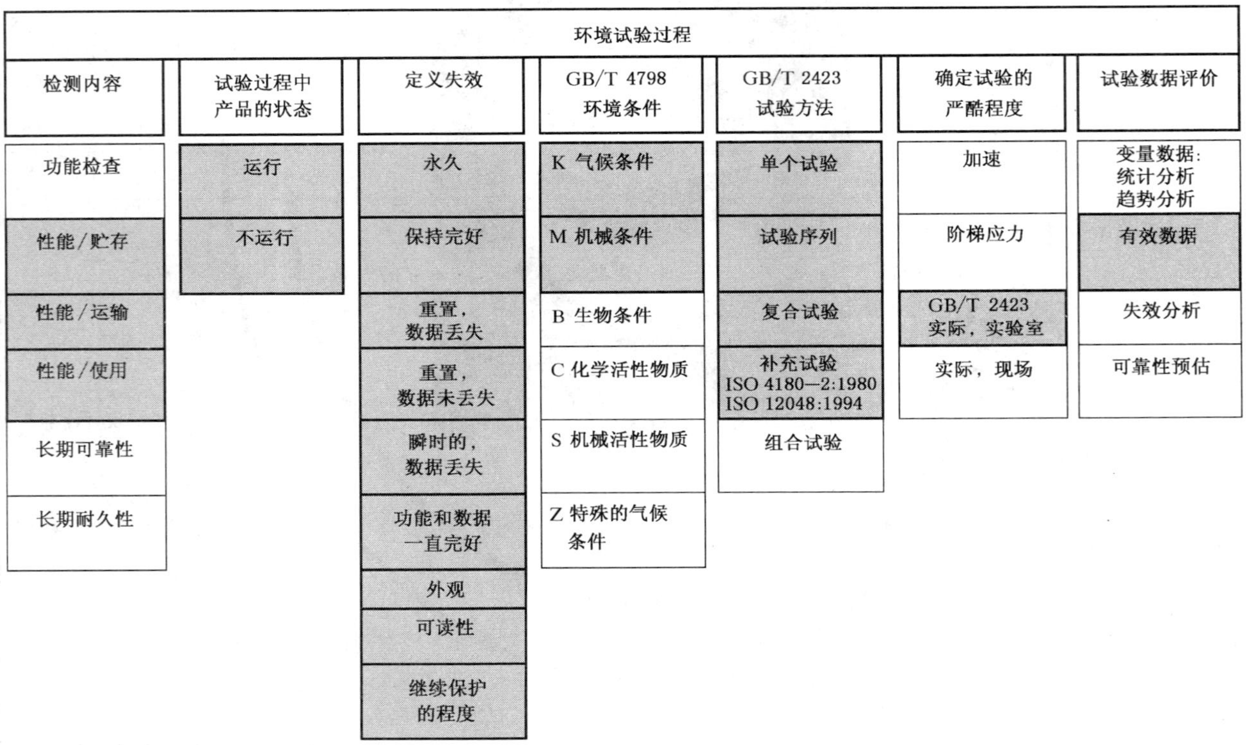

图 2　环境试验应用概要

3.4　试验目的和应用

GB/T 20159 适用于对整个产品的试验，而并不是针对单个构件。可能还需要其他类型的试验，如腐蚀试验、加速温度老化试验、疲劳试验等，这些试验更适用于元件和材料的选择。

推荐的试验不适用于寿命和可靠性研究，这些被归入可靠性领域。

在对一个较大组装的组成部件进行试验时应注意，这些部件承受的环境条件可能会受到一起安放在密封箱内的其他部件的影响，试验时应当考虑这些。

3.5 环境试验

环境试验通过模拟真实(自然)环境条件或者通过再现其影响,以证明产品在规定的条件下完好且正常运转,参见 GB/T 2421—1999 的 1.1。

环境试验可以应用在产品设计、开发、生产以及生命周期的很多阶段中。从简单的功能试验到长期耐久性试验,在试验前应先规定失效,从产品符合功能规范到永久失效。在试验继续进行之前,必须明确试验的目的和预期的结果。对于型式认可、标准类型认可及研发的试验系列的选择可见 GB/T 2421—1999。图 2 描述了环境试验的某些应用情况,在环境试验计划图中,从每一列中至少选择一个试验条件,阴影区域表示 GB/T 20159 中给出的条件。

环境试验的设计开始对于试验目的的理解,例如,如何回答以下的问题:

——有没有完全理解失效机理和顺序;

——在实验室环境条件下,能不能充分确定样品的功能;

——有没有评估样品在规定条件下的长期使用性能;

——预期的环境条件有没有通过如下的因素充分定义:

a) 类似产品的历史情况/经验;

b) 客户输入;

c) 客户现场调查;

d) 工厂/现场维修或者保养历史;

e) 政府机构的数据库;

f) 实地经验/以往报道的数据,不一定非常符合现在的用户的需求;

g) 如 GB/T 4798 之类的标准,包含了未使用的数据。

产品所暴露的真实环境条件在实验室一般是无法再现的。GB/T 4797 通过单个环境参数如温度和降雨等来描述了典型环境条件下的环境条件组。因此,比较实用的方法是考察每一个环境参数的影响,如可行,针对每一种影响引入可重复的简单的试验方法。GB/T 20159 中给出的指南鼓励用户采用多种方法。

如可行,相关产品标准和 GB/T 2423 应规定失效标准、环境试验过程中的电源使用情况以及产品的运行情况。参见 GB/T 4798.10 的相关内容。

GB/T 4798 建立了产品承受的环境条件等级,包括了短时极端环境条件,超出这极端条件的概率很小。

3.6 推荐试验

GB/T 20159 中推荐的试验主要是证明产品在规定的环境条件下能够按照相关规范的要求正常运转。试验再现了环境条件对产品的影响,并不一定是 GB/T 4798 中给出的真实环境条件。当使用推荐的严酷程度时,应注意,不应产生因应力过大产生的失真失效。有现场数据可用时,应当使用分析数据后得出的严酷程度。

4 GB/T 20159 中使用术语的解释

4.1 气候图

GB/T 4798 中大多数等级给出了气候图,图中给出的条件被超过的概率不超过 1%(见 GB/T 4798.10)。这些条件用温度、相对湿度以及绝对湿度的组合进行描述,并且在条件表格中通常独立给出。但是,这种表格经常会导致混乱,因为他们给人造成各种组合都有可能存在的印象。应当注意,高湿和高温组合通常被绝对湿度限值限定。GB/T 4797.1 给出了温度、相对湿度和绝对湿度的关系的气候图和等式。

要理解环境条件的统计特性。越接近气候图中的极值的数值出现的概率越小。

例 1:某一等级规定最高温度 45 ℃,相对湿度 95%,绝对湿度 29 g/m^3。这三种条件的组合现实中是不存在的。对于绝对湿度 29 g/m³，相对湿度为 95%时的最高温度为 30 ℃。

例 2：某一等级的温度限制为－5 ℃～45 ℃，温度－3 ℃和＋40 ℃出现的概率要比温度 20 ℃出现的概率小得多。

4.2 周围环境

某些推荐试验所使用的术语“周围环境”是指在 GB/T 2421—1999 中规定的标准大气条件，即：温度 15 ℃～35 ℃，相对湿度 25%～75%（最大绝对湿度为 22 g/m³），气压在 86 kPa～106 kPa。ISO 2533:1975及其附录中提供了标准大气的详细描述，GB/T 4797.2 仅提供摘要。ISO 554:1976 中规定了试验用的“基准条件”。

4.3 相关性

当 GB/T 4798 中的参数和 GB/T 2423 中的严酷程度的测量单位一致时，给出了相关性，如温度 ℃。

4.4 转换

当 GB/T 4798 中的参数和 GB/T 2423 中的严酷程度的测量单位不一致时就要转换，例如冲击响应谱转换为加速度时间历程。

4.5 环境条件

产品在贮存、运输（包括携带）和使用过程中所承受的气候和机械环境条件可能会影响产品的功能。GB/T 4798 中规定的参数和严酷程度，在 GB/T 20159 中被称为条件。

4.6 环境试验严酷程度

下文中的严酷程度选自 GB/T 2423，它通常是一系列试验值以及暴露时间的组合。

4.7 产品

能完成规定功能的元件组件，作为试样时，不能同提供试验条件的辅助设备混淆，在本系列标准中，假定产品承受 GB/T 4798 规定的环境条件，尽管产品本身有可能是一个较大组件的一部分，这时可能需要修改 GB/T 4798 中的环境条件。

4.8 斜率（机械条件表格中使用，稳态随机振动）

在本系列标准中，斜率定义为加速度谱密度的增加或降低，单位是分贝/倍频。

注：不应当与 GB/T 2423.56—2006 中定义的初始和最终斜率混淆。

4.9 等级

本系列标准描述的等级反映了 GB/T 4798 规定的环境条件等级。

5 环境试验

5.1 特制产品

GB/T 20159 推荐的试验适用于大多数商业产品，对于某些特制产品，可能要求其他试验或者替代试验。

5.2 失效机理

在编制试验计划前，识别产品发生失效的机理非常重要，相关讨论参考 GB/T 2421—1999 的表 1 和附录 B。

5.3 符合性标准

产品性能和结构的符合性标准在试验前应在相关规范中进行明确规定，简单例子如下：

——产品保持完好的盘踞；

——规定的所有的或者选定的相关的技术功能的实现；

——允许的性能上的降低；

——目视检查的结果。

5.4 严酷程度和试验方法

GB/T 20159 中的表格推荐了严酷程度和试验方法。在某些情况下，推荐的严酷程度不同于规定的环境条件，为了适应以下形势，并给出了指南信息：

——当 GB/T 4798 中与 GB/T 2423 中的环境条件相同时，指南信息解释了选择的持续时间的理由；

——当 GB/T 4798 中的环境条件与推荐的 GB/T 2423 中的严酷程度（持续时间除外）不同且环境参数使用的单位相同时，指南信息非常简短；

——当 GB/T 4798 中的环境条件与推荐的 GB/T 2423 中的严酷程度不同且环境参数使用的单位不同时，指南信息就会比较全面，例如转换；

——当没有规定试验或者认为该试验没有必要时，指南信息就会给出：

a) 其他条件的试验比较严酷，已经涵盖了该参数；

b) 条件比较温和，通常不需要试验；

c) 对于该条件没有标准的 GB/T 2423 试验；

d) 当选择零部件或者材料时需要考虑该条件。

5.5 试验计划

制定的试验计划应能够反映产品在整个寿命期间预期承受的环境应力。

5.6 试验选择

一般来说，使用本系列标准时，应针对具体的产品的应用情况评估表格中推荐的试验是不是都有必要。

如果试验对产品的影响已知或者已经包括了一个更为严酷的试验，就可以省略掉该试验。例如，如果贮存条件试验的影响等同或者小于运输条件试验的影响，那么贮存条件下的试验就可以省略。

5.7 贮存和运输条件下的试验

GB/T 4798.1 将产品及其包装在贮存过程中承受的环境参数划分了若干等级，该等级不包括运输。

GB/T 4798.2 对于产品在从一个地方运输到另一个地方的过程中所承受的环境参数组及其严酷程度进行了分级。如果产品通常是带包装运输的，环境条件使用于带包装的产品，包括了陆地/海洋/空中运输条件以及装卸过程。

如果可行，产品应当在贮存和运输的状态下进行试验。例如，如果产品处于包装状态，则应带包装进行试验。如果产品在贮存运输的过程中可以有也可以没有包装，则有必要两种情况都进行试验。作为一种可供选择的情况，产品的包装的传递性能已知的话，产品在单独情况下的试验进行修正。某些情况下，带包装进行试验比无包装进行试验更严酷，例如对于密封包装的产品，温度变化试验可能会在包装内的产品上产生结露。

对于软包装，很难达到 GB/T 2423 机械试验中对于固定点的要求。例如，当固定一个纸板包装的产品时，有必要采用实际操作过程中采用的限制的固定方法，这就需要重新规定固定点。

5.8 使用过程中的环境试验

使用过程中的等级制定了产品在使用、装配、非工作状态、维护以及修理等过程中所暴露的环境条件。不包括由一起安放在密封箱内的产品产生的环境条件。

相关规定应当详细指出，在环境试验程序中产品何时处于非工作状态，以及何种性能要求在试验前、中、后测量，以及失效标准。

5.9 试验持续时间

表中推荐的试验持续时间是在经验基础上选择的，经验证明这些持续时间足以表明该环境条件对大多数产品的影响。但如果经过特殊应用验证，用户可以改变这些数值。为了便于用户理解，本报告中表格的相关注解解释了为什么选择该推荐持续时间。

5.10 组合试验

对于在多种环境条件下使用的比较敏感的产品，应当进行组合试验，例如：温度和振动组合试验。

组合试验可能比一系列的单独试验更能代表真实环境条件的影响。当产品有预期在组合环境条件下运行时，推荐进行组合环境试验。在单独环境条件下不明显的失效通过组合试验可能很快显现出来，在制订试验计划时，GB/T 20159 的用户应考虑在合适的情况下使用组合环境试验。

5.11 试验顺序和复合试验

相关规范中可能会规定这种类型的试验。按一定的顺序进行试验具有明显的优势。在制定产品试验计划时，用户应考虑试验顺序的影响。应当注意，规定的试验顺序有时会增加试验成本，有时为了避免结果受影响而增加样品数量。

6 转换指南示例

6.1 太阳辐射

GB/T 2423.24 规定的太阳辐射试验试图采用全光谱辐照。一种方法就是在实验室模拟全光谱辐照，但实现起来比较困难，另一种方法是把整个光谱分为三个比较容易实现的光谱阶段，即红外区/可见区/紫外区。

通过下面的转换就可以评定产品的性能。

6.1.1 光化学/光降解

尽管可见光部分也会产生影响，但是影响主要是由光谱中的紫外部分引起的。例如，塑料材料的降解，涂料的变色。大多数情况下，对材料和零部件进行试验就可以确定这些影响，有时候也可能需要对整机进行试验。

6.1.2 热效应

为了确定使用下面的哪一种方法，需要评估样品受到的热影响。三种基本的情况为：

a） 温度升高

太阳照射可能引起空气和表面温度比环境温度要高，为了评估温升带来的影响，推荐采用将高温试验温度增加的做法，比如升高 10 ℃或者 15 ℃（根据试验确定）。

b） 温度梯度

由于太阳辐射来自于一个光源，热效应在开放的空间内具有方向性而不是均匀的，因此，对暴露产品的热影响也不均匀，这可能会导致机械的容差、材料的不同膨胀率、密封不完整、电子元件的功能等问题。需要考察这种情况时，推荐采用方向性辐射的光源。由于 GB/T 2423 没有这种试验，用户必须自己设计试验。当模拟这种条件时，必须维持良好的通风条件以避免产品产生不真实的温升。

c） 热交变

产品的表面温度随着太阳辐射的角度和强度会有所变化，这就会导致温度交变，进而增加了温度梯度。当需要考察此种情况时，推荐采用活动的、有方向性的辐射光源。

6.2 热辐射

由于热辐射，产品表面的温度在夜间有可能会比环境温度低达 20 ℃（见 GB/T 4797.4），为了评估这种情况的影响，建议降低低温试验的温度来进行验证，降低的幅度根据试验结果来确定。

6.3 振动试验

由于测量和试验技术的局限，原来对产品基本上都做正弦振动试验。对于大多数的应用情况来说，随机振动可能更真实一些。实际应用中可能受正弦运动限制的元件，例如装在旋转部件上的或者附近的零部件。

对于仅包含正弦振动的等级而实际条件是随机振动的情况来说，推荐进行随机振动试验。在仅推荐正弦试验而实际条件是随机振动的情况下，进行随机振动试验可能会更合适。如果可行的话，第一步应当测量真实的振动条件，分析数据后，可能获得比较真实的随机振动的严酷程度。如果不可行，推荐下面的公式。

下面给出了正弦和随机的公式，由于某些参数是以某些假定为前提，这样就会导致试验严酷程度失真，因此采用时应非常小心。

注：没有方法能够推导出随机振动对于试样能够产生跟正弦振动相同的应力或者功能缺陷。下面给出的方法只是一种近似的方法，选择 Q 因子（放大因子）。产品的放大因子可能高于或低于推荐的放大因子，因此在某些频率上会产生试验过度。当已知 Q 值时，试验中应采用。

正弦振动幅值是基于以下假设的，即 100 Hz 以下的 Q 值为 5，100 Hz 以上的 Q 值为 10。假定为窄峰分布（瑞利分布），计算出的幅值已包括了 99.9％的峰。

将正弦振动转换为程度相当的随机振动谱密度的方法如下：

$$s = \frac{2Q}{\pi f}\left(\frac{a}{m}\right)^2$$

式中：

s——加速度谱密度，单位为平方米每三次方秒（m^2/s^3）；

Q——放大倍数；

a——相当的正弦振动的峰值加速度，单位米每二次方秒（m/s^2）；

f——频率，单位为赫兹（Hz）；

m——数学因子，所选的峰值与有效值的比。

举个例子：计算随机振动谱密度 s，其中包含了 99.9％的峰，相当于频率为 1 000 Hz 的正弦振动，采用下列算式：

$$Q=10$$

$$a=46\ m/s^2$$

$$f=1\ 000\ Hz$$

$$m=3.7$$

$$s=\frac{2\times 10}{\pi\times 1\ 000}\left(\frac{46}{3.7}\right)^2=1\ m^2/s^3$$

这就计算出了频率为 1 000 Hz 时的加速度谱密度，在其他频率下可以重新计算。

6.4 冲击试验

冲击试验提供了一系列的产品在贮存、运输和使用过程中可能承受的典型的冲击条件试验，冲击试验也可用于评估产品的易碎性能，以设计包装减少损坏。

GB/T 4798 规定的是冲击响应谱，而 GB/T 2423 规定的是加速度时间历程，必要时应提供适当的转换指南。

附 录 NA
（资料性附录）
相关国家标准系列

NA.1 GB/T 2423 标准系列如下：

GB/T 2423.1—2008 电工电子产品环境试验 第2部分：试验方法 试验A：低温(IEC 60068-2-1:2007,IDT)

GB/T 2423.2—2008 电工电子产品环境试验 第2部分：试验方法 试验B：高温(IEC 60068-2-2:2007,IDT)

GB/T 2423.3—2006 电工电子产品环境试验 第2部分：试验方法 试验Cab：恒定湿热试验(IEC 60068-2-78:2001,IDT)

GB/T 2423.4—2008 电工电子产品环境试验 第2部分：试验方法 试验Db 交变湿热(12 h+12 h 循环)(IEC 60068-2-30:2005,IDT)

GB/T 2423.5—1995 电工电子产品环境试验 第二部分：试验方法 试验Ea和导则：冲击(idt IEC 60068-2-27:1987)

GB/T 2423.6—1995 电工电子产品环境试验 第二部分：试验方法 试验Eb和导则：碰撞(idt IEC 60068-2-29:1987)

GB/T 2423.7—1995 电工电子产品环境试验 第二部分：试验方法 试验Ec和导则：倾跌与翻倒(主要用于设备型样品)(idt IEC 60068-2-31:1982)

GB/T 2423.8—1995 电工电子产品环境试验 第二部分：试验方法 试验Ed：自由跌落(idt IEC 60068-2-32:1990)

GB/T 2423.10—2008 电工电子产品环境试验 第2部分：试验方法 试验Fc：振动(正弦)(IEC 60068-2-6:1995,IDT)

GB/T 2423.15—2008 电工电子产品环境试验 第2部分：试验方法 试验Ga和导则：稳态加速度(IEC 60068-2-7:1986,IDT)

GB/T 2423.16—2008 电工电子产品环境试验 第2部分：试验方法 试验J和导则：长霉(IEC 60068-2-10:1988,IDT)

GB/T 2423.17—2008 电工电子产品环境试验 第2部分：试验方法 试验Ka：盐雾(IEC 60068-2-11:1981,IDT)

GB/T 2423.18—2000 电工电子产品环境试验 第2部分：试验方法 试验Kb：盐雾，交变(氯化钠溶液)(IEC 60068-2-52:1996,IDT)

GB/T 2423.21—2008 电工电子产品基本环境试验规程 试验M：低气压试验方法(IEC 60068-2-13:1983,IDT)

GB/T 2423.22—2002 电工电子产品环境试验 第2部分：试验方法 试验N：温度变化(IEC 60068-2-14:1984,IDT)

GB/T 2423.23—1995 电工电子产品环境试验 试验Q：密封

GB/T 2423.24—1995 电工电子产品环境试验 第二部分：试验方法 试验Sa：模拟地面上的太阳辐射(idt IEC 60068-2-5:1975)

GB/T 2423.25—2008 电工电子产品环境试验 第2部分：试验方法 试验Z/AM：低温/低气压综合试验(IEC 60068-2-40:1976,IDT)

GB/T 2423.26—2008 电工电子产品基本环境试验规程 试验Z/BM：高温/低气压综合试验

(IEC 60068-2-41:1976,IDT)

GB/T 2423.27—2005 电工电子产品环境试验 第2部分:试验方法 试验Z/AMD:低温/低气压/湿热连续综合试验(IEC 60068-2-39:1976,IDT)

GB/T 2423.28—2005 电工电子产品环境试验 第2部分:试验方法 试验T:锡焊(IEC 60068-2-20:1979,IDT)

GB/T 2423.30—1999 电工电子产品环境试验 第2部分:试验方法 试验XA和导则:在清洗剂中浸渍(idt IEC 60068-2-45:1993)

GB/T 2423.31—1985 电工电子产品基本环境试验规程 倾斜和摇摆试验方法

GB/T 2423.32—2008 电工电子产品环境试验 第2部分:试验方法 试验Ta:润湿称量法可焊性(IEC 60068-2-54:2006,IDT)

GB/T 2423.33—2005 电工电子产品环境试验 第2部分:试验方法 试验Kca:高浓度二氧化硫试验

GB/T 2423.34—2005 电工电子产品环境试验 第2部分:试验方法 试验Z/AD:温度/湿度组合循环试验(IEC 60068-2-38:1974,IDT)

GB/T 2423.35—2005 电工电子产品环境试验 第2部分:试验方法 试验Z/AFc:散热和非散热试验样品的低温/振动(正弦)综合试验(IEC 60068-2-50:1983,IDT)

GB/T 2423.36—2005 电工电子产品环境试验 第2部分:试验方法 试验Z/BFc:散热和非散热试验样品的高温/振动(正弦)综合试验(IEC 60068-2-51:1983,IDT)

GB/T 2423.37—2006 电工电子产品环境试验 第2部分:试验方法 试验L:沙尘试验(IEC 60068-2-68:1994,IDT)

GB/T 2423.38—2008 电工电子产品环境试验 第2部分:试验方法 试验R:水试验方法和导则(IEC 60068-2-18:2000,IDT)

GB/T 2423.39—2008 电工电子产品环境试验 第2部分:试验方法 试验Ee:弹跳(IEC 60068-2-55:1987,IDT)

GB/T 2423.40—1997 电工电子产品环境试验 第2部分:试验方法 试验Cx:未饱和高压蒸汽恒定湿热(idt IEC 60068-2-66:1994)

GB/T 2423.41—1994 电工电子产品基本环境试验规程 风压试验方法

GB/T 2423.42—1995 电工电子产品环境试验 低温/低气压/振动(正弦)综合试验方法

GB/T 2423.43—2008 电工电子产品环境试验 第2部分:试验方法 振动、冲击和类似动力学试验样品的安装(IEC 60068-2-47:2005,IDT)

GB/T 2423.45—1997 电工电子产品环境试验 第2部分:试验方法 试验Z/ABDM:气候顺序(idt IEC 60068-2-61:1991)

GB/T 2423.47—1997 电工电子产品环境试验 第2部分:试验方法 试验Fg:声振(idt IEC 60068-2-65:1993)

GB/T 2423.48—2008 电工电子产品环境试验 第2部分:试验方法 试验Ff:振动-时间历程法(IEC 60068-2-57:1999,IDT)

GB/T 2423.49—1997 电工电子产品环境试验 第2部分:试验方法 试验Fe:振动-正弦拍频法(idt IEC 60068-2-59:1990)

GB/T 2423.50—1999 电工电子产品环境试验 第2部分:试验方法 试验Cy:恒定湿热主要用于元件的加速试验(idt IEC 60068-2-67:1996)

GB/T 2423.51—2000 电工电子产品环境试验 第2部分:试验方法 试验Ke:流动混合气体腐蚀试验(IEC 60068-2-60:1995,IDT)

GB/T 2423.52—2003 电工电子产品环境试验 第2部分:试验方法 试验77:结构强度与撞击(IEC 60068-2-27:1999,IDT)

GB/T 2423.53—2005 电工电子产品环境试验 第2部分:试验方法 试验Xb:由手的磨擦造成标记和印刷文字的磨损(IEC 60068-2-70:1995,IDT)

GB/T 2423.54—2005 电工电子产品环境试验 第2部分:试验方法 试验Xc:流体污染(IEC 60068-2-74:1999,IDT)

GB/T 2423.55—2006 电工电子产品环境试验 第2部分:环境测试 试验Eh:锤击试验(IEC 60068-2-75:1997,IDT)

GB/T 2423.56—2006 电工电子产品环境试验 第2部分:试验方法 试验Fh:宽带随机振动(数字控制)和导则(IEC 60068-2-64:1993,IDT)

GB/T 2423.57—2008 电工电子产品环境试验 第2-81部分:试验方法 试验Ei:冲击 冲击响应谱合成(IEC 60068-2-81:2003,IDT)

GB/T 2423.58—2008 电工电子产品环境试验 第2-80部分:试验方法 试验Fi:振动 混合模式(IEC 60068-2-80:2005,IDT)

GB/T 2423.101—2008 电工电子产品环境试验 第2部分:试验方法 试验:倾斜和摇摆

GB/T 2423.102—2008 电工电子产品环境试验 第2部分:试验方法 试验:温度(低温、高温)/低气压/振动(正弦)综合

NA.2 GB/T 4797系列标准如下:

GB/T 4797.1—2005 电工电子产品自然环境条件 温度和湿度(IEC 60721-2-1:1982,IDT)

GB/T 4797.2—2005 电工电子产品自然环境条件 第2部分:海拔与气压、水深与水压(IEC 60721-2-3:1987,MOD)

GB/T 4797.3—1986 电工电子产品自然环境条件 生物

GB/T 4797.4—2006 电工电子产品自然环境条件 太阳辐射和温度(IEC 60721-2-4:1982,IDT)

GB/T 4797.5[1) 环境条件分类 自然环境条件 降水和风(IEC 60721-2-2:1988,MOD)

GB/T 4797.6—1995 电工电子产品自然环境条件 尘、沙、盐雾(neq IEC 60721-2-5:1991)

GB/T 4797.7[1) 环境条件分类 天然地震振动和冲击中的环境条件(IEC 60721-2-6:1990,IDT)

GB/T 4797.8[1) 环境条件分类 自然环境条件 火灾暴露(IEC 60721-2-7:1987,IDT)

NA.3 GB/T 4798系列标准如下:

GB/T 4798.1—2005 电工电子产品应用环境条件 贮存(IEC 60721-3-1:1997,MOD)

GB/T 4798.2—2008 电工电子产品应用环境条件 运输(IEC 60721-3-2:1997,MOD)

GB/T 4798.3—2007 电工电子产品应用环境条件 有气候防护场所固定使用(IEC 60721-3-3:2002,MOD)

GB/T 4798.4—2007 电工电子产品应用环境条件 无气候防护场所固定使用(IEC 60721-3-4:1995,MOD)

GB/T 4798.5—2007 电工电子产品应用环境条件 地面车辆使用(IEC 60721-3-5:1997,MOD)

GB/T 4798.6—1996 电工电子产品应用环境条件 船用(eqv IEC 60721-3-6:1987)

GB/T 4798.7—2007 电工电子产品应用环境条件 携带和非固定使用(IEC 60721-3-7:2002,MOD)

GB/T 4798.10—2006 电工电子产品应用环境条件 导言(IEC 60721-3-0:2002,IDT)

---

1) 本部分出版时,这些标准正在报批过程中。

ICS 29.160.30
K 21

中华人民共和国国家标准

GB/T 20161—2008/IEC TS 60034-17:2006
代替 GB/T 20161—2006

变频器供电的笼型感应电动机应用导则

Cage induction motors when fed from converters—Application guide

(IEC TS 60034-17:2006,IDT)

2008-12-30 发布　　2009-10-01 实施

中华人民共和国国家质量监督检验检疫总局
中国国家标准化管理委员会　发布

前　　言

本标准等同采用 IEC TS 60034-17:2006《变频器供电的笼型感应电动机应用导则》(英文版)。

本标准代替 GB/T 20161—2006《变频器供电的笼型感应电动机应用导则》。

本标准与 GB/T 20161—2006 比较,改动之处如下:

a) 前言加一段:本技术规范适用于 GB/T 21210—2007 规定范围内的电动机,即按电网供电设计的低压系列三相笼型转子感应电动机,包含 N 设计或 H 设计。为变频器供电专门设计的电动机应执行 GB/T 21209—2007。

b) 第 4 章,电压和(或)电流的频谱,就不同的变频器进行了描述。

c) 第 5 章,谐波造成的损耗,GB/T 20161—2006 第 5 章标题为附加损耗,现改为谐波造成的损耗,论述的是由变频器供电时笼型感应电动机电压和电流谐波产生的附加铁耗和定转子绕组损耗,以区别于电网供电时电动机产生的附加损耗。

GB/T 20161—2006 中的图 3(本标准为图 4)变频器供电对笼型感应电动机(机座号 315 M,N 设计)在额定转矩和转速时各项损耗的影响,其中电压变频器由谐波产生的损耗比例作了修改,具体修改如下:

F——定子绕组损耗由 0.5%修改为 2.5%;

G——转子绕组损耗由 2%修改为 4.5%;

H——铁耗由 12%修改为 7.5%;

I——负载附加损耗仍为 0.5%。

d) 第 7 章,增加了由中间回路纹波电流产生的脉动转矩描述。

e) 第 8 章,电磁噪声,进行了重新修订。

f) 第 10 章,轴承电流,进行了重新修订。

g) 增加第 11 章安装(电缆接线、接地、链结)。

本标准由中国电器工业协会提出。

本标准由全国旋转电机标准化技术委员会(SAC/TC 26)归口。

本标准负责起草单位:上海电器科学研究所(集团)有限公司、河北电机股份有限公司、山东华力电机集团有限公司、山西电机制造有限公司、湘潭电机股份有限公司、北京毕捷电机股份有限公司、浙江金龙电机股份有限公司、江门江晟电机厂有限公司、西门子(中国)有限公司、上海电科科技有限公司。

本标准主要起草人:李秀英、杨秀军、王庆东、陈璞、李春林、周守廉、叶锦武、刘权、徐绍辉。

本标准所代替标准的历次版本发布情况为:

——GB/T 20161—2006。

引　言

变频器供电笼型感应电动机驱动系统的工作特性和运行性能受到整个驱动系统的制约，包括供电系统、变频器、感应电动机、机械轴系以及控制装置，其中每一部分的技术类型繁多，本标准引用的一些量值仅为提示性质。

驱动系统的设计涉及一些重要参量，考虑到系统内复杂的技术关联和运行状态的多样性，要对这些参量规定数值或限值已超出了本标准的范围和目的。

现实情况是大多数驱动系统是由不同制造厂生产的部件组成的。本标准的目的在于对选用部件的准则以及部件对驱动系统运行性能的影响作出说明并尽可能地定量表示。

本标准涉及的电动机是在 GB/T 21210—2007 范围内，如低压三相笼型感应电动机，其设计是用于电网供电，包含有 N 设计或 H 设计。由变频器供电的专用电动机设计要求包含在 GB/T 21209—2007 中。

变频器供电的笼型感应电动机应用导则

1 范围

本标准仅涉及间接型变频器。此类变频器包括带中间回路的外施直流电流的变频器(电流型变频器)和外施直流电压的变频器(电压型变频器),或为方波型或为脉冲控制型,没有限制脉冲的数量、宽度或脉冲频率。本标准所涉及的变频器可为模拟控制电路,也可为数字控制电路,变频器的电子开关器件可以是任何类型的,如晶体管(双极的或金属氧化物场效应管 MOSfet)、绝缘栅双极晶体管(IGBTs)、晶闸管、可关断晶闸管(GTO)等。

本标准适用于 GB/T 21210—2007 规定范围内的笼型感应电动机由变频器供电时在速度设定范围内的稳态运行,不包括起动或瞬态现象。

2 规范性引用文件

下列文件中的条款通过本标准的引用而成为本标准的条款。凡是注日期的引用文件,其随后所有的修改单(不包括勘误的内容)或修订版均不适用于本标准,然而,鼓励根据本标准达成协议的各方研究是否可使用这些文件的最新版本。凡是不注日期的引用文件,其最新版本适用于本标准。

GB 755—2008　旋转电机　定额和性能(IEC 60034-1:2004,IDT)

GB/T 21209—2007　变频器供电笼型感应电动机设计和性能导则(IEC 60034-25:2004,IDT)

GB/T 21210—2007　单速三相笼型感应电动机的起动性能(IEC 60034-12:2002,IDT)

3 电动机的特性

在换流期间,电流型变频器的输出电流要流过电动机的定子绕组。因此,电动机的等值电路知识对换流电路的设计是重要的。

对电压型变频器,电动机的等值电路知识对换流电路的设计通常并不重要,但是电动机的谐波阻抗对因谐波引起的损耗却有重大的影响。

上述情况关系到驱动的基本运行能力。如果要求知道变频器供电运行时出现的附加转矩(特别是振荡转矩)和附加损耗的具体细节,则需要知道电动机在整个谐波频谱范围内的等值电路参数。

由于 N 设计笼型感应电动机有多种设计方案(例如铜排深槽转子和双笼铸铝转子),重要谐波的频率范围很宽(带宽 0 kHz～30 kHz),所以不可能确定一个普遍有效的电动机等值电路。通常不容许采用在工频稳态运行时的等值电路参数(例如正常运行时的漏抗)来计算因谐波引起的转矩和损耗。只有当变频器的输出电流和(或)电压频谱已知时,电动机制造商才能提供合适的电动机等值电路的参数值。

4 电压和(或)电流的频谱

为获得转矩的降低额和由谐波引起的振荡转矩,了解电动机电压的频谱(对电压型变频器)或电动机的电流频谱(对电流型变频器)是至关重要的。

图 1 给出了电流型变频器供电时电动机相电流的典型波形。所产生的谐波次数为 $n=5,7,11,13\cdots$。其相应的谐波含量受换流时间间隔的影响,在不同的驱动系统中该时间间隔是不同的。

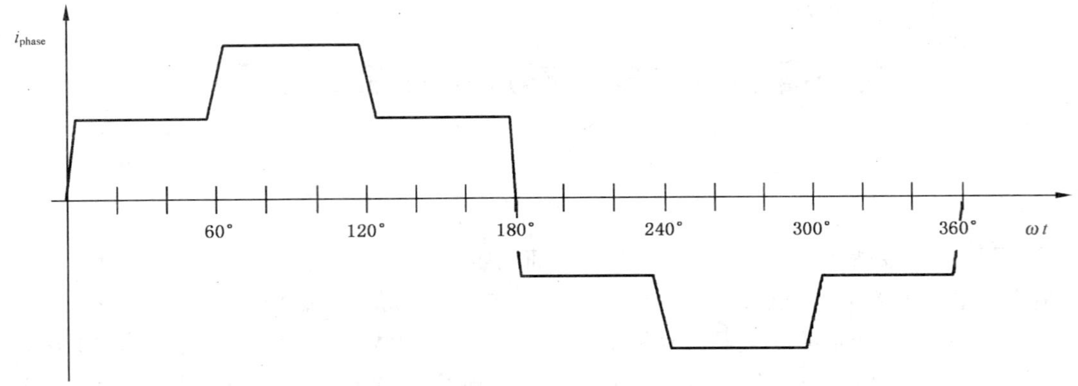

图 1 电流型变频器供电，△接法电动机相电流 i_{phase} 的波形(理想例子)

图 2 给出了脉宽调制(PWM 变频器)的电压型变频器运行时电动机线电压的典型波形。

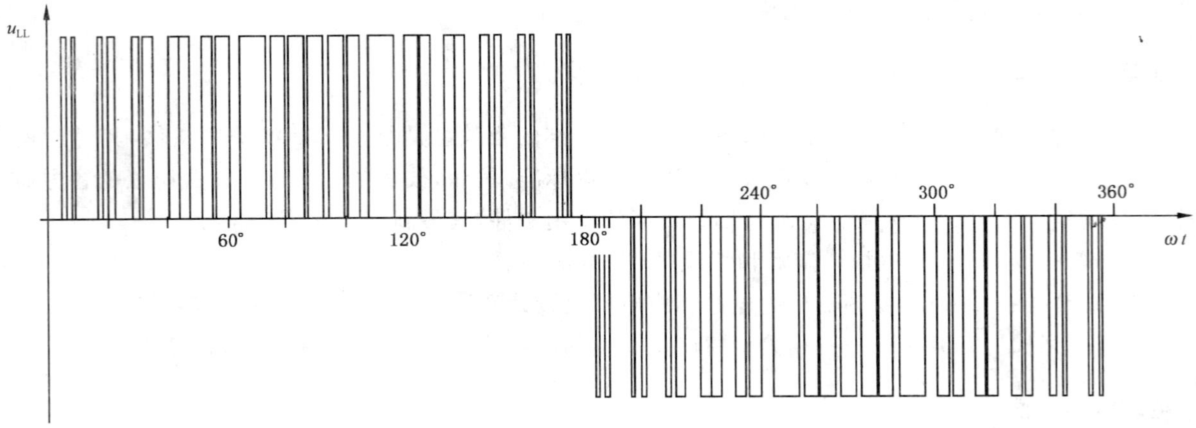

图 2 开关频率 $f_s=30\times f_1$ 电压型变频器供电电动机线电压 u_{LL} 的波形(例子)

电压型变频器使用多种调制类型，因此对谐波的影响不可能给出一个综合的、完整的陈述。如欲得到明确的陈述，一定要知道变频器输出电压的谐波含量，并且一定要研究其对电动机产生的后果。

变频器采用载波调制，即包含了同步和异步脉冲模式，这种模式在很多场合被应用，其产生的频率为：

$$f=k_s\times f_s\pm k_1\times f_1$$

式中：$k_s=1,2,3\cdots$；$k_1=1,2,4,5,7\cdots$，分别为开关频率 f_s 和运行频率 f_1 的相乘系数。在变频器使用空间矢量调制情况下该公式也有效。

变频器采用载波调制，即没有事先决定开关频率也很常用。在这种情况下，输出电压的频谱是带宽的随机函数，在特定的频段里也没有尖峰噪声。

脉冲控制变频器可使其低频谐波含量降得很低，而其占主导地位的谐波(接近于脉冲频率)将出现在相当高的频段，由于电动机绕组的电感作用使这些谐波不会有多大的影响。

在 GB 755—2008 的 7.2.1 中，笼型感应电动机供电电压允许的谐波分量表示为一个数值，称为谐波电压因数(HVF)。然而，这个因数对变频器供电不适用。

5 谐波造成的损耗

变频器供电时笼型感应电动机中的电压和电流谐波将在电机中产生附加铁耗和定转子绕组附加损耗。

对电压型变频器供电的电动机，附加铁耗不能忽略，与相电压谐波幅值有关，但几乎与其频率无关。

谐波电流主要产生绕组损耗，受漏抗的限制。虽然谐波电流很小，由于高频时挤流效应，因而绕组损耗不能忽略，这对成型绕组和散嵌绕组都适用。具有显著挤流效应的转子对这些损耗特别敏感。

大量试验证明，由谐波产生的总的附加损耗与负载无关，它们随着开关频率的增加而降低(见图3)。这是由于高脉冲频率下绕组附加损耗减少。

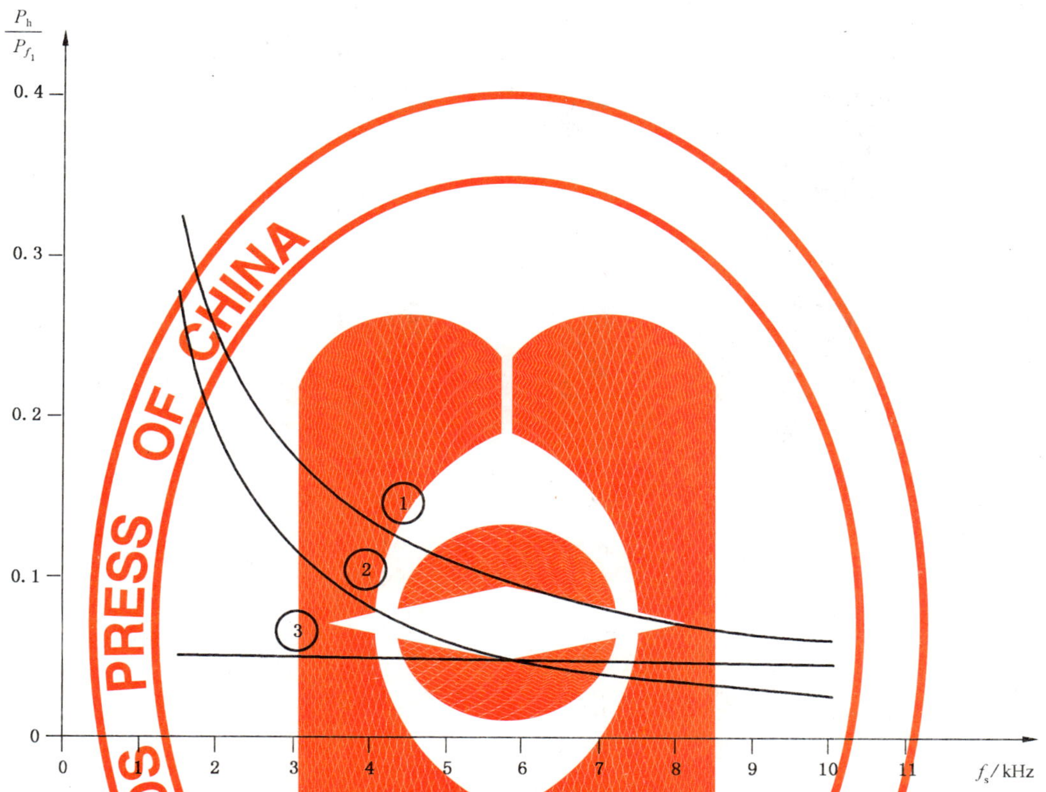

①——总的谐波损耗；

②——谐波绕组损耗；

③——谐波铁耗。

图3 电压型变频器供电由谐波频率引起的附加损耗 P_h 与运行频率 f_1 时损耗 P_{f_1} 之比随开关频率 f_s 的变化关系的例子

电动机由电流型变频器供电的情况下，除了所谓的换流损耗以外，附加铁耗几乎可以忽略。换流期间漏磁通的快速变化在定转子齿部产生了涡流。在电压型变频器供电运行时，因换流电流不流过电动机绕组，所以没有换流损耗。

由于低频谐波电流幅值较大，故转子绕组附加损耗起重要作用。

没有简单的计算方法来计算附加损耗，也没有通用的说明来给定附加损耗的数值。它们与不同的物理量有关，非常复杂。同时变频器也多种多样(例如不同脉冲频率和脉冲模式的电流型变频器和电压型变频器)、电动机的设计也各不相同(例如绕组类型、槽的几何形状、硅钢片的比损耗)。铁心的制造质量也起着非常重要的作用。

图4以一台特定电动机(机座号315 M,N设计)由具有不同谐波含量的不同变频器供电和正弦电源供电为例子，在各栏内列出了计算求得的损耗组成比例。该例子说明了目前广泛应用的变频器供电系统中各类损耗的相对重要性。所列出的损耗对比不适用于其他变频器供电的笼型感应电动机和其他型式变频器(具有不同的调制方式和脉冲频率)。为便于比较，图4中假定变频器供电在额定运行状态下的基波电压和基波电流都是相同的。

根据图 4 看出，电流型变频器比电压型变频器谐波损耗高。在部分负载时差值减少，因为对电压型变频器谐波损耗是恒定的，但对电流型变频器谐波损耗是随着负载的增加而增加。

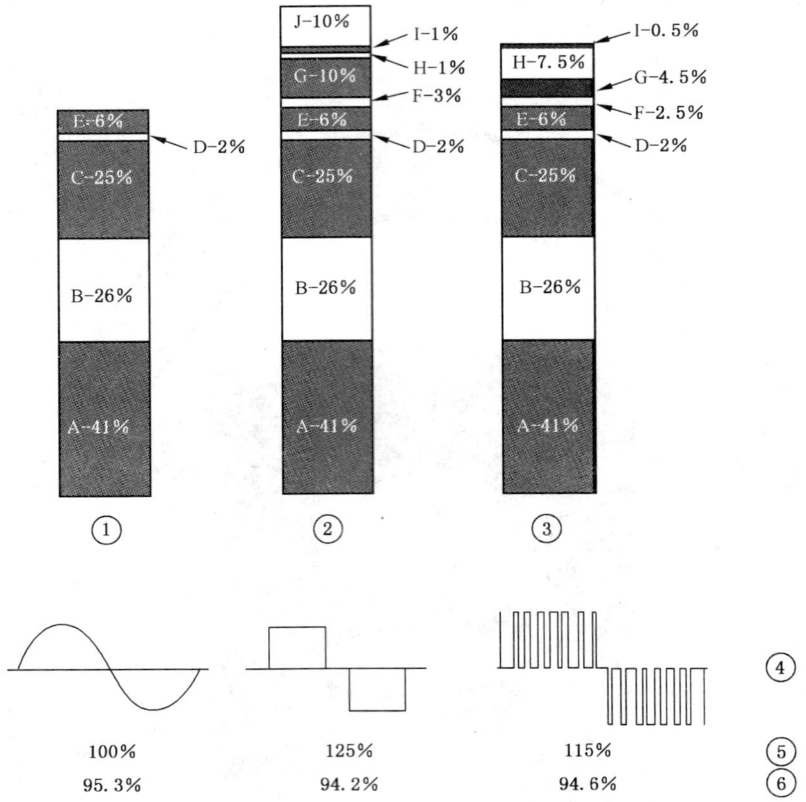

由基波频率产生的损耗	由谐波产生的损耗
E—摩擦损耗	J—换流损耗
D—负载附加损耗	I—负载附加损耗
C—铁耗	H—铁耗
B—转子绕组损耗	G—转子绕组损耗
A—定子绕组损耗	F—定子绕组损耗

①——正弦波电压；
②——电流型变频器；
③——载波调制的电压型变频器（开关频率为 3 kHz）；
④——与时间相关的施加量；
⑤——损耗；
⑥——效率。

图 4 变频器供电对笼型感应电动机（机座号 315 M,N 设计）在额定转矩和转速时各项损耗的影响

6 变频器供电运行时的转矩降低

电动机由变频器供电在额定频率运行时所产生的转矩由于温升增加（谐波损耗）通常要比正弦电压供电时的额定转矩低。另外的原因也可能是由于变频器电压的下降。要保持额定转矩可能会减少绝缘的使用寿命。

图 5 中的实线指的是变频器使电动机主磁通保持不变时的输出电压和频率的关系曲线，该主磁通与正弦电压供电时近似相同。如果已知变频器输出的谐波频谱，电动机制造商就能够确定该运行点的电机温升。温升取决于该电动机的设计及其冷却方式（IC01 或 IC411）。决定电动机转矩降低因数时重要的是该特定电动机的热裕度。计及这些影响，在额定频率时电动机转矩降低因数典型值为0.8～1.0。

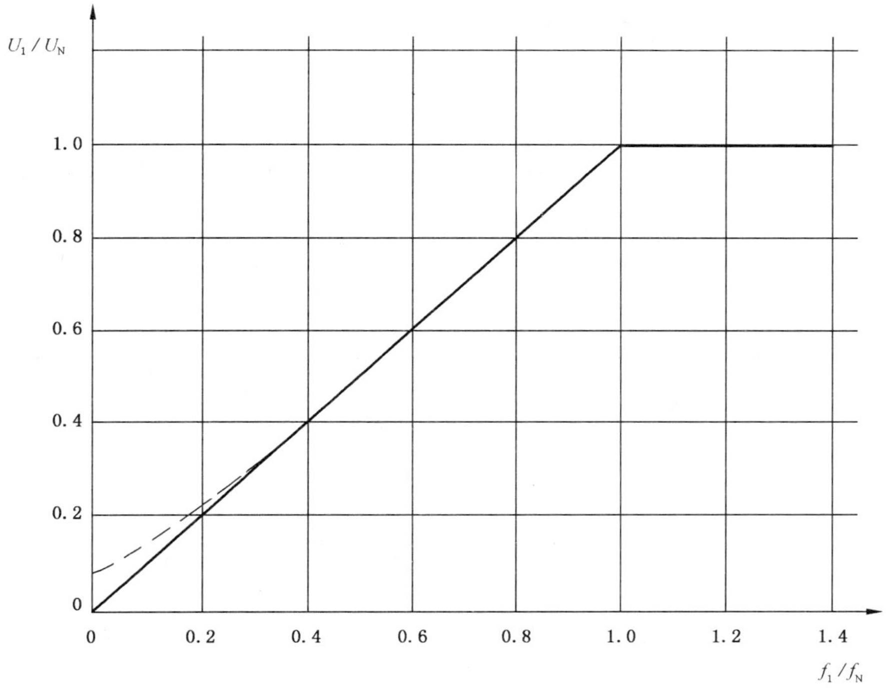

图 5 基波电压 U_1 与运行频率 f_1 的关系曲线（见第 6 章）

通常，实际上变频器的定额运行并不意味着在额定频率时基波磁通与正弦电压供电时的磁通一样。其后果导致产生附加的转矩偏差，这个偏差值取决于它们自身的参数。

电动机在额定频率时的同步转速以下的速度调节范围内，若电动机定子绕组电阻与电抗相比可以忽略，应用 U_1/f_1＝常数的控制规则，则可获得电动机的最大转矩为一恒量。为了补偿电动机定子电阻的影响，有些变频器将特性设计成图 5 中的虚线所示特性，与没有补偿作用相比，低速时具有较高的转矩。

对于图 5 中电压和频率标幺值在 1.0 以上的运行点，变频器输出电压在频率增加时通常保持不变（弱磁范围）。一旦运行在这个范围，电动机的转矩降低因数将会变化使转矩迅速降低，转矩特性如图 6 中 f_1/f_N＝1.0 以上范围的特性曲线所示。

图 6 给出了一台由电流型变频器供电的典型的电动机转矩降低曲线的实例。电压型变频器供电时的相应曲线形状与之类似。如变频器的谐波频谱和电压-频率特性已知，电动机制造商可以提出这样的转矩曲线。因涉及到电动机不同的冷却方式（IC01 或 IC411）和通风方法（自循环冷却或独立循环冷却），不可能给出适用于所有情况的转矩降低曲线。通常，由脉冲控制的变频器（脉冲频率在 kHz 范围内）供电的电动机需要降低的转矩定额比方波变频器供电时要小。随着脉冲频率的增加，转矩的降低额变小。

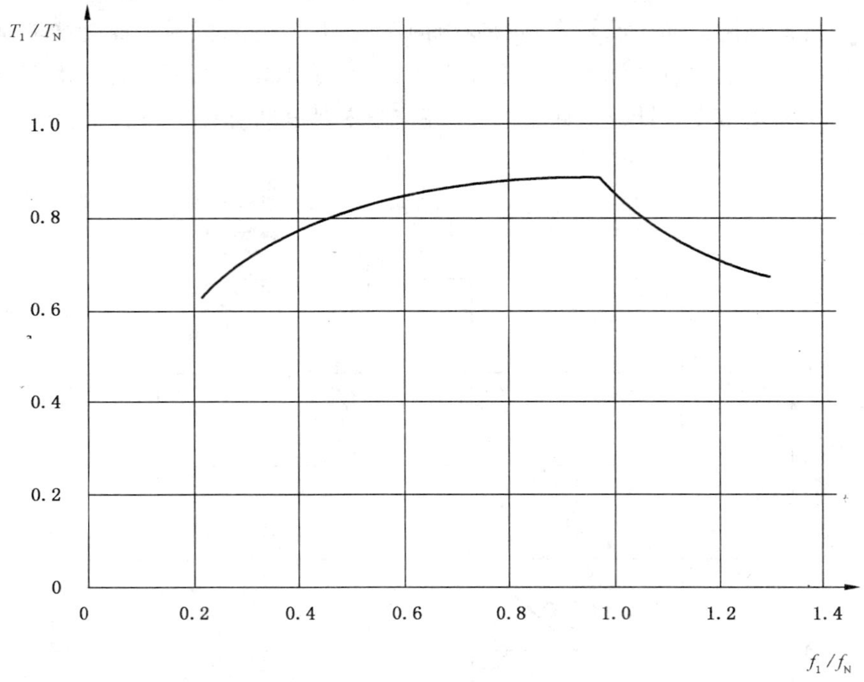

图 6　电流型变频器供电时 N 设计 IC411(自循环冷却)笼型感应电动机转矩降低因数与运行频率 f_1 的关系曲线(例)

7　振荡转矩

由谐波产生的异步转矩(稳态)对驱动系统运行的影响较小,但这不适用于振荡转矩,该转矩会在机械系统中产生扭振。

在由 6 脉冲电流型变频器供电的三相感应电动机中,具有 6 倍或 12 倍运行频率(f_1)的振荡转矩具有实用价值,该转矩的幅值分别约为额定转矩的 15%(频率为 $6\times f_1$ 时)和 5%(频率为 $12\times f_1$ 时)。另外,由于直流中间回路的纹波产生的谐波也会产生振荡转矩,这些转矩的频率为 $6(f_1-f_P)$ 和 $12(f_1-f_P)$,这里 f_P 为主功率频率。应仔细地计算临界扭振速度,特别是对那些仅有轻微阻尼的传动部件的驱动系统。在某些应用场合,跳过一小段运行频率也是不可避免的。

在脉冲控制变频器的驱动系统中,最有影响的振荡转矩的频率取决于开关频率,而它们的幅值取决于脉冲宽度。目前的变频器其开关频率通常超过基波频率 10 倍,其振荡转矩的幅值可高达 15%。如用更高的开关频率(大约为 $21\times f_1$),并采用适当的脉冲模式(例如正弦基准波调制或空间一相量调制),频率为 $6\times f_1$ 和 $12\times f_1$ 的振荡转矩实际上可以忽略不计。此外,还将产生二倍开关频率的振荡转矩。但这些转矩因其频率远高于系统的临界机械频率,对驱动系统并不会形成损害性的作用。

8　电磁噪声

感应电动机的电磁噪声本质上是由于作用在定子表面径向力波产生的。这些所谓的磁场力是气隙中变化的磁场相互作用产生的,是磁场幅值、频率和模态振型的函数。由于幅值很小,只有当这些磁场力的频率和模态振型与定子铁心的固有频率和模态振型一致时才会发生令人讨厌的噪声。

正弦波电压供电时，由电机气隙中空间谐波磁场引发电磁噪声。专业设计的目标是避免电动机在额定运行条件下发生共振。但是，由于存在大量各种各样的空间谐波磁场，电动机在较宽广的速度设定范围内恒磁通运行时，在某些特定速度下发生电磁噪声是不可避免，即使供电电压为正弦波也如此。为了避免在有关转速下出现高的电磁噪声，越过这一小段频率范围是常用的方法。

当电动机由变频器供电时上述叙述是有效的。但是，在这种情况下，变频器供电时在原有空间谐波磁场上叠加了时间谐波磁场。值得重视的电磁噪声仅考虑运行频率的气隙基波磁场（极对数为 p）与各谐波磁场相互作用已足够。因此额外发生的径向力波模态振型为 $r=0$ 和 $r=2p$，相应于这些模态振型的固有频率与电动机大小和设计有关。对 2 极和 4 极电动机，模态振型 $r=0$ 和 $r=2p$ 的共振频率大约有以下各组：

中心高 $H<200$ mm：$f_{0,r=0}>4\ 500$ Hz，$f_{0,r=2}>800$ Hz，$f_{0,r=4}>4\ 000$ Hz

中心高 $H>280$ mm：$f_{0,r=0}<3\ 000$ Hz，$f_{0,r=2}<500$ Hz，$f_{0,r=4}<2\ 500$ Hz

当电动机由电流型变频器供电时，各次谐波电流引发了相应的附加电磁噪声。各次谐波的幅值与其次数成反比。产生噪声的激振力的频率偏离电动机定子有效部分的固有频率。因而当电动机在恒定磁通和恒定电流状态下运行时，噪声级的增长处于同一范围之内。变频器的控制器件或电动机的设计对噪声增长的影响很小。与额定电压、额定频率的正弦波电源供电运行相比较，在额定频率以下运行时，依照经验，电动机的 A 计权噪声级增长量在 1 dB～6 dB 之间，该增长量的上限适用于正弦电压供电运行的低噪声电动机。

当电动机由电压型变频器供电时，重要的谐波频率接近变频器的开关频率或其倍数，取决于变频器的开关频率和控制方式，定子铁心固有频率在 $r=0$ 或 $r=2p$ 时与电流型变频器供电时很接近。但开关频率可变时，对产生电磁噪声有极大的影响。另外，调制类型也影响谐波的幅值，也对电磁噪声的产生有影响。变频器采用无载波或随机 PWM 控制模式时比固定载波频率调制的变频器产生的噪声略高。因此，与额定电压、额定频率的正弦波电源供电运行时相比较，电动机的噪声级的增长要比电流型变频器供电时更大，依照经验，在恒定磁通的情况下增长量可达到 1 dB～15 dB。

9 绝缘结构的使用寿命

与正弦波电源供电相比，变频器供电时电动机的绝缘结构要承受更高的介电应力。

在低速开关电流型变频器供电的情况下（通常是装有半导体晶闸管），在换流期间有尖峰电压作用于主绝缘和匝间绝缘上。换流峰值通常不危害绝缘系统，因为其上升时间相对较长重复的速度也较慢。

在快速开关电压型变频器供电的情况下（通常是 IGBT），作用在匝间绝缘上的电压梯度是重要的，特别是对接近电源引入处的线圈。绕组绝缘承受的介电应力取决于变频器所产生的峰值电压、脉冲上升时间和频率、变频器和电动机之间连接线的特性和长度、绕组结构以及其他系统参数。

漆包圆线散嵌绕组的电动机作为典型要承受施加于端子处如图 7 所示的脉冲电压而不致于显著地降低寿命。

快速开关型逆变器与连接电缆的组合因传输线路的影响将产生峰值电压。对额定电压小于或等于交流 500 V 的电动机，当承受如图 7 所示的峰值电压时，作为典型其绝缘结构应具有满意的寿命。应当心避免改变应用速度，包括快速变化，这些会造成在变频器的输出端产生 2 倍于额定电压的再生电压。

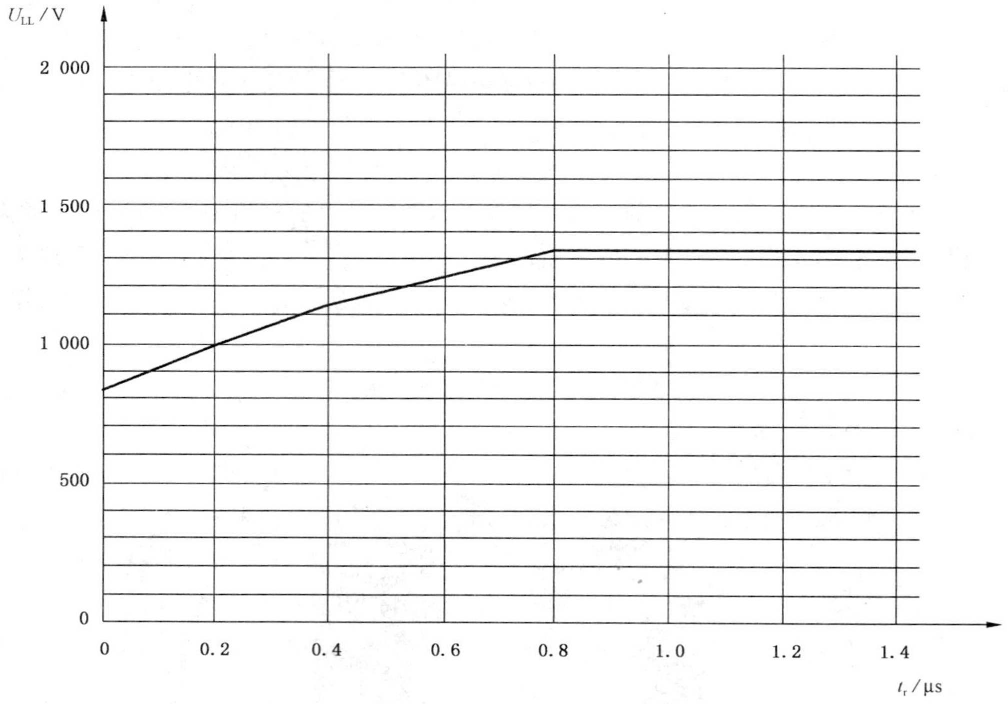

图 7　电动机端子处允许脉冲电压 U_{LL}(包括电压反射波及衰减)的限值与上升时间 t_r 的关系曲线

由快速开关型逆变器供电的额定电压为超过交流 500 V 的电动机,需要采用加强的绝缘结构和/或需要用作限制峰值电压和/或脉冲上升时间的滤波器。

术语"峰值上升时间"按下述定义(见图 8),该定义考虑了绕组内的瞬变现象:

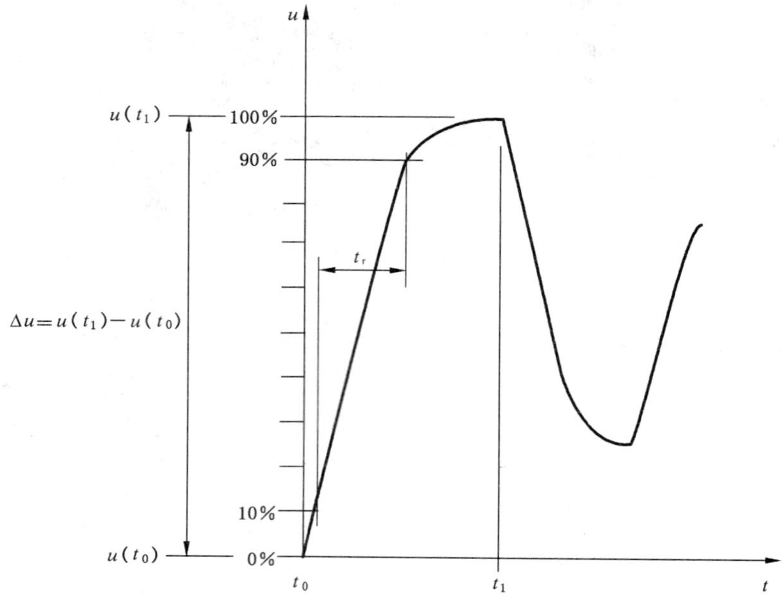

图 8　电动机端子处峰值电压上升时间 t_r 的定义

电压范围 Δu 是指电压脉冲出现前和出现后电压瞬时值的差,该电压脉冲在电压到达其第一个最大值的瞬间即告结束。上升时间 t_r 的定义是:电压从整个电压范围 Δu 的 10%上升到 90%时的时间间隔。

鉴于复杂的内在关系,建议精心设计整体驱动系统。

10 轴承电流

当电动机由正弦波电压供电运行时，定子轭部环路磁通会在由轴、轴承、端盖和机座（见图 9）组成的闭合导电回路中产生轴电压。该环路磁通是由定子轭部的不对称（如有扣片槽、通风道、迭片的各向异性）引起的。通常，轴电压主要由电源频率和由饱和效应引起的三倍电源频率迭加组成。如果轴电压没有超过约 500 mV（峰值），根据长期的经验无需采取防护措施。当轴电压超过约 500 mV（峰值），有可能在前述环路中产生环流，在相对短的时间内损害轴承。绝缘一个轴承，最好是非轴伸端轴承，这样就足以避免通过两个轴承以及当用导电联轴器时，可能通过负载机械的轴承产生环路电流。对本标准范围内按当前技术制造且由正弦波电压供电运行的电动机，轴承加绝缘既不必要也无此惯例。

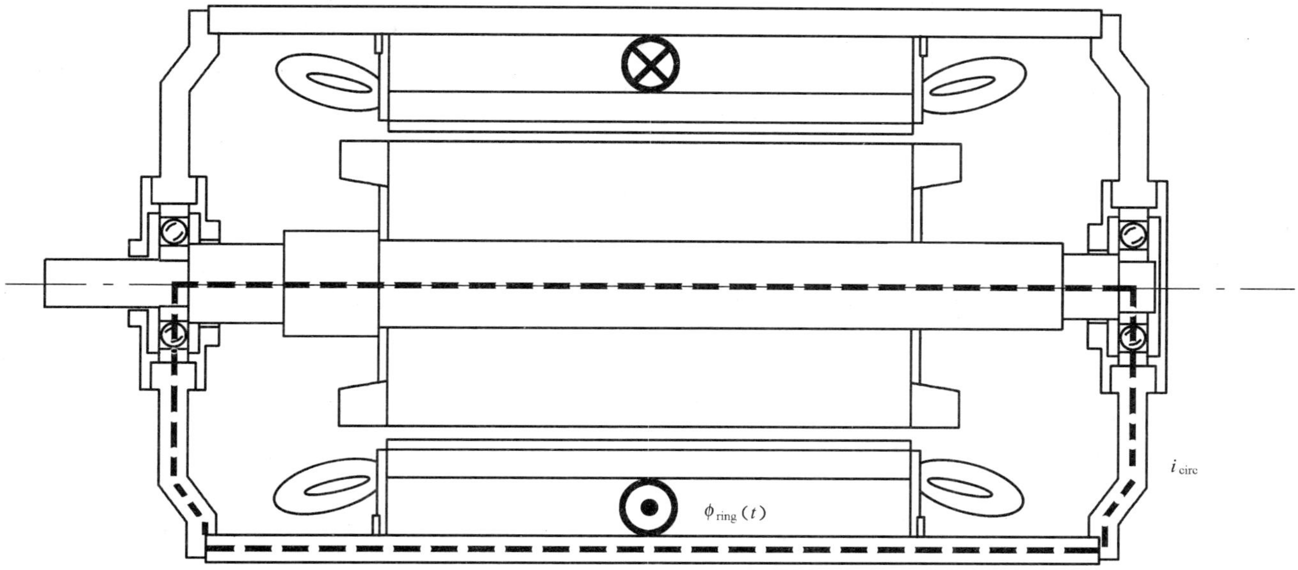

图 9　环形磁链、轴电压及其产生的环流 i_{circ}

当电动机由电流型变频器供电运行时，因供电电流谐波的影响轴电压稍有增加。如同正弦波电压供电一样，轴电压的上限值推荐约为 500 mV（峰值）。

当电动机由电压型变频器供电运行时，会存在一个全新的轴承电流源，即所谓的变频器共模电压。该共模电压是因变频器的拓扑结构和控制方式而固有的，它特别包含了与输出电压的谐波分量有关的频率分量。其峰值为变频器中间电路直流电压的 50%范围之内，或当为不可控的六脉冲整流器时，为变频器输入线电压的 72%范围之内。三相共模电压是同相的，可以看作是电压的零序分量。图 10 所示为共模模型的等效电路。与在工频时的性能相反，在高频时，电容起了很重要的作用。共模电流的幅值取决于共模电路的阻抗，尤其是电抗；共模电流最终流回到变频器的中性点。通常，共模电流有如下三种途径流经电机轴承：

a） 流经上述相同回路的环流可由高频环路磁通引起，与定子轭部的不对称无关，而与电流流经绕组和铁芯之间的电容有关。后者的作用将在同一匝线圈的两边产生不同的电流。因此，整个绕组的净安匝数不为零，根据安培定律，将产生环路磁通。

轴电压与脉冲频率、脉冲上升时间以及电动机的定额有关，它含有可能超过 10 V 的高频尖峰，将会击穿轴承的油膜。试验表明，即使当低频轴承电压的幅值小于 500 mV（峰值）时，基波分量和三次谐波分量仍可能维持环流电流不断。因此，从避免因变频器供电产生环流电流考虑，正弦波电压供电时电动机具有低轴电压是有利的。

如果欲测量变频器供电时电动机的轴电压，应当采取适当的防范措施，且必须使用专用仪器和屏蔽测量线，否则因较高频率分量的影响将会得出错误的结果。

b) 如果电动机轴端的电位更接近于变频器的接地电位而非电动机机座的电位，脉冲式的电容性电流将流经电动机的轴承，尤其是驱动端的轴承。当电动机和负载设备通过导电联轴器且电动机的机座没有充分地接地时，就会造成这种情况。轴中心高 315 mm 以上电动机，可测量到幅值大于 10 A 的电流，轴承将在仅运行数百小时以内时就会被损坏。

c) 如果定子铁芯和机座很好地接地(见图 10)，存在于轴承径向间隙的由电容耦合产生的电压，称作轴承电压，可被测量。轴承电压是共模电压的镜像。共模电压的百分比称做 *BVR*(轴承电压比)，它取决于定子绕组和转子之间的电容，转子和机壳之间的电容以及轴承本身的电容。测量结果表明，通常，轴承电压在 10 V～30 V(峰值)的范围之间。如轴承电压超过其击穿值还会出现短时的放电电流(称做 EDM[1] 电流)。放电电流的重复率随着轴承电压数值和脉冲频率的增长而增加。可测量到，放电电流击穿的峰值在数安培的范围之内，重复率为每 20 ms 50 次～100 次。不能仅对一个轴承进行绝缘来抑制放电电流。放电电流击穿会造成轴承座的蚀损，可通过轴承噪声的增大而被较早地发现。

如果接地系统良好，经验表明：

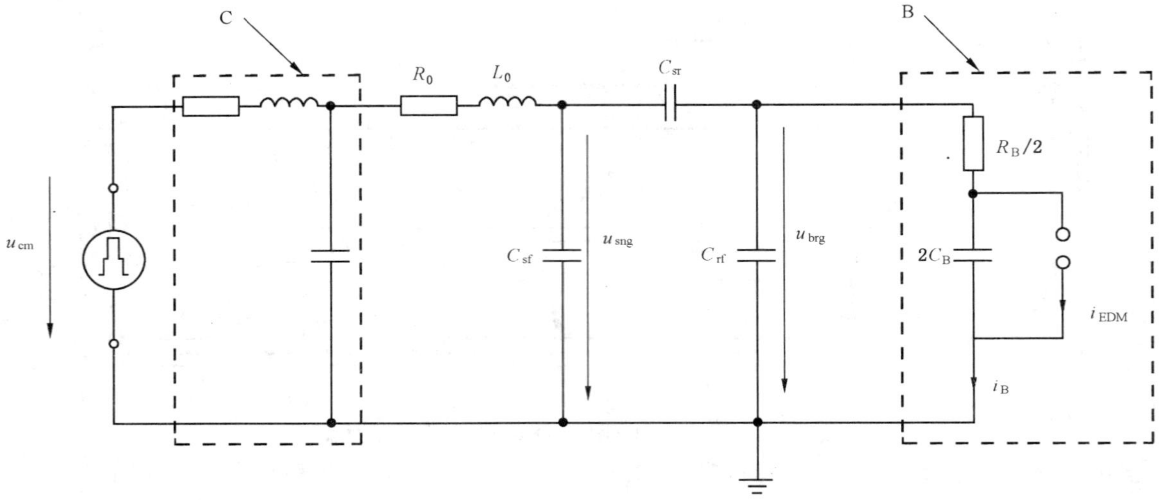

B——轴承；

C——电缆；

C_{SR}——定、转子之间的电容；

C_B——轴承电容；

C_{sf}——定子与机壳之间的电容；

C_{rf}——转子与机壳之间的电容；

i_B——轴承电流；

i_{EDM}——静电放电加工电流(EDM)；

L_0——漏感；

R_B——轴承电阻；

R_0——绕组电阻；

u_{sng}——定子中性点对地电压；

u_{brg}——轴承电压；

u_{cm}——共模电压。

图 10 共模电路模型及轴承电压 u_{brg}

d) 本标准范围内的以及轴中心高 280 mm 及以下的电动机因变频供电而损伤轴承的现象很少。但轴承承受的介电应力随变频器控制方式尤其是开关频率的不同而变化的范围很大。如用输出电压大于 400 V(有效值)、脉冲频率高于 10 kHz 的变频器供电，应考虑对一个轴承加以绝缘。

e) 对本标准范围内的电动机，抗磨擦轴承的绝缘可采用相同尺寸的绝缘轴承来实现。对于中心高 315 mm 及以上的电动机，建议采用绝缘阻抗在 1 MHz 时至少 100 Ω 的轴承绝缘。

1) EDM＝Electrostatic Discharge Machining (静电放电加工)。

几乎不需要将电动机的两个轴承同时加以绝缘。在某种情况下，建议请专家审核整个驱动系统，它包括负载机械(联轴器的绝缘)以及接地系统(可能使用接地电刷)。

f) 本标准范围内的以及轴中心高 315 mm 及以下的电动机，不可能对电动机的轴承进行绝缘或无法适当地绝缘 ，建议：

——降低变频器输出电压的 du/dt 值；

——或使用带降低相电压零序分量(称作共模电压)滤波器的变频器。

11 安装(电缆接线、接地、链结)

为了减少共模电压对电动机轴承造成危害，必须采取一切措施使穿透到电动机内部的共模电流最小化。相反，应引导共模电流通过电缆屏蔽层和/或电动机的接地导体流回变频器。

为了满足该要求(还有 EMC 要求)，应使用屏蔽对称多芯电缆。为了在高频时具有低阻抗，屏蔽层应为铜或铝。屏蔽层两端都必须连接到 PE。电缆中接地导体对称于三相导体为宜。如果屏蔽层用作起保护作用的导体，必须谨慎地选择其导电率。

当安装电缆时，应确保屏蔽层高频连接到变频器和电动机机壳。因此，电动机的接线盒必须由导电材料制成且高频连接到机壳。电动机机壳和电缆屏蔽层或电动机端的接地导体之间的阻抗在 1 MHz 时应小于 1 Ω。

装置上所有暴露的金属部件都必须连接到接地系统以满足安全要求。当电动机由变频器供电时，电气连接还应满足在高频时具有低电感的要求。宽麻花辫状的铜带尤其适合。

这种连接带还能使电动机机壳和接线盒的电位相等。

根据负载设备的接地情况，轴中心高大于 315 mm 的电动机有时需要在电动机和负载设备之间进行等电位连接。典型的应用为具有良好接地的设备如水泵，它通过金属联轴与驱动电机连接。

辅助设备，如转速计，应与电动机电气绝缘，以防止寄生电流。转速计电缆的套管应在变频器处接地，但与转速计壳体绝缘。对于脉冲编码器，最好使用双重屏蔽的电缆。辅助设备的电缆路径应与电力电缆分开。

12 最大安全运行转速

如电动机欲以高于其额定转速运行，则最大安全运行转速可从 GB 755—2008 的 9.6 中得到。电动机可以在较高转速下运行，但这种可能性取决于电动机的设计，制造商应对其进行验证。

当电动机高于额定转速运行时，电机的噪声级和振动级都将增大，可以要求作精确的动平衡以适应高于额定转速下运行。

电动机在接近最大安全转速下运行时间过长，可能会显著地缩短轴承的使用寿命，此外，也会对轴封和/或加油脂的时间间隔(或密封轴承的润滑脂使用期限)产生影响。

13 功率因数校正

没有谐波分析的功率因数校正在变频器的输入端不能被采用。

不推荐在电子控制器接感应电动机时其负载侧用电力电容器改善功率因数。这可能会损坏控制器并且功率因数电容器会承受通常不属于它们定额的高频。

电压源变频器输入端的功率因数校正可以采用带前置有源功率因数校正的变频器来实现。

ICS 33.180.10
M 33

中华人民共和国国家标准

GB/T 20186.2—2008

光纤用二次被覆材料
第2部分：改性聚丙烯

**Secondary coating materials used for optical fiber—
Part 2:Modified propylene resin**

2008-07-28 发布　　　　2009-02-01 实施

中华人民共和国国家质量监督检验检疫总局
中国国家标准化管理委员会　发布

前　言

GB/T 20186《光纤用二次被覆材料》包括以下部分：

第1部分：聚对苯二甲酸丁二醇酯；

第2部分：改性聚丙烯。

本部分为GB/T 20186的第2部分。本部分主要参考IEC 60794-1-2：1999《光缆　第1-2部分：总规范——光缆基本试验方法》、IEC 60794-1-2 34 method G7：Tube kinking《套管的弯折》、美国Bellcore通信研究所标准：《光纤松套管技术规范》GR-20-CORE 6.3.4 Cable Material Compatibllity（1998）、ISO相关材料标准和国外同类产品的先进标准制定。

本部分的附录A为资料性附录。

本部分由中华人民和国信息产业部提出。

本部分由中国通信标准化协会归口。

本部分主要起草单位：武汉邮电科学研究院。

本部分主要起草人：胡战洪、魏忠诚。

光纤用二次被覆材料
第2部分：改性聚丙烯

1 范围

本部分规定了光纤用二次被覆材料改性聚丙烯(MPP)的要求、试验方法、检验规则、标志、包装、运输及储存。

本部分适用于光纤松套管用二次被覆材料 MPP。

2 规范性引用文件

下列文件中的条款通过 GB/T 20186 的本部分的引用而成为本部分的条款。凡是注日期的引用文件，其随后所有的修改单(不包括勘误的内容)或修订版均不适用于本部分，然而，鼓励根据本部分达成协议的各方研究是否可使用这些文件的最新版本。凡是不注日期的引用文件，其最新版本适用于本部分。

GB/T 1033—1986　塑料密度和相对密度试验方法

GB/T 1034—1998　塑料吸水性试验方法(eqv ISO 62:1980)

GB/T 1036—1989　塑料线膨胀系数测定方法

GB/T 1040—2006　塑料拉伸性能的测定

GB/T 1410—2006　固体绝缘材料体积电阻率和表面电阻率试验方法(IEC 60093:1980,IDT)

GB/T 1634.1—2004　塑料　负荷变形温度的测定　第1部分:通用试验方法

GB/T 1634.2—2004　塑料　负荷变形温度的测定　第2部分:塑料、硬橡胶和长纤维增强复合材料

GB/T 1843—1996　塑料悬臂梁冲击试验方法(eqv ISO 180:1993)

GB/T 2411—1980　塑料邵氏硬度试验方法(eqv ISO 868:1978)

GB/T 2828.1—2003　计数抽样检验程序　第1部分:按接收质量限(AQL)检索的逐批检验抽样计划(ISO 2859-1:1999,IDT)

GB/T 2829—2002　周期检验计数抽样程序及表(适合于过程稳定性的检验)

GB/T 2918—1998　塑料试样状态调节和试验的标准环境(idt ISO 291:1997)

GB/T 2951.9—1997　电缆绝缘和护套材料通用试验方法　第4部分:聚乙烯和聚丙烯混合料专用试验方法　第2节:预处理后断裂伸长率试验——预处理后卷绕试验——空气热老化后的卷绕试验——测定质量的增加　附录A:长期热稳定性试验　附录B:铜催化氧化降解试验方法(idt IEC 60811-4-2:1990)

GB/T 3682—2000　热塑性塑料熔体质量流动速率和熔体体积流动速率的测定(idt ISO 1133:1997)

GB/T 9341—2000　塑料弯曲性能试验方法(idt ISO 178:1993)

GB/T 17037.1—1997　热塑性塑料材料注塑试样的制备　第1部分:一般原理及多用途试样和长条试样的制备(idt ISO 294-1:1996)

GB/T 20186.1—2006　光纤用二次被覆材料　第1部分:聚对苯二甲酸丁二醇酯

3 要求

3.1 外观

产品直径为 2 mm～4 mm、长度为 2 mm～4 mm 的乳白色、乳黄色或无色透明的圆柱体颗粒。颗粒应光滑、无杂质、无连珠。

3.2 物理机械性能及电性能

MPP 材料的物理机械性能及电性能应符合表 1 的要求。

表 1 MPP 材料的物理机械性能及电性能

序 号	项目名称	单 位	指 标
1	密度	g/cm^3	0.8～1.0
2	熔融指数(230 ℃、2 160 g)	g/10min	1.30～2.0*
3	含水量	%	≤ 0.05
4	饱和吸水率	%	≤ 0.1
5	屈服强度	MPa	≥20
	屈服伸长率	%	4.0～10
	断裂伸长率	%	≥100
	拉伸弹性模量	MPa	≥1 000
6	弯曲弹性模量	MPa	≥1 100
	弯曲强度	MPa	≥25
7	熔点	℃	≥155
8	邵氏硬度 HD	—	≥65
9	悬臂梁冲击强度 23 ℃ −40 ℃	kJ/m^2	 ≥不断 ≥6.0
10	线膨胀系数(23 ℃～80 ℃)	$10^{-4}K^{-1}$	≤ 2.0
11	体积电阻系数	Ω·cm	$\geq 1\times10^{15}$
12	热变形温度 1.81 MPa 0.45 MPa	℃	 ≥55 ≥120
13	材料与填充化合物的相容性 强度法 屈服强度 断裂伸长率	 MPa %	 ≥20 ≥100
* 为熔融指数的典型值。材料的供需双方可根据自己生产和使用的具体情况来定。			

4 试验方法

4.1 外观

在自然光下目视检查。

4.2 试样制备

表1中各种性能所需标准试样的制备，参照 GB/T 17037.1—1997 规定的方法、具体遵照 GB/T 20186.1—2006 附录 A 规定的方法进行。注塑机的口模温度为 190 ℃～210 ℃。

4.3 塑料试样状态调节和试验的标准环境

遵照 GB/T 2918—1998 规定的条件 2、3、4 进行。

4.4 密度

遵照 GB/T 1033—1986 规定的方法进行。

4.5 熔融指数

遵照 GB/T 3682—2000 规定的标准试验条件 12 进行。

4.6 含水量

遵照 GB/T 20186.1—2006 附录 B 规定的方法进行。

4.7 饱和吸水率

遵照 GB/T 1034—1998 规定的方法进行。

4.8 拉伸屈服强度、拉伸屈服伸长率、断裂伸长率、拉伸弹性模量

4.8.1 遵照 GB/T 1040—2006 规定的方法进行。采用Ⅰ型标准试样。

4.8.2 拉伸屈服强度、拉伸屈服伸长率、断裂伸长率三项性能的试验速度为 50 mm/min，拉伸弹性模量的试验速度为 5 mm/min。

4.9 弯曲强度、弯曲弹性模量

遵照 GB/T 9341—2000 规定的方法进行。采用 $(80\times10\times4)\,mm^3$ 型标准试样。试验速度为 (2.0 ± 0.4) mm/min。

4.10 熔点

遵照 GB/T 2951.9—1997 规定的方法进行。

4.11 邵氏硬度 HD

遵照 GB/T 2411—1980 规定的方法进行。

4.12 悬臂梁冲击强度

4.12.1 遵照 GB/T 1843—1986 规定的方法进行。标准试样的长宽分别为 63.5 mm 和 12.7 mm 、高度的范围为 4 mm ～12.7 mm。

4.12.2 在 4.12.1 的标准试样中部，由机械加工一个带有 45°、底部曲率半径(R)为 0.25 mm 的缺口，试样缺口的剩余部分为 10.16 mm。有缺口的标准试样也可由有缺口的标准试样模具一次注塑而成。

4.13 线膨胀系数

遵照 GB/T 1036—1989 规定的方法进行。

4.14 体积电阻系数

遵照 GB/T 1410—2006 规定的方法进行。试样为直径 100 mm、厚度为不大于 2 mm 的标准试样。

4.15 热变形温度

遵照 GB/T 1634—2004 规定的方法进行。试样为 $(120\times15\times10)\,mm^3$ 的标准试样。

4.16 材料和填充油膏的相容性

4.16.1 试样为 GB/T 1040—2006 规定的、遵照 GB/T 20186.1—2006 附录 A 制得的Ⅰ型标准试样。

4.16.2 遵照 GB/T 20186.1—2006 附录 D 规定的方法对试样进行相容性试验。

5 检验规则

检验分为出厂检验、型式检验和厂家验收检验。

5.1 出厂检验

5.1.1 出厂检验应根据 GB/T 2828.1—2003 的规定进行抽样检验。本标准规定对同一段时间内、相

同原材料、相同工艺生产的产品为一个批次。当产量较大时,每批的质量不得超过 50 t。

5.1.2 每个批次的 MPP 产品应由材料制造厂的质检部门进行检验,检验合格后方能出厂,出厂产品应附有质量检验合格证。

5.1.3 按第 3 章要求,3.1 和 3.2 表 1 的各个项目为出厂检验必检项目。

5.1.4 出厂检验不合格及不合格品

产品性能不符合 3.1 和 3.2 表 1 中各个性能的要求,称出厂检验不合格。

有一个及以上不合格的单位产品称不合格品。

5.2 型式检验

5.2.1 型式检验应根据 GB/T 2829—2002 的规定进行,从出厂检验合格的某个批次中或若干个批次中随机抽样检验,以判别在生产过程中产品的稳定性和可靠性是否符合本标准的要求。

5.2.2 型式检验每半年至少检验一次,应检验 3.1 和 3.2 表 1 中的所有项目。

5.2.3 有下列情况之一时,必须进行型式检验:

a) 产品定型鉴定时。

b) 正式生产后,若原材料、工艺、设备有变化,有可能影响产品的性能时。

c) 产品长期停产,恢复生产时。

d) 出厂检验结果与上次的检验结果有较大的差别时。

e) 国家技术监督部门提出进行检验时。

5.2.4 型式检验合格及不合格

产品性能符合 3.1 和 3.2 表 1 中各个性能的要求,称型式检验合格。

有一个及以上不合格的单位产品称型式检验不合格。

5.2.5 型式检验不合格的处理

型式检验不合格时,材料制造厂家应立即停止出厂检验,立即分析原因、采取措施、消除不合格因素,直至新的型式检验合格后,才能恢复出厂检验。

5.3 厂家验收检验

5.3.1 厂家验收检验应检验第 3 章的全部项目。

5.3.2 对已交付定货的产品,厂家只要发现一项不符合第 3 章 3.1 和 3.2 中表 1 的要求,原则上允许退货。但需在行业权威质量检验机构的监督下,供需双方联合组成检验组重新检验或由行业权威质量检验机构重新进行检验。重新检验原则上只对不合格项进行检验。

6 标志、包装、运输、储存

6.1 标志

6.1.1 在检验合格后的产品包装袋上应注明材料的名称、代号、商标、牌号、批号(或生产日期)、标准号、质量、生产厂家(包括厂址、电话、邮政编码)、并有“防热、防潮”标志。

6.1.2 交货的每批产品应有产品检验报告单和合格证。

6.2 包装

产品应用有两层的防潮包装袋包装,或用供需双方协商的包装袋。每袋净质量 50 kg 或供需双方认可的质量。

6.3 运输

产品运输时,不得在阳光下曝晒和雨淋,要保持产品的干燥、清洁、完整、无污染。

6.4 储存

产品应储存在清洁、干燥、阴凉、通风的库房内。自生产之日起,储存期为一年。

附 录 A
（资料性附录）
MPP 松套管的技术要求及试验方法

A.1 要求

MPP 二次被覆材料被挤成松套管之后，其物理机械性能应符合表 A.1 要求。

表 A.1 MPP 松套管的物理机械性能

序号	项目名称	单 位	指 标
1	松套管的力学性能		
	屈服强度	MPa	≥15
	屈服伸长率	%	4.0～8.0
	断裂伸长率	%	≥100
2	松套管的轴向后收缩	%	−0.5 至 +0.5
3	松套管的抗热老化性	—	无裂纹、无裂口
4	松套管的抗侧压力性	N	≥550
5	松套管的抗弯折性	—	无发白、无裂纹
6	松套管与填充化合物的相容性		
	1. 耐缠绕	—	无裂纹、无裂口
	2. 强度法		
	屈服强度	MPa	≥15
	断裂伸长率	%	≥100

A.2 试验方法

A.2.1 松套管的力学性能

A.2.1.1 松套管试样的制备参照 GB/T 20186.1—2006 附录 F 规定的方法进行。或按材料用户实际所制备的各种不同管径和壁厚松套管的方法进行。本部分推荐的套管外径为：(10.0±0.2)mm；套管内径为：(8.0±0.2)mm。

A.2.1.2 松套管试样的取样方法参照 GB/T 20186.1—2006 附录 G 规定的方法进行。

A.2.1.3 松套管的力学性能参照 GB/T 20186.1—2006 附录 H 规定的方法进行。

A.2.2 松套管的轴向后收缩

参照 GB/T 20186.1—2006 附录 J 规定的方法进行。试样同 A.2.1.1。取样方法同 A.2.1.2。

A.2.3 松套管的抗热老化性

参照 GB/T 20186.1—2006 附录 L 规定的方法进行。试样同 A.2.1.1。取样方法同 A.2.1.2。

A.2.4 松套管的抗侧压力性

参照 GB/T 20186.1—2006 附录 M 规定的方法进行。试样外径为 ϕ(10.0±0.2)mm、壁厚为 (1±0.1)mm，长为 150 mm。抗侧压力试验时的压缩变形值设定为 (8±0.2)mm。取样方法同 A.2.1.2。

A.2.5 松套管的抗弯折性

参照 GB/T 20186.1—2006 附录 N 规定的方法进行。试样同 A.2.1.1。取样方法同 A.2.1.2。

A.2.6 松套管和填充油膏的相容性

A.2.6.1 耐缠绕法参照 GB/T 20186.1—2006 附录 O 规定的方法进行。试样同 A.2.1.1。取样方法同 A.2.1.2。

A.2.6.2 强度法参照 GB/T 20186.1—2006 附录 E.4.7.2 规定的方法进行。试样同 A.2.1.1。取样方法同 A.2.1.2。

ICS 77.040.30
H 16

中华人民共和国国家标准

GB/T 20255.6—2008/ISO 7627/1:1983

硬质合金化学分析方法 火焰原子吸收光谱法 一般要求

Methods for chemical analysis of hardmetals—Flame atomic absorption spectrometry—General requirements

(ISO 7627/1:1983, Hardmentals—Chemical analysis by flame atomic absorption spectrometry—Part 1:General requirements, IDT)

2008-06-09 发布

2008-12-01 实施

中华人民共和国国家质量监督检验检疫总局
中国国家标准化管理委员会
发布

前　言

GB/T 20255《硬质合金化学分析方法》分为6部分：

GB/T 20255.1　硬质合金化学分析方法　钙、钾、镁和钠量的测定　火焰原子吸收光谱法；

GB/T 20255.2　硬质合金化学分析方法　钴、铁、锰和镍量的测定　火焰原子吸收光谱法；

GB/T 20255.3　硬质合金化学分析方法　钼、钛和钒量的测定　火焰原子吸收光谱法；

GB/T 20255.4　硬质合金化学分析方法　钴、铁、锰、钼、镍、钛和钒量的测定　火焰原子吸收光谱法；

GB/T 20255.5　硬质合金化学分析方法　铬量的测定　火焰原子吸收光谱法；

GB/T 20255.6　硬质合金化学分析方法　火焰原子吸收光谱法　一般要求。

本部分为第6部分。

本部分等同采用ISO 7627/1:1983《硬质合金——火焰原子吸收光谱法化学分析——第1部分：一般要求》。为了便于使用，本部分做了下列编辑性修改：

a）用“本部分”代替“本国际标准”；

b）用小数点“.”代替在国际标准中作为小数点的“,”；

c）删除了国际标准中封面、前言。

本部分由中国有色金属工业协会提出。

本部分由全国有色金属标准化技术委员会归口。

本部分由株洲硬质合金集团有限公司、中国有色金属工业标准计量质量研究所负责起草。

本部分主要起草人：郭鹏、张宪铭。

硬质合金化学分析方法
火焰原子吸收光谱法
一般要求

1 范围

本部分规定了用火焰原子吸收法对硬质合金进行化学分析的一般要求。

本部分表1中所列各标准规定了用火焰原子吸收光谱法测定下列元素含量的方法：钙、钴、铬、铁、钾、镁、锰、钼、钠、镍、钛、钒。

2 适用范围

本方法适用于下列范围：

a) 铬、铌、钽、钛、钨、钒的碳化物；

b) 上述碳化物与粘结金属的混合物；

c) 用上述碳化物生产的各类预烧结或烧结硬质合金；

d) 涂层完全去除后含有表1所列元素的涂层硬质合金。

表1 GB/T 20255 各部分编号及各相应部分包含的元素和范围

各相应部分编号	元素	范围(质量分数)/%
GB/T 20255.1	Ca、K、Mg、Na	0.001～0.02
GB/T 20255.2	Co、Fe、Mn、Ni	0.01～0.5
GB/T 20255.3	Mo、Ti、V	0.01～0.5
GB/T 20255.4	Co、Fe、Mn、Mo、Ni、Ti、V	0.5～2
GB/T 20255.5	Cr	0.01～2
注：铬的测定方法也可用于含量范围(质量分数)在0.01%～2%的铁、镍、钴和锰的测定。		

3 原理

溶解试样并用火焰原子吸收光谱法测定。

4 干扰元素

在试液和标准溶液中使用相似的基体使干扰的影响降至最小。

5 试剂

在分析中仅使用分析纯试剂和二次蒸馏水或同等纯度的水。

注：某些情况下需用高纯试剂。

6 仪器

常规实验室仪器和原子吸收光谱仪。

注：应选择所有的仪器参数，使仪器灵敏度最佳。建议使用单元素空心阴极灯。所推荐仪器的要求见GB/T 20255.1～20255.5的相应部分。

7 取样

7.1 如果需要，可将样品放在由不会改变样品成分的材料职称的研钵中研碎。如果样品含有成型剂，分析前应予以清除。

7.2 至少应称取三份试样进行分析。

8 分析步骤

GB/T 20255.1～20255.5 的相应部分给出了分析步骤。

9 试验报告

试验报告应包括以下内容：

a) 国家标准编号；

b) 鉴别试样所需的所有细节；

c) 分析结果的算术平均值；

d) 国家标准中未详细说明的，或被认为是自行选定的所有操作；

e) 任何可能影响分析结果的情况。

ICS 35.040
L 80

中华人民共和国国家标准

GB/T 20274.2—2008

信息安全技术
信息系统安全保障评估框架
第2部分:技术保障

**Information security technology—
Evaluation framework for information systems security assurance—
Part 2:Technical assurance**

2008-07-18 发布　　2008-12-01 实施

中华人民共和国国家质量监督检验检疫总局
中国国家标准化管理委员会　发布

前　　言

GB/T 20274《信息安全技术　信息系统安全保障评估框架》分为以下四个部分：

——第1部分：简介和一般模型

——第2部分：技术保障

——第3部分：管理保障

——第4部分：工程保障

本部分是GB/T 20274的第2部分。

本部分的附录A和附录B为资料性附录。

本部分由全国信息安全标准化技术委员会提出并归口。

本部分起草单位：中国信息安全产品测评认证中心。

本部分主要起草人：吴世忠、王海生、陈晓桦、王贵驷、李守鹏、江常青、彭勇、张利、姚轶崭、邹琪、钱伟明、陆丽、班晓芳、李静、王庆、江典盛、孙成昊、门雪松、杜宇鸽、杨再山。

信息安全技术
信息系统安全保障评估框架
第2部分:技术保障

1 范围

GB/T 20274 的本部分建立了信息系统安全技术保障的框架,确立了组织机构内启动、实施、维护、评估和改进信息安全技术体系的指南和通用原则。GB/T 20274 的本部分定义和说明了信息系统安全技术体系建设和评估中反映组织机构信息安全的技术体系架构能力级,以及组织机构信息系统安全的技术要求。

GB/T 20274 的本部分适用于启动、实施、维护、评估和改进信息安全技术体系的组织机构和涉及信息系统安全技术工作的所有用户、开发人员和评估人员。

2 规范性引用文件

下列文件中的条款通过 GB/T 20274 的本部分的引用而成为本部分的条款。凡是注日期的引用文件,其随后所有的修改单(不包括勘误的内容)或修订版均不适用于本部分,然而,鼓励根据本部分达成协议的各方研究是否可使用这些文件的最新版本。凡是不注日期的引用文件,其最新版本适用于本部分。

GB/T 20274.1 信息安全技术 信息系统安全保障评估框架 第1部分:简介和一般模型

3 术语和定义

GB/T 20274.1 确定的术语和定义适用于 GB/T 20274 的本部分。

4 本部分的结构

GB/T 20274 的本部分的组织结构如下:

a) 第1章介绍了 GB/T 20274 的本部分的范围;
b) 第2章介绍了 GB/T 20274 的本部分所规范引用的标准;
c) 第3章描述了适用于 GB/T 20274 的本部分的术语和定义;
d) 第4章描述了 GB/T 20274 的本部分的组织结构;
e) 第5章描述了信息系统安全技术保障框架,并进一步概述了信息系统安全技术保障控制类域和安全技术体系架构能力级;
f) 第6章描述了信息安全技术保障控制类的规范描述结构和要求;
g) 第7章到第17章详述了提供信息安全技术保障控制类的11个信息安全技术保障控制类的详细要求;
h) 第18章描述了安全技术体系架构能力成熟度模型;
i) 附录A是资料性附录,进一步解释了安全技术要求;
j) 附录B是资料性附录,描述了分层多点的信息系统安全技术体系架构;
k) 参考文献给出了 GB/T 20274 的本部分的参考文献。

5 信息安全技术保障

5.1 安全技术保障概述

信息系统安全保障评估框架-安全技术保障主要用于评估信息系统中系统级的安全技术体系框架和安全技术解决方案，即对信息技术系统（信息技术系统：作为信息系统一部分的执行组织机构信息功能的用于采集、创建、通信、计算、分发、处理、存储和/或控制数据或信息的计算机硬件、软件和/或固件的任何组合）进行安全评估。在信息系统安全保障评估框架的技术、管理和工程保障中，安全技术保障同 GB/T 18336《信息技术安全性评估准则》间有着最直接和紧密的关系；信息系统安全保障评估准的安全技术体系框架和安全技术解决方案直接建立在经过 GB/T 18336 准则评估认可的产品和产品系统之上。

在信息系统安全保障评估框架安全技术保障中，它的评估对象（TOE）是构成信息系统的所有计算机硬件、软件和/或固件的任何组合。信息系统安全保障评估框架安全技术保障，首先要求信息系统的用户为其评估对象（即信息技术系统）建立和完善其安全技术体系架构；在完成其信息技术系统安全技术体系架构后，基于此安全技术体系架构，对信息技术系统进行高层分析、确定相关安全目的；最后用规范化的安全技术保障控制组件类进行描述。

5.2 安全技术体系架构能力级

安全技术体系架构构建过程，是组织机构根据其系统安全风险评估的结果和系统安全策略的要求，并参考相关安全技术体系架构的标准和最佳实践，结合组织机构信息技术系统的具体现状和需求，建立的符合组织机构信息技术系统安全战略发展规划的整体安全技术体系框架；它是组织机构信息技术系统安全战略管理的具体体现。安全技术体系架构能力是组织机构执行系统安全技术能力的整体反映，是组织机构在进行信息安全技术体系框架管理并达到预定成本、功能和质量目标的度量的体现。

5.3 安全技术保障控制要求范例

本条描述本部分中安全技术保障控制要求所使用的范例。图 1 和图 2 描述了范例的一些关键概念。本条为这些图和图中没有的其他关键概念提供文字描述。所讨论的关键概念以粗斜体突出表示。

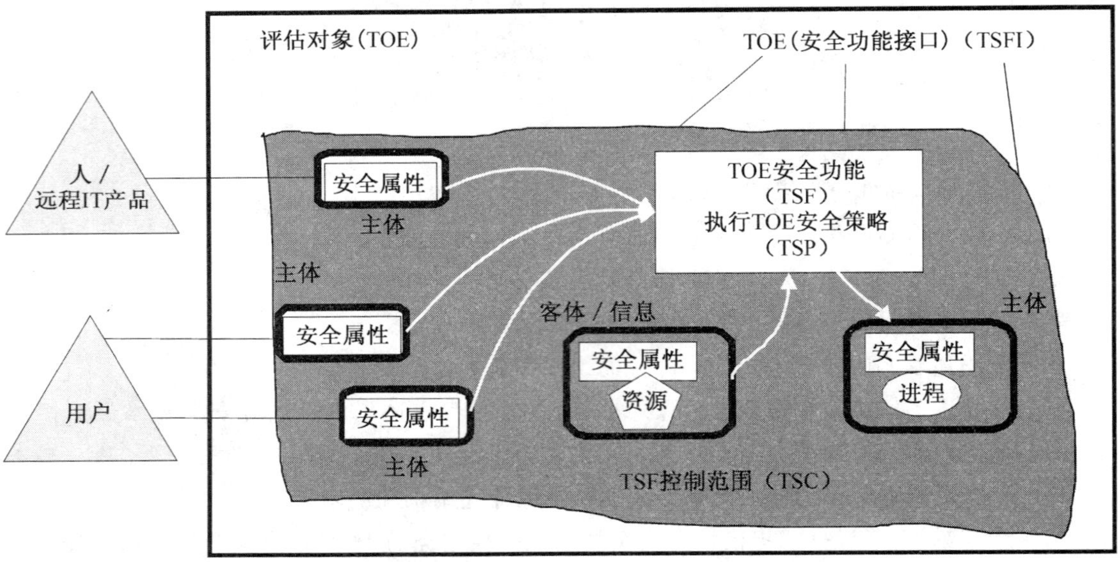

图 1 安全技术保障控制要求范例（单个 TOE）

本部分是一个可为***评估对象（TOE）***规定安全功能要求的目录。TOE 是包含电子存储媒体（如磁盘）、外设（如打印机）和计算能力（如 CPU 时间）等资源的 IT 产品或系统（同时带有用户和管理员指南文档），可用于处理和存储信息，是被评估的对象。

TOE 评估主要关系到：确保对 TOE 资源执行了规定的***TOE 安全策略（TSP）***。TSP 定义了一些规则，通过这些规则 TOE 支配对其资源的访问，这样 TOE 就控制了其所有信息和服务。

而 TSP 又由多个*安全功能策略(SFP)*所构成。每一 SFP 有其控制范围，定义了该 SFP 控制下的主体、客体和操作。SFP 由*安全功能(SF)*实现，SF 的机制执行该策略并提供必要的能力。

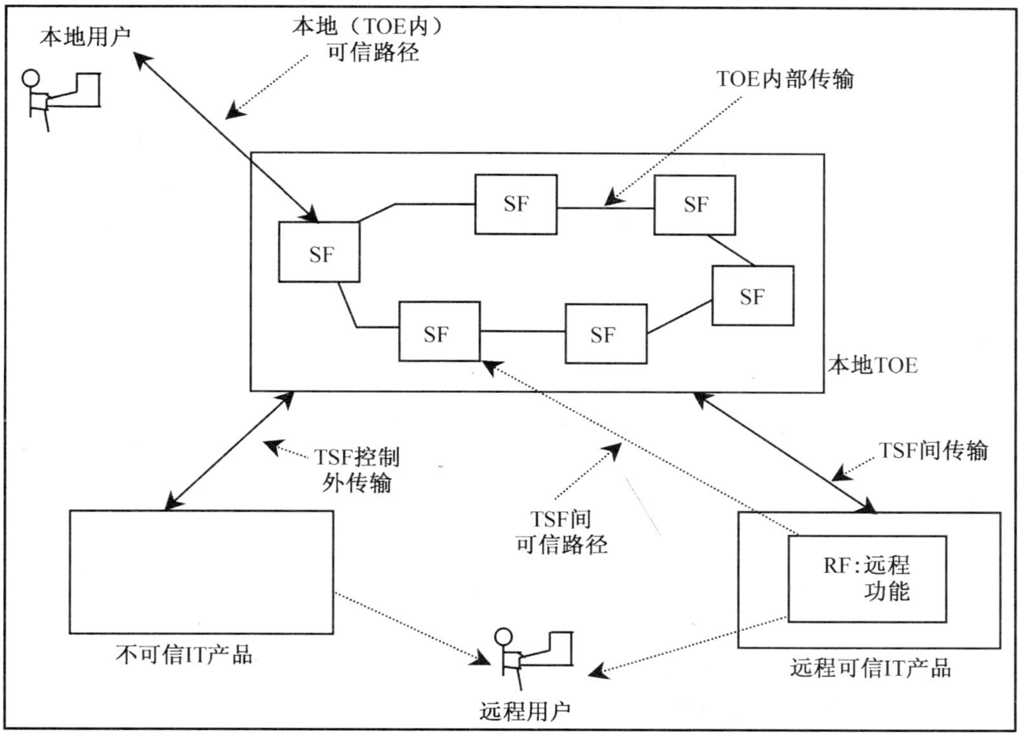

图 2　分布式 TOE 内的安全功能图

为正确执行 TSP 而必须依赖的 TOE 中的那些部分，统称为*TOE 安全功能(TSF)*。TSF 包括实施安全所直接或间接依赖的 TOE 中的所有软件、硬件和固件。

*参照监视器*是实施 TOE 的访问控制策略的抽象机。*参照确认机制* 是参照监视器概念的实现，它具有以下特性：防篡改、一直运行、简单到能对其进行彻底的分析和测试。*TSF* 可能包括一个参照确认机制或 TOE 运行所需要的其他安全功能。

TOE 可能是一个包含硬件、固件和软件的单个产品，也可能是一个分布式产品，内部包括多个单独的部分，每一部分都为 TOE 提供一个特别的服务，并且通过一个*内部通信信道*与 TOE 其他部分相连接。该信道可以与处理器总线一样小，也可能是包含在 TOE 中的一个内部网络。

当 TOE 由多个部分组成时，TOE 的每一部分可拥有自己的 TSF 部分，此部分通过内部通信信道与 TSF 的其他部分交换用户数据和 TSF 数据。这种交互称为*TOE 内部传输*。在这种情况下，这些 TSF 的分离部分抽象地形成一个复合的 TSF 来实施 TSP。

TOE 接口可能限于特定的 TOE 使用，也可能允许通过*外部通信信道*与其他 IT 产品交互。这些与其他 IT 产品的外部交互可以采取两种形式：

a) “远程可信 IT 产品”的安全策略和本地 TOE 的 TSP 已在管理上进行了协调和评估。这种情况下的信息交换称为*TSF 间传输*，如同它们是在不同可信产品的 TSF 之间。

b) 远程 IT 产品可能没有被评估，因此它的安全策略是未知的，如图 1.2 中所示的“不可信 IT 产品”。这种情况下的信息交换称为*TSF 控制外传输*，如同在远程 IT 产品中没有 TSF(或它的策略特性未知)。

可与 TOE 或在 TOE 中发生的、并服从 TSP 规则的交互集合称为*TSF 控制范围(TSC)*。TSC 包括一组根据主体、客体和 TOE 内的操作定义的交互集，但不必包括 TOE 的所有资源。

一组交互式(人机接口)或编程 (应用编程接口)接口，通过它，TSF 访问、调配 TOE 资源，或者从

TSF 中获取信息，称为*TSF 接口(TSFI)*。TSFI 定义了为执行 TSP 而提供的 TOE 功能的边界。

用户在 TOE 的外部，因此也在 TSC 的外部。但为请求 TOE 执行服务，用户要通过 TSFI 和 TOE 交互。本标准安全功能要求关心两种用户：*人类用户*和*外部 IT 实体*。人类用户进一步分为***本地人类用户***，他们通过 TOE 设备(如工作站)直接与 TOE 交互，或*远程人类用户*，他们通过其他 IT 产品间接与 TOE 交互。

用户和 TSF 间的一段交互期称为*用户会话*。可以根据各种考虑来控制用户会话的建立，如：用户鉴别、时段、访问 TOE 的方法和每个用户允许的并发会话数。

本标准使用术语“*已授权*”来表示用户具有执行某种操作所必需的权力或特权。因此术语“*授权用户*”表示允许用户执行 TSP 定义的操作。

为表达需要管理员责任分离的要求，本标准相关的安全功能组件(来自子类 FMT_SMR)明确说明要求管理性*角色*。角色是预先定义的一组规则，这些规则建立起用户和 TOE 间所允许的交互。TOE 可以支持定义任意数目的角色。例如，与 TOE 安全运行相关的角色可能包括“审计管理员”和“用户账号管理员”。

TOE 包括可用于处理和存储信息的资源。TSF 的主要目标是完全并正确地对 TOE 所控制的资源和信息执行 TSP。

TOE 资源能以多种方式结构化和利用。但是，本标准作出了特殊区分，以允许规定所期望的安全特性。所有由资源产生的实体能以两种方式中的一种来表征：实体可能是主动的，意指他们是 TOE 内部行为发生的原因，并导致对信息执行操作；实体也可能是被动的，意指它们是发出信息或存入信息的容器。

主动的实体称为**主体**。TOE 内可能存在以下几种类型的主体：

a) 代表授权用户，遵从 TSP 所有规则的那些实体(例如：UNIX 进程)；

b) 作为特定功能进程，可以轮流代表多个用户的那些实体(例如：在客户/服务器结构中可能找到的功能)；

c) 作为 TOE 自身一部分的那些实体(例如：可信进程)。

本部分所述的安全功能针对上述列出的各种主体执行 TSP。

被动实体(即信息存储器)在本部分中被称作“**客体**”。客体是可以由主体执行操作的对象。在一个主体(主动实体)是某个操作的对象(例如进程间通信)的情况下，该主体也可以作为客体。

客体可以包含*信息*。在 FDP 类中说明信息流控制策略时，需要这个概念。

用户、主体、信息和客体具有确定的*属性*，这些属性包括使 TOE 正确运转的信息。有些属性，可能只是提示性信息(即，增加 TOE 的用户友好性)，如文件名，而另一些属性，可能专为执行 TSP 而存在，如访问控制信息，后面这些属性通常称为“*安全属性*”。在本部分中，属性一词将用作“安全属性”的简称，除非另有说明。但正如 TSP 规定的那样，无论属性信息的预期目的如何，对属性加以控制还是必要的。

TOE 中的数据分为用户数据和 TSF 数据，图 3 表明了这种关系。*用户数据*是存储在 TOE 资源中的信息，用户可以根据 TSP 对其进行操作，而 TSF 对它们并不附加任何特殊的意义。例如，电子邮件消息的内容是用户数据。*TSF 数据*是在进行 TSP 决策时 TSF 使用的信息。如果 TSP 允许的话，TSF 数据可以受用户的影响。安全属性、鉴别数据以及访问控制表都是 TSF 数据的例子。

有几个用于数据保护的 SFP，诸如*访问控制 SFP* 和*信息流控制 SFP*。实现访问控制 SFP 的机制，是基于控制范围内的主体属性、客体属性和操作来决定建立它们的策略，这些属性用于控制主体可以对客体执行的操作的规则集中。

实现信息流控制 SFP 的机制，是基于控制范围内的主体和信息的属性以及制约主体对信息操作的一组规则来决定它们的策略。信息的属性，可能与容器属性相关联(也可能没有关联，如多级数据库)，在信息移动时与其相随。

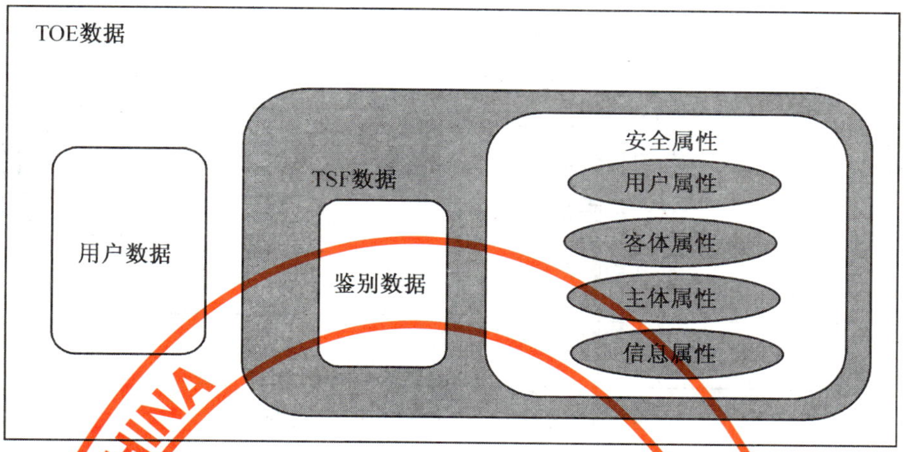

图 3　用户数据和 TSF 数据的关系

本部分涉及的两种特殊 TSF 数据,***鉴别数据*和*秘密***,可以是但不必一定是相同的。

鉴别数据用于验证向 TOE 请求服务的用户声明的身份。最通用的鉴别数据形式是口令。口令要成为有效的安全机制,依赖于对其进行保密。但是,不是所有形式的鉴别数据都需要保密,生物测定学鉴别设备(例如,指纹阅读器、视网膜扫描仪)就不依赖于数据保密,因为这些数据只有一个用户拥有,其他人不能伪造。

本部分功能要求中用到的术语"秘密",对鉴别数据适用,对其他为执行一特定 SFP 而必须保密的数据也同样适用。例如,依靠密码功能保护在信道中传输信息的保密性的可信信道机制,其强度应与用来保持密钥的秘密以防止未授权泄露的方法的强度相当。

因此,不是所有的鉴别数据都需要保密;也不是所有的秘密都被用作鉴别数据。图 4 说明了秘密和鉴别数据间的关系,指出了常见的鉴别数据和秘密的数据类型。

图 4　"鉴别数据"和"秘密"的关系

6　信息安全技术保障控制结构

6.1　综述

本章定义了本部分的技术要求的内容和形式,并为需要向 ISST 中添加新组件的组织提供指南。技术要求以类、子类和组件来表达。

6.1.1　信息安全技术保障控制类结构

图 5 以图表的形式阐明了安全技术保障控制类的结构。每个安全技术保障控制类包括一个类名、类介绍及一个或多个安全技术保障控制子类。

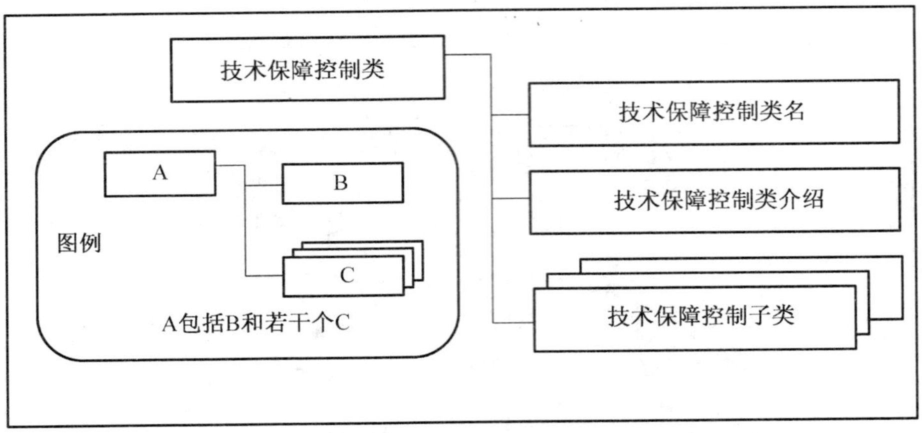

图 5 安全技术保障控制类结构

6.1.1.1 类名

类名提供标识和划分安全技术保障控制类所必需的信息。每个安全技术保障控制类都有一个唯一的名称，类的分类信息由三个字符的简名组成。类的简名用于该类中的子类的简名规范中。

6.1.1.2 类介绍

类介绍描述这些子类满足安全目标的通用意图或方法。安全技术保障控制类的定义不反映要求规范中的任何正式分类法。

类介绍用图来描述类中的子类和每个子类中组件的层次结构，见 6.1.1 的解释。

6.1.2 信息安全技术保障控制子类结构

图 6 以框图形式说明安全技术保障控制子类的结构。

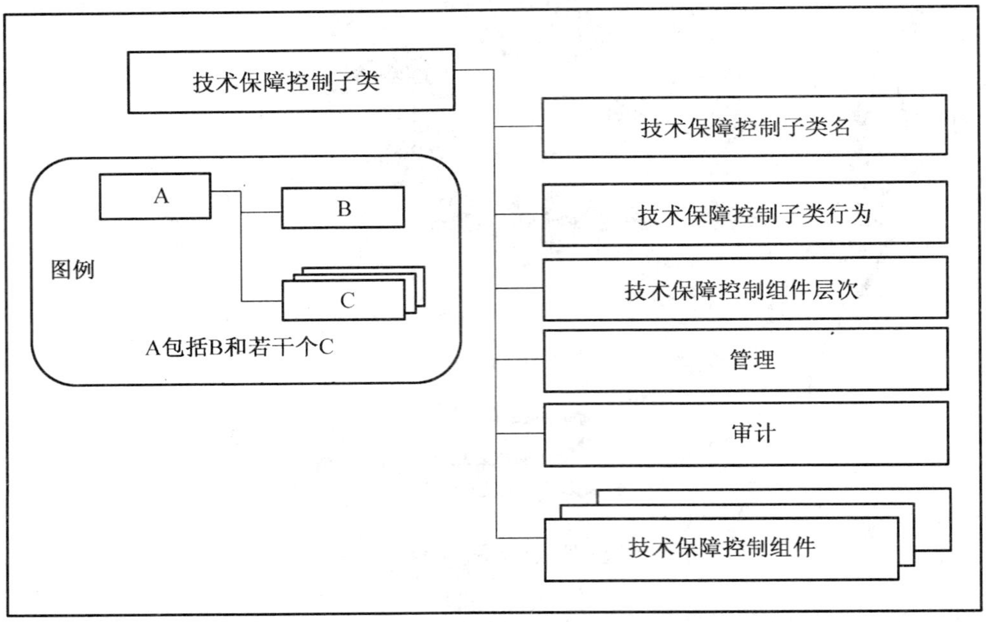

图 6 安全技术保障控制子类结构

6.1.2.1 子类名

子类名部分提供标识和划分安全技术保障控制子类所必需的分类和描述信息。每个安全技术保障控制子类有一个唯一的名称。子类的分类信息由七个字符的简名组成，开头三个字符与类名相同，后跟一个下划线和子类名，例如 XXX_YYY。唯一的简短子类名为组件提供主要的引用名。

6.1.2.2 子类行为

子类行为是对安全技术保障控制子类的行为的叙述性描述，陈述其安全目的，以及对技术要求的一般描述。以下是更详细的描述：

a） 子类的安全目的阐述在包含该子类的一个组件的 TOE 的帮助下，可以解决的安全问题；

b） 技术要求的描述总结组件中包含的所有安全要求。该描述针对 PP、ST 和技术包的作者，他们希望评价该子类是否与他们的特定需求相关。

6.1.2.3 组件层次

安全技术保障控制子类包含一个或多个组件，任何一个组件都可被选择包含在 PP、ST 和技术包中。本条的目的是，一旦子类被认为是用户安全要求的一个必要或有用的部分时，就应向用户提供选择恰当的安全技术保障控制组件的信息。

安全技术保障控制子类描述部分描述所用组件和它们的基本原理。组件的更多细节包含在每个组件中。

安全技术保障控制子类内组件间的关系可能是也可能不是层次化的。如果一个组件相对另一个组件提供更多的安全，那么该组件对另一个组件来说是有层次的。

如 6.1.2 条所述，子类的描述中提供了关于子类内组件层次结构的图示。

6.1.2.4 管理

*管理*要求包含 PP/ST 作者应考虑的作为给定组件的管理活动的信息。管理要求在管理类（FMT）的组件里详述。

PP/ST 作者可以选择已指出的管理要求或者可以包括其他没有列出的管理要求，因而这些信息应认为是提示性的。

6.1.2.5 审计

如果 PP/ST 中包含来自类 FAU（安全审计）中的要求，则*审计*要求包含供 PP/ST 作者选择的可审计的事件。这些要求包括按 FAU_GEN（安全审计数据产生）子类的组件所支持的以各种不同详细级别表示的安全相关事件。例如，一个审计记录可能包括下述行动：最小级——安全机制的成功使用；基本级——安全机制的成功使用以及所涉及到的安全属性的相关信息；详细级——所有对机制配置的改变，包括改变前后的实际配置值。

显然可审计事件的分类是层次化的。例如，当期望“基本级审计产生”时，所有标识为最小级和基本级的可审计事件都应通过适当的赋值操作包括在 PP/ST 内，只是高级事件仅仅比低级事件提供更多的细节。当期望“详细级审计产生”时，所有标识为最小级、基本级和详细级的可审计事件都应包括在 PP/ST 内。

FAU 类更详尽地解释了管理审计的规则。

6.1.3 信息安全技术保障控制组件结构

图 7 描绘安全技术保障控制组件的结构。

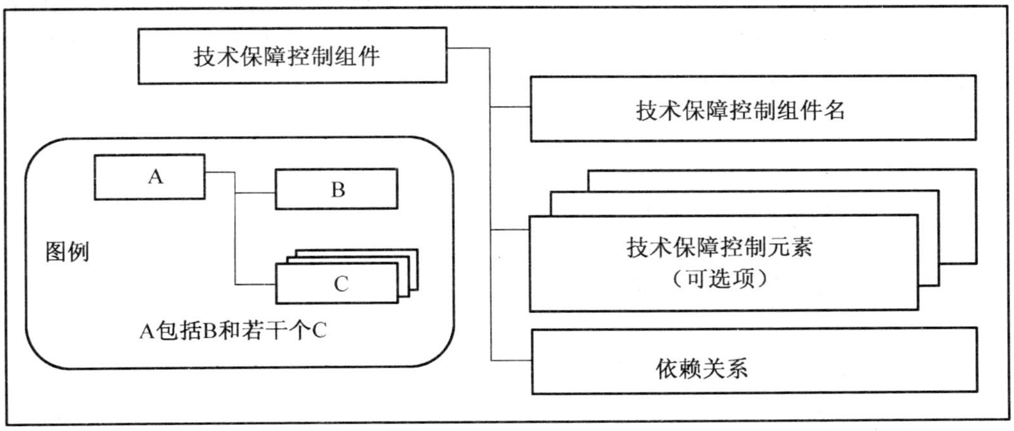

图 7 安全技术保障控制组件结构

6.1.3.1 组件标识

组件标识提供标识、分类、注册和交叉引用组件时所必需的描述性信息。下列各项作为每个安全技术保障控制组件的部分：

a) 一个*唯一的名字*，该名字反映了组件的目的。

b) 一个*简名*，即安全技术保障控制组件名的唯一简写形式。简名作为分类、注册和交叉引用组件的主要引用名。简名反映出组件所属的类和子类以及在子类中组件的编号。

c) 一个*从属于表*。这个组件所从属于的其他组件列表，以及该组件可用来满足与所列组件间的依赖关系。

6.1.3.2 技术元素

为每一组件提供了一组元素。每个元素都分别定义并且是相互独立的。

技术元素是一个安全技术要求，如果进一步划分将不会产生有意义的评估结果。它是 GB 20274.2 中标识和认同的最小安全技术要求。

当建立包、PP 或 ST 时，不允许从一个组件中只选择一个或几个元素，必须选择组件的全部元素。

每个技术元素名都有一个唯一的简化形式。例如，元素名 FDP_IFF.4.2 意义如下：F——技术要求，DP——“用户数据保护”类，_IFF——“信息流控制技术”子类，.4——第四个组件，名为“部分消除非法信息流”，.2-该组件的第 2 个元素。

6.1.3.3 依赖关系

当一个组件本身不充分而要依赖于其他组件的技术，或依赖于与其他组件的交互才能正确发挥其技术时，就产生了安全技术保障控制组件间的依赖关系。

每个安全技术保障控制组件都提供一个对其他技术和保证组件的完整的依赖关系表。有些组件可能列出“无依赖关系”。所依赖的组件又可能依赖其他组件，组件中提供的列表是直接的依赖关系。这只是为该技术要求能正确完成其技术提供参考。间接依赖关系，也就是由所依赖组件产生的依赖关系，见本标准附录 A。值得注意的是，在某些情况下依赖关系可在提供的多个技术要求中选择，这些技术要求中的每一个都足以满足依赖关系(例如 FDP_UIT.1)。

依赖关系列表标识出，为满足与已标识组件相关的安全要求所必需的最少技术或保证组件。从属于已标识组件的那些组件也可用来满足依赖关系。

本部分指明的依赖关系是规范的，在 PP/ST 中它们必须得到满足。在特定的情况下这种依赖关系可能不适用，只要 PP/ST 作者在基本原理中说清不适用的理由，就可以在包、PP 和 ST 中不考虑依赖的组件。

6.1.4 允许的安全技术保障控制组件操作

用于在 PP、ST 或技术包内定义要求的安全技术保障控制组件可以与本部分第 5 章～第 17 章中说明的完全一样，也可以经裁剪以满足特定的安全目的。但是，选择和裁剪这些安全技术保障控制组件是复杂的，因为必须考虑所标识组件依赖关系。因此这种裁剪只限于一组允许的操作。

每个安全技术保障控制组件都包括一个允许的操作列表。对所有安全技术保障控制组件，并非一切操作都是允许的。

允许的操作选自：

a) 反复：采用不同的操作多次使用同一组件；

b) 赋值：对指定参数的说明；

c) 选择：对列表中的一个或多个元素的说明；

d) 细化：增加细节。

6.1.4.1 反复

当需要覆盖同一要求的不同方面时(如，标识一个以上类型的用户)，允许重复使用本标准的同一组件来覆盖每个方面。

6.1.4.2　**赋值**

某些安全技术保障控制元素包含一些参数和变量，这些参数和变量使 PP/ST 作者可以指定 PP 或 ST 中包含的一个策略或一组值，以满足特定的安全目的。这些元素清楚地标识出每个参数及其可以分配给该参数的值。

元素任一方面的可接受值如能无歧义地描述和列举，就可用一个参数来表述。该参数可能是一个属性或规则，它把要求限定为一个确定的值或值的范围。例如，根据指定的安全目的，安全技术保障控制元素可以规定一给定的操作应执行数次。在这种情况下，赋值应提供用于该参数的次数或次数范围。

6.1.4.3　**选择**

这是为缩小一个组件元素的范围，从列表中选取一个或多个项目的操作。

6.1.4.4　**细化**

对所有安全技术保障控制元素来说，为满足安全目的，允许 PP/ST 作者通过增加细节来限定可接受的实现集。元素的细化由这些增加的技术细节来组成。

在 ST 中，可能需要就 TOE 对术语"主体"和"客体"的含义作出有意义的解释，因此需要细化。

像其他操作一样，细化不增加任何完全新的要求。根据安全目的，它对要求、规则、常量和条件施以详细阐述、解释或特别的含义。细化应只是进一步限定实现要求所可能接受的技术或机制集，而不是增加要求。细化不允许建立新要求，因此不会增加与组件相关的依赖关系列表。PP/ST 作者必须注意，其他要求对该要求的依赖关系仍应得到满足。

6.2　**组件分类**

本部分中组件的分类不代表任何正式的分类法。

本部分包括子类和组件的分类，它们是基于相关的技术和目的的粗略分类，按字母顺序给出。每个类的开头是一个提示性框图，指出该类的分类法、类中的子类和子类中的组件。这个图对指示可能存在于组件间的层次关系是有用的。

在安全技术保障控制组件的描述中，有一段指出该组件和任何其他组件之间的依赖关系。

在每个类中，都有一个与图 6 类似的描述子类层次关系的图。在图 8 中，第 1 个子类(子类 1)包括了三个有从属关系的组件，其中组件 2 和组件 3 都可以用来满足对组件 1 的依赖关系。组件 3 从属于组件 2，并且可以用来满足对组件 2 的依赖关系。

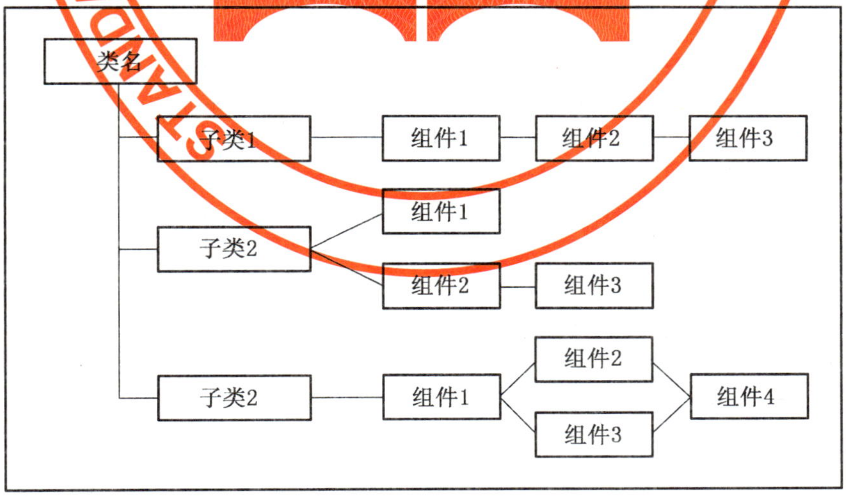

图 8　示范类分解图

在子类 2 中有三个组件，这三个组件不全都有从属关系。组件 1 和组件 2 不从属于其他组件。组件 3 从属于组件 2，可以用来满足对组件 2 的依赖关系，但不能满足对组件 1 的依赖关系。

在子类 3 中，组件 2、3、4 从属于组件 1。组件 2 和 3 也都从属于组件 1，但无可比性。组件 4 从属于组件 2 和 3。

这些图的目的是补充子类中的文字说明，使关系的识别更容易。它们并不取代每个组件中的“从属于：”注释，这些注释是对每个组件从属关系的强制声明。

6.2.1 突出组件变化

子类中组件的关系约定以**粗体字**突出表示。粗体字约定所有新的要求用粗体表示。对于有从属关系的组件，当要求或依赖关系被增强或修改而超出前一组件的要求时，要用粗体字表示。另外，超出前一组件的任何新的或增强的允许操作，也使用粗体字突出表示。

7 FAU 类：安全审计

安全审计包括识别、记录、存储和分析那些与安全相关活动（即由 TSP 控制的活动）有关的信息。检查审计记录结果可用来判断发生了哪些安全相关活动以及哪个用户要对这些活动负责。

安全审计类分解见图 9。

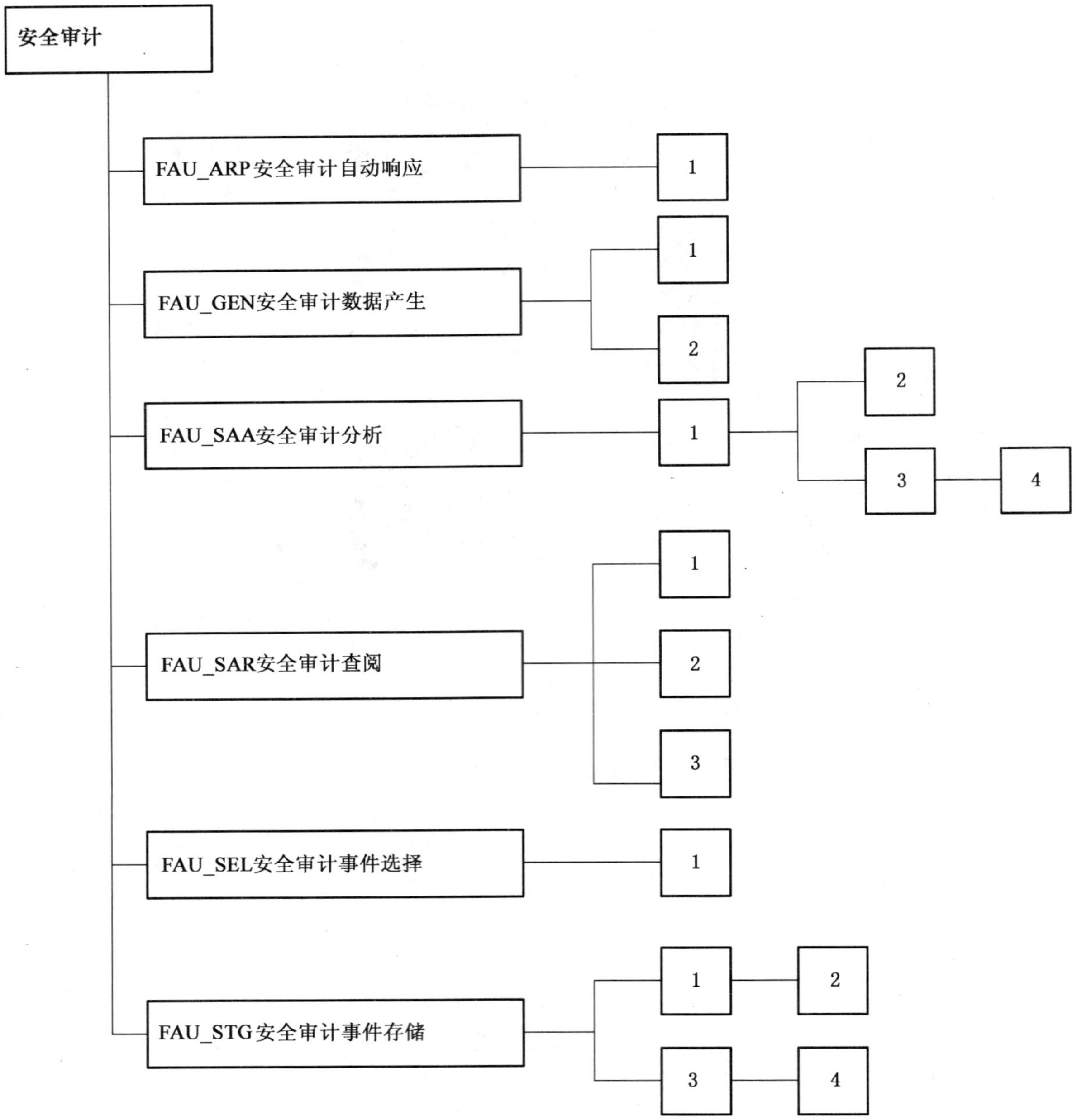

图 9 安全审计类分解

7.1 安全审计自动响应(FAU_ARP)

子类行为

本子类定义在检测到的事件表明可能有安全侵害发生时作出的应答。

组件层次

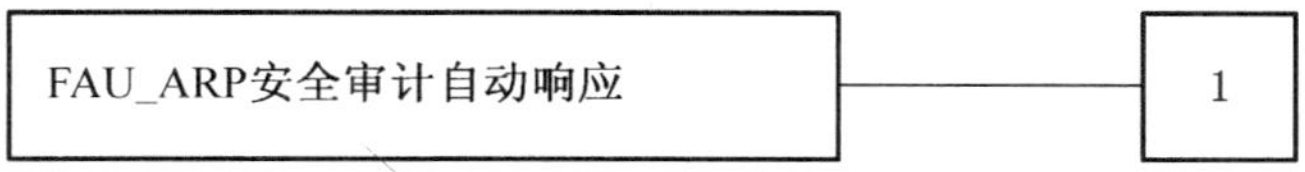

对于 FAU_ARP.1 安全警告,当检测到可能的安全侵害时 TSF 应采取行动。

管理:FAU_ARP.1

在管理功能 FMT 中考虑以下行动:

a) 对行动的管理(添加、移去、修改)。

审计:FAU_ARP.1

如果在 PP/ST 中包括 FAU_GEN 安全审计数据产生,那么以下行动应可审计:

a) 最小级:当即将发生安全侵害时采取的行动。

FAU_ARP.1 安全警告

从属于:无其他组件。

依赖关系:FAU_SAA.1 潜在侵害分析

FAU_ARP.1.1 当检测到潜在的安全侵害时,TSF 应进行[赋值:*最小扰乱行动表*]。

7.2 安全审计数据产生(FAU_GEN)

子类行为

对于在 TSF 控制下发生的安全相关事件,本子类定义了记录其出现的要求。本子类确定审计的级别,列举 TSF 可审计的事件类型,以及应在各审计记录内提供的审计相关信息的最小集合。

组件层次

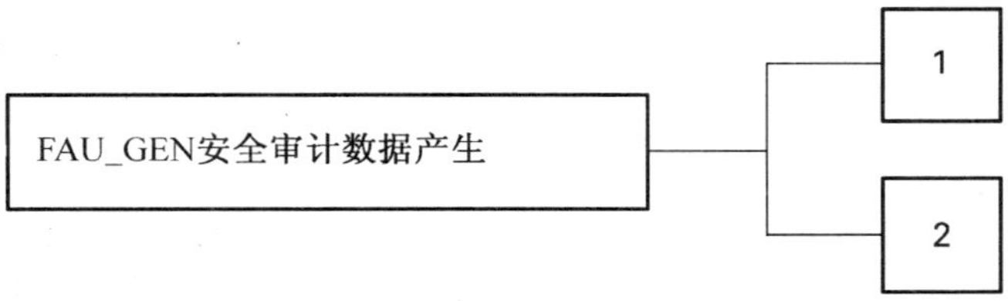

FAU_GEN.1 审计数据产生定义可审计事件的级别,并规定在每个记录中应记录的数据列表。

FAU_GEN.2 用户身份关联,TSF 应把可审计事件与单个用户身份相关联。

管理:FAU_GEN.1,FAU_GEN.2

尚无预见的管理活动。

审计:FAU_GEN.1,FAU_GEN.2

如果在 PP/ST 中包含 FAU_GEN 安全审计数据产生,此处不存在任何明确的可审计行动。

FAU_GEN.1 审计数据产生

从属于:无其他组件。

依赖关系:FPT_STM.1 可信时间戳

FAU_GEN.1.1 TSF 应能为下述可审计事件产生审计记录:

a) 审计功能的启动和关闭;

b) 在[选择:*最小级,基本级,详细级,未规定*]审计级别以内的所有可审计事件;

c) [赋值:其他专门定义的可审计事件]。

FAU_GEN.1.2　TSF应在每个审计记录中至少记录如下信息：

a) 事件的日期和时间，事件类型，主体身份，事件的结果(成功或失败)；

b) 对每种审计事件类型，基于PP/ST中功能组件的可审计事件定义的[赋值：*其他审计相关信息*]。

FAU_GEN.2　用户身份关联

从属于：无其他组件。

依赖关系：FAU_GEN.1 审计数据产生；

FIA_UID.1 标识定时。

FAU_GEN.2.1　TSF应能将每个可审计事件与引起该事件的用户身份相关联。

7.3 安全审计分析(FAU_SAA)

子类行为

本子类定义，为寻找可能的或真正的安全侵害，用来分析系统活动和审计数据的自动化措施的要求。这种分析可用入侵检测来支持，或对即将来临的安全侵害作出自动应答。

基于检测结果，可采取FAU_ARP子类指定的行为。

组件层次

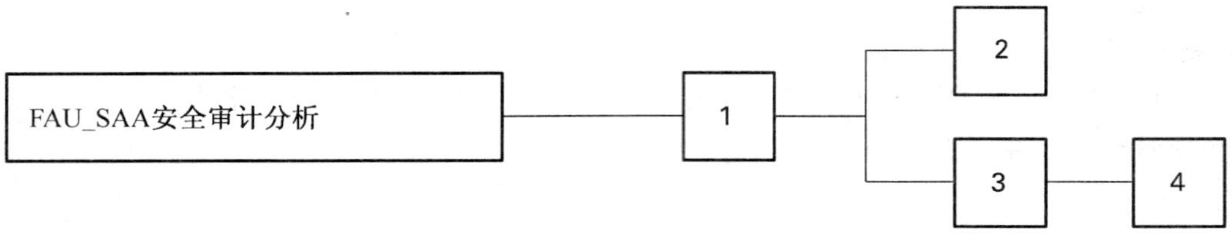

在FAU_SAA.1潜在侵害分析中，需要一个基于固定规则集的基本门限检测。

在FAU_SAA.2基于轮廓的异常检测中，TSF维护个人的系统使用轮廓，这里"轮廓"代表由*轮廓目标组*成员完成的历史使用模式。轮廓目标组是指与TSF交互的一个或多个人(如单个用户、共享一个身份或账号的用户、指定角色的用户、整个系统或网络节点的用户)。轮廓目标组的每个成员都被分配给一个单独的*置疑等级*，表明成员当前的行动与轮廓中已建立的使用模式的一致程度如何。此分析可在运行期间完成，或在信息采集后的批量分析阶段完成。

FAU_SAA.3简单攻击探测，TSF应能检测到那些表明对TSP实施将产生重大威胁的特征事件的发生。对特征事件的搜索可以实时进行，也可以在信息采集后的批量分析阶段进行。

FAU_SAA.4复杂攻击探测，TSF应能描述并检测到多步骤入侵情景。TSF应能根据已知的事件序列把系统事件(可能是由多个用户执行的)模拟成完整的入侵情景。TSF应能指出特征事件或事件序列发生的时间，指出对TSP的潜在侵害。

管理：FAU_SAA.1

在管理功能FMT中考虑以下行动：

a) 通过(添加/修改/删除)规则集中的规则来维护规则。

管理：FAU_SAA.2

在管理功能FMT中考虑以下行动：

a) 对轮廓目标组中的用户组进行维护(删除/修改/添加)。

管理：FAU_SAA.3

在管理功能FMT中考虑以下行动：

a) 对系统事件的子集进行维护(删除/修改/添加)。

管理：FAU_SAA.4

在管理功能FMT中考虑以下行动：

a) 对系统事件的子集进行维护(删除/修改/添加);

b) 对系统事件的序列集进行维护(删除/修改/添加)。

审计:FAU_SAA.1,FAU_SAA.2,FAU_SAA.3,FAU_SAA.4

如果在 PP/ST 中包含了 FAU_GEN 安全审计数据产生,那么下述行动应为可审计:

a) 最小级:开启和关闭任何分析机制;

b) 最小级:以工具完成自动应答。

FAU_SAA.1 潜在侵害分析

从属于:无其他组件。

依赖关系:FAU_GEN.1 审计数据产生

FAU_SAA.1.1 TSF 应能用一系列的规则去监控审计事件,并根据这些规则指示出 TSP 的潜在侵害。

FAU_SAA.1.2 TSF 应用下列规则来监控审计事件:

a) 已知的用来指示潜在安全侵害的[赋值:*已定义的可审计事件的子集*]的积累或组合;

b) [赋值:*任何其他规则*]。

FAU_SAA.2 基于轮廓的异常检测

从属于:FAU_SAA.1

依赖关系:FIA_UID.1 标识定时

FAU_SAA.2.1 TSF 应能维护系统使用轮廓。在这里个人轮廓代表[赋值:规定轮廓目标组]成员的历史使用模式。

FAU_SAA.2.2 TSF 应维护与每个用户相对应的置疑等级,这些用户的活动已记录在轮廓中。在这里,“置疑等级”代表用户当前活动与轮廓中已建立的使用模式不一致的程度。

FAU_SAA.2.3 当用户的置疑等级超过门限条件[赋值:TSF 报告“异常”的条件]时,TSF 应能指出即将发生对 TSP 的侵害。

FAU_SAA.3 简单攻击探测

从属于:FAU_SAA.1

依赖关系:无依赖关系。

FAU_SAA.3.1 TSF 应能维护预示对 TSP 侵害的以下特征事件[赋值:*系统事件的一个子集*]的内部表示。

FAU_SAA.3.2 TSF 应根据系统活动的记录来比较特征事件,这里系统活动可以通过对[赋值:*用来决定系统活动的信息*]检查而辨明。

FAU_SAA.3.3 当一个系统事件被发现与一个预示对 TSP 的潜在攻击的特征事件匹配时,TSF 应指出对 TSP 的攻击即将到来。

FAU_SAA.4 复杂攻击探测

从属于:FAU_SAA.3

依赖关系:无依赖关系。

FAU_SAA.4.1 TSF 应能维护已知入侵情景的事件序列[赋值:*已知攻击出现的系统事件序列表*]和预示对 TSP 的潜在攻击的特征事件[赋值:*系统事件的一个子集*]的内部表示。

FAU_SAA.4.2 TSF 应比较系统活动的记录与特征事件和事件序列,这里的系统活动可以通过对[赋值:*用来决定系统活动的信息*]检查来辨明。

FAU_SAA.4.3　当一个系统事件或事件序列被发现与一个预示对 TSP 的潜在攻击的特征事件匹配时，TSF 应能指示出对 TSP 的攻击即将到来。

7.4　安全审计查阅（FAU_SAR）

子类行为

本子类定义了为授权用户查阅审计数据提供审计工具的要求。

组件层次

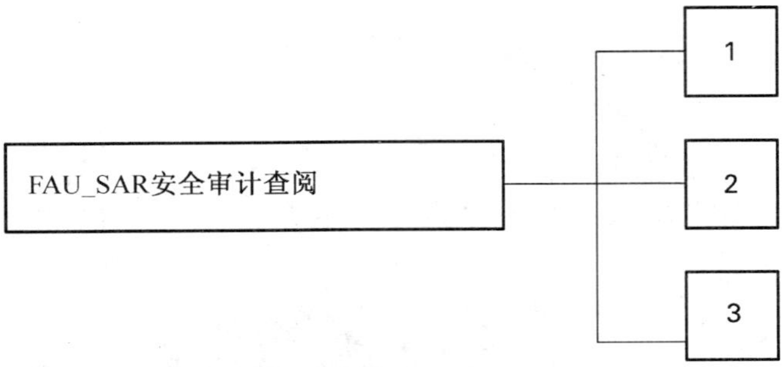

FAU_SAR.1 审计查阅，提供从审计记录中读取信息的能力。

FAU_SAR.2 有限审计查阅，要求除在 FAU_SAR.1 中确定的用户外，其他用户不能读取信息。

FAU_SAR.3 可选审计查阅，要求审计查阅工具根据条件来选择要查阅的审计数据。

管理：FAU_SAR.1

在管理功能 FMT 中考虑以下行动：

a)　维护(删除/修改/添加)对审计记录有读访问权的用户组。

管理：FAU_SAR.2，FAU_SAR.3

尚无预见的管理活动。

审计：FAU_SAR.1

如果在 PP/ST 中包含了 FAU_GEN 安全审计数据产生，那么下述行为应为可审计：

a)　基本级：从审计记录中读取信息。

审计：FAU_SAR.2

如果在 PP/ST 中包含了 FAU_GEN 安全审计数据产生，那么下述行为应为可审计：

a)　基本级：尝试从审计记录中读取信息而未成功。

审计：FAU_SAR.3

如果在 PP/ST 中包含了 FAU_GEN 安全审计数据产生，那么下述行为应为可审计：

a)　详细级：用于查阅的各种参数。

FAU_SAR.1 审计查阅

本组件应为授权用户提供获得和解释信息的能力。用户是人时必须以人类可理解的方式表示信息；用户是外部 IT 实体时必须以电子方式无歧义地表示信息。

从属于：无其他组件。

依赖关系：FAU_GEN.1 审计数据产生

FAU_SAR.1.1　TSF 应为[赋值：*授权用户*]提供从审计记录中读取[赋值：*审计信息列表*]的能力。

FAU_SAR.1.2　TSF 应以便于用户理解的方式提供审计记录。

FAU_SAR.2 有限审计查阅

从属于：无其他组件。

依赖关系：FAU_SAR.1 审计查阅

FAU_SAR.2.1　除具有明确读访问权限的用户外，TSF 应禁止所有用户对审计记录的读访问。

FAU_SAR.3 可选审计查阅

从属于：无其他组件。

依赖关系：FAU_SAR.1 审计查阅

FAU_SAR.3.1　TSF 应根据[赋值：*具有逻辑关系的条件*]提供对审计数据进行[选择：*搜索*、*分类*、*排序*]的能力。

7.5　安全审计事件选择（FAU_SEL）

子类行为

本子类定义，在 TOE 运行期间选择事件来审计的要求。它定义向可审计事件集中加入或从中排除事件的要求。

组件层次

FAU_SEL.1 选择性审计，要求根据由 PP/ST 作者规定的属性包括或排除来自审计事件集中事件的可能。

管理：FAU_SEL.1

在管理功能 FMT 中考虑以下行动：

a）维护查阅/修改审计的权限。

审计：FAU_SEL.1

如果在 PP/ST 中包含了 FAU_GEN 安全审计数据产生，那么下述行为应是可审计的：

a）最小级：对审计收集功能正在运行时出现的审计配置的所有修改。

FAU_SEL.1 选择性审计

从属于：无其他组件。

依赖关系：FAU_GEN.1　审计数据产生

FMT_MTD.1　TSF 数据管理

FAU_SEL.1.1　TSF 根据以下属性包括或排除审计事件集中的可审计事件：

a）[选择：客体身份，用户身份，主体身份，主机身份，事件类型。]

b）[赋值：作为审计选择性依据的附加属性表。]

7.6　安全审计事件存储（FAU_STG）

子类行为

本子类定义 TSF 能够创建并维护安全审计迹的要求。

组件层次

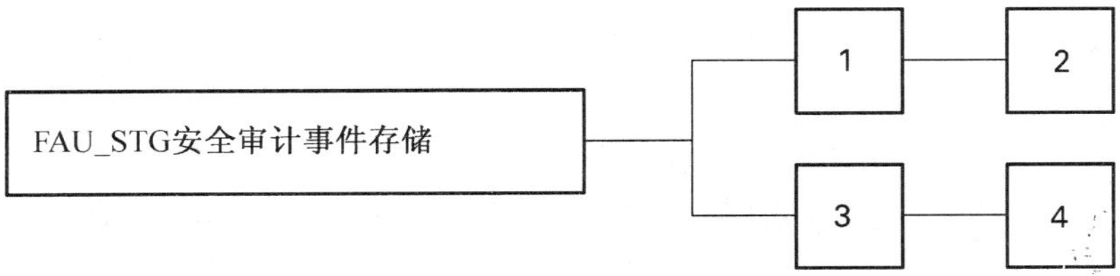

FAU_STG.1 受保护的审计迹存储，该要求保护审计迹避免未授权的删除和/或修改。

FAU_STG.2 审计数据可用性保证，规定 TSF 在意外情况出现时对审计数据维护的保证。

FAU_STG.3 在审计数据可能丢失的情况下的行为，规定当超出审计迹门限时所采取的行动。

FAU_STG.4 防止审计数据丢失，规定当审计迹溢满时的行为。

管理:FAU_STG.1

尚无预见的管理活动。

管理:FAU_STG.2

在管理功能 FMT 中考虑以下行动:

a) 维护控制审计存储能力的参数。

管理:FAU_STG.3

在管理功能 FMT 中考虑以下行动:

a) 维护门限值;

b) 即将发生审计存储失败时,维护(删除/修改/添加)相应的行为。

管理:FAU_STG.4

在管理功能 FMT 中考虑以下行动:

a) 审计存储失败时,维护(删除/修改/添加)相应的行为。

审计:FAU_STG.1,FAU_STG.2

如果在 PP/ST 中包含了 FAU_GEN 安全审计数据产生,此处就没有可审计的确定行为。

审计:FAU_STG.3

如果在 PP/ST 中包含了 FAU_GEN 安全审计数据产生,那么下述行为应是可审计的:

a) 基本级:因超过门限而采取的行动。

审计:FAU_STG.4

如果在 PP/ST 中包含了 FAU_GEN 安全审计数据产生,那么下述行为应是可审计的:

a) 基本级:因审计存储失败而采取的行动。

FAU_STG.1 **受保护的审计迹存储**

从属于:无其他组件。

依赖关系:FAU_GEN.1 审计数据产生

FAU_STG.1.1 TSF 应保护所存储的审计记录,以避免未授权的删除。

FAU_STG.1.2 TSF 应能[选择:*防止,检测*]对审计记录的修改。

FAU_STG.2 **审计数据可用性保证**

从属于:FAU_STG.1

依赖关系:FAU_GEN.1 审计数据产生

FAU_STG.2.1 TSF 应保护所存储的审计记录,以避免未授权的删除。

FAU_STG.2.2 TSF 应能[选择:*防止,检测*]对审计记录的修改。

FAU_STG.2.3 当下述情况发生时:[选择:*审计存储耗尽、失败、受攻击*],TSF 应确保审计记录[赋值:*保存审计记录的量度*]不被破坏。

FAU_STG.3 在审计数据可能丢失情况下的行为

从属于:无其他组件。

依赖关系:FAU_STG.1 受保护的审计迹存储

FAU_STG.3.1 如果审计迹超过[赋值:*预定的限制*],TSF 应采取[赋值:*在审计数据可能丢失情况下的行为*]。

FAU_STG.4 **防止审计数据丢失**

从属于:FAU_STG.3

依赖关系:FAU_STG.1 受保护的审计迹存储

FAU_STG.4.1　如果审计迹已满，TSF应[选择：‘忽略可审计事件’，‘阻止产生除有特权的授权用户外的所有可审计事件’，‘覆盖所存储的最早的审计记录’]并进行[赋值：*一旦审计存储失败所采取的其他行动*]。

8　FCO类：通信

本类提供两个子类，专门用以确保在数据交换中参与方的身份。这些子类与确保信息传输的发起者的身份(原发证明)和确保信息传输的接收者的身份(接收证明)相关。这些子类既确保发起者不能否认发送过信息，又确保收信者不能否认收到过信息。

本类的组件构成分解如图10所示。

图10　通信类分解

8.1　原发抗抵赖(FCO_NRO)

子类行为

原发抗抵赖确保信息的发起者不能成功地否认曾经发送过信息。本子类要求TSF提供一种方法来确保接收信息的主体在数据交换期间获得了证明信息原发的证据。此证据可由该主体或其他主体验证。

组件层次

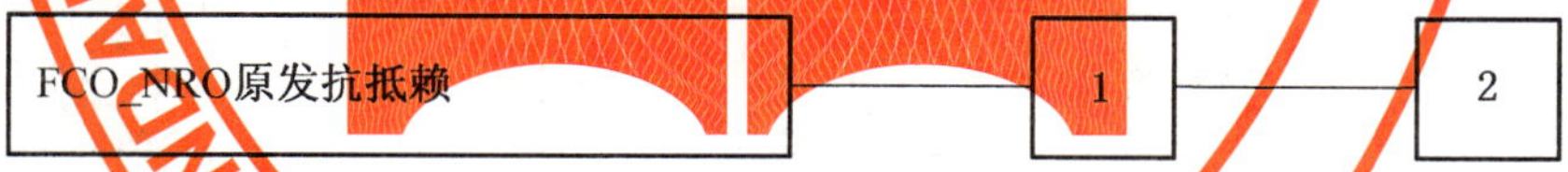

FCO_NRO.1　选择性原发证明，要求TSF为主体提供请求原发信息证据的能力。

FCO_NRO.2　强制原发证明，要求TSF总是对传输信息产生原发证据。

管理：FCO_NRO.1，FCO_NRO.2

在管理功能FMT中考虑以下行动：

a)　对改变信息类型、域、原发者属性和证据接收者的管理。

审计：FCO_NRO.1

如果在PP/ST中包含了FAU_GEN安全审计数据产生，那么下述行动应为可审计：

a)　最小级：请求产生原发证据的用户的身份；

b)　最小级：调用抗抵赖服务；

c)　基本级：标识所提供证据的信息、目的地及其拷贝；

d)　详细级：请求验证证据的用户的身份。

审计：FCO_NRO.2

如果在PP/ST中包含了FAU_GEN安全审计数据产生，那么下述行动应为可审计：

a)　最小级：调用抗抵赖服务；

b)　基本级：标识所提供证据的信息、目的地及其拷贝；

c) 详细级:请求验证证据的用户的身份。

FCO_NRO.1 选择性原发证明

从属于:无其他组件。

依赖关系:FIA_UID.1 标识定时

FCO_NRO.1.1 在[选择:原发者、接收者或[赋值:第三方列表]]请求时,TSF应能对传输的[赋值:信息类型表]产生原发证据。

FCO_NRO.1.2 TSF应能将信息原发者的[赋值:属性表]与证据适用的信息的[赋值:信息域表]相关联。

FCO_NRO.1.3 TSF应能为给定[赋值:原发证据的限制]的[选择:原发者、接收者或[赋值:*第三方列表*]]提供验证信息原发证据的能力。

FCO_NRO.2 强制原发证明

从属于:FCO_NRO.1

依赖关系:FIA_UID.1 标识定时

FCO_NRO.2.1 TSF在任何时候都应对[赋值:*信息类型表*]强制产生原发证据。

FCO_NRO.2.2 TSF应能使信息原发者的[赋值:*属性表*]与证据适用的信息的[赋值:*信息域表*]相关联。

FCO_NRO.2.3 TSF应能为给定[赋值:原发证据的限制]的[选择:*原发者*、*接收者*,[赋值:*第三方列表*]]提供验证信息原发证据的能力。

8.2 接收抗抵赖(FCO_NRR)

子类行为

接收抗抵赖确保信息的接收者不能成功地否认对信息的接收。本子类要求TSF提供一种方法来确保发送信息的主体在数据交换期间获得了证明信息接收的证据。此证据可由该主体或其他主体验证。

组件层次

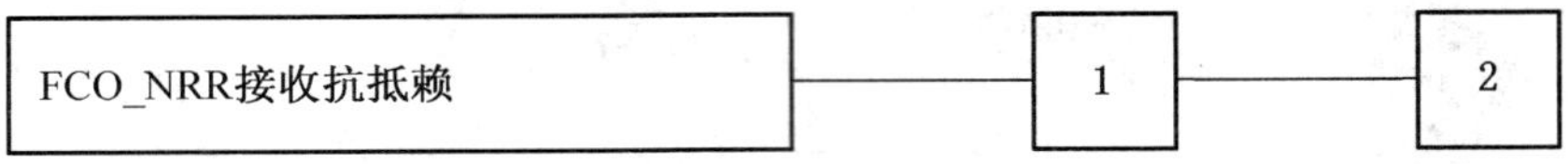

FCO_NRR.1 选择性接收证明,要求TSF为主体提供请求信息接收证据的能力。

FCO_NRR.2 强制性接收证明,要求TSF总是对接收到的信息产生接收证据。

管理:FCO_NRR.1,FCO_NRR.2

在管理功能FMT中考虑以下行动:

a) 对改变信息类型、域、原发者属性和证据的第三方接收者的管理。

审计:FCO_NRR.1

如果在PP/ST中包含了FAU_GEN安全审计数据产生,那么下述行动应可审计:

a) 最小级:请求产生提供接收证据的用户的身份;

b) 最小级:调用抗抵赖服务;

c) 基本级:标识所提供证据的信息、目的地及其拷贝;

d) 详细级:请求验证证据的用户的身份。

审计:FCO_NRR.2

如果在PP/ST中包含了FAU_GEN安全审计数据产生,那么下述行动应可审计:

a) 最小级:调用抗抵赖服务;

b) 基本级:标识所提供证据的信息、目的地及其拷贝;

c) 详细级:请求验证证据的用户的身份。

FCO_NRR.1 选择性接收证明

从属于:无其他组件。

依赖关系:FIA_UID.1 标识定时

FCO_NRR.1.1 在[选择:*原发者、接收者*或[赋值:*第三方列表*]]请求时,TSF 应能对接收的[赋值:*信息类型表*]产生接收证据。

FCO_NRR.1.2 TSF 应使将信息接收者的[赋值:*属性表*],与证据适用的信息的[赋值:*信息域表*]相关联。

FCO_NRR.1.3 TSF 应能为给定[赋值:*接收证据的限制*]的[选择:*原发者、接收者*或[赋值:*第三方列表*]]提供验证信息接收证据的能力。

FCO_NRR.2 强制接收证明

从属于:FCO_NRR.1

依赖关系:FIA_UID.1 标识定时

FCO_NRR.2.1 TSF 应对收到的[赋值:*信息类型表*]强制产生接收证据。

FCO_NRR.2.2 TSF 应能使信息接收者的[赋值:*属性表*]与证据适用的信息的[赋值:*信息域表*]相关联。

FCO_NRR.2.3 TSF 应能为给定[赋值:*接收证据的限制*]的[选择:*原发者、接收者*或[赋值:*第三方列表*]]提供验证信息接收证据的能力。

9 FCS 类:密码支持

TSF 可以利用密码功能来满足一些高级安全目的。这些功能包括(但不限于):标识与鉴别,抗抵赖,可信路径,可信信道和数据分离。本类可用硬件、固件和/或软件来实现,在 TOE 执行密码功能时使用。

FCS 类由两个子类组成:FCS_CKM 密钥管理和 FCS_COP 密码运算。FCS_CKM 子类解决密钥管理方面的问题,而 FCS_COP 子类则与密钥在运算中的使用情况有关。

本类的组件分解如图 11 所示。

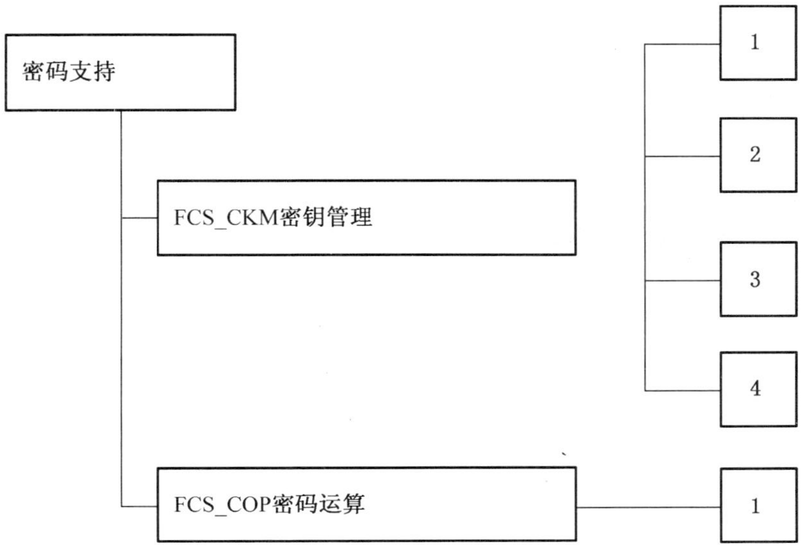

图 11 密码支持类分解

9.1 密钥管理(FCS_CKM)

子类行为

密钥在其整个生存期内都必须进行管理。为此,本子类定义了对以下几种操作的要求:密钥产生,密钥分发,密钥访问和密钥销毁。凡是存在对密钥进行管理的功能要求时,都必须包含本子类。

组件层次

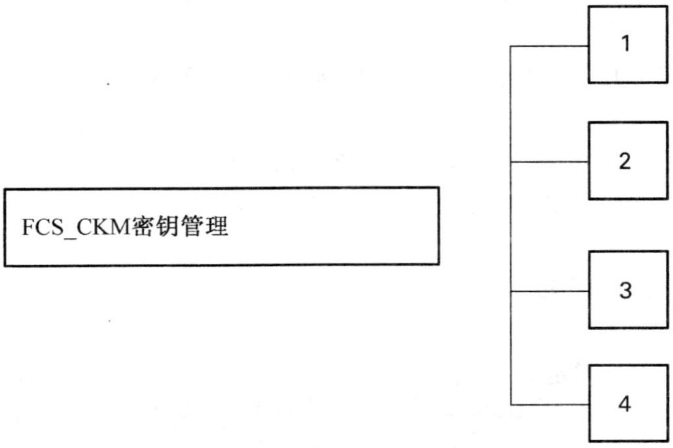

FCS_CKM.1 密钥产生,要求根据基于某个指定标准的特定的算法和密钥长度来产生密钥。

FCS_CKM.2 密钥分发,要求根据基于某个指定标准的特定的分发方法来分发密钥。

FCS_CKM.3 密钥访问,要求根据基于某个指定标准的特定的访问方法来访问密钥。

FCS_CKM.4 密钥销毁,要求根据基于某个指定标准的特定的销毁方法来销毁密钥。

管理:FCS_CKM.1,FCS_CKM.2,FCS_CKM.3,FCS_CKM.4

在管理功能 FMT 中考虑以下行动:

a) 对修改密钥属性的管理。比如,密钥属性包括:用户、密钥类型(如公开密钥、私有密钥、秘密密钥)、有效期和使用(如数字签名、密钥加密、密钥协商、数据加密)。

审计:FCS_CKM.1,FCS_CKM.2,FCS_CKM.3,FCS_CKM.4

如果在 PP/ST 中包含了 FAU_GEN 安全审计数据产生,那么下述行动应是可审计的:

a) 最小级:操作成功和失败;

b) 基本级:除一切敏感信息(如秘密密钥或私有密钥)外的客体属性和客体值。

FCS_CKM.1 密钥产生

从属于:无其他组件。

依赖关系:[FCS_CKM.2 密钥分发

FCS_COP.1 密码运算]

FCS_CKM.4 密钥销毁

FMT_MSA.2 保密的安全属性

FCS_CKM.1.1 TSF 应根据符合下述标准[赋值:*标准列表*]的特定的密钥产生算法[赋值:*密钥产生算法*]和特定的密钥长度[赋值:*密钥长度*]来产生密钥。

FCS_CKM.2 密钥分发

从属于:无其他组件。

依赖关系:[FDP_ITC.1 不带安全属性的用户数据输入或

FDP_ITC.2 带安全属性的用户数据输入或

FCS_CKM.1 密钥产生]

FCS_CKM.4 密钥销毁

FMT_MSA.2 保密的安全属性

FCS_CKM.2.1 TSF 应根据符合标准[赋值:*标准列表*]的特定的密钥分发方法[赋值:*密钥分发方法*]来分发密钥。

FCS_CKM.3 密钥访问

从属于:无其他组件。

依赖关系:[FDP_ITC.1 不带安全属性的用户数据输入或

FDP_ITC.2 带安全属性的用户数据输入或

FCS_CKM.1 密钥产生]

FCS_CKM.4 密钥销毁

FMT_MSA.2 保密的安全属性

FCS_CKM.3.1 TSF 应根据符合标准[赋值:*标准列表*]的特定的密钥访问方法[赋值:*密钥访问方法*]来执行[赋值:*密钥访问类型*]。

FCS_CKM.4 密钥销毁

从属于:无其他组件。

依赖关系:[FDP_ITC.1 不带安全属性的用户数据输入或

FDP_ITC.2 带安全属性的用户数据输入或

FCS_CKM.1 密钥产生]

FMT_MSA.2 保密的安全属性

FCS_CKM.4.1 TSF 应根据符合标准[赋值:*标准列表*]的特定的密钥销毁方法[赋值:*密钥销毁方法*]来销毁密钥。

9.2 密码运算(FCS_COP)

子类行为

为了保证密码运算的功能正确,必须按照特定的算法和一定长度的密钥来运算。凡有执行密码运算要求的,都需包含本子类。

密码运算通常包括:数据加密和/或解密、数字签名产生和/或验证、针对完整性的密码校验和产生和/或校验和检验、安全散列(信息摘要)、密钥加密和/或解密,以及密钥协商。

组件层次

FCS_COP.1 密码运算,要求根据基于指定标准的特定的算法和特定长度的密钥来进行密码运算。

管理:FCS_COP.1

尚无预见的管理活动。

审计:FCS_COP.1

如果在 PP/ST 中包含了 FAU_GEN 安全审计数据产生,那么下述行动应是可审计的:

a) 最小级:密码运算的成功、失败和类型;

b） 基本级：所有有效的密码运算模式、主体属性和客体属性。

FCS_COP.1 密码运算

从属于：无其他组件。

依赖关系：[FDP_ITC.1 不带安全属性的用户数据输入或
FDP_ITC.2 带安全属性的用户数据输入或
FCS_CKM.1 密钥产生]
FCS_CKM.4 密钥销毁
FMT_MSA.2 保密的安全属性

FCS_COP.1.1 TSF 应根据符合标准[赋值：*标准列表*]的特定的密码算法[赋值：*密码算法*]和密钥长度[赋值：*密钥长度*]来执行[赋值：*密码运算列表*]。

10 FDP 类：用户数据保护

本类包含若干子类，这些子类规定了与保护用户数据相关的 TOE 安全功能要求和 TOE 安全功能策略。FDP 分为四组子类（将在下面列出），这些子类处理 TOE 内部在输入、输出和存储期间的用户数据，以及和用户数据直接相关的安全属性。

本类中的子类分成以下四组：

a） 用户数据保护安全功能策略：
  1） FDP_ACC 访问控制策略；
  2） FDP_IFC 信息流控制策略。
  这些子类中的组件允许 PP/ST 作者命名用户数据保护安全功能策略，并定义该安全策略的控制范围，这对于说明安全目的是必要的。这些安全策略的名字将在所有余下的选择“访问控制 SFP”或“信息流控制 SFP”或为其赋值的功能组件中使用。已命名的访问控制和信息流控制 SFP 功能的规则将分别在 FDP_ACF 和 FDP_IFF 子类中定义。

b） 用户数据保护形式：
  1） FDP_ACF 访问控制功能；
  2） FDP_IFF 信息流控制功能；
  3） FDP_ITT 内部 TOE 传输；
  4） FDP_RIP 残余信息保护；
  5） FDP_ROL 反转；
  6） FDP_SDI 存储数据的完整性。

c） 脱机存储、输入和输出：
  1） FDP_DAU 数据鉴别；
  2） FDP_ETC 输出到 TSF 控制之外；
  3） FDP_ITC 从 TSF 控制之外输入。
  这些子类内的组件说明进出安全功能控制范围时的可信传输。

d） TSF 间的通信：
  1） FDP_UCT TSF 间用户数据传输的保密性保护；
  2） FDP_UIT TSF 间用户数据传输的完整性保护。
  这些子类内的组件说明 TOE 的 TSF 与其他可信 IT 系统间的通信。

图 12 是本类的组件分解图。

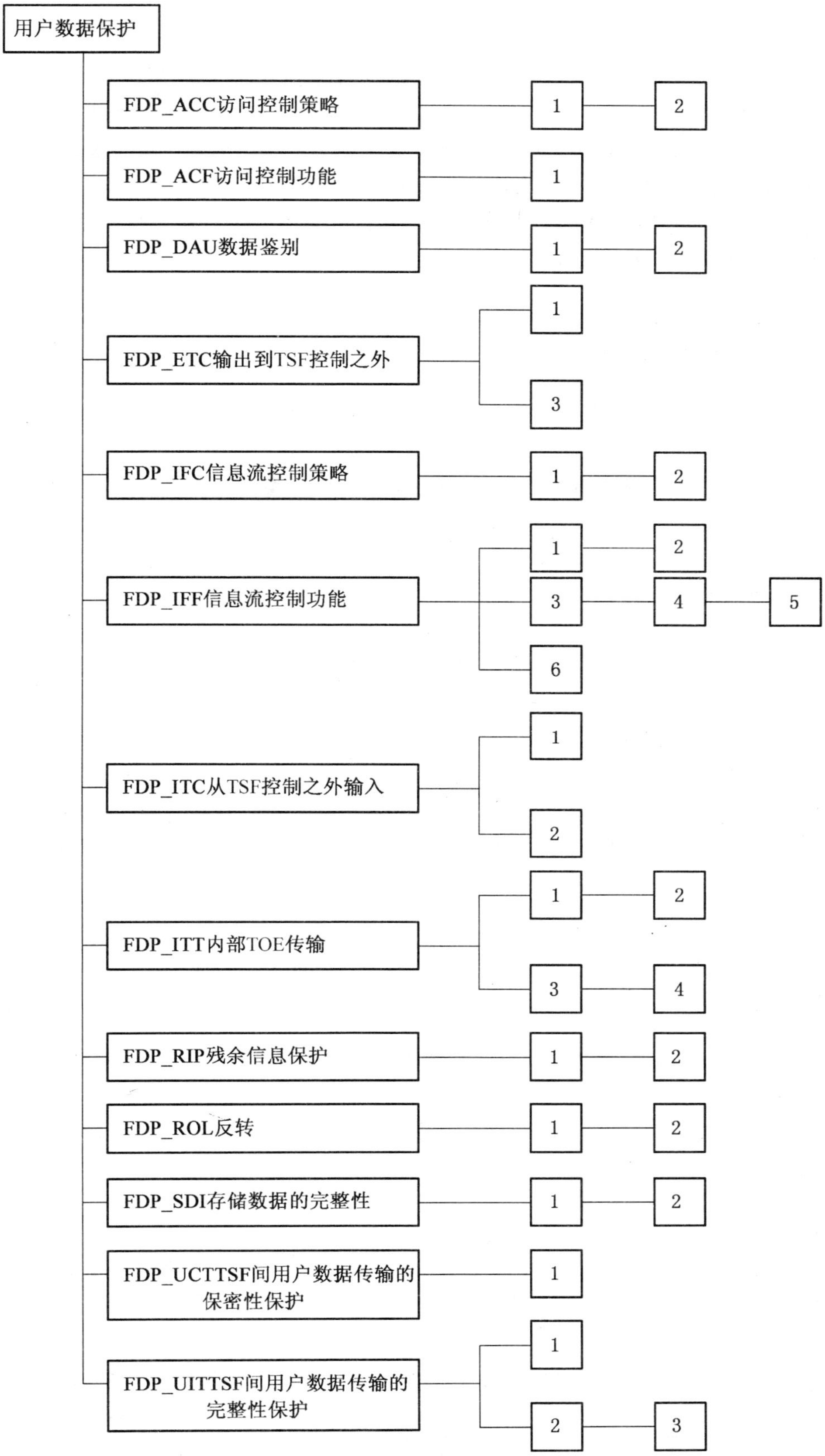

图 12　用户数据保护类分解

10.1 访问控制策略(FDP_ACC)

子类行为

本子类(通过名字)确定访问控制 SFP 及其控制范围,这些策略组成了所确定的 TSP 的访问控制部分。该控制范围包括三部分:策略控制下的主体、策略控制下的客体以及策略所覆盖的受控主体和受控客体间的操作。本标准允许存在多个策略,每个策略有一个唯一的名字。可通过为每个命名的访问控制策略反复使用本子类中的组件来实现。定义访问控制 SFP 功能的规则将在其他子类中定义,如 FDP_ACF 和 FDP_SDI。在 FDP-ACC 中所确定的访问控制 SFP 的名字将在所有余下的选择“访问控制 SFP”或为其赋值的功能组件中使用。

组件层次

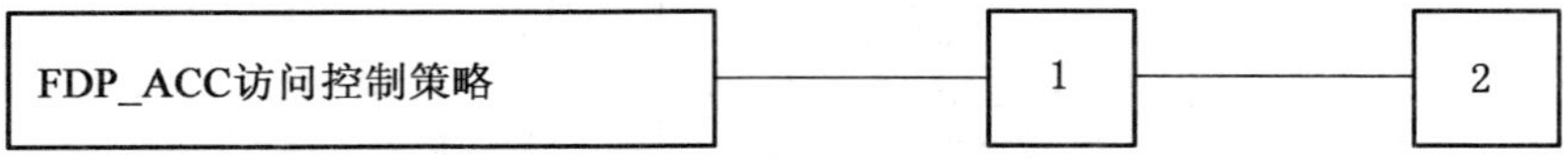

FDP_ACC.1 子集访问控制,要求每个确定的访问控制 SFP 适用于某个 TOE 客体子集上可能的操作子集。

FDP_ACC.2 完全访问控制,要求每个确定的访问控制 SFP 覆盖所有被该 SFP 覆盖的所有主体和客体之间的操作。它甚至要求 TSC 内的所有客体和操作都至少被一个确定的访问控制 SFP 所覆盖。

管理:FDP_ACC.1,FDP_ACC.2

本组件没有可预见的管理活动。

审计:FDP_ACC.1,FDP_ACC.2

如果 PP/ST 包括了 FAU_GEN 安全审计数据产生,那么就没有确定的可审计事件。

FDP_ACC.1 **子集访问控制**

从属于:无其他组件。

依赖关系:FDP_ACF.1 基于安全属性的访问控制

FDP_ACC.1.1 TSF 应对[**赋值:SFP 覆盖的主体列表、客体列表及其他们之间的操作列表**]执行[**赋值:访问控制 SFP**]。

FDP_ACC.2 **完全访问控制**

从属于:FDP_ACC.1

依赖关系:FDP_ACF.1 基于安全属性的访问控制

FDP_ACC.2.1 TSF 应对[赋值:*SFP 覆盖的主体列表和客体列表*]**以及它们之间的所有操作**执行[赋值:*访问控制 SFP*]。

FDP_ACC.2.2 TSF 应确保 TSC 内的所有主体和客体之间的所有操作将被一个访问控制 SFP 所覆盖。

10.2 访问控制功能(FDP_ACF)

子类行为

本子类描述能实现 FDP_ACC 中所命名的访问控制策略的特定功能的规则。FDP_ACC 规定了策略控制的范围。

组件层次

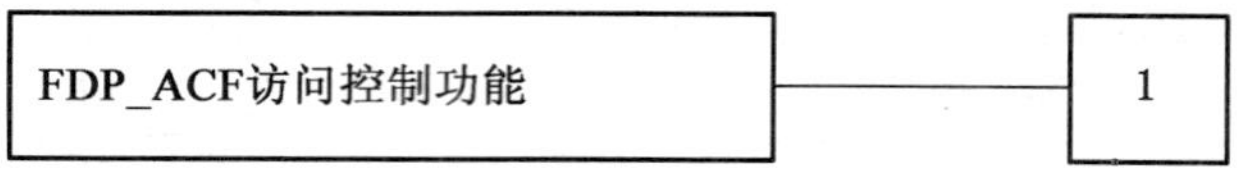

本子类说明这些策略的特征以及如何使用安全属性。本组件将用来描述功能规则,以实现 FDP_ACC 中确定的 SFP。PP/ST 作者可以反复使用本组件以说明 TOE 中的多个策略。

FDP_ACF.1 基于安全属性的访问控制允许 TSF 执行基于安全属性和命名属性组的访问控制。此外，TSF 有能力根据安全属性明确地授权或拒绝对某个对象的访问。

管理：FDP_ACF.1

在管理功能 FMT 中考虑以下行动：

管理用于作出明确访问或拒绝访问决策的属性。

审计：FDP_ACF.1

如果 PP/ST 包括 FAU_GEN 安全审计数据产生，则以下事件应可审计：

最小级：对 SFP 覆盖的客体执行某操作的成功请求；

基本级：对 SFP 覆盖的客体执行某操作的所有请求；

详细级：用于进行访问检查的特定安全属性。

FDP_ACF.1 基于安全属性的访问控制

从属于：无其他组件。

依赖关系：FDP_ACC.1 子集访问控制

FMT_MSA.3 静态属性初始化

FDP_ACF.1.1 TSF 应基于[赋值：*安全属性、命名的安全属性组*]对客体执行[赋值：*访问控制 SFP*]。

FDP_ACF.1.2 TSF 应执行以下规则，以决定受控主体与受控客体间的操作是否被允许：[赋值：*在受控主体和受控客体中，通过对受控客体采取受控操作来管理访问的规则*]。

FDP_ACF.1.3 TSF 应基于以下附加规则：[赋值：*基于安全属性明确授权主体访问客体的规则*]，授权主体对客体的访问。

FDP_ACF.1.4 TSF 应基于[赋值：*基于安全属性明确拒绝主体访问客体的规则*]明确拒绝主体对客体的访问。

10.3 数据鉴别(FDP_DAU)

子类行为

数据鉴别允许一个实体承担信息真实性的责任(如，通过数字签名)。本子类提供一种方法，以保证特定数据单元的有效性，并进而验证信息内容没有被伪造或篡改。与 FCO 类不同，本子类用于“静态”数据而不是正在传输的数据。

组件层次

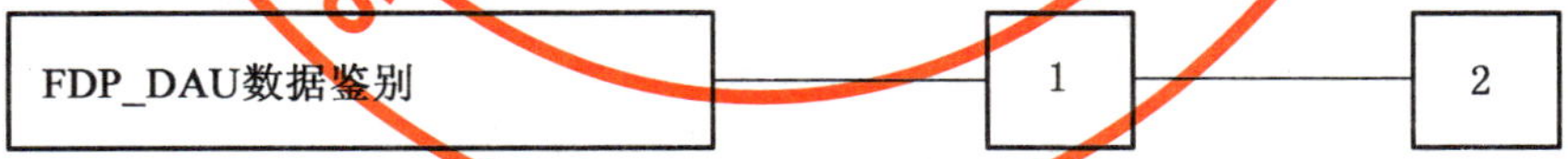

FDP_DAU.1 基本数据鉴别，要求 TSF 能够保证客体(如文档)信息内容的真实性。

FDP_DAU.2 伴有保证者身份的数据鉴别，还另外要求 TSF 能够产生提供真实性保证的主体身份。

管理：FDP_DAU.1，FDP_DAU.2

在管理功能 FMT 中考虑以下行动：

a) 系统中，要对其进行数据鉴别的客体，其赋值和修改应是可配置的。

审计：FDP_DAU.1

如果 PP/ST 包括 FAU_GEN 安全审计数据产生，则以下事件应可审计：

a) 最小级：有效证据的成功生成；

b) 基本级：有效证据未成功生成；

c) 详细级：请求证据的主体身份。

审计：FDP_DAU.2

如果 PP/ST 包括 FAU_GEN 安全审计数据产生，则以下事件应可审计：

a) 最小级：有效证据的成功生成；

b) 基本级：有效证据未成功生成；

c) 详细级：请求证据的主体身份；

d) 详细级：产生证据的主体身份。

FDP_DAU.1 基本数据鉴别

从属于：无其他组件。

依赖关系：无依赖关系。

FDP_DAU.1.1 TSF 应提供产生保证[赋值：*客体列表或信息类型列表*]的有效性证据的能力。

FDP_DAU.1.2 TSF 应为 [赋值：*主体列表*]提供能力，以验证指定信息有效的证据。

FDP_DAU.2 伴有保证者身份的数据鉴别

从属于：FDP_DAU.1

依赖关系：FIA_UID.1 标识定时

FDP_DAU.2.1 TSF 应提供产生保证[赋值：*客体列表或信息类型列表*]的有效性证据的能力。

FDP_DAU.2.2 TSF 应为[赋值：*主体列表*]提供一种能力，以验证指定信息有效的证据以及产生证据的用户身份。

10.4 输出到 TSF 控制之外(FDP_ETC)

子类行为

本子类定义从 TOE 输出用户数据的功能，使得数据在输出后可以明确保留或忽略其安全属性和保护措施。这涉及对输出的限制以及安全属性与输出的用户数据之间的关联。

组件层次

FDP_ETC.1 没有安全属性的用户数据输出，要求 TSF 在把用户数据输出到 TSF 之外时执行合适的 SFP。经由本功能输出的用户数据输出时没有输出相关的安全属性。

FDP_ETC.2 有安全属性的用户数据输出，要求 TSF 在把用户数据输出到 TSF 之外时执行合适的 SFP。经由本功能输出的用户数据输出时将连同确切的安全属性一并输出。

管理：FDP_ETC.1

对本组件，尚无预见的管理活动。

管理：FDP_ETC.2

在管理功能 FMT 中考虑以下行动：

a) 一个已定义角色的用户可以配置附加的输出控制规则。

审计：FDP_ETC.1，FDP_ETC.2

如果 PP/ST 包括 FAU_GEN 安全审计数据产生，则以下事件应可审计：

a) 最小级：成功的信息输出；

b) 基本级：所有输出信息的尝试。

FDP_ETC.1 没有安全属性的用户数据输出

从属于：无其他组件。

依赖关系：[FDP_ACC.1 子集访问控制，或

FDP_IFC.1 子集信息流控制]

FDP_ETC.1.1 TSF 在 SFP 控制下输出用户数据到 TSC 之外时，应执行[赋值：*访问控制 SFP 或信息流控制 SFP*]。

FDP_ETC.1.2 TSF 应输出没有关联安全属性的用户数据。

FDP_ETC.2 有安全属性的用户数据输出

从属于：无其他组件。

依赖关系：[FDP_ACC.1 子集访问控制，或

FDP_IFC.1 子集信息流控制]

FDP_ETC.2.1 TSF 在 SFP 控制下输出用户数据到 TSC 之外时，应执行[赋值：*访问控制 SFP 或信息流控制 SFP*]。

FDP_ETC.2.2 TSF 应输出带有相关安全属性的用户数据。

FDP_ETC.2.3 TSF 在安全属性输出到 TSC 之外时，应确保其与输出的数据确切关联。

FDP_ETC.2.4 TSF 在用户数据从 TSC 输出时应执行[赋值：*附加的输出控制规则*]。

10.5 信息流控制策略(FDP_IFC)

子类行为

本子类(通过名字)确定信息流控制 SFP 及其控制范围，这些策略组成已确定的 TSP 的信息流控制部分。该控制范围包括以下三个集合：策略控制下的主体、策略控制下的信息，以及引起受控信息流入、流出策略覆盖的受控主体的操作。本标准允许存在多个策略，每个策略有唯一的名字。这可以通过为每个命名的信息流控制策略反复使用本子类组件来实现。定义信息流控制 SFP 功能的规则将在其他子类中定义，如 FDP_IFF 和 FDP_SDI。这里所确定的信息流控制 SFP 的名字将用于所有余下的有选择"信息流控制 SFP"或为其进行赋值操作的组件中。

TSF 机制根据信息流控制 SFP 控制信息的流向。通常不允许改变信息的安全属性的操作，因为这将违背信息流控制 SFP。不过，如果明确指明，这种操作也可以作为信息流控制 SFP 的例外得到允许。

组件层次

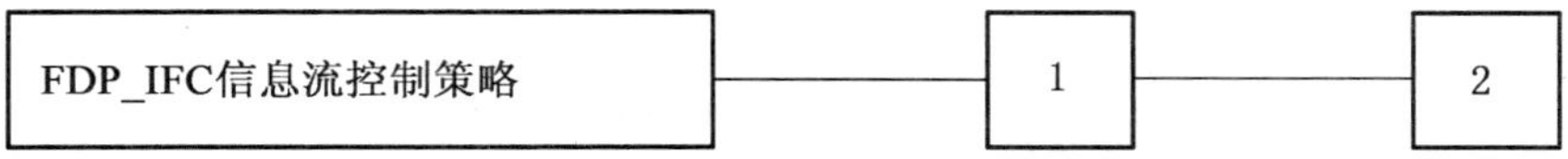

FDP_IFC.1 子集信息流控制，要求每个确定的信息流控制 SFP 适用于 TOE 内某个信息流子集上的可能的操作子集。

FDP_IFC.2 完全信息流控制，要求每个确定的访问控制 SFP 覆盖被该 SFP 覆盖的主体和信息上的所有操作，并进一步要求 TSC 的所有信息流和操作都至少被一个确定的信息流控制 SFP 覆盖。它与组件 FPT_RVM.1 的组合，要求一个参照监视器在这方面总是处于激发状态。

管理：FDP_IFC.1，FDP_IFC.2

对于本组件，尚无预见的管理活动。

审计：FDP_IFC.1，FDP_IFC.2

如果 PP/ST 包括 FAU_GEN 安全审计数据产生，则没有可以审计的确定事件。

FDP_IFC.1 子集信息流控制

从属于：无其他组件。

依赖关系：FDP_IFF.1 简单安全属性

FDP_IFC.1.1 TSF应对[赋值：SFP覆盖的主体列表、信息列表和导致受控信息流入、流出受控主体的操作列表]执行[赋值：信息流控制 SFP]。

FDP_IFC.2 完全信息流控制

从属于：FDP_IFC.1

依赖关系：FDP_IFF.1 简单安全属性

FDP_IFC.2.1 TSF应对[赋值：*主体列表和信息列表*]以及所有导致信息流入、流出SFP所覆盖主体的操作执行[赋值：*信息流控制 SFP*]。

FDP_IFC.2.2 TSF应确保所有导致TSC内的任意信息流入、流出TSC内的所有主体的操作被一个信息流控制SFP覆盖。

10.6 信息流控制功能(FDP_IFF)

子类行为

本子类描述能实现在FDP_IFC中命名的信息流控制SFP的特定功能的规则，同时规定该策略的控制范围。子类中包含两种要求：一是针对通用的信息流功能问题，再就是针对非法的信息流(如隐蔽信道)。之所以这样划分是因为，非法信息流涉及的问题在某种意义上与其余的信息流控制SFP是泾渭分明的。根据其性质，它们将规避信息流控制SFP，导致控制策略的违背，因而需要特定的功能限制或防止非法信息流的出现。

组件层次

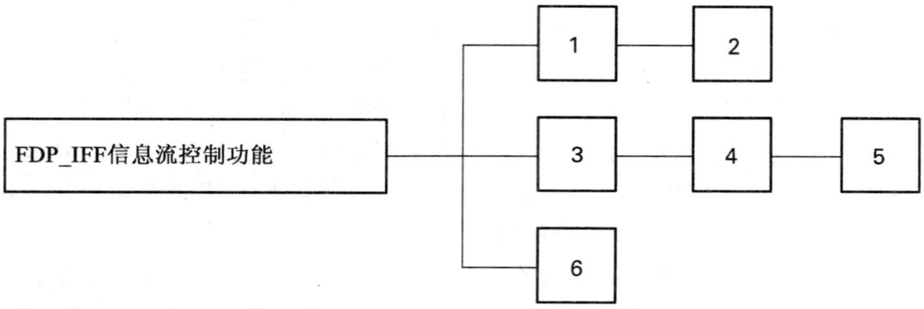

FDP_IFF.1 简单安全属性，需要有关信息、导致信息流动的主体以及作为信息接收者的主体的安全属性。它规定该功能必须执行的规则，并描述该功能如何得到安全属性。

FDP_IFF.2 分级安全属性，是在简单安全属性FDP_IFF.1的要求基础上进行的扩展。它要求TSP中的所有信息流控制SFP使用形成点阵的分级安全属性。

FDP_IFF.3 受限的非法信息流，要求SFP覆盖非法信息流，但不必消除。

FDP_IFF.4 部分消除非法信息流，要求SFP覆盖部分(不必是全部)的非法信息流的消除。

FDP_IFF.5 无非法信息流，要求SFP覆盖所有非法信息流的消除。

FDP_IFF.6 非法信息流监视，要求SFP根据指定的和最大的容限监视非法信息流。

管理：FDP_IFF.1，FDP_IFF.2

在管理功能FMT中考虑以下行动：

a) 管理用于作出明确访问决定的属性

管理：FDP_IFF.3，FDP_IFF.4，FDP_IFF.5

对这些组件，尚无预见的管理活动。

管理：FDP_IFF.6

在管理功能FMT中考虑以下行动：

a) 监视功能的启动或关闭；

b) 对出现监视的最大容量的修改。

审计：FDP_IFF.1，FDP_IFF.2，FDP_IFF.5

如果 PP/ST 包括 FAU_GEN 安全审计数据产生，则下面的事件应可审计：

a) 最小级：允许请求的信息流的判决；

b) 基本级：对信息流请求的所有判决；

c) 详细级：用于做出信息流执行判决的特定安全属性；

d) 详细级：基于策略目标(如审计降级媒体)，已流动信息的某些特定子集。

审计：FDP_IFF.3，FDP_IFF.4，FDP_IFF.6

如果 PP/ST 包括 FAU_GEN 安全审计数据产生，则以下事件应可审计：

a) 最小级：允许请求的信息流的判决；

b) 基本级：对信息流请求的所有判决；

c) 基本级：确定的非法信息流信道的使用；

d) 详细级：用于做出信息流执行判决的特定的安全属性；

e) 详细级：基于策略目标(如审计降级媒体)，已流动信息的某些特定子集；

f) 详细级：对其估算的最大容量超过规定值的非法信息流信道的使用。

FDP_IFF.1 简单安全属性

从属于：无其他组件。

依赖关系：FDP_IFC.1 子集信息流控制

FMT_MSA.3 静态属性初始化

FDP_IFF.1.1 TSF 应基于下列类型的主体和信息安全属性[赋值：*最小数目和类型的安全属性*]执行[赋值：*信息流控制 SFP*]。

FDP_IFF.1.2 如果有下面的规则[赋值：*对每一个操作，在主体和信息安全属性间必须有基于安全属性的关系*]，TSF 应允许受控主体和受控信息之间存在经由受控操作的信息流。

FDP_IFF.1.3 TSF 应执行[赋值：*附加的信息流控制 SFP 规则*]。

FDP_IFF.1.4 TSF 应提供下列[赋值：*附加 SFP 能力列表*]。

FDP_IFF.1.5 TSF 应根据下列规则[赋值：*基于安全属性，明确授权信息流的规则*]明确授权信息流。

FDP_IFF.1.6 TSF 应根据下列规则[赋值：*基于安全属性，明确拒绝信息流的规则*]明确拒绝信息流。

FDP_IFF.2 分级安全属性

从属于：FDP_IFF.1

依赖关系：FDP_IFC.1 子集信息流控制

FMT_MSA.3 静态属性初始化

FDP_IFF.2.1 TSF 应基于下列类型的主体和信息安全属性[赋值：*最小数目和类型的安全属性*]，执行[赋值：*信息流控制 SFP*]。

FDP_IFF.2.2 如果有下面基于安全属性间有序关系的规则[赋值：*对每一个操作，在主体和信息安全属性间必须有基于安全属性的关系*]，TSF 应允许受控主体和受控信息之间存在经由受控操作的信息流。

FDP_IFF.2.3 TSF 应执行[赋值：*附加的信息流控制 SFP 规则*]。

FDP_IFF.2.4 TSF 应提供下列[赋值：*附加 SFP 能力列表*]。

FDP_IFF.2.5 TSF应根据下列规则[赋值:*基于安全属性,明确授权信息流的规则*]明确授权信息流。

FDP_IFF.2.6 TSF应根据下列规则[赋值:*基于安全属性,明确拒绝信息流的规则*]明确拒绝信息流。

FDP_IFF.2.7 TSF应对任意两个有效的信息流控制安全属性执行下面的关系:

a) 存在排序功能,也就是说,给定两个有效的安全属性,可判断它们是否相等,是否其中一个大于另一个,还是两者不可比较;

b) 在安全属性集中存在"最小上界",也就是说,给定任意两个有效的安全属性,存在一个有效的安全属性大于或等于这两个有效安全属性;

c) 在安全属性集中存在"最大下界",也就是说,给定任意两个有效的安全属性,存在一个有效的安全属性不大于这两个有效安全属性。

FDP_IFF.3 受限的非法信息流

从属于:无其他组件。

依赖关系:AVA_CCA.1 **隐蔽信道分析**

FDP_IFC.1 子集信息流控制

FDP_IFF.3.1 TSF应执行[赋值:*信息流控制SFP*],以限制[赋值:*非法信息流类型*]的容限为[赋值:*最大容限*]。

FDP_IFF.4 部分消除非法信息流

从属于:FDP_IFF.3

依赖关系:AVA_CCA.1 隐蔽信道分析

FDP_IFC.1 子集信息流控制

FDP_IFF.4.1 TSF应执行[赋值:*信息流控制SFP*],以限制[赋值:*非法信息流类型*]的容限为[赋值:*最大容限*]。

FDP_IFF.4.2 TSF应避免[赋值:*非法信息流类型*]。

FDP_IFF.5 无非法信息流

从属于:FDP_IFF.4

依赖关系:AVA_CCA.3 **详尽的隐蔽信道分析**

FDP_IFC.1 子集信息流控制

FDP_IFF.5.1 TSF应确保没有规避[赋值:*信息流控制SFP名字*]的非法信息流存在。

FDP_IFF.6 非法信息流监视

从属于:无其他组件。

依赖关系:AVA_CCA.1 隐蔽信道分析

FDP_IFC.1 子集信息流控制

FDP_IFF.6.1 TSF应执行[赋值:*信息流控制SFP*],以监视[赋值:*非法信息流类型*]是否超过了[赋值:*最大容限*]。

10.7 从TSF控制之外输入(FDP_ITC)

子类行为

本子类定义引入用户数据到TOE内的机制,使得数据在输入时有合适的安全属性和保护措施。涉及到对输入的限制、所需安全属性的确定以及对用户数据相关安全属性的解释。

组件层次

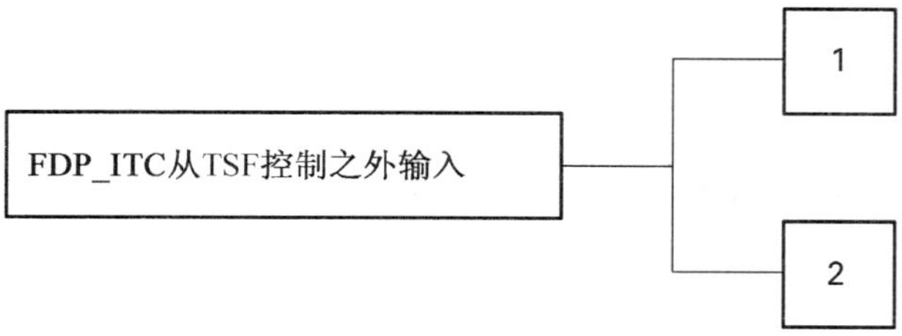

本子类包含两个组件,描述用于访问控制和信息控制策略的输入用户数据的安全属性的保持情况。

FDP_ITC.1 没有安全属性的用户数据输入,要求安全属性正确反映用户数据,且和客体分离。

FDP_ITC.2 有安全属性的用户数据输入,要求安全属性正确反映用户数据,并且与从 TSC 外输入的数据确切地联系在一起。

管理:FDP_ITC.1,FDP_ITC.2

在管理功能 FMT 中考虑以下行动:

a) 对用户数据输入的附加控制规则的修改。

审计:FDP_ITC.1,FDP_ITC.2

如果 PP/ST 包括 FAU_GEN 安全审计数据产生,则以下事件应可审计:

a) 最小级:用户数据,包括任何安全属性的成功输入;

b) 基本级:用户数据,包括任何安全属性的所有输入尝试;

c) 详细级:授权用户提供的用于输入的用户数据的安全属性规范。

FDP_ITC.1 没有安全属性的用户数据输入

从属于:无其他组件。

依赖关系:[FDP_ACC.1 子集访问控制,或

FDP_IFC.1 子集信息流控制]

FMT_MSA.3 静态属性初始化

FDP_ITC.1.1 TSF 在 SFP 控制下从 TSC 之外输入用户数据时,应执行[赋值:*访问控制 SFP 或信息流控制 SFP*]。

FDP_ITC.1.2 从 TSC 外部输入用户数据时,TSF 应略去任何相关的安全属性。

FDP_ITC.1.3 TSF 在 SPF 控制下从 TSC 外部输入用户数据时应执行下面的规则:[赋值:*附加的输入控制规则*]。

FDP_ITC.2 有安全属性的用户数据输入

从属于:无其他组件。

依赖关系:[FDP_ACC.1 子集访问控制,或

FDP_IFC.1 子集信息流控制]

[FDP_ITC.1 TSF 间的可信信道,或

FTP_TRP.1 可信路径]

FPT_TDC.1 TSF 间基本的 TSF 数据一致性

FDP_ITC.2.1 TSF 在 SFP 控制下从 TSC 之外输入用户数据时,应执行[赋值:*访问控制 SFP 或信息流控制 SFP*]。

FDP_ITC.2.2 TSF 应使用与输入的数据相关的安全属性。

FDP_ITC.2.3 TSF 应确保使用的协议在安全属性和接收的用户数据之间提供了明确的联系。

FDP_ITC.2.4 TSF 应确保对输入的用户数据安全属性的解释与用户数据源的解释是一致的。

FDP_ITC.2.5 TSF 在 SFP 控制下从 TSC 之外输入用户数据时应执行[赋值:*附加的输入控制规则*]。

10.8 TOE 内部传输(FDP_ITT)

子类行为

本子类提供当用户数据通过内部信道在 TOE 各部分之间传递时,对数据进行保护的要求。和 FDP_UCT 与 FDP_UIT 的不同之处在于,后两者为数据经外部信道在不同的 TSF 间传递时提供保护;而与 FDP_ETC 和 FDP_ITC 的不同之处则在于,它们描述的是数据进出 TSF 时的控制。

组件层次

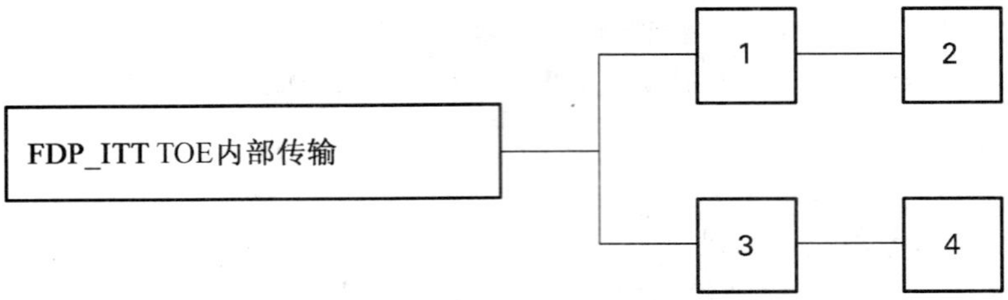

FDP_ITT.1 基本内部传输保护,要求用户数据在 TOE 的各部分间传递时受保护。

FDP_ITT.2 属性分隔传输,除第一个组件的要求外,还要求基于与 SFP 相关的属性值把数据分隔开。

FDP_ITT.3 完整性监视,要求 SF 监视在 TOE 各部分间传递的用户数据的完整性错误。

FDP_ITT.4 基于属性的完整性监视,是对第 3 个组件的扩展,它允许根据不同的与 SFP 相关的属性,进行完整性监视。

管理:FDP_ITT.1,FDP_ITT.2

在管理功能 FMT 中考虑以下行动:

a) 如果 TSF 提供多种方法保护在 TOE 的物理上分隔的部分间传递的用户数据,则 TSF 应提供一个预定义的角色,使其有能力选择某种方法。

管理:FDP_ITT.3,FDP_ITT.4

在管理功能 FMT 中考虑以下行动:

a) 对于检测到完整性错误将采取的行动的规范应是可配置的。

审计:FDP_ITT.1,FDP_ITT.2

如果 PP/ST 包括 FAU_GEN 安全审计数据产生,则以下事件是可审计的:

a) 最小级:用户数据的成功传输,包括所用的保护方法的标识;

b) 基本级:所有传输用户数据的尝试,包括所用的保护方法和所有出现的错误。

审计:FDP_ITT.3,FDP_ITT.4

如果 PP/ST 包括 FAU_GEN 安全审计数据产生,则以下事件是可审计的:

a) 最小级:用户数据的成功传输,包括所用的保护方法的标识;

b) 基本级:所有传输用户数据的尝试,包括所用的保护方法和所有出现的错误;

c) 基本级:未授权地改变完整性保护方法的尝试;

d) 详细级:检测到完整性错误后采取的行动。

FDP_ITT.1 基本内部传输保护

从属于:无其他组件。

依赖关系:[FDP_ACC.1 子集访问控制,或
FDP_IFC.1 子集信息流控制]

FDP_ITT.1.1 在 TOE 物理上分隔的部分间传递用户数据时,TSF 应执行[赋值:*访问控制 SFP 或信息流控制 SFP*],以防止[选择:*泄露,篡改,丢失*]。

FDP_ITT.2 属性分隔传输

从属于:FDP_ITT.1

依赖关系:[FDP_ACC.1 子集访问控制,或

FDP_IFC.1 子集信息流控制]

FDP_ITT.2.1 在 TOE 物理上分隔的部分间传递用户数据时,TSF 应执行[赋值:*访问控制 SFP 或信息流控制 SFP*],以防止[选择:*泄露,篡改,丢失*]。

FDP_ITT.2.2 在 TOE 物理上分隔的部分间传递用户数据时,TSF 应基于下列值[赋值:*需要分隔的安全属性*],将 SFP 控制的数据分隔开。

FDP_ITT.3 完整性监视

从属于:无其他组件。

依赖关系:[FDP_ACC.1 子集访问控制,或

FDP_IFC.1 子集信息流控制]

FDP_ITT.1 基本内部传输保护

FDP_ITT.3.1 在 TOE 物理上分隔的部分间传递用户数据时,TSF 应执行[赋值:*访问控制 SFP 或信息流控制 SFP*],以监视是否有下列错误出现[赋值:*完整性错误*]。

FDP_ITT.3.2 检测到数据完整性错误时,TSF 应[赋值:*规定对完整性错误应采取的行动*]。

FDP_ITT.4 基于属性的完整性监视

从属于:FDP_ITT.3

依赖关系:[FDP_ACC.1 子集访问控制,或

FDP_IFC.1 子集信息流控制]

FDP_ITT.2 属性分隔传输

FDP_ITT.4.1 在 TOE 的物理上分隔的部分间传递用户数据时,基于下面的属性[赋值:*需要分隔传输信道的安全属性*],TSF 级执行[赋值:访问控制 SFP 或信息流控制 SFP],以监视是否有下列错误出现[赋值:完整性错误]。

FDP_ITT.4.2 检测到数据完整性错误时,TSF 应[赋值:*规定对完整性错误应采取的行动*]。

10.9 残余信息保护(FDP_RIP)

子类行为

本子类针对如下需要,即确保已经被删除的信息不再是可访问的,并且,新生成的客体确实不包含不应被访问的信息。本子类要求保护已逻辑删除或释放的信息,但信息仍旧可以保留在 TOE 内部。

组件层次

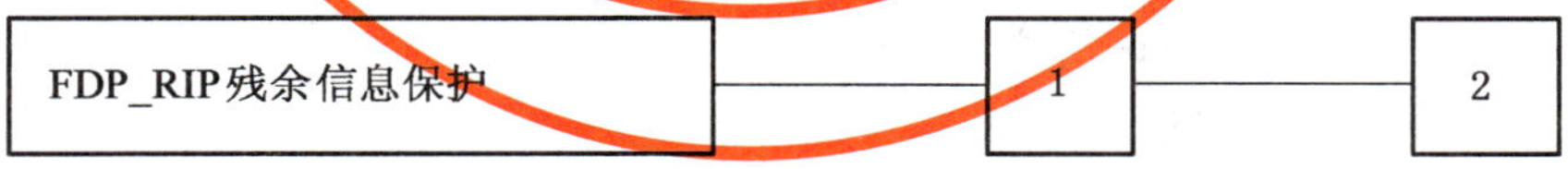

FDP_RIP.1 子集残余信息保护,要求 TSF 确保任何资源的任何残余信息内容,在分配或释放资源时,对于 TSC 内已定义的客体子集而言是不可用的。

FDP_RIP.2 完全残余信息保护,要求 TSF 确保在分配或释放资源时,任何资源的任何残余信息内容对于所有客体都是不可用的。

管理:FDP_RIP.1,FDP_RIP.2

在管理功能 FMT 中考虑以下行动:

a) TOE 内,选择何时(如分配或释放时)执行残余信息保护是可以配置的。

审计:FDP_RIP.1,FDP_RIP.2

如果 PP/ST 包括 FAU_GEN 安全审计数据产生,就没有确定的事件可审计。

FDP_RIP.1 子集残余信息保护

从属于:无其他组件。

依赖关系:无依赖关系。

FDP_RIP.1.1 TSF对下列客体[赋值:*客体列表*][选择:*分配或释放资源*]时,应确保该资源任何以前的信息内容不再可用。

FDP_RIP.2 完全残余信息保护

从属于:FDP_RIP.1

依赖关系:无依赖性

FDP_RIP.2.1 TSF应确保对所有客体[选择:*分配或释放资源*]时,使该资源任何以前的信息内容不再可用。

10.10 反转(FDP_ROL)

子类行为

反转操作涉及在一定条件的限制下(如时间长短),撤消上一次或一系列操作,并返回到某个以前的已知状态。反转提供了取消上一次或一系列操作结果的能力以保持用户数据的完整性。

组件层次

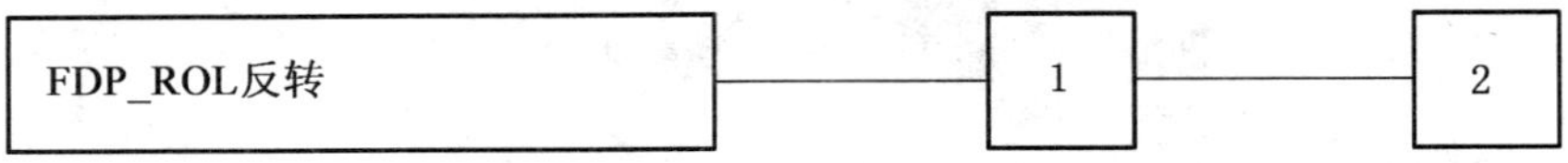

FDP_ROL.1 基本反转,满足在确定的范围内,反转或撤消有限操作的需要。

FDP_ROL.2 高级反转,满足在确定的范围内,反转或撤消所有操作的需要。

管理:FDP_ROL.1,FDP_ROL.2

在管理功能FMT中考虑以下行动:

a) 限制反转可实施的边界,在TOE内可以是一个可配置的条目;

实施反转操作的权限可以被限制到一个精心定义的角色。

审计:FDP_ROL.1,FDP_ROL.2

如果PP/ST包括FAU_GEN安全审计数据产生,则以下事件应可审计:

a) 最小级:所有成功的反转操作;

b) 基本级:所有实施反转操作的尝试;

c) 详细级:所有实施反转操作的尝试,包括被反转的操作类型的标识。

FDP_ROL.1 基本反转

从属于:无其他组件。

依赖关系:[FDP_ACC.1 子集访问控制,或

FMT_IFC.1 子集信息流控制]

FDP_ROL.1.1 TSF应执行[赋值:*访问控制SFP或信息流控制SFP*],以允许在[赋值:*客体列表*]上的[赋值:*操作列表*]的反转。

FDP_ROL.1.2 TSF应允许在[赋值:*反转可以实施的边界范围*]内进行反转操作。

FDP_ROL.2 高级反转

从属于:FDP_ROL.1

依赖关系:[FDP_ACC.1 子集访问控制,或

FMT_IFC.1 子集信息流控制]

FDP_ROL.2.1 TSF应执行[赋值:*访问控制SFP或信息流控制SFP*],以允许在[赋值:*客体列表*]上的所有操作的反转。

FDP_ROL.2.2 TSF 应允许在[赋值:*反转可以实施的边界范围*]内进行反转操作。

10.11 存储数据的完整性(FDP_SDI)

子类行为

本子类提供了对存储在 TSC 内部的用户数据保护的要求。完整性错误可能会影响存放在内存中的,或存储设备中的数据。本子类与 TOE 内部传输 FDP_ITT 不同之处,后者保护的是数据在 TOE 内部传输时的完整性。

组件层次

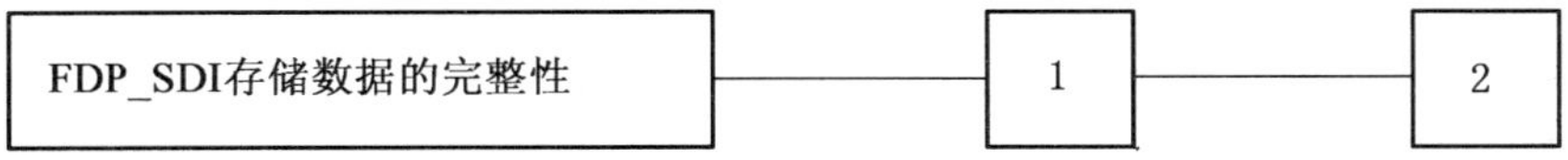

FDP_SDI.1 存储数据的完整性监视,要求 SF 监视存储在 TSC 内的用户数据是否出现已确定的完整性错误。

FDP_SDI.2 存储数据的完整性监视与行动,则是在 FDP_SDI.1 的基础上增加了附加的能力,允许在检测到某错误时,采取相应的行动。

管理:FDP_SDI.1

本组件没有可预见的管理活动。

管理:FDP_SDI.2

在管理功能 FMT 中考虑以下行动:

a) 可以配置在检测到完整性错误时所要采取的行动。

审计:FDP_SDI.1

如果 PP/ST 包括 FAU_GEN 安全审计数据产生,则以下事件应可审计:

a) 最小级:检测用户数据完整性的成功尝试,包括指示检测结果;
b) 基本级:检测用户数据完整性的所有尝试,如果完成的话,还包括指示检测结果;
c) 详细级:出现的完整性错误的类型。

审计:FDP_SDI.2

如果 PP/ST 包括 FAU_GEN 安全审计数据产生,则以下事件应可审计:

a) 最小级:检测用户数据完整性的成功尝试,包括指示检测结果;
b) 基本级:检测用户数据完整性的所有尝试,如果完成有的话,还包括指示检测结果;
c) 详细级:发生的完整性错误的类型;
d) 详细级:检测到完整性错误时所采取的行动。

FDP_SDI.1 存储数据完整性监视

从属于:无其他组件。

依赖关系:无依赖关系。

FDP_SDI.1.1 TSF 应基于下列属性[赋值:*用户数据属性*]对所有客体,监视存储在 TOE 内的用户数据是否出现[赋值:*完整性错误*]。

FDP_SDI.2 存储数据的完整性监视与行动

从属于:FDP_SDI.1

依赖关系:无依赖关系。

FDP_SDI.2.1 TSF 应基于下列属性[赋值:*用户数据属性*]对所有客体,监视存储在 TOE 内的用户数据是否出现[赋值:*完整性错误*]。

FDP_SDI.2.1 检测到完整性错误时,TSF 应[赋值:*采取的行动*]。

10.12 TSF 间用户数据传输的保密性保护(FDP_UCT)

子类行为

本子类定义当用户数据通过外部信道在不同的 TOE 之间，或是在不同的 TOE 用户之间传递时，确保用户数据保密性的要求。

组件层次

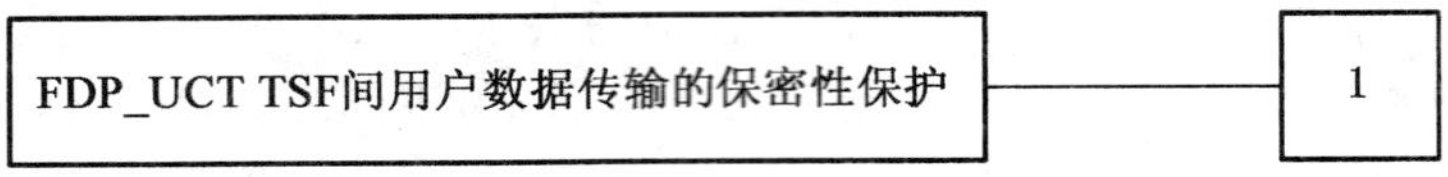

FDP_UCT.1 基本的数据交换保密性，目的是为用户数据提供保护，防止其在传输过程中被泄露。

管理：FDP_UCT.1

对本组件，没有可预见的管理活动。

审计：FDP_UCT.1

如果 PP/ST 包括 FAU_GEN 安全审计数据产生，则以下事件应可审计：

a) 最小级：使用数据交换机制的任何用户或主体的身份；
b) 基本级：企图使用用户数据交换机制的任何未授权用户或主体的身份；
c) 基本级：对确定被传输或接收的用户数据有用的名字或其他索引信息的引用，可能包括与信息相关联的安全属性。

FDP_UCT.1 基本的数据交换保密性

从属于：无其他组件。

依赖关系：[FTP_ITC.1 TSF 间的可信信道，或
FTP_TRP.1 可信路径]
[FDP_ACC.1 子集访问控制，或
FDP_IFC.1 子集信息流控制]

FDP_UCT.1.1 TSF 应执行[赋值：*访问控制 SFP 或信息流控制 SFP*]，使得能以某种防止未授权泄露的方式[选择：*传送，接收*]客体。

10.13 TSF 间用户数据传输的完整性保护(FDP_UIT)

子类行为

本子类定义用户数据在 TSF 和其他可信 IT 系统间传输时，提供完整性并从可检测的错误中恢复的要求。本子类至少监视用户数据针对篡改的完整性，此外，还支持检测到完整性错误时采取的各种纠正方法。

组件层次

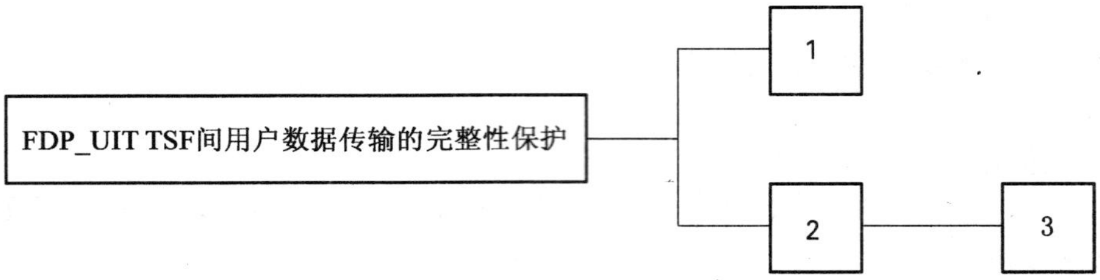

FDP_UIT.1 数据交换的完整性，解决对被传输的用户数据的篡改、删除、插入和重用等错误的检测。

FDP_UIT.2 原发端数据交换恢复，解决由接收端 TSF 借助于原发端可信 IT 系统，恢复原始的用户数据。

FDP_UIT.3 接受端数据交换恢复，解决由接收端 TSF 自己，无需原发端可信 IT 系统的任何帮助，恢复原始的用户数据。

管理：FDP_UIT.1，FDP_UIT.2，FDP_UIT.3

对本组件，尚无预见的管理活动。

审计：FDP_UIT.1

如果 PP/ST 包括 FAU_GEN 安全审计数据产生,则以下事件应可审计:

a) 最小级:使用数据交换机制的任何用户或主体的身份;
b) 基本级:企图使用用户数据交换机制的任何未授权用户或主体的身份;
c) 基本级:对确定被传输或接收的用户数据有用的名字或其他索引信息的引用,可能包括和信息相联的安全属性;
d) 基本级:任何确定的阻塞用户数据传输的尝试;
e) 详细级:任何检测到的用户数据传输中的篡改类型或后果。

审计:FDP_UIT.2,FDP_UIT.3

如果 PP/ST 包括 FAU_GEN 安全审计数据产生,则以下事件应可审计:

a) 最小级:使用数据交换机制的任何用户或主体的身份;
b) 最小级:从错误中成功的恢复,包括检测到的错误类型;
c) 基本级:企图使用用户数据交换机制的任何未授权用户或主体的身份;
d) 基本级:对确定被传输或接收的用户数据有用的名字或其他索引信息的引动,可能包括和信息相联的安全属性;
e) 基本级:任何确定的阻塞用户数据传输的尝试;
f) 详细级:任何检测到的用户数据传输中的篡改类型或后果。

FDP_UIT.1 数据交换完整性

从属于:无其他组件。

依赖关系:[FDP_ACC.1 子集访问控制,或
FDP_IFC.1 子集信息流控制]
[FTP_ITC.1 TSF 间的可信信道,或
FTP_TRP.1 可信路径]

FDP_UIT.1.1 TSF 应执行[赋值:*访问控制 SFP 或信息流控制 SFP*],使得能以某种方式[选择:*传送,接收*]用户数据,保护数据避免[选择:*篡改,删除,插入,重用*]错误。

FDP_UIT.1.2 TSF 应能根据收到的用户数据判断,是否出现了[选择:*篡改,删除,插入,重用*]。

FDP_UIT.2 原发端数据交换恢复

从属于:无其他组件。

依赖关系:[FDP_ACC.1 子集访问控制,或
FDP_IFC.1 子集信息流控制]
FDP_UIT.1 数据交换完整性
FTP_ITC.1 TSF 间的可信信道

FDP_UIT.2.1 TSF 应执行[赋值:*访问控制 SFP 或信息流控制 SFP*],以便能在原发端可信 IT 系统的帮助下,从[赋值:*可恢复的错误列表*]中恢复。

FDP_UIT.3 接受端数据交换恢复

从属于:FDP_UIT.2

依赖关系:[FDP_ACC.1 子集访问控制,或
FDP_IFC.1 子集信息流控制]
FDP_UIT.1 数据交换完整性
FTP_ITC.1 TSF 间的可信信道

FDP_UIT.3.1 TSF 应执行[赋值:*访问控制 SFP 或信息流控制 SFP*],使得可以在没有任何源可信 IT 系统的帮助下,从[赋值:*可恢复的错误列表*]中恢复。

11 FIA 类:标识和鉴别

本类中的子类提出建立和验证所声称的用户身份的功能要求。

需要通过标识和鉴别确保用户与正确的安全属性相关联(如身份、组、角色、安全或完整性等级)。

授权用户的无歧义标识以及安全属性与用户和主体的正确关联是实施预定安全策略的关键。本类中的子类处理:用户身份的确定和验证、确定它们与 TOE 交互的权利,以及每个授权用户安全属性的正确关联。其他类(如用户数据保护、安全审计)的有效性建立在对用户的正确标识和鉴别基础上。

标识和鉴别类分解见图 13。

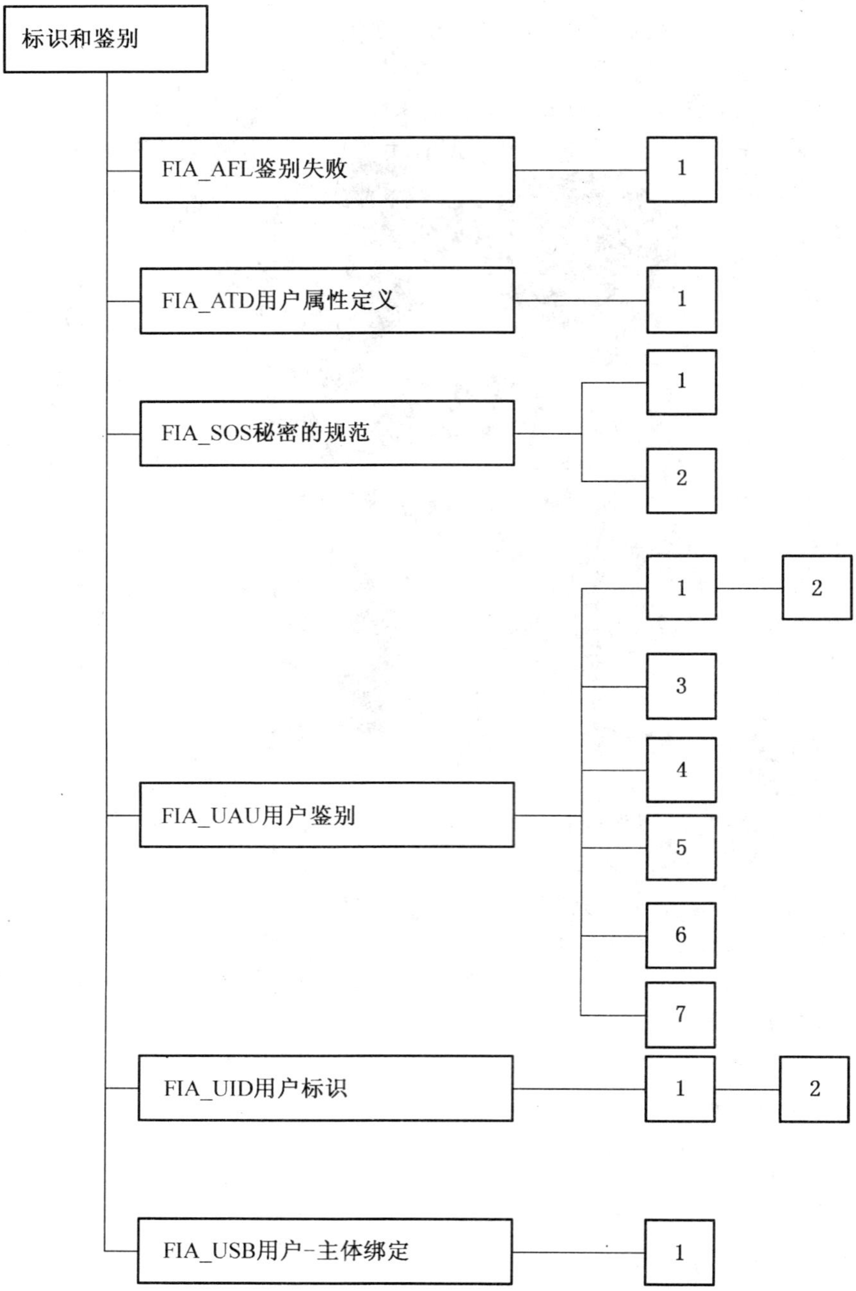

图 13 标识和鉴别类分解

11.1 鉴别失败(FIA_AFL)

子类行为

本子类要求为不成功的鉴别尝试次数定义值,以及鉴别尝试失败时 TSF 的行动。参数包括但不限于,失败的鉴别尝试次数和时间门限值。

组件层次

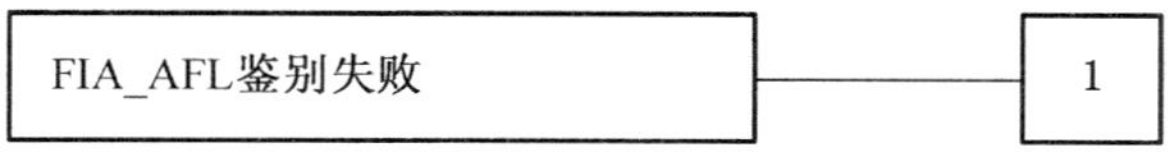

FIA_AFL.1 要求 TSF 能够在用户鉴别尝试失败了指定的次数后,终止会话建立进程。此外,它还要求会话建立进程终止后,直到管理员定义的条件出现前,TSF 能够使用户账号无效,或者使进行尝试的登录点无效(如,某工作站)。

管理:FIA_AFL.1

在管理功能 FMT 中考虑以下行动:

a) 管理失败的鉴别尝试门限值;

b) 管理鉴别失败时将要采取的行动。

审计:FIA_AFL.1

如果 PP/ST 中包括 FAU_GEN 安全审计数据产生,下列事件应可审计:

a) 最小级:未成功鉴别尝试达到门限值及所采取的行动(如,使终端无效),及随后(适当时)还原到正常状态(如,重新使终端有效)。

FIA_AFL.1 鉴别失败处理

从属于:无其他组件。

依赖关系:FIA_UAU.1 鉴别定时

FIA_AFL.1.1 当与[赋值:*鉴别事件列表*]相关的[赋值:*数目*]次不成功鉴别尝试出现时,TSF 应加以检测。

FIA_AFL.1.2 当达到或超过所定义的不成功鉴别尝试的次数时,TSF 应[赋值:*行动列表*]。

11.2 用户属性定义(FIA_ATD)

子类行为

所有授权用户可能都有一组除用户身份外的安全属性用来执行 TSP。本子类定义用于支持 TSP 所需的将用户安全属性与用户相关联的要求。

组件层次

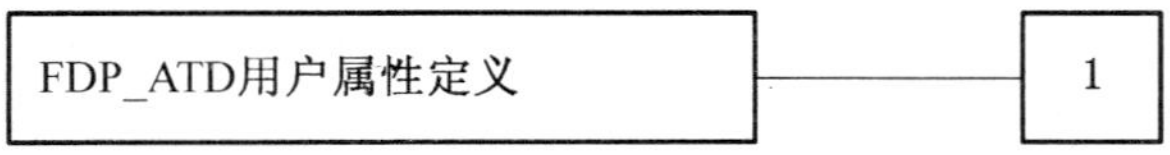

FIA_ATD.1 用户属性定义,允许对每个用户的用户安全属性分别加以维护。

管理:FIA_ATD.1

在管理功能 FMT 中考虑以下行动:

a) 如果赋值中如此指明的话,授权管理员应能够为用户定义附加的安全属性。

审计:FIA_ATD.1

如果 PP/ST 中包含 FAU_GEN 安全审计数据产生,无确定的可审计行动。

FIA_ATD.1 用户属性定义

从属于:无其他组件。

依赖关系:无依赖关系。

FIA_ATD.1.1 TSF 应保存属于每个用户的下列安全属性:[赋值:*安全属性列表*]。

11.3 秘密的规范(FIA_SOS)

子类行为

本子类定义对所提供的秘密执行规定的质量量度以及生成满足规定的量度的秘密的机制方面的要求。

组件层次

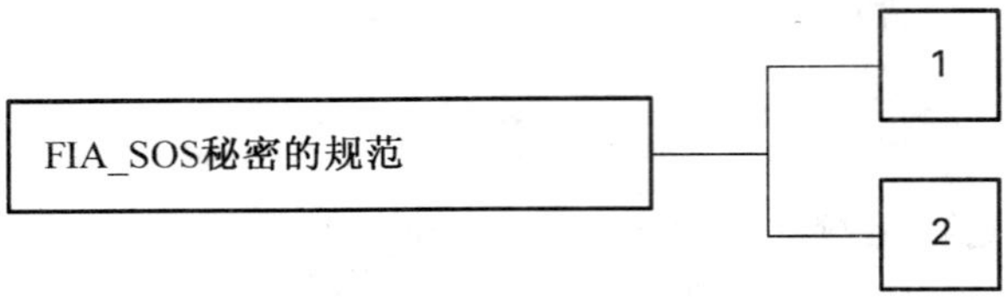

FIA_SOS.1 秘密的验证,要求 TSF 验证秘密满足规定的质量量度。

FIA_SOS.2 秘密的 TSF 生成,要求 TSF 能够产生满足规定的质量量度的秘密。

管理:FIA_SOS.1

在管理功能 FMT 中考虑以下行动:

a) 管理用于验证秘密的量度。

管理:FIA_SOS.2

在管理功能 FMT 中考虑以下行动:

a) 管理用于产生秘密的量度。

审计:FIA_SOS.1,FIA_SOS.2

如果 PP/ST 中包括 FAU_GEN 安全审计数据产生,下列事件应可审计:

a) 最小级:TSF 对所有已测试秘密的拒绝;

b) 基本级:TSF 对所有已测试秘密的拒绝或接受;

c) 详细级:对所定义质量量度的所有改动的标识。

FIA_SOS.1 秘密的验证

从属于:无其他组件。

依赖关系:无依赖关系。

FIA_SOS.1.1 TSF 应提供一种机制以验证秘密满足[赋值:*一个确定的质量量度*]。

FIA_SOS.2 秘密的 TSF 生成

从属于:无其他组件。

依赖关系:无依赖关系。

FIA_SOS.2.1 TSF 应提供一种机制以产生满足[赋值:*一个确定的质量量度*]的秘密。

FIA_SOS.2.2 TSF 应能够为[赋值:*TSF 功能列表*]使用 TSF 产生的秘密。

11.4 用户鉴别(FIA_UAU)

子类行为

本子类定义 TSF 所支持的用户鉴别机制的类型,和作为用户鉴别机制基础所需要的属性。

组件层次

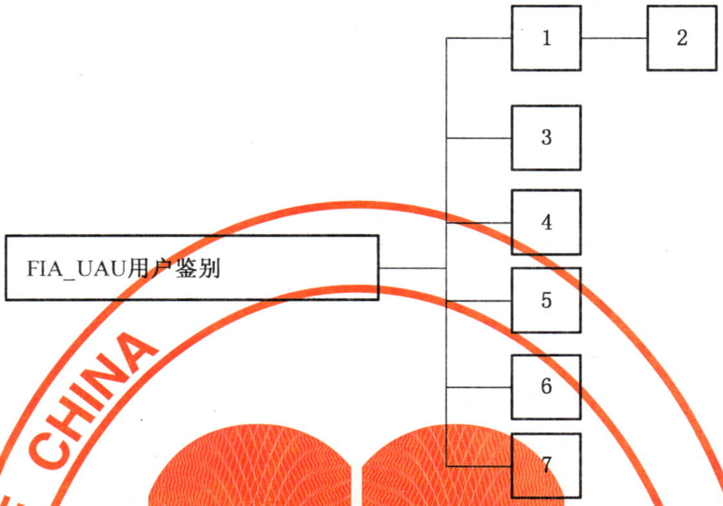

FIA_UAU.1 鉴别定时，允许用户在其身份被鉴别前执行某些行动。

FIA_UAU.2 在任何行动前的用户鉴别，要求用户在 TSF 允许任何行动之前，先鉴别它们自己。

FIA_UAU.3 不可伪造的鉴别，要求鉴别机制能够检测和防止使用伪造或复制的鉴别数据。

FIA_UAU.4 一次性鉴别机制，要求使用一次性鉴别数据的鉴别机制。

FIA_UAU.5 多重鉴别机制，要求提供和使用不同的鉴别机制，为特定的事件鉴别用户的身份。

FIA_UAU.6 重鉴别，要求有能力说明哪些事件用户需要被重新鉴别。

FIA_UAU.7 受保护的鉴别反馈，要求在鉴别期间，只提供给用户有限的反馈信息。

管理：FIA_UAU.1

在管理功能 FMT 中考虑以下行动：

a) 管理员对鉴别数据的管理；
b) 相关用户对鉴别数据的管理；
c) 用户鉴别前可执行的行动列表的管理。

管理：FIA_UAU.2

在管理功能 FMT 中考虑以下行动：

a) 管理员对鉴别数据的管理；
b) 与鉴别数据相关的用户，对鉴别数据的管理。

管理：FIA_UAU.3，FIA_UAU.4，FIA_UAU.7

尚无预见的管理活动。

管理：FIA_UAU.5

在管理功能 FMT 中考虑以下行动：

a) 鉴别机制的管理；
b) 鉴别规则的管理。

管理：FIA_UAU.6

在管理功能 FMT 中考虑以下行动：

a) 如果一个授权管理员能请求重鉴别，则管理包含重鉴别请求。

审计：FIA_UAU.1

如果 PP/ST 中包括 FAU_GEN 安全审计数据产生，下列事件应可审计：

a) 最小级：使用鉴别机制失败；

b) 基本级:所有对鉴别机制的使用;

c) 详细级:用户鉴别前,执行的所有由 TSF 促成的行动。

审计:FIA_UAU.2

如果 PP/ST 中包括 FAU_GEN 安全审计数据产生,下列事件应可审计:

a) 最小级:使用鉴别机制失败;

b) 基本级:所有对鉴别机制的使用。

审计:FIA_UAU.3

如果 PP/ST 中包括 FAU_GEN 安全审计数据产生,下列事件应可审计:

a) 最小级:欺骗性鉴别数据的发现;

b) 基本级:对欺骗性的数据立即采取的所有措施和检查结果。

审计:FIA_UAU.4

如果 PP/ST 中包括 FAU_GEN 安全审计数据产生,下列事件应可审计:

a) 最小级:重用鉴别数据的企图。

审计:FIA_UAU.5

如果 PP/ST 中包括 FAU_GEN 安全审计数据产生,下列事件应可审计:

a) 最小级:鉴别的最终判决;

b) 基本级:每个被激活机制的结果以及最终判决。

审计:FIA_UAU.6

如果 PP/ST 中包括 FAU_GEN 安全审计数据产生,下列事件应可审计:

a) 最小级:重鉴别失败;

b) 基本级:所有重鉴别尝试。

审计:FIA_UAU.7

尚无预见的可审计事件。

FIA_UAU.1 **鉴别定时**

从属于:无其他组件。

依赖关系:FIA_UID.1 **标识定时**

FIA_UAU.1.1 在用户鉴别前,TSF 应允许代表用户的[赋值:*TSF 促成的行动列表*]被执行。

FIA_UAU.1.2 在允许任何其他代表用户的 TSF 促成的行动执行前,TSF 应要求该用户已被成功鉴别。

FIA_UAU.2 任何行动前的用户鉴别

从属于:FIA_UAU.1

依赖关系:FIA_UID.1 标识定时

FIA_UAU.2.1 在允许任何代表用户的其他 TSF 促成的行动执行前,TSF 应要求该用户已被成功鉴别。

FIA_UAU.3 不可伪造的鉴别

从属于:无其他组件。

依赖关系:无依赖关系。

FIA_UAU.3.1 TSF 应[选择:*检测,防止*]一切 TSF 用户伪造的鉴别数据的使用。

FIA_UAU.3.2 TSF 应[选择:*检测,防止*]从任何其他 TSF 用户处拷贝的鉴别数据的使用。

FIA_UAU.4 一次性鉴别机制

从属于：无其他组件。

依赖关系：无依赖关系。

FIA_UAU.4.1 TSF 应防止与［赋值：*确定的鉴别机制*］有关的鉴别数据的重用。

FIA_UAU.5 多重鉴别机制

从属于：无其他组件。

依赖关系：无依赖关系。

FIA_UAU.5.1 TSF 应提供［赋值：*多重鉴别机制列表*］以支持用户鉴别。

FIA_UAU.5.2 TSF 应根据［赋值：*描述多重鉴别机制如何提供鉴别的规则*］鉴别一切用户所声称的身份。

FIA_UAU.6 重鉴别

从属于：无其他组件。

依赖关系：无依赖关系。

FIA_UAU.6.1 在［赋值：需要重鉴别的条件列表］条件下，TSF 应重新鉴别用户。

FIA_UAU.7 受保护的鉴别反馈

从属于：无其他组件。

依赖关系：FIA_UAU.1 鉴别定时

FIA_UAU.7.1 鉴别进行时，TSF 应仅向用户提供［赋值：*反馈列表*］。

11.5 用户标识（FIA_UID）

子类行为

本子类定义在什么条件下要求用户在执行任何其他由 TSF 促成的要有用户标识的行动之前，先标识他们自己。

组件层次

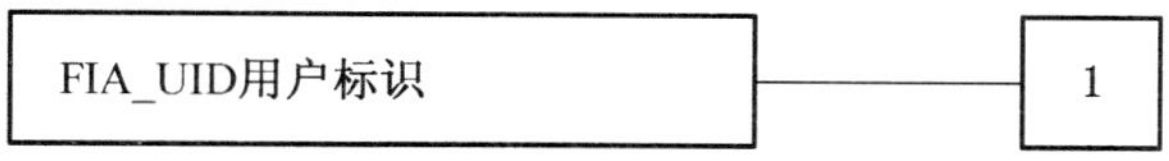

FIA_UID.1 标识定时，允许用户在被 TSF 标识前，执行某些行动。

FIA_UID.2 任何行动前的用户标识，在 TSF 允许任何行动之前，要求用户标识他们自己。

管理：FIA_UID.1

在管理功能 FMT 中考虑以下行动：

a） 对用户身份的管理；

b） 如果一个授权管理员能够改变在标识前所允许的行动，那么对行动列表的管理。

管理：FIA_UID.2

在管理功能 FMT 中考虑以下行动：

a） 用户身份的管理。

审计：FIA_UID.1，FIA_UID.2

如果 PP/ST 中包括 FAU_GEN 安全审计数据产生，下列事件应可审计：

a） 最小级：用户标识机制的使用失败，包括所提供的用户身份；

b） 基本级：用户标识机制的所有使用，包括所提供的用户身份。

FIA_UID.1 标识定时

从属于：无其他组件。

依赖关系：无依赖关系。

FIA_UID.1.1 在用户被标识之前，TSF 应允许执行代表用户的[赋值：*TSF 促成的行动列表*]。

FIA_UID.1.2 在允许代表用户的其他 TSF 促成的任何行动之前，TSF 应要求用户被成功标识。

FIA_UID.2 任何行动前的用户标识

从属于：FIA_UID.1

依赖关系：无依赖关系。

FIA_UID.2.1 在允许任何代表用户的其他 TSF 促成的行动之前，TSF 应要求用户标识自己。

11.6 用户_主体绑定(FIA_USB)

子类行为

一个已鉴别了的用户，为了使用 TOE，一般要先激活一个主体。用户的安全属性则（全部或部分地）与该主体相关联。本子类定义建立和维护用户的安全属性与代表用户活动的主体间的关联的要求。

组件层次

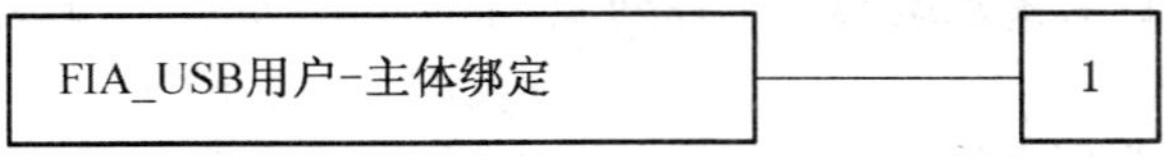

FIA_USB.1 用户-主体绑定，要求维持用户的安全属性与代表用户活动的主体间的关联。

管理：FIA_USB.1

在管理功能 FMT 中考虑以下行动：

a) 授权管理员可以定义默认的主体安全属性。

审计：FIA_USB.1

如果 PP/ST 中包括 FAU_GEN 安全审计数据产生，下列事件应可审计：

a) 最小级：用户安全属性与一个主体绑定的失败（如，创建一个主体）；

b) 基本级：用户安全属性与一个主体绑定的成功与失败（如，创建一个主体的成功与失败）。

FIA_USB.1 用户-主体绑定

从属于：无其他组件。

依赖关系：FIA_ATD.1 用户属性定义

FIA_USB.1.1 TSF 应将合适的用户安全属性与代表用户活动的主体相关联。

12 FMT 类：安全管理

本类目的是规定 TSF 几个方面的管理：安全属性、TSF 数据和功能、可说明不同的管理角色及其相互作用，如能力的分离。

本类有几个目的：

a) 管理 TSF 数据，例如旗标；

b) 管理安全属性，例如访问控制表和能力表；

c) 管理 TSF 功能，例如功能的选择，影响 TSF 行为的规则或条件；

d) 定义安全角色。

安全管理类分解见图 14。

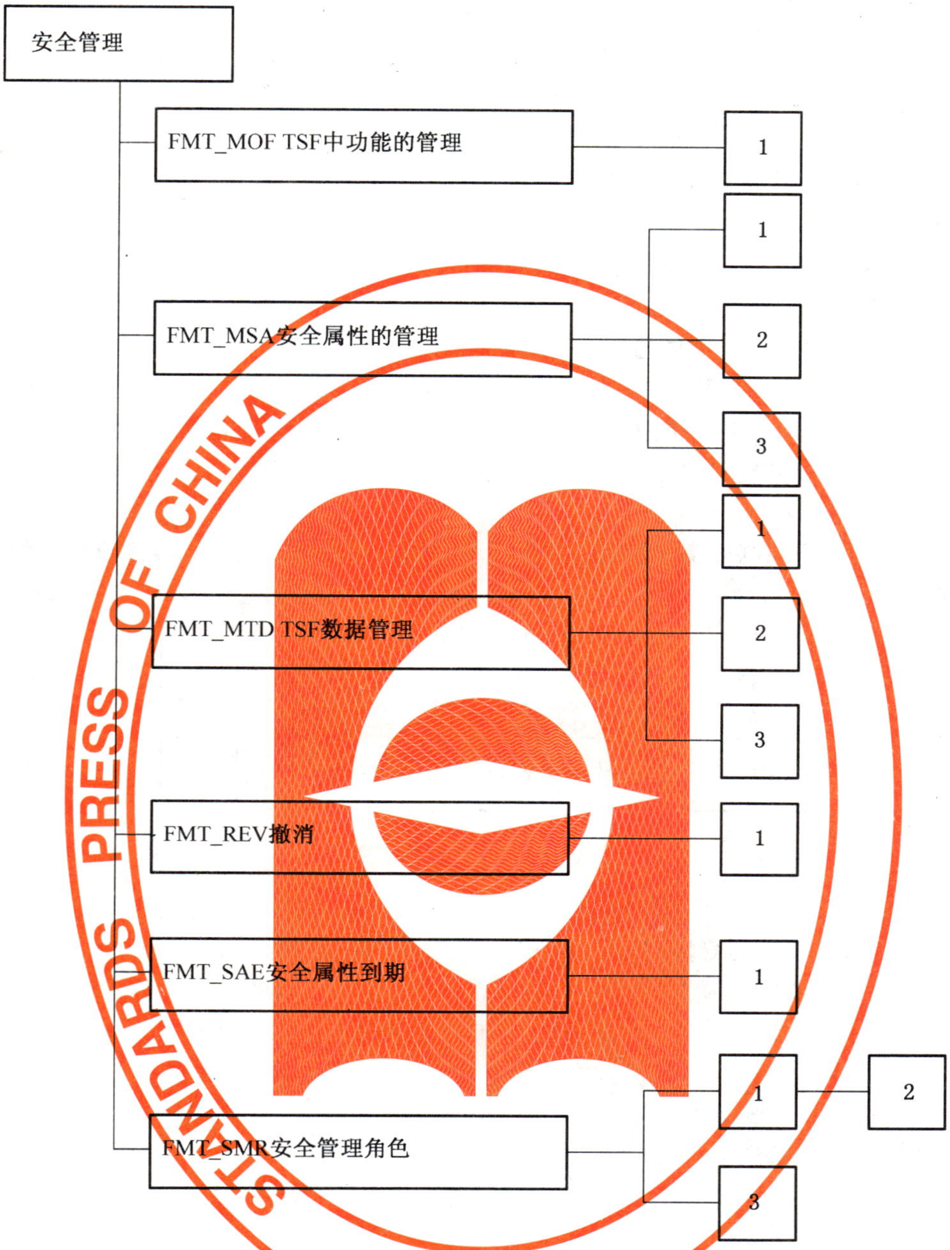

图 14 安全管理类分解

12.1 TSF 中功能的管理(FMT_MOF)

子类行为

本子类允许授权用户控制 TSF 中功能的管理。例如审计功能和多重鉴别功能都是 TSF 中的功能实例。

组件层次

FMT_MOF.1 安全功能行为的管理,允许授权用户(角色)管理 TSF 中使用规则或具有指定可管理条件的功能的行为。

管理:FMT_MOF.1

在管理功能 FMT 中考虑以下行动：

a） 管理可以与 TSF 中的功能相互作用的角色组。

审计：FMT_MOF.1

如果 PP/ST 中包括 FAU_GEN 安全审计数据产生，下列事件应可审计：

a） 基本级：TSF 中功能行为的所有改动。

FMT_MOF.1 安全功能行为的管理

从属于：无其他组件。

依赖关系：FMT_SMR.1 安全角色

FMT_MOF.1.1 TSF 应仅限于[赋值：*已识别授权角色*]对功能[赋值：*功能列表*]具有[选择：*确定其行为，禁止，允许，修改其行为*]的能力。

12.2 安全属性的管理（FMT_MSA）

子类行为

本子类允许授权用户控制安全属性的管理。这种管理可能包括查看和修改安全属性的能力。

组件层次

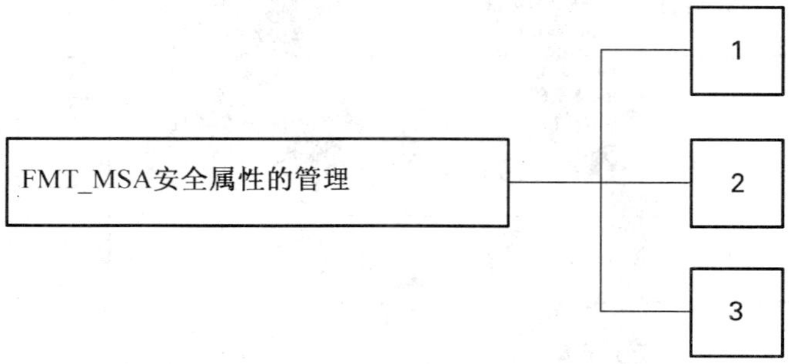

FMT_MSA.1 安全属性的管理，允许授权用户（角色）管理指定的安全属性。

FMT_MSA.2 安全的安全属性，确保赋给安全属性的值针对安全状态是有效的。

FMT_MSA.3 静态属性初始化，确保安全属性的默认值实际上设成了适当的允许或禁止。

管理：FMT_MSA.1

在管理功能 FMT 中考虑以下行动：

a） 管理可以和安全属性交互的角色组。

管理：FMT_MSA.2

尚无预见的额外管理活动。

管理：FMT_MSA.3

在管理功能 FMT 中考虑以下行动：

a） 管理可以指定初始值的角色组；

b） 对于某给定的访问控制 SFP，管理默认值的允许或限制设置。

审计：FMT_MSA.1

如果 PP/ST 中包括 FAU_GEN 安全审计数据产生，下列事件应可审计：

a） 基本级：所有对安全属性值的改动。

审计：FMT_MSA.2

如果 PP/ST 中包括 FAU_GEN 安全审计数据产生，下列事件应可审计：

a） 最小级：对某安全属性，所有提供和被拒绝的值；

b） 详细级：对某安全属性，所有提供和接受的安全值。

审计：FMT_MSA.3

如果 PP/ST 中包括 FAU_GEN 安全审计数据产生,下列事件应可审计:

a) 基本级:对允许或限制规则的默认设置的修改;

b) 基本级:所有对安全属性的初始值的修改。

FMT_MSA.1 安全属性的管理

从属于:无其他组件。

依赖关系:[FDP_ACC.1 子集访问控制,或

FDP_IFC.1 子集信息流控制]

FMT_SMR.1 安全角色

FMT_MSA.1.1 TSF 应执行[赋值:*访问控制 SFP,信息流控制 SFP*],以仅限于[赋值:*已标识的授权角色*]能够对安全属性[赋值:*安全属性列表*] [选择:*改变默认值,查询,修改,删除*,[赋值:*其他操作*]]。

FMT_MSA.2 安全的安全属性

从属于:无其他组件。

依赖关系:ADV_SPM.1 非形式化的 TOE 安全策略模型

[FDP_ACC.1 子集访问控制,或

FDP_IFC.1 子集信息流控制]

FMT_MSA.1 安全属性的管理

FMT_SMR.1 安全角色

FMT_MSA.2.1 TSF 应确保安全属性只接受安全的值。

FMT_MSA.3 静态属性初始化

从属于:无其他组件。

依赖关系:FMT_MSA.1 安全属性的管理

FMT_SMR.1 安全角色

FMT_MSA.3.1 TSF 应执行[赋值:*访问控制 SFP,信息流控制 SFP*],以便为用于执行 SFP 的安全属性提供[选择:*受限的,许可的,其他特性*]默认值。

FMT_MSA.3.2 TSF 应允许[赋值:*已标识授权角色*]为生成的客体或信息指定替换性的初始值以代替原来的默认值。

12.3 TSF 数据的管理(FMT_MTD)

子类行为

本子类允许授权用户(角色)控制 TSF 数据的管理。这里的 TSF 数据包括审计信息、时钟、系统配置和其他 TSF 配置参数。

组件层次

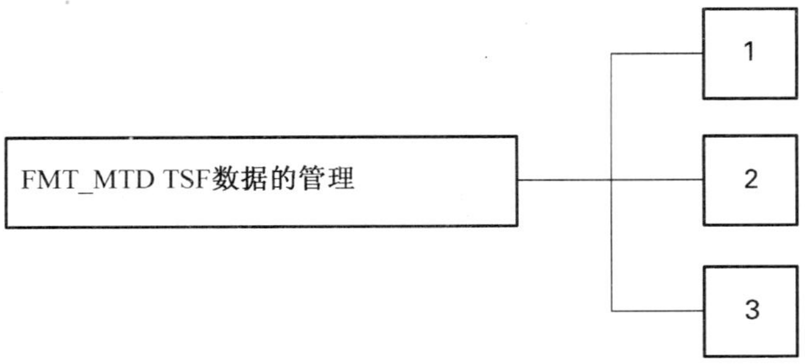

FMT_MTD.1 TSF 数据的管理，允许授权用户管理 TSF 数据。

FMT_MTD.2 TSF 数据限值的管理，说明如果达到或超过了 TSF 数据的限值所应采取的行动。

FMT_MTD.3 安全的 TSF 数据，确保赋给 TSF 数据的值针对安全状态而言是有效的。

管理：FMT_MTD.1

在管理功能 FMT 中考虑以下行动：

a) 管理可以和 TSF 数据相互作用的角色组。

管理：FMT_MTD.2

在管理功能 FMT 中考虑以下行动：

a) 管理可以和 TSF 数据的限值相互作用的角色组

管理：FMT_MTD.3

尚无预见的额外管理活动。

审计：FMT_MTD.1

如果 PP/ST 中包括 FAU_GEN 安全审计数据产生，下列事件应可审计：

a) 基本级：所有对 TSF 数据的值的改动。

审计：FMT_MTD.2

如果 PP/ST 中包括 FAU_GEN 安全审计数据产生，下列事件应可审计：

a) 基本级：所有对 TSF 数据的限值的改动；

b) 基本级：在超出该限值时，对一切所要采取的行动的修改。

审计：FMT_MTD.3

如果 PP/ST 中包括 FAU_GEN 安全审计数据产生，下列事件应可审计：

a) 最小级：所有被拒绝的 TSF 数据的值。

FMT_MTD.1 TSF 数据的管理

从属于：无其他组件。

依赖关系：FMT_SMR.1 安全角色

FMT_MTD.1.1 TSF 应仅限于[赋值：*已标识的授权角色*]能够对[赋值：*TSF 数据列表*][选择：*改变默认值，查询，修改，删除，清空*，[赋值：*其他操作*]]。

FMT_MTD.2 TSF 数据限值的管理

从属于：无其他组件。

依赖关系：FMT_MTD.1 TSF 数据的管理

FMT_SMR.1 安全角色

FMT_MSA.2.1 TSF 应仅限于[赋值：*已识别的授权角色*]说明对[赋值：*TSF 数据列表*]的限值。

FMT_MSA.2.2 如果 TSF 数据达到或超过了指明的限值，TSF 应采取下面的行动：[赋值：*要采取的行动*]。

FMT_MTD.3 安全的 TSF 数据

从属于：无其他组件。

依赖关系：ADV_SPM.1 非形式化 TOE 安全策略模型

FMT_MTD.1TSF 数据的管理

FMT_MSA.3.1 TSF 应确保 TSF 数据只接受安全的值。

12.4 撤消(FMT_REV)

子类行为

本子类涉及 TOE 内各种实体的安全属性的撤消。

组件层次

FMT_REV.1 撤消,提供对某一时刻将实施的安全属性的撤消。

管理:FMT_REV.1

在管理功能 FMT 中考虑以下行动:

a) 管理能够调用撤消安全属性这一功能的角色组;

b) 管理可能发生撤消的用户、主体、客体和其他资源列表;

c) 管理撤消规则。

审计:FMT_REV.1

如果 PP/ST 中包括 FAU_GEN 安全审计数据产生,下列事件应可审计:

a) 最小级:撤消安全属性失败;

b) 基本级:所有撤消安全属性的尝试。

FMT_REV.1 撤消

从属于:无其他组件。

依赖关系:FMT_SMR.1 安全角色

FMT_REV.1.1 TSF 应仅限于[赋值:*已标识的授权角色*]能够撤消 TSC 内与[选择:*用户,主体,客体,其他附加资源*]相关联的安全属性。

FMT_REV.1.2 TSF 应执行规则[赋值:*撤消规则说明*]。

12.5 安全属性到期(FMT_SAE)

子类行为

本子类涉及对安全属性的有效性实施时间限制的能力。

组件层次

FMT_SAE.1 时限授权,为授权用户提供对指定的安全属性说明有效期的能力。

管理:FMT_SAE.1

在管理功能 FMT 中考虑以下行动:

a) 管理支持有效期的安全属性表;

b) 如果到期,将要采取的行动。

审计:FMT_SAE.1

如果 PP/ST 中包括 FAU_GEN 安全审计数据产生,下列事件应可审计:

a) 基本级:属性有效期的说明;

b) 基本级:因属性到期而采取的行动。

FMT_SAE.1 时限授权

从属于:无其他组件。

依赖关系:FMT_SMR.1 安全角色

FPT_STM.1 可靠时间戳

FMT_SAE.1.1 TSF 应仅限于[赋值:*已标识的授权角色*]能够为[赋值:*支持有效期的安全属性列*

表]说明有效期。

FMT_REV.1.2 对每个这样的安全属性，在超过指定的安全属性的有效期后，TSF 应能够[赋值：*对每一安全属性将要采取的行动列表*]。

12.6 安全管理角色(FMT_SMR)

子类行为

本子类目的是控制对用户指定不同角色。这些角色的安全管理能力将在本类的其他子类中描述。

组件层次

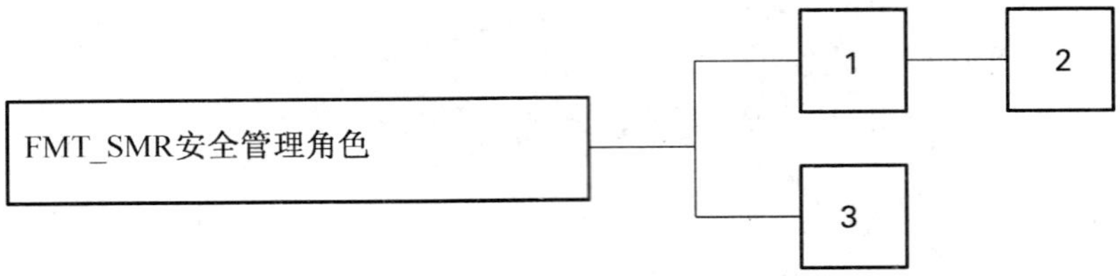

FMT_SMR.1 安全角色，说明 TSF 认同的与安全相关的角色。

FMT_SMR.2 安全角色限制，除了对角色的说明外，还有控制角色之间关系的规则。

FMT_SMR.3 承担角色，要求向 TSF 明确请求承担某个角色。

管理：FMT_SMR.1

在管理功能 FMT 中考虑以下行动：

a) 管理构成角色的一部分的用户组。

管理：FMT_SMR.2

在管理功能 FMT 中考虑以下行动：

a) 管理构成角色一部分的用户组；

b) 管理角色必须满足的条件。

管理：FMT_SMR.3

尚无预见的额外管理活动。

审计：FMT_SMR.1

如果 PP/ST 中包括 FAU_GEN 安全审计数据产生，下列事件应可审计：

a) 最小级：对构成角色一部分的用户组的修改；

b) 详细级：对角色权限的每一次使用。

审计：FMT_SMR.2

如果 PP/ST 中包括 FAU_GEN 安全审计数据产生，下列事件应可审计：

a) 最小级：对构成角色一部分的用户组的修改；

b) 最小级：由于对角色所给定的条件，尝试使用某角色失败；

c) 详细级：对角色权限的每一次使用。

审计：FMT_SMR.3

如果 PP/ST 中包括 FAU_GEN 安全审计数据产生，下列事件应可审计：

a) 最小级：承担角色的明确请求。

FMT_SMR.1 安全角色

从属于：无其他组件。

依赖关系：FIA_UID.1 标识定时

FMT_SMR.1.1 TSF 应维护角色[赋值：*已标识的授权角色*]。

FMT_SMR.1.2 TSF 应能够把用户和角色关联起来。

FMT_SMR.2 安全角色限制

从属于：FMT_SMR.1

依赖关系：FIA_UID.1 标识定时

FMT_SMR.2.1 TSF 应维护角色[赋值：*已标识的授权角色*]。

FMT_SMR.2.2 TSF 应能够把用户和角色关联起来。

FMT_SMR.2.3 TSF 应确保条件[赋值：*不同角色的条件*]得到满足。

FMT_SMR.3 承担角色

从属于：无其他组件。

依赖关系：FMT_SMR.1 安全角色

FMT_SMR.3.1 TSF 应要求承担下列角色[赋值：*角色*]的明确请求。

13 FPR 类：隐秘

此类包括隐秘要求。这些要求为用户提供其身份不被其他用户发现或滥用的保护。

隐秘类分解见图 15。

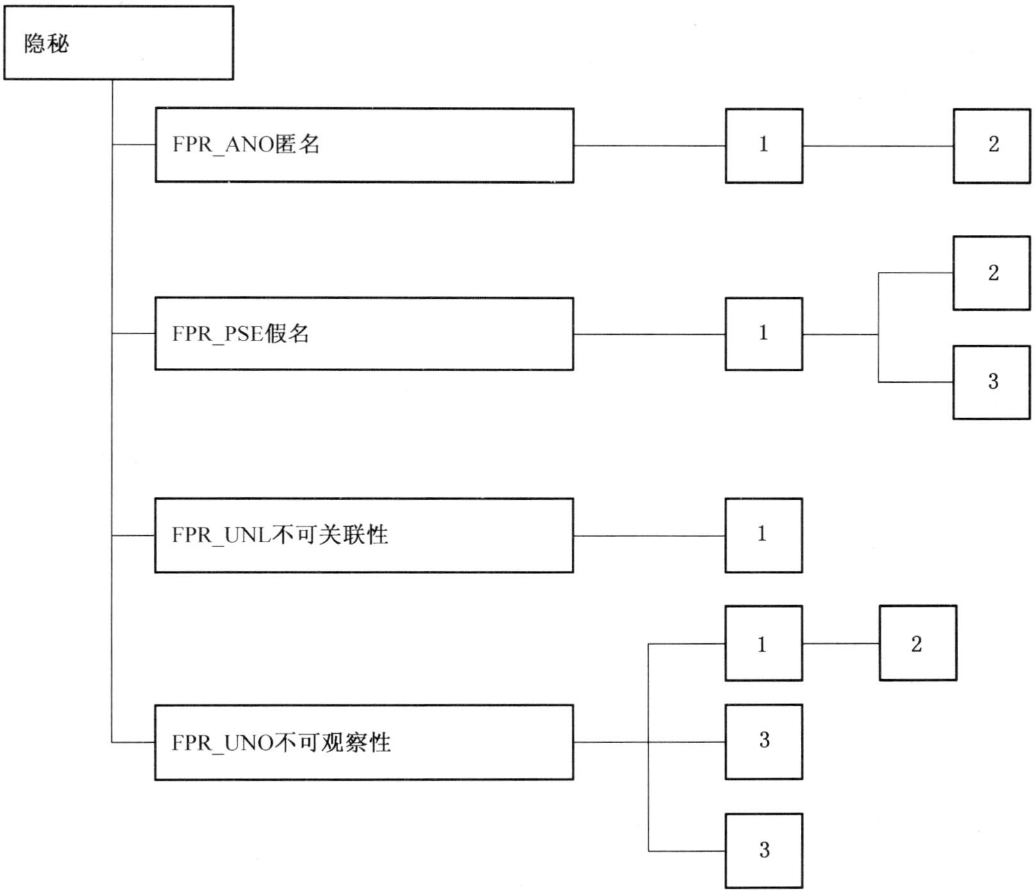

图 15 隐秘类分解

13.1 匿名(FPR_ANO)

子类行为

本子类确保一用户在使用资源或服务时不暴露其身份。匿名要求提供了用户身份的保护。匿名需要对用户的身份提供保护。匿名并不保护主体的身份。

组件层次

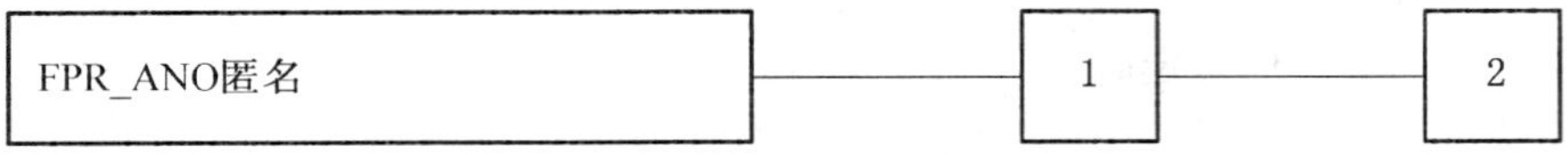

FPR_ANO.1　匿名，要求其他用户或主体不能确定与某个主体或操作所绑定的那一用户的身份。

FPR_ANO.2　无征求信息的匿名，通过确保 TSF 不询问用户身份来增强 FPR_ANO.1 的要求。

管理：FPR_ANO.1，FPR_ANO.2

对这些组件，没有可预见的管理行动。

审计：FPR_ANO.1，FPR_ANO.2

如果在 PP/ST 中 FAU_GEN 安全审计数据产生，则下面的行动应是可审计的。

a)　最小级：匿名机制的调用。

FPR_ANO.1　匿名

从属于：无其他组件。

依赖关系：无依赖关系。

FPR_ANO.1.1 TSF 应确保［赋值：*用户或主体集*］不能确定与［赋值：*主体或操作或客体列表*］绑定的真实用户名。

FPR_ANO.2　无征求信息的匿名。

从属于：FPR_ANO.1

依赖关系：无依赖关系。

FPR_ANO.2.1 TSF 应确保［赋值：*用户或主体集*］不能确定与［赋值：*主体或操作或客体列表*］绑定的真实用户名。

FPR_ANO.2.2　TSF 应提供［赋值：*服务列表*］给［赋值：*主体列表*］，而不询问真实的用户名。

13.2　假名(FPR_PSE)

子类行为

本子类确保一用户在使用资源或设备时不暴露其用户身份，但仍能对该次使用负责。

组件层次

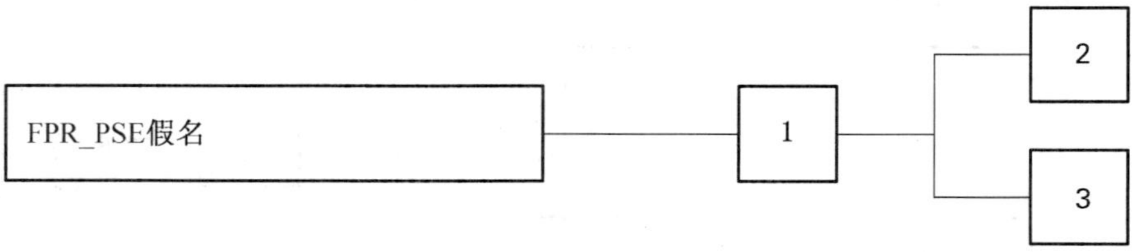

FPR_PSE.1　假名，要求一组用户或主体不能确定与主体或操作绑定的用户身份，但是该用户仍能对其行为负责。

FPR_PSE.2　可逆假名，要求 TSF 能根据所提供的化名确定初始用户身份。

FPR_PSE.3　化名假名，要求 TSF 能根据用户化名的构造规则来确定用户身份。

管理：FPR_PSE.1，FPR_PSE.2，FPR_PSE.3

对这些组件没有可能预知的管理行为。

审计：FPR_PSE.1，FPR_PSE.2，FPR_PSE.3

如果 PP/ST 中包括 FAU_GEN 安全审计数据产生，下面的行动应是可审计的。

a)　最小级：请求辨析用户身份的主体/用户应被审计。

FPR_PSE.1　假名

从属于：无其他组件。

依赖关系：无依赖关系。

FPR_PSE.1.1　TSF 应确保［赋值：*用户或主体集*］不能确定与［赋值：*主体或操作或客体列表*］绑定的真实用户名。

FPR_PSE.1.2　TSF 应能提供真实用户名的［赋值：*化名的数目*］个化名给［赋值：*主体列表*］。

FPR_PSE.1.3　TSF 应［选择：*决定一用户的化名，接受该用户的化名*］和验证它是否符合［赋值：*化名的量度*］

FPR_PSE.2　可逆假名

从属于：FPR_PSE.1

依赖关系：FIA_UID.1　标识定时

FPR_PSE.2.1　TSF 应确保［赋值：*用户或主体集*］不能确定与［赋值：*主体或操作或客体列表*］绑定的真实用户名。

FPR_PSE.2.2　TSF 应能提供真实用户名的［赋值：*化名的数目*］个化名给［赋值：*主体列表*］。

FPR_PSE.2.3　TSF 应能［选择：*决定一用户的化名，接受该用户的化名*］和验证它是否符合［赋值：*化名的量度*］。

FPR_PSE.2.4　TSF 应对［选择：*授权用户*，［赋值：*可信主体列表*］］提供只在以下［赋值：*各种条件列表*］下基于提供的化名来决定用户身份的能力。

FPR_PSE.3　化名假名

从属于：FPR_PSE.1

依赖关系：无依赖关系。

FPR_PSE.3.1　TSF 应确保［赋值：*用户或主体集*］不能确定与［赋值：*主体或操作或客体列表*］绑定的真实用户名。

FPR_PSE.3.2　TSF 应能提供真实用户名的［赋值：*化名的数目*］个化名给［赋值：*主体列表*］。

FPR_PSE.3.3　TSF 应能［选择：*决定一用户的化名，接受该用户的化名*］和验证它是否符合［赋值：*化名的量度*］。

FPR_PSE.3.4　TSF 应能给真实用户名提供一化名，它应当与在以下［赋值：*各种列表*］下以前提供的化名相同，要不然提供的化名应与以前提供的化名毫不相关。

13.3　不可关联性(FPR_UNL)

子类行为

本子类确保一用户可多次使用资源和服务，但任何人都不能将这些使用联在一起。

组件层次

FPR_UNL.1　不可关联性，要求用户或主体不能确定是否同一个用户在系统中进行了某种特定的操作。

管理：FPR_UNL.1

在管理功能 FMT 中考虑以下行动。

不可关联功能的管理。

审计:FPR_UNL.1

如果PP/ST中包括FAU_GEN安全审计数据产生,下面的行动应是可审计的。

a) 最小级:不可关联性机制的调用。

FPR_UNL.1 不可关联性

从属于:无其他组件。

依赖关系:无依赖关系。

FPR_UNL.1.1 TSF应确保[赋值:*用户或主体集*]不能确定是否[赋值:*操作列表*][选择:*由同一用户引起,与如下*[赋值:*关系列表*]*有关*]。

13.4 不可观察性(FPR_UNO)

子类行为

本子类确保一用户在使用资源和服务时其他人尤其是第三方不能观察到该资源和服务正被使用。

组件层次

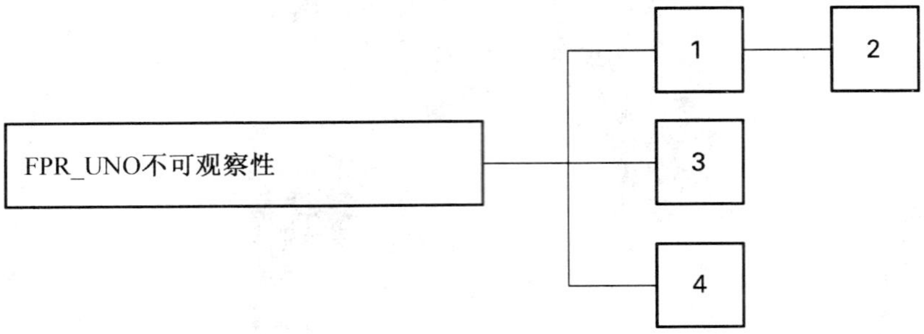

FPR_UNO.1 不可观察性,要求用户或主体不能确定一个操作是否在执行。

FPR_UNO.2 影响不可观察性的信息的分配,要求TSF能提供专门的机制以防止TOE内有关隐秘信息的集中。当出现安全性损害时,如此的集中可能会影响到不可观察性。

FPR_UNO.3 无征求信息的不可观察性,要求TSF不要试图获得可能会损害不可观察性的有关隐秘信息。

FPR_UNO.4 授权用户可观察性,要求TSF能够提供给一个或多个授权用户观察资源或服务使用情况的能力。

管理:FPR_UNO.1,FPR_UNO.2

在管理功能FMT中考虑以下行动:

a) 不可观察性功能的行为的管理。

管理:FPR_UNO.3

对这些组件没有可预知的管理活动。

管理:FPR_UNO.4

在管理功能FMT中考虑以下行动:

a) 有能力决定操作发生的授权用户列表。

审计:FPR_UNO.1,FPR_UNO.2

如果在PP/ST中包括FAU_GEN安全审计数据产生,下面的行动应是可审计的。

a) 最小级:调用不可观察性机制。

审计:FPR_UNO.3

没有可预见的可审计事件。

审计:FPR_UNO.4

如果在PP/ST中包括FAU_GEN安全审计数据产生,下面的行动应是可审计的。

a) 最小级:用户或主体对资源或服务使用的观察行为。

FPR_UNO.1 不可观察性

从属于:无其他组件。

依赖关系:无依赖关系。

FPR_UNO.1.1 TSF应确保[赋值:*用户或主体列表*]不能观察由[赋值:*受保护的用户或主体列表*]对[赋值:*客体列表*]进行的操作[赋值:*操作列表*]。

FPR_UNO.2 影响不可观察性的信息的分配

从属于:FPR_UNO.1

依赖关系:无依赖关系。

FPR_UNO.2.1 TSF应确保[赋值:*用户或主体列表*]不能观察由[赋值:*受保护的用户或主体列表*]对[赋值:*客体列表*]进行的操作[赋值:*操作列表*]。

FPR_UNO.2.2 TSF应在TOE的不同部分中分配[赋值:*不可观察性相关信息*],使得在信息的生存期间,下列条件成立:[赋值:*条件列表*]。

FPR_UNO.3 无征求信息的不可观察性

从属于:无其他组件。

依赖关系:FPR_UNO.1 不可观察性。

FPR_UNO.3.1 TSF应当在没有征求任何[赋值:*隐秘相关信息*]的情况下为[赋值:*主体列表*]提供[赋值:*服务列表*]。

FPR_UNO.4 授权用户可观察性

从属于:无其他组件。

依赖关系:无依赖关系。

FPR_UNO.4.1 TSF应提供[赋值:*授权用户集*]观察[赋值:*资源或服务列表*]使用情况的能力。

14 FPT类:TSF保护

本类包含了多个功能要求子类。一方面与提供TSF(和特定TSP无关)的机制的完整性和管理有关,另一方面与TSF数据(和TSP数据的特定内容无关)的完整性有关。在某种意义下,FPT类的子类可能出现与FDP类(用户数据保护)中完全相同的组件,它们甚至用相同的机制来实现。但是,FDP主要针对用户数据的保护,而FPT则针对TSF数据的保护。实际上,FPT类的组件对保证TOE中的SFP不被篡改和旁路是必需的。

从FPT类的观点看,TSF有以下三大部分:

a) TSF*抽象机*,它可以是虚拟的,也可以是物理机器,这取决于评估执行时特定的TSF实现。

b) TSF*实现*,在抽象机上执行并实现执行TSP的机制。

c) TSF*数据*,这是指导执行TSP的管理数据库。

TSF保护类分解见图16。

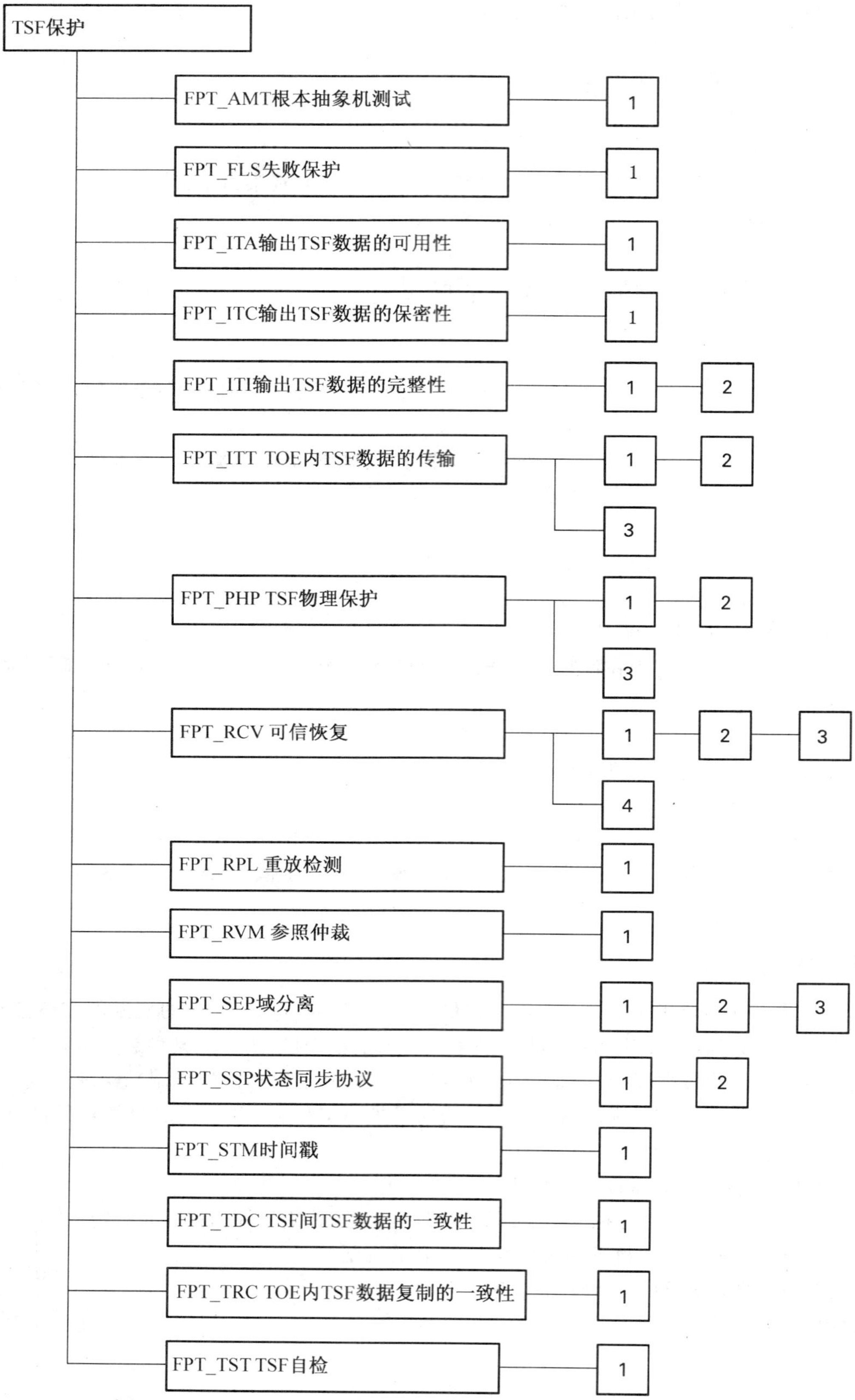

图 16 TSF 保护类分解

14.1 根本抽象机测试(FPT_AMT)

子类行为

本子类定义了TSF用来验证所作的安全假定而进行测试的要求,这些安全假定是与TSF所依赖的根本抽象机有关的。这种“抽象的”机器既可以是硬件/固件平台,也可以是某些已知的并经评价的软硬件结合构成的虚拟机。

组件层次

FPT _AMT.1 抽象机测试,提供了对根本抽象机的测试。

管理:FPT _AMT.1

在管理功能FMT中考虑以下行动:

a) 抽象机测试产生条件的管理,比如初始启动期间、规定的时间间隔或在某些特定条件下。

b) 恰当的时间间隔管理。

审计:FPT _AMT.1

如果PP/ST中包含FAU_GEN安全审计数据产生,下列行动应审计:

a) 基本级:抽象机的测试执行和测试结果。

FPT_AMT.1 抽象机测试

从属于:无其他组件。

依赖关系:无依赖关系。

FPT _AMT.1.1 TSF应运行一组测试[选择:*初始化启动期间,正常运转时周期性地,授权用户提出请求时,其他条件*]来验证TSF所依赖的抽象机所提供的安全假定是否正确运行。

14.2 失败保护(FPT_FLS)

子类行为

本子类要求确保当TSF中确定的失败类型出现时,该TOE不会违背其TSP。

组件层次

本子类仅有一个组件,FPT_FLS.1带保存安全状态的失败,要求TSF当确定的失败出现时保存一个安全状态。

管理:FPT_FLS.1

尚无可预知的管理活动。

审计:FPT_FLS.1

如果PP/ST中包含FAU_GEN安全审计数据产生,下列行动应是可审计的:

a) 基本级:TSF失败。

FPT_FLS.1 带保存安全状态的失败

从属于:无其他组件。

依赖关系:ADV_SPM.1 非形式化的TOE安全策略模型

FPT_FLS.1.1 TSF在下列失败发生时应保存一个安全状态[赋值:*TSF的失败类型列表*]。

14.3 输出TSF数据的可用性(FPT_ITA)

子类行为

本子类定义了一些规则,这些规则防止TSF数据在该TSF与一远程可信IT系统之间移动时失去其可用性。这些数据可能是TSF的关键数据，如口令、密钥、审计数据或TSF可执行的代码。

组件层次

本子类由一个组件组成：FPT_ITA.1在所定义可用性量度范围内的TSF间的可用性。本组件要求TSF以确定的可能性程度，确保向远程可信IT系统提供的TSF数据的可用性。

管理：FPT_ITA.1

在管理功能FMT中考虑以下行动：

a) 管理对远程可信IT系统必须可用的TSF数据类型列表。

审计：FPT_ITA.1

如果PP/ST中包含FAU_GEN安全审计数据产生，下列行动应是可审计的：

a) 最小级：TOE要求TSF数据时，TSF数据不存在。

FPT_ITA.1 在所定义可用性量度范围内的TSF间的可用性

从属于：无其他组件。

依赖关系：无依赖关系。

FPT_ITA.1.1 在下述条件[赋值：*确保可用性的条件*]下，TSF应确保提供给[赋值：*所定义可用性量度范围*]内的远程可信IT系统的[赋值：*TSF数据类型列表*]的可用性。

14.4 输出TSF数据的保密性(FPT_ITC)

子类行为

本子类定义了保护TSF数据在TSF与远程可信IT系统之间传输时，不被未授权泄露的规则。这些数据可以是TSF的关键数据，如口令、密钥、审计数据或TSF的可执行代码。

组件层次

本子类仅有一个组件，FPT_ITC.1传输过程中TSF间的保密性，它要求TSF确保数据在TSF与远程可信IT系统间传输时不被泄露。

管理：FPT_ITC.1

尚无可预见的管理活动。

审计：FPT_ITC.1

即使PP/ST中包含FAU_GEN安全审计数据产生，也没有确定的活动可审计。

FPT_ITC.1 传输过程中TSF间的保密性

从属于：无其他组件。

依赖关系：无依赖关系。

FPT_ITC.1.1 在TSF数据从TSF到远程可信IT系统的传输过程中，TSF应保护所有的TSF数据不被未授权泄漏。

14.5 输出TSF数据的完整性(FPT_ITI)

子类行为

这子类定义了一些保护规则，防止TSF数据在TSF与远程可信IT系统的传输过程中被未授权修改。这些数据可以是TSF的关键数据，如口令、密钥、审计数据或TSF的可执行代码。

组件层次

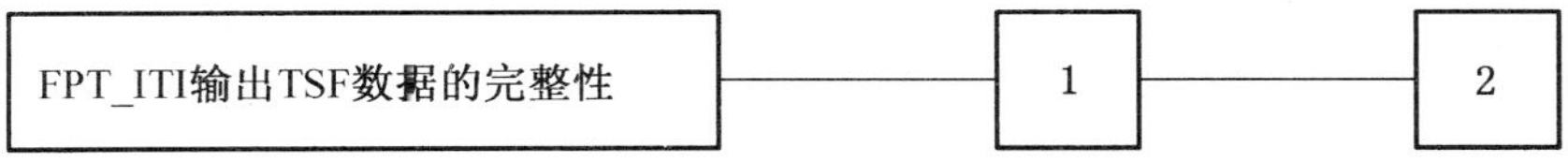

FPT_ITI.1 TSF间修改的检测，假设远程可信IT系统知道所使用的机制，则本组件提供了检测在TSF与远程可信IT系统间传输的TSF数据是否在传输过程中被修改的能力。

FPT_ITI.2 TSF间修改的检测与改正，假设远程可信IT系统知道所使用的机制，则本组件提供了让远程可信IT系统不仅可以检测到TSF数据的修改，还可以更正被修改数据的能力。

管理：FPT_ITI.1

尚无可预见的管理活动。

管理：FPT_ITI.2

在管理功能FMT中考虑以下行动：

a) 管理TSF数据的类型，本类TSF数据若在传输期间被修改，TSF应试图将其改正；

b) 管理TSF数据在传输过程中被修改后，TSF能采取的行动类型。

审计：FPT_ITI.1

如果PP/ST中包含FAU_GEN安全审计数据产生，下列行动应是可审计的：

a) 最小级：检测传输的TSF数据的修改；

b) 基本级：根据检测到的传输TSF数据被修改情况所采取的行动。

审计：FPT_ITI.2

当PP/ST中有FAU_GEN安全审计数据产生时，须进行下列审计：

a) 最小级：检测传输TSF数据是否被修改；

b) 基本级：根据检测到的传输TSF数据被修改情况所采取的行动；

c) 基本级：改正机制的使用。

FPT_ITI.1 **TSF间修改的检测**

从属于：无其他组件。

依赖关系：无依赖关系。

FPT_ITI.1.1 TSF应提供在下列量度范围内：[赋值：*已定义的修改量度*]，检测TSF与远程可信IT系统间传输的所有TSF数据是否被修改的能力。

FPT_ITI.1.2 TSF应提供验证在TSF与远程可信IT系统间传输的所有TSF数据的完整性及执行如果检测到修改所采取的[赋值：*采取的行动*]的能力。

FPT_ITI.2 TSF间修改的检测与改正

从属于：FPT_ITI.1

依赖关系：无依赖关系。

FPT_ITI.2.1 TSF应提供在下列量度范围内[赋值：*定义的修改量度*]，检测TSF与远程可信IT系统间传输的所有TSF数据被修改的能力。

FPT_ITI.2.2 TSF应提供验证在TSF与远程可信IT系统间传输的所有TSF数据的完整性执行，如果检测到修改所采取的[赋值：*采取的行动*]的能力。

FPT_ITI.2.3 TSF应提供改正在TSF与远程可信IT系统间传输的被修改的[赋值：*修改类型*]所有TSF数据的能力。

14.6 TOE内TSF数据的传输（FPT_ITT）

子类行为：

本子类提供了旨在使TSF数据当其通过内部信道在TOE的分离部分间传输时受到保护的要求。

组件层次

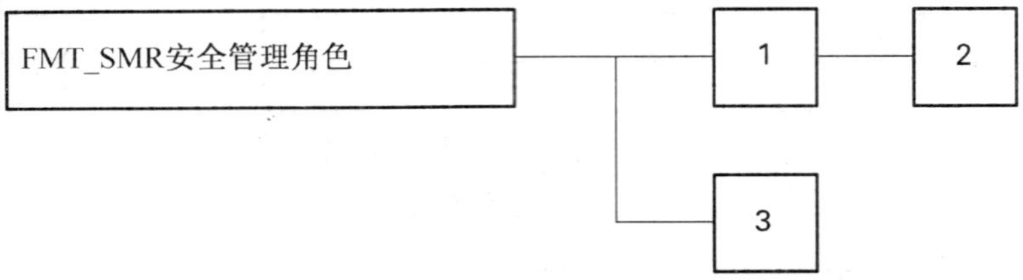

FPT_ITT.1 内部TSF数据传输的基本保护，要求对在TOE的分离部分间传输的TSF数据进行保护。

FPT_ITT.2 TSF数据传输的分离，要求TSF在传输过程中把用户数据从TSF数据中分离出来。

FPT_ITT.3 TSF数据完整性的监视，要求监视在TOE分离部分间传输的TSF数据的确定的完整性错误。

管理：FPT_ITT.1

在管理功能FMT中考虑以下行动：

a) 管理TSF要防止的修改类型；

b) 管理用来保护在TSF不同部分间传输的数据的保护机制。

管理：FPT_ITT.2

在管理功能FMT中考虑以下行动：

a) 管理TSF要防止的修改类型；

b) 管理用来保护在TSF不同部分间传输的数据的保护机制；

c) 管理分离机制。

管理：FPT_ITT.3

在管理功能FMT中考虑以下行动：

a) 管理TSF要防止的修改类型；

b) 管理用来保护在TSF不同部分间传输的数据的保护机制；

c) 管理TSF试图要检测的TSF数据的修改类型；

d) 管理将采取的行动。

审计：FPT_ITT.1，FPT_ITT.2

如果PP/ST中包含FAU_GEN安全审计数据产生，没有可审计的确定的行动。

审计：FPT_ITT.3

如果PP/ST中包含FAU_GEN安全审计数据产生，下列行动应是可审计的：

a) 最小级：检测TSF数据的改动；

b) 基本级：检测到完整性错误后采取的行动。

FPT_ITT.1 内部TSF数据传输的基本保护

从属于：无其他组件。

依赖关系：无依赖关系。

FPT_ITT.1.1 TSF应保护TSF数据在TOE的分离部分间传输时不被[选择：*泄漏*，*修改*]。

FPT_ITT.2 TSF数据传输的分离

从属于： FPT_ITT.1

依赖关系：无依赖关系。

FPT_ITT.2.1　TSF应保护TSF数据在TOE的分离部分间传输时不被[选择:*泄漏,修改*]。

FPT_ITT.2.2　当数据在不同的TOE部分间传输时,TSF应将用户数据从TSF数据中分离出来。

FPT_ITT.3　TSF数据完整性监视

从属于:无其他组件。

依赖关系:FPT_ITT.1　内部TSF数据传输的基本保护

FPT_ITT.3.1　TSF应能检测在TOE的分离部分间传输的TSF数据的[选择:*数据的修改,数据的替换,数据的重排,数据的删除*,[赋值:*其他完整性错误*]]。

FPT_ITT.3.2　检测到数据的完整性错误后,TSF应采取下列行动:[赋值:*规定采取的行动*]。

14.7　TSF物理保护(FPT_PHP)

子类行为

TSF物理保护组件指限制对TSF的未授权的物理访问及阻止并抵抗对TSF未授权的物理修改及替换。

本子类组件的要求确保了TSF不被物理篡改和干扰。若满足了这些组件的要求,TSF就可以用一种可检测出物理篡改或对物理篡改执行抵抗的方式封装起来并使用。如果没有这些组件,在物理危险无法避免的环境中TSF的保护功能就会失效。关于TSF如何对物理篡改企图作出反应,本子类也提供了的要求。

组件层次

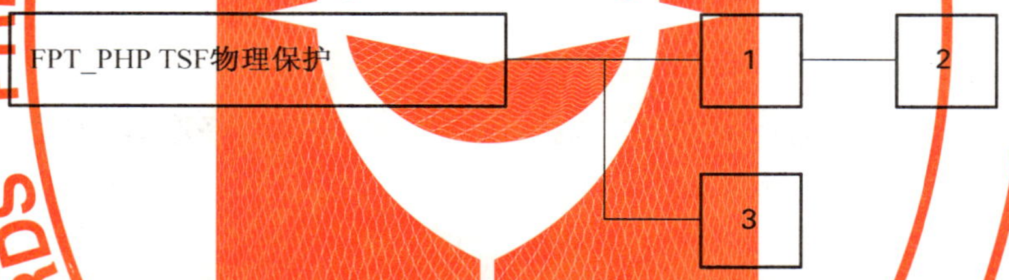

FPT_PHP.1 物理攻击的被动检测,提供指示TSF设备或TSF元件遭到篡改的功能。但是检测到篡改后不会自动进行提示,授权用户必须激活安全管理功能或手动检查以判断篡改是否发生。

FPT_PHP.2 物理攻击报告,对确定的一个物理侵入子集提供自动篡改报告。

FPT_PHP.3 物理攻击抵抗,提供防止或抵抗对TSF设备和TSF元件的物理篡改的功能。

管理:FPT_PHP.1,FPT_PHP.3

没有可预见的管理活动。

管理:FPT_PHP.2

在管理功能FMT中考虑以下行动:

a)　管理获取入侵报告的用户或角色;

b)　管理一系列设备,这些设备向指定的用户或角色报告入侵。

管理:FPT_PHP.3

在管理功能FMT中考虑以下行动:

a)　管理对物理篡改的自动应答。

审计:FPT_PHP.1

如果PP/ST中包含FAU_GEN安全审计数据产生,如下行动应是可审计的:

a)　最小级:用IT手段检测入侵。

审计:FPT_PHP.2

如果PP/ST中给FAU_GEN安全审计数据产生,如下行动应是可审计的:

a) 最小级:检测入侵。

审计:FPT_PHP.3

如果 PP/ST 中包含 FAU_GEN 安全审计数据产生,没有确定的可审计的行动。

FPT_PHP.1 物理攻击的被动检测

从属于:无其他组件。

依赖关系:FMT_MOF.1 安全功能行为管理

FPT_PHP.1.1 对可能危及 TSF 的安全的物理篡改提供明确的检测。

FPT_PHP.1.2 为 TSF 提供判断 TSF 设备或 TSF 元件是否已被物理篡改的能力。

FPT_PHP.2 **物理攻击报告**

从属于:FPT_PHP.1

依赖关系:FMT_MOF.1 安全功能行为管理

FPT_PHP.2.1 **对可能危及 TSF 的安全的物理篡改提供明确的检测。**

FPT_PHP.2.2 **为 TSF 提供判断 TSF 设备或 TSF 元件是否已被物理篡改的能力。**

FPT_PHP.2.3 **对[赋值:*需主动检测的 TSF 设备及元件列表*],TSF 应监视这些设备和元件,并当其发生物理篡改时通报给[赋值:*指定的用户或角色*]。**

FPT_PHP.3 物理攻击抵抗

从属于:无其他组件。

依赖关系:无依赖关系。

FPT_PHP.3.1 **TSF 应通过自动应答来抵抗对[赋值:*TSF 设备/元件列表*]的[赋值:*各种物理篡改*],以遵从 TSP。**

14.8 可信恢复(FPT_RCV)

子类行为

本子类的要求确保 TSF 能确定 TOE 是在没有减弱安全的状况下启动的,并在运行中断后能在不减弱保护的情况下恢复。因为 TSF 的启动状态决定了对后续状态的保护,故本子类是很重要的。

组件层次

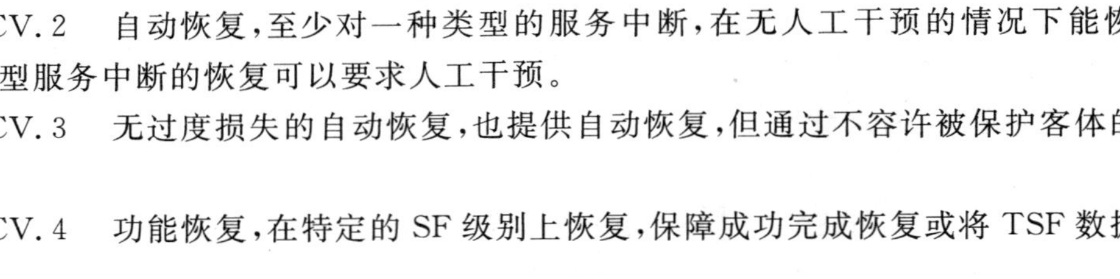

FPT_RCV.1 手工恢复,容许 TOE 只提供人工干预以返回安全状态的机制。

FPT_RCV.2 自动恢复,至少对一种类型的服务中断,在无人工干预的情况下能恢复到安全状态;对其他类型服务中断的恢复可以要求人工干预。

FPT_RCV.3 无过度损失的自动恢复,也提供自动恢复,但通过不容许被保护客体的过度损失来加强要求。

FPT_RCV.4 功能恢复,在特定的 SF 级别上恢复,保障成功完成恢复或将 TSF 数据回到一个安全状态。

管理:FPT_RCV.1

在管理功能 FMT 中考虑以下行动:

a） 管理在维护模式下谁能够获得恢复能力。

管理：FPT_RCV.2，FPT_RCV.3

在管理功能 FMT 中考虑以下行动：

a） 管理在维护模式下谁能够获得恢复能力；

b） 管理通过自动化过程来处理的失败及服务中断列表。

管理：FPT_RCV.4

没有可预见的管理活动。

审计：FPT_RCV.1，FPT_RCV.2，FPT_RCV.3

如果 PP/ST 中含有 FAU_GEN 安全审计数据产生，如下行动应是可审计的：

a） 最小级：出现失败或服务中断；

b） 最小级：恢复正常运行；

c） 基本级：失败或服务中断类型。

审计：FPT_RCV.4

如果 PP/ST 中含有 FAU_GEN 安全审计数据产生，如下行动应是可审计的：

a） 最小级：如有可能，安全功能失败后，不能返回到安全状态的可能性；

b） 基本级：如有可能，检测安全功能的失败情况。

FPT_RCV.1 手工恢复

从属于：无其他组件。

依赖关系：FPT_TST.1 TSF 测试

AGD_ADM.1 管理员指南

ADV_SPM.1 非形式化的 TOE 安全策略模型

FPT_RCV.1.1 发生失败或服务中断后，TSF 应进入维护方式，该方式提供将 TOE 返回到一个安全状态的能力。

FPT_RCV.2 自动恢复

从属于：FPT_RCV.1

依赖关系：FPT_TST.1 TSF 测试

AGD_ADM.1 管理员指南

ADV_SPM.1 非形式化 TOE 安全策略模型

FPT_RCV.2.1 当不能从失败或服务中断自动恢复时，TSF 应进入维护方式，该方式提供将 TOE 返回到一个安全状态的能力。

FPT_RCV.2.2 对[赋值：*失败/服务中断列表*]，TSF 应确保通过自动化过程使 TOE 返回到一个安全状态。

FPT_RCV.3 无过度损失的自动恢复

从属于：FPT_RCV.2

依赖关系：FPT_TST.1 TSF 测试

AGD_ADM.1 管理员指南

ADV_SPM.1 非形式化的 TOE 安全策略模型

FPT_RCV.3.1 当不能从失败或服务中断自动恢复时，TSF 应进入维护方式，该方式提供将 TOE 返回到一个安全状态的能力。

FPT_RCV.3.2 对[赋值：*失败/服务中断列表*]，TSF 应确保通过自动化过程使 TOE 返回到一

个安全状态。

FPT_RCV.3.3　TSF提供的从失败或服务中断状态恢复的功能，应确保TSC内的TSF数据或客体在无过度[赋值：*数量*]损失的情况下恢复到初始状态。

FPT_RCV.3.4　TSF应提供决定客体能否被恢复的能力。

FPT_RCV.4　功能恢复

从属于：无其他组件。

依赖关系：ADV_SPM.1　非形式化的TOE安全策略模型

FPT_RCV.4.1　TSF应确保[赋值：*SF和失败情况列表*]有如下特性，即SF或者被成功完成，或者对指明的失败情况恢复到一致的安全状态。

14.9　重放检测(FPT_RPL)

子类行为

本子类解决对各种类型实体(如消息、服务请求及应答)的重放检测及随后的改正行动。只要检测出重放，就可以有效地避免重放。

组件层次

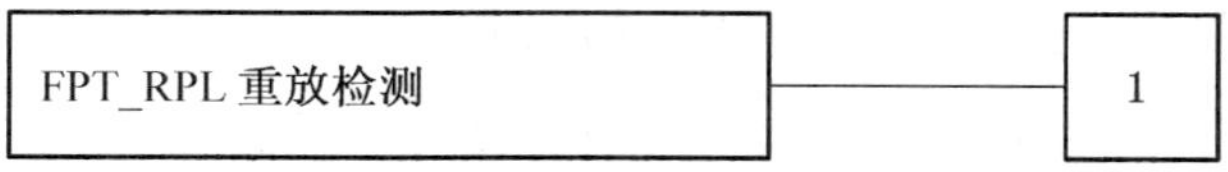

本子类仅有一个组件，FPT_RPL.1重放检测，它要求TSF能够检测出确定实体的重放。

管理：FPT_RCV.1

在管理功能FMT中考虑以下行动：

a)　管理应该检测出其重放的确定实体列表；

b)　管理发生重放时须采取的行动列表。

审计：FPT_RCV.1，FPT_RCV.2

如果PP/ST中包含FAU_GEN安全审计数据产生，如下行动应是可审计的：

a)　基本级：检测重放攻击；

b)　详细级：对特定情况采取的行动。

FPT_RPL.1　重放检测

从属于：无其他组件。

依赖关系：无依赖关系。

FPT_RPL.1.1　TSF应检测以下实体的重放[赋值：*确定实体列表*]。

FPT_RPL.1.2　检测到重放时，TSF应执行[赋值：*具体操作列表*]。

14.10　参照仲裁(FPT_RVM)

子类行为

本子类要求解决传统参照监视器的“一直运行”这一方面。本子类的目的是对一个给定的SFP，确保要求执行策略的所有行动，都必须由TSF根据SFP加以确认。如果TSF中执行该SFP的部分也满足来自FPT_SEP(域分离)和ADV_INT(TSF内部)的合适组件的要求，那么TSF的该部分就为SFP提供了一个“参照监视器”。

当且仅当不可信主体所请求的有关任何或全部SFP的所有可执行行动(例如：访问客体)在成功前都要被TSF确认，实现该SFP的TSF才能提供有效抵抗非授权操作的保护。如果一个可被TSF执行的操作，被不正确地执行或旁路，则该SFP的整体执行将受危害。这样，主体就可通过多种未授权的途径旁路掉该SFP(例如逃避对主体或客体的存取校验、旁路掉对保护措施由应用程序执行的客体的校验、将存取权保留到超过其预定的生存期、旁路掉对被审计行动的审计或旁路掉鉴别)。注意，某些主体，对 SFP 而言也称作“可信主体”，他们自己执行该 SFP 或许是可信的，并旁路掉该 SFP 的仲裁。

组件层次

本子类仅有一个组件，FPT_RVM.1 TSP 的不可旁路性，它要求对 TSP 中的所有 SFP 都不可旁路。

管理：FPT_RVM.1

没有可预见的管理活动。

审计：FPT_RVM.1

如果 PP/ST 中包含 FAU_GEN 安全审计数据产生，无确定的行动是可审计的。

FPT_RVM.1 TSP 的不可旁路性

从属于：无其他组件。

依赖关系：无依赖关系。

FPT_RVM.1.1 TSF 应确保在 TSC 内允许继续执行每一项功能前，TSP 的执行功能都被成功激活。

14.11 域分离（FPT_SEP）

子类行为

本子类的组件确保 TSF 自己的执行时至少有一个安全域可用，并保护该 TSF 不被不可信主体从外部干扰篡改（如修改 TSF 编码或数据结构）。满足本子类要求的 TSF 具有自我保护能力，即不可信主体将不能修改或破坏该 TSF。

本子类的要求如下：

a) 将 TSF 的安全域（“保护域”）的资源和该域外的主体及不受约束的实体分离开，使得保护域外的实体不能观察或修改保护域内的 TSF 数据或 TSF 编码。

b) 域间的传输是受控的，不能随意地进入保护域或随意从保护域返回。

c) 通过传地址方式传到保护域的用户或应用参数，应通过保护域地址空间进行确认；而通过传值方式传到保护域的那些用户或应用参数，则应通过该保护域所期望的值进行确认。

d) 除了通过 TSF 控制的共享部分外，主体的安全域是不同的。

组件层次

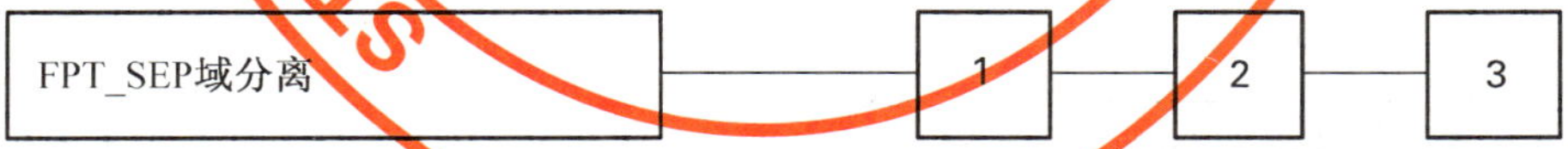

FPT_SEP.1 TSF 域分离，为 TSF 提供不同的的保护域，并在 TSC 内将主体分离。

FPT_SEP.2 SFP 域分离，要求对 TSF 进一步细分成不同的域，一些是针对作为策略参照监视器的 SFP 的确定集合，一个是针对 TSF 剩余部分，也有一些是针对 TOE 内的非 TSF 部分。

FPT_SEP.3 完全的参照监视器，要求有针对 TSP 执行的不同的域，有针对 TSF 剩余部分的域，还有针对 TOE 内的非 TSF 部分的域。

管理：FPT_SEP.1，FPT_SEP.2，FPT_SEP.3

没有可预见的管理活动。

审计：FPT_SEP.1，FPT_SEP.2，FPT_SEP.3

如果 PP/ST 中包含 FAU_GEN 安全审计数据产生，无确定的活动可审计的。

FPT_SEP.1 TSF 域分离

从属于:无其他组件。

依赖关系:无依赖关系。

FPT_SEP.1.1 TSF 应为自身执行时维护一个安全域,防止不可信主体的干扰和篡改。

FPT_SEP.1.2 TSF 应分离 TSC 内各主体的安全域。

FPT_SEP.2　SFP 域分离

从属于:FPT_SEP.1

依赖关系:无依赖关系。

FPT_SEP.2.1　TSF 的未隔离部分应为自身执行时维护一个安全域,防止不可信主体的干扰和篡改。

FPT_SEP.2.2　TSF 应分离 TSC 内各主体的安全域。

FPT_SEP.2.3　TSF 应在一个安全域中为其自身执行维护与[赋值:*访问控制或信息流控制 SFP 列表*]有关的 TSF 部分,以防止他们被相对于这些 SFP 而言的不可信主体和 TSF 剩余部分的干扰和篡改。

FPT_SEP.3　完全的参照监视器

从属于:FPT_SEP.2

依赖关系:无依赖关系。

FPT_SEP.3.1　TSF 的未隔离部分应为自身执行维护一个安全域,防止不可信主体的干扰和篡改。

FPT_SEP.3.2　TSF 应分离 TSC 内各主体的安全域。

FPT_SEP.3.3　TSF 应在一个安全域中为其自身执行,维护执行访问控制或信息流控制 SFP 的 TSF 部分,以防止他们被相对于 TSP 而言的不可信主体和 TSF 剩余部分的干扰和篡改。

14.12　状态同步协议(FPT_SSP)

子类行为

分布式系统由于存在系统各部分间潜在的状态差别及通信延迟等问题,因而比单一系统复杂得多。大多数情况下,分布式功能间的状态同步涉及到交换协议,而不是一个简单的操作。当在这些协议的分布式环境中存在蓄意的危害时,就需要更为复杂的防御协议。

FPT_SSP 对 TSF 的某些关键安全功能使用该可信的协议提出了要求。FPT_SSP 确保 TOE 的两个分布部分(如主机)在完成与安全有关的活动后,状态保持同步。

组件层次

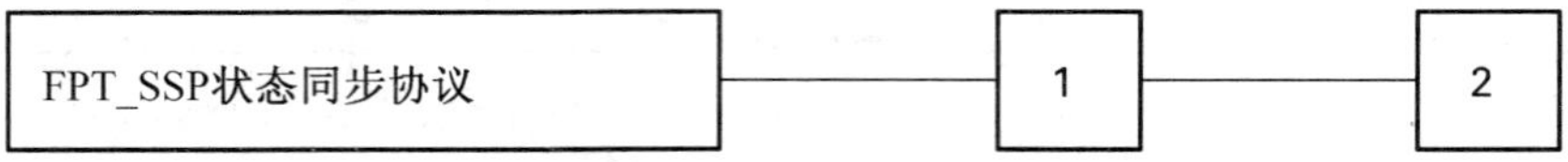

FPT_SSP.1　简单的可信回执,只要求数据接收者给出简单回执。

FPT_SSP.2　相互的可信回执,要求对交换数据相互回执。

管理:FPT_SSP.1,FPT_SSP.2

没有可预见的管理活动。

审计:FPT_SSP.1,FPT_SSP.2

如果 PP/ST 中包含 FAU_GEN 安全审计数据产生,如下行动应是可审计的:

a)　最小级:接收期待的回执时,发生失败。

FPT_SSP.1　简单的可信回执

从属于:无其他组件。

依赖关系：FPT_ITT.1 内部 TSF 数据传输的基本保护

FPT_SSP.1.1　当 TSF 的另一部分发出请求时，TSF 应对接收到未经修改的 TSF 数据给出回执。

FPT_SSP.2　相互的可信回执

从属于：FPT_SSP.1

依赖关系：FPT_ITT.1　内部 TSF 数据传输的基本保护

FPT_SSP.2.1　当 TSF 的另一部分发出请求时，TSF 应对接收到未经修改的 TSF 数据给出回执。

FPT_SSP.2.2　TSF 应通过回执来确保 TSF 的有关部分知道在其各部分间传输数据处于正确状态。

14.13　时间戳（FPT_STM）

子类行为

本子类对 TOE 内可靠的时间戳功能提出要求。

组件层次

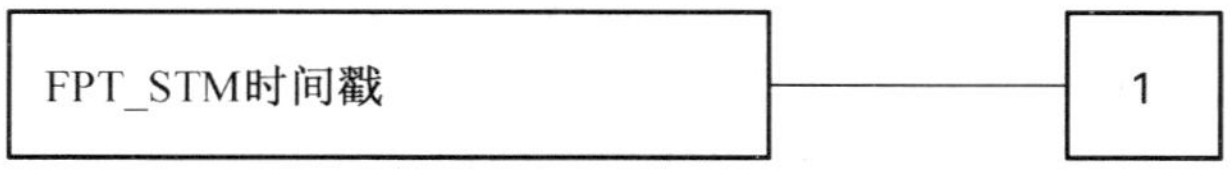

本子类仅有一个组件，FPT_STM.1 可靠的时间戳，要求 TSF 为 TSF 功能提供可靠的时间戳。

管理：FPT_STM.1

在管理功能 FMT 中考虑以下行动：

a)　时间管理。

审计：FPT_STM.1

如果 PP/ST 中包含 FAU_GEN 安全审计数据产生，如下行动应是可审计的：

a)　最小级：时间的变动；

b)　详细级：提供时间戳。

FPT_STM.1 可靠的时间戳

从属于：无其他组件。

依赖关系：无依赖关系。

FPT_STM.1.1　TSF 应能为自身的应用提供可靠的时间戳。

14.14　TSF 间 TSF 数据的一致性（FPT_TDC）

子类行为

在分布式或复合系统环境下，TOE 或许需要与其他可信 IT 系统交换 TSF 数据（如与数据有关的 SFP 属性、审计信息、标识信息等等）。本子类定义了一些要求，这些要求是关于 TOE 的 TSF 及不同的可信 IT 系统间共享这些属性并对其作出一致性解释。

组件层次

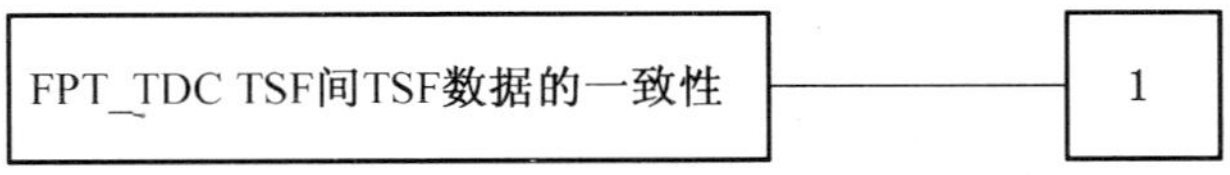

FPT_TDC.1　TSF 间基本 TSF 数据的一致性，要求 TSF 提供确保 TSF 间属性的一致性的能力。

管理：FPT_TDC.1

没有可预见的管理活动。

审计：FPT_TDC.1

如果 PP/ST 中包含 FAU_GEN 安全审计数据产生如下行动应是可审计的：

a) 最小级：成功使用 TSF 数据一致性机制；

b) 基本级：使用 TSF 数据一致性机制；

c) 基本级：标识已解释的 TSF 数据；

d) 基本级：检测被修改的 TSF 数据。

FPT_TDC.1 TSF 间基本 TSF 数据的一致性

从属于：无其他组件。

依赖关系：无依赖关系。

FPT_TDC.1.1 当 TSF 与其他可信 IT 系统共享 TSF 数据时，TSF 应提供对[赋值：*TSF 数据类型列表*]一致性解释的能力。

FPT_TDC.1.2 当解释来自其他可信 IT 系统的 TSF 数据时，TSF 应使用[赋值：*TSF 使用的解释规则列表*]。

14.15 TOE 内 TSF 数据复制的一致性(FPT_TRC)

子类行为

本子类的要求用以确保在 TOE 内部复制 TSF 数据的一致性。当 TOE 的内部不同部分间的信道不能工作时，这些 TSF 数据就可能不一致，如果 TOE 内部被构造成网络，而一部分网络连接又断掉了，则当那些部分失去正常工作能力时，就会发生这种不一致的情况。

组件层次

本子类仅有一个组件，FPT_TRC.1 内部 TSF 的一致性，要求 TSF 确保在多点复制时，TSF 数据的一致性。

管理：FPT_TRC.1

没有可预见的管理活动。

审计：FPT_TRC.1

如果 PP/ST 中给 FAU_GEN 安全审计数据产生如下行动应是可审计的：

a) 最小级：重新连接时恢复一致性；

b) 基本级：检测 TSF 数据间的不一致性。

FPT_TRC.1 内部 TSF 的一致性

从属于：无其他组件。

依赖关系：FPT_ITT.1 **内部 TSF 数据传输的基本保护**

FPT_TRC.1.1 TSF 应确保 TOE 各部分间的 TSF 数据复制的一致性。

FPT_TRC.1.2 当包含复制的 TSF 数据的 TOE 部分断开时，TSF 应确保在处理任何对[赋值：依赖于 TSF 数据复制一致性的 SF 列表]的请求前，来自重建连接的复制的 TSF 数据的一致性。

14.16 TSF 自检(FPT_TST)

子类行为

本子类定义了一些关于 TSF 自检的要求，这些检测与期待的正确操作有关，如执行功能的接口和 TOE 关键部分的抽样算术运算。这些检测可在启动时进行，或周期性地进行，或应授权用户的请求进行，或满足其他条件时进行。TOE 根据自检结果所采取的行动在其他子类中定义。

本子类要求也用于检测由多种失败造成的 TSF 可执行码(如 TSF 软件)和 TSF 数据腐败，这些失败并不需要 TOE 停止工作(这将由别的子类处理)。因为这些失败不可避免，故必须执行这些检查。

这些失败可能是由不可预见的失败方式或硬件、固件、软件设计的某些忽略所造成，或由于逻辑的或物理保护的不适当导致 TSF 恶意腐败所造成。

组件层次

FPT_TST.1 TSF 检测，提供对 TSF 正确操作的测试能力。这些检测可在启动时进行，或周期性地进行，或当授权用户要求时，或满足别的条件时进行。同时也提供对 TSF 数据及可执行码的完整性的验证能力。

管理：FPT_TST.1

在管理功能 FMT 中考虑以下行动：

a) 管理 TSF 自检产生条件，如初始化启动期间、固定间隔或特定条件；

b) 适当地管理时间间隔。

审计：FPT_TST.1

如果 PP/ST 中包含 FAU_GEN 安全核查数据产生如下行动应是可审计的：

a) 基本级：执行 TSF 自检及检测结果。

FPT_TST.1　TSF 检测

从属于：无其他组件。

依赖关系：FPT_AMT.1　**抽象机测试**

FPT_TST.1.1　TSF 应运行一套自检[选择：*初始化启动期间，正常工作期间周期性地，授权用户要求，满足*[赋值：*产生自检的条件*]]以表明 TSF 操作的正确性。

FPT_TST.1.2　TSF 为授权用户提供对 TSF 数据完整性的验证能力。

FPT_TST.1.3　TSF 为授权用户提供对存储的 TSF 可执行代码完整性的验证能力。

15 FRU 类：资源利用

本类提供三子类，它们支持所需资源(诸如处理能力或存储能力)的可用性。容错子类提供保护以防止由 TOE 失败引起的资源不可用。服务优先级子类确保资源将被分配到更重要的和时间要求更紧迫的任务中，而且不能被优先级低的任务所独占。资源分配子类提供可用资源的使用限制，从而防止用户独占资源。

资源利用类分解见图 17。

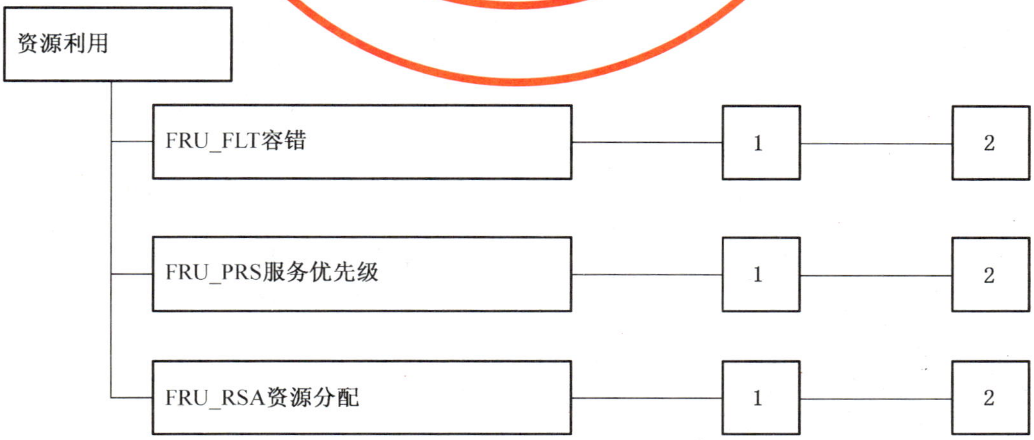

图 17　资源利用类分解

15.1 容错(FRU_FLT)

子类行为

本子类的要求确保 TOE 即便出现故障事件也将维持正常运转。

组件层次

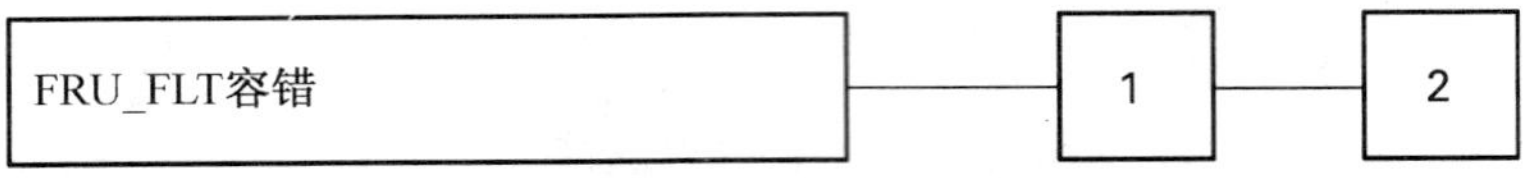

FRU_FLT.1　降级容错,要求 TOE 在确定的故障事件下能继续正确运行确定的能力。

FRU_FLT.2　受限容错,要求 TOE 在确定的故障事件下能继续正确运行全部能力。

管理:FRU_FLT.1,FRU_FLT.2

没有可预见的管理活动。

审计:FRU_FLT.1

如果 PP/ST 中包含 FAU_GEN 安全审计数据产生,以下行动应是可审计的:

a) 最小级:TSF 检测出的任何故障;

b) 基本级:由于一故障而中断的所有 TOE 能力。

审计:FRU_FLT.2

如果 PP/ST 中包含 FAU_GEN 安全审计数据产生,以下行动应是可审计的:

a) 最小级:TSF 检测出的任何故障。

FRU_FLT.1　降级容错

从属于:无其他组件。

依赖关系:FPT_FLS.1 带保存安全状态的失败

FRU_FLT.1.1　当以下故障[赋值:*故障类型列表*]发生时,TSF 应确保[赋值:*TOE 能力列表*]能运行。

FRU_FLT.2　受限容错

从属于:FRU_FLT.1

依赖关系:FPT_FLS.1 带保存安全状态的失败

FRU_FLT.2.1　当以下故障[赋值:*故障类型列表*]发生时,TSF 应能确保所有 TOE 能力均能运行。

15.2 服务优先级(FRU_PRS)

子类行为

该子类要求允许 TSF 能控制用户或主体对 TSC 内资源的使用,以便 TSC 内的高优先级活动总是能得以完成,而不受低优先级活动的过分干扰或延迟。

组件层次

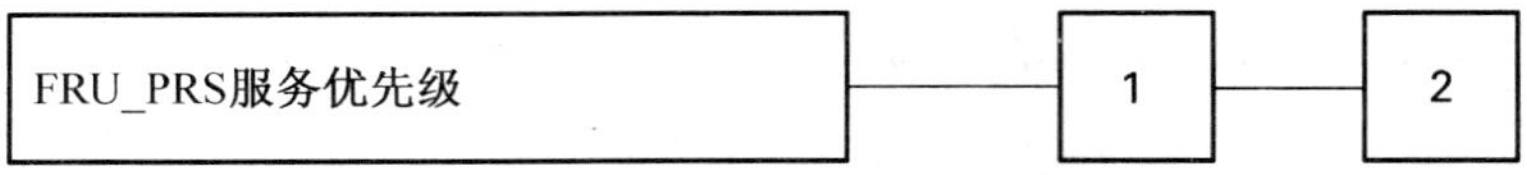

FRU_PRS.1　有限服务优先级,提供主体使用 TSC 内某个资源子集的优先级。

FRU_PRS.2　完全服务优先级,提供主体使用 TSC 内全部资源的优先级。

管理:FRU_PRS.1, FRU_PRS.2

在管理功能 FMT 中考虑以下行动:

a) 在 TSF 中每个主体优先级的分配。

审计:FRU_PRS.1, FRU_PRS.2

如果 PP/ST 中包含 FAU_GEN 安全审计数据产生，以下行动应是可审计的：

a) 最小级：对基于使用配置中优先级的操作的拒绝；

b) 基本级：包括服务功能的优先级在内的配置功能的所有尝试运用。

FRU_PRS.1 有限服务优先级

从属于：无其他组件。

依赖关系：无依赖关系。

FRU_PRS.1.1 TSF 应给在 TSF 中的每个主体分配一种优先级。

FRU_PRS.1.2 TSF 应确保对［赋值：*受控资源*］的每次访问都应该基于主体所分配的优先级进行协调。

FRU_PRS.2 完全服务优先级

从属于：FRU_PRS.1

依赖关系：无依赖关系。

FRU_PRS.2.1 TSF 应给在 TSF 中的每个主体分配一种优先级。

FRU_PRS.2.2 TSF 应确保对**所有可共享资源**的每次访问都应基于主体所分配的优先级进行协调。

15.3 资源分配(FRU_RSA)

子类行为

本子类的要求允许 TSF 控制用户和主体对资源的使用，使得不因未授权地独占资源而出现拒绝服务。

组件层次

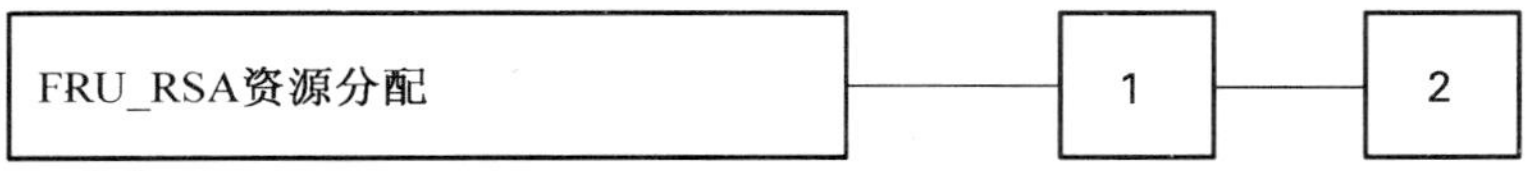

FRU_RSA.1 最高配额，要求配额机制确保用户和主体将不会独占某种受控的资源。

FRU_RSA.2 最低和最高配额，要求配额机制确保用户和主体，至少获得最小的规定资源且不会独占受控资源。

管理：FRU_RSA.1

在管理功能 FMT 中考虑以下行动：

a) 由管理者为用户组、单个用户或主体规定某资源的最大使用限度。

管理：FRU_RSA.2

在管理功能 FMT 中考虑以下行动：

a) 由一管理者为用户组、单个用户或主体规定某资源的最小和最大使用限度。

审计：FRU_RSA.1，FRU_RSA.2

如果 PP/ST 中包含 FAU_GEN 安全审计数据产生，以下行动应是可审计的。

a) 最小级：由于资源的限制导致分配操作的拒绝；

b) 基本级：对 TSF 控制资源的资源分配功能的所有尝试使用。

FRU_RSA.1 最高配额

从属于：无其他组件。

依赖关系：无依赖关系。

FRU_RSA.1.1 TSF 应对以下资源：［赋值：*受控资源*］强制进行最高配额分配，这些资源是［选择:*单个用户,预定义用户组,主体*]能[选择:*同时地,在规定的时间间隔内*]使用的。

FRU_RSA.2　　**最低和最高配额**

从属于:FRU_RSA.1

依赖关系:无依赖关系。

FRU_RSA.2.1 TSF 应对以下资源:[赋值:受控资源]强制进行最高配额分配,这些资源是[选择:个体用户,定义的用户组,主体]能[选择:同时地,规定的时间间隔内]使用的。

FRU_RSA.2.2　TSF 应确保每个[赋值:受控资源]最低量的供应,这些资源是[选择:个体用户,定义的用户组,主体]能[选择:同时地,规定的时间间隔内]使用的。

16　FTA 类:TOE 访问

本类规定用以用户会话建立控制的功能要求。图 18 给出了本类中子类的分解情况。

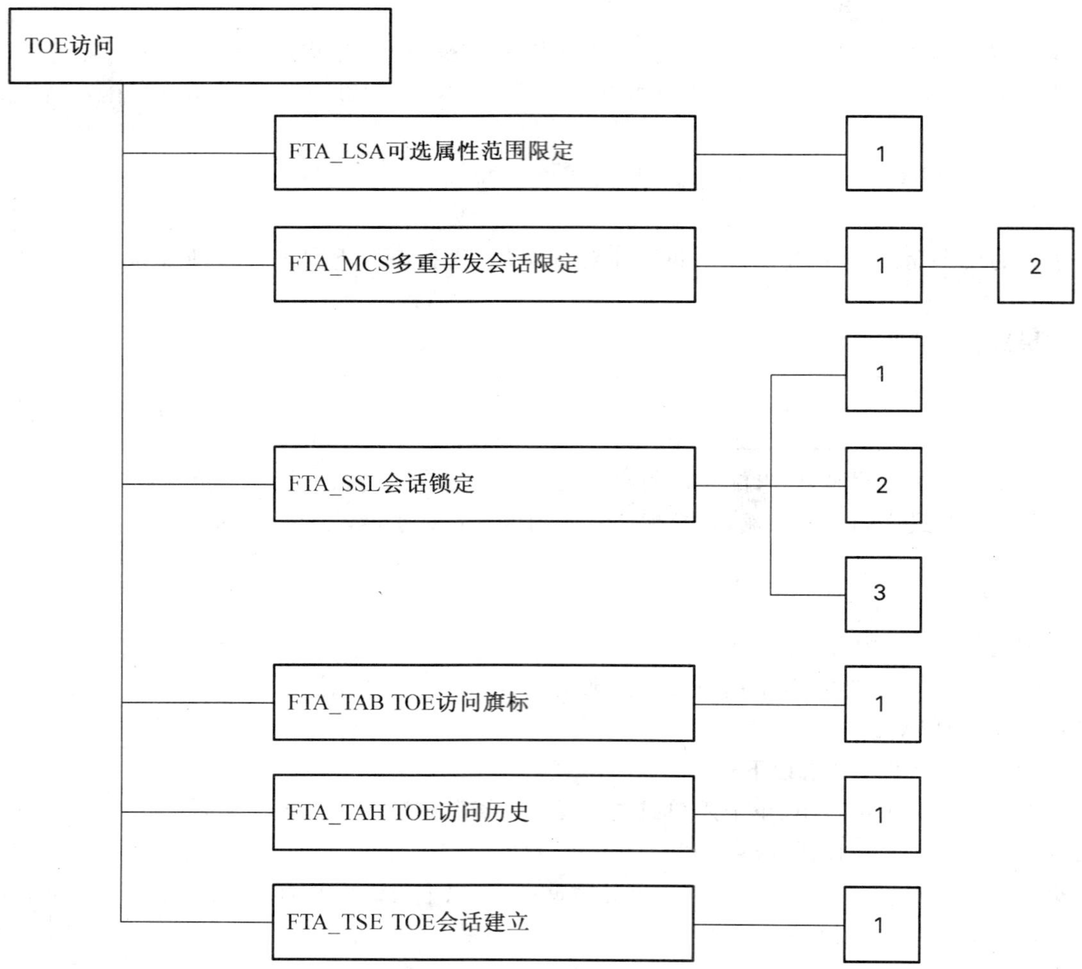

图 18　TOE 访问类分解

16.1　可选属性范围限定(FTA_LSA)

子类行为

本子类定义了用户选取用于某会话的会话安全属性范围限定的要求。

组件层次

FTA_LSA.1　可选属性范围限定，为TOE在会话建立期间提供了限制会话安全属性范围的要求。

管理：FTA_LSA.1

在管理功能FMT中考虑以下行动：

a）管理者对会话安全属性范围的管理。

审计：FTA_LSA.1

如果PP/ST中包含FAU_GEN安全审计数据产生，以下行动应是可审计的。

a）最小级：选择某种会话安全属性的所有失败尝试；

b）基本级：选择某种会话安全属性的所有尝试；

c）详细级：获取每种会话安全属性的值。

FTA_LSA.1　可选属性范围限定

从属于：无其他组件。

依赖关系：无依赖关系。

FTA_LSA.1.1　TSF应基于[赋值：*属性*]限制会话安全属性[赋值：*会话安全属性*]的范围。

16.2　多重并发会话限定(FTA_MCS)

子类行为

本子类定义了同一用户并发会话的数量限制要求。

组件层次

FTA_MCS.1　多重并发会话的基本限定，提供了适用于TSF内所有用户的限定。

FTA_MCS.2　每个用户属性的多重并发会话限定，通过要求有能力基于相关安全属性限制并发会话数量来扩展FTA_MCS.1多重并发会话基本限定。

管理：FTA_MCS.1

在管理功能FMT中考虑以下行动：

a）管理者所允许的用户并发会话的最大数量的管理。

管理：FTA_MCS.2

在管理功能FMT中考虑以下行动：

a）管理者所允许的用户并发会话的最大数量支配规则的管理。

审计：FTA_MCS.1，FTA_MCS.2

如果PP/ST中包含FAU_GEN安全审计数据产生，以下行动应是可审计的：

a）最小级：基于多重并发会话限定对新会话的拒绝。

b）详细级：获取当前并发用户会话数目和用户安全属性。

FTA_MCS.1　多重并发会话的基本限定

从属于：无其他组件。

依赖关系：FIA_UID.1 标识定时

FTA_MCS.1.1　TSF 应限制属于同一用户的并发会话的最大数量。

FTA_MCS.1.2　TSF 缺省应强制限制每个用户的会话次数[赋值:*缺省数*]。

FTA_MCS.2　每个用户属性的多重并发会话的限定

从属于:FTA_MCS.1

依赖关系:FIA_UID.1 标识定时

FTA_MCS.2.1 TSF 应依据规则[赋值:*并发会话最大数目的规则*]对属于同一用户的并发会话最大数目加以限定。

FTA_MCS.2.2　TSF 缺省应强制限制每个用户的会话次数[赋值:*缺省数*]。

16.3　会话锁定(FTA_SSL)

子类行为

本子类定义要求 TSF 提供 TSF 原发的和用户原发的交互式会话的锁定和解锁能力。

组件层次

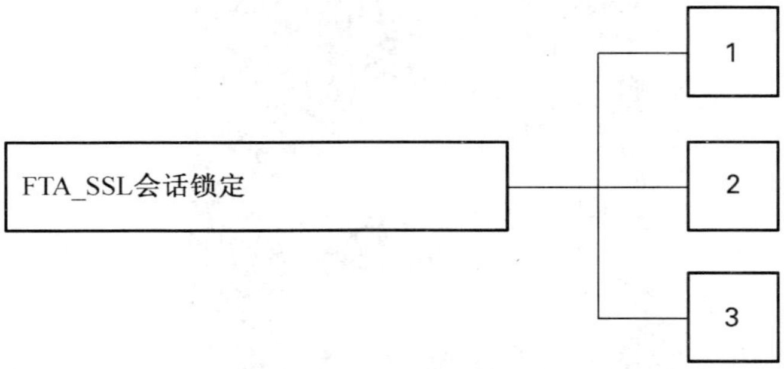

FTA_SSL.1　TSF 原发会话锁定,包括在用户处于不活动状态超过规定时间后的系统原发交互会话锁定。

FTA_SSL.2　用户原发锁定,提供用户锁定和解锁其本身的交互会话的能力。

FTA_SSL.3　TSF 原发终止,在用户处于不活动状态一段时间后,TSF 有能力终止此会话。

管理:FTA_SSL.1

在管理功能 FMT 中考虑以下行动:

a)　规定用户处于不活动状态时间,在此时间之后某个用户将被锁定;

b)　规定用户处于不活动状态的缺省时间,在此时间之后用户将被锁定;

c)　会话解锁前发生事件的管理。

管理:FTA_SSL.2

在管理功能 FMT 中考虑以下行动:

a)　会话解锁前发生事件的管理。

管理:FTA_SSL.3

在管理功能 FMT 中考虑以下行动:

a)　规定用户处于不活动状态时间,在此时间之后某个用户的交互会话将被终止;

b)　规定用户处于不活动状态的缺省时间,在此时间之后用户的交互会话将被终止。

审计:FTA_SSL.1, FTA_SSL.2

如果 PP/ST 中包含 FAU_GEN 安全审计数据产生,以下行动应是可审计的。

a)　最小级:审计被会话锁定机制所产生的交互会话锁定事件;

b)　最小级:交互式会话的成功解锁;

c)　基本级:对交互式会话解锁的各种尝试。

审计:FTA_SSL.3

如果 PP/ST 中包含 FAU_GEN 安全审计数据的产生，以下行动应是可审计的。

a) 最小级：审计被会话锁定机制所产生的交互会话终止事件。

FTA_SSL.1 TSF 原发会话锁定

从属于：无其他组件。

依赖关系：FIA_UAU.1 鉴别定时

FTA_SSL.1.1 TSF 应在[赋值：*用户处于不活动状态的时间间隔*]后，通过以下方法锁定一交互式会话：

a)清除或覆写显示设备，使当前的内容不可读；

b)禁止用户数据访问/显示设备等任何活动。

FTA _SSL.1.2 TSF 应要求在会话解锁之前发生以下事件：[赋值：*发生的事件*]。

FTA_SSL.2 用户原发锁定

从属于：无其他组件。

依赖关系：FIA_UAU.1 鉴别定时

FTA_SSL.2.1 TSF 应允许通过以下方法实现对用户自已的交互会话的用户原发锁定：

a)清除或覆写显示设备，使当前的内容不可读；

b)禁止用户数据访问/显示设备等任何活动。

FTA_SSL2.2 TSF 应要求在会话解解锁之前发生下列事件，[赋值：*发生的事件*]

FTA_SSL.3 TSF 原发终止

从属于：无其他组件。

依赖关系：无依赖关系。

FTA_SSL.3.1 TSF 应在 [赋值：*用户处于不活动状态的时间间隔*]之后终止一交互式会话。

16.4 TOE 访问旗标

子类行为

本子类定义了向用户显示有关适当使用 TOE 的可配置劝告性警示信息的要求。

组件层次

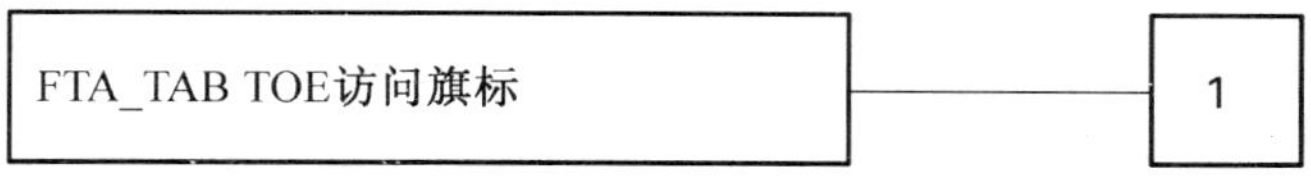

FTA_TAB.1 缺省的 TOE 访问旗标，给出了 TOE 访问旗标的要求。该旗标应在会话的对话建立之前予以显示。

管理：FTA_TAB.1

在管理功能 FMT 中考虑以下行动：

a) 授权管理者对旗标的维护。

审计：FTA_TAB.1

没有可预见的可审计事件。

FTA_TAB.1 缺省的 TOE 访问旗标

从属于：无其他组件。

依赖关系：无依赖关系。

FTA_TAB.1.1 在建立一用户会话之前，TSF 应显示有关未授权使用 TOE 的劝告性警示信息。

16.5 TOE 访问历史(FTA_TAH)

子类行为

本子类要求 TSF 在成功的会话建立之后,应向用户显示访问该用户账号的成功的和不成功的访问尝试的历史。

组件层次

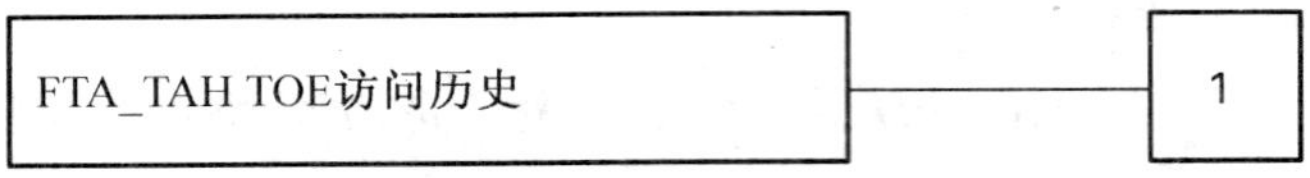

FTA_TAH.1 TOE 访问历史,要求 TOE 显示以前的会话建立尝试的相关信息。

管理:FTA_TAH.1

没有可预见的管理活动。

审计:FTA_TAH.1

没有可预见的可审计事件。

FTA_TAH.1　TOE 访问历史

从属于:无其他组件。

依赖关系:无依赖关系。

FTA_TAH.1.1　一旦会话成功建立,TSF 应向用户显示上一次成功的会话建立的[赋值:*日期,时间,方法,位置*]。

FTA_TAH.1.2　一旦会话成功建立,TSF 应向用户显示上一次不成功的会话建立尝试的[赋值:*日期,时间,方法,位置*]和从上一次成功的会话建立以来的不成功的尝试的次数。

FTA_TAH.1.3　TSF 在没有给用户查看访问历史信息的机会的情况下,不应从用户接口删除该信息。

16.6 TOE 会话建立(FTA_TSE)

子类行为

本子类定义了拒绝允许用户与 TOE 建立会话的要求。

组件层次

FTA_TSE.1　TOE 会话建立,提供了基于属性拒绝用户访问 TOE 的要求。

管理:FTA_TSE.1

在管理功能 FMT 中考虑以下行动:

a) 授权管理者对会话建立条件的管理。

审计:FTA_TSE.1

如果 PP/ST 中包含 FAU_GEN 安全审计数据产生,以下行动应是可审计的:

a) 最小级:由于会话建立机制产生的拒绝会话建立事件。

b) 基本级:用户会话建立的所有尝试事件。

c) 详细级:获取所选的访问参数值(例如访问位置、访问时间)。

FTA_TSE.1　TOE 会话建立

从属于:无其他组件。

依赖关系:无依赖关系。

FTA_TSE.1.1　TSF 应能基于[赋值:属性]拒绝会话建立。

17 TP类：可信路径/信道

本类中的子类提供关于用户和 TSF 之间可信通信路径，以及关于 TSF 和其他可信 IT 系统之间可信通信信道的要求。可信路径和信道有以下一般特点：

——通信路径使用内部和外部通信信道构成（对组件适当的话），它将 TSF 数据和命令的确定子集与余下的 TSF 和用户数据分开。

——通信路径的启用可由用户或 TSF 来发起（对组件适当的话）。

——通信路径有能力保证，用户正在同正确的 TSF 通信，并且 TSF 也正在同正确的用户通信（对组件适当的话）。

在本范例中，**可信信道**是可以由该信道的任何一端发起的一条通信信道，并且提供该信道两端身份的抗抵赖特性。

可信路径为用户提供了一种方式以便用户可通过一个直接与 TSF 交互的信任通道来执行其功能。可信路径通常用于初始标识或鉴别等用户活动，但也可能用于用户会话过程中的其他时刻。可信路径的信息交换可以由用户或 TSF 发起。应确保经可信路径的用户应答受到保护，不会被不可信应用所修改或泄露给不可信应用。

图 19 给出了本类中子类的分解情况。

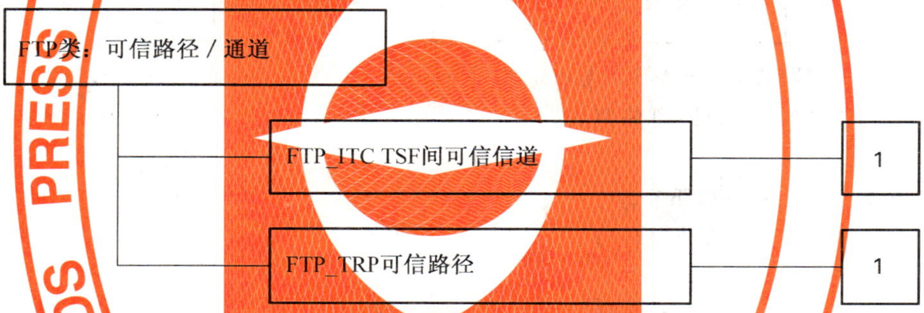

图 19 可信路径/信道类分解图

17.1 TSF间可信信道（FTP_ITC）

子类行为

本子类定义为执行关键的安全操作，在 TSF 和其他可信 IT 系统之间建立一可信信道的要求。每当存在 TOE 和其他可信 IT 系统之间的用户或 TSF 数据的保密通信的要求时，就应包括本子类。

组件层次

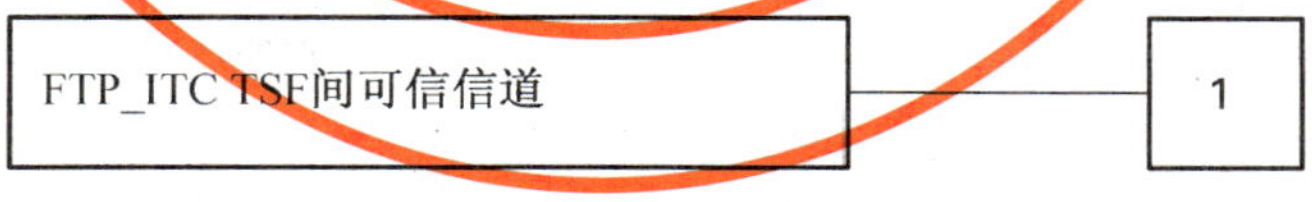

FTP_ITC.1 TSF 间可信信道，要求 TSF 在它自身和另一个可信 IT 系统之间提供一条可信信道。

管理：FTP_ITC.1

在管理功能 FMT 中考虑以下行动：

a) 如果支持的话，配置需要可信信道的行动。

审计：FTP_ITC.1

如果 PP/ST 中包含 FAU_GEN 安全审计数据产生，下列行动应可审计。

a) 最小级：可信信道功能的失败；

b) 最小级：失败的可信信道功能的原发者及目标的标识；

c) 基本级：可信信道功能的所有使用尝试；

d） 基本级：所有可信信道功能的原发者及目标的标识。

FTP_ITC.1 TSF间可信信道

从属于：无其他组件。

依赖关系：无依赖关系。

FTP_ITC.1.1 TSF应在它自身和一远程可信IT系统之间提供一条通信信道，此信道在逻辑上与其他通信信道不同，并且对其端点提供确定的标识，以及保护信道中数据免遭修改和泄露。

FTP_ITC.1.2 TSF应允许［选择：*TSF，远程的可信IT系统*］经可信信道发起通信。

FTP_ITC.1.3 对于［赋值：*可信信道所要求的功能列表* ］，TSF应经可信信道发起通信。

17.2 可信路径（FTP_TRP）

子类行为

本子类定义建立和维护到或来自用户或TSF的可信通信的要求。任何与安全有关的交互活动可能都要求可信路径。可信路径的信息交换可以由用户在与TSF交互期间发起，或者TSF可能经一条可信路径与用户建立通信。

组件层次

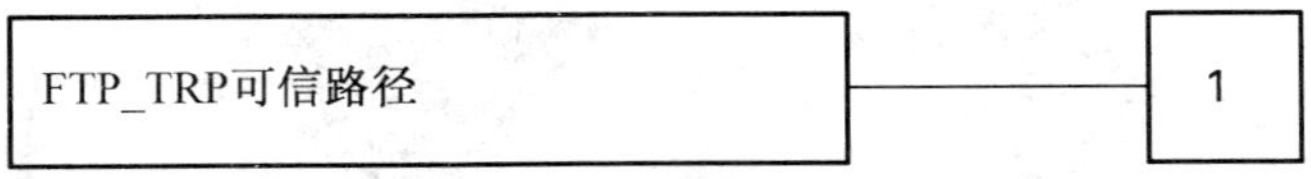

FTP_TRP.1 可信路径，对PP/ST作者定义的一组事件，要求在TSF和用户之间提供一条可信路径。用户或TSF均有能力发起该可信路径。

管理：FTP_TRP.1

在管理功能FMT中考虑以下行动：

a） 如果支持的话，配置需要可信路径的行动。

审计：FTP_TRP.1

如果PP/ST中包含FAU_GEN安全审计数据产生，下列行动应可审计：

a） 最小级：可信路径功能的失败；

b） 最小级：如果有的话，与所有可信路径故障相关的用户标识；

c） 基本级：所有可信路径功能的使用尝试；

d） 基本级：如果有的话，与所有可信路径的启用相关的用户标识。

FTP_TRP.1 可信路径

从属于：无其他组件。

依赖关系：无依赖关系。

FTP_TRP.1.1 TSF应在它自身和［选择：*远程，本地*］用户之间提供一条通信路径，此路径在逻辑上与其他通信路径不同，并且对其端点提供确定的标识，以及保护通信数据免遭修改或泄露。

FTP_TRP.1.2 TSF应允许［选择：*TSF，本地用户，远程用户*］经可信路径发起通信。

FTP_TRP.1.3 对于［选择：*初始化用户鉴别*，［赋值：*可信路径所要求的其他服务* ］］TSF应要求使用可信路径。

18 安全技术架构能力成熟度级

18.1 概述

安全技术体系架构是对组织机构信息技术系统的安全技术体系的整体构建描述。安全技术架构能力是拥有信息技术系统的组织机构根据其系统安全风险评估的结果和系统安全策略的要求，并参考相关安全技术体系架构的标准和最佳实践，结合组织机构信息技术系统的具体现状和需求，建立的符合组织机构信息技术系统安全战略发展规划的整体安全技术体系框架；它是组织机构信息技术系统安全战略管理的具体体现。安全技术体系架构能力是组织机构执行系统安全技术能力的整体反映，是组织机构在进行信息安全技术体系框架管理并达到预定成本、功能和质量目标的度量的体现。

安全技术架构能力成熟度是组织机构建立和完善信息技术系统安全技术体系架构能力的反映。一个组织机构一般可随意以他们所选择的方式和次序来计划、跟踪、定义、控制和改进他们的系统安全技术架构构建过程。然而，由于一些较高级别的通用实践依赖于较低级别的实践，因此组织机构应在试图达到较高级别的系统安全技术体系架构之前，应首先实现较低级别的系统安全技术体系架构的构建实践过程。

18.2 安全技术架构能力成熟度级说明

此章包含了可应用于所有建立和完善信息技术系统安全技术体系架构的实施。这些实施可用于确定组织机构建立和完善安全技术体系架构的能力级别。

实施划分为如下的能力级别：

a) 能力级别0：未实施；

b) 能力级别1：基本执行；

c) 能力级别2：计划和跟踪；

d) 能力级别3：充分定义；

e) 能力级别4：量化控制；

f) 能力级别5：持续改进。

18.2.1 能力级别0——未实施

未实施级别。在这个级别中，组织机构可能已经采用了一些具体的安全技术保障控制措施，但从整体上而言，组织机构并没有考虑整体的系统安全技术体系架构。

18.2.2 能力级别1——基本执行级

基本执行级别。在这个级别中，组织机构正在进行一些非正式的系统安全技术体系架构过程。

本能力级别的特征是：

a) 安全技术体系架构过程是随意和非正式的；

b) 某些技术体系架构过程得以定义；

c) 在技术和业务领域，没有统一一致的安全技术体系架构过程；

d) 安全技术体系架构的成功依赖于某些个人的工作；

e) 工作的质量不能保持稳定一致；

f) 在安全技术体系架构过程和可能的过程改进中几乎不存在沟通。

18.2.3 能力级别2——计划和跟踪级

计划和跟踪级别。在这个级别中，组织机构正在开发系统安全技术体系架构。

本能力级别的特征是：

a) 组织机构已经建立和文档化了基本的系统安全技术体系架构；

b) 职责已经分配，相关工作正在进行；

c) 安全技术体系架构过程已经开发了清晰的角色和职责；

d) 对组织机构当前状态有清晰的理解；

e) 已经标识了安全技术的原则、基线和目标。

18.2.4 能力级别3——充分定义级

充分定义级别。在这个级别中，组织机构有计划和跟踪的安全技术体系架构，包括详细的书面流程和技术参考模型。

本能力级别的特征是：

a） 安全技术体系架构得到了充分的定义和沟通；

b） 安全技术体系架构的设计基于某种可重复的，结构化的方法；

c） 安全技术体系架构过程的大部分内容得到了执行；

d） 差距分析、移植计划、技术参考模型、标准轮廓得以完成；

f） 在进行项目时，考虑了成本收益；

g） 标识了目标和方法；

h） 定期提供了培训和意识教育；

i） 安全技术体系架构是安全战略规划和预算过程的综合组成部分。

18.2.5 能力级别4——量化控制级

量化控制级别。在这个级别中，安全技术体系架构过程在组织机构中是可管理和可测量的。

本能力级别的特征是：

a） 安全技术体系架构已用于指导开发和采购；

b） 安全技术体系架构的设计基于某种可重复的，半形式化的方法；

c） 安全技术体系架构定期进行升级以更新安全体系架构的内容，并且基于所得到的反馈和经验教训调整战略规划和预算过程；

d） 根据安全技术体系架构的标准对安全技术体系架构进行了评审审核；

e） 同安全技术体系架构过程相关的质量度量是可以观察和测量的。这些度量包括产安全技术架构新版本的周期时间、技术环境的稳定性，以及实施新安全系统或升级应用或系统安全的时间；

f） 组织机构人员理解安全技术体系架构及其使用。

18.2.6 能力级别5——持续改进级

持续改进级别。在这个级别中，安全技术体系架构过程得以持续改进。

本能力级别的特征是：

a） 安全技术体系架构的设计基于某种形式化的方法；

b） 在安全技术体系架构中，安全技术体系架构的度量用于驱动持续的过程改进；

c） 此过程也为业务过程重组和其他特征提供输入。

附 录 A
（资料性附录）
安全技术要求应用注释

本附录包含本部分的正文中定义的子类和组件的资料性指南，用户、开发人员和评估人员使用类、子类及组件等，可能需要这些指南。为了便于查找，本附录中类、子类和组件的表示与标准正文中的表示相似。但本附录中类、子类和组件的结构和本部分正文中的不同，因为本附录只是提示性的。

A.1 注释的结构

本章定义与信息系统安全保障技术要求相关的注释的内容和表示。

A.1.1 类结构

下面的图 A.1 说明本附录中的安全技术保障控制类结构。

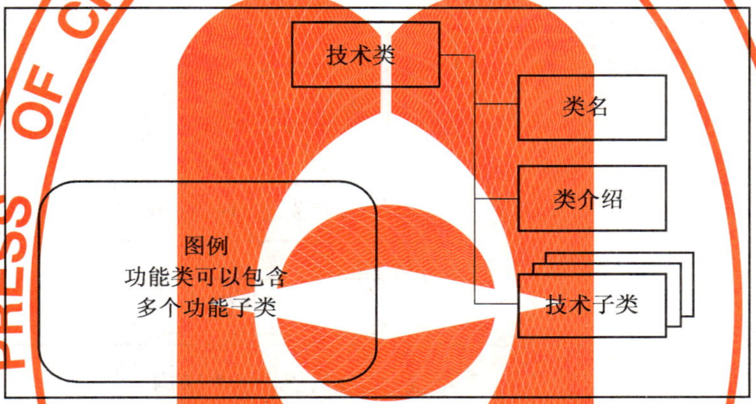

图 A.1 安全技术保障控制类结构

A.1.1.1 类名

这是本部分中定义的类的唯一名字。

A.1.1.2 类介绍

本附录中的类介绍提供使用类中的子类和组件的有关信息，该信息使用图解方式提供，这些图解描述每个类的组织，以及每个子类中组件间的层次关系。

A.1.2 子类结构

图 A.2 用图解形式说明应用注释的安全技术保障控制子类结构。

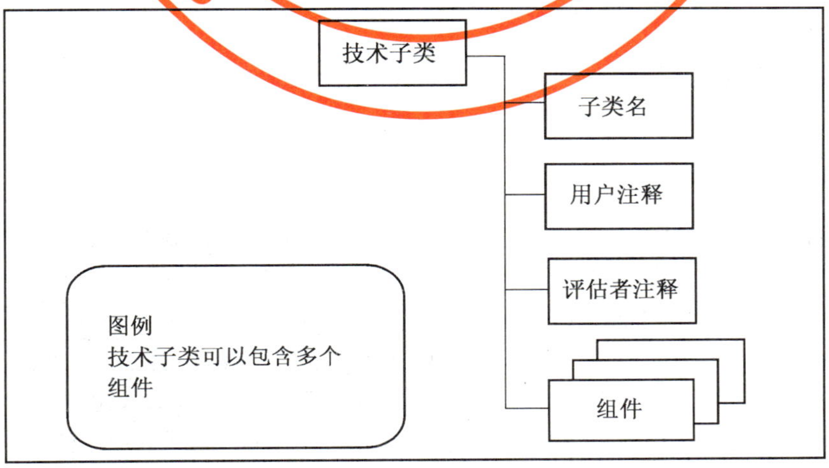

图 A.2 安全技术保障控制子类结构

A.1.2.1　子类名

这是本部分中定义的子类的唯一名字。

A.1.2.2　用户注释

用户注释包含安全技术保障控制子类潜在的用户感兴趣的附加信息，潜在用户包括使用安全技术保障控制组件的PP、ST和技术包的作者，以及TOE的开发者。说明是提示性的，可能涉及使用限制的警告，以及使用组件时应当特别注意的方面。

A.1.2.3　评估者注释

评估者注释包含TOE开发者与评估者感兴趣的信息，该TOE声称符合子类中某一组件。表示是提示性的，可覆盖评估TOE时，需特别注意的各个方面。其中可包括澄清含义，说明表达要求的方式，以及评估者特别感兴趣的警告和说明等信息。

用户注释和评估者注释部分不是强制性的，仅在适当时出现。

A.1.3　组件结构

图A.3说明应用注释的安全技术保障控制组件结构。

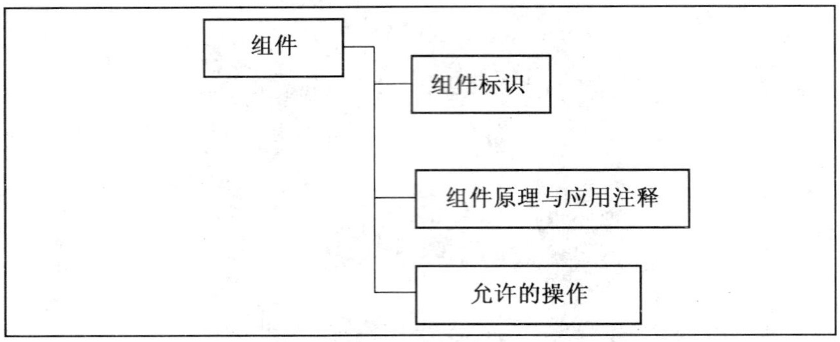

图A.3　安全技术保障控制组件结构

A.1.3.1　组件标识

这是本部分中定义的组件的唯一名字。

A.1.3.2　组件原理与应用注释

任何与组件有关的特定信息都可在本部分中找到。

组件*原理*包括在特定级别下细化原理一般说明的细节，且应仅在要求加强该级别的情况下使用。

*应用注释*包含用属于指定组件的限制陈述说明的附加细节。这种细化可适合于A.1.2部分所描述的用户注释或评估者注释。这种细化可用于解释依赖关系的性质(例如，共享信息或共享操作)。

本部分不是必须的，仅在适当时出现。

A.1.3.3　允许的操作

每个组件的这部分内容包括与该组件所允许的操作有关的建议。

本部分不是必须的，仅在适当时出现。

A.2　依赖关系表

表A.1-安全技术保障控制组件依赖关系表，说明安全技术保障控制组件的直接、间接和可选的依赖关系。作为安全技术保障控制组件的依赖组件的每一个组件都在表中占据一列。每个安全技术保障控制组件都在表中占据一行。表格单元中的值表示行中标的组件是直接要求列中标的组件(用“X”表示)，间接要求列中标的组件(用“—”表示)，还是可选要求列中标的组件(用“O”表示)。例如，FDP_ETC.1具有可选依赖关系，要求出现FDP_ACC.1或FDP_IFC.1，所以如果出现了FDP_ACC.1，就不必出现FDP_IFC.1，反之亦然。如果表格单元为空，则该组件不依赖于另一个组件。

表 A.1 安全技术保障控制组件依赖关系表

	ADV_SPM.1	ACD_ADM.1	AVA_CCA.1	AVA_CCA.3	FAU_GEN.1	FAU_SAA.1	FAU_SAR.1	FAU_STG.1	FCS_CKM.1	FCS_CKM.2	FCS_CKM.4	FCS_COP.1	FDP_ACC.1	FDP_ACF.1	FDP_IFC.1	FDP_IFF.1	FDP_ITC.1	FDP_ITT.1	FDP_ITT.2	FDP_UIT.1	FIA_ATD.1	FIA_UAU.1	FIA_UID.1	FMT_MOF.1	FMT_MSA.1	FMT_MSA.2	FMT_MSA.3	FMT_MTD.1	FMT_SMR.1	FPR_UNO.1	FPT_AMT.1	FPT_FLS.1	FPT_ITT.1	FPT_STM.1	FPT_TDC.1	FPT_TST.1	FTP_ITC.1	FTP_TRP.1
FAU_ARP.1					—	X																												—				
FAU_GEN.1																																		X				
FAU_GEN.2					X																		X											—				
FAU_SAA.1					X																													—				
FAU_SAA.2																							X															
FAU_SAA.3																																						
FAU_SAA.4																																						
FAU_SAR.1					X																													—				
FAU_SAR.2					—		X																											—				
FAU_SAR.3					—		X																											—				
FAU_SEL.1					X																		—					X	—					—				
FAU_STG.1					X																													—				
FAU_STG.2					X																													—				
FAU_STG.3					—			X																										—				
FAU_STG.4					X																													—				
FCO_NRO.1																							X															
FCO_NRO.2																							X															
FCO_NRR.1																							X															
FCO_NRR.2																							X															
FCS_CKM.1	—								—	O	X	O	—	—	—	—	—						—		—	X	—		—									
FCS_CKM.2	—								O	—	X	—	—	—	—	—	O						—		—	X	—		—									
FCS_CKM.3	—								O	—	X	—	—	—	—	—	O						—		—	X	—		—									
FCS_CKM.4	—								O	—	—	—	—	—	—	—	O						—		—	X	—		—									

表 A.1（续）

	ADV _SPM .1	ACD _ADM .1	AVA _CCA .1	AVA _CCA .3	FAU _GEN .1	FAU _SAA .1	FAU _SAR .1	FAU _STG .1	FCS _CKM .1	FCS _CKM .2	FCS _CKM .4	FCS _COP .1	FDP _ACC .1	FDP _ACF .1	FDP _IFC .1	FDP _IFF .1	FDP _ITC .1	FDP _ITT .1	FDP _ITT .2	FDP _UIT .1	FIA _ATD .1	FIA _UAU .1	FIA _UID .1	FMT _MOF .1	FMT _MSA .1	FMT _MSA .2	FMT _MSA .3	FMT _MTD .1	FMT _SMR .1	FPR _UNO .1	FPT _AMT .1	FPT _FLS .1	FPT _ITT .1	FPT _STM .1	FPT _TDC .1	FPT _TST .1	FTP _ITC .1	FTP _TRP .1
FCS_COP.1	—								O	—	X	—	—	—	—	—	O						—		—	X	—		—									
FDP_ACC.1													—	X	—	—							—		—		—		—									
FDP_ACC.2													—	X	—	—							—		—		—		—									
FDP_ACF.1													X	—	—	—							—		—		X		—									
FDP_DAU.1																																						
FDP_DAU.2																							X															
FDP_ETC.1													O	—	O	—							—		—		—		—									
FDP_ETC.2													O	—	O	—							—		—		—		—									
FDP_IFC.1													—	—	—	X							—		—		—		—									
FDP_IFC.2													—	—	—	X							—		—		—		—									
FDP_IFF.1													—	—	X	—							—		—		X		—									
FDP_IFF.2													—	—	X	—							—		—		X		—									
FDP_IFF.3			X										—	—	X	—							—		—		—		—									
FDP_IFF.4			X										—	—	X	—							—		—		—		—									
FDP_IFF.5				X									—	—	X	—							—		—		—		—									
FDP_IFF.6			X										—	—	X	—							—		—		—		—									
FDP_ITC.1													O	—	O	—							—		—		X		—									
FDP_ITC.2													O	—	O	—							—		—		—		—						X		O	
FDP_ITT.1													O	—	O	—							—		—		—		—									
FDP_ITT.2													O	—	O	—							—		—		—		—									
FDP_ITT.3													O	—	O	—		X					—		—		—		—									
FDP_ITT.4													O	—	O	—			X				—		—		—		—									
FDP_RIP.1																																						

表 A.1（续）

	ADV_SPM.1	ACD_ADM.1	AVA_CCA.1	AVA_CCA.3	FAU_GEN.1	FAU_SAA.1	FAU_SAR.1	FAU_STG.1	FCS_CKM.1	FCS_CKM.2	FCS_CKM.4	FCS_COP.1	FDP_ACC.1	FDP_ACF.1	FDP_IFC.1	FDP_IFF.1	FDP_ITC.1	FDP_ITT.1	FDP_ITT.2	FDP_UIT.1	FIA_ATD.1	FIA_UAU.1	FIA_UID.1	FMT_MOF.1	FMT_MSA.1	FMT_MSA.2	FMT_MSA.3	FMT_MTD.1	FMT_SMR.1	FPR_UNO.1	FPT_AMT.1	FPT_FLS.1	FPT_ITT.1	FPT_STM.1	FPT_TDC.1	FPT_TST.1	FTP_ITC.1	FTP_TRP.1
FDP_RIP.2																																						
FDP_ROL.1													0	—	0	—							—		—		—		—									
FDP_ROL.2													0	—	0	—							—		—		—		—									
FDP_SDI.1																																						
FDP_SDI.2																																						
FDP_UCT.1													0	—	0	—							—		—		—		—								0	0
FDP_UIT.1													0	—	0	—							—		—		—		—								0	0
FDP_UIT.2													0	—	0	—				X			—		—		—		—								X	
FDP_UIT.3													0	—	0	—				X			—		—		—		—								X	
FIA_AFL.1																						X	—															
FIA_ATD.1																																						
FIA_SOS.1																																						
FIA_SOS.2																																						
FIA_UAU.1																							X															
FIA_UAU.2																							X															
FIA_UAU.3																																						
FIA_UAU.4																																						
FIA_UAU.5																																						
FIA_UAU.6																																						
FIA_UAU.7																						X	—															
FIA_UID.1																																						
FIA_UID.2																																						
FIA_USB.1																					X																	

表 A.1(续)

	ADV_SPM.1	ACD_ADM.1	AVA_CCA.1	AVA_CCA.3	FAU_GEN.1	FAU_SAA.1	FAU_SAR.1	FAU_STG.1	FCS_CKM.1	FCS_CKM.2	FCS_CKM.4	FCS_COP.1	FDP_ACC.1	FDP_ACF.1	FDP_IFC.1	FDP_IFF.1	FDP_ITC.1	FDP_ITT.1	FDP_ITT.2	FDP_UIT.1	FIA_ATD.1	FIA_UAU.1	FIA_UID.1	FMT_MOF.1	FMT_MSA.1	FMT_MSA.2	FMT_MSA.3	FMT_MTD.1	FMT_SMR.1	FPR_UNO.1	FPT_AMT.1	FPT_FLS.1	FPT_ITT.1	FPT_STM.1	FPT_TDC.1	FPT_TST.1	FTP_ITC.1	FTP_TRP.1
FMT_MOF.1																							—						X									
FMT_MSA.1													0	—	0	—							—		—		—		X									
FMT_MSA.2	X												0	—	0	—							—		X		—		X									
FMT_MSA.3													—	—	—	—							—		X		—		X									
FMT_MTD.1																							—						X									
FMT_MTD.2																							—					X	X									
FMT_MTD.3	X																						—					X	—									
FMT_REV.1																							—						X									
FMT_SAE.1																							—						X					X				
FMT_SMR.1																							X															
FMT_SMR.2																																						
FMT_SMR.3																							—						X									
FPR_ANO.1																																						
FPR_ANO.2																																						
FPR_PSE.1																																						
FPR_PSE.2																							X															
FPR_PSE.3																																						
FPR_UNL.1																																						
FPR_UNO.1																																						
FPR_UNO.2																																						
FPR_UNO.3																														X								
FPR_UNO.4																																						
FPT_AMT.1																																						

表 A.1（续）

	ADV_SPM.1	ACD_ADM.1	AVA_CCA.1	AVA_CCA.3	FAU_GEN.1	FAU_SAA.1	FAU_SAR.1	FAU_STG.1	FCS_CKM.1	FCS_CKM.2	FCS_CKM.4	FCS_COP.1	FDP_ACC.1	FDP_ACF.1	FDP_IFC.1	FDP_IFF.1	FDP_ITC.1	FDP_ITT.1	FDP_ITT.2	FDP_UIT.1	FIA_ATD.1	FIA_UAU.1	FIA_UID.1	FMT_MOF.1	FMT_MSA.1	FMT_MSA.2	FMT_MSA.3	FMT_MTD.1	FMT_SMR.1	FPR_UNO.1	FPT_AMT.1	FPT_FLS.1	FPT_ITT.1	FPT_STM.1	FPT_TDC.1	FPT_TST.1	FTP_ITC.1	FTP_TRP.1
FPT_FLS.1	X																																					
FPT_ITA.1																																						
FPT_ITC.1																																						
FPT_ITI.1																																						
FPT_ITI.2																																						
FPT_ITT.1																																						
FPT_ITT.2																																						
FPT_ITT.3																																	X					
FPT_PHP.1																							—	X					—									
FPT_PHP.2																							—	X					—									
FPT_PHP.3																																						
FPT_RCV.1	X	X																													—					X		
FPT_RCV.2	X	X																													—					X		
FPT_RCV.3	X	X																													—					X		
FPT_RCV.4	X																																					
FPT_RPL.1																																						
FPT_RVM.1																																						
FPT_SEP.1																																						
FPT_SEP.2																																						
FPT_SEP.3																																						
FPT_SSP.1																																	X					
FPT_SSP.2																																	X					
FPT_STM.1																																						

表 A.1（续）

	ADV_SPM.1	ACD_ADM.1	AVA_CCA.1	AVA_CCA.3	FAU_GEN.1	FAU_SAA.1	FAU_SAR.1	FAU_STG.1	FCS_CKM.1	FCS_CKM.2	FCS_CKM.4	FCS_COP.1	FDP_ACC.1	FDP_ACF.1	FDP_IFC.1	FDP_IFF.1	FDP_ITC.1	FDP_ITT.1	FDP_ITT.2	FDP_UIT.1	FIA_ATD.1	FIA_UAU.1	FIA_UID.1	FMT_MOF.1	FMT_MSA.1	FMT_MSA.2	FMT_MSA.3	FMT_MTD.1	FMT_SMR.1	FPR_UNO.1	FPT_AMT.1	FPT_FLS.1	FPT_ITT.1	FPT_STM.1	FPT_TDC.1	FPT_TST.1	FTP_ITC.1	FTP_TRP.1
FPT_TDC.1																																						
FPT_TRC.1																																	X					
FPT_TST.1																															X							
FRU_FLT.1	—																															X						
FRU_FLT.2	—																															X						
FRU_PRS.1																																						
FRU_PRS.2																																						
FRU_RSA.1																																						
FRU_RSA.2																																						
FTA_LSA.1																																						
FTA_MCS.1																							X															
FTA_MCS.2																							X															
FTA_SSL.1																						X	—															
FTA_SSL.2																						X	—															
FTA_SSL.3																																						
FTA_TAB.1																																						
FTA_TAH.1																																						
FTA_TSE.1																																						
FTP_ITC.1																																						
FTP_TRP.1																																						

附 录 B
（资料性附录）
分层多点信息系统安全体系结构

B.1 概述

系统安全技术体系架构是对组织机构信息技术系统的安全技术体系的整体构建描述。安全技术架构能力是拥有信息技术系统的组织机构根据其系统安全风险评估的结果和系统安全策略的要求，并参考相关安全技术体系架构的标准和最佳实践，结合组织机构信息技术系统的具体现状和需求，建立的符合组织机构信息技术系统安全战略发展规划的整体安全技术体系框架；它是组织机构信息技术系统安全战略管理的具体体现。安全技术体系架构能力是组织机构执行系统安全技术能力的整体反映，是组织机构在进行信息安全技术体系框架管理并达到预定成本、功能和质量目标的度量的体现。

安全技术体系架构过程的目标是建立可持续改进的安全技术体系架构的能力，在本附录中，将提供一个分层多点的信息系统安全技术体系架构的模型供信息系统的所有者进行参考。

在本附录所提及的分层多点信息系统安全体系技术架构模型的讨论主要包含两部分的内容：

a） 信息技术系统 TOE 的分析模型：要建立信息系统安全技术体系架构，首先必须对现有的信息技术系统进行分析解构，信息技术系统 TOE 分析模型就是帮助信息技术系统所有者对其信息技术系统进行分析，以进一步建立其安全技术体系架构；

b） 分层多点安全技术体系架构介绍：在信息技术系统 TOE 分析模型的基础上，对分层多点安全技术体系架构进行介绍和说明。

B.2 信息技术系统 TOE 的分析模型

信息系统安全保障安全技术保障的主要应用领域是对信息系统安全技术方案以及对处于运行状态的信息系统安全技术体系进行评估。建立安全技术保障评估对象的分析模型是进行信息系统安全保障技术评估的前提和基础，没有一个通用完备、可扩展的评估对象分析模型，就无法为信息系统安全保障技术评估建立一个普遍适用的评估方法和内容。

信息技术系统千变万化，有各种各样的分类方式，为从技术角度建立一个通用的评估对象分析模型，在本标准中将信息系统抽象成一个基本完备的信息系统分析模型（参见图 B.1 信息技术系统分析模型）。从信息技术系统分析模型出发，完成对整个信息技术系统的整体评估。

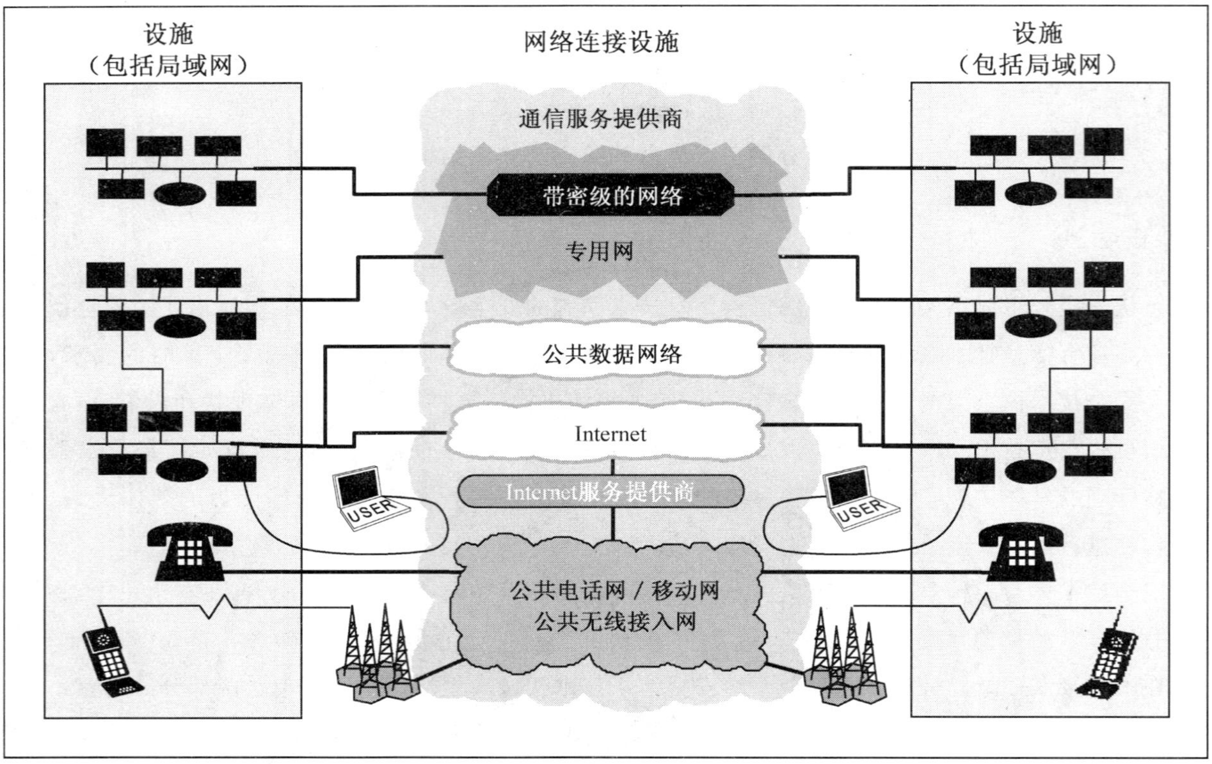

图 B.1　信息技术系统分析模型

B.3　分层多点安全技术体系架构介绍

在建立了信息系统安全保障评估框架安全技术保障的评估对象分析模型后，就可以进一步描述分层多点安全技术体系架构。

分层多点安全技术体系架构，也称为深度防御安全技术体系架构，它通过以下方式将防御能力分布至整个信息系统中：

a)　多点技术防御。在对手可以从内部或外部多点攻击一个目标的前提下，多点技术防御通过对以下多个防御核心区域的防御以达到抵御所有方式的攻击的目的：

1)　**网络和基础设施**。为了确保可用性，局域网和广域网通信网络需要进行保护以抵抗各种攻击，例如：拒绝服务攻击等。为了确保保密性和完整性，需要保护在这些网络上传送的信息以及流量的特征以防止非故意的泄露；

2)　**边界**。为了抵御主动的网络攻击，边界需要提供更强的边界防御，例如流量过滤和控制以及入侵检测；

3)　**计算环境**。为了抵御内部、近距离的分布攻击，主机和工作站需要提供足够的访问控制。

b)　分层技术防御。即使最好的可得到的信息安全保障产品也有其固有弱点。其最终结果将使对手能找到一个可探查的脆弱性。一个有效的措施是在对手和目标间使用多层防御机制。为了减少这些攻击成功的可能性和对成功攻击的承受能力，每种机制应代表一种唯一的障碍并同时包括保护和检测方法。例如：在外部和内部边界同时使用嵌套的防火墙并配合以入侵检测就是分层技术防御的一个实例。

c)　强健性。通过信息安全保障所保护的内容和应用点的威胁程度，为每个信息安全保障成员指定其安全强健性（力量和保障）功能值。

d)　支撑性基础设施。支撑性基础设施是为网络、边界和计算环境中信息安全保障机制运行提供服务的支撑性设施，它包括：公钥基础设施以及检测和响应基础设施。

1) **公钥基础设施**。提供一种通用的联合处理方式，以便安全地创建、分发和管理公钥证书和传统的对称密钥，使它们能够为网络、边界和计算环境提供安全服务。这些服务能够对发送者和接受者的完整性进行可靠验证，并可以避免在未获授权的情况下泄露和更改信息。公钥基础设施必须支持受控的互操作性，并与各用户团体所建立的安全策略保持一致；

2) **检测和响应基础设施**。检测和响应基础设施能够迅速检测并响应入侵行为。它也提供便于结合其他相关事件观察某个事件的"汇总"性能。另外，它也允许分析员识别潜在的行为模式或新的发展趋势。

必须提醒的是，信息系统的安全保障不仅仅依赖于技术，它需要集成的技术和非技术防御手段。一个可接受级别的信息安全保障依赖于人员、管理、技术和工程的综合。

图 B.2 描述了分层多点安全技术体系结构。

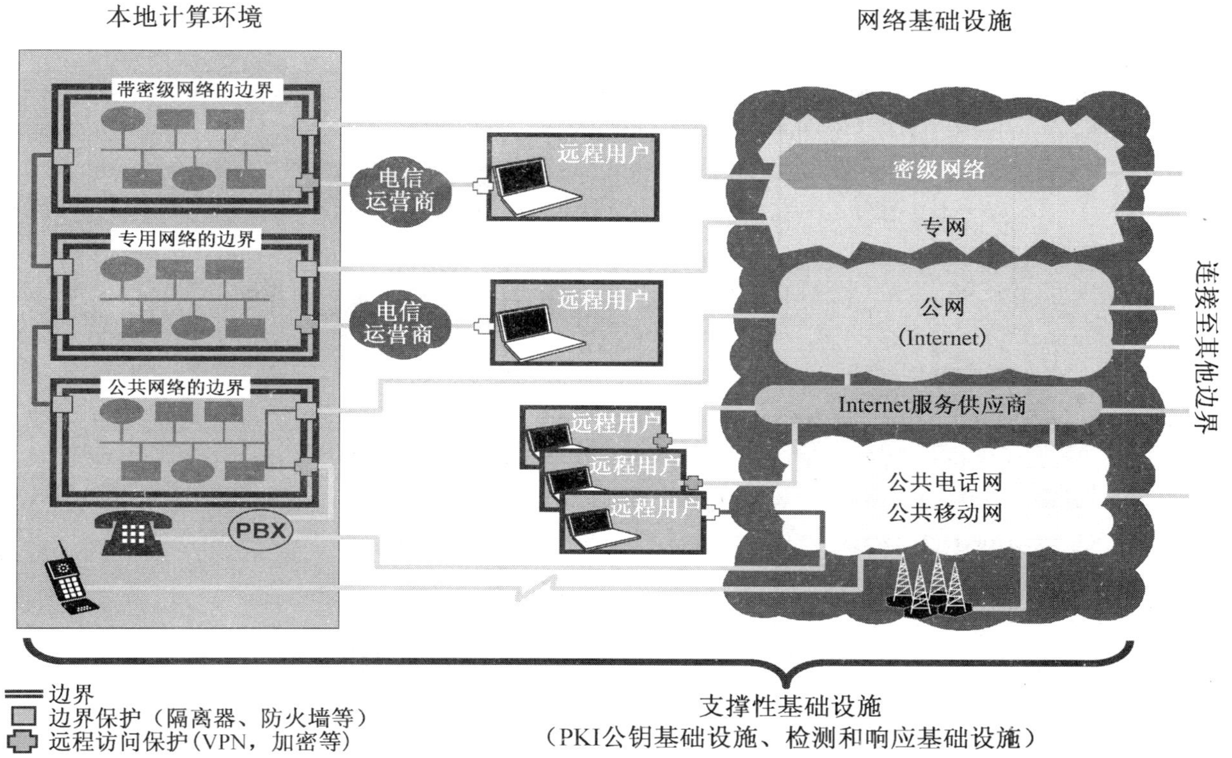

图 B.2　分层多点安全技术体系结构

分层多点安全技术体系架构为信息系统安全保障评估提供了框架指南和进一步分析所需的区域划分指南。在具体的技术方案实践中，应从使命和需求的实际情况出发制定适合组织机构要求的安全技术体系架构方案。

参 考 文 献

[1] GB/T 19000—2000 质量管理体系 基础和术语(idt ISO 9000:2000)

[2] GB/T 19001—2000 质量管理体系 要求(idt ISO 9001:2000)

[3] GB/T 19004—2000 质量管理体系 业绩改进指南(idt ISO 9004:2000)

[4] ISO/IEC TR 15443-1:2005, A framework for IT Security assurance—Part 1:Overview and framework.

[5] ISO/IEC TR 15443-2:2005, A framework for IT Security assurance—Part 2:Assurance methods.

[6] ISO/IEC WD 15443-3, A framework for IT security assurance—Part 3:Analysis of assurance methods.

[7] ISO/IEC PDTR 19791:2004, Information technology—Security techniques—Security assessment of operational systems.

[8] Information Assurance Technical Framework, Release 3.1, National Security Agency Information Assurance Solutions Technical, September 2002.

[9] NSTISSI No. 4009 National Information Systems Security (INFOSEC) Glossary.

[10] Carnegie Mellon University/Software Engineering Institute, CMU/SEI-2002-TR-011, CMMI^{SM} for Systems Engineering, Software Engineering, Integrated Product and Process Development, and Supplier Sourcing(CMMI-SE/SW/IPPD/SS, V1.1) Continuous Representation, CMMI Product Team, March 2002.

[11] Carnegie Mellon University/Software Engineering Institute, CMU/SEI-2002-TR-012, CMMI^{SM} for Systems Engineering, Software Engineering, Integrated Product and Process Development, and Supplier Sourcing(CMMI-SE/SW/IPPD/SS, V1.1) Staged Representation, CMMI Product Team, March 2002.

[12] Department of Defense Technical Reference Model, Version 2.0, 9 April 2001.

[13] Department of Defense Technical Architecture Framework for Information Management, Volume 1:Overview, Version 3.0, 30 April 1996.

[14] DoD Architecture Framework, Version 1.0, DoD Architecture Framework Working Group, August 2003.

ICS 35.040
L 80

中华人民共和国国家标准

GB/T 20274.3—2008

信息安全技术
信息系统安全保障评估框架
第3部分：管理保障

Information security technology—
Evaluation framework for information systems security assurance—
Part 3: Management assurance

2008-07-18 发布　　2008-12-01 实施

中华人民共和国国家质量监督检验检疫总局
中国国家标准化管理委员会　发布

前　言

GB/T 20274《信息系统安全保障评估框架》分为以下四个部分：

——第1部分：简介和一般模型；

——第2部分：技术保障；

——第3部分：管理保障；

——第4部分：工程保障。

本部分是GB/T 20274的第3部分。

本部分由全国信息安全标准化技术委员会提出并归口。

本部分起草单位：中国信息安全产品测评认证中心。

本部分主要起草人：吴世忠、王海生、陈晓桦、王贵驷、李守鹏、江常青、彭勇、张利、姚轶崭、班晓芳、李静、王庆、邹琪、钱伟明、江典盛、陆丽、孙成昊、门雪松、杜宇鸽、杨再山。

信息安全技术
信息系统安全保障评估框架
第3部分:管理保障

1 范围

GB/T 20274 的本部分建立了信息系统安全管理保障的框架,确立了组织机构内启动、实施、维护、评估和改进信息安全管理的指南和通用原则。本部分定义和说明了信息系统安全管理保障中反映组织机构信息安全管理保障能力的安全管理能力级,以及提供组织机构信息安全管理保障内容的管理保障控制类要求。

本部分适用于涉及信息系统安全管理工作的组织机构的所有用户、开发者和评估者。

2 规范性引用文件

下列文件中的条款通过 GB/T 20274 的本部分的引用而成为本部分的条款。凡是注日期的引用文件,其随后所有的修改单(不包括勘误的内容)或修订版均不适用于本部分,然而,鼓励根据本部分达成协议的各方研究是否可使用这些文件的最新版本。凡是不注日期的引用文件,其最新版本适用于本部分。

GB/T 20274.1 信息安全技术 信息系统安全保障评估框架 第1部分:简介和一般模型

3 术语和定义

GB/T 20274.1 确立的以及以下术语和定义适用于 GB/T 20274 的本部分。

3.1

控制

管理风险的方法,包括策略、流程、指南、实践或组织机构结构,控制可以是管理的、技术的或工程的。

注1:控制也是控制措施、保护措施的同义语。

注2:本部分中,主要讨论管理风险的管理方面的控制,即管理控制。

3.2

信息处理设施

信息处理设施是所有服务或基础设施,或放置它们的物理场所。

4 本部分的结构

GB/T 20274 的本部分的组织结构如下:

a) 第1章介绍了 GB/T 20274 的本部分的范围;

b) 第2章介绍了 GB/T 20274 的本部分所规范引用的标准;

c) 第3章描述了适用于 GB/T 20274 的本部分的术语和定义;

d) 第4章描述了 GB/T 20274 的本部分的组织结构;

e) 第5章描述了信息系统安全管理保障框架,并进一步概述了管理保障控制类和管理能力级;

f) 第6章描述了信息安全管理保障控制类的规范描述结构和要求;

g) 第7章到第18章详述了提供信息安全管理保障内容的12个信息安全管理保障控制类的详细要求；
h) 第19章详述了反应组织机构信息安全管理保障能力的安全管理能力级；
i) 参考文献给出了GB/T 20274的本部分的参考文献。

5 信息安全管理保障框架

5.1 信息管理保障概述

本标准第1部分中提出了信息安全保障模型(参见本标准第1部分图3)，在模型中，描述了信息系统安全中保障要素(技术、工程、管理和人员)、信息特征和生命周期三者的关系。

信息安全管理保障框架是信息系统安全保障框架的一个重要组成部分，它充分反映了以风险和策略为核心、覆盖信息系统整个生命周期的信息安全保障框架的核心思想，同时也结合了信息安全管理保障的特殊内容和要求，建立了信息安全管理保障的能力成熟度模型。

信息安全管理保障能力成熟度模型包含了两个相互依赖的维度，即“安全管理保障控制维”和“安全管理保障能力成熟度级维”，它反映了信息安全管理保障要求的信息安全管理保障控制要求和信息安全管理能力成熟度要求这两个方面的要求。

a) “安全管理保障控制维”由信息安全管理保障控制组成，它建立了组织机构信息安全管理保障框架的内容和工作范围。信息安全管理保障控制使用类—子类—组件的层次化结构，每个信息安全管理保障控制类反映了信息安全管理保障特定领域工作的范围和内容，是信息安全管理保障特定领域工作最佳实践的总结。在本部分中，共包含了12个信息安全管理保障控制类，它们解决了信息安全管理保障中“做什么”这个关于内容和范围的答复。
b) “安全管理保障能力成熟度级维”由六级能力成熟度级别组成，它代表了组织机构实施信息安全管理保障控制的能力。安全管理保障能力成熟度级同特定的安全管理保障控制类相结合，解决了信息安全管理保障中“做得如何好”这个关于能力的答复，同时能力成熟度的持续改进机制也为组织机构提供了可以持续改进的长效机制。

通过设置这两个相互依赖的维，信息安全管理保障框架在各个能力级别上覆盖了整个安全活动范围。

重要的是，信息安全管理保障框架并不意味着在一个组织在其信息系统生命周期的安全管理实践中必须执行这个模型中所描述的所有过程，也不意味着执行通用实践的要求。一个组织机构一般可依据其自身特点选择合适的方式和次序来计划、跟踪、定义、控制和改进它们的过程。然而，由于一些较高级别的通用实践依赖于较低级别的通用实践，因此组织机构应在试图达到较高级别之前，应首先实现较低级别通用实践。

5.2 信息安全管理保障控制

信息安全管理保障控制建立了组织机构信息安全管理保障框架的内容和工作范围。在信息系统安全保障评估框架第一部分简介和一般模型中，给出了信息系统安全的三维结构图，即描述了信息系统安全中保障要素(技术、工程、管理和人员)、信息特征和生命周期三者的关系。信息系统安全管理保障作为保障要素的一个组成部分，不仅同同处于一个平面的其他保障要素有关联，信息系统安全管理保障更通过深入至信息系统生命周期的每一个阶段从而保证信息的保密性、完整性和可用性来实现信息系统的安全。因此，为了完整地对信息系统管理进行评估，就需要将安全管理本身作为评估对象TOE，以风险和策略为核心，并基于信息系统的生命周期分别针对其每一个阶段的重点建立各种信息安全管理控制，以确保在信息系统生命周期的整体安全，从而保证了信息系统的安全性。图1描述了信息系统安全管理保障控制框架。

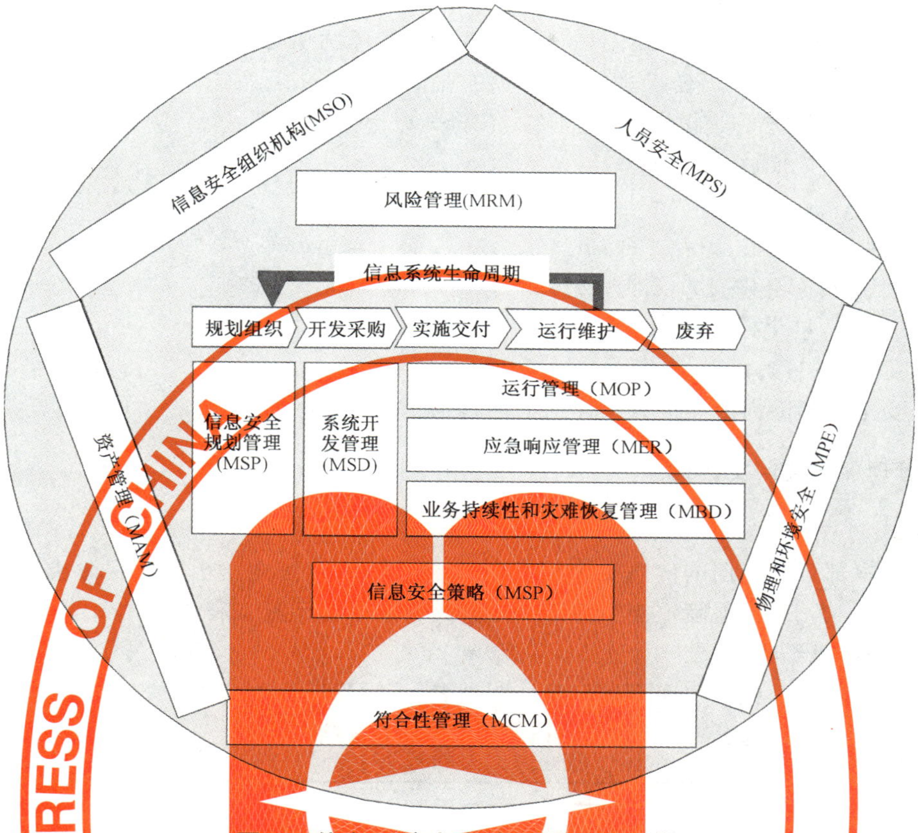

图 1 信息系统安全管理保障控制类

从图 1 可见，信息系统安全管理保障控制框架包括三个部分：

a) 信息系统安全管理保障应以风险和策略为核心。这也是信息系统安全保障的核心，因此信息安全策略(MSP)和风险管理(MRM)安全保障控制类作为独立的安全管理保障控制类并作为所有其他安全管理保障控制类的核心，充分反映了这一基础概念。

b) 信息安全管理保障应覆盖信息系统整个生命周期。信息系统典型的生命周期模型分为规划组织、开发采购、实施交付、运行维护、废弃五个阶段应用于系统产生的闭合循环周期结构。因此，与之对应并结合了组织机构信息系统的特殊要求，提供了信息安全规划管理(MIP)、系统开发管理(MSD)、运行管理(MOP)、应急响应管理(MER)以及业务持续和灾难恢复管理(MBD)信息安全管理保障控制类。

c) 信息系统安全保障管理基础为所有信息系统安全保障管理提供基础的支持。从信息系统安全保障管理的角度来看，组织机构的信息安全组织机构(MSO)、人员安全(MPS)、资产管理(MAM)、物理和环境安全(MPE)以及符合性管理(MCM)是所有信息系统安全管理保障活动所必须依赖的基础。

通过上述信息系统安全保障管理框架模型的建立，即信息系统安全保障管理评估对象 TOE 的建立，就可以分别对这些具体的信息系统安全保障管理的工作产品或管理过程能力进行评估以达到对信息系统安全性评估管理评估的具体操作实践和目的。

5.3 信息安全保障管理能力级

在管理保障控制组件中，给出了信息安全管理所涉及的管理保障控制类，它是信息安全管理过程中提炼出来的最佳的实践反映。管理能力是遵循一个管理过程可达到的可量化范围，通过对组织机构执行安全管理每个管理保障控制类能力反映了组织机构在执行信息安全管理达到预定的成本、功能和质量目标上的度量。

在管理保障中,信息安全管理能力级模型将列出并描述安全管理的各个能力级别,这样通过对安全管理保障控制类的执行范围和每个相应安全管理保障控制类的执行能力的综合,就可以更完善地对组织机构信息安全管理进行科学、公正、可度量分级的评估。

在本部分的信息安全管理能力成熟度级中,共分为以下六个级别:

a) 能力级别 0:未实施;

b) 能力级别 1:基本执行;

c) 能力级别 2:计划和跟踪;

d) 能力级别 3:充分定义;

e) 能力级别 4:量化控制;

f) 能力级别 5:持续改进。

关于信息安全管理能力成熟度级的详细描述,参见本部分的第 19 章。

6 信息安全管理保障控制类结构

6.1 概述

本章定义了本部分所使用的信息安全管理保障类的结构。信息安全管理保障类以管理保障控制类、管理保障控制子类、管理保障控制组件以及可选的管理增强元素来表达。

6.2 管理保障控制类结构

每个管理保障控制类包括一个管理保障控制类名、管理保障控制类介绍以及一个或多个管理保障控制子类。图 2 描述了本部分中所使用的管理保障控制类的结构。

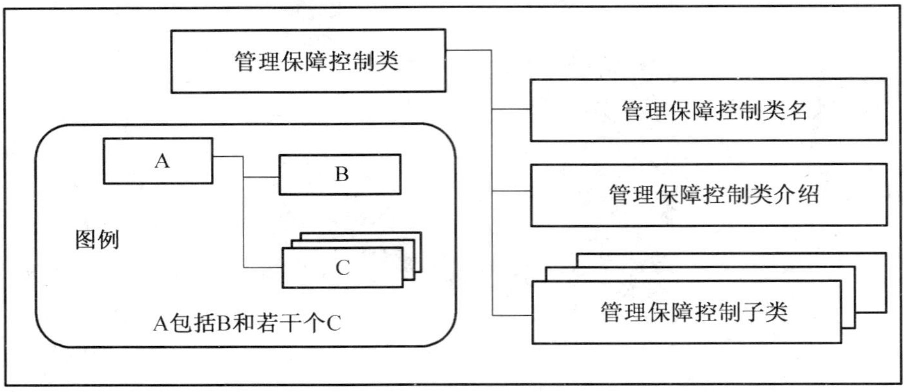

图 2 管理保障控制类结构

管理保障控制类结构的详细描述如下:

a) 管理保障控制类名:管理保障控制类名提供了标识和划分管理保障控制类所必需的信息,每个管理保障控制类都有一个唯一的名称。管理保障控制类的分类信息由三个英文字符的简名组成,此简名将用于该管理保障控制类的子类的简名规范中;

b) 管理保障控制类介绍:管理保障控制类介绍部分提供了该管理保障控制类定义、要求和目的等的整体描述。管理保障控制类介绍中用图来具体描述此控制类中的子类、组件组成结构;

c) 管理保障控制子类:管理保障控制子类部分对该管理保障控制类所包含的子类进行了详细描述。一个管理保障控制类包含了一个或多个管理保障控制子类。

6.3 管理保障控制子类结构

每个管理保障控制子类包含一个管理保障控制子类名、一个安全保障管理目的和一个或多个实现此安全管理保障目的的管理保障控制组件控制措施组成。图 3 描述了管理保障控制子类的描述结构。

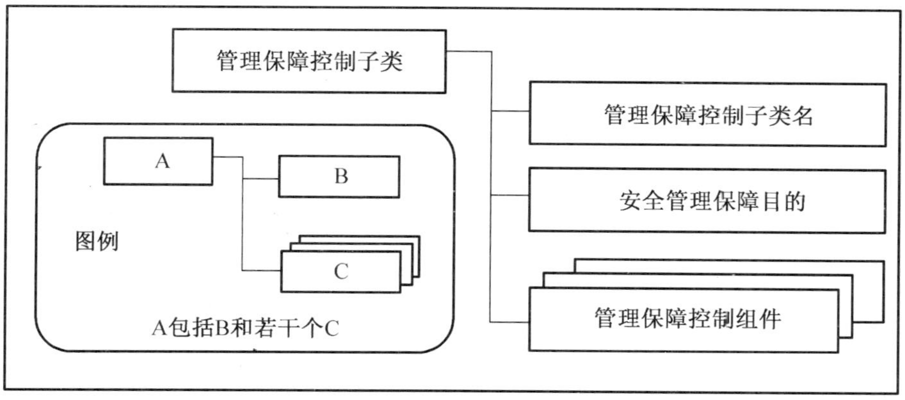

图 3　管理保障控制子类结构

管理保障控制子类结构的详细描述如下：

a) 管理保障控制子类名：管理保障控制子类名部分提供了标识和划分管理保障控制子类所必需的分类和描述信息，每个管理保障控制子类有一个唯一的名称。管理保障控制子类的分类信息由七个英文字符的简名组成，前三个英文字符与其所属的管理保障控制类名相同，第四个字符是下划线用于连接管理保障控制类名和管理保障控制子类名，最后三个英文字符是管理保障控制子类名，例如 XXX_YYY。唯一的简名管理保障控制子类名为管理保障控制组件提供了引用名；

b) 安全保障管理目的：安全管理保障目的描述了此管理保障控制子类所要达到的目的；

c) 管理保障控制组件：一个管理保障控制子类包含了一个或多个管理保障控制组件。管理保障控制组件是实现安全管理保障目的的信息安全保障管理控制措施。

6.4　管理保障控制组件结构

管理保障控制组件是实现安全管理保障目的的信息安全保障管理控制措施。每个管理保障控制组件包括一个管理保障控制组件名、一个管理保障控制组件控制、一个可选的管理保障控制组件注解和一个或多个可选的管理增强元素组成。图 4 描述了管理保障控制组件的描述结构。

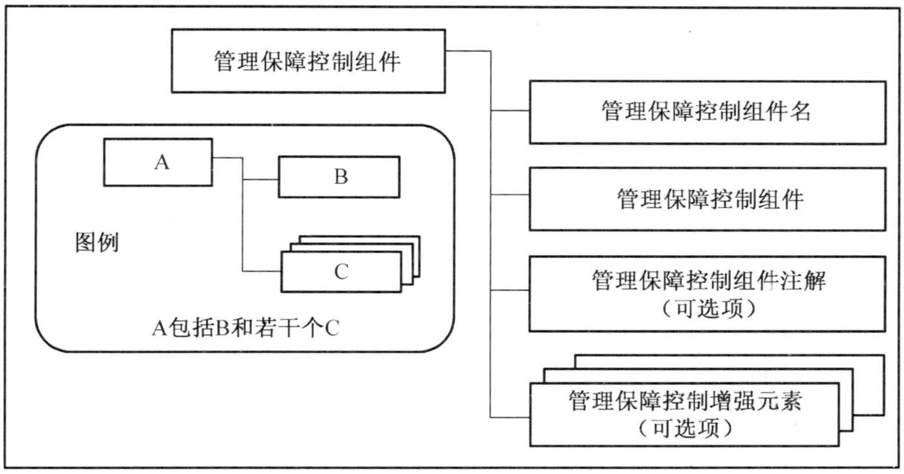

图 4　管理保障控制组件结构

管理保障控制组件结构的详细描述如下：

a) 管理保障控制组件名：管理保障控制组件名用于标识管理保障控制组件。管理保障控制组件的简名是由管理保障控制子类名，后面使用句点作为连接符，在句点连接符后用阿拉伯数字按顺序标明不同的组件；

b) 管理保障控制组件控制：管理保障控制组件控制部分定义了满足其管理保障控制子类安全管理保障目的特定的控制措施；

c) 管理保障控制组件注解：可选的管理保障控制组件注解部分为该管理保障控制组件提供了进一步描述性的解释说明以及实施该控制措施的最佳实践的建议等。管理保障控制组件注解中所提供的最佳实践等内容可能不一定适合所有的情况，本部分的使用者可以根据其自身信息安全管理保障的特殊需求和要求使用其他更合适的实施方法；

d) 管理增强元素：可选的管理增强元素为管理保障控制组件提供了控制强度的措施。管理增强元素主要用于两种情况：

   1) 为管理保障控制组件提供附加但相关的控制；和/或

   2) 增加管理保障控制组件的强度。

   当组织机构基于风险评估的结果，考虑损失的潜在影响而需要更强大的保护或者需求对管理保障控制组件进行加强时，可以选择管理增强元素以增加管理保障控制组件的强度。管理增强元素的简名是由管理保障控制组件名，后面用句点作为连接符，在句点连接符后用阿拉伯数字按顺序标明不同的元素。

6.5 允许的操作

本部分安全管理保障控制组件可以像在本部分中定义的那样使用，或者通过使用安全保障控制组件允许的操作，对安全保障管理控制组件进行裁剪，以满足特定的安全策略或对付特定的威胁。安全管理保障控制组件标识并定义了组件是否允许“赋值”、“选择”和“细化”等操作，在哪些情况下可对组件使用这些操作，以及使用这些操作的后果。这两种允许的操作如下所述：

a) 赋值：当组件被应用时，允许规定所填入的参数；

b) 选择：允许从组件表中选定若干项；

c) 反复：允许一个组件与不同的操作一起多次使用；

d) 细化：允许增加细节。

一些需要的操作可以在 ISPP 内完成(整体或部分地)，或者留在 ISST 内完成，不过所有操作必须在 ISST 内完成。

7 MRM 管理保障控制类：风险管理

信息安全管理保障是以风险和策略为核心。本类的目的是建立一套风险管理体系，通过对象确立、风险评估、风险控制三个基本步骤，并将沟通与监控贯穿于这三个步骤中，进行信息安全风险管理与防范，将系统风险降低到可接受的水平。

图 5 描述了风险管理管理保障控制类的组成结构。

7.1 对象确立(MRM_TEM)

7.1.1 安全保障管理目的

根据要保护系统的业务目标和特性，确定风险管理对象。

识别信息系统资产，并评价资产价值。

根据信息系统安全需求，确定风险评价准则。

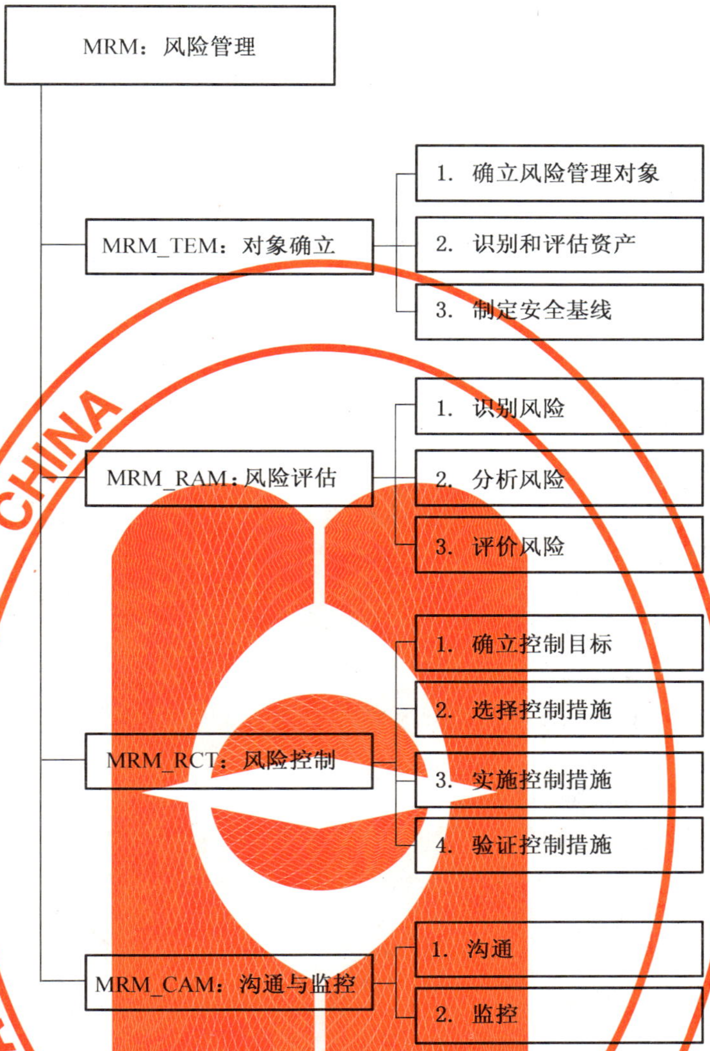

图 5 风险管理(MRM)管理保障控制类分解

7.1.2 **MRM_TEM.1** 确定风险管理对象

7.1.2.1 管理保障控制组件控制

确定信息安全风险管理的范围和对象，以及对象的特性和安全要求。

7.1.2.2 管理保障控制组件注解

确定风险管理对象时应综合考虑组织机构的使命、业务、组织结构、管理制度和技术平台，以及国家、地区或行业的相关政策、法律、法规和标准等。

风险管理对象确定后，应进行进一步的对象调查，主要包括：

a) 信息系统调查：调查风险管理对象的业务目标、业务特性、管理特性、技术特性；

b) 信息系统分析：分析信息系统的体系结构和关键要素；

c) 信息安全分析：分析信息系统的安全环境和安全要求。

7.1.3 **MRM_TEM.2** 识别和评价资产

7.1.3.1 管理保障控制组件控制

识别与风险管理对象相关的系统资产，并根据资产安全价值进行估值。

7.1.3.2 管理保障控制组件注解

对资产估价的过程也就是对资产保密性、完整性和可用性影响分析的过程。应从敏感性、关键性和昂贵性等方面制定一个资产价值尺度(资产评估标准),以明确如何对资产进行赋值。

7.1.4 MRM_TEM.3 制定安全基线

7.1.4.1 管理保障控制组件控制

组织机构应在风险评估前制定系统安全基线。

7.1.4.2 管理保障控制组件注解

所谓安全基线是指满足信息系统的基本安全要求,使系统达到一定安全水平的一组安全控制措施。

制定系统安全基线是有效实施风险评估的前提,制定系统安全基线时应考虑系统使命、系统安全环境、国家法律法规和系统所属行业的安全要求。

7.2 风险评估(MRM_RAM)

7.2.1 安全保障管理目的

识别、分析和评价信息系统所面临的风险。

7.2.2 MRM_RAM.1 识别风险

7.2.2.1 管理保障控制组件控制

组织机构应识别信息系统面临的威胁和存在的脆弱性。

7.2.2.2 管理保障控制组件注解

组织机构应参照威胁库,识别系统资产所面临的威胁;参照漏洞库,识别系统资产存在的脆弱性。

7.2.3 MRM_RAM.2 分析风险

7.2.3.1 管理保障控制组件控制

组织机构应分析威胁源动机、威胁行为的能力、脆弱点被利用的可能性以及脆弱点被利用后对系统造成的影响。

7.2.3.2 管理保障控制组件注解

组织机构应根据信息系统调查结果和可能面临的威胁,从利益、复仇、好奇和自负等驱使因素,分析威胁源动机的强弱;从攻击的强度、广度、速度和深度等方面,分析威胁行为能力的高低;按威胁/脆弱性对,分析脆弱性被威胁利用的难易程度;从资产损失、使命妨碍和人员伤亡等方面,分析影响程度的深浅。

7.2.4 MRM_RAM.3 评价风险

7.2.4.1 管理保障控制组件控制

组织机构应评价威胁源动机的等级、威胁行为能力的等级、脆弱性被利用的等级、资产价值等级和影响程度等级,并综合评价风险等级。

7.2.4.2 管理保障控制组件注解

组织机构应汇总前期调查结果和等级列表,从风险评估算法库中选择合适的风险评估算法,综合评价风险的等级。风险评估算法库是各种风险评估算法的汇集,包括公认算法和自创算法。

评价等级级数可以根据评价对象的特性和实际评估的需要而定,如〈高、中、低〉三级,〈很高、较高、中等、较低、很低〉五级等。

7.3 风险控制(MRM_RCT)

7.3.1 安全保障管理目的

依据风险评估结果,选择并实施恰当的安全措施,将风险控制在可接受的范围内。

7.3.2 MRM_RCT.1 确立控制目标

7.3.2.1 管理保障控制组件控制

组织机构应确定可接受风险等级,判断现存风险是否可接受,确立风险控制目标。

7.3.2.2 管理保障控制组件注解

组织机构应依据系统安全基线,确定可接受风险的等级,即把风险评估得出的风险等级划分为可接受和不可接受两种。依据风险接受等级,判断现存风险是否可接受。不可接受风险就是风险控制目标。

7.3.3 MRM_RCT.2 选择控制措施

7.3.3.1 管理保障控制组件控制

组织机构应选择风险控制方式和风险控制措施。

7.3.3.2 管理保障控制组件注解

组织机构应依据系统安全基线和风险控制目标，选择合适的风险控制方式（包括规避方式、转移方式和降低方式），并说明选择的理由以及被选控制方式的使用方法和注意事项等。并进一步选择风险控制措施，并说明选择的理由以及被选控制措施的成本、使用方法和注意事项等。

7.3.4 MRM_RCT.3 实施控制措施

7.3.4.1 管理保障控制组件控制

制定风险控制实施计划，实施风险控制措施。

7.3.4.2 管理保障控制组件注解

组织机构应依据系统安全基线、风险控制目标、风险控制方式，制定风险控制实施计划。风险控制实施计划包括风险控制的范围、对象、目标、实施方法、成本预算和进度安排等，在实施风险控制措施时应记录实施的过程和结果。

7.3.5 MRM_RCT.4 验证控制措施

7.3.5.1 管理保障控制组件控制

验证风险控制的结果是否满足信息系统的安全要求。

7.3.5.2 管理保障控制组件注解

验证可采取审查、测试、评审等手段，既可以由机构内部完成，也可以委托外部专业机构来完成，这主要取决于信息系统的性质和机构自身的专业能力。

验证风险控制措施时，应结合所采取控制措施对业务的重要性以及业务遭受损失后所带来的影响。审核通过的依据有两个：

a) 信息系统的残余风险是可接受的；

b) 安全措施（包括风险评估和风险控制）满足信息系统当前业务的安全需求。

7.4 沟通与监控（MRM_CAM）

7.4.1 安全保障管理目的

为对象确立、风险评估、风险控制的实施提供人员沟通机制和过程控制。

7.4.2 MSP_CAM.1 沟通

7.4.2.1 管理保障控制组件控制

涉及风险管理的相关人员应注重风险管理过程中的沟通。

7.4.2.2 管理保障控制组件注解

应为直接参与风险管理人员提供交流途径，以保持他们之间的协调一致，共同实现安全目标；为所有相关人员提供学习途径，以提高他们的风险意识、知识和技能，配合实现安全目标。

7.4.3 MSP_CAM.2 监控

7.4.3.1 管理保障控制组件控制

组织机构应跟踪风险管理对象自身或所处环境的变化，采取适当的措施进行控制和纠正，以保证风险控制措施的有效性。

7.4.3.2 管理保障控制组件注解

在贯穿对象确立、风险评估、风险控制的监控过程中，组织机构应关注：

a) 过程质量管理。应监视和控制风险管理过程，以保证过程的有效性；

b) 成本效益管理。应分析和平衡成本效益，以保证成本的有效性；

c) 结果的有效性。应监控信息系统自身或环境的变化使得现有控制措施是否失效。

8 MSP 管理保障控制类:信息安全策略

信息安全管理保障是以风险和策略为核心。信息安全保障策略体系规范和指导了整个组织机构的信息安全保障工作。信息安全策略管理保障控制类提供了信息安全策略在制定和维护方面的管理,为信息安全提供符合业务要求和相关法律法规的管理指导和支持。

图 6 描述了信息安全策略管理保障控制类的组成结构。

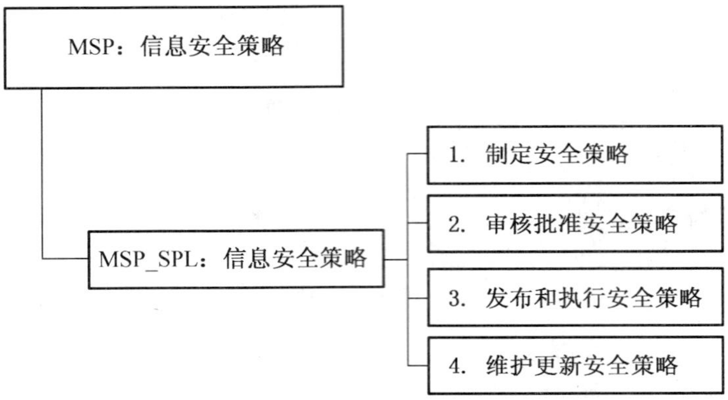

图 6 信息安全策略(MSP)管理保障控制类分解

8.1 信息安全策略(MSP_SPL)

8.1.1 安全保障管理目的

通过定义一套规则来规范信息安全体系的建设、运行和管理,为信息安全建设指明方向,使信息安全工作符合业务要求和相关的法律法规要求。

管理层应建立清晰的安全策略,安全策略应符合组织机构的业务目标。通过在整个组织机构中发布和维护信息安全策略可以表明管理层对信息安全的支持力度和信息安全承诺。

8.1.2 MSP_SPL.1 制定安全策略

8.1.2.1 管理保障控制组件控制

组织机构应制定安全策略文件。

8.1.2.2 管理保障控制组件注解

制定信息安全策略时,应考虑如下几点:

a) 确定应用范围。在制订安全策略之前一个必要的步骤是确认该策略所应用的范围,例如是在整个组织还是在某个部门。如果没有明确范围就制订策略无异于无的放矢;

b) 获得管理支持。获得管理层的支持,不仅可以从管理层获得足够的承诺,可以为后面的工作铺平道路,还可以了解组织总体上对安全策略的重视程度,而且与管理层的沟通也是将安全工作进一步导向更理想状态的一个契机;

c) 进行安全分析。在安全分析中应确定需要保护的信息资产,信息资产的价值、需要方法的威胁源、受到攻击的可能性,在攻击发生时可能造成的损失,能够采取什么防范措施,防范措施的成本和效果评估等等;

d) 关键人员参与。在制定信息安全策略时至少应有技术部门和业务部门的人员参与,应共同探讨安全分析结果,在这些会议上应该向这些人员灌输在分析阶段所得出的结论并争取这些人员的认同。如果有其他属于安全策略应用范围内的业务单位,也应该让其加入到这项工作;

e) 信息安全策略文件应符合国家、信息安全主管单位、行业、上级主管机关的法律法规要求;信息安全策略文件应符合组织机构的业务要求和风险管理的要求，参考相关的信息安全标准和相似组织的安全管理经验；

f) 信息安全策略的内容应有别于技术方案，信息安全策略只是描述一个组织保证信息安全途径的指导性文件，它不涉及具体技术实现细节，只需要指出要完成的目标。

8.1.3 MSP_SPL.2 审核批准安全策略

8.1.3.1 管理保障控制组件控制

安全策略文件应由组织机构决策层审核批准。

8.1.3.2 管理保障控制组件注解

负责审批的管理者应与IT部门、业务部门人员进行充分沟通，必要时还可以聘请专家进行咨询，以便对安全策略的正确性、有效性做出正确的决策。

8.1.4 MSP_SPL.3 发布与落实安全策略

8.1.4.1 管理保障控制组件控制

安全策略文件应向组织机构全体员工发布，各级员工应以安全策略为指导进行日常工作。

8.1.4.2 管理保障控制组件注解

信息安全策略文件应通过组织机构的主要信息发布渠道进行广泛发布，例如组织的内部信息系统、例会、培训活动等等。

信息安全策略文件只是描述保证组织机构信息安全的指导性文件，应在其指导下建立各项安全规章制度和操作流程，使安全策略能够在组织机构中成功执行。

8.1.5 MSP_SPL.4 维护更新安全策略

8.1.5.1 管理保障控制组件控制

应定期或当系统发生重大变更时审核安全策略以保持策略的适用性、充分性和有效性。

8.1.5.2 管理保障控制组件注解

组织机构中应设置一名管理人员负责对安全策略适用性、充分性和有效性进行审核和评价。当组织机构的组织体系、业务环境、技术环境发生变化时，对安全的需求也会发生变化，组织的安全策略需要进行相应地调整。为了在发生变化时，安全策略和控制措施能够及时反映这种变化，应组织定期和非定期的安全审核。

安全审核主要依据：

a) 来自IT部门和业务部门等相关方的反馈意见；

b) 所采取预防和改进措施的效果；

c) 以前的安全审核结论；

d) 信息安全策略的符合性；

e) 影响组织机构信息安全管理方法发生变化的因素，包括组织机构物理环境、业务环境、资源可用性、技术环境以及合同或法律法规方面的因素；

f) 威胁和脆弱性的变化趋势；

g) 曾经发生的信息安全事件；

h) 有关权威机构的建议。

安全审核的结果应包括：

a) 组织机构信息安全管理方法的改进；

b) 控制目标和控制措施的改进；

c) 资源和职责分配方面的改进。

应维护安全审核的记录。

改进的策略应得到管理层的批准。

9 MSO 管理保障控制类：信息安全组织机构

信息安全组织机构是信息安全管理的基础，需要得到组织机构最高管理层的承诺和支持，建立完善的信息安全组织结构。建立相应的岗位、职责和职权，建立完善的内部和外部沟通协作组织和机制，同组织机构内部和外部信息安全保障的所有相关方进行充分沟通、学习、交流和合作等。进一步将信息安全融至组织机构的整个环境和文化中，使信息安全真正满足安全策略和风险管理的要求，实现保障组织机构资产和使命的最终目的。

图 7 描述了信息安全组织机构管理保障控制类的组成结构。

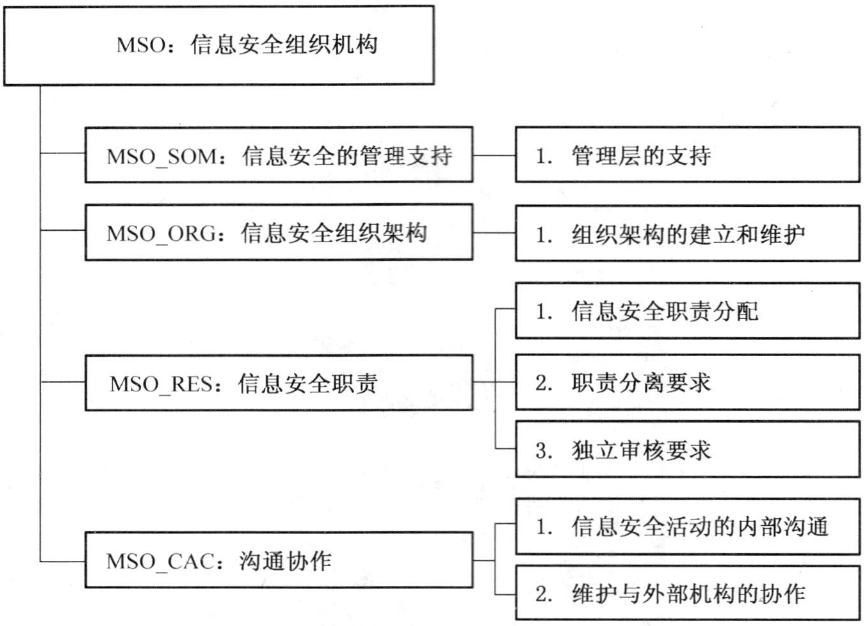

图 7 信息安全组织机构(MSO)管理保障控制类分解

9.1 信息安全的管理支持(MSO_SOM)

9.1.1 安全保障管理目的

管理层应提供保障和支持，提供清晰的指导，明确安全职责，协调和审核组织机构内安全。

9.1.2 MSO_IOA.1 管理层的支持

9.1.2.1 管理保障控制组件控制

管理层在组织机构内通过清晰的指导、明确信息安全职责的分配和确认，提供对安全的主动支持。

9.1.2.2 管理保障控制组件注解

管理层应：

a) 确保标识了信息安全目标，且安全目标满足组织机构要求并落实至相关的过程中；

b) 规划、审核和批准信息安全策略；

c) 审核信息安全策略实施的有效性；

d) 为安全提供清晰地方向以及可见的管理支持；

e) 提供信息安全所需的资源；

f) 在组织机构内批准信息安全的特定角色和职责；

g) 确保信息安全控制的实施在整个组织机构中的协调。

管理层应对获取的信息安全的建议和需求进行论证，并在整个组织机构内审核和协调建议的结果。根据组织机构规模的不同，此职责可以由专门的管理机构来处理或者由现有的管理机构来处理，例如由董事会负责。

9.2 信息安全组织架构(MSO_ORG)

9.2.1 安全保障管理目的

组织机构应建立完善的信息安全组织体系,以启动和控制组织机构内的信息安全。

9.2.2 MSO_ORG.1 组织架构的建立和维护

9.2.2.1 管理保障控制组件控制

形成架构清晰的信息安全保障组织机构,保持整体组织结构的稳定性。

9.2.2.2 管理保障控制组件注解

安全保障组织机构应:

1) 结合行政组织结构,建立由决策层、管理层、执行层组成的信息安全保障组织;
2) 高级行政管理层有责任组织建设信息安全保障组织;
3) 聘用或启用较稳定的人员从事信息安全保障有关工作,以维持组织整体结构稳定性;
4) 信息系统骨干工作人员在较长时期内保持工作稳定;
5) 信息系统骨干工作人员基于适当的培训长期保持具有能够胜任工作的技术水平;
6) 应有正式的合同文本以及人事相关规定;
7) 确保提供信息安全需要的基础资源和投资;
8) 信息系统工作人员具备安全意识并能得到适度的行为监控。

9.3 信息安全职责(MSO_RES)

9.3.1 安全保障管理目的

组织机构应有清晰的和恰当的安全职责划分和职责到人,保证信息安全措施的落实。

9.3.2 MSO_RES.1 信息安全职责分配

9.3.2.1 管理保障控制组件控制

应清晰地定义组织机构的所有的信息安全职责,并保证各项职责明确到人。

9.3.2.2 管理保障控制组件注解

信息安全职责的分配应根据信息安全策略来完成。应清晰地标识保护个人资产和执行特定安全活动的职责。如果必要,此职责应使用更详细的指南来补充以用于特定地点和信息处理设施。应清晰地定义保护资产和执行特定安全过程的本地职责,例如业务持续性规划。

分配具有安全职责的个人可以将安全任务委托给其他人。但他们仍旧保留职责并且应确定所有委托的任务得以正确地执行。

应清晰地描述个人所负责的内容,特别是包括下列内容:

a) 应标识并清晰地定义每个特定的与系统相关的资产和安全活动;
b) 应为每个资产或安全活动指定责任人,并且给出书面证明;
c) 应清晰地定义和文档化授权级别。

9.3.3 MSO_RES.2 职责分离要求

9.3.3.1 管理保障控制组件控制

组织机构应分离某些任务的管理、执行和职责范围,加强监督力度,以降低非法修改或误用职权带来的风险。

9.3.3.2 管理保障控制组件注解

考虑职责分离应注意以下内容:

a) 不允许独自一人在没有经过授权或未经过检查的情况下访问、修改或使用资产;
b) 应把事件的授权与执行分开,如对关键数据的修改的审批与执行必须分开;

c) 组织机构一定要保持安全审计独立；

d) 在无法实现职责分离的情况下，组织机构应当考虑其他控制措施，例如监控、审计跟踪和监督管理。

9.3.4 MSO_RES.3 独立审计要求

9.3.4.1 管理保障控制组件控制

应在计划的时间间隔或在对安全实施有重要变更时，对组织机构信息系统安全及其控制策略(如，信息安全的控制目标、策略、过程、流程等)进行独立审核。

9.3.4.2 管理保障控制组件注解

管理层应发起独立审核。这种独立审核对确保组织机构管理信息安全策略的持续合适性、充分性和有效性是必要的。这种审核应包括对改进机会的评估，以及对安全方案变更需求的评估，包括策略和控制目标。

这种审核应由独立于被审核部门的人员来执行，例如，内部审计部门、独立的管理人员或专门从事此类审核的第三方机构。执行这些审核的人员应拥有相应的技能和经验。

应记录独立审核的结果并将其汇报至发起审核的管理层。

如果独立审核标识了组织机构管理信息安全的方案和实施是不充分的、或者不符合信息安全策略文件中所描述的信息安全方向时，管理层应考虑对其进行纠正。

9.4 沟通协作(MSO_CAC)

9.4.1 安全保障管理目的

组织机构应该根据业务持续性和风险评估的需要，建立和维护内部与外部组织机构的有效沟通和协作机制。

9.4.2 MSO_CAC.1 信息安全活动的内部协调

9.4.2.1 管理保障控制组件控制

在组织机构内，应建立一个内部协调机制以保证信息安全活动的有效沟通和实施。

9.4.2.2 管理保障控制组件注解

通常，信息安全协调应包括经理、用户、管理员、应用设计者、审计人员和安全人员，以及在保险、法律问题、人力资源、IT 或风险管理等领域的人员和专家的协调和协作。这种活动包括：

a) 确保安全活动的执行符合信息安全策略；

b) 标识如何处理不符合项；

c) 批准信息安全的方法和流程，例如风险评估、信息分类；

d) 标识重要的威胁变化以及信息和信息处理设施对威胁的暴露；

e) 评估信息安全控制的充分性并协调其实施；

f) 有效地在整个组织机构内推动信息安全教育、培训和意识；

g) 评价从监控中收到的信息，审核信息安全事故，推荐响应所标识的信息安全事故所采取的合适的行动。

如果组织机构没有使用一个单独的跨职能部门的团队，例如由于组织机构规模的原因，则上面所描述的活动应由其他合适的管理机构或个人承担。

9.4.3 MSO_CAC.2 维护与外部机构的协作

9.4.3.1 管理保障控制组件控制

应建立同组织机构系统和业务相关的各有关职能机构、运营商、服务方等的沟通和协作，维护与外部机构协作的及时性和有效性。

9.4.3.2 管理保障控制组件注解

保持与信息安全有关执法机构、管理机关(如，执法、消防、监管机构等)，在信息安全法律法规方面服从其管理和指导。

保持与相关服务方(如,因特网服务提供商(ISP)的支持、电信运营商、产品提供商等)的有效沟通和协作,保证当异常事件发生时的及时沟通和问题解决。

应建立有效的信息获取和更新渠道,以跟上信息安全的最新发展。确保对信息安全环境的理解是最新和完整的;接收告警的早期预警、同攻击和脆弱性相关的建议和补丁;共享和交换有关新技术、产品、威胁或脆弱性的信息等。

沟通活动包含以下内容:

a) 指派具有联络能力的人员负责联系工作;

b) 建立外部联络清单以及联络方式,并定期核实有效性;

c) 制定与外部组织间的有关协调通信和恢复活动的计划;

d) 保存与外部联系以及协作的沟通记录。

10 MPS 管理保障控制类:人员安全

人员安全是信息安全管理的基础。应建立规范的人员安全管理,对组织机构的聘用人员进行严格的审查,明确人员的安全职责和保密要求。加强人员的安全意识培训和教育,并建立考核和奖惩机制,使信息安全融至组织机构的整个环境和文化中,减少有意、无意的内、外部威胁,确保组织机构顺利完成系统使命。

图 8 描述了人员安全管理保障控制类的组成结构。

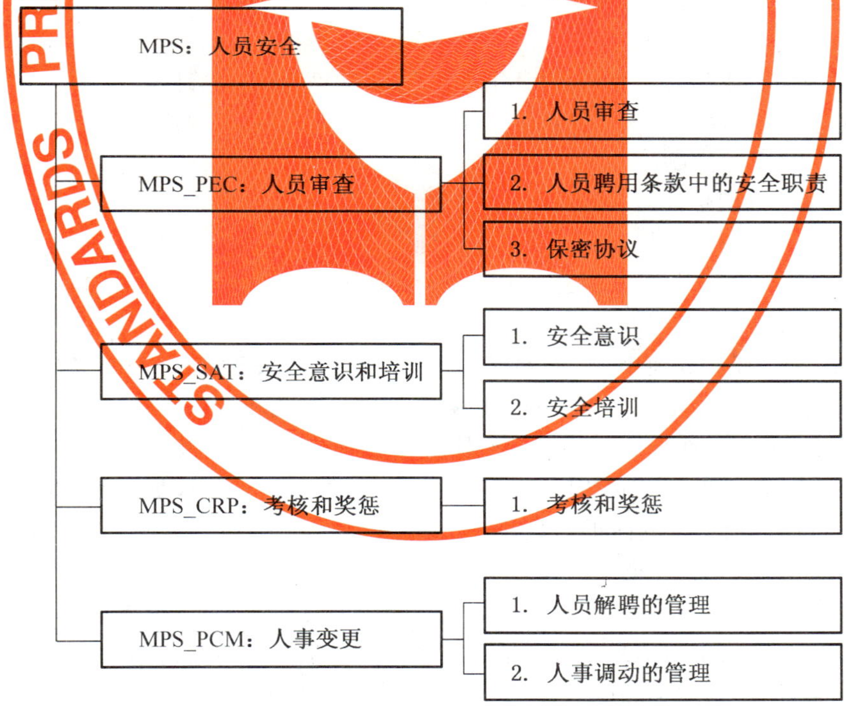

图 8 人员安全(MPS)管理保障控制类分解

10.1 人员审查(MPS_PEC)

10.1.1 安全保障管理目的

确保聘用的员工、合约方和用户能够符合聘用要求,并能理解其安全责任,以降低偷窃、欺骗或误用对系统造成的风险。

10.1.2 MPS_PEC.1 人员审查

10.1.2.1 管理保障控制组件控制

应根据相关的法律、法规和道德以及业务的需求、要访问信息的类别以及所认识到的风险，来对所有应聘人员进行背景验证检查。

10.1.2.2 管理保障控制组件注解

审查应包含下列内容：

a) 要有满意的推荐人，例如，一个业务上行为的推荐，一个关于个人品德的推荐；

b) 检查应聘人员的简历(是否完整和准确)；

c) 确认有没有考取所称述的学历及职业资格；

d) 独立的身份检查(护照或其他文件)；

e) 更多的细节检查，例如诚信问题和犯罪记录。

对接触信息处理设备，特别是要处理敏感信息(例如财务信息或特别机要信息)设备的人员的审查要更加严格，应考虑更多的细节。

应为确认检查的流程定义标准和限制(谁可以合法检查并于何时何因如何进行验证检查)。

应对承包人和用户执行审查过程。如果承包人是通过中介机构介绍的，在与中介机构的合同中应明确定义中介机构的审查职责，当没有进行审查或是审查结果给出了令人质疑理由时应定义中介机构需遵循的通告流程。同样的，同第三方的协议应明确定义各自的职责和通告审查的流程。

当组织机构考虑内部岗位的候选人时，在搜集和处理人员信息时应符合法律规定的权限。在执行审查活动之前，应通知候选人。

10.1.3 MPS_PEC.2 人员聘用条款中的安全责任

10.1.3.1 管理保障控制组件控制

聘用条款中应说明员工信息安全的责任，并确保同应聘者进行清晰地沟通。

如适当，这些责任应在聘用期满后持续一段时间，还应包括员工如果不领会安全要求所要采取的培训等措施。

10.1.3.2 管理保障控制组件注解

聘用条款应反映组织机构的安全策略并说明以下情况：

a) 所有员工、合约方和用户在对信息处理设施的敏感信息进行存取时，应事先标识信息的保密性或签署保密协议；

b) 员工、合约方和任何其他用户的合法责任和权力，例如，关于版权保护和数据保护立法；

c) 信息责任的分配和组织机构资产的管理关系到信息系统和员工、承包人和用户的服务；

d) 员工、合约方或用户在接收其他公司或外部信息时的处理的职责；

e) 组织机构在处理个人信息时的职责，包括组织机构雇佣过程中或最终的信息；

f) 应定义在组织外面办公的前提和职责，以及正常的外部工作时间，例如在家工作；

g) 若员工、合约方或用户忽略了组织机构的安全要求后应采取的措施。

组织机构应确保员工、合约方和用户对合约中关于访问权限的信息安全条款达成一致意见，这些访问权限是他们访问组织机构中与信息系统和信息服务相关的资产所需的访问权限。

在可能的情况下，聘用条款中还应包含预先定义的聘用之后的职责。

10.1.4 MPS_PEC.3 保密协议

10.1.4.1 管理保障控制组件控制

所有和信息系统安全相关人员均应当签署保密协议。保密协议的要求应反应组织机构对信息的保护。

10.1.4.2 管理保障控制组件注解

保密协议的要求应考虑下列内容：

a) 所要保护的信息的定义(例如:保密的信息);
b) 协议预期的持续时间,包括不确定的需要维护的保密性事件;
c) 协议终止时需采取的行动;
d) 限制职责和措施来避免信息泄露(像“必须知道”);
e) 与机密信息的保护相关所有权、商业机密、知识产权等信息;
f) 用户得到准许后通过签字来使用机密信息;
g) 正确利用审计和监控活动来获得机密信息;
h) 报告未授权的机密信息泄露的通告的程序;
i) 信息的期限在协议终止时被收回或销毁;
j) 万一协议毁灭后所采取的措施。

基于组织机构的安全要求,保密性和抗抵赖性还需包含其他元素。

保密协议应遵从所有适用的法律和现有的公平规则。

保密协议的需求应定期的复查并当发生变化时改变这些需求。

10.2 安全意识和培训(MPS_SAT)

10.2.1 安全保障管理目的

确保员工、合约方和用户了解信息安全威胁的存在,以及他们的安全责任,并获取必要的安全技能。

10.2.2 MPS_SAT.1 安全意识

10.2.2.1 管理保障控制组件控制

应对用户进行安全意识的教育和培训,确保信息系统的所有合法用户了解信息安全的基本要求,必要性以及他们所担负的安全责任。

10.2.2.2 管理保障控制组件注解

组织机构应依据自己具体的需求和工作人员授权访问的信息系统来确定安全意识培训内容,制定培训计划,维持信息安全意识。培训应覆盖机构内部所有能够访问信息和系统的个人。

10.2.3 MPS_SAT.2 安全培训

10.2.3.1 管理保障控制组件控制

组织机构应确定每个工作人员在信息系统中的安全角色和职责,在工作人员访问系统之前给他们提供恰当的信息系统安全培训,之后应以[附值:组织规定的频率]继续培训。

10.2.3.2 管理保障控制组件注解

组织机构应确保系统管理员,系统行政管理人员和其他有权访问系统层软件的人员在执行各自的任务前进行了必要的技术培训。

10.3 考核和奖惩(MPS_CRP)

10.3.1 安全保障管理目的

通过适当的考核和奖罚机制,对人员进行激励和约束,减少人对系统造成的风险。

10.3.2 MPS_CRP.1 考核和奖惩

10.3.2.1 管理保障控制组件控制

应建立人员的考核和奖惩机制,对人员行为和能力进行考核,并对遵守和违反组织机构安全策略及程序的员工进行奖励或处罚。

10.3.2.2 管理保障控制组件注解

在没有明确发生了安全破坏时,不应执行处罚过程。

这些处罚过程确保了公平公正的处罚那些被怀疑或蓄意对安全造成严重破坏的员工。处罚过程应规定在事件发生后应考虑给商务带来的影响。对严重的明知故犯的程序应立即免去其职责,访问权限和特权,并有必要立即遣送出场地。

10.4 人事变更(MPS_PCM)

10.4.1 安全保障管理目的

确保在雇员离职或转岗以及合约方和用户解约时能够得到合理安排，避免由于管理失控增加对系统的风险。

10.4.2 MPS_PCM.1 人员解聘的管理

10.4.2.1 管理保障控制组件控制

应明确定义和指派雇佣关系的终止和变更职责。一旦聘用、合约终止，所有员工、合约方和用户应交还其所拥有的所有组织机构资产，删除其对信息和信息处理设施的所有访问权限。

10.4.2.2 管理保障控制组件注解

雇佣终止时应遵循现有的安全需求和法律责任要求，保密性协议和雇佣条款中规定的职责应在指定的时间继续生效。

在雇员、承包方或第三方的合同中应规定雇佣关系终止后职责和责任是否有效。

职责和雇佣关系变更应该与职责和雇佣关系的终止在管理方式上相同。应该合理管理新的职责和雇佣关系。

10.4.3 MPS_PCM.2 人事调动的管理

10.4.3.1 管理保障控制组件控制

组织机构在人员在组织机构内的不同位置进行调动时，应重新对用户的资产和权限进行重新评估和分配。

10.4.3.2 管理保障控制组件注解

组织机构在人员在组织机构内的不同位置进行调动时，重新分配授予权限，并进行相应的操作，如：重发钥匙、鉴别卡、通行证；关闭账户建立新的账户；改变系统访问授权等。

11 MAM 管理保障控制类：资产管理

资产管理是信息安全管理的基础，同时也是信息安全保证的重要内容，组织机构应通过规范资产的管理和使用来保障资产的安全，来保证系统的安全，最终保障组织机构使命。

图 9 描述了资产管理管理保障控制类的组成结构。

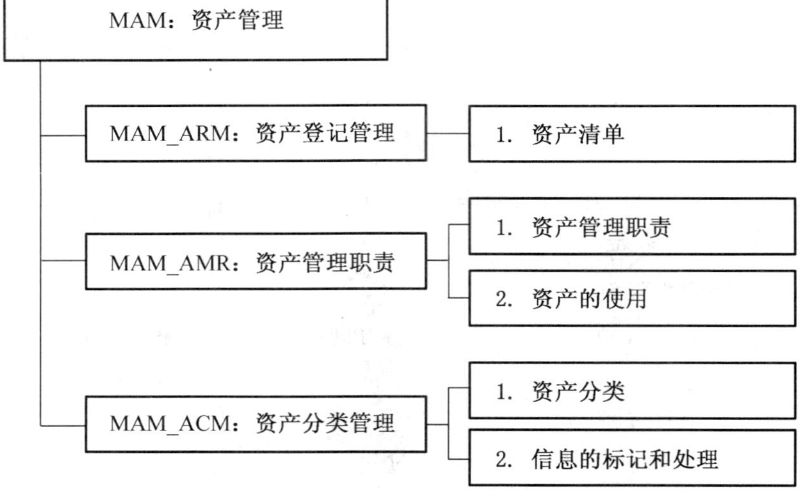

图 9 资产管理(MAM)管理保障控制类分解

11.1 资产登记管理(MAM_ARM)

11.1.1 安全保障管理目的

清晰了解组织机构所有的有形和无形资产。

11.1.2 MAM_ARM.1 资产清单

11.1.2.1 管理保障控制组件控制

应清晰地识别和确认所有资产,应制定并维护一份重要资产清单。

11.1.2.2 管理保障控制组件注解

组织机构应识别和确认所有资产并记录资产的重要程度等必要信息。各部门应负责维护各自范围之内的重要资产清单,组织机构应保留一份完整的资产汇总清单。

资产清单应包含所有的必要信息,应包括资产的类型、格式、位置、备份信息、许可信息和业务值等,以便进行应急响应和灾难恢复等工作。在资产清单中,每个资产的所有权和信息分类应该是经过认同的,并被文档化。基于资产的重要程度、业务值和安全分类,应识别与资产重要程度相对应的保护级别。

11.2 资产管理职责(MAM_AMR)

11.2.1 安全保障管理目的

维持并实施适当的保护措施保护组织机构的资产。所有重要的信息资产应有负责人,并有选定的所有者,并有制定适当控制责任。

11.2.2 MAM_AMR.1 资产管理职责

11.2.2.1 管理保障控制组件控制

同信息处理设施相关的所有信息和资产都应指定到机构中的部门,对所拥有的资产负责。对同信息处理设施相关的信息和资产的登记和使用都应实施适当控制。

11.2.2.2 管理保障控制组件注解

对信息系统内部所有的重要资产(例如硬件、软件、操作系统、数据、信息等)建立健全的管理架构,并规定相应资产责任人,对责任人的权责进行规定。实施控制的责任可以委派。每个资产的所有权和分类应该是经过认同的,并被文档化。

资产所有者应负责:

a) 确保同信息处理设施相关的信息和资产都被恰当地分级;

b) 考虑到使用的访问控制策略,定义访问控制内容和访问分类方法并定期审查。

所有权可以分配给:

a) 一个业务过程;

b) 一组活动;

c) 一个应用;

d) 一组数据。

11.2.3 MAM_AMR.2 资产的使用

11.2.3.1 管理保障控制组件控制

应规范同信息处理设施相关的信息和资产的可接受使用的管理。

11.2.3.2 管理保障控制组件注解

所有员工、合约方和第三方用户应遵循同信息处理设施相关的信息和资产的可接受使用的规章制度,包括但不限于:

a) 使用电子邮件和互联网的规章制度;

b) 使用移动设备,特别是在组织机构边界外使用移动设备时的指南。

具体的规章制度和指南应由相关的管理部门提供。使用或访问组织机构资产的员工、合约方和第三方用户应该知道在使用同信息处理设施相关的信息和资产以及相应的资源时有哪些限制。应该对其使用的信息处理资源和在职责范围内使用的方法负责。

11.3 资产分类管理(MAM_ACM)

11.3.1 安全保障管理目的

确保系统的资产依据不同程度的敏感度及重要性得到相应级别的保护。

11.3.2 MAM_ACM.1 资产分类

11.3.2.1 管理保障控制组件控制

组织机构的资产包括有形的物理资产和无形的信息资产,组织机构不仅需要对有形的物理资产进行分类,还应根据信息对组织机构的价值、法律要求、敏感性和关键性等对信息进行分类。

11.3.2.2 管理保障控制组件注解

信息的分类及相关保护控制的制定,应结合业务共享和限制信息的需求,以及这些需求所关联的业务冲击。

定义某信息的每个项目的责任,并定期检查这些分类的责任,应该是由信息的持有者,或原作者负责。所指信息是指,例如文件、数据记录、数据文件或磁盘等。

分类的指导方针应包括最初的分类协定,随着时间重新分配等级,并与预先的访问控制策略相一致。

定义资产的类别是资产所有者的责任,定期的复审和确保更新并在合适的级别。这种分类应考虑聚合效应。

要考虑的有类别的数目,以及分类后有什么好处。过于复杂的方法日后可能变得繁琐、使用不经济或显得不实际。应小心如何解释其他组织机构的文件上的分类标签,有可能同一种或类似的标签有不同的定义。

11.3.3 MAM_ACM.2 信息的标记和处理

11.3.3.1 管理保障控制组件控制

应该制定并实施一组恰当的标注及处理信息流程,流程应符合组织机构所采用的分类方法。

11.3.3.2 管理保障控制组件注解

信息标识流程应覆盖物理和电子形式的信息资产。

按组织机构所采用的分类方法,制定合适的程序来标注及处理信息是很重要的。

系统带有被分类为敏感或重要信息的输出,应(再输出)有适当的分类标签注明。标签应按 7.2.1 的分类规定注明。要考虑分类标签的物件有:打印报表、屏幕显示、记录介体(磁带、磁盘、CD 等)、电子消息及文件转移。

物理标签一般是适当的标签形式,但是,某些信息资产,例如电子形式的文档,不能物理标注,应使用电子标注。对每个分类级别来说,处理流程的定义应涉及到安全处理,存储,传输,删除和毁灭。这也同样包括保管的流程和任何出入的安全相关事件。

同其他组织机构的共享信息的协议应确定信息的分类级别,并说明分类标签。

12 MPE 管理保障控制类:物理和环境安全

物理和环境安全是保障基础设施安全的基础。组织机构应保证物理安全区域安全,建立严格的物理访问控制措施,以防止非法访问、危害及干扰系统运行。基础设施是系统的重要资产,应在防火、防水、温湿度、防雷等方面做到安全防护,保证基础设施安全,保证系统持续运行。

图 10 描述了物理和环境安全管理保障控制类的组成结构。

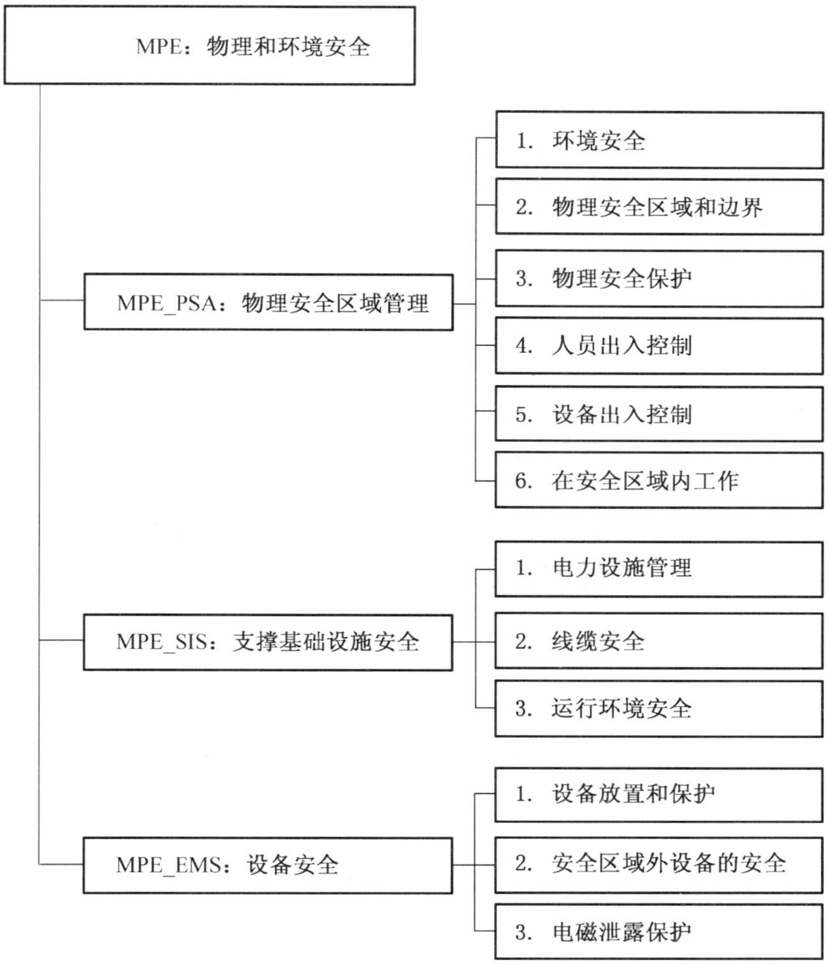

图 10 物理和环境安全(MPE)管理保障控制类分解

12.1 物理安全区域管理(MPE_PSA)

12.1.1 安全保障管理目的

应有物理的保护防止对基础设施和信息的非法访问、危害和干扰。对重要或敏感的业务信息处理设备应放在安全的地方，并在规定的安全边界处用恰当的安全障碍和控制措施进行保护。

12.1.2 MPE_PSA.1 环境安全

12.1.2.1 管理保障控制组件控制

安全区域的选择和设计应考虑火灾、洪水、地震、爆炸、骚乱及其他形式的自然或人为灾害导致的破坏，还应考虑相关的卫生、安全条例标准及周边的各种安全威胁。

12.1.2.2 管理保障控制组件注解

选择和设计机房等安全区域的地理位置时，应考虑火灾、洪水、地震等因素，远离地震带、避免处于低洼地带等；另外，同时也需要考虑周边环境，远离加油站等易燃易爆危险场所等。

12.1.3 MPE_PSA.2 物理安全区域和边界

12.1.3.1 管理保障控制组件控制

应根据不同的安全保护需求，划分不同的安全区域，实施不同等级的安全管理。

12.1.3.2 管理保障控制组件注解

要根据不同安全需要划分安全区域。如办公区和关键业务区，涉密区和不涉密区等。应该使用安全边界(例如墙、门卡或人工接待室)来保护包含信息和信息处理设施的区域。

以下是建立适当的物理安全边界的指导原则：

a) 应明确定义安全边界；

b) 安全边界在物理上要坚固可靠；

c) 严格限制对安全区域和大楼的访问，仅允许授权人员进入；

d) 设置物理障碍，防止对安全区域的未授权访问和环境污染；

e) 安全边界上的所有应急出口都应该关闭，并设置报警装置；

f) 应按照专业标准安装并定期测试防盗入侵检测系统、防火探测警报系统、电视监视系统等安全设施。未被使用区域的告警装置也应开启。

12.1.4 MPE_PSA.3 物理安全保护

12.1.4.1 管理保障控制组件控制

应设计和应用安全区域和设施的物理安全防护。

12.1.4.2 管理保障控制组件注解

公司应实施以下措施对安全区域和设施进行物理保护：

a) 制定在安全区域内应遵守的规章制度，对区域内人员行为提出安全要求；

b) 建筑物应不引人注目，并尽量减少其用途的标示。建筑物内外不应设置明显的表明信息处理活动的标志；

c) 无人值守时，门窗都应关闭，底层窗户应考虑设置外部防护；

d) 未使用的安全区域应采取物理方式锁闭，并定期检查。

12.1.5 MPE_PSA.4 人员出入控制

12.1.5.1 管理保障控制组件控制

应通过合适的入口控制来保护安全区域以确保只有授权人员才允许访问。

12.1.5.2 管理保障控制组件注解

无论内部员工还是外部人员，只有经过授权才可以进入安全区域。公司应实施以下措施对安全区域的出入进行控制：

a) 安全区域的访问者应办理出入手续并接受监督或检查，应记录其进入和离开的日期和时间。访问者的访问目的必须经过批准，并只允许访问经授权的目标。访问者应被告知该区域的安全要求及有关应急程序；

b) 重要的安全区域应仅限于授权人员访问，并使用身份识别技术（例如门禁卡、个人识别码等）对所有访问活动进行授权和验证。所有访问活动的审计跟踪记录应被安全地保管；

c) 所有内部员工都应佩戴明显的、可视的身份识别证明，并应主动向那些无公司员工陪伴的陌生人和未佩戴可视标志的人员提出质疑；

d) 安全区域的访问权应被定期审查和更新。

12.1.6 MPE_DES.5 设备出入控制

12.1.6.1 管理保障控制组件控制

应对带离安全区域的设备、信息或软件进行控制。

12.1.6.2 管理保障控制组件注解

应考虑下列指导方针：

a) 未经授权，设备、信息或软件都不能带离安全区域；

b) 员工、合约方和用户在获准带离资产之前要经过清晰标识；

c) 应设置带离设备的时间限制，并在归还时按要求进行检查；

d) 记录设备带离和归还的时间；

e) 未经授权，外来的设备、信息或软件都不能带入安全区域。

12.1.7 MPE_PSA.6 在安全区域中工作的控制

12.1.7.1 管理保障控制组件控制

应制定安全区域工作的物理保护的管理规定，对在安全区域内工作的人员及被授权进入安全区域的其他人员加强管理。

12.1.7.2 管理保障控制组件注解

应考虑下列指导方针：

a) 明确基本安全原则；

b) 工作人员应仅在“需要知道”时才了解安全区域的存在或者发生的活动；

c) 出于安全原因和防止恶意破坏，在安全区域内应避免不受监督的工作；

d) 除非经过授权，否则不允许使用摄影、摄像、音频、视频及其他记录设备；

e) 安全区域内，具有不同安全要求的区域之间需要设置额外的安全边界，以控制物理访问。

12.2 支撑基础设施安全(MPE_SIS)

12.2.1 安全保障管理目的

所有的支撑设施，如电力、水、加热/通风和空调都应满足系统的需要。应定期对支撑设施进行检查，并进行适当的测试来确保其正常的功能，减少发生故障和失败的风险。

12.2.2 MPE_SIS.1 电力设施管理

12.2.2.1 管理保障控制组件控制

应防止由于电力故障导致对设备的损害。

12.2.2.2 管理保障控制组件注解

要根据设备厂商的说明提供匹配的电力供应。

对一些要求严格系统要配备不间断电源(UPS)可保证停电的情况下保持系统的持续运行，或按顺序关掉系统。电力持续性计划应覆盖UPS失败的处理活动。如果系统要求在长时间电力中断的持续运行则应考虑配备备份发电机。还应为发电机提供足够的燃料储备来保证长时间的供电。UPS和发电机应根据厂商说明进行定期检查和适当的测试以确保其能力。另外，还可考虑多路供电，如果地点够大，还可考虑不同的变电站。

紧急情况下的电力切断开关应安装靠近设备机房的紧急出口处，以方便在发生紧急情况时能够迅速断电。应配备电力中断后的应急照明设备。

a) 电源必须符合公司和设备制造商的技术规范；

b) 采用多路供电、配备UPS、备用发电机等方法，避免电源单点故障；

c) 定期维护和检查供电设备，UPS应有充足容量，发电机应配备充足的燃料；

d) 机房的紧急出口处必须安装联动的应急开关，以便在发生紧急情况时能够迅速断电；

e) 配备应急照明设备；

f) 所有建筑和外部通信线路都应安装雷电防护装置；

g) 已知的停电计划应提前通知有关部门，防止无准备的断电造成不必要的损失。

12.2.3 MPE_SIS.2 线缆安全

12.2.3.1 管理保障控制组件控制

电力和通信电缆由于携带数据或是信息设备支撑，应该予以保护防止被侦听和破坏。

12.2.3.2 管理保障控制组件注解

应遵循以下指导方针保护线缆安全：

a) 电力电缆和通信电缆应尽可能隐藏于地下，并尽量采取充分的备用保护措施；

b) 应采取措施防止通信电缆被非授权的侦听和破坏，如使用电缆管道或避免线路经过公共区域；

c) 电力电缆应与通信电缆分离，避免互相干扰；

d) 定期对电缆线路进行维护、检查和测试，及时发现故障隐患；

e) 对于重要的或敏感的系统应采取更进一步的控制措施，包括：

1) 将线缆检查点、接头等放在带有加强保护装置的导线槽、房间、箱子内；

2） 采用备用线路或传输媒介；

3） 使用光缆；

4） 使用电磁屏蔽来保护电缆；

5） 定期通过扫描和物理检查方式连接至缆线的非法设备。

为防止传输失败，通信设施应包含相应的冗余措施，例如两条互备份或负载均衡的线路，以在其中一条线路中断时不会中断通信和业务。

12.2.4 MPE_SIS.3 运行环境安全

12.2.4.1 管理保障控制组件控制

应采取相应的防火、防水、防尘、防雷、温湿度控制等控制措施为设备与介质提供适宜的环境，并提供相应的环境监控，以避免由于环境因素造成对设备和介质的损害。

12.2.4.2 管理保障控制组件注解

a） 采取相应的控制措施，尽量降低环境因素对信息处理设施带来的潜在威胁。例如：爆炸、火灾、水灾、烟雾、温湿度、灰尘、静电、震动、化学作用、照明等。

b） 监控有可能对信息处理设施造成不良影响的环境条件。

c） 防火设备/系统包括，但不限于喷淋装置系统、手式灭火器、固定防火水龙头和烟雾探测。

d） 组织机构防止信息系统受到暴露水管或其他水资源渗漏所带来的灾害，确保可以控制主要的闸门，并能够正常工作，有具体的责任人负责。

e） 应维持信息系统设备所处环境的温度和湿度，使之保持在一个可接受的水平。

f） 在整个建筑上安装防雷保护，并在所有引入的电源和通信线缆处安装防雷装置。

g） 特殊环境下的设备，应考虑采用特殊的保护方法。例如：采用防爆灯罩、键盘隔膜等。

h） 禁止在网络与信息处理设施附近的进餐、饮水及抽烟等活动。

12.3 设备安全（MPE_EMS）

12.3.1 安全保障管理目的

应防止由于资产的丢失、损害、被盗或老化等造成对组织活动的中断；防止设备受到物理和环境的威胁；防止受到未授权的破坏。

12.3.2 MPE_EMS.1 设备放置和保护

12.3.2.1 管理保障控制组件控制

为避免环境威胁和未经授权访问的影响，应将设备与介质的放置安全并予以保护。

12.3.2.2 管理保障控制组件注解

应考虑下列指导方针以保护设备：

a） 设备布局应尽量减少对工作区的不必要的访问；

b） 敏感数据的信息处理与存储设施必须放置在可有效监控的范围内；

c） 重要的网络与信息处理设施的放置应尽量降低使用中的过失风险；

d） 对处理敏感信息设备，应加以保护以最小化的减少信息泄漏的风险；

e） 备用设备和备份介质应放在与主要运行场所保持安全距离的安全区域内，以防止因主要运行场所受灾而引起的损失；

f） 危险或易燃物品应安全存放，与安全区域保持一定的安全距离。一般情况下，在安全区域内不得存放大量的、短期内不使用的材料和物品。

设备或介质如因工作需要带离安全区域，更要注意对其进行保护。

一些固定在部门安全区域外的设备，同样要注意物理防护。

12.3.3 MPE_EMS.2 安全区域外设备的安全

12.3.3.1 管理组件控制

应对工作在机构范围之外的非固定设备采取安全控制措施。

12.3.3.2 管理组件注解

信息存储和处理设备包括所有形式的个人电脑、组织者、移动电话、smart 存储卡、纸张或其他形式，当它们被带回家或带到正常工作区域之外时应进行控制。

应考虑下列指导方针保护非固定设备的安全：

a) 在工作区域之外的信息处理设备的所有权和使用权都经过授权；
b) 在工作区域之外的设备和媒体不能在无人看管的情况下放置在公共区；手提电脑在携带过程中予以保护，如，使用手提箱，采取必要的伪装等；
c) 在任何时候都必须严格遵守厂商对设备的保护说明，如，防止暴露在强辐射环境；
d) 通过风险评估确定应对家庭办公进行控制，如，上锁的文件柜，清理桌面，控制电脑，控制与办公室的安全信息交流。

12.3.4 MPE_EMS.3 电磁泄漏保护

12.3.4.1 管理保障控制组件控制

应根据信息资产的保护要求，应对信息处理设施采取相应的电磁防辐射措施。

12.3.4.2 管理保障控制组件注解

计算机系统在实际的应用中采用的防泄漏措施有：

a) 选用低辐射的设备；
b) 利用噪声干扰源；
c) 采取屏蔽措施；
d) 距离保护；
e) 采用微波吸收材料等。

13 MCM 管理保障控制类：符合性管理

符合性管理是信息安全保障的基础。组织机构应建立有效的监督体系以监督验证信息系统安全保障工作对相关法律法规、政策标准等要求以及组织机构所制定的信息安全策略体系的符合性以及执行的效果。

图 11 描述了符合性管理管理保障控制类的组成结构。

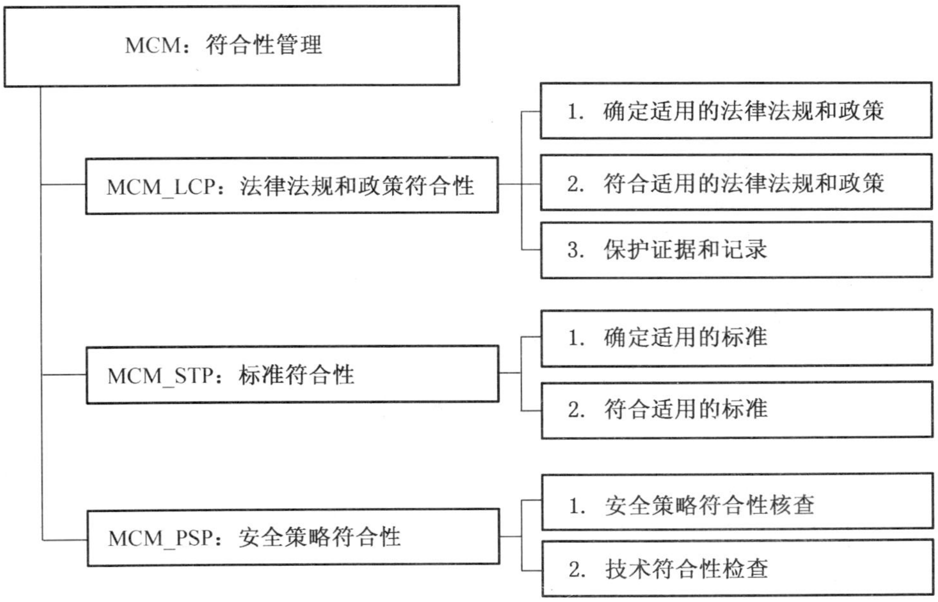

图 11 符合性管理（MCM）管理保障控制类分解

13.1 法律法规和政策符合性(MCM_LCP)

13.1.1 安全保障管理目的

确保系统与信息安全相关的国家政策、法律法规、行政法规和相关合同等要求的符合性。

13.1.2 MCM_LCP.1 确定适用的法律法规和政策

13.1.2.1 管理保障控制组件控制

组织机构应明确标识信息安全保障相关的所有国家、信息安全主管机构、上级部门的法律、法规、政策等的要求,并确保信息系统的设计、操作、使用及管理应符合相关法律、法规或合同中同信息安全相关的要求。

13.1.2.2 管理保障控制组件注解

组织机构应确定、收集和整理与信息安全保障相关的所有国家、信息安全主管机构、上级部门的法律、法规、政策等要求,并保持相关文件的更新。

组织机构可根据业务要求和风险管理的要求,为某一类信息系统、特定的某个信息系统或信息系统的一部分确定、收集和整理相关的法律要求。

应向内部或外部的法律顾问和职业法律人士咨询符合法律要求的具体建议。当组织机构涉及跨国信息其他相关的跨国要求时,组织机构应考虑不同国家立法和文化差异的不同,特别需要注意和考虑的是,当信息的创建、传输、处理和使用跨越不同国家或者涉及多个国家、多个组织机构时,组织机构应考虑多国的法律方面的要求的不同,并综合考虑相应文化差异。

为了满足这些需求应定义相应的具体控制措施和个人职责,并将其文档化。

13.1.3 MCM_LCP.2 符合适用的法律、法规、政策

13.1.3.1 管理保障控制组件控制

应确保信息系统的设计、操作、使用及管理应符合相关法律、法规或合同的安全要求。

应该在信息系统的建设和运行中明确定义和说明所有有关法定的、条例规定的或合同的要求,并明确满足这些要求的特定控制措施和相关责任。

13.1.3.2 管理保障控制组件注解

对法律、法规和政策的符合性,组织机构应考虑以下内容:

a) 知识产权

组织机构应明确规定有关知识产权的识别、授权、使用和检查等方面的要求,以确保符合相关法律规定。

组织机构应重视版权的管理和私有信息的拷贝相关的问题,以遵守相关法律法规或合同的要求。

涉及知识产权内容应考虑以下内容:

1) 公开宣布知识产权的权利符合性策略,在策略中定义软件和信息产品的合法使用方法;
2) 仅通过正规渠道获取软件,确保不侵犯版权;
3) 维护知识产权权利保护意识,对违反知识产权保护行为的人员给予处罚;
4) 维护授权许可所有权、主磁盘、手册等的证明文件及证据;
5) 实施控制,保证实际使用者的数目不会超出所容许的最大用户数目;
6) 进行检查,确保只安装合法的软件和取得授权许可的产品;
7) 制定遵守授权协议的策略;
8) 制定清除或转移软件到其他用户的策略;
9) 使用合适的审计工具;
10) 遵守从公用网获取的软件及信息的限期和条件;
11) 除非版权法允许,否则不许将商业电子产品(电影等)复制、转换到其他格式或解压缩;
12) 除非版权法允许,否则不许完全或部分拷贝书、文章、报告和其他文档。

b) 加密技术控制的规定

组织机构在使用加密控制措施时应符合所有相关的协议、法律和法规，应考虑以下情况：

1) 有加密功能的计算机软硬件在进口和出口时的限制；

2) 加密技术的使用限制；

3) 为了确保信息内容保密，硬件或软件加密了信息，但国家信息主管机关使用强制访问或自主访问方法可以访问这些信息。

c) 数据和隐私保护

组织机构应按照法律、法规或合同中规定的要求保证数据和个人信息的隐私。组织机构应建立数据保护和隐私策略和控制措施，并下达到所有涉及信息处理的人员。另外，还可采用适当的技术措施来实施对数据和个人信息的保护。

d) 资质要求

在信息系统的建设过程中，对信息安全集成人员、系统集成商和服务商的资质、所采用的信息安全产品以及工程实施过程的要求应当符合国家相关法律、标准和行政管理的要求。

e) 其他要求

要符合对非法信息和恶意代码控制的相关要求。

13.1.4 MCM_LCP.3 保护证据和记录

13.1.4.1 管理保障控制组件控制

组织机构应保护其重要的证据和记录，防止重要证据和记录的丢失、破坏或假冒，并且确保其符合相关法律法规、标准政策、合同以及业务要求。

13.1.4.2 管理保障控制组件注解

组织机构应按记录类型对记录分类，例如会计记录、数据库记录、交易日志、审计日志及操作流程，每类都需要写明保留期限及存储介质的种类，例如纸、单片缩影胶片、磁盘或光盘。任何用密钥加密的或数字签名的归档文件，都应该安全地保存，并记录保存能够解密的文档。

组织机构应考虑储存记录的介质性能下降的可能性。储存及处理程序应按生产商的规格实施。长时间存储，建议使用纸质和胶片。

如果选用电子存储介质，要保证在整个保存期间都可以访问数据，以免因技术更新而丢失数据。

组织机构应该选择合适的数据储存系统，使所需数据在可接受的时间段内以可接受的格式检索。

系统的储存和处理措施应该保证能够清楚地识别记录，识别国家、地方法律法规规定的记录保存期限。如果组织机构不需要这些记录数据时，系统应允许销毁。

要达到保护记录的目标，组织机构内应采取以下的步骤：

1) 应制定记录及信息的保存、储存、处理和清除的策略；

2) 应制定保存时间表，确定哪些重要记录种类需要保存，保存时间有多长；

3) 应该维护重要信息来源的清单；

4) 要实施适当的控制来保护重要的记录保证信息不被丢失、破坏及假冒。

13.2 标准的符合性(MCM_STP)

13.2.1 安全保障管理目的

确保信息安全管理工作与国际、国内、行业的相关标准的符合性，以便于同测评机构、开发商和用户之间的有效沟通和结果的互认。

13.2.2 MCM_STP.1 确定适用的标准

13.2.2.1 管理保障控制组件控制

组织机构应明确、收集和整理信息安全管理工作遵循的国际、国内、行业的相关标准，并保持相关文件的更新。

13.2.2.2 管理保障控制组件注解

应对相关的信息安全管理工作遵循的国际、国内、行业的相关标准进行收集和整理，并分析其适用性和有效性。有些标准可直接引用，有些标准则需要增加补充说明才可使用，而有些标准可以用来做参考。

13.2.3 MCM_STP.2 符合适用的标准

13.2.3.1 管理保障控制组件控制

组织机构应在系统的建设和运行中遵循适用的国际、国内、行业的相关标准要求。

13.2.3.2 管理保障控制组件注解

所有有关标准的要求，应该在信息系统的建设和运行中被明确定义及说明，并明确满足这些要求的特定控制措施和相关责任。

13.3 安全策略符合性(MCM_PSP)

13.3.1 安全保障管理目的

组织机构应确保系统符合组织机构的安全策略和安全技术要求。

13.3.2 MCM_PSP.1 安全策略符合性核查

13.3.2.1 管理保障控制组件控制

管理层应确定在自己负责范围之内正确执行所有安全程序，还要定期检查机构内所有部门，以保证机构的安全策略及标准正确实施。信息系统的拥有者应积极配合接受定期检查。

13.3.2.2 管理保障控制组件注解

组织机构应定期核查自己的系统是否符合组织机构信息安全策略体系及其他安全要求。

如果核查后发现不符合应：

a) 寻找不符合的原因；

b) 是否需要采取行动来评估，使不符合性不再发生；

c) 确定并实施恰当的纠正行为；

d) 验证所采取的纠正行为。

所实施的核查和纠正性的行动都应记录，并将核查结果通报给相关部门和人员。

13.3.3 MCM_PSP.2 技术符合性的检查

13.3.3.1 管理保障控制组件控制

组织机构应定期检查信息系统安全实施与标准的符合性。

13.3.3.2 管理保障控制组件注解

技术符合性检查包括检查正在使用的系统，以保证硬件及软件的控制已正确实施。

技术符合性检查应该由有经验的系统工程师手工进行(如需要，利用合适的软件工具)，或使用自动软件包生成技术报告，并交由技术专家负责解释。

如果使用渗透测试和脆弱性评估，应谨慎从事，因为这种行为可能会破坏系统安全。应计划、记录整个测试过程，测试过程应是可重复的。

技术符合性检查应由有经验、合法的人员进行，或是在这些专家的指导下进行。

14 MSP 管理保障控制类：信息安全规划管理

信息安全建设是信息化的有机组成部分，必须与信息化同步规划、同步建设。应在信息系统生命周期的第一个阶段计划组织阶段综合考虑信息安全的规划并将其作为信息系统规划的有机组成部分。

图 12 描述了信息安全规划管理管理保障控制类的组成结构。

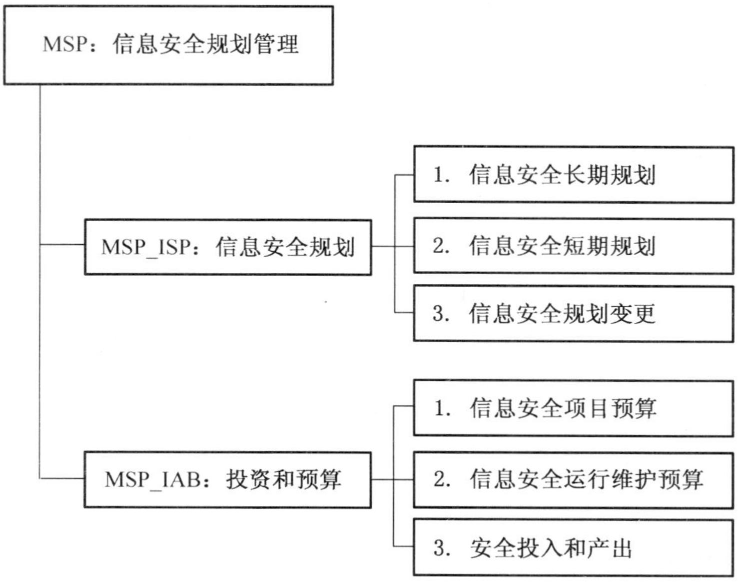

图 12 信息安全规划管理(MSP)管理保障控制类分解

14.1 信息安全规划(MSP_ISP)

14.1.1 安全保障管理目的

组织机构应建立完善的信息安全规划管理体系，以规划和指导组织机构的信息安全保障工作。

信息安全规划应基于组织机构的业务要求和风险管理的要求，它包括组织机构对信息安全所建立的长期规划和短期规划，这些规划是组织机构整体规划的综合组成部分。

14.1.2 MSP_ISP.1 信息安全长期规划

14.1.2.1 管理保障控制组件控制

应制定信息安全长期规划。

14.1.2.2 管理保障控制组件注解

信息安全长期规划应由负责信息安全管理的人员和负责业务流程的人员共同制定。为了保证信息安全长期规划的有效性、适用性，应建立一种反馈机制，使组织内外受此规划影响的所有相关人员和组织机构能够针对规划及时反馈信息，来进一步改进规划。同时，应制定长期规划实施流程，采用结构化的方法建立一个标准的规划结构。

规划制定者应采用结构化的规划结构制定长期规划流程。制定信息安全规划时应考虑风险评估结果，包括业务、环境、技术和人力资源的风险。

14.1.3 MSP_ISP.2 信息安全短期规划

14.1.3.1 管理保障控制组件控制

长期规划制定者应能够将信息安全长期规划合理分解，形成信息安全短期规划。

14.1.3.2 管理保障控制组件注解

信息安全短期规划应确保在同信息安全长期规划保持一致的基础上能够分配到合适的信息安全建设资源。应进行短期规划的可行性研究，以确保短期规划的可操作性。

14.1.4 MSP_ISP.3 信息安全规划变更

14.1.4.1 管理保障控制组件控制

应根据信息系统内部和外部环境的发展变化，适时地维护更新信息安全规划。

14.1.4.2 管理保障控制组件注解

内部环境变化主要包括：

a) 组织机构自身业务发展变化；

b) 信息系统运行环境发生变化。

外部环境变化主要包括：

a) 信息技术的发展变化；

b) 国家出台的法律法规以及新的行业要求。

14.2 投资和预算(MSP_IAB)

14.2.1 安全保障管理目的

组织机构在信息安全长期规划和短期规划的指导下，为信息安全项目建立合理的投资和预算管理。

14.2.2 MSP_IAB.1 信息安全项目预算

14.2.2.1 管理保障控制组件控制

在规划设计和预算的文件中应包含信息安全保障项目。

14.2.2.2 管理保障控制组件注解

无。

14.2.3 MSP_IAB.2 信息安全运行维护预算

14.2.3.1 管理保障控制组件控制

组织机构应进行信息安全运行维护年度预算，确保年度预算与信息安全的长期和短期规划保持一致。

14.2.3.2 管理保障控制组件注解

无。

14.2.4 MSP_IAB.3 安全投入和产出

14.2.4.1 管理保障控制组件控制

组织机构应监督控制信息安全保障方面的经费支出，考察支出费用和收益的比例。

14.2.4.2 管理保障控制组件注解

决策层和管理层应建立费用监控流程，并与年度预算紧密结合。另外，也应汇总由于信息安全保障的实施所带来的可能收益。费用监控的对象主要是组织机构的财务部门，财务部门应记录、处理和报告同信息安全活动相关的费用。

信息安全保障方面的投资应同业务发展保持协调一致，应有相应的管理控制措施保证协调目标的实现。同时应分析采取信息安全保障措施所带来的收益。

15 MSD 管理保障控制类：系统开发管理

信息安全应综合至系统开发的整个生命周期中，组织机构在系统的需求分析、设计、实施和交付中应综合信息安全的考虑。

图 13 描述了系统开发管理保障控制类的组成结构。

15.1 安全需求管理(MSD_SRM)

15.1.1 安全保障管理目的

组织机构应确保安全是信息系统的必要组成部分。组织机构应在系统开发的需求分析阶段识别系统的所有安全要求，并经商讨后合理的安全要求文档化，以作为信息系统整个业务的综合组成部分。

15.1.2 MSD_SRM.1 需求分析和规范

15.1.2.1 管理保障控制组件控制

组织机构应根据信息安全相关法律法规、政策标准的要求和业务需求，在系统开发的需求分析阶段，综合考虑、分析安全需求，并将安全需求分析的结果文档化作为系统开发需求的一个综合组成部分。

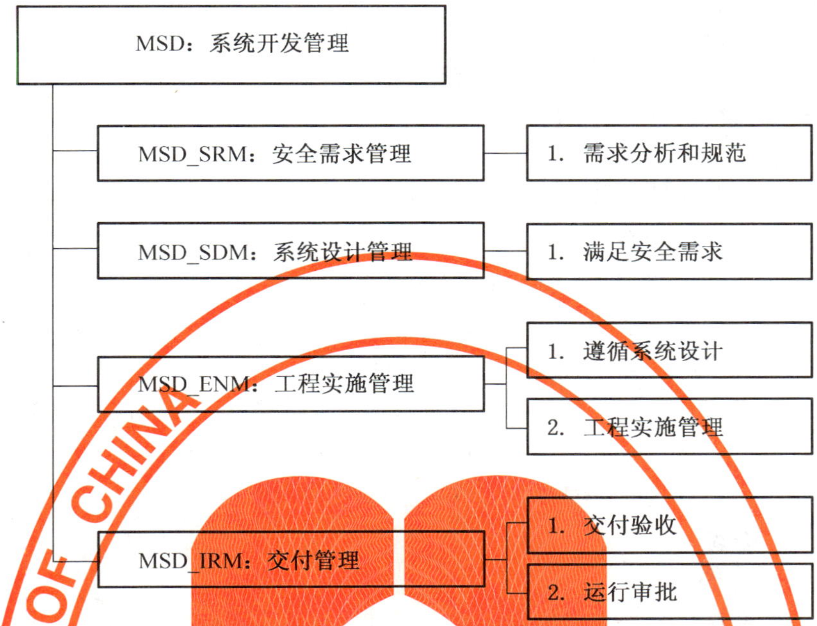

图 13 系统开发管理（MSD）管理保障控制类分解

15.1.2.2 管理保障控制组件注解

应针对计算机信息系统的实际环境和安全目标提出安全需求。

在进行需求分析时应考虑信息系统建设和运行中应遵守的国家法律、法规、标准的约束以及行业要求。

制定安全需求时应从涉及的策略、体系结构、技术、管理等各个层次逐次进行分析。

组织机构应考虑到重要信息资产的商业价值的安全要求及控制的商业价值，及在安全失效的情况下所蒙受的商业损失。

组织机构应在信息系统项目的早期阶段就将信息系统和过程的安全要求综合进来。在系统实施和维护阶段中，在设计阶段就引入安全控制措施将会极大地减少费用。

安全需求分析是一个不断发展的过程，随着系统更新换代或功能扩展、内部环境和外部环境的变化，安全需求随之发生变化。安全需求分析应保持结果的有效性、适应性，保证分析方法的科学性和系统性，安全需求分析过程应与系统发展过程同步。

15.2 系统设计管理（MSD_SDM）

15.2.1 安全保障管理目的

组织机构应根据系统安全需求分析的结果，将系统的安全考虑综合至系统的设计中。

组织机构应能标识出在系统设计过程中潜在的安全风险，为设计说明中的安全性设计提供评判依据，确保系统设计阶段的重要环节均能得到较好的安全风险控制。

15.2.2 MSD_SDM.1 满足安全需求

15.2.2.1 管理保障控制组件控制

信息系统的设计应能满足需求分析阶段所得出的安全需求。

15.2.2.2 管理保障控制组件注解

系统设计应满足系统应用需求和安全需求，应指明高层设计和安全需求的对应关系，确保所有的安全需求都有高层设计来满足。

15.3 工程实施管理（MSD_ENM）

15.3.1 安全保障管理目的

实现安全防护体系，满足信息系统安全工程的要求。

15.3.2 MSD_ENM.1 遵循系统设计

15.3.2.1 管理保障控制组件控制

组织机构应依据系统设计方案，制定工程实施方案。

15.3.2.2 管理保障控制组件注解

无。

15.3.3 MSD_ENM.2 工程实施管理

15.3.3.1 管理保障控制组件控制

应依据工程实施方案，对工程实施过程进行严格控制。

15.3.3.2 管理保障控制组件注解

工程实施方案应详细说明安全过程各个阶段的建设目标、工作内容、施工人员、任务分工、进度安排、产品选型、产品采购、资金投入等情况，并给出每一项的依据和理由，分析每项工作的作用、意义和局限性，明确实施各方的工作关系、责权和协调协同机制。

工程实施过程中，与供应商签订的采购合同应能够表明系统采购满足了系统设计方案。当系统采购的安全功能不能满足系统设计方案的要求时，在重新购买产品时应考虑这种风险并制定相应的控制措施。

所采用的技术与产品应经过严格的测试选型，符合国家信息安全方面的法律法规，特别是涉及密码技术的产品，应严格按照国家和主管部门的有关规定选型和采购。

对所采购的软件在测试其应用功能的基础上，还应测试其安全功能和安全特性，测试应用控制是否实现设计中要求的安全功能。例如在需要使用密码技术时，是否使用了符合国家规定的密码技术。在测试期间应防止暴露敏感信息。

应对程序源代码和软件开发文档进行访问控制。

在安全措施实施过程中，所采用的技术与产品应经过严格的测试选型，符合国家信息安全方面的法律法规，特别是涉及密码技术的产品，应严格按照国家和主管部门的有关规定选型和采购。

实施过程应按照本标准第4部分的要求进行。

如本单位没有实施条件，应选择具备相应资质和合适、可靠的实施单位来实施信息系统安全措施。

15.4 交付管理(MSD_IRM)

15.4.1 安全保障管理目的

保证信息系统在正式运行之前的完整交付。

15.4.2 MSD_IRM.1 交付验收

15.4.2.1 管理保障控制组件控制

依据系统验收标准，严格交付验收过程。

15.4.2.2 管理保障控制组件注解

在信息系统交付验收时，应测试系统的安全功能和安全性能是否能满足预定要求。应检查在质量管理、用户操作培训、试运行和应急响应以及售后服务体系等方面的情况。

信息系统交接时应对运行维护人员进行系统使用培训，并提交如系统使用白皮书、系统 FAQ 等说明文档。

15.4.3 MSD_IRM.2 运行审批

15.4.3.1 管理保障控制组件控制

信息系统在正式运行之前应得到组织机构的授权。组织机构的高级管理人员签署并批准。

15.4.3.2 管理保障控制组件注解

组织机构在安全认可之前应评估信息系统内部所使用的安全控制措施，以检验现有控制措施正确实施的程度、是否按照计划实施，产生的输出结果是否满足系统的安全需求。

负责审批的管理者应与系统安全员、系统管理人员、系统使用人员进行充分沟通，必要时还可以聘请专家进行咨询，以便对系统是否可以投入运行做出正确决策。

进行系统审批时既要兼顾整体，又要注意细节，严格对照组织或机构的安全策略、安全需求和实际情况进行检验，确保系统建设达到了预定的要求和标准。

系统运行审批结果通常有三种：授权系统全面运行，临时批准运行，拒绝对运行进行授权。

16 MOP 管理保障控制类：运行管理

组织机构应建立完善的信息和通信技术运行管理体系，通过访问控制，漏洞管理、审计和监控管理，系统的安全配置以及系统的维护等措施，确保信息处理设施正确、安全地运行。

图 14 描述了运行管理管理保障控制类的组成结构。

图 14 运行管理（MOP）管理保障控制类分解

16.1 系统漏洞管理(MOP_TVM)

16.1.1 安全保障管理目的

减少来自于已发布的技术漏洞攻击所产生的风险。

16.1.2 MOP_TVM.1 漏洞管理

16.1.2.1 管理保障控制组件控制

组织结构应以有效的、系统化的和可重复的方式实施技术漏洞管理,并且应采取测量措施以确定其有效性。

16.1.2.2 管理保障控制组件注解

对漏洞的管理应考虑以下方面:

a) 组织机构应定义和建立同技术漏洞管理相关的岗位和职责,包括漏洞监控、漏洞风险评估、打补丁、效果跟踪和所需的所有协调职责;

b) 对技术漏洞的管理应包含至所使用的操作系统和所有其他应用中;

c) 应定期监控和评估技术漏洞管理过程,以确保其有效性和高效性;

d) 应对所采取的所有操作保留审计日志;

e) 有效的技术漏洞管理的前提是有一份完整的资产清单。支持技术漏洞管理所需的特定信息包括软件厂商、版本号、部署的当前状态(例如,哪个系统上安装了哪些软件)以及组织机构内负责此软件的人员。

16.1.3 MOP_TVM.2 漏洞监控

16.1.3.1 管理保障控制组件控制

组织结构应及时获得自己所使用信息系统技术漏洞的最新信息。

16.1.3.2 管理保障控制组件注解

a) 应及时识别出软件和其他技术中与技术漏洞相关的信息资源,并维持这些信息资源的更新(应基于资产清单中的变更进行更新,或者在发现了新的、有用的资源时进行变更);

b) 应该为技术漏洞的响应定义一个时间期限要求。

16.1.4 MOP_TVM.3 漏洞评估

16.1.4.1 管理保障控制组件控制

针对获取的漏洞最新信息对暴露于此类漏洞的风险进行评估,制定相应的措施以解决相关的风险。

16.1.4.2 管理保障控制组件注解

应首先解决高风险的系统。

16.1.5 MOP_TVM.4 漏洞控制

16.1.5.1 管理保障控制组件控制

一旦已经识别了潜在的技术漏洞,组织机构应标识相关的风险和所要采取的行动,采取及时适当的措施来响应潜在的技术漏洞。

16.1.5.2 管理保障控制组件注解

a) 针对技术漏洞采取的行动包括对脆弱系统打补丁和/或应用其他控制;

b) 根据需要解决的技术漏洞的紧急性,应根据同变更管理相关的控制或遵守信息安全事故响应流程来执行行动;

c) 如果有可用的补丁,应对安装补丁相关的风险进行评估(应将漏洞所导致的风险同安装补丁的风险进行比较);

d) 在安装补丁前,应对补丁进行测试和评估,以确保这些补丁有效,并且不会造成不兼容;

e) 如果没有可用的补丁,应考虑其他控制,例如:

   1) 关闭同漏洞相关的服务;

   2) 在网关修改或增加访问控制,如设置防火墙等;

3） 增加监控以检测或预防现实的攻击；

4） 加强漏洞的意识。

16.2 逻辑访问控制管理(MOP_LAC)

16.2.1 安全保障管理目的

组织机构应基于业务和安全要求来控制对信息、信息处理设施和业务过程的访问，防止非法访问造成对系统的破坏。

16.2.2 MOP_LAC.1 访问控制策略

16.2.2.1 管理保障控制组件控制

组织机构应基于业务和安全要求来建立访问控制策略并审核此策略。

16.2.2.2 管理保障控制组件注解

访问控制策略应清晰地描述每个用户或用户组的访问控制规则和访问权限。访问控制规则应从逻辑访问和物理访问两方面考虑。

制定策略时应考虑下面内容：

a） 具体业务应用的安全要求；

b） 识别所有涉及到业务应用和信息风险的信息；

c） 信息分发和授权的策略；

d） 访问控制与不同信息系统的信息分类策略间的一致性问题；

e） 数据访问保护方面的相关法律和合同义务；

f） 组织机构中普通工作岗位的用户访问要求；

g） 在分布式网络环境下所有可用连接的访问权限管理；

h） 访问控制角色的分离，例如，存取要求、存取权限和存取管理；

i） 正式授权访问请求的要求；

j） 定期审核访问控制的要求；

k） 删除访问权限。

16.2.3 MOP_LAC.2 用户访问控制

16.2.3.1 管理保障控制组件控制

组织机构应确保只有授权用户才能访问信息系统，禁止未授权访问。

为防止非法访问信息系统和服务，组织机构应根据已有的访问控制要求管理内部和外部人员的访问权限。

16.2.3.2 管理保障控制组件注解

对用户访问权限的管理应从以下几个方面进行控制：

a） 用户注册

组织机构应建立正式的信息系统访问权限授权流程。授权流程应覆盖用户访问生命周期的所有阶段，从最初的新用户注册一直到最终不再需要访问信息系统的用户取消注册。

对用户的访问控制应包括：

1） 每个用户都应使用唯一的用户账号，确保能跟踪到唯一的用户，并能对自己的行为负责；只有由于业务和运行的需要才使用用户组账号，用户组账号应得到批准并记录在案；

2） 验证用户是否从管理部门获得访问权限，并获得了系统拥有者对使用信息系统的授权；

3） 验证授予的访问权限是否符合业务目标的要求和系统的安全策略要求；

4） 给授权用户一个书面的访问权限声明；

5） 要求用户签署声明，表明他们已经理解了访问的限制条件；

6） 服务提供商只有获得了授权，才能提供用户对系统访问；

7） 维护一个使用服务的注册人员记录；

8）如果用户的角色或工作岗位发生变化或离职，应立即删除或锁定该用户的访问权限；

9）定期检查冗余的用户 ID 和账号，并删除或锁定冗余信息；

10）确保其他用户不知道冗余的用户 ID 和账号。

b）特权管理

特权是指使用户超越系统或应用控制对信息系统拥有特殊的权限，如：系统管理员权限可对系统参数进行配置或对一般用户访问权限进行管理。由于特权的非法使用会对系统造成严重破坏，所以应特别注意控制特殊访问权限的分配，要在履行一般用户登记程序外，进行额外控制：

1）特权在内部人员中的分配应该明确；

2）特权分配应遵循“最小化”原则，并在完成任务后及时收回；

3）保持授权过程记录；

4）保持全部特权分配记录。

c）口令管理

应提示或强制用户选择与使用强壮口令，并提醒其对口令的保密职责。不应该将口令以无保护形式存储在计算机系统内。

d）评审

定期对普通用户和特权用户访问权限进行评审，对评审结果予以记录。

16.2.4 **MOP_LAC.3 网络访问控制**

16.2.4.1 **管理保障控制组件控制**

组织机构应制定网络访问控制策略，采用网络隔离、强制路径、用户身份鉴别、网点身份鉴别、网络路由控制、网络服务安全等手段加强网络访问控制。

16.2.4.2 **管理保障控制组件注解**

对网络的访问控制可从以下方面进行考虑：

a）网络控制策略应包括在访问控制策略中；

b）应根据网络服务的安全要求，对网络的互联程度进行控制；

c）识别需要强制控制的路径，据此来限制网络内每个节点的路由选择；

d）采用身份鉴别技术来鉴别远程用户对系统的访问，例如口令；

e）采用网点身份鉴别技术鉴别与远程计算机系统相连的设施；

f）确保每次使用端口前先经过授权，并记录使用情况。关闭不使用的端口；

g）采用硬件或软件设备进行路由控制；

h）网络系统安全管理员应按照明确规定的网络服务安全属性值进行参数配置和维护管理，如防火墙配置清单。

16.2.5 **MOP_LAC.4 操作系统访问控制**

16.2.5.1 **管理保障控制组件控制**

组织机构应选择安全性较高的操作系统，并对操作系统进行合理配置，保证其访问控制能力。

16.2.5.2 **管理保障控制组件注解**

组织机构应识别和验证用户身份，记录访问情况；通过口令和账号管理确保用户使用高质量的口令，并限制用户访问内容和访问时间。

16.2.6 **MOP_LAC.5 应用和信息访问控制**

16.2.6.1 **管理保障控制组件控制**

敏感系统应有专用的或隔离的计算机环境，并对应用系统的访问进行控制。

16.2.6.2 **管理保障控制组件注解**

敏感系统应运行在专用的或隔离的计算机环境中，可采用物理隔离（专用的运行环境或独立网络）

或逻辑隔离的方式来实现隔离。

应考虑对应用系统的访问限制要求，实现如下控制：

a) 应用系统应提供访问控制功能菜单；
b) 应限制用户对无权访问的信息和系统功能的了解；
c) 应控制用户访问权，例如，限制读、写、删除以及执行权限；
d) 组织机构应确保处理敏感信息的应用系统输出仅包含与输出使用有关的信息，并且仅仅发送到授权的终端。

16.2.7 MOP_LAC.6 移动计算和远程办公访问控制

16.2.7.1 管理保障控制组件控制

组织机构应制定恰当的移动计算和远程办公访问控制策略，并采用合适的安全措施来降低使用移动计算和通讯设备的风险。

16.2.7.2 管理保障控制组件注解

组织机构应制定移动计算设施的安全使用规定，对使用者进行安全意识教育。

组织机构应制定远程工作的控制程序，对远程工作活动进行授权管理。

16.3 审计和监控管理(MOP_AMM)

16.3.1 安全保障管理目的

组织机构应充分发挥系统审计功能，并把其对系统的影响降到最低。

16.3.2 MOP_AMM.1 审计工具的使用

16.3.2.1 管理保障控制组件控制

在进行审计时，组织机构应采取一些控制措施保护正在使用的系统及审计工具，也应采取一些保护措施来保证审计工具的完整性。应防止滥用审计工具。

16.3.2.2 管理保障控制组件注解

组织机构应保护对系统审计工具(软件或数据文件)的访问，防止审计工具被滥用或被破坏。审计工具应与开发环境和运行系统分开，不能放在磁带库或用户使用区中，除非有额外的保护。

16.3.2.3 其他信息

入侵检测系统和网络管理系统是对外部控制，系统管理员可利用来监控系统和网络管理活动的符合性。

16.3.3 MOP_AMM.2 监控系统的使用、

16.3.3.1 管理保障控制组件控制

组织机构应实施对信息处理设施和系统的操作和运行监控，并定期审核监控结果(日志信息)。

16.3.3.2 管理保障控制组件注解

为了便于对系统运行进行有效的监控，同时也便于调查研究安全事件，应要求对操作人员的操作行为以及系统的运行情况进行详细记录，并对监控结果进行定期、独立的审核。对系统的监控可通过人工或自动的方式进行。

系统的监控级别应由风险评估结果确定。组织机构的监控活动应遵守相关的法律要求。监控活动应关注以下细节：

a) 授权访问的细节：
    1) 用户 ID；
    2) 重要事件的日期和时间；
    3) 时间类型；
    4) 文件存取；
    5) 使用的规划/效用。
b) 所有的特权操作，例如：

1) 特权账户的使用,例如:超级用户,root 用户,管理员,操作员;
2) 系统启动和中止;
3) I/O 设备安装/分离。
c) 非授权访问企图,例如:
1) 失败的或被拒绝的用户活动;
2) 失败的或被拒绝的活动包括数据和其他资源;
3) 违反访问策略和网关或防火墙的通告;
4) 来自入侵检测系统的警报。
d) 系统警报或失败:
1) 控制台或消息警报;
2) 系统日志异常;
3) 网络管理警报;
4) 访问控制系统的警报。
e) 已改变或企图改变系统安全的设置和控制。

应依据风险评估所确定的需求决定审核监控结果的频度。风险因素应包括:
a) 应用过程的危险程度;
b) 信息的价值、敏感度;
c) 系统被渗透和误用的历史以及系统暴露出的脆弱点;
d) 系统互连区域(尤其是公网的连接);
e) 禁用日志功能。

16.3.4 MOP_AMM.3 日志信息保护

16.3.4.1 管理保障控制组件控制

应对日志设备和日志信息进行保护防止窜改和非授权访问,以确保获取信息的完整性和真实有效性。

16.3.4.2 管理保障控制组件注解

应针对非授权的修改和操作的以下问题对日志设施实施控制:
a) 改变了记录的信息类型;
b) 日志文件被修改或删除;
c) 日志存储空间溢出,导致事件记录失败或复写了原来的事件记录。

按照记录归档策略,或收集和保留证据的要求,一些审计日志可能要求归档。

要对系统日志进行保护,因为如果数据被修改或被删除了,它们的存在则可能导致错误的安全判断。

16.3.5 MOP_AMM.4 时钟同步

16.3.5.1 管理组件控制

一个组织或一个安全系统的所有相关信息处理系统要采用统一的正确时间源,保持时钟同步。

16.3.5.2 管理组件注解

时钟和时间同步对于网络与信息系统的安全具有重要意义,时钟同步是保证系统完整性和可用性的必要条件,时间同步对业务、审计等工作非常重要。公司应采取有效的技术和管理措施,保证系统时钟和时间同步,例如采用统一的时钟和时间源系统。

16.4 安全配置管理(MOP_SSC)

16.4.1 安全保障管理目的

确保对系统的网络、网络服务、主机以及应用系统实施安全的规则配置和管理,避免由于规则配置不当对系统造成威胁和破坏。

16.4.2 MOP_NSM.1 网络控制

16.4.2.1 管理保障控制组件控制

应充分控制和管理网络，以保护免受威胁以及维护使用网络的系统和应用的安全，包括在传送中的信息。

16.4.2.2 管理保障控制组件注解

网络管理员应实施控制以确保网络中信息的安全以及所连接的服务免受非授权访问的保护。特别应考虑下列内容：

a) 在合适时，网络的运行职责应同计算机运行职责进行分离；
b) 应建立远程设备管理的职责和流程，保护在用户区域的设备；
c) 应建立特殊的控制保护传输在公网或其他无线网络上数据的完整性和机密性，保护所连接的系统和应用；具体的控制可能需要维持网络服务可用并和计算机相连；
d) 应用适当的日志和监控，记录相关的安全事件；
e) 管理工作应被紧密协调，一方面是让业务尽量使用服务，另一方面是保证控制在整个信息处理架构都有效用。

16.4.3 MOP_NSM.2 网络服务的安全

16.4.3.1 管理保障控制组件控制

识别整个网络服务的安全特征，服务级别和管理要求，包含任何网络服务协议，无论这些服务是内部或外部提供的。

16.4.3.2 管理保障控制组件注解

网络服务提供者的能力是以一种安全的方式管理所协商的服务，应当有规则地进行监控，并同意恰当地进行审计。

识别特定服务的安全管理需要，如安全特征，服务级别和管理需求。组织应当确保网络提供商实施了这些方式。

16.4.4 MOP_NSM.3 主机安全配置

16.4.4.1 管理保障控制组件控制

主机的配置应遵循合理的规则和标准。

16.4.4.2 管理保障控制组件注解

对主机进行安全配置，保护主机不被非授权用户访问和操作，可从以下方面进行控制：

a) 在使用前，由提供者修改默认参数设置；
b) 取消或者限制某些特定的功能和服务。例如冗余的服务、附加的通信、特权实体和命令；
c) 根据特定用户或情况，限制对系统特权实体和主机参数的访问，并记录日志；
d) 取消不必要或不安全的用户 ID，例如在 UNIX 或者 Windows NT 系统中的“guest”用户；
e) 激活超时机制，在链接保持非活动状态一段时间后，锁定会话，再次使用要求用户重新登录；
f) 记录所有访问和使用日志，以备日后查询；
g) 应确保及时识别操作系统的技术弱点，制定相应解决方案，尽快实施解决方案；
h) 制定更新管理原则，确保关键软件能定期更新，例如补丁包和安全修复。

16.4.5 MOP_NSM.4 应用系统安全管理

16.4.5.1 管理保障控制组件控制

应用系统应设计有适当的访问控制、数据保护、审计跟踪记录或活动日志等安全功能。对投入使用的应用系统，应确保开启了所有安全功能并进行正确配置和使用。

16.4.5.2 管理保障控制组件注解

无。

16.5 系统变更管理(MOP_SCM)

16.5.1 安全保障管理目的

组织机构应有效控制信息处理设施变更和系统变更。

16.5.2 MOP_SCM.1 系统的变更管理

16.5.2.1 管理保障控制组件控制

系统的信息处理设施、系统、应用软件以及系统配置参数等的变更都应受到严格的控制和管理。

16.5.2.2 管理保障控制组件注解

系统的变更管理包括对信息处理设施、系统软件、应用软件以及系统配置参数等的变更控制。

对于系统的变更控制,应特别考虑下列内容:

a) 标识和记录系统的变化;

b) 变更要经过的正式批准;

c) 制定和实施变更计划和变更测试;

d) 评估变更后造成的影响,包括安全影响;

e) 与所有相关人员沟通变更细节;

f) 回退流程,包括系统的变更不成功和发生不可预见事件时,应遵循的终止变更和恢复流程以及相关的人员职责。

16.6 IT运行管理(MOP_ITM)

16.6.1 安全保障管理目的

组织机构应执行日常的IT管理,维护信息和信息处理设施的完整性、可用性、保密性。

16.6.2 MOP_ITM.1 网络日常监控

16.6.2.1 管理保障控制组件控制

定期监控系统的运行状况,及时发现隐患,确保系统的有效运行。

16.6.2.2 管理保障控制组件注解

定期监控系统的日常运行情况,查看网络的流量,线路、端口状态,协议分布情况,网络设备运行状态,系统性能状况等,可通过人工方式或使用工具辅助执行。

在日常监控中,发现异常情况要及时采取控制措施。

记录、统计系统的正常、异常运行时的各项参数值,以便在出现故障情况时,提供对比分析的依据。

16.6.3 MOP_ITM.2 信息备份管理

16.6.3.1 管理保障控制组件控制

组织机构应备份信息和软件,并根据已定义的备份策略定期测试备份数据。

16.6.3.2 管理保障控制组件注解

组织机构应建立日常的备份流程,执行已定义的备份策略,备份复制数据并预演定期恢复。组织机构应提供足够的备份设施,以确保在介质失效后能恢复所有重要的信息和软件。

备份信息时应考虑下列内容:

a) 应定义备份信息的备份粒度;

b) 应有准确而完整的备份记录和文档化的恢复流程;

c) 备份的程度(例如,完全或部分备份)和备份频率应该符合组织机构的业务要求、相关信息的安全要求;

d) 应将备份存放到远端场地,其与主场地的距离应足以避免任何灾难性事件造成的破坏;

e) 备份信息的物理和逻辑保护级别应与主场地的相应保护级别一致;对主场地介质使用的控制措施同样可以应用到备份场地;

f) 应定期测试备份介质,以确保在必要时可以紧急使用;

g) 应定期验证和测试恢复流程,以确保流程有效,在运行恢复流程时能在指定的时间内完成流程；

h） 当对系统的保密性要求较高时，应使用加密手段保护备份信息。

组织机构应定期测试备份措施，以确保这些措施满足可业务持续性计划的要求。对关键系统，备份内容应包括系统信息、应用和数据的备份，使得当系统发生灾难性事件时能够完全恢复。

组织机构应确定重要业务信息的保留时间以及需要永久保留的备份信息。

16.6.4 MOP_ITM.3 恶意代码的控制

16.6.4.1 管理保障控制组件控制

软件和信息处理设施易引入恶意代码，组织机构应保护软件和信息的完整性，防止在系统中引入恶意代码。组织机构应探测、防护和控制恶意代码，并实施正确的用户意识流程。信息系统应使用能够自动更新的恶意代码保护措施。

16.6.4.2 管理保障控制组件注解

组织机构应在重要信息系统的出入口处（例如，防火墙、邮件服务器、远端访问服务器）以及网络上的工作站、服务器或移动计算设备处都使用病毒保护机制。组织机构应使用病毒保护机制来检测和消除恶意代码（例如病毒、蠕虫、木马）。这些恶意代码通过以下方式传输：(i)通过电子邮件、电子邮件附件、访问 Internet、可移动介质或其他方式；(ii)利用信息系统的脆弱性传输。当符合组织机构配置管理策略和流程的病毒防护新版本可用时，组织机构就更新病毒保护机制（包括最新的病毒定义）。考虑使用多个供货商的病毒保护软件（例如，边界设备和服务器使用一个供货商的产品，工作站使用另一个供货商的产品）。

16.6.5 MOP_ITM.4 移动代码的控制

16.6.5.1 管理保障控制组件控制

当组织机构使用授权的移动代码时，应确保其符合已定义的安全策略，禁止执行未授权移动代码。

16.6.5.2 管理保障控制组件注解

为防止执行了未授权移动代码，应考虑下面的行为：

a） 在逻辑隔离的环境中执行移动代码；

b） 模块化任何可用的移动代码；

c） 激活一个可用的技术方法，确保其能够管理移动代码；

d） 控制访问移动代码的工具是可用的；

e） 为鉴别移动代码进行加密控制。

16.6.6 MOP_ITM.5 介质的管理

16.6.6.1 管理保障控制组件控制

应对信息介质进行有效的控制和物理保护，防止文档、计算机介质（例如：磁带、磁盘）、输入/输出数据和系统文件的非授权暴露、修改、去除和破坏以及对业务活动的中断。

16.6.6.2 管理保障控制组件注解

可移动介质，即移动硬盘、磁带、磁盘、卡带以及纸质等，在管理可移动介质时，应考虑下列控制措施：

a） 包含重要、敏感或关键信息的可移动介质不得在无保护措施情况下存放，以防丢失；

b） 删除可重复使用介质中不再需要的信息；

c） 对移动介质时使用进行授权，并保留相关记录，以便进行审计跟踪；

d） 所有介质应按制造商的要求储存在安全的环境中；

e） 对可移动介质进行注册，限制数据丢失的可能性；

f） 当介质不再需要时，应采用安全的方式对介质进行废弃，将敏感信息泄漏的风险减到最低。

在物理介质的运输过程中，应考虑介质中包含信息的保护，以防止非授权访问、误用或破坏。应考虑下列内容以保护信息介质在场地之间的传送：

a) 应使用可靠的传输或信使；
b) 应对信使进行授权管理；
c) 应编制流程来确认信使的标识；
d) 应进行充分的包装以符合厂商的规范并使介质的内容免受由于运输所导致的物理破坏，例如保护介质免受由于暴露在过热、潮湿或电磁区域而产生的引起介质有效性和可用性的环境因素的影响；
e) 在需要时应采用相关的控制以保护敏感信息免受非授权的暴露或修改。

16.6.7 MOP_ITM.6 文件的管理

16.6.7.1 管理保障控制组件控制

对系统文档进行保护，防止未授权访问。

16.6.7.2 管理保障控制组件注解

为了系统文档的安全，考虑下面的细节：
a) 应安全地储存系统说明文档；
b) 将访问系统说明文档的人员限制在最低范围内，并由所有者进行授权；
c) 对放置到公用网上的、或通过公用网提供的系统说明文档，应有适当的保护。

16.6.8 MOP_ITM.7 计算机设备使用的管理

16.6.8.1 管理保障控制组件控制

信息系统计算机设备应在整体设计上通过使用一套优化的方法和过程，能更好地实现服务。系统运行环境中的计算机，应采用规范统一的规则进行标识和使用，保持与其他的设备协调一致、正常工作。

16.6.8.2 管理保障控制组件注解

对运行环境中的所有计算机设备的管理都应：
a) 使用一致的命名规则，例如计算机地址、终端位置和用户标识；
b) 单点运行；
c) 使用户能够通过单点登录对多个系统进行访问，并且从单点对其进行管理；
d) 尽量减少手工的交互。

16.6.9 MOP_ITM.8 设备维修保养

16.6.9.1 管理保障控制组件控制

应对设备实施正确的维护确保其可用性和完整性，确保设备内敏感信息的安全。

16.6.9.2 管理保障控制组件注解

应考虑下列设备维护的指导方针：
a) 应按照设备维护手册的要求或有关维护的程序对设备进行维修保养。
b) 对设备的维修应该：
   1) 选择具备一定维修技能的维修人员；
   2) 对维修人员进行授权控制；
   3) 对发现的问题和纠正措施进行记录。
c) 对设备的保养应该：
   1) 按照供应商推荐的保养时间间隔和规范进行保养；
   2) 当将设备送外进行保养时，须对设备内的敏感信息进行保护；
   3) 对保养情况进行记录。
d) 对所有类型设备在报废处理或重用之前要进行检查，确保敏感数据和授权软件被移走或被安全清除，如，采用适当的清除或复写方法确保原始数据不可被获取，而不能仅采用标准删除或格式化功能。

16.7 信息传输安全(MOP_IEX)

16.7.1 安全保障管理目的

在一个组织内和任何外部实体之间进行信息和数据传输时,应维持信息和软件的安全。

16.7.2 MOP_IEX.1 信息传输控制策略

16.7.2.1 管理保障控制组件控制

组织机构之间的信息和软件传输应当基于一份正式的传输策略,按照传输协议执行,并与任何相关的法律规定一致。

16.7.2.2 管理保障控制组件注解

当使用电子通信设备进行信息传输需要考虑下面的问题:

a) 保护信息在传输过程中不被打断,复制,修改,错误路由和毁坏;
b) 防止恶意代码通过电子通信进行传输;
c) 防止附件形式的敏感性电子信息;
d) 提供电子通信设备的安全使用指南;
e) 在使用无线通信时,应考虑其带来的特定风险;
f) 采用密码技术,来保护信息的机密性、完整性和真实性;
g) 不要将重要和敏感信息遗漏在打印设备上,如复写纸、打印机和传真机,以防被其他非授权人员利用;
h) 控制相关的发送通信设备,如自动向外部邮件地址发送电子邮件;
i) 提供所有业务相应的持续性和使用指南,包括与相应的法律、法规一致的信息;
j) 员工、服务方和其他用户的职责不能危及到组织机构的安全;
k) 提醒人员应当具有适当的警惕。

16.7.3 MOP_IEX.2 电子消息

16.7.3.1 管理保障控制组件控制

组织机构应当保护电子消息当中的信息。

16.7.3.2 管理保障控制组件注解

使用指南中对电子信息的安全考虑应当包括:

a) 防止信息被非授权访问,修改或拒绝服务;
b) 确保信息传输地址正确;
c) 服务的通用可靠性和可用性;
d) 法律考虑,如电子签名的使用;
e) 在使用外部公共服务之前,需要予以批准,如实时信息或文件共享;
f) 对来自外网访问的鉴别控制的强壮性。

16.7.4 MOP_IEX.3 业务信息系统

16.7.4.1 管理保障控制组件控制

组织机构应采取安全控制措施,保护相关的业务信息系统的内部连通的安全性。

16.7.4.2 管理保障控制组件注解

组织机构应考虑业务的连通性和安全性:

a) 了解管理和审计系统的脆弱性,以及组织机构在什么地方进行信息共享;
b) 业务通信系统中的信息的脆弱性;
c) 制定安全策略和适当控制措施,管理共享信息;
d) 如果系统不支持分级保护,则不能接受分类的敏感业务信息和分类文档;
e) 控制与所选择的个人相关的访问日志信息,如敏感项目当中的人员工作;
f) 对允许使用系统的人员,承包商和业务合伙人的分类;

g) 限制使用设备的用户类别；

h) 识别用户身份，如组织机构的员工或其他签约用户；

i) 维护系统的持续性和备份信息；

j) 回滚需求和安排。

17 MBD管理保障控制类：业务持续性和灾难恢复管理

业务持续性管理是指通过预防及恢复措施的结合使用，把业务因灾难或安全故障（例如，由于天灾、意外、设备失效及故意破坏）的停顿降到可接受的程度。组织机构应分析灾难、安全故障及服务停顿的影响，以便制订及实施业务持续性和灾难恢复计划来保证业务进程能够在规定时间内恢复。

图15描述了业务持续性和灾难恢复管理管理保障控制类的组成结构。

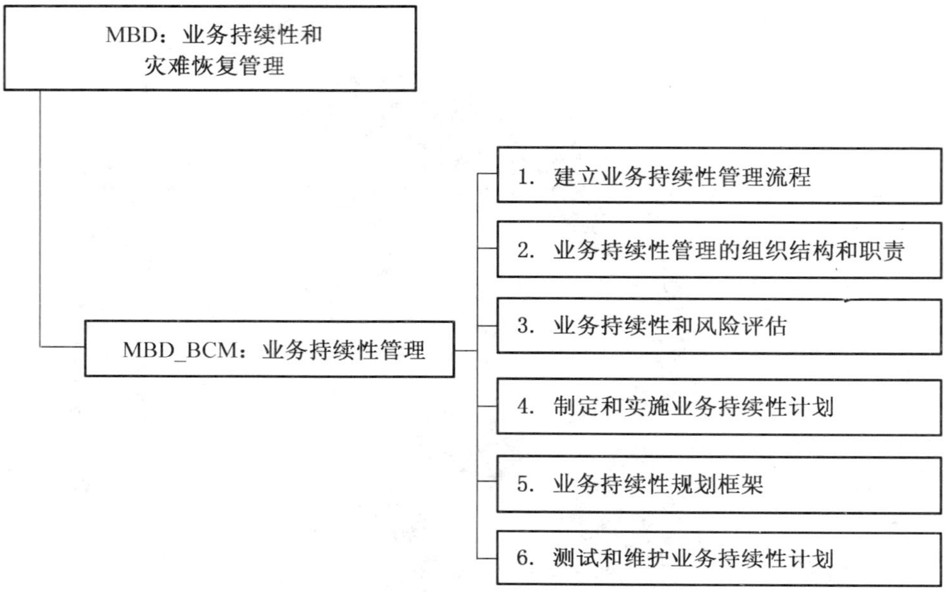

图15 业务持续性和灾难恢复管理(MBD)管理保障控制类分解

17.1 业务持续性管理(MBD_BCM)

17.1.1 安全保障管理目的

防止业务过程中断，保护关键业务流程不会受信息系统重大失效或自然灾害的影响，并确保及时恢复。

通过业务持续性管理过程的实施，综合使用预防及恢复控制，把因灾难或安全故障（例如，来自于天灾、意外、设备故障及故意破坏行动）而造成的业务中断降低到可接受的程度。

应分析灾难、安全故障及业务中断的影响。应开发和实施持续性计划以保证业务过程能够在所需的时间范围内恢复。应经常修改和实践这些计划，使之最终变成所有其他管理过程的不可分割的一部分。

17.1.2 MBD_BCM.1 建立业务持续性管理流程

17.1.2.1 管理保障控制组件控制

组织机构应建立业务持续性管理流程，满足组织机构在信息安全方面的业务持续性需求。

17.1.2.2 管理保障控制组件注解

业务持续性管理流程应关注：

a) 在识别关键业务过程并排列优先顺序的基础上，根据风险发生的可能性及其产生的影响来判定公司所面临的风险；

b) 识别与关键业务过程相关的所有资产；

c) 了解信息安全事件对业务中断所造成的影响；

d) 考虑将购置适当的保险作为业务持续性计划的一部分；

e) 考虑采取预防性和规避性的风险控制措施；

f) 充分利用金融、组织、技术和环境资源来满足信息安全需求；

g) 确保人身安全以及信息处理设施和组织机构的财产安全；

h) 制定满足信息安全需求的业务持续性计划，并与业务持续性策略保持一致；

i) 定期测试和更新业务持续性计划；

j) 确保业务持续性管理能够融入组织机构的运作流程和组织结构中，业务持续性管理职责应由组织机构内适当级别的管理层负责签署。

17.1.3 MBD_BCM.2 业务持续管理的组织结构和职责

17.1.3.1 管理保障控制组件控制

组织机构应建立业务持续性管理组织结构，并明确其职责。

17.1.3.2 管理保障控制组件注解

业务持续性管理组织机构由业务、技术和行政等部门的人员组成，通常分为决策层、管理层、执行层。具体职责如下：

a) 决策层：审核并批准经费预算、业务持续性策略和灾难恢复预案；组织管理业务持续性计划的测试和演练；批准灾难恢复预案的执行；

b) 管理层：进行业务持续性的需求分析；提出并落实业务持续性策略和等级；制定业务持续性计划和灾难恢复预案；

c) 执行层：进行业务持续性计划的教育、培训和演练；适时更新业务持续性计划；当事故发生时，控制所造成的损失，及时恢复信息系统及其业务功能，评估危害程度；进行日常的运行维护管理。

17.1.4 MBD_BCM.3 业务持续性与风险评估

17.1.4.1 管理保障控制组件控制

组织机构应识别引起业务过程中断的信息安全事件，并分析中断发生的可能性和造成的影响。

17.1.4.2 管理保障控制组件注解

业务持续性的信息安全方面是确认会导致业务进程中断的事件，例如设备故障、人员误操作、偷窃、火灾、自然灾害和恐怖主义行为等。通过实施风险评估，考虑中断发生时间、破坏程度和所需要的恢复时间来判定中断发生的可能性和对系统造成的影响。

在进行业务持续性风险评估过程中，需要业务资源和业务过程的拥有者全力参与，应考虑所有业务过程，而不仅仅限于信息处理设备，并且评估结果应具体到信息安全方面。应将不同类型的风险联系起来，进而获得一个完整的组织机构业务持续性需求。在进行评估时应该参照标准和组织机构的目标来识别风险、量化风险并对风险进行优先级排序。

应依据风险评估的结果制定业务持续性战略，以决定业务持续性管理的全部方法。

17.1.5 MBD_BCM.4 制定和实施业务持续计划

17.1.5.1 管理保障控制组件控制

应制定和实施业务持续性计划，以确保关键业务过程中断或失效后能够在规定的时间内和要求的等级上恢复系统运行，并确保信息的可用性。

17.1.5.2 管理保障控制组件注解

在制定业务持续性计划时应考虑以下几方面：

a) 确定所有人员的职责和业务持续性流程；

b) 确定信息和服务的可接受损失度；

c) 在限定的时间范围内能够实施恢复业务、保证信息可用的流程，特别要关注内部与外部的业务依赖关系；

d) 完全恢复的操作流程；

e) 将已达成一致意见的流程和过程文档化；

f) 由具有合适教育背景的员工负责紧急程序及处理，包括危机管理。

在制定业务持续性计划过程中应关注系统业务目标，例如在可接受的时间段内恢复用户指定的服务；应考虑计划实施过程中所需要的服务及资源，包括人员安排、非信息处理资源、以及信息处理设备的备份管理。其中备份管理还包括与第三方相互签署的协议。

业务持续性计划应关注组织机构的脆弱点，因此计划中应关注需要保护的敏感信息。业务持续性计划的副本应存放到距离足够远的远端站点，以避免主站点发生灾难对计划副本的影响。在管理上应确保计划副本能够实时更新，与主站点受到同样的安全保护级别。执行业务持续性计划所需的其他设备也都应存储在远端站点。

如果使用了临时备用站点，此站点的安全控制保障级应与主站点的保障级相同。

17.1.6 MBD_BCM.5 业务持续规划框架

17.1.6.1 管理保障控制组件控制

应建立一个单独的业务持续性计划框架，以确保所有计划的一致性，以维护信息安全要求的一致性并识别测试和维护的优先级。

17.1.6.2 管理保障控制组件注解

每个业务持续性计划应描述保持业务持续性的方法，例如应有确保信息或信息系统可用性的方法。每个计划也应明确说明启动计划的条件，以及计划每一部分的负责执行人。当有新的需求时，任何现有的紧急流程，例如废弃计划或回滚安排都应适当调整。组织机构的变更管理应包括这些流程的变更，以确保能够正确处理业务持续性事件。

每个计划应有一个具体负责人。紧急流程、手工回退计划和恢复计划都属于业务资源、业务过程拥有者的职责。对于可选择性的技术服务，例如信息处理和通信设施的恢复操作，应该属于服务提供者的职责。

一个业务持续性规划框架应满足信息安全需求并考虑以下方面：

a) 启动计划的条件：启动计划前要进行哪些工作（如何评估环境情况，有谁参与等等）；

b) 紧急程序：在发生严重干扰业务操作的事故后应采取哪些行动；

c) 回滚程序：将重要业务活动或支持性服务转移到备用临时站点时应采取的行动，以及在规定时间范围内使业务恢复正常运行应采取的措施；

d) 恢复程序：返回到正常业务操作应采取的措施；

e) 维护时间表：规定了如何测试以及在什么时间测试，并规定了计划维护过程；

f) 意识及教育培训：让员工更好地了解业务持续性过程，确保过程持续有效；

g) 个人职责：谁负责，执行计划的哪部分，必要时应指定候补人员；

h) 能够执行紧急、回滚和恢复流程的关键资产和资源。

17.1.7 MBD_BCM.6 测试和维护业务持续性计划

17.1.7.1 管理保障控制组件控制

应该定期测试和更新计划，以确保计划最新且有效。

17.1.7.2 管理保障控制组件注解

在测试业务持续性计划时应确保所有参与成员都知道自己在业务连续性计划中各自的职责，计划启动后知道他们的角色。

业务连续性计划的测试安排应表明计划中的每一项如何被测试，什么时间进行测试。

应该使用多种不同的测试技术，以确保计划可以在真实环境中实施。所包括的技术有：

a) 不同场景的桌面测试(采用中断实例来讨论业务恢复的安排);
b) 模拟(特别是培训人员在事故或危机后的管理角色);
c) 技术恢复测试(保证信息系统可以有效地恢复);
d) 在后备站点测试恢复情况(在远离主站点的地方并行地运行业务恢复过程);
e) 测试供应商的设施及服务(确保外部提供的服务及产品都符合合同中规定的承诺);
f) 完全演习(测试组织机构、人员、设备及处理过程是否能够应付业务中断的情况)。

这些技术可用于任何组织机构。应该记录测试结果。

应该规定定期审查每个业务持续性计划。如果在业务安排上出现人员变更,但在业务持续性计划中还没有反映出,就应该更新持续性计划。变更控制过程应当确保能够分发更新的计划并且通过定期审查整个计划进而改进计划。

增加新设备、系统升级会引起业务持续性计划的更新,也可能在下面几方面引起变更:

a) 人员;
b) 地址和电话号码;
c) 业务战略;
d) 地点、设施和资源;
e) 法律;
f) 合约人、供应商和主要客户;
g) 风险(运行和经济方面)。

18 MER 管理保障控制类:应急响应管理

应急响应管理并有效的解决事故,尽量减少它们对业务的影响,减小类似事故再次发生的风险。

应该按照一种正规的流程来妥善处理各类事件(包括故障、掉电、过载、用户或者计算机工作人员操作失误、违规存取)。

图 16 描述了应急响应管理管理保障控制类的组成结构。

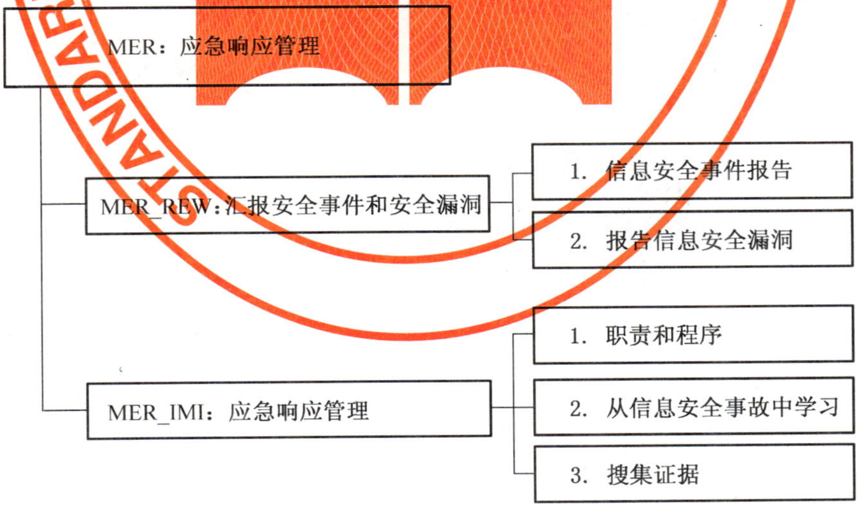

图 16 应急响应管理(MER)管理保障控制类分解

18.1 汇报安全事件和安全漏洞(MER_REW)

18.1.1 安全保障管理目的

确保能够及时沟通同信息系统有关的安全事件和漏洞。

18.1.2 MER_REW.1 信息安全事件报告

18.1.2.1 管理保障控制组件控制

应通过恰当的管理途径尽快报告信息安全事件。确保与信息系统相关的安全事件和漏洞信息能够传达到每个人，并能够及时采取正确的行动。

应该有事件汇报和改进流程。所有员工、协约人和第三方用户应该知道不同类型安全事件和漏洞信息的汇报流程。要求信息安全事件和漏洞信息应该尽快汇报给指定的联系方。

18.1.2.2 管理保障控制组件注解

应当建立一个正式的信息安全事件汇报流程，以及事件响应和改进流程，规定一旦接到信息安全事件报告应采取的措施。应该建立汇报信息安全事件时的联系方式，应确保组织机构内部所有人员都知道此联系方式，联系方始终可用并能够提供充分和及时的响应。

所有员工、合约方和第三方用户应该意识到他们尽快汇报信息安全事件的职责，也应该知道与联系方报告信息安全事件的流程。报告流程应该包括：

a) 恰当的反馈过程。这种反馈过程用来确保信息安全事件处理结束后通知处理结果；

b) 信息安全事件汇报形式。一旦发生信息安全事件，这种汇报形式支持汇报行为，帮助汇报人员记住所有必要的行为；

c) 需采取的行动。一旦发生信息安全事件，需采取以下行动：

  1) 立即记录所有重要的细节（例如，破坏的类型、引起的功能故障、屏幕显示信息、异常行为）；

  2) 不要采取个人行为，应立即向联系方报告；

d) 对引起安全事故的雇员、合约人和第三方用户建立处罚流程。

18.1.3 MER_REW.2 报告信息安全漏洞

18.1.3.1 管理保障控制组件控制

应要求所有的员工、承包方和第三方用户注意并报告系统或服务中已发现或疑似的安全漏洞。

18.1.3.2 管理保障控制组件注解

为了阻止信息安全事故的发生，所有员工、合约方和第三方用户应该尽快将系统漏洞信息汇报给他们的管理部门，或者直接汇报给服务提供商。

18.2 应急响应管理（MER_IMI）

18.2.1 安全保障管理目的

确保使用持续有效的方法管理信息安全事故。

18.2.2 MER_IMI.1 职责和程序

18.2.2.1 管理保障控制组件控制

应建立管理职责和程序，以快速、有效和有序地响应信息安全事故。

18.2.2.2 管理保障控制组件注解

除了汇报信息安全事件和漏洞，还应该使用系统监控、警告监控和漏洞监控措施检测信息安全事故。下面对信息安全事故管理流程提供指导：

a) 应当建立处理不同信息安全事故的流程，包括：

  1) 信息系统失效、丧失服务能力；

  2) 恶意代码；

  3) 拒绝服务；

  4) 由于业务数据不完整或不准确导致的错误；

  5) 机密性和完整性受到破坏；

  6) 系统误用；

b) 除了持续性计划，流程还应当包括：

1） 分析并寻找事故原因的；
2） 处理办法；
3） 必要时，为防止事故再次发生，应该采取的计划和实施过程；
4） 与受事故影响的部门和恢复事故的部门进行沟通；
5） 将事故汇报给相关的权力机关；

c） 应搜集审计追踪证据，并保证其安全，可以用来：
1） 内部问题分析；
2） 用作辩论证据。这些证据用来证明可能违反合约或规定的要求；
3） 与软件和服务商协商赔偿问题；

d） 应该认真、正式地控制安全事故的恢复行为。流程应该确保：
1） 只有经过明确识别的授权人员才允许访问运行系统和数据；
2） 采取的所有紧急行为都应详细记录；
3） 紧急行为应该汇报给相关的管理部门，并得到审查；
4） 业务系统的完整性和控制措施应该在最短的时间间隔得到确认。

信息安全事故的管理目标应该与整个系统管理相一致。应该确保负责信息安全事故管理的人员理解机构组织处理信息安全事故的优先级。

18.2.3 MER_IMI.2 从信息安全事故中学习

18.2.3.1 管理保障控制组件控制

应建立能够量化和监控信息安全事故的类型、数量、成本的机制。

18.2.3.2 管理保障控制组件注解

应该使用信息安全事故评估中获得的信息识别可能再次发生的事故和对系统影响较大的事故。

18.2.4 MER_IMI.3 搜集证据

18.2.4.1 管理保障控制组件控制

事故发生后，应根据相关法律的规定（无论是民法还是刑法）跟踪个人或组织的行动，应搜集、保留证据，并以符合法律规定的形式提交。

18.2.4.2 管理保障控制组件注解

对组织机构或个人某行动时，需要足够的证据支持。当进行内部纪律问题的活动时，内部程序将会描述需要的证据。

当行动涉及到法律，无论是民事或刑事，所出示的证据要与法律所要求的吻合，或与负责审理该案的法庭的规定吻合。一般的规定有：

a） 证据的适用性：证据是否能够作为法庭证据；
b） 证据的分量：证据的质量及完整性。

要使证据随时适用，组织机构应检查自己的信息系统在准备证据时，遵守所有的公布了的标准或行为准则。

为了得到高质量和具有完备性的证据，需要一个高质量的证据追踪表。一般来说，这样的追踪表可以在以下条件下建立起来：

a） 如果是纸张文件：原始版本要被安全地保存，并有记录由谁发现、在哪儿发现、何时发现及见证发现的证人。要仔细调查原始版本没有被篡改；
b） 在计算机存储介质上的信息：应确保可移动节制的拷贝、磁盘或内存中的信息随时可用。应妥善保存拷贝过程中所有活动的记录，应有人见证整个拷贝过程。应安全地保存介质和日志的拷贝。

任何有争议的工作只应该在证据材料的拷贝版本中执行。应该保护所有证据材料的完整性。应该由值得信赖的人员监督证据材料的拷贝行为。应该将什么时间、什么地点执行拷贝，谁执行的拷贝，拷贝时使用的工具都进行日志。

19 安全管理能力级说明

19.1 概述

在安全管理要求中根据信息系统生命周期阐述了信息系统安全保障管理所涉及的相关管理保障控制类，管理保障控制类的基本实践覆盖了信息系统安全保障管理的主要工作范围。在本章的安全管理能力中，描述了每个管理保障控制类的实施能力要求。本章节首先介绍信息系统安全保障管理能力的6个能力级别，然后根据信息系统的要求，在最后给出本标准对信息安全管理所有过程类的能力级别要求图。

安全管理能力体系结构的设计是可在整个安全管理范围内决定安全管理的能力成熟性。这个体系结构的目标是清晰地在信息系统生命周期中分离出安全管理的基本特征。为了保证这种分离，这个模型是两维的，分别称为“类”和“能力”，

a） 类维是由本标准中所有定义安全管理的管理保障控制组件（即安全管理保障控制类）构成。这些实施活动称为“管理保障控制组件”，即“管理保障控制类”；

b） 能力维代表组织能力。这一维由信息安全管理和制度化能力构成。这些实施活动被称作“公共特征”，可在广泛的类中应用。执行一个公共特征是一个组织能力的标志。

通过设置这两个相互依赖的维，安全管理能力模型在各个能力级别上覆盖了整个安全活动范围。

重要的是，安全管理能力模型并不意味着在一个组织在其信息系统生命周期的安全管理实践中必须执行这个模型中所描述的任何过程。也不意味着执行通用实践的专门要求。一个组织机构一般可随意以他们所选择的方式和次序来计划、跟踪、定义、控制和改进他们的过程。然而，由于一些较高级别的通用实践依赖于较低级别的通用实践，因此组织机构应在试图达到较高级别之前，应首先实现较低级别通用实践。

19.2 安全管理能力级别说明

本章包含了可应用于所有信息系统安全管理保障控制类的通用实施。这些通用实施可在管理保障控制类评定中用于确定任何管理保障控制类的能力级别。通用实施依据公共特征和能力级别进行分组。

通用实施划分为如下的能力级别：

a） 能力级别0：未实施；

b） 能力级别1：基本执行；

c） 能力级别2：计划和跟踪；

d） 能力级别3：充分定义；

e） 能力级别4：量化控制；

f） 能力级别5：持续改进。

19.2.1 能力级别0——未实施

未实施级别没有公共特征。在这个级别中通常不能成功执行管理保障控制类中的基本实施。此管理保障控制类的工作成果或记录不能证实基本实施的执行。

19.2.2 能力级别1——基本执行

管理保障控制类的基本实施通常被执行。基本实施的执行可能未经严格的计划和跟踪，而是基于个人的知识和努力。此管理保障控制类的工作成果或记录可证实基本实施的执行。组织内的个人可识别出一个行动应被执行，并同意这个行动会在需要时执行。

本能力级别包含下列公共特征：

a) 公共特征 1.1——执行基本实践：此公共特征的通用实施只是对于某些信息安全管理的方面依赖于工作人员的经验及个人意识进行。然而，所进行工作的一致性、性能和质量存在不稳定性或者不可重复性；

1) GP 1.1.1——执行管理：对于某些管理保障控制类能够进行管理，然而，管理实践并不能够完全覆盖所需的管理保障控制类。

19.2.3 能力级别 2——计划和跟踪

在这一级别上，对于管理保障控制类基本实践进行了良好规划和确定，建立了完整的安全策略—程序与管理制度—实施手册和指南三层信息安全管理体系。该公共特征的通用实践注重于组织标准管理的制度化，这些规划和制度符合相关的标准和需求，使组织的信息安全管理工作有据可依，一个组织机构的标准管理可能需要裁剪以适合特定环境的使用，所以如何进行裁剪也应考虑。与非正式实施级别间的主要区别是管理保障控制类实施被良好规划和指导。

本能力级别包含下列公共特征：

a) 公共特征 2.1——安全策略：此通用实践引入了信息安全管理的总体方针。它的目的是建立在组织机构中信息安全保障工作的总体目标和指导性文件。安全策略规定了组织信息安全保障工作的工作内容，以及要求所有员工必须遵守安全策略，它应适用于组织内涉及 IT 的所有员工（例如：评估小组、网络小组和威胁分析小组）。

1) GP 2.1.1——安全目标：设定组织的总体安全目标；

2) GP 2.1.2——安全组织：确定了信息安全保障的组织体系及其基本职责；

3) GP 2.1.3——惩戒：对违反安全策略的处罚；

4) GP 2.1.4——特定主题策略：对组织内所需的信息安全保障工作内容分主题确定。

b) 公共特征 2.2——程序及管理制度文件：一旦建立安全策略，组织机构必须提供其安全策略的具体管理措施，为落实安全策略的工作内容，分配资源。

1) GP 2.2.1——对于组织所需的管理实践，必须有文档化的程序文件和管理制度来确定。

c) 公共特征 2.3——实施手册和指南、实施记录：为了实施完成信息安全保障工作，有一套具体的指南文件。

1) GP 2.3.1——用户手册及管理员手册：对于某些具体的信息安全运行与维护工作，制定了操作手册。

19.2.4 能力级别 3——充分定义

在这一级别，根据制定的信息安全管理体系，能够切实进行信息安全管理工作。完整实施的依据就是信息安全管理体系。这一级别与上一级别的主要区别在于对管理体系所规定和要求的工作切实进行，而且具有完整的实施记录可追踪。

该能力级别包括以下公共特征：

a) 公共特征 3.1——知识保证：对于管理体系规定的工作已经分配到个人，且具有完成工作必备的专业知识和安全意识。

1) GP 3.1.1——管理标准化：为组织文档化一个管理或管理保障控制类规范，描述了如何实现管理保障控制类的基本实践。

b) 公共特征 3.2——执行已定义的管理：此公共特征的这些通用实践注重于充分定义管理的可重复执行。因此它们解决了针对缺陷的制度化管理的使用、管理结果的复查审阅，并解决了管理执行及其结果数据的使用。这些通用实践构成了协调管理行动的重要基础。

1) GP 3.2.1——使用充分定义的管理：在管理保障控制类的实施中使用充分定义的管理；

2) GP 3.2.2——执行缺陷复查：对管理保障控制类的相应工作能进行记录；

3) GP 3.2.3——记录数据:记录的数据能够充分反映工作的成果和内容。

c) 公共特征 3.3——协调管理实施

1) GP 3.3.1——执行组内协调:在一个管理保障控制类行动组内的协调沟通;

2) GP 3.3.2——执行组间协调:协调组织内不同组间的协调沟通;

3) GP 3.3.3——执行外部协调:协调同外部组之间的协调沟通。

19.2.5 能力级别 4——量化控制

收集、分析执行的详细记录数据。这将通向对管理能力和改进能力的检查。这个级执行的管理是客观的,工作结果的质量是可通过定性和定量方式测量的。这一级与充分定义级的主要区别在于定义的管理实践进行审查并通过定性和定量的指标对管理实践的效果进行验证。

本能力级别包含下列公共特征:

a) 公共特征 4.1——建立可测量的指标:该公共特征的通用实践注重于就组织管理实施效果而言建立可测量指标。因此这个公共特征提出了管理实践评价指标的建立。这些通用实践为客观地执行管理提供了必须的基础。

1) GP 4.1.1——建立评价指标:为组织标准管理保障控制类的实施效果建立可测量的评价指标。

b) 公共特征 4.2——跟踪执行:本通用实践是用于搜集管理相关的测量,以此作为建立一个标准化的管理能力的基础。修正行动用于精炼当前管理以确保创建最有效的标准。

1) GP 4.2.1——使用测量跟踪:适用测量跟踪管理保障控制类的状态;

2) GP 4.2.2——采取修正措施:当管理与计划间有重大差别时适当地采取修正措施。

19.2.6 能力级别 5——持续改进

在这个级别上,基于组织的业务目标建立了管理有效性和效率的量化执行目标。针对这些目标的持续性管理改进是通过执行已定义的管理和创新性的思路和技术的量化反馈开始的。这一级与量化控制级的主要区别在于已定义的管理和标准基于对这些管理变化效果的量化理解,进行连续调整和改进。

本能力级别包含下列公共特征:

a) 公共特征 5.1——改进组织机构的能力:该公共特征的通用实践注重于在整个组织范围内对标准管理的使用进行比较和在这些不同使用之间进行比较。当这些管理被使用时,寻找改进标准管理的机会,分析产生的缺陷以识别对标准管理的其他可能改进。因此,这个公共特征对管理的有效性建立了目标、标识对标准管理的改进以及分析对标准管理的可能变更。这些通用实践构成了改进管理有效性的必要基础。

1) GP 5.1.1——建立管理有效性目标:根据组织的业务目标和当前管理能力,为改进标准管理保障控制类的管理有效性建立量化目标;

2) GP 5.1.2——持续改进标准管理:通过改变组织机构的标准管理保障控制类持续地改进管理,从而提高其有效性。

b) 公共特征 5.2——改进管理有效性:该公共特征的通用实践注重于制定处于受控改进的连续状态下的标准管理。

1) GP 5.2.1——执行因果分析:执行缺陷的因果分析;

2) GP 5.2.2——减少差错起因:有选择的减少已定义管理中缺陷产生的原因;

3) GP 5.2.3——持续改进已定义管理:通过改变已定义管理来连续地改进管理实施,以提高其有效性。

19.3 信息系统安全保障管理能力级别应用

通过对信息安全管理保障控制类的执行范围要求和每个管理保障控制类的执行能力评级,可以在信息系统安全保护轮廓中对特定信息系统安全保障管理进行科学、规范、有可比度量标准的要求。图 17 就是某个信息系统安全保障管理能力要求级别图实例。

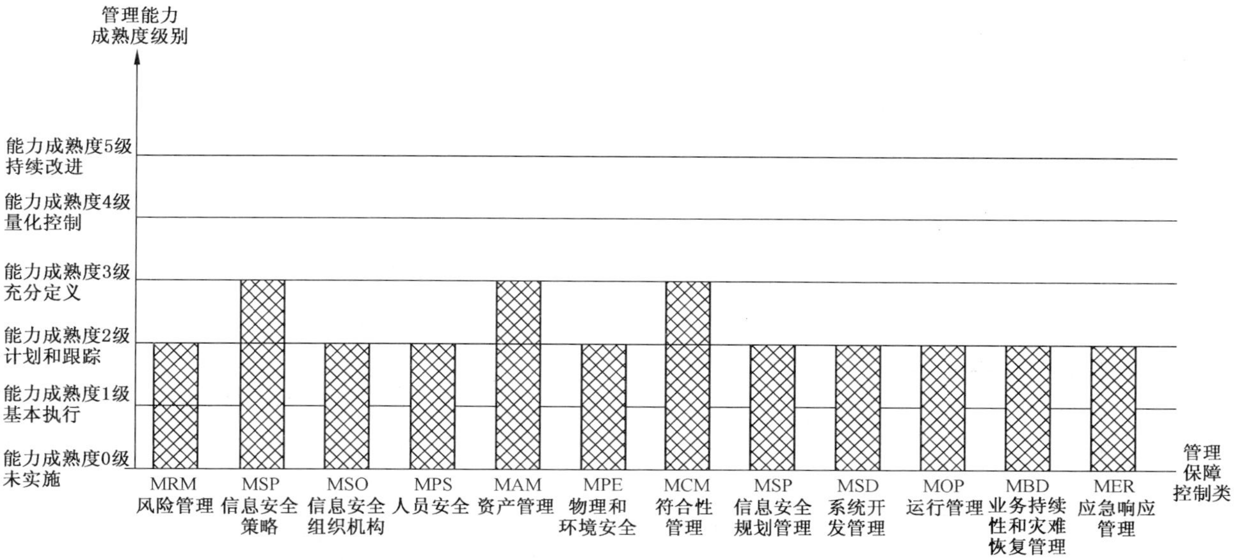

图 17　信息系统安全保障管理能力要求级别示例图

参 考 文 献

[1] GB/T 19000—2000 质量管理体系 基础和术语(idt ISO 9000:2000)

[2] GB/T 19001—2000 质量管理体系 要求(idt ISO 9001:2000)

[3] GB/T 19004—2000 质量管理体系 业绩改进指南(idt ISO 9004:2000)

[4] 国务院信息化工作办公室 重要信息系统灾难恢复指南

[5] ISO/IEC 17799:2005 Information technology—Security techniques—Code of practice for information security management

[6] ISO/IEC 13335-1: 2004 Information technology—Security techniques—Management of information and communications technology security (MICTS)—Part 1: Concepts and models for information and communications technology security management

[7] ISO/IEC 4th WD 13335-2: 2004, Management of information and communications technology security (MICTS)—Part 2: Techniques for information and communications technology security risk management

[8] ISO/IEC 1st CD 18028-1: 2004, Information technology—Security techniques—IT network security—Part 1: Network security management

[9] ISO/IEC FCD 18028-2: 2004, Information technology—Security techniques—IT network security—Part 2: Network security architecture

[10] ISO/IEC FCD 18028-3: 2004, Information technology—Security techniques—IT network security—Part 3: Securing communications between networks using security gateways

[11] ISO/IEC 18028-4:2005, Information technology—Security techniques—IT network security—Part 4: Remote access

[12] ISO/IEC 1st CD 18028-5: 2004, Information technology—Security techniques—IT network security—Part 5: Securing communications across networks using Virtual Private Networks

[13] NIST Special Publication 800-18, Guide for Developing Security Plans for Information Technology Systems, November 2001

[14] NIST Special Publication 800-30 Risk Management Guide for Information Technology Systems, January 2002

[15] NIST Special Publication 800-34 Continuity Planning Guide for Information Technology System, June 2002

[16] NIST Special Publication 800-50, Building an Information Security Awareness and Training Program, October 2003

[17] NIST Special Publication 800-64, Security Considerations in the Information System Development Life Cycle, October 2003

[18] NIST Special Publication 800-53, Recommended Security Controls for Federal Information Systems, Feberuary 2005

[19] OECD Guidelines for Security of Information Systems and Networks: 'Toward a Culture of Security', 2002

[20] NSTISSI No. 4009 National Information Systems Security (INFOSEC) Glossary

[21] Carnegie Mellon University/Software Engineering Institute, CMU/SEI-2002-TR-011, CMMI SM for Systems Engineering, Software Engineering, Integrated Product and Process Development, and Supplier Sourcing (CMMI-SE/SW/IPPD/SS, V1. 1) Continuous Representation, CMMI

Product Team, March 2002

[22] Carnegie Mellon University/Software Engineering Institute, CMU/SEI-2002-TR-012, CMMI^{SM} for Systems Engineering, Software Engineering, Integrated Product and Process Development, and Supplier Sourcing(CMMI-SE/SW/IPPD/SS, V1.1) Staged Representation, CMMI Product Team, March 2002

[23] System Security Engineering Capability Maturity Model (SSE-CMM®) Model Description Document, Version 3.0, June 15, 2003

[24] System Security Engineering Capability Maturity Model (SSE-CMM®) Appraisal Method, Version 2.0, April 16, 1999

[25] Information Assurance Technical Framework, Release 3.1, National Security Agency Information Assurance Solutions Technical, September 2002

[26] CoBIT®, 3rd Edition, Management Guidelines, COBIT Steering Committee and the IT Governance Institute^{TM}, July 2000

[27] CoBIT®, 3rd Edition, Audit Guidelines, COBIT Steering Committee and the IT Governance Institute^{TM}, July 2000

[28] CoBIT®, 3rd Edition, Control Objectives, COBIT Steering Committee and the IT Governance Institute^{TM}, July 2000

ICS 35.040
L 80

中华人民共和国国家标准

GB/T 20274.4—2008

信息安全技术
信息系统安全保障评估框架
第4部分:工程保障

Information security technology—
Evaluation framework for information systems security assurance—
Part 4: Engineering assurance

2008-07-18 发布 2008-12-01 实施

中华人民共和国国家质量监督检验检疫总局
中国国家标准化管理委员会 发布

前　言

GB/T 20274《信息安全技术　信息系统安全保障评估框架》分为以下四个部分：

——第1部分：简介和一般模型

——第2部分：技术保障

——第3部分：管理保障

——第4部分：工程保障

本部分是GB/T 20274的第4部分。

本部分由全国信息安全标准化技术委员会提出并归口。

本部分起草单位：中国信息安全产品测评认证中心。

本部分主要起草人：吴世忠、王海生、陈晓桦、王贵驷、李守鹏、江常青、彭勇、张利、姚轶崭、班晓芳、李静、王庆、邹琪、钱伟明、江典盛、陆丽、孙成昊、门雪松、杜宇鸽、杨再山。

信息安全技术
信息系统安全保障评估框架
第4部分：工程保障

1 范围

GB/T 20274的本部分建立了信息系统安全工程保障的框架，确立了组织机构启动、实施、维护、评估和改进信息安全工程的指南和通用原则。GB/T 20274的本部分定义和说明了信息系统安全工程保障工作中反映组织机构信息安全工程保障能力的安全工程能力级，以及提供组织机构信息安全工程保障内容的安全工程保障控制类要求。

GB/T 20274的本部分适用于启动、实施、维护、评估和改进信息安全工程的组织机构和涉及信息系统安全工程工作的所有用户、开发人员和评估人员。

2 规范性引用文件

下列文件中的条款通过GB/T 20274的本部分的引用而成为本部分的条款。凡是注日期的引用文件，其随后所有的修改单(不包括勘误的内容)或修订版均不适用于本部分，然而，鼓励根据本部分达成协议的各方研究是否可使用这些文件的最新版本。凡是不注日期的引用文件，其最新版本适用于本部分。

GB/T 20274.1 信息安全技术 信息系统安全保障评估框架 第1部分：简介和一般模型

3 术语和定义

GB/T 20274.1确定的以及以下术语和定义适用于GB/T 20274的本部分。

3.1.1

确认 validation

解决方案满足用户的运行安全需求。

3.1.2

验证 verification

解决方案满足安全要求。

4 本部分的结构

GB/T 20274的本部分的组织结构如下：

a) 第1章介绍了GB/T 20274的本部分的范围；

b) 第2章介绍了GB/T 20274的本部分所规范引用的标准；

c) 第3章描述了适用于GB/T 20274的本部分的术语和定义；

d) 第4章描述了GB/T 20274的本部分的组织结构；

e) 第5章描述了信息系统安全工程保障框架，并进一步概述了工程保障控制类和工程能力级；

f) 第6章描述了信息安全工程保障控制类的规范描述结构和要求；

g) 第7章到第9章详述了提供信息安全工程保障内容的3个信息安全工程类的详细要求；

h) 第10章详述了反应组织机构信息安全工程保障能力的安全工程能力级；

i) 参考文献给出了GB/T 20274的本部分的参考文献。

5 信息系统安全工程保障框架

5.1 信息系统安全工程保障概述

本标准第1部分中提出了信息安全保障模型(参见本标准第1部分图3),在模型中,描述了信息系统安全中保障要素(技术、工程、管理和人员)、安全特征和生命周期三者的关系。

信息安全工程保障框架是信息系统安全保障框架的一个重要组成部分,信息安全工程保障主要涉及同信息系统安全工程建设实施相关的工程保障内容和要求,信息系统安全工程保障结合了信息安全工程保障建设的特殊内容和要求,建立了信息安全管理保障的能力成熟度模型。

信息安全工程保障能力成熟度模型包含了两个相互依赖的维度,即"安全工程保障控制维"和"安全工程保障能力成熟度级维",它反映了信息安全工程保障在控制措施和能力成熟度这两个方面的要求。

a) "安全工程保障控制维"由信息安全工程保障控制组成,它建立了组织机构信息安全工程保障框架的内容和工作范围。信息安全工程保障控制使用类—子类—组件的层次化结构,每个信息安全工程保障控制类反映了信息安全工程保障特定领域工作的范围和内容,是信息安全工程保障特定领域工作最佳实践的总结。在本部分中,共包含了3个信息安全工程保障控制类,它们给出了信息安全工程保障中"做什么"这个关于内容和范围的答复;

b) "安全工程保障能力成熟度级维"由六级能力成熟度级别组成,它代表了组织机构实施信息安全工程保障控制的能力。安全工程保障能力成熟度级同特定的安全工程保障控制类相结合,给出了信息安全工程保障中"做得如何好"这个关于能力的答复,同时能力成熟度方法也为组织机构提供了可以持续改进的长效机制。

通过设置这两个相互依赖的维,信息安全工程保障框架在各个能力级别上覆盖了整个安全工程活动范围。

5.2 信息系统安全工程保障控制

5.2.1 信息系统安全工程保障控制类

本部分中将信息系统安全工程划分为三个基本的过程域(即信息系统安全工程保障控制类):风险、工程和保障。虽然这些域决不是互相独立的,但可以分开考虑它们。在最简单的级别中,风险过程识别并优先级排序对开发出的产品或系统的内在危险。安全工程过程与其他工程学科共同作用来决定和实施危险引起的问题的解决方案。最后,保障过程建立对安全解决方案的信心并将这种信心传递给用户。

5.2.2 信息系统安全工程生命周期

信息系统安全更强调在整个生命周期中融入安全并强调动态可持续改进的能力发展,在信息系统安全工程过程中,主要是基于信息系统安全工程的生命周期思想有效地提炼出信息系统安全工程的生命周期中的一些关键的过程域,通过对这些过程域的基本实施的要求,覆盖信息系统安全工程的整个生命周期,再通过每个过程域中执行通用实践的能力实践、改进每个过程域的执行能力。这样才能真正有效、科学、可重复、可不断改进地、动态发展地实现信息系统安全保障的目标。

安全工程过程生命周期包含以下根据信息流向划分的安全工程阶段:挖掘安全需求、定义安全要求、设计体系结构、详细安全设计、实现系统安全和有效性评估。有效性评估贯穿整个信息系统工程过程的所有阶段,以确保系统能够满足用户需求。图1反映工程过程中各活动之间的关系,箭头表明各活动之间的信息流向,而不是活动的顺序或时限。

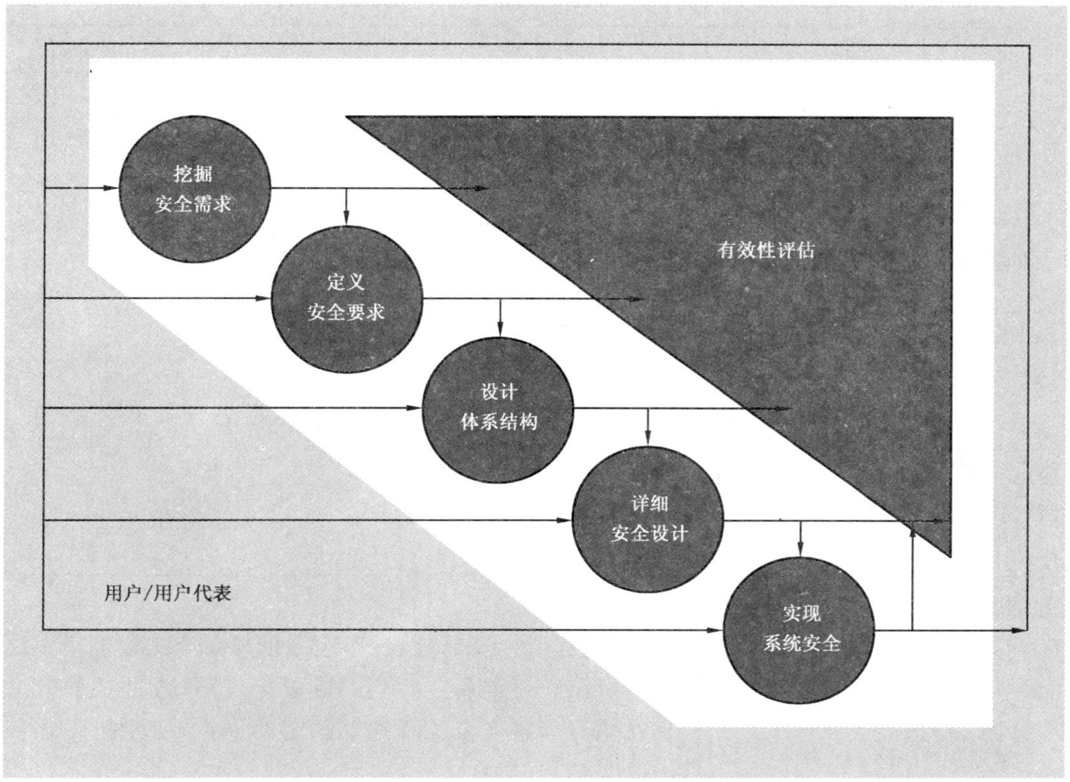

图 1　安全工程过程生命周期

5.2.3　安全工程生命周期和过程域对应关系

安全工程生命周期同过程域关系如表 1：

表 1　安全工程生命周期和过程域对应表

生命周期	描　　述	相关安全工程保障控制子类	
挖掘安全需求	本阶段建立项目组织，了解系统的上下文环境，决定开始进行安全工程，制定初步计划和预算等。 本阶段帮助用户挖掘并理解完成系统的任务和业务所需的信息保护需求。信息保护需求的确定建立在对系统的安全风险分析的基础上。	风险过程(PRM)	系统定义(PRM_SDF)
			评估威胁(PRM_ATT)
			评估脆弱性(PRM_AVL)
			评估影响(PRM_AIM)
			评估安全风险(PRM_ASR)
定义安全要求	本阶段将已识别出来的信息保护需求落实到各子系统中，包括开发系统安全上下文，初步的系统安全运行设想和安全要求基线等。	工程过程(PEN)	确定安全要求(PEN_ISR)
设计体系结构	本阶段进行分析候选体系结构、分配安全服务和选择安全机制，从而完成安全功能分析和落实。选择适用的组件或元件并把安全功能分配给这些元件，同时描述这些元件之间的关系。		提供安全输入(PEN_PSI)
			高层安全设计(PEN_HSD)
详细安全设计	本阶段分析设计的约束条件，分析折衷办法，进行详细的系统和安全设计并考虑生命周期支持。检查所有系统安全需求落实到了组件。最终的详细安全设计结果为实现系统提供充分的组件和接口描述信息。		详细安全设计(PEN_DSD)

表 1（续）

生命周期	描　　述	相关安全工程保障控制子类	
实现系统安全	本阶段把系统设计转移到运行，参与对所有系统问题的多学科综合分析，并为认证认可活动提供输入。例如验证系统已经实现了对抗威胁评估中识别出的威胁；追踪与系统实现和测试活动相关的信息保护保障机制；为系统生命周期支持计划、运行规程、培训材料维护提供输入。本阶段信息系统已到位并开始运行，通过定期的评估和不断监视系统的安全状况，确定如何获得更高的安全性能和效率等来满足用户变化的安全需求，进行软硬件升级和修改并进行相应的测试。	工程过程（PEN）	安全工程实施（PEN_SEE）
			协调安全（PEN_COS）
			监视安全态势（PEN_MSP）
			管理安全控制（PEN_MSC）
有效性评估	本阶段关注信息保护的有效性——系统是否能够保证其处理的信息的保密性、完整性、可用性、鉴别和不可否认性，确保成功完成使命。	保障过程（PAS）	验证和确认安全（PAS_VVS）
			建立保障论据（PAS_EAE）

5.3　信息系统安全工程能力成熟度级别

在工程过程组件中，给出了信息安全工程过程所涉及的过程域，它是信息安全工程过程中提炼出来的实践的最佳反映。工程过程能力是遵循一个工程过程所能达到的可量化范围，通过对组织机构执行安全工程每个过程域能力反映了组织机构在执行信息安全工程达到预定的成本、功能和质量目标上的度量。

在工程保障中，安全工程过程能力模型将列出并描述安全工程过程的各个能力级别，这样通过对安全工程过程域的执行范围和每个相应安全工程过程域的执行能力的综合，就可以更完善地对组织机构信息安全工程过程进行科学、公正、可度量、分级的评估。

6　信息安全工程保障控制类结构

6.1　概述

本章定义了本部分所使用的信息安全工程保障控制类的结构。信息安全工程保障控制类以安全工程保障控制类、安全工程保障控制子类、安全工程保障控制组件来表达。

6.2　安全工程保障控制类结构

每个安全工程保障控制类包括一个安全工程保障控制类名、安全工程保障控制类介绍以及一个或多个安全工程保障控制子类。图 2 描述了本部分中所使用的安全工程保障控制类的结构。

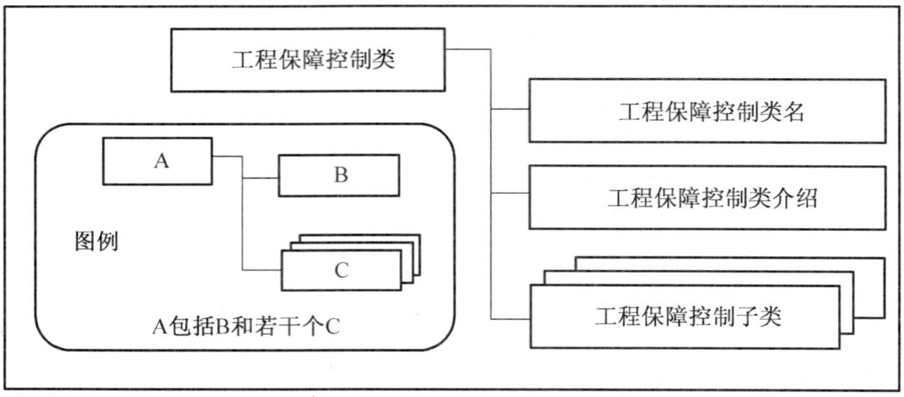

图 2　安全工程保障控制类结构

安全工程保障控制类结构的详细描述如下：

a) 安全工程保障控制类名：安全工程保障控制类名提供了标识和划分安全工程保障控制类所必需的信息，每个安全工程保障控制类都有一个唯一的名称。安全工程保障控制类的分类信息由三个英文字符的简名组成，此简名将用于该安全工程保障控制类的子类的简名规范中；

b) 安全工程保障控制类介绍：安全工程保障控制类介绍部分提供了该安全工程保障控制类定义、要求和目的等的整体描述。安全工程保障控制类介绍中用图来具体描述此域中的子类、组件组成结构；

c) 安全工程保障控制子类：安全工程保障控制子类部分对该安全工程保障控制类所包含的子类进行了详细描述。一个安全工程保障控制类包含了一个或多个安全工程保障控制子类。

6.3 安全工程保障控制子类结构

一个安全工程保障控制类包含了一个或多个安全工程保障控制子类。每个安全工程保障控制子类包含一个安全工程保障控制子类名、一个安全保障工程目的和一个或多个实现此安全工程保障目的的安全工程保障控制组件（控制措施）。图3描述了安全工程保障控制子类的描述结构。

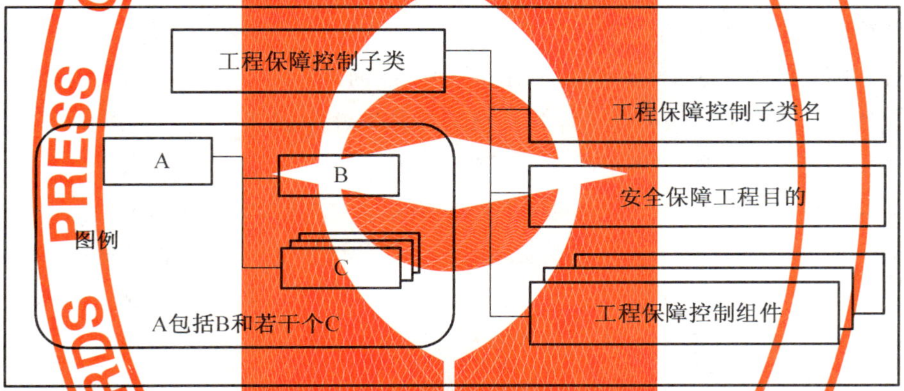

图3 安全工程保障控制子类结构

安全工程保障控制子类结构的详细描述如下：

a) 安全工程保障控制子类名：安全工程保障控制子类名部分提供了标识和划分安全工程保障控制子类所必需的分类和描述信息，每个安全工程保障控制子类有一个唯一的名称。安全工程保障控制子类的分类信息由七个英文字符的简名组成，前三个英文字符与其所属的安全工程保障控制类名相同，第四个字符是下划线用于连接安全工程保障控制类名和安全工程保障控制子类名，最后三个英文字符是安全工程保障控制子类名，例如 XXX_YYY。唯一的简名安全工程保障控制子类名为安全工程保障控制组件提供了引用名；

b) 安全保障工程目的：安全工程保障目的描述了此安全工程保障控制子类所要达到的目的；

c) 安全工程保障控制组件：一个安全工程保障控制子类包含了一个或多个安全工程保障控制组件。安全工程保障控制组件就是实现安全工程保障目的的信息安全保障工程控制措施。

6.4 安全工程保障控制组件结构

安全工程保障控制组件是实现安全工程保障目的的信息安全保障工程控制措施。每个安全工程保障控制组件包括一个安全工程保障控制组件名、一个安全工程保障控制组件控制和一个可选的安全工程保障控制组件注解。图4描述了安全工程保障控制组件的描述结构。

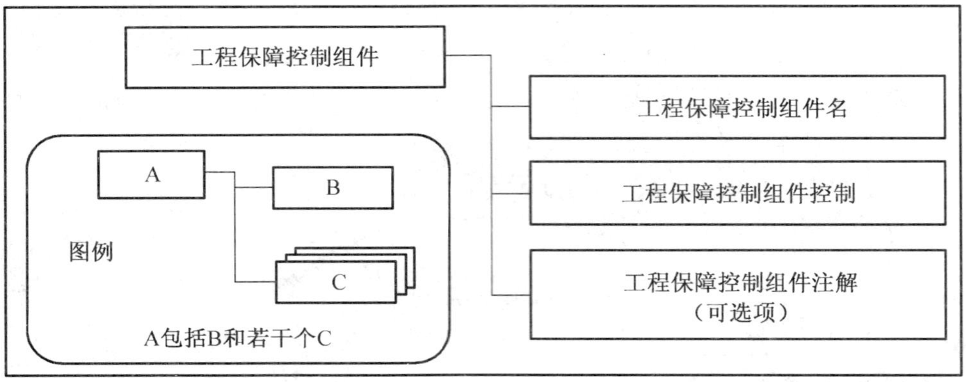

图 4 安全工程保障控制组件结构

安全工程保障控制组件结构的详细描述如下：

a） 安全工程保障控制组件名：安全工程保障控制组件名用于标识安全工程保障控制组件。安全工程保障控制组件的简名是由安全工程保障控制组件名，后面使用句点作为连接符，在句点连接符后用阿拉伯数字按顺序标明不同的组件构成的。

b） 安全工程保障控制组件控制：安全工程保障控制组件控制部分定义了满足其安全工程保障控制子类安全工程保障目的特定的控制措施。

c） 安全工程保障控制组件注解：可选的安全工程保障控制组件注解部分为该安全工程保障控制组件提供了进一步描述性的解释说明，以及实施该控制措施的最佳实践的建议等。安全工程保障控制组件注解中所提供的最佳实践等内容可能不一定适合所有的情况，本部分的使用者也可以根据其自身信息安全工程保障的特殊需求和要求使用其他更合适的实施方法。

7 PRM 安全工程保障控制类：风险过程

7.1 风险过程安全工程保障控制类介绍

安全工程的一个主要目标是降低风险。风险评估是识别尚未发生的问题的过程。风险的评估是通过检查威胁的可能性、脆弱性并考虑意外事件的潜在影响。可能性是不确定的因素，所以它会因特定的环境而不同。这意味着可能性只能在一定的限制下进行预测。另外，评估特定风险的影响也具有不确定性，因为意外事件可能不像所预料的那样出现。这些因素可能有很大的不确定性影响到预测的正确性，所以安全的规划和评定就会很难。这个问题的一个不完全解决方法是用技术手段来检测意外事件的发生。

意外事件由三项构成：威胁、脆弱性和影响。脆弱性是资产可能被威胁利用的属性，也包括弱点。如果威胁或脆弱性其一不存在，就不会有意外事件，也就没有风险。风险管理是评估和量化风险并设定组织的风险可接受程度的过程。管理风险是安全管理的重要部分。

通过保护措施的实施降低风险，风险可以描述威胁、脆弱性、影响，或者风险本身。然而，降低所有风险或完全根除任一特定风险都是不可能的。这主要是因为风险降低的成本，以及相关的不确定性。因此，总是必须接受一些残余风险。在不确定性很高的情况下，由于不能精确地描述风险，接受风险会有很大问题。信息安全工程的过程域包括确保服务提供方组织进行分析威胁、脆弱性、影响，并综合这些活动所得到的威胁、脆弱性和影响信息进行风险分析，然后得到风险信息。

风险过程说明见图 5。

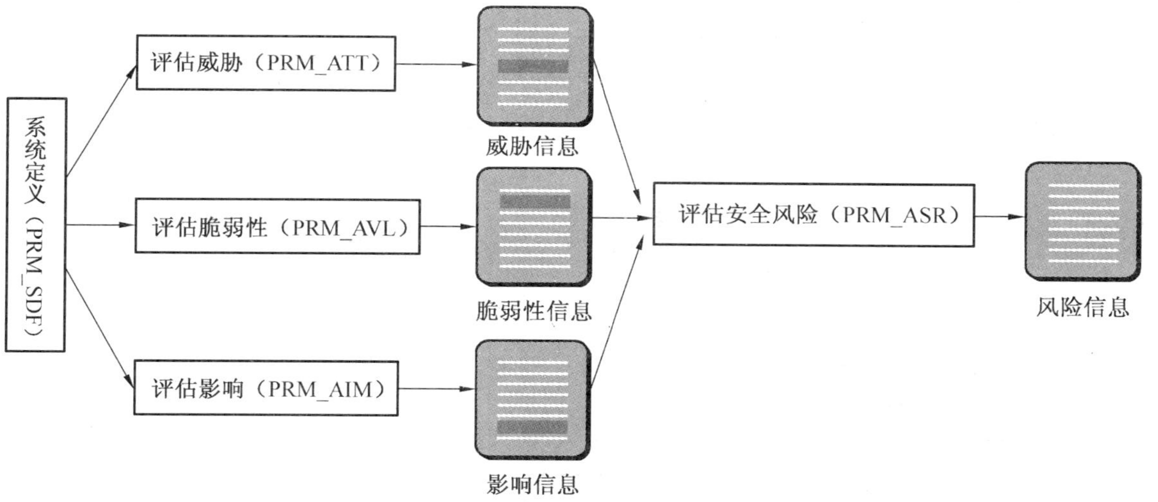

图 5　风险过程说明

7.2　系统定义(PRM_SDF)

7.2.1　安全工程保障目的

系统定义安全工程保障控制子类的目的是识别信息系统的任务和使命,即系统的任务要求和它所要达到的能力,这些能力包括系统应执行的功能、所需的接口及这些接口相关的能力、所要处理的信息、所支持的运行结构以及运行的威胁等。

图 6 描述了系统定义(PRM_SDF)安全工程保障控制子类组成结构。

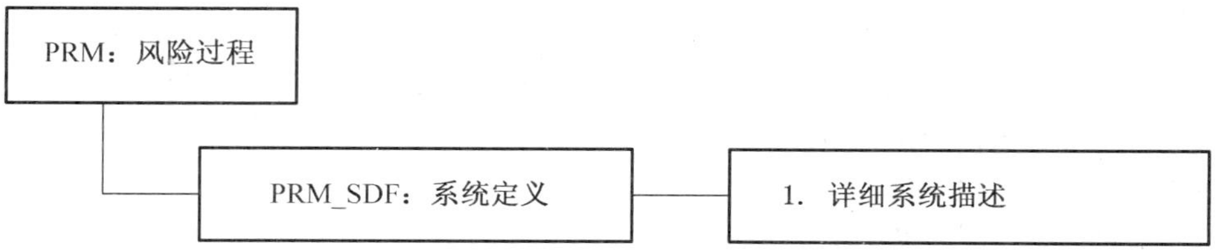

图 6　系统定义(PRM_SDF)安全工程保障控制子类分解

7.2.2　PRM_SDF.1　详细系统描述

7.2.2.1　安全工程保障控制组件控制

描述信息系统的目的、任务和使命;信息系统的信息类划分、边界、信息流;信息系统的业务体系、技术体系和管理体系等。

7.2.2.2　安全工程保障控制组件注解

详细系统描述实际上就是确定 STOE 的过程,这是非常重要的一个步骤,是后续各个步骤的基础。因为只有明确定义和描述系统的范围等性质,对系统的分析才有意义,才能准确和有效。

应按照 GB/T 20274 第 1 部分附录 C 的图 C.1 信息系统安全保障评估信息系统描述规范中的要求,描述信息系统的使命,信息系统的环境、评估边界和接口、安全域;再分别从信息系统的管理体系、技术体系、业务体系等角度对信息系统进行详细描述。

7.3　评估威胁(PRM_ATT)

7.3.1　安全工程保障目的

评估威胁安全工程保障控制子类的目标是对系统安全的威胁进行标识和特征化。

评估威胁安全工程保障控制子类的目的在于标识安全威胁及其性质和特征。

本安全工程保障控制子类产生的威胁信息将与评估脆弱性得到的脆弱性信息以及评估影响得到的

影响信息一起用于评估安全风险中。虽然收集威胁、脆弱性和影响信息的活动被分组为几个单独的过程域，但它们是互相依赖的。其目标是要得到足以用作判定的威胁、脆弱性和影响的组合。因此，确定威胁调查的范围应结合相应的脆弱性和影响。

威胁容易变化，所以必须定期监视威胁，以确保一直维持理解本过程域产生的结果。

图7描述了评估威胁(PRM_ATT)安全工程保障控制子类组成结构。

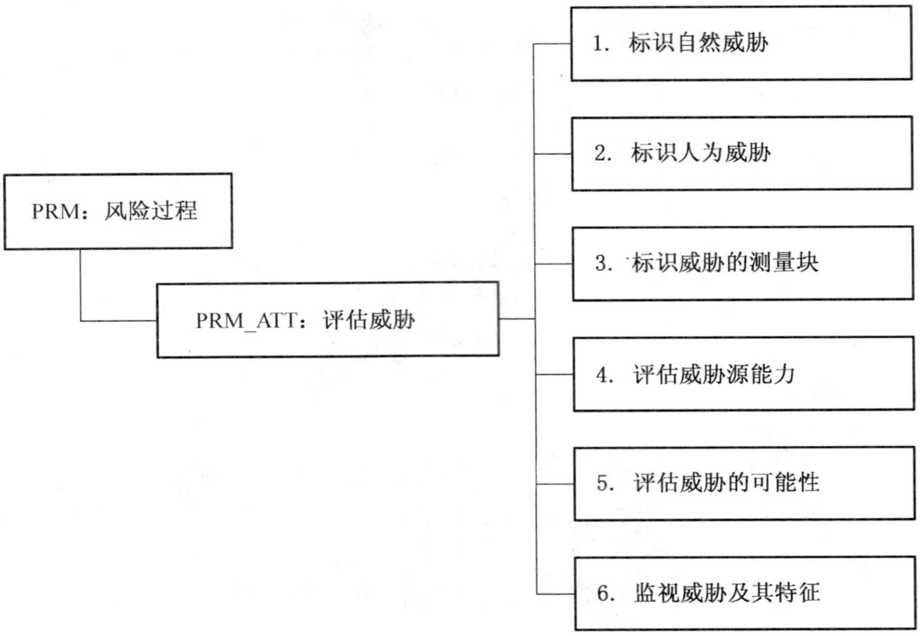

图7 评估威胁(PRM_ATT)安全工程保障控制子类分解

7.3.2 PRM_ATT.1 标识自然威胁

7.3.2.1 安全工程保障控制组件控制

标识由自然原因引起的威胁。

由自然原因引起的威胁，包括地震、海啸和台风。不过，并非有威胁的所有自然灾害都会在所有地方发生。例如，在大量内陆中心地带就不可能出现台风。因此，重要的是标识出在特定地方到底会发生哪一种具有威胁的自然灾害。

7.3.2.2 安全工程保障控制组件注解

评估所需的大量信息可以从实际清单和自然现象数据库中获得。这些信息是具有价值的，它们也可能很通用而要谨慎使用这些信息——可能需要根据特定环境来描述。

标识自然威胁的工作产品示例如下：

a) 适用的自然威胁表——文档化自然威胁的特征和可能性的表格。

7.3.3 PRM_ATT.2 标识人为威胁

7.3.3.1 安全工程保障控制组件控制

标识出无意的或有意的人为原因所引起的威胁。

人为原因引起的威胁基本上有两种：一是由意外原因引起的威胁；二是由有意行为引起的威胁。某些人为威胁在目标环境中并不适用，应在进一步分析后予以取消。

标识人为威胁的工作产品示例如下：

a) 威胁情景描述——描述威胁是如何工作的。

b) 威胁严重性估计——衡量威胁的可能性。

7.3.3.2 安全工程保障控制组件注解

有时，描绘威胁将会如何发生的情景，有助于理解故意威胁。一般人为威胁数据库的使用，应考虑它们的完整性和关联性。

7.3.4 PRM_ATT.3 标识威胁的测量块

7.3.4.1 安全工程保障控制组件控制

标识特定环境中合适的测量块和适用范围。

大多数的自然威胁和许多人为威胁都有其与之相关的测量块。大多数情况下，整个的测量块并不适用于特定情况。因此，在特定情况下，有时需要最大化事件发生概率，有时需要最小化事件发生的概率，这样考虑才恰当。

7.3.4.2 安全工程保障控制组件注解

在对某一特定威胁没有可接受的度量标准单位时，应生成针对该位置的度量标准单位。恰当的话，应该在测试表关系中对相关范围和度量标准单位进行描述。

标识威胁的测量块的工作产品示例如下：

a) 威胁表，包括测量块和所在位置范围。

7.3.5 PRM_ATT.4 评估威胁源能力

7.3.5.1 安全工程保障控制组件控制

评估人为威胁的威胁源的能力和动机。

本安全工程保障控制组件集确定成功对系统进行攻击的潜在的人类敌对势力的才能和能力。才能指的是敌对者的攻击知识（例如，他们是否拥有知识、经过训练）。能力则衡量一个有才能的敌手能够进行攻击的可能性（例如，他们是否拥有资源）。

7.3.5.2 安全工程保障控制组件注解

人为的故意威胁在很大程度上取决于威胁源的能力以及供威胁支配的资源。因此，经验欠缺的黑客如果获得了经验丰富、能力高的黑客的工具，将会造成更危险的威胁，但话说回来，还是不如经验丰富的黑客自己来使用更危险。但是，缺乏经验的黑客又可能造成非故意的伤害，经验丰富的黑客则不会。除威胁源的能力之外，对威胁源所拥有资源的评估，应该与威胁源的攻击动机一起考虑，因为攻击的动机大小往往与目标资产的吸引力有关。

威胁可能按顺序或并发地多次进行攻击来达到其预期目标。应考虑顺序或并发的多次攻击的影响，威胁场景研究有助于此。

评估威胁源能力的工作产品示例如下：

a) 威胁源描述——能力评估和描述。

7.3.6 PRM_ATT.5 评估威胁的可能性

评估威胁事件发生的可能性。

7.3.6.1 安全工程保障控制组件控制

评估威胁事件发生的可能性是怎样的。对自然事件发生的机会以及故意行为或个别意外事件的评估中，需要考虑多种因素。考虑的诸多因素并不一定要进行计算或衡量，只需要报告中有一致的度量标准。

7.3.6.2 安全工程保障控制组件注解

这是一件复杂的概率计算，因为许多因素的概率都是变化的。就评估的准确性和有效性而言，任何可能性的估计都是不确定的因素。应分别报告各个可能性评估的不确定性以避免混淆。无论如何，度量和可能性都将存在不确定性。通常，保持各个不确定因素分别描述则会更有效，这也是一种混合的表示法，分开处理以便进一步分析数据的时候，能够分辨出是对工作数据本身还是对数据的不确定性的处理。

a) 威胁事件可能性评估——描述威胁的可能性的报告。

7.3.7 PRM_ATT.6 监视威胁及其特征

监视威胁分布情况及威胁特征的不断变化。

7.3.7.1 安全工程保障控制组件控制

任何位置和状态下的威胁分布情况都是动态的。新的威胁可能变得相关，而现有威胁的特征也可能发生变化。因此有规律地监视现有威胁及其特征并检查新的威胁很重要。本安全工程保障控制组件与标识协调机制(PEN_ISR)中的“监视威胁、脆弱性、影响和环境变化”安全工程保障控制组件的一般监视活动紧密相连。

7.3.7.2 安全工程保障控制组件注解

由于威胁可能发生变化，因此在特定环境中可能多次进行评估。但是，重复进行威胁评估不能代替对威胁的监视。

a) 威胁监控报告——描述威胁监控结果的文档。

b) 威胁变化报告——描述威胁分布情况变化的文档。

7.4 评估脆弱性(PRM_AVL)

7.4.1 安全工程保障目的

标识和特征化系统的安全脆弱性。

评估安全脆弱性的目标是获得对一给定环境中系统安全脆弱性的理解。

评估安全脆弱性的目的在于标识和特征化系统的安全脆弱性。本安全工程保障控制组件包括分析系统资产、定义具体的脆弱性，以及系统脆弱性的全面评估。与安全风险和脆弱性评估相关的术语因上下文环境而不同。在本标准中，“脆弱性”除了传统所说的弱点、安全漏洞或可能被威胁攻击的系统中的信息流外，还指系统可能被恶意利用的方面。这些脆弱性独立于任何特定的威胁或攻击。可以在系统的生命周期中的任何时候执行这一系列脆弱性评估活动，来支持在已知环境中的对系统进行开发、维护或运行等决策。

图8描述了评估脆弱性(PRM_AVL)安全工程保障控制子类组成结构。

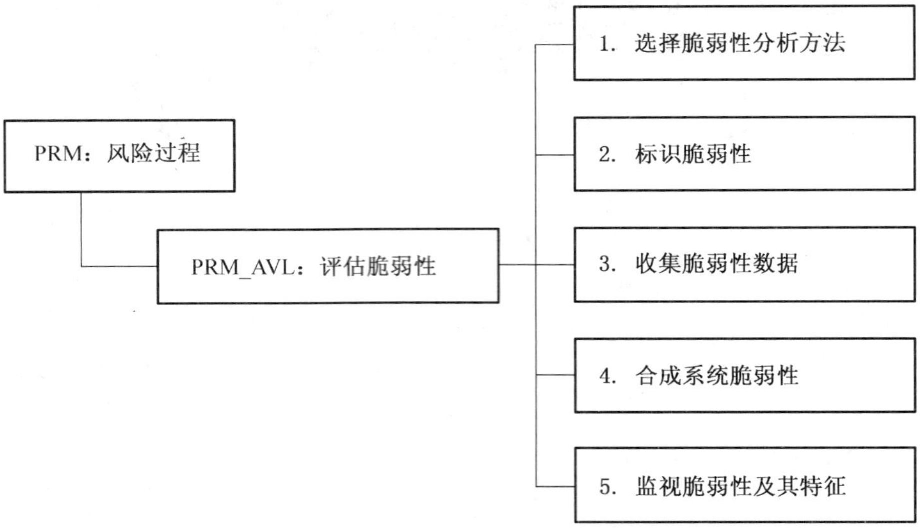

图8 评估脆弱性(PRM_AVL)安全工程保障控制子类分解

7.4.2 PRM_AVL.1 选择脆弱性分析方法

选择用于标识和特征化给定环境中安全系统脆弱性的方法、技术和标准。

7.4.2.1 安全工程保障控制组件控制

本组件包括定义系统建立安全脆弱性的方法，这种方法允许标识和特征化安全脆弱性，包括根据威胁及其可能性、运行功能、安全要求或其他相关过程域对脆弱性进行分类和优先级排列。通过标识分析的深度和广度，安全工程师和顾客可以确定评估范围是否包括目标系统以及分析的全面性。应在预先安排和指定时间内，在一个已知的并记录有配置的框架内进行分析。分析的方法论应包括预期结果，应清楚地描述分析的具体目标。

7.4.2.2 安全工程保障控制组件注解

脆弱性分析方法可以是现有的、经裁剪的，也可以是专门针对系统运行和给定环境定制的。分析方法通常以 PRM_ATT“评估安全风险”中的风险分析方法论为基础或相一致。要注意的是并不提供有关威胁、能力和价值的理解，这时的方法论必须针对其范围或采用一系列可用假设条件。

分析脆弱性的方法可以是定量的或定性的。通常的脆弱性分析反映可能性。攻击结果可以书面报告的形式表达，攻击本身可以论述证明。

至少有两种不同的方法来标识脆弱性。这两种方法为基于分析的方法或基于测试的方法。基于测试的方法对于标识现存的脆弱性，且测试内容中含有已知威胁，是很好的方法。基于分析的方法，对于标识新的脆弱性则是最好的方法，那些脆弱性并不会立即被利用但会随另一安全问题的出现而被利用。选择脆弱性分析方法论时还可考虑的其他选择包括基于定量或定性的方法，还应该考虑对分析和测量的完整性的控制能力。

工作产品示例：

a) 脆弱性分析方法——发现和描述系统安全脆弱性的方法，包括分析、报告和跟踪过程。

b) 脆弱性分析格式——为保证方法规范化，描述脆弱性分析结果的格式。

c) 攻击方法论和工作原理——包括执行攻击测试的目标和方法。

d) 攻击规程——执行攻击测试的详细步骤。

e) 攻击计划——包括资源、时间安排和攻击方法论的描述。

f) 穿透研究——以标识未知脆弱性为目标的攻击场景的分析和实施。

g) 攻击场景——描述将要进行尝试的具体攻击。

7.4.3 **PRM_AVL.2** 标识脆弱性

标识系统安全脆弱性。

7.4.3.1 安全工程保障控制组件控制

系统的安全和非安全的相关部分中都可能存在系统脆弱性。支持安全功能或与安全机制配合的非安全机制中经常有可利用的脆弱性。应遵循选择脆弱性分析方法(PRM_AVL.1)中的攻击场景方法，以便能确认脆弱性。应记录发现的所有系统脆弱性。

7.4.3.2 安全工程保障控制组件注解

在本实践中，脆弱性被看成是系统的固有问题，而不考虑任何威胁的可能性。可以参照威胁分析的结果来对脆弱性进行优先级排列。攻击不可重现，使开发对策的难度较大。

可根据 PRM_ASR“评估安全风险”中优先级排列的功能、PEN_ISR“确定安全要求”中的业务优先级和目标来标识脆弱性。此外，PRM_AIM“评估影响”中的资产也必须计算在内。

工作产品示例：

a) 描述系统面临的各种攻击的脆弱性清单。

b) 包括攻击测试结果的穿透轮廓(例如脆弱性)。

7.4.4 **PRM_AVL.3** 收集脆弱性数据

收集与脆弱性性质相关的数据。

7.4.4.1 安全工程保障控制组件控制

脆弱性具有其自身的性质，本安全工程保障控制组件意在收集与这些性质相关的数据。脆弱性的测量块可以与PRM_ATT.3“标识威胁的测量块”中的威胁的测量块相同。应标识并收集脆弱性被利用的难易程度以及脆弱性出现的可能性的数据。

7.4.4.2 安全工程保障控制组件注解

通过本活动收集起来的脆弱性数据以后将被用在PRM_ASR“评估安全风险”。因此，以一种易于PRM_ASR使用的格式收集和存贮脆弱性数据显得非常重要。无论如何，度量和可能性都将存在不确定性。通常，保持各个不确定因素分别描述则会更有效，分开处理以便进一步分析数据的时候，能够分辨出是对工作数据本身还是对数据的不确定性的处理。

工作产品示例：

a) 脆弱性性质表——记录系统或产品脆弱性特征的表。

7.4.5 **PRM_AVL.4** 合成系统脆弱性

评估系统脆弱性并将特定脆弱性及各种特定脆弱性的组合结果进行综合收集。

7.4.5.1 安全工程保障控制组件控制

分析脆弱性或脆弱性的组合会让系统产生的问题。应分析脆弱性的附加特征，例如脆弱性被利用的可能性以及成功利用脆弱性的机会。分析结果也可包括处置合成的脆弱性的推荐方法。

7.4.5.2 安全工程保障控制组件注解

需要收集脆弱性分析和攻击的结果。应足够详细地标识和文件描述发现的所有脆弱性及其被利用的潜在可能性，以便客户做出有关对策的决定。

工作产品示例：

a) 脆弱性评估报告——包括定性或定量描述让系统产生问题的脆弱性，同时包括攻击的可能性、成功的可能性及攻击产生的影响。

b) 攻击报告——记录攻击的结果及结果的分析的报告，其中包括已发现的脆弱性、被利用的潜在可能性和推荐的处置方法等。

7.4.6 **PRM_AVL.5** 监视脆弱性及其特征

监视脆弱性的不断变化及其特征的变化。

7.4.6.1 安全工程保障控制组件控制

任何位置和状态下的脆弱性分布情况都是动态的。新的脆弱性会变得有相互关系，现有脆弱性的特征可能变化。因此，监视现有脆弱性及其特征并定期检查新的脆弱性很重要。本安全工程保障控制组件与PEN_MSP.2监视威胁、脆弱性、影响、风险和环境变化的一般监视活动紧密相连。

7.4.6.2 安全工程保障控制组件注解

由于脆弱性可能发生变化，在给定环境中可能多次进行评估活动。但是，重复的脆弱性评估不能代替对脆弱性的监视。

工作产品示例：

a) 脆弱性监视报告——描述脆弱性监视结果的文档。

b) 脆弱性变化报告——描述新的或变化了的脆弱性的文档。

7.5 评估影响(**PRM_AIM**)

7.5.1 安全工程保障目的

评估影响的目的在于标识对系统的影响，并评估影响发生的可能性。影响可能是有形的，例如收入的损失或经济惩罚；也可能是无形的，例如声誉和信誉的损失。

本安全工程保障控制子类的目标是标识和特征化风险对系统的安全影响。

图9描述了评估影响(PRM_AIM)安全工程保障控制子类组成结构。

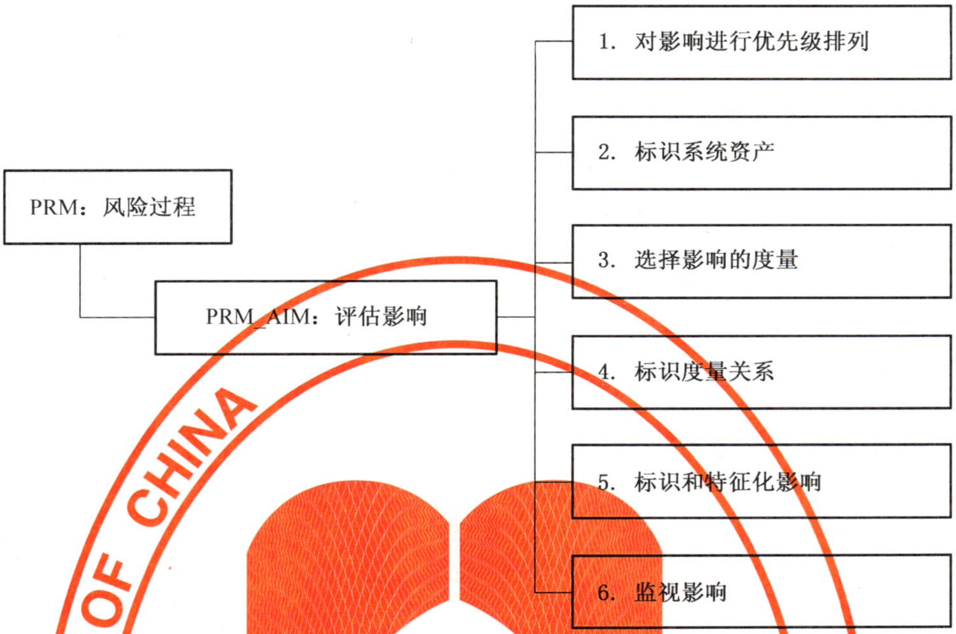

图9 评估影响(PRM_AIM)安全工程保障控制子类分解

7.5.2 **PRM_AIM.1 对影响进行优先级排列**

标识、分析并优先级排列系统的运行、业务或任务能力。

7.5.2.1 **安全工程保障控制组件控制**

标识、分析并优先级排列系统的运行、业务或任务，也应考虑对业务战略的影响。这将可能改变和缓解组织可能遭受的影响，进而会改变其他控制子类或组件得出的风险优先级排列次序。因此当计算潜在影响时把这些影响包括在内很重要。本组件与PEN_ISR“确定安全要求”的活动相关。

7.5.2.2 **安全工程保障控制组件注解**

功能性和信息资产可理解为它们在给定环境中具有的价值和关键性。价值可以是运行的重要性、密级、敏感度，或预期的运行及系统的使用反映出的资产的其他价值意义。关键性可理解为对系统运行、人类生活、运行成本以及其他关键因素的影响，在运行环境中功能受到损害、修改或不可用。资产也可根据合适的安全要求进行定义。例如，资产可定义为客户清单的保密性、办公室间通信的可用性或薪资信息的完整性。许多资产是无形的或隐性的。所选风险评估方法应说明怎样评价能力和资产的值，并进行优先级排列。

工作产品示例：

a) 系统优先级清单和影响的修改者。

b) 系统能力轮廓——描述系统能力及其对系统目标的重要性。

7.5.3 **PRM_AIM.2 标识系统资产**

标识和特征化支持系统的关键运行能力或安全目标的系统资产。

7.5.3.1 **安全工程保障控制组件控制**

标识支持系统的安全目标或关键能力(运行，业务或任务功能)所必需的系统资源和数据。通过评估给定环境中每项资产提供支持的重要性，来定义每项资产。

7.5.3.2 **安全工程保障控制组件注解**

广义的资产包括系统中的人、环境、技术和基础设施，还包括数据和资源；不仅包括信息，而且也包括各个子系统(例如，通信、数据恢复、应用，以及打印资源)。资产的重要性可理解为其在给定环境中的支持能力的价值和关键性。资产不必一定是安全性机制；它们可以包括支持与安全性机制相关的安全功能或工作的非安全机制。有时，本组件是对 PEN_PSI“提供安全输入”和 PAS_VVS“验证和确认安全”中工作的复查。

工作产品示例：

a) 产品资产分析——包括标识产品资产及对系统运行的重要性。

b) 系统资产分析——包括标识系统资产及对系统运行的重要性。

7.5.4 PRM_AIM.3 选择影响的度量

选择用于评估影响的度量。

7.5.4.1 安全工程保障控制组件控制

有许多度量标准可用来衡量事件的影响。最好预先确定哪种度量标准适用于当前的特定系统。

7.5.4.2 安全工程保障控制组件注解

数量有限但一致的度量标准比不一致的度量标准更易于处理。影响的定量或定性评估方法可从以下几个方面考虑，例如：

a) 计算经济成本；

b) 根据经验划分严重程度等级，例如从 1 到 10；

c) 或者使用形容词，例如低、中、高。

工作产品示例：

a) 选择影响的度量。

7.5.5 PRM_AIM.4 标识度量关系

标识所选评估影响的度量标准之间的关系以及所需度量标准转换因子。

7.5.5.1 安全工程保障控制组件控制

评估影响可能需要使用不同的度量标准。必须找出不同度量标准之间的关系，以保证在整个影响评估中对所有暴露所使用方法的一致性。有时，有必要把各种度量标准方法组合起来，以便能够产生出统一的结果。因此需要建立产生统一结果的方法。这通常因系统不同而不同。当使用定性的度量标准时，在综合阶段也需要有定性因子合并的指南。

7.5.5.2 安全工程保障控制组件注解

例如，若某暴露是陨石推毁一栋房屋，那么潜在的影响便是要花费＄100,000 重建这栋房屋。另一种影响可能是因 6 个月后才能重建好房屋而导致无处安身的损失。可以将这两种影响合并起来，如果每月租房需要＄250，此暴露总影响便是＄101,500。

工作产品示例：

a) 影响度量标准关系表——描述度量标准之间的关系。

b) 影响度量标准合并规则——描述合并影响度量标准的规则。

7.5.6 PRM_AIM.5 标识和特征化影响

利用多重度量标准或统一度量标准标识和特征化意外事件的意外影响。

7.5.6.1 安全工程保障控制组件控制

从 PRM_AIM.1(对影响进行优先级排列)和 PRM_AIM.2(标识系统资产)中标识出的资产和能力出发标识出产生损害的后果。对于每种资产，后果可能为损坏、泄密、不通或消失。对能力的影响可能包括中断、延迟或削弱。

创建了相对完整的度量关系表之后，可以使用在 PRM_AIM.3(选择影响的度量)和 PRM_AIM.4(标识度量关系)中标识出的度量来特征化影响。这一步需要研究精算表、年鉴或其他资源，还应考虑每种影响的度量的不确定性。

7.5.6.2 安全工程保障控制组件注解

评估影响以 PRM_AIM.3(选择影响的度量)中确定的影响度量标准为依据，影响的组合以 PRM_AIM.4(标识度量关系)中建立的规则为依据。在大多数情况下，度量标准以及特定环境下具体影响发生的可能性都存在一定的不确定性。通常,保持各个不确定因素分别描述则会更有效,分开处理以便进一步分析数据的时候,能够分辨出是对工作数据本身还是对数据的不确定性的处理。

工作产品示例:

a) 暴露影响列表——潜在影响及相应度量的列表。

7.5.7 PRM_AIM.6 监视影响

监视影响的不断变化。

7.5.7.1 安全工程保障控制组件控制

任何位置和状态下,影响都是动态的。新的影响可能产生相互关系。因此,监视现有影响并定期检查新的影响很重要。本安全工程保障控制组件与 PEN_MSP.2 监视威胁、脆弱性、影响、风险和环境变化的一般监视活动紧密相连。

7.5.7.2 安全工程保障控制组件注解

由于影响会发生变化,因此在给定环境中可能反复、多次进行影响评估。但是,重复的影响评估不能代替对影响的监视。

工作产品示例:

a) 影响监视报告——描述监视影响的结果。

b) 影响变化报告——描述影响的变化情况。

7.6 评估安全风险(PRM_ASR)

7.6.1 安全工程保障目的

评估安全风险的目标是获得对给定环境中的系统运行相关的安全风险的理解,并按照既定方法论对风险进行优先级排列。

评估安全风险的目的是标识给定环境中系统的安全风险。本安全保障控制子类着重要基于对能力情况以及资产相对威胁的脆弱情况的理解来确定这些风险。本活动特别包括标识和评估暴露发生的可能性。"暴露"是指会造成重大损害的威胁、脆弱性和影响的组合。可以在系统的生命周期中的任何时候执行这一系列风险评估活动,来支持在已知环境中的对系统进行开发、维护或运行等决策。

图 10 描述了评估安全风险(PRM_ASR)安全工程保障控制子类组成结构。

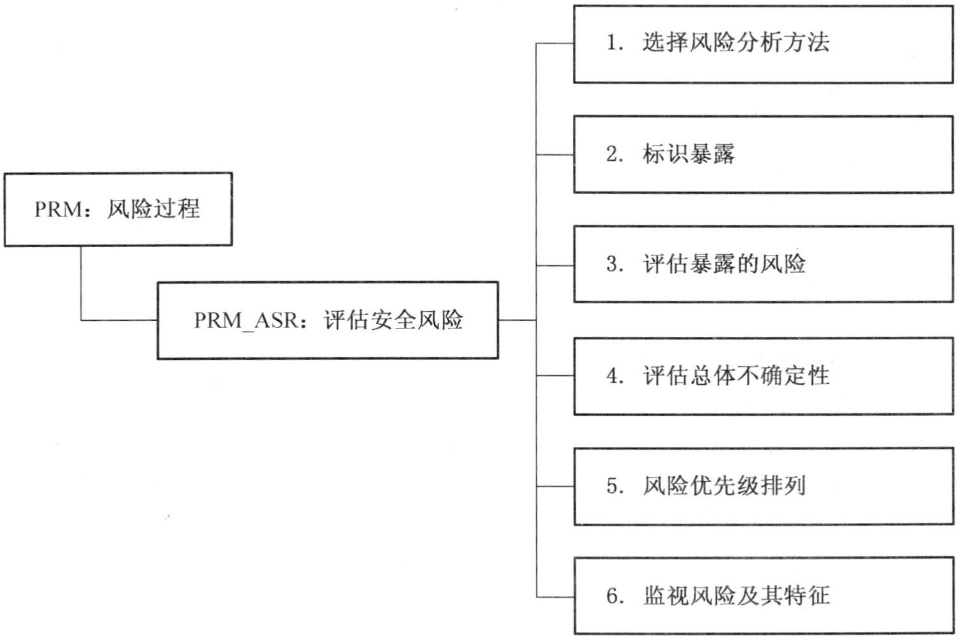

图 10 评估安全风险(PRM_ASR)安全工程保障控制子类分解

7.6.2 **PRM_ASR.1 选择风险分析方法**

选择在给定环境中分析、评估、比较和优先级排列系统的安全风险的方法、技术和标准。

7.6.2.1 **安全工程保障控制组件控制**

本组件定义用于标识给定环境中系统安全风险的方法，可以用这种方法分析、评估和比较安全风险。应该依据威胁、运行功能、系统脆弱性、潜在损失、安全需求等相关问题，得到对风险进行分类和分级的方案。

7.6.2.2 **安全工程保障控制组件注解**

这种方法可以是现有的，经裁剪的，或针对系统运行和给定环境的特定方法。风险评估的方法论应与威胁、脆弱性和影响的评估方法论互相衔接。

工作产品示例：

a) 风险评估方法——描述对标识和特征化风险的方法。

b) 风险评估格式——描述归档和跟踪风险的格式，包括风险的描述、重要性和相关性。

7.6.3 **PRM_ASR.2 标识暴露**

标识威胁/脆弱性/影响三元组(暴露)。

7.6.3.1 **安全工程保障控制组件控制**

标识暴露的目的在于找出威胁和脆弱性的组合中的相关项，进而标识出现威胁和脆弱性造成的影响。在选择系统保护措施时必须考虑这些暴露。

7.6.3.2 **安全工程保障控制组件注解**

本组件取决于威胁、脆弱性和影响各个安全工程控制子类的输出。

工作产品示例：

a) 系统暴露清单——描述该系统的暴露。

7.6.4 **PRM_ASR.3 评估暴露的风险**

评估每项暴露的风险。

7.6.4.1 **安全工程保障控制组件控制**

标识暴露出现的可能性。

7.6.4.2 **安全工程保障控制组件注解**

暴露的可能性是威胁的可能性与脆弱性的可能性所产生的暴露的可能性的综合。大多数情况下，也必须将特定的、一定数量的或绝大多数影响的可能性计算在内。无论如何，度量标准都存在不确定性。保持各个不确定因素分别描述则会更有效，分开处理以便进一步分析数据的时候，能够分辨出是对工作数据本身还是对数据的不确定性的处理。这会影响到应对风险所采取的战略。本组件使用了从PRM_ATT.5(评估威胁的可能性)、PRM_AVL.3(收集脆弱性数据)和PRM_AIM.5(标识和特征化影响)中通过多种度量或一种统一度量方法收集的可能性数据。

工作产品示例：

a) 暴露风险清单——计算出的风险列表。

b) 暴露优先级表——计算出的风险的优先级列表。

7.6.5 **PRM_ASR.4 评估总体不确定性**

评估暴露的风险的总体不确定性。

7.6.5.1 **安全工程保障控制组件控制**

每项风险本身都具有不确定性。总体的风险不确定性是PRM_ATT.5(评估威胁的可能性)、PRM_AVL.3(收集脆弱性数据)、PRM_AIM.5(标识和特征化影响)中所标识的威胁、脆弱性、影响及其特征的不确定性的总和。本组件与"PAS_EAE 建立保证论据"中的作为保障可以改变和降低不确定性的活动紧密相关。

7.6.5.2 **安全工程保障控制组件注解**

如果不确定性没有与暴露发生的可能性分开考虑，那么安全措施的实施将达不到效果，或者降低了实际上没必要去降低的风险。

工作产品示例：

a） 具有不确定性的暴露的风险——表明对风险的衡量具有不确定性的风险列表。

7.6.6 PRM_ASR.5 风险优先级排列

按优先级排列风险。

7.6.6.1 安全工程保障控制组件控制

应根据组织优先级、发生的可能性、所具有的不确定性和可用资金来对已标识的风险进行排序。可以降低、避免、转移或接受风险。也可以组合使用这些风险处理方式。降低，可以针对威胁、脆弱性、影响或风险本身。应根据 PEN_MSC“确定安全要求”中标识的风险承担者的需求、业务优先级和整体系统架构来选择处理方式。

7.6.6.2 安全工程保障控制组件注解

这一步骤极为复杂并常常需要多次重复。安全措施可能要对付多种风险或多种威胁、脆弱性和影响。这方面的工作可能对改变需要对付的风险的顺序具有影响。因此，本安全工程保障控制组件与 PEN_ISR“确定安全要求”和 PEN_PSI“提供安全输入”密切相关。

工作产品示例：

a） 风险优先级清单——一个按优先级排列的风险清单。

b） 安全措施需求清单——能够帮助减轻风险的潜在的安全措施的清单。

c） 优先顺序的关系——一个优先级框架的描述文档。

7.6.7 PRM_ASR.6 监视风险及其特征

监视风险分布情况的不断变化及其特征的变化。

7.6.7.1 安全工程保障控制组件控制

任何情形下风险的分布情况都是动态的。新的风险可能变得相互关联，同时现存风险的特征可能变化。因此，监视现存风险及其特征、定期检查新的风险很重要。本组件与 PEN_MSP.2“监视威胁、脆弱性、影响、风险和环境的变化”中的一般监视活动密切相关。

7.6.7.2 安全工程保障控制组件注解

因为风险会变化，可以在给定环境下多次进行风险评估活动。但是，反复的风险评估不能代替监视风险。

监视风险及其特征工作产品示例如下：

a） 风险监视报告——描述当前风险分布情况的报告。

b） 风险变化报告——描述系统的运行能力及其对系统目标的重要性。

8 PEN 安全工程保障控制类：工程过程

8.1 工程过程安全工程保障控制类介绍

安全工程和其他工程学科一样，是一个贯穿概念、设计、实施、测试、验收、运行、维护和废弃的过程。在整个过程中，安全工程师必须与系统工程组的其他部分密切工作。信息安全工程保障强调安全工程师是大团队的一部分，而且需与其他学科的工程师协作他们的活动。这有助于确保安全是较大过程的重要组成部分，而不是分离、独立的活动。

使用从上述风险过程得到的信息，以及其他关于系统需求的信息、相关法律和策略，安全工程师与客户一起识别安全需求。识别了需求后，安全工程师识别并跟踪具体的要求。

制定安全问题的解决方案的过程一般包括识别可选方案，评价可选方案以决定哪个最好。将此活动与其余工程过程相结合的难度在于，选择解决方案不能仅考虑安全。而是有很多其他必须要考虑的因素，包括成本、性能、技术风险和使用简便。特别应该注意这些决策以免再返回。产生的分析结果也是保障工作的重要基础。

在生命周期的后期，安全工程师要确保产品和系统根据先前的风险被恰当地配置，以确保新的风险不会使系统运行在不安全状态。

工程过程安全工程保障控制类介绍见图 11。

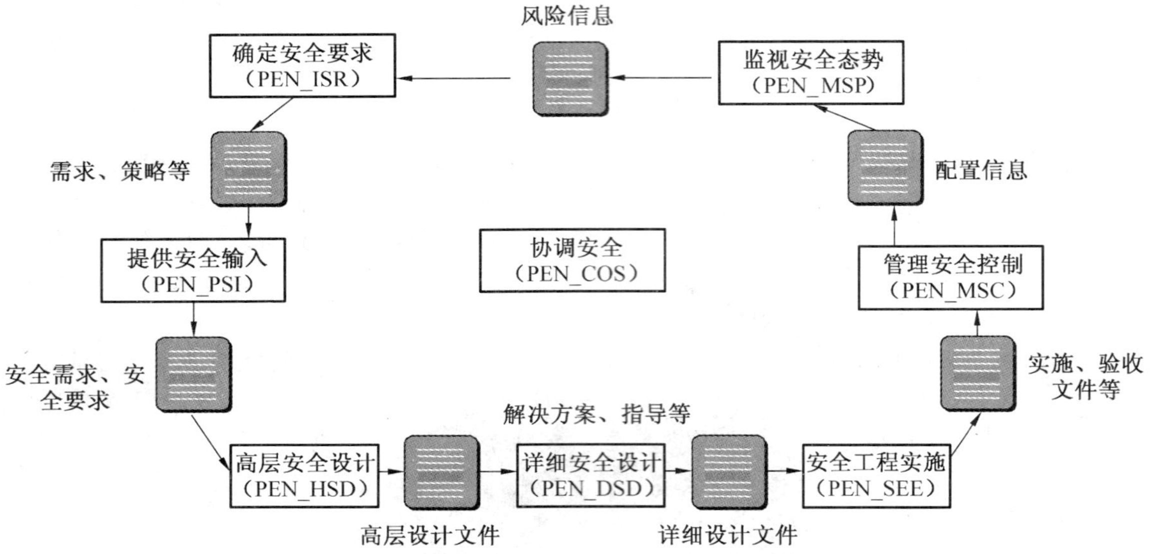

图 11　工程过程安全工程保障控制类介绍

8.2　确定安全要求(PEN_ISR)

8.2.1　安全工程保障目的

确定安全要求的目的是要明确地标识系统的安全需求。确定安全要求涉及定义系统的安全基础，以满足所有法律、策略和组织的安全要求。这些需求根据预期的系统运行安全环境上下文、组织当前安全性和系统环境、标识出的一系列安全目标进行裁剪。定义一系列系统安全要求作为批准系统安全的基线。

确定安全要求的目标是包括客户在内的各方对安全需求达成共同理解。

图 12 描述了确定安全要求(PEN_ISR)安全工程保障控制子类组成结构。

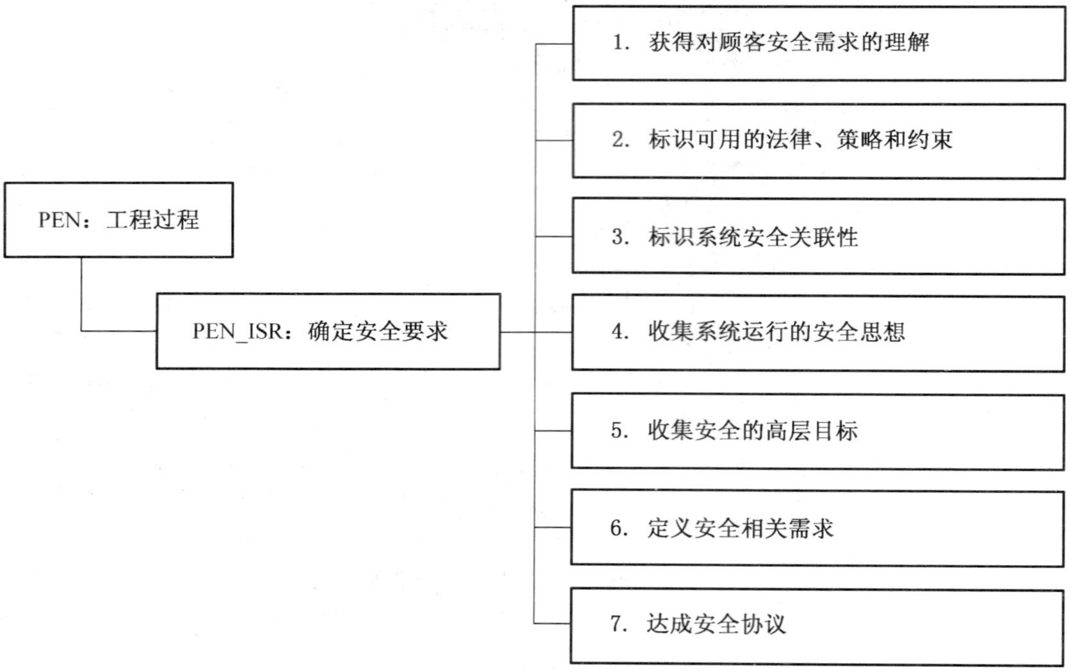

图 12　确定安全要求(PEN_ISR)安全工程保障控制子类分解

8.2.2 PEN_ISR.1 获得对客户安全需求的理解

8.2.2.1 安全工程保障控制组件控制

应获得对客户安全需求的理解。

本安全工程保障控制组件的目的是要收集全面理解客户的安全需求所需的所有信息。这些需求受到安全风险对客户的重要性的影响。系统将要运行的预期环境也影响客户的安全需求。

8.2.2.2 安全工程保障控制组件注解

术语"客户"可以指产品、系统或服务的具体接受者，或者也可以指市场调查或产品目标的一般接受者。可能需要标识和区分不同的用户群。例如，普通用户可能有与管理员不同的需求。

工作产品示例：

a) 客户的安全需求的陈述——客户对安全要求的高层描述。

8.2.3 PEN_ISR.2 标识可用的法律、策略和约束

8.2.3.1 安全工程保障控制组件控制

应标识出管理系统的法律、策略、标准、外部影响和约束。

本安全工程保障控制组件的目的是要收集所有影响到系统安全的所有外部影响。适用性的决定应标识支配系统预期环境的法律、规章、策略和商业标准。应决定全局和本地策略之间优先权。必须标识由系统客户设置于系统的安全要求，并提炼隐含的安全要求。

8.2.3.2 安全工程保障控制组件注解

当系统将穿越多个物理区域时需要仔细考虑。不同国家和不同类型的业务应用的法律和规章之间可能发生冲突。作为标识过程的一部分，冲突应最小化，应标识并尽可能解决冲突。

工作产品示例：

a) 安全约束——法律、策略、规章，以及其他影响系统安全的约束。

b) 安全轮廓——安全环境(威胁、组织策略)；安全目标(例如，要对抗的威胁)；安全功能和保障要求；按照满足目标的要求而进行系统开发的基本原理。

8.2.4 PEN_ISR.3 标识系统安全关联性

8.2.4.1 安全工程保障控制组件控制

标识系统的用途以便确定安全上下文环境。

本安全工程保障控制组件的目的是要标识系统上下文如何影响安全。这涉及理解系统的用途(例如，情报的、金融的、医药的)。为安全考虑描述所处理的任务和运行场景。本阶段需要对系统面临的或可能遭受的威胁的高层理解。为可能对安全的影响而描述性能和功能要求。为隐含的安全要求而检查运行约束条件。

环境可能也包括与其他组织或系统的接口，以便定义系统的安全边界。确定接口的要素包括安全边界的内部和外部。

许多组织外部的因素也不同程度影响组织的安全需求。这些因素包括政治倾向以及政治焦点的变化、技术开发、经济影响、全球事件和信息战。由于这些因素都不是静态的，需要监视和定期评估变化带来的潜在影响。

8.2.4.2 安全工程保障控制组件注解

系统的安全边界并不一定等同于系统边界。例如，安全边界可能包含系统所处的设备和运行系统的人，而系统边界可能止于人机接口。扩展安全边界，就可以将物理方法作为除纯技术方法之外有效的访问控制的安全措施。

工作产品示例：

a) 预期的威胁环境——对需要保护的系统资产的所有已知或预测的威胁；包括威胁源(专业知识、可用资源、动机)，攻击(方法、所利用的脆弱性、时机)，资产。

b) 评估对象——描述将要评估其安全特性(的系统或产品类型、预期的应用、一般特性、使用局限)。

8.2.5 PEN_ISR.4 收集系统运行的安全思想

8.2.5.1 安全工程保障控制组件控制

收集系统运行的高层安全思想。

本安全工程保障控制组件的目的是要开发整个企业的高层安全思想，包括角色、职责、信息流、资产、资源、人员保护和物理保护。此描述应包括讨论如何在系统要求的约束下管理企业。特别在运行安全概念中提供系统的这一思想，应包括系统架构、规程和环境的高层安全思想。系统开发环境的要求也在本阶段获得。

8.2.5.2 安全工程保障控制组件注解

无。

工作产品示例：

a) 运行安全概念——系统的高层安全思想（角色、职责、资产、信息流、规程）。

b) 概念性的安全架构——概念性角度的安全架构，参见 PEN_PSI.3 中的安全架构。

8.2.6 PEN_ISR.5 收集安全的高层目标

8.2.6.1 安全工程保障控制组件控制

收集定义系统安全性的高层目标。

本基本实践的目的是要标识应满足怎样的安全目标，以便为系统在其运行环境中提供足够的安全性。在 PAS_EAE“建立保证证据”中确定的系统的保障目标，可能影响安全目标。

8.2.6.2 安全工程保障控制组件注解

目标应尽可能与任何具体实现无关。如果由于必须面对的现存环境而出现特定的约束，应在 PEN_PSI“提供安全输入”中得出成熟的工程可选方案的安全约束和考虑时确定。安全目标应作为系统和信息的可用性、可追究性、真实性、保密性、完整性和可靠性要求的最小化描述。

工作产品示例：

a) 运行的/环境的安全策略——如何在组织内外管理、保护和分发资产的规则、指示和实践。

b) 系统安全策略——系统或产品如何管理、保护和分发资产的规则、指示和实践。

8.2.7 PEN_ISR.6 定义安全相关需求

8.2.7.1 安全工程保障控制组件控制

定义一致的一系列定义了系统所执行的保护的说明。

本安全工程保障控制组件的目的是要定义系统的安全要求。本实践应确保每项要求都与适用的策略、法律、标准、安全要求和系统的约束相一致。这些要求应完整定义系统的安全需求，包括非技术性的要求。通常需要定义或指定对象的逻辑或物理边界，以确保涵盖了所有方面。要求应与系统的目标影射或关联。应清晰简明地规定安全要求且不应互相矛盾。只要可能，安全应最小化对系统功能和性能的影响。安全要求应为评估系统在其预期环境中的安全性的提供基础。

8.2.7.2 安全工程保障控制组件注解

许多要求适用于多个学科，所以极少数要求专注安全。因此，本安全工程控制类要求与其他学科进行大量协调以确切得出系统安全是怎样的。这些交互性的活动在 PEN_COS“协调安全”中描述。

工作产品示例：

a) 安全要求——直接影响系统安全运行或贯彻指定安全策略的要求。

b) 可追溯性矩阵——安全需求、到要求、到解决方案（例如，架构、涉及、实施）和到测试及测试结果的影射。

8.2.8 PEN_ISR.7 达成安全协议

8.2.8.1 安全工程保障控制组件控制

达成对具体安全要求符合客户需求的协议。

本安全工程保障控制组件的目的是要在所有各方之间达成安全要求的共识。标识出一般客户群而非特定客户时，要求应满足一系列目标。指定的安全要求应是管理策略、法律和用户需求的完整、一致的反映。应标识出问题并再处理直到达成共识。

8.2.8.2　安全工程保障控制组件注解

确保所有相关方真正理解了所同意的安全要求并且有相同的理解，这很重要。需要非常小心地确保过程中安全要求对所有相关方来说是一回事。

工作产品示例：

a) 认可的安全目标——对抗标识出的威胁和/或与标识出的安全策略（由客户认可）相一致的固定意向。

b) 安全要求基线——所有各方（特别是客户）在特定里程碑处同意的一系列最小安全要求。

8.3　高层安全设计（PEN_HSD）

8.3.1　安全工程保障目的

信息系统的高层安全设计包括系统的体系结构、设计和实现的需求，制定相应的设计原则和建议、安全体系结构建议、保护的原则，得到安全模型、安全体系结构，进行可靠性分析；确定所有的安全机制都能对应到高层安全设计，并且所有的高层安全设计都有具体的安全机制来保证。

图13描述了高层安全设计（PEN_HSD）安全工程保障控制子类组成结构。

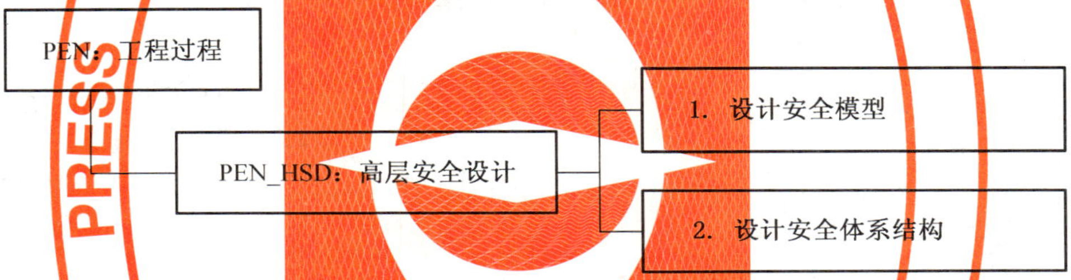

图13　高层安全设计（PEN_HSD）安全工程保障控制子类分解

8.3.2　PEN_HSD.1　设计安全模型

8.3.2.1　安全工程保障控制组件控制

为当前特定的信息系统设计安全模型，描述系统的安全原理。

8.3.2.2　安全工程保障控制组件注解

分析信息系统业务及安全要求，分解安全功能要求，选择系统结构、系统组件、内部外部接口、信息流方向、环境等，设计安全模型。

通常要求来自信息模型、功能模型和行为模型。信息模型说明将要处理的信息的类型以及如何处理。功能模型说明应用系统将要提供的任务和功能。行为模型说明状态转变时和转变后应用所处的状态。系统设计描述用户的要求和系统内部的行为，然后将两者进行影射，说明系统内部行为如何满足用户的要求。

工作产品示例：

a) 安全设计文档——包括系统中的资产和信息流的详细资料，以及描述将会贯彻安全的或与安全相关的系统功能。

b) 安全模型——系统贯彻安全策略的正式表述；必须标识控制系统如何管理、保护和分发信息的一系列规则和实践；有时这些规则可以用精确的数学术语表示。

8.3.3　PEN_HSD.2　设计安全体系结构

8.3.3.1　安全工程保障控制组件控制

为当前特定的信息系统设计安全体系结构。

8.3.3.2 安全工程保障控制组件注解

将信息系统进行安全功能分解、选择能够实现特定功能的组件形式，描述每个子系统所提供的安全功能。安全体系结构着重于系统体系结构的安全方面，描述与系统安全有关的规则、基本概念、功能和服务。体系结构设计定义了主要结构和组件之间的相互关系。

本安全工程保障控制子类涉及与安全相关的需要进行分解、分析和重组，直到标识出有效的可选体系结构。

工作产品示例：

a) 安全架构——关注于系统架构的安全方面，描述与系统的安全相关的原则、基本概念、功能和服务。

b) 依赖性分析(安全措施的关系和依存关系)——描述安全服务和机制如何相互关联和互相依赖来为整个系统产生有效的安全性；标识哪些方面还需要安全措施。

8.4 详细安全设计(PEN_DSD)

8.4.1 安全工程保障目的

本安全工程保障控制类信息系统安全工程师分析设计的约束条件，分析折衷办法，进行详细的系统和安全设计并考虑生命周期支持。信息系统安全工程师检查所有系统安全需求落实到了组件。最终的详细安全设计结果为实现系统提供充分的组件和接口描述信息。

图14描述了详细安全设计(PEN_DSD)安全工程保障控制子类组成结构。

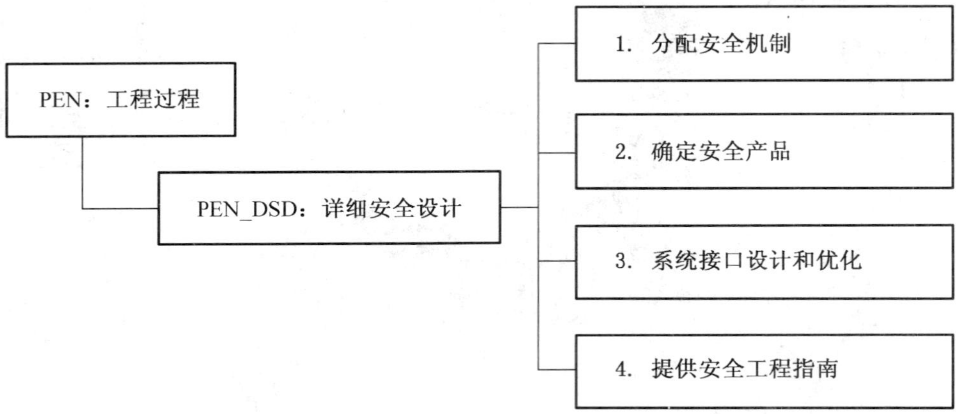

图14 详细安全设计(PEN_DSD)安全工程保障控制子类分解

8.4.2 PEN_DSD.1 分配安全机制

8.4.2.1 安全工程保障控制组件控制

将高层设计中的思想具体落实为具体的安全机制。

8.4.2.2 安全工程保障控制组件注解

确定所有的安全机制都能对应到高层安全设计，并且所有的高层安全设计都有具体的安全机制来保证。将安全机制细分到子系统、组件和元素。

工作产品示例：

a) 安全设计标准——有关整个系统或产品设计做决策所需的安全约束和考虑。

b) 安全实施规则——应用于系统或产品实施的安全约束和考虑(例如，具体机制的使用，编码的标准)。

c) 文档要求——标识支持安全要求所需的具体文档(例如，管理员手册、用户手册、具体设计文档)。

8.4.3 **PEN_DSD.2** **确定安全产品**

8.4.3.1 **安全工程保障控制组件控制**

根据高层设计和分配的安全机制等要求，从可选的安全产品中选择最适合的产品。

8.4.3.2 **安全工程保障控制组件注解**

根据系统的需求，按照一定的依据给出候选产品列表。根据系统的需求，确定需要定制的安全产品列表和他们的技术指标和功能要求。

工作产品示例：

a) 安全产品选型要求——说明能够满足系统安全要求的产品或组件所应具有的最低安全功能和安全保障要求。

8.4.4 **PEN_DSD.3** **系统接口设计和优化**

8.4.4.1 **安全工程保障控制组件控制**

对系统设计中的接口进行设计和优化。

8.4.4.2 **安全工程保障控制组件注解**

设计安全系统与其他系统之间、各个安全类之间的接口，并进行优化。

工作产品示例：

a) 系统优化指南——描述系统优化的理由和具体方法。

b) 系统配置指导——确保系统运行满足安全目标的系统配置指导。

8.4.5 **PEN_DSD.4** **提供安全工程指南**

8.4.5.1 **安全工程保障控制组件控制**

为参与工程的各方提供安全工程指南。

8.4.5.2 **安全工程保障控制组件注解**

为工程实施者提供体系结构建议、设计建议、安全体系结构建议、保护原则和设计原则描述文档，为系统工程实施提供指南。本安全工程保障控制组件的目的是要开发安全指南并提供给工程组。工程组使用安全工程指南来做出选择架构、设计和实施的决定。

所需指南的数量及其详细程度取决于知识、经验和其他工程学科对安全的熟悉程度。通常大多数指南可能与开发环境相关更甚于开发中的系统。

工作产品示例：

a) 架构建议——包括支持开发满足安全要求的系统架构的原则或约束。

b) 设计建议——包括指导系统设计的原则或约束。

c) 实施建议——包括指导系统实施的原则或约束。

d) 安全架构建议——包括定义系统安全特征的原则或约束。

e) 保护原理——如何贯彻安全的高层描述，包括自动的、物理的、人员的和管理的机制。

f) 设计标准、原理和原则——如何设计系统的约束(例如，最小权限、安全隔离控制措施)。

g) 编码的标准——如何实现系统的约束。

8.5 **安全工程实施(PEN_SEE)**

8.5.1 **安全工程保障目的**

本安全工程保障控制类信息系统安全工程师把系统设计转移到运行，参与对所有系统问题的多学科综合分析，并为认证认可活动提供输入。例如验证系统已经实现了对抗威胁评估中识别出的威胁；追踪与系统实现和测试活动相关的信息保护保障机制；为系统生命周期支持计划、运行规程、培训材料维护提供输入。

图15描述了安全工程实施(PEN_SEE)安全工程保障控制子类组成结构。

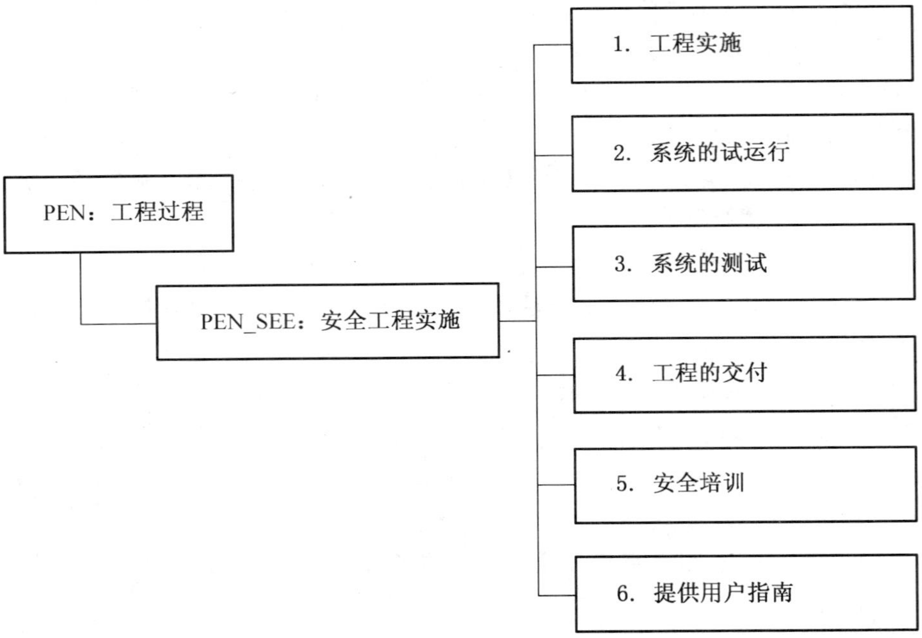

图 15 安全工程实施(PEN_SEE)安全工程保障控制子类分解

8.5.2 PEN_SEE.1 工程的实施

8.5.2.1 安全工程保障控制组件控制

按照项目计划和具体实施方案进行安全工程的实施。

8.5.2.2 安全工程保障控制组件注解

制定实施建议(包括指导系统实现的规则或约束)，根据实施建议和系统的详细安全设计文档制定工程实施计划，并按照预定的经用户和有关方同意后的计划进行工程实施，给出实施情况描述文档。

工作产品示例：

a) 安全实施规则——应用于系统或产品实施的安全约束和考虑(例如，具体机制的使用，编码的标准)。

b) 项目计划——项目管理所需的计划，包括质量保证计划、进度计划、成本控制计划、人力资源管理计划、项目风险管理计划等。

8.5.3 PEN_SEE.2 系统的试运行

8.5.3.1 安全工程保障控制组件控制

对完成的安全系统进行试运行。

8.5.3.2 安全工程保障控制组件注解

应对系统进行试运行，检查系统的稳定性和可靠性，并对试运行过程中出现的问题进行整改，给出工程整改报告和试运行情况报告。

工作产品示例：

a) 试运行记录和报告——系统在试运行期间的运行状态记录，如有必要，对发生的重大事件进行报告。

8.5.4 PEN_SEE.3 系统的测试

8.5.4.1 安全工程保障控制组件控制

制定测试计划，对所完成的系统进行安全测试。

8.5.4.2 安全工程保障控制组件注解

工程实施方实施的系统应经过相应的评估，以获得客户的认可，并由测试方给出测试报告。要计划测试的覆盖范围、测试深度、测试方法的有效性，给出详细的测试方案，按照方案进行测试。

工作产品示例：

a) 系统测试计划——根据安全目标制定测试计划。

b) 系统测试报告——系统测试的报告，标识出系统成功完成的预期任务以及与安全要求不符的方面。

8.5.5 PEN_SEE.4 工程的交付

8.5.5.1 安全工程保障控制组件控制

系统交付给用户，包括相关的说明和指南等。

8.5.5.2 安全工程保障控制组件注解

交付和运行规范涉及与安全交付、安装及信息系统的操作使用有关的措施、程序和标准，以确保信息系统提供的安全保护在传输、安装、启动和运行过程中没有被侵害。给用户提交相应文档以确保用户拥有系统安全运行所需的相关知识。

工作产品示例：

a) 系统演示和交接。

b) 用户手册——描述系统和为其使用的安全指南所提供的安全机制。

c) 安全轮廓——安全环境（威胁、组织策略）；安全目标（例如，要对抗的威胁）；安全功能和保障要求；按照满足目标的要求而进行系统开发的基本原理。

d) 系统配置指导——确保系统运行满足安全目标的系统配置指导。

8.5.6 PEN_SEE.5 安全培训

8.5.6.1 安全工程保障控制组件控制

对用户进行系统安全及安全运行维护相关知识的培训。

8.5.6.2 安全工程保障控制组件注解

在组织的安全工程过程需要提供培训。安全培训的目的在于确保项目和组织拥有必要的知识和技能来达到项目和组织的目标。要确保这些只可能从员工得到的至关重要的资源的有效应用，必须先识别组织内对知识和技能的要求，以及特定项目的或组织的要求（诸如那些与紧急项目或技术、新产品、过程和政策有关的要求）。所需的技能和知识可以通过在组织内进行培训，和及时地从组织外部来源中获得。可获得技术和知识的外部来源包括：用户资源、临时雇员、新雇员、顾问和次承包商。另外，知识还可从主题专家那里获得。要计划培训、准备培训教材、对培训的有效性进行评估，维护培训的记录。

工作产品示例：

a) 培训计划。

b) 培训记录。

c) 培训的考核——对培训的效果进行考核，可以是口头问答形式，也可以使用正式的考卷。

d) 复查培训效果——对培训的效果进行复查，以利于确定以后的培训内容和培训计划。

8.5.7 PEN_SEE.6 提供用户指南

8.5.7.1 安全工程保障控制组件控制

向运行系统的用户和管理员提供安全指南。

本安全工程保障控制组件的目的是要开发安全指南并提供给系统用户和管理员。本运行指南告诉用户和管理员安全地安装、配置、操作和废弃系统必须做什么。为确保这成为可能，应在生命周期早期开始开发运行安全指南。

8.5.7.2 安全工程保障控制组件注解

给用户提交相应文档以确保用户拥有系统安全运行所需的相关知识，避免不必要的误操作和失误造成的安全事故。

开发环境可被看作是系统开发的运行环境。

工作产品示例：

a） 管理员手册——描述系统管理员安全地安装、配置和废弃系统的职责和权限。

b） 用户手册——描述系统和为其使用的安全指南所提供的安全机制。

8.6 提供安全输入(PEN_PSI)

8.6.1 安全工程保障目的

提供安全输入的目的是为系统架构者、设计者、实施者或用户提供他们所需的安全信息。信息包括安全架构、设计或实施可选方案以及安全指南。应根据 PEN_ISR“确定安全要求”中标识的安全需求，开发、分析、提供并与组织成员协调这些输入。

本安全工程保障的目标是：

a） 检查与安全相关的所有系统问题，并根据安全目标解决这些问题。

b） 项目组的所有成员都理解安全问题，他们才能各司其职。

c） 解决方案反映了提供的安全输入。

图 16 描述了提供安全输入(PEN_PSI)安全工程保障控制子类组成结构。

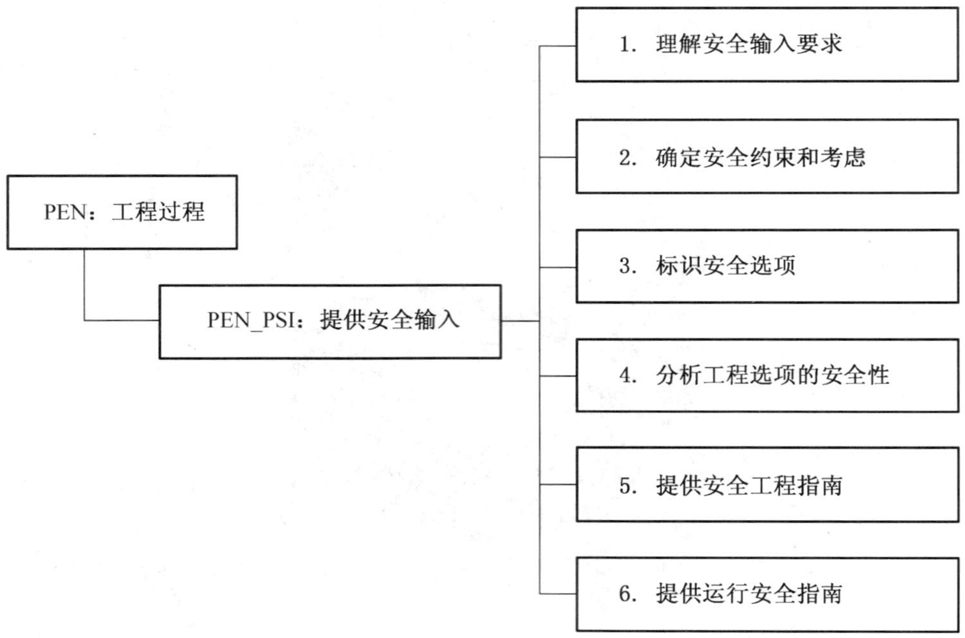

图 16 提供安全输入(PEN_PSI)安全工程保障控制子类分解

8.6.2 PEN_PSI.1 理解安全输入要求

8.6.2.1 安全工程保障控制组件控制

与设计者、开发者以及用户合作来确保参与方对安全输入需求有共同的理解。

安全工程与其他学科相协调来决定有助于那些学科的安全输入的类型。安全输入包括各类指南、设计、文档，以及其他学科需要考虑的与安全相关的概念。输入可以采用多种形式，包括文档、备忘录、电子邮件、培训和咨询。

这些输入基于 PEN_ISR“确定安全要求”中的需求。例如，可能需要为软件工程师开发一系列安全规则。其中一些输入与环境相关更甚于系统。

8.6.2.2 安全工程保障控制组件注解

保障目标可能对具体的安全需求有影响，尤其是对于作为附属的本方面。它们也为安全需求提供额外的理由。因此，安全工程需要向其他学科提供如何产生证据的指南。

工作产品示例：

a) 安全工程与其他学科之间的协议——安全工程如何为其他学科提供输入的定义(例如,文档、备忘录、培训、咨询)。

b) 所需输入的描述——提供安全输入的每项机制的标准定义。

8.6.3 PEN_PSI.2 确定安全约束和考虑

8.6.3.1 安全工程保障控制组件控制

确定工程选择方案所需的安全约束和考虑。

本安全工程保障控制组件的目的是要标识出用于得出成熟的工程可选方案的所有安全约束和考虑。安全工程组进行分析以确定要求、设计、实施、配置和文档化的所有安全约束和考虑。标识约束可以在系统生命周期的所有时间。可以以多种不同的抽象程度来标识。注意这些约束既可能是积极的(总是如此),也可能是消极的(决不如此)。

8.6.3.2 安全工程保障控制组件注解

这些约束和考虑用于标识安全可选方案(PRM_AIM.3)以及提供安全工程指南(PRM_AIM.5)。约束和考虑的主要来源是PEN_ISR“确定安全要求”中标识出的安全要求。

工作产品示例:

a) 安全设计标准——有关整个系统或产品设计做决策所需的安全约束和考虑。

b) 安全实施规则——应用于系统或产品实施的安全约束和考虑(例如,具体机制的使用,编码的标准)。

c) 文档要求——标识支持安全要求所需的具体文档(例如,管理员手册、用户手册、具体设计文档)。

8.6.4 PEN_PSI.3 标识安全选项

8.6.4.1 安全工程保障控制组件控制

标识安全工程问题的可选方案。

本安全工程保障控制组件的目的是要标识安全工程问题的可选方案。本过程是反复进行的,并将安全要求转化到实施中。这些解决方案可以有多种形式,例如架构、模型和原型。本安全工程保障控制组件涉及分解、分析和重组安全要求直至标识出有效的可选解决方案。

8.6.4.2 安全工程保障控制组件注解

解决办法选项包括体系结构、设计和实现方法。在确定安全约束和考虑后这些安全选项应与所标识的约束和考虑协调一致(PRM_AIM.2(标识系统资产))。这些选项也作为折衷比较的一部分(PRM_AIM.4)。这一活动是与提供安全工程指南(PRM_AIM.5(标识和特征化影响))有关系的,一旦择优选定了选项,对其他工程科目的指南也是必需的。

可选的解决方案包括架构、设计和实施的解决方案。这些安全可选方案应与确定安全约束和考虑(PEN_PSI.2)时标识出的约束和考虑相一致。可选方案也是平衡比较(PEN_PSI.4)的一部分。本活动与提供安全工程指南(PEN_PSI.5)相关,一旦选定了优选方案,就需要给其他工程学科的指南。

工作产品示例:

a) 系统架构的安全观——抽象描述满足安全要求的系统架构中的关键元素之间的关系。

b) 安全设计文档——包括系统中的资产和信息流的详细资料,以及描述将会贯彻安全的或与安全相关的系统功能。

c) 安全模型——系统贯彻安全策略的正式表述;必须标识控制系统如何管理、保护和分发信息的一系列规则和实践;有时这些规则可以用精确的数学术语表示。

d) 安全架构——关注于系统架构的安全方面,描述与系统的安全相关的原则、基本概念、功能和服务。

e) 依赖性分析(安全措施的关系和依存关系)——描述安全服务和机制如何相互关联和互相依赖来为整个系统产生有效的安全性;标识哪些方面还需要安全措施。

8.6.5 PEN_PSI.4 分析工程选项的安全性

8.6.5.1 安全工程保障控制组件控制

应用安全约束和考虑来分析和优先级排列工程可选方案。

本安全工程保障控制组件的目的是要分析和按优先级排列工程可选解决方案。使用确定安全约束和考虑(PEN_PSI.2)中标识出的安全约束和考虑,安全工程师可以评估每个工程可选解决方案并为工程组提出建议。安全工程师也应考虑来自其他工程组的工程指南。

这些工程可选解决方案不局限于以标识出的安全可选解决方案(PEN_PSI.3),也可以包括来自其他学科的可选解决方案。

8.6.5.2 安全工程保障控制组件注解

无。

工作产品示例:

a) 平衡研究结果和建议——考虑PEN_PSI.2中提供的安全约束和考虑,分析所有工程可选解决方案。

b) 决定之间平衡研究结果——贯穿产品、系统或过程的生命周期的各种决定的结果,关注于为了满足其他目标(例如,成本、功能性)而可能降低安全要求的方面。

8.6.6 PEN_PSI.5 提供安全工程指南

8.6.6.1 安全工程保障控制组件控制

向其他工程组提供安全指南。

本安全工程保障控制组件的目的是要开发安全指南并提供给工程组。工程组使用安全工程指南来做出选择架构、设计和实施的决定。

8.6.6.2 安全工程保障控制组件注解

所需指南的数量及其详细程度取决于知识、经验和其他工程学科对安全的熟悉程度。通常大多数指南可能与开发环境相关更甚于开发中的系统。

工作产品示例:

a) 架构建议——包括支持开发满足安全要求的系统架构的原则或约束。

b) 设计建议——包括指导系统设计的原则或约束。

c) 实施建议——包括指导系统实施的原则或约束。

d) 安全架构建议——包括定义系统安全特征的原则或约束。

e) 保护原理——如何贯彻安全的高层描述,包括自动的、物理的、人员的和管理的机制。

f) 设计标准、原理和原则——如何设计系统的约束(例如,最小权限、安全隔离控制措施)。

g) 编码的标准——如何实现系统的约束。

8.6.7 PEN_PSI.6 提供运行安全指南

8.6.7.1 安全工程保障控制组件控制

向运行系统的用户和管理员提供安全指南。

本安全工程保障控制组件的目的是要开发安全指南并提供给系统用户和管理员。本运行指南告诉用户和管理员安全地安装、配置、操作和废弃系统必须做什么。为确保这成为可能,应在生命周期早期开始开发运行安全指南。

8.6.7.2 安全工程保障控制组件注解

开发环境可被看作是系统开发的运行环境。

工作产品示例:

a) 管理员手册——描述系统管理员安全地安装、配置和废弃系统的职责和权限。

b) 用户手册——描述系统和为其使用的安全指南所提供的安全机制。

c) 安全轮廓——安全环境(威胁、组织策略);安全目标(例如,要对抗的威胁);安全功能和保障要求;按照满足目标的要求而进行系统开发的基本原理。

d) 系统配置指导——确保系统运行满足安全目标的系统配置指导。

8.7 监视安全态势(PEN_MSP)

8.7.1 安全工程保障目的

监视安全态势的目的是要确保标识和报告所有的违规、尝试违规或可能导致违背安全的错误。监视外部和内部环境的所有可能影响系统安全的因素。

监视安全态势的目标是:

a) 检测和跟踪内部外部安全事件。

b) 按照策略响应事故。

c) 按照安全目标标识和处理运行安全态势的变更。

图 17 描述了监视安全态势(PEN_MSP)安全工程保障控制子类组成结构。

图 17 监视安全态势(PEN_MSP)安全工程保障控制子类分解

8.7.2 PEN_MSP.1 分析事件记录

8.7.2.1 安全工程保障控制组件控制

分析事件记录来确定事件的起因、如何处理事件,以及将来可能出现的事件。

检查安全相关信息的历史记录和事件记录(由日志记录组成)。应标识感兴趣的事件以及关联事件和各种记录的因素。于是多条事件记录可以被融合为一条记录。

8.7.2.2 安全工程保障控制组件注解

许多审计日志倾向于包含单个事件相关的信息,尤其是在分布式/网络环境中,通常一个事件在网络中的多个位置留下痕迹,为了确保单独的记录有价值并有利于完整理解事件及其行为,多个单独的日志记录需要融合为一个单个的事件记录。

可以对单个记录和多个记录进行分析。分析相同类型的多个记录通常使用统计或趋势分析方法。虽然通常是分析相同类型的多个事件记录,也可以针对日志记录和融合为一的事件记录,分析不同类型的多个记录。

应为日志记录和融合为一的事件记录确定警告，例如基于单独出现情况的行动请求。分析中也需包括开发环境的日志和事件记录。

工作产品示例：

a) 每项事件的描述——标识检测到的事件的来源、影响和重要性。

b) 形成日志记录和来源——来自各种来源的安全事件记录。

c) 事件标识参数——描述哪个事件是而哪个事件不是收集自系统的各个部分。

d) 所有当前日志记录报警状态列表——标识所有单个日志记录的行动请求。

e) 所有当前事件报警状态列表——标识所有有多个日志记录形成的事件的行动请求。

f) 所有发生过的报警状态的定期报告——综合来自多个系统报警列表并进行初步分析。

g) 日志分析和总结——对近期发生的报警进行分析，为更广泛的用途而报告结果。

8.7.3 PEN_MSP.2 监视变化

8.7.3.1 安全工程保障控制组件控制

监视威胁、脆弱性、影响、风险和环境的变化。

检查任何可能正面或负面影响当前安全态势效果的变更。

任何系统实现的安全应与其内部、外部环境相关的威胁、脆弱性、影响和风险相关联。这些都不是静态的，变更会影响系统安全的有效性和适当性。必须监视所有变更，分析变更以评估它们对安全有效性的重要程度。

8.7.3.2 安全工程保障控制组件注解

内部、外部来源和开发、运行环境都应检查。

当发现变更就应触发响应，通常重新进行风险分析或其中一部分。参见 PRM_ASR“评估安全风险”。

工作产品示例：

a) 变更报告——标识可能影响系统安全态势的任何外部内部变更。

b) 变更重要程度的定期评估——分析安全态势的变更以确定其影响和所需的响应。

8.7.4 PEN_MSP.3 标识安全突发事件

8.7.4.1 安全工程保障控制组件控制

标识安全相关的事故。

确定是否发生了安全事故，标识详细情况，如果有必要的话产生一份报告。检测安全事故可能使用历史事件数据、系统配置数据、完整性工具和其他的系统信息。由于某些事故的发生持续一段很长的时间，所以此分析很可能要随时间推移对比系统的状态。

8.7.4.2 安全工程保障控制组件注解

安全事故在开发和运行环境中都可能发生。这些事故可能以不同方式影响开发中的或运行中的系统。黑客和恶意代码（病毒、蠕虫等）产生的恶意的技术性攻击必须采用不同于保护免受随机事件的方法。需要分析系统配置和状态来检测攻击。需要准备、测试响应计划并付诸实际行动。许多技术性攻击需要预先确定的快速响应以最小化损害不断传播。多数情况下，不协调的响应会导致情况更糟。在必要的时候，应标识和定义响应（PEN_MSP.6）。

工作产品示例：

a) 事故列表和定义——标识通用安全事故并以易认同的方式进行描述。

b) 事故响应指导——描述对发生的安全事故的适当响应。

c) 事故报告——描述发生了什么事故及所有详细资料，包括事故来源、产生的损害、采取的响应措施，以及需进一步采取的行动。

d) 每项检测到的入侵事件的报告——描述每项检测到的入侵事件及所有详细资料，包括来源、产生的损害、采取的响应措施，以及需进一步采取的行动。

e） 定期的事故总结——近期安全事故的总结，指出趋势、需要加强安全的领域，以及降低安全度可能节省的成本。

8.7.5 PEN_MSP.4 监视安全防护措施

8.7.5.1 安全工程保障控制组件控制

监视安全保护措施的性能和功能的有效性。

检查保护措施的性能，以标识保护措施性能的变化。

8.7.5.2 安全工程保障控制组件注解

应监视保护开发和运行环境的保护措施。使用后许多保护措施可能处于不恰当或失效的状态。许多保护措施能指示出它们的当前状态、效果和维护要求。这三个方面全部都需要定期检查。

工作产品示例：

a） 定期保护措施状态（记录）——描述现有保护措施的状态，以便检测可能的错误配置或其他问题。

b） 定期保护措施状态总结——现有保护措施的状态的总结，指出趋势、所需改进，以及降低安全度可能节省的成本。

8.7.6 PEN_MSP.5 评审安全态势

8.7.6.1 安全工程保障控制组件控制

检查系统的安全态势来标识必要的变更。

系统的安全态势会因威胁环境、运行需求和系统配置的变化而变化。本实践复查实施安全的原因，以及其他原则实施安全的要求。

8.7.6.2 安全工程保障控制组件注解

应根据当前运行环境和发生的变更检查安全态势。如果其他事件（例如变更）没有触发安全整体检查，应该根据上次检查的时间间隔来触发检查。时间触发的检查应符合策略和规则。检查应重新评估当前安全的充分性以及当前风险接受级别的恰当性。检查应根据组织的安全评估方法，参见 PRM_ASR 评估安全风险。与检查运行环境一样的方式，系统创建所处的开发环境也应定期检查。实际上，开发环境也可以看作是系统开发的运行环境。

工作产品示例：

a） 安全检查——包括当前安全风险环境的描述、现在的安全态势，以及分析两者是否协调。

b） 风险接受程度检查——授权机构的声明：运行系统的风险是可接受的。

8.7.7 PEN_MSP.6 管理安全突发事件响应

8.7.7.1 安全工程保障控制组件控制

管理对安全突发事件的响应。

通常，系统的持续可用性是很关键的。许多事件不能预防，因此响应破坏的能力是必需的。应急计划要求标识系统失去功能性的最大时间；标识系统功能的关键元件；标识和开发恢复战略和计划；计划的测试；计划的维护。

有时，意外事件计划包括事故响应和对抗敌对源（例如病毒、黑客等）的活动。

8.7.7.2 安全工程保障控制组件注解

未来的事件不可能预知，必须管理它们，除非它们不引起混乱。如果情况出乎意料，应提交到适当的业务管理决策层。

工作产品示例：

a） 系统恢复优先级列表——描述当事故引起故障时保护和复原系统功能的顺序。

b） 测试日程表——为确保安全功能和规程可操作并熟悉而进行系统定期测试的日期。

c） 测试结果——描述定期测试的结果以及为保持系统安全应采取什么行动。

d） 维护日程表——所有系统维护（包括升级和预防）的日期，并与测试日程表结合起来。

e) 事故报告——描述发生了什么事故以及所有相关详细情况，包括事故来源、所有破坏、采取的响应，以及要进一步采取的措施。

f) 定期检查——描述定期检查系统安全性所要执行的规程，包括哪些人参加、进行哪些检查，包含哪些输出结果。

g) 应急计划——标识系统宕机的最大可接受时间、系统的关键元件、系统恢复的战略和计划、业务恢复、情况的管理，以及计划的测试和维护规程。

8.7.8 PEN_MSP.7 保护安全监视的记录数据

8.7.8.1 安全工程保障控制组件控制

确保适当地保护了安全监视的记录数据。

如果监视活动的结果不可靠那么就没意义了。本活动包括相关日志、审计报告及相关分析的封装和归档。

8.7.8.2 安全工程保障控制组件注解

大多数监视活动包括审计和产生输出结果。输出可以立即处理或记录下来供以后分析和进一步处理。应设计日志的内容以帮助理解事故时发生了什么和检测趋势的变化。应根据策略和规则来管理输出日志。日志必须可靠并防止被篡改或意外破坏。如果日志满了，必须用新日志替换或清空。当日志改变时，应移除任何不需要的记录，并进行压缩。应封装日志以防不知不觉的改变，日志还应归档一定期限。

工作产品示例：

a) 所有日志列表及其保存期——标识安全监视记录数据保存的地方以及何时可以销毁。

b) 应归档定期日志现场检查结果——描述遗失的报告并标识适当的响应。

c) 归档日志的用途——标识归档日志的用户，包括访问时间、目的和所有注解。

d) 定期测试随机选取的归档日志的有效性和可用性的结果——分析随机选取的日志并确定是否完整、正确和可用，以确保对系统安全的充分监视。

8.8 管理安全控制(PEN_MSC)

8.8.1 安全工程保障目的

管理安全控制的目的是确保系统预想的安全已被集成到系统设计中，最终的运行状态中的系统也确实达到了这种安全要求。

管理安全控制的目标是正确配置和使用了安全控制措施。

图 18 描述了管理安全控制(PEN_MSC)安全工程保障控制子类组成结构。

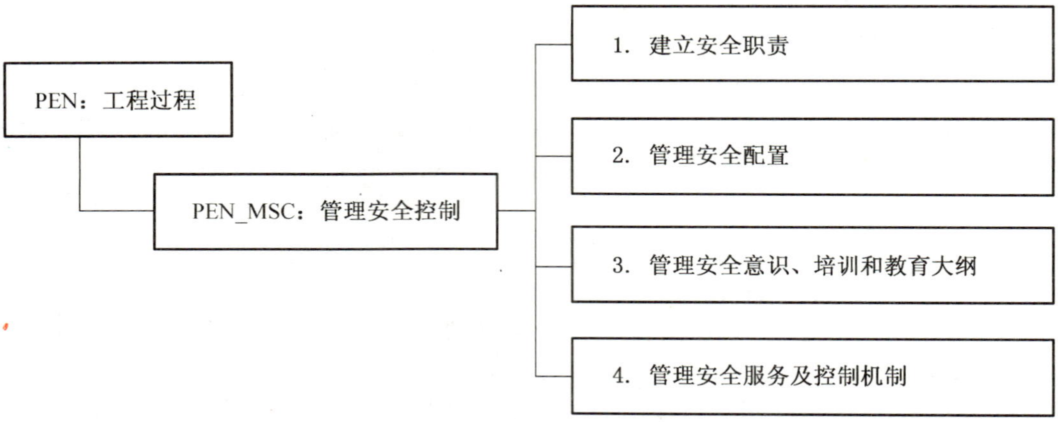

图 18 管理安全控制(PEN_MSC)安全工程保障控制子类分解

8.8.2 PEN_MSC.1 建立安全职责

8.8.2.1 安全工程保障控制组件控制

建立安全控制措施的职责和可确认性，并传达到组织中的每个人。

安全的某些方面可以在常规管理框架下进行管理，然而另外一些方面则需要更专业的管理。

规程应确保用可追溯并被授权执行的职责来管理安全问题，也应确保所采用的任何安全控制措施都清晰并持续起作用。另外，还应确保无论采用什么组织结构都传达到不仅是组织结构内部而是整个组织范围。

8.8.2.2 **安全工程保障控制组件注解**

有些组织建立安全工程工作组负责解决安全问题。另外一些组织任命安全工程的领导，他负责确保达到了安全目标。

工作产品示例：

a) 安全组织结构表——标识与安全相关的组织成员及其角色。

b) 安全角色描述文档——描述与安全相关的组织角色及其职责。

c) 安全职责描述文档——详细描述每一项职责，包括期望出现的什么输出和如何检查和使用这个输出。

d) 详细描述安全责任可追溯的文档——描述谁为安全问题负责，确保所有风险都有人负责。

e) 详细描述安全授权的文档——标识允许组织的每个成员做什么。

8.8.3 **PEN_MSC.2 管理安全配置**

8.8.3.1 **安全工程保障控制组件控制**

管理系统安全控制措施的配置。

所有设备的安全配置都需要管理。本基本实践认为系统安全很大程度上依赖于相关的组件（硬件、软件和规程），常规的配置管理不能了解使系统安全所需的相互依赖关系。

8.8.3.2 **安全工程保障控制组件注解**

维护系统安全控制措施的配置情况是复杂的工作，尤其是对大型分布式系统。对安全维护来说，某些配置本身就是至关重要的。有效的安全需要记录与安全控制机制相关的信息，这些安全控制机制组成了系统并且其他学科一般不使用。同样，必须评估对现存系统的变更，以确定对整个系统安全态势的影响。

需要制定规程——特别是在分布环境——以确保软件或应用程序的特定模块的所有副本版本都相同且合适。另外，尤其是软件本身在网络中分发时，至关重要的是要确保软件在分发过程中没有被损坏。这些要求适用于所有软件。

本安全工程保障控制组件应确保软件仅完成预期的功能；保持封装版本；软件的所有副本都相同；确认进行了更新；了解并维护安全控制措施的配置。

工作产品示例：

a) 所有软件更新的记录——跟踪许可证、序列号，以及系统的所有软件和软件更新信息，包括日期、人员职责和变更的描述。

b) 所有分发问题的记录——描述软件分发中的遇到的任何问题，以及这些问题是如何解决的。

c) 系统安全配置——描述系统硬件、软件和通信当前状态的数据库，包括他们的位置、分配给个体的任务，以及相关信息。

d) 系统安全配置的变更——描述系统安全配置的任何变化的数据库，包括变更执行者的姓名、变更的描述、变更的原因以及变更执行的时间。

e) 所有确认的软件更新记录——跟踪软件更新的数据库，包括变更的描述、执行变更者的姓名，以及执行的时间。

f) 可信软件分发的定期总结——描述近期可信软件分发活动，注明遇到的困难和行为。

需求的安全变更——跟踪因安全原因或对安全有效而作的系统需求的任何变更，以便有助于确保变更及其作用是有意图的。

g) 设计文档的安全变更——跟踪因安全原因或对安全有效而作的系统设计的任何变更，以便有助于确保变更及其作用是有意图的。

h） 控制的实施——描述系统安全控制措施的实施，包括详细的配置。

i） 安全检查——描述相对于预计的控制措施实施，系统安全控制措施的当前状态。

j） 控制措施的取消——描述移除或停用安全控制措施的规程。

k） 控制的实施——描述系统安全控制措施的实施，包括详细的配置。

8.8.4 PEN_MSC.3 管理安全意识、培训和教育大纲

8.8.4.1 安全工程保障控制组件控制

管理所有用户和管理员的安全意识、培训和教育程序。

所有员工的安全意识、培训和教育需要以与其他意识、培训和教育相同的方式进行管理。

8.8.4.2 安全工程保障控制组件注解

在这里的上下文中，术语“用户”不仅包括直接在系统上工作的那些人，还包括所有直接或间接从系统获得信息的人，以及所有技术管理员和行政管理人员。

用户要理解安全适度的原由以及具体安全机制或控制措施的原由，这是极其重要的。另外，用户应懂得如何正确使用这些安全机制或控制措施也是很重要的。因此，当引入新的机制和控制措施时，用户需要初始化、定期更新和修正阶段。所有用户都需要有安全意识，一些用户需要使用安全机制的培训，少数用户需要更深入的安全知识——也就是安全教育的对象。

工作产品示例：

a） 用户对安全培训教材的意见——描述安全意识和培训教材的效果、可用性和适用性。

b） 所有意识、培训和教育的记录以及培训结果——跟踪用户对组织安全和系统安全的理解。

c） 用户安全知识、意识和培训程度的定期再评估——检查组织对安全的理解，标识将来可能需要更加关注的领域。

d） 意识、培训和教育教材的记录——收集将来可以在整个组织中重复使用的、可以与组织其他培训教材相结合的安全培训教材。

8.8.5 PEN_MSC.4 管理安全服务及控制机制

8.8.5.1 安全工程保障控制组件控制

管理对安全服务和控制机制的定期维护和管理。

安全服务和机制的一般管理类似于其他服务和机制的管理。包括保护服务和机制不受有意或无意的破坏的措施，成文时要符合法律和策略的要求。

8.8.5.2 安全工程保障控制组件注解

这些服务的例子比如标识和鉴别(I&A)、访问仲裁/控制和密钥管理等。

每项安全服务必须包括建立适当的安全参数、执行这些参数、监视和分析性能，以及调整参数。

这些要求特定适用于一些安全服务，例如，用于用户和授权数据的维护的标识和鉴别服务，用于权限维护的访问控制服务。

信息资产，资产的子集，定义为组织的硬件、软件和数据。一些信息资产可能需要移除敏感部分，以便之后可以用于较低敏感场合。净化过程确保信息仅发布给需要知道的人。可以通过降低信息密级或有选择地移除特定的敏感信息来实现。

即使用其他信息覆盖后，电子介质仍然可能保留残留的信息痕迹。有些介质在用于其他较低敏感场合之前可能需要净化。一旦磁介质的有效生命期到了，应该采用恰当的方法来处理残留的敏感信息，这可能需要毁坏介质。净化、降级和废弃要求的具体细节要根据特定的组织和可适用的规则。

工作产品示例：

a） 维护和管理日志——对系统的安全机制的维护、完整性检查和运行检查的记录。

b） 维护和管理的定期检查——包括对近期系统安全管理和维护工作的分析。

c） 管理和维护的不足——跟踪系统安全管理和维护的问题，以便标识还需要哪些工作。

d） 管理和维护的异常——包括描述对正常管理和维护规程来说的异常，包括异常的原因和异常的持续时间。

e) 敏感信息列表——描述系统中的各种类型的信息以及应如何保护这些信息。

f) 敏感介质列表——描述系统中存储信息的各种类型的介质以及应如何保护这些介质。

g) 净化、降级和废弃——描述确保当信息敏感度降低或净化或废弃介质时没有引入不必要的风险的规程。

8.9 协调安全(PEN_COS)

8.9.1 安全工程保障目的

协调安全的目的是确保各方了解并参与到安全工程活动中。安全工程不可能孤立地取得成功，所以本活动很关键。协调包括在所有项目人员和外部组之间保持开放的沟通。可以使用各种机制在各方之间协调和沟通安全工程的决定和建议，这些机制包括备忘录、文档、电子邮件、会议和工作小组。

协调安全的目标：

a) 项目组的所有成员深入了解并参与到安全工程活动中以发挥其作用。

b) 沟通和整理安全决定和建议。

图 19 描述了协调安全(PEN_COS)安全工程保障控制子类组成结构。

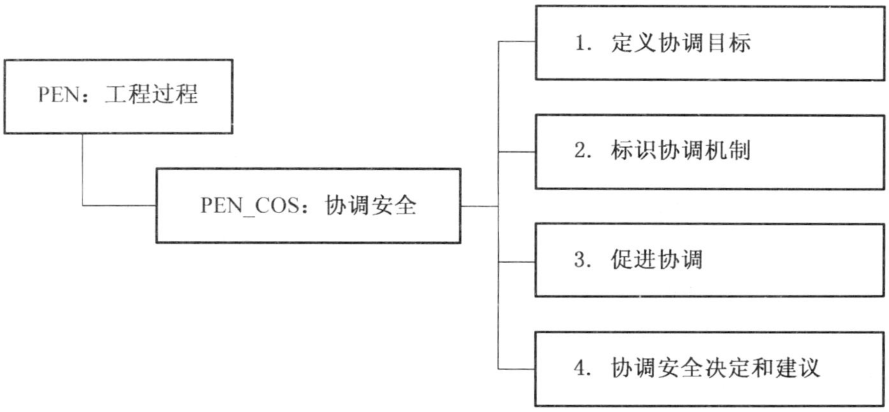

图 19 协调安全(PEN_COS)安全工程保障控制子类分解

8.9.2 PEN_COS.1 定义协调目标

8.9.2.1 安全工程保障控制组件控制

定义安全工程协调目标和相互关系。

许多组需要了解并参与到安全工程活动中。通过检查项目结构、信息需求和项目要求，决定与这些组共享信息的目标。建立与其他组的关系和义务。成功的关系有很多种形式，但必须所有参与方接受。

8.9.2.2 安全工程保障控制组件注解

协调目标和关系应在项目尽早阶段定义，以确保很好地建立沟通主线。所有工程组应定义日复一日运行(例如，参加检查、参加培训、检查设计)中安全工程师的角色。如果没做到这点，将增加安全某个关键方面缺失的风险。

工作产品示例：

a) 信息共享协议——描述组之间共享信息的过程，标识参与方、介质、格式、期望值和频率。

b) 工作组成员和进度表——描述组织的工作组，包括成员、成员的角色、用途、议程和后勤。

c) 组织的标准——描述不同工作组之间及与客户沟通安全信息的过程和规程。

8.9.3 PEN_COS.2 标识协调机制

8.9.3.1 安全工程保障控制组件控制

标识安全工程的协调机制。

有很多方法可以在所有工程组中共享安全工程的决定和建议。本活动标识项目安全协调的不同方法。

很多安全人员在同一个项目工作是很常见的。在这种情况下，所有安全工程师应朝一个共同的目标努力工作。需要如此进行接口标识、安全机制选择、培训和发展工作，以确保放入运行系统中时每个安全组件都按预期运行。另外，所有安全工程组必须理解安全工程工作和工程活动，以便清晰地将安全集成到系统中。客户也必须了解安全相关的事件和活动，以确保标识并适当处理了要求。

8.9.3.2 安全工程保障控制组件注解

无。

工作内容示例：

a) 沟通计划——包括要共享的信息、会议时间、供工作组和其他组成员使用的过程和规程。

b) 沟通基础设施要求——标识工作组成员与其他组有效地共享信息所需的基础设施和标准。

c) 会议报告、消息、备忘录的模版——描述各种文档的格式，以确保标准化和工作效率。

8.9.4 PEN_COS.3 促进协调

8.9.4.1 安全工程保障控制组件控制

促进安全工程协调。

成功的关系有赖于良好促进。不同优先权的不同组之间的沟通可能会产生冲突。本安全工程保障控制组件确保以恰当的、建设性的方式解决争端。

8.9.4.2 安全工程保障控制组件注解

无。

工作产品示例：

a) 解决冲突的规程——标识有效解决组织实体内部和之间冲突的方式。

b) 会议议程、目的、任务项——描述会议讨论的主题，着重要说明目的和任务项。

c) 项目跟踪——标识进行和解决任务项的计划，包括职责、进度表和优先级。

8.9.5 PEN_COS.4 协调安全决定和建议

8.9.5.1 安全工程保障控制组件控制

用标识出的机制去协调有关安全的决定和建议。

本基本实践的目的在于在各种安全工程组织、其他工程组织、外部实体及其他合适的部门中沟通安全决定和建议。

8.9.5.2 安全工程保障控制组件注解

无。

工作内容示例：

a) 决定——通过会议报告、备忘录、工作组会议纪要、电子邮件、安全指南或公告牌将有关安全的决定告诉有关工作组。

b) 建议——通过会议报告、备忘录、工作组会议纪要、电子邮件、安全指南或公告牌将有关安全的建议通报给有关工作组。

9 PAS 安全工程保障控制类：保障过程

9.1 保障过程安全工程保障控制类介绍

保障是指安全需求得到满足的信心度。它是安全工程的重要产物。保障有很多形式。安全工程过程保障提供了一个方面：安全工程过程结果可重复性的信心。这种信心的基础是一个成熟的组织比一个不成熟的组织更可能重复结果。不同形式的保障之间的详细关系是研究中的主题。

保障不增加任何附加控制措施对抗安全风险，但它提供这样的信心：已经实施的控制措施将减少已预料到的风险。

也可以将保障看作这样的信心：保护措施将按预期功能运行。这种信心源自正确性和有效性。正确性是指保护措施按照设计实现要求。有效性是指保护措施提供的安全足以满足用户的安全需求。机制的强度也起了部分作用，但被所要的保护和保障水平给冲淡了。

保障通常以论据的形式出现。论据包括一系列关于系统属性的声明。这些声明由证据支持。证据常常为文档形式，在安全工程活动的正常过程中形成。

安全工程过程的活动本身包括了产生保障的相关证据。例如，过程文档可以表明开发遵循了很好定义的、成熟的、需持续改进的工程过程。安全验证和确认对建立产品或系统的可信赖性起非常重要的作用。

过程域中的许多工作产品将成为证据或成为证据的一部分。现代统计学的过程控制提出，可以通过关注产生产品的过程，成本效率更高、重复地的生产质量更高和保障更高的产品。组织实践的成熟度会影响并有助于过程。

保障过程安全工程保障控制类的说明见图20。

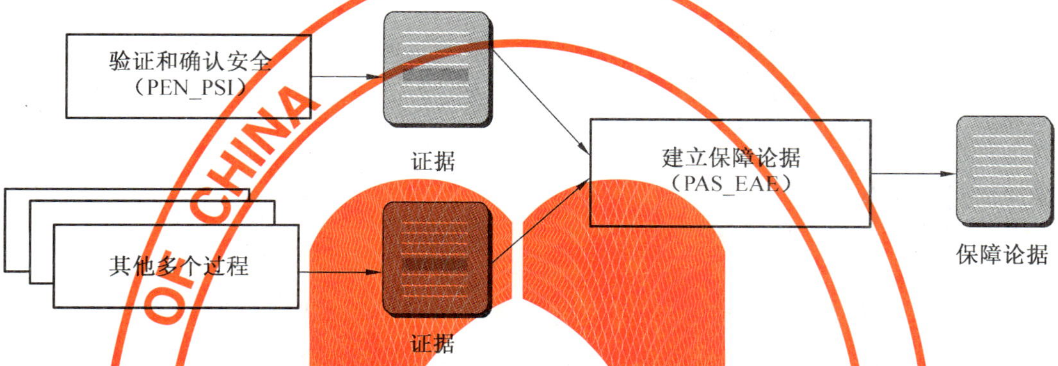

图20 保障过程安全工程保障控制类说明

9.2 验证和确认安全（PAS_VVS）

9.2.1 安全工程保障目的

验证和确认安全的目的是要确保解决方案验证和确认了安全。通过观察、演示、分析和测试，根据的安全要求、架构和设计来验证解决方案。根据客户的运行安全需求来确认解决方案。

验证和确认安全的目标：

a） 解决方案满足安全要求。

b） 解决方案满足用户的运行安全需求。

图21描述了验证和确认安全（PAS_VVS）安全工程保障控制子类组成结构。

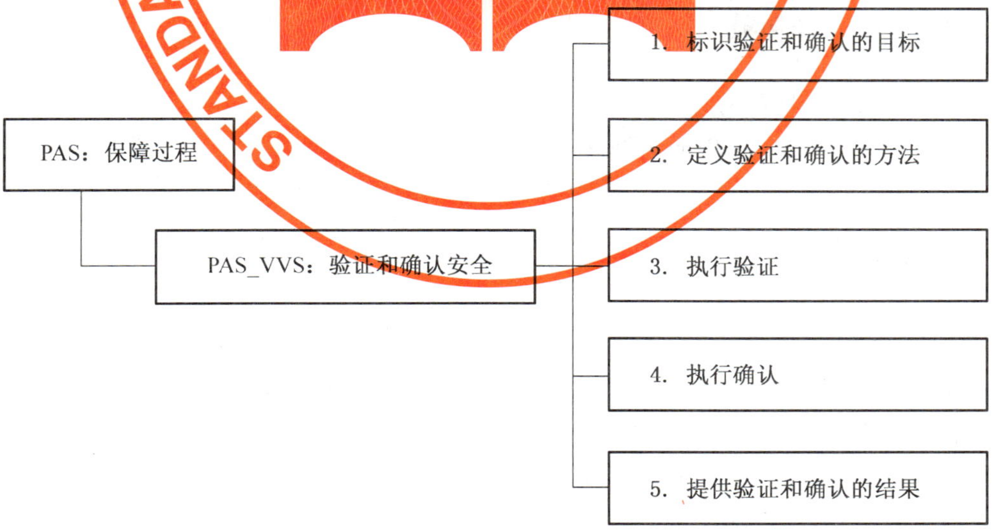

图21 验证和确认安全（PAS_VVS）安全工程保障控制子类分解

9.2.2 PAS_VVS.1 标识验证和确认的目标

9.2.2.1 安全工程保障控制组件控制

标识用于验证和确认的解决方案。

本安全工程保障控制组件的目的是要分别标识验证和确认的对象。验证说明正确实施了解决方案,而确认说明解决方案是有效的。这涉及在整个生命周期与所有工程组协调。

9.2.2.2 安全工程保障控制组件注解

要求、设计、架构、实施、硬件、软件和测试计划等工作产品的验证和确认非常抽象和复杂。也可以验证和确认与系统的运行和维护相关工作产品,包括系统配置、用户文档、培训材料和应急响应计划。

工作产品示例:

a) 验证和确认的计划——定义验证和确认工作(包括资源、进度表、要进行验证和确认的工作产品)。

9.2.3 **PAS_VVS.2 定义验证和确认方法**

9.2.3.1 安全工程保障控制组件控制

定义验证和确认每种解决方案的方法及严密程度。

本安全工程保障控制组件的目的是要定义验证和确认每种解决方案的方法及严密程度。标识方法涉及选择如何验证和确认每项要求。严密程度应表明验证和确认工作的详细审查应如何严格,同时也受到来自 PAS_EAE“建立保证证据”的保障战略的输出的影响。例如,有些项目可能要求粗略检查与要求的一致性,而另外一些可能要求更严格的检查。

方法学也应包括,从客户运行安全需求,到安全要求、解决方案、验证和确认结果的持续可追溯的方法。

9.2.3.2 安全工程保障控制组件注解

验证和确认的方法应与系统整体验证和确认的方法一致。这将需要有效的协调和交互。协调活动在 PEN_COS“协调安全”中描述。

工作产品示例:

a) 测试、分析、演示和观察的计划——定义验证和确认所使用的方法(例如,测试、分析)和严密程度(例如,非正式或正式的方法)。

b) 测试规程——定义测试每项解决方案所采取的步骤。

c) 追溯方法——描述将如何从客户的安全需求和要求开始追溯验证和确认的结果。

9.2.4 **PAS_VVS.3 执行验证**

9.2.4.1 安全工程保障控制组件控制

验证解决方案贯彻了先前抽象的要求。

本安全工程保障控制组件的目的是要验证解决方案是正确的,通过说明它实现了先前抽象的要求,包括 PAS_EAE“建立保证证据”中的保障要求。有很多验证要求的方法,包括测试、分析、观察和演示。所使用的方法在 PAS_VVS.2“定义验证和确认的方法”中标识。不仅要检查单独的要求,还要检查整体系统。

9.2.4.2 安全工程保障控制组件注解

无。

工作产品示例:

a) 来自测试、分析、演示和观察的原始数据——来自验证解决方案满足要求所使用的任何方法的结果。

b) 问题报告——验证解决方案满足要求中发现的矛盾。

9.2.5 **PAS_VVS.4 执行确认**

9.2.5.1 安全工程保障控制组件控制

确认解决方案,表明解决方案满足了先前抽象的需求,最终满足了客户的运行安全需求。

本安全工程保障控制组件的目的是要确认解决方案满足先前抽象的需求。确认说明解决方案有效地满足了这些需求。有很多方法确认满足了这些需求,包括在运行或典型测试设置环境中测试解决方案。所使用的方法在 PAS_VVS.2“定义验证和确认的方法”中标识。

9.2.5.2 安全工程保障控制组件注解

本实践涉及可追溯性。

工作产品示例：

a) 问题报告——确认解决方案满足安全需求中发现的矛盾。

b) 矛盾——解决方案没能满足安全需求的方面。

c) 无效的解决方案——没能满足客户的安全需求的解决方案。

9.2.6 PAS_VVS.5 提供验证和确认的结果

9.2.6.1 安全工程保障控制组件控制

为其他工程组收集验证和确认结果。

本安全工程保障控制组件的目的是要收集并提供验证和确认的结果。应以易于理解和使用的方式提供验证和确认的结果。应追溯结果，以表明从需求、到要求、到解决方案和到测试结果的可追溯性没有丧失。

9.2.6.2 安全工程保障控制组件注解

无。

工作产品示例：

a) 测试结果——测试结果的文档。

b) 可追溯性矩阵——安全需求、到要求、到解决方案（例如，架构、涉及、实施）和到测试及测试结果的影射。

9.3 建立保证证据（PAS_EAE）

9.3.1 安全工程保障目的

建立保证论据的目的是要清楚地传达已经满足了客户的安全需求。保证论据是一系列固定的保证目标，这些保证目标是由来自各种来源和抽象程度的保障证据的组合所支持。

本过程包括标识和定义保证要求；证据的产生和分析活动；以及支持保证要求所需的其他证据活动。另外，要收集、包装和准备呈现这些活动收集到的证据。

本安全保障控制子类的目标是工作产品和过程清楚地提供已经满足了客户安全需求的证据。

图 22 描述了建立保证证据（PAS_EAE）安全工程保障控制子类组成结构。

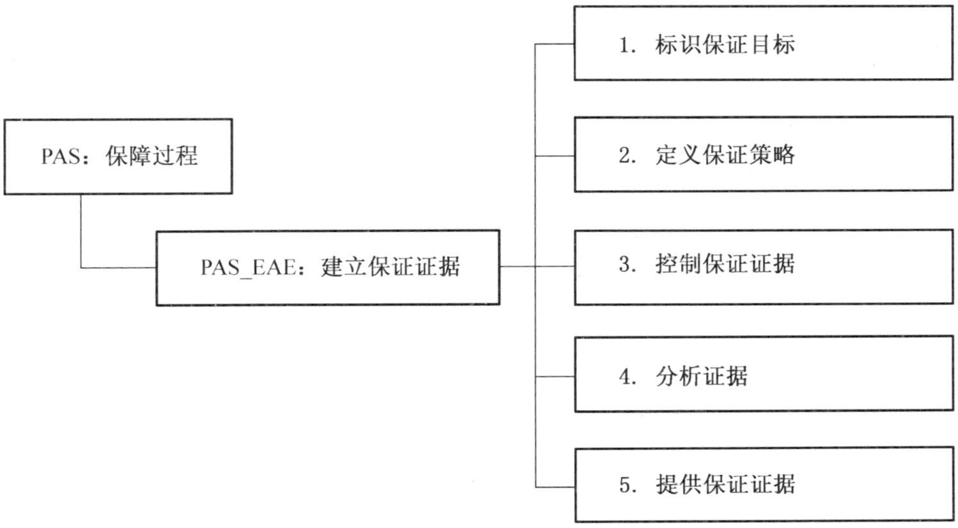

图 22 建立保证证据（PAS_EAE）安全工程保障控制子类分解

9.3.2 PAS_EAE.1 标识保证目标

9.3.2.1 安全工程保障控制组件控制

由客户确定保证目标，标识系统所需的信心度。系统安全保证目标描述贯彻系统安全策略的信心度。目标的充分性由开发者、集成者和客户确定。

标识新的以及修改已有的安全保证目标要与所有安全组织协调一致，包括工程组织内的组以及工程组织外的组（例如，客户、系统安全认证者、用户）。

安全保证目标要更新以反映变更。修改安全保证目标的变更的例如：客户、系统安全认证者或用户可接受的风险级别的变更，需求或需求的解释的变更。

必须沟通以明确安全保证目标。如有必要应适当进行解释。

9.3.2.2 安全工程保障控制组件注解

不强制使用具体的声明时，如果可以说明保障目标或将保障目标用与具体保障声明相联系，以达到或满足保障目标，也是有益的。这有助于消除误解和歧义。

工作产品示例：

a) 安全保障目标的陈述——标识客户对系统安全的信心度的要求。

9.3.3 PAS_EAE.2 定义保证策略

9.3.3.1 安全工程保障控制组件控制

定义所有保证目标对应的安全保证策略。

安全保证策略的目的是要规划并确保实施和正确贯彻安全目标。通过安全保证策略的实施产生的证据应对系统安全度量足够管理安全风险有适度信心。需要通过安全策略的开发和制定，来有效地管理保证活动。提早标识和定义保证需求是产生必要的支撑证据的关键。通过持续的外部协调，理解和监视客户保障需求的满意度，确保高质量的保障。

9.3.3.2 安全工程保障控制组件注解

安全保障目标与 PEN_COS“协调安全”中定义的所有受影响的内部工程组和外部工程组（例如，客户、系统安全认证者或用户）协调一致。

定义保证策略工作产品示例如下：

a) 安全保证策略——描述达到客户的安全保证目标的计划并标识责任方。

9.3.4 PAS_EAE.3 控制保证证据

9.3.4.1 安全工程保障控制组件控制

标识和控制安全保证证据。

通过与所有安全工程过程域交互作用来标识不同抽象程度的证据，按照安全保证策略中所定义的那样收集安全保证证据。控制这些证据以确保已有工作产品流行开来以及与安全保证目标的相关性。

9.3.4.2 安全工程保障控制组件注解

保证工作产品可以来自系统、架构、设计、实施、工程过程、物理开发环境和物理运行环境。

控制保证证据的工作产品示例：

a) 安全保障证据仓库（例如，数据库、工程笔记、测试结果、证据日志）——储存在开发、测试和使用中产生的所有证据。可以采用数据库、工程笔记、测试结果、证据日志的形式。

9.3.5 PAS_EAE.4 分析证据

9.3.5.1 安全工程保障控制组件控制

安全保障证据的分析。

进行保证证据分析，以提供这样的信心：收集的证据满足安全目标进而满足客户的安全需求。保证证据的分析决定若要推断满意地实施了安全特征和机制，系统安全工程和安全验证过程是否足够充分和全面。另外，分析证据以确保工程结果相对基线系统是全面、正确的。如果保证证据不充分，这种分析可能有必要对系统和支撑安全目标的安全工作产品及过程进行修正。

9.3.5.2 安全工程保障控制组件注解

一些保障证据只能通过其他系统工程结果合并产生或通过其他保障合并推断。

分析证据的工作产品示例如下：

a) 保障证据分析结果——标识和总结库内证据的长处和弱点。

9.3.6 PAS_EAE.5 提供保证证据

9.3.6.1 安全工程保障控制组件控制

提供说明满足了客户的安全需求的安全保障论据。

开发全面的保证论据来说明与安全保证目标一致并提供给客户。保证论据是一系列固定的由不同抽象程度的保证证据组合支撑的保障目标。应检查保证论据的证据展示的不足和满足安全保证目标的不足。

9.3.6.2 安全工程保障控制组件注解

高层安全保障论据可以是已满足相应标准的目标。保障论据还可能说明已经如何应对系统面临的威胁。每项保障目标由相应、充分的证据支撑以满足适当的检验标准。本论据可供客户、系统安全认证者和用户使用。

提供保证证据的工作产品示例如下：

a) 有证据支撑的保证论据——由各种保证证据支撑的结构化的一系列保证目标。

10 安全工程保障控制类能力级

10.1 概述

安全工程能力体系结构的设计是可在整个安全工程过程范围内决定安全工程过程的能力成熟度。这个体系结构的目标是清晰地在信息系统生命周期中分离出安全工程的基本特征。为了保证这种分离，这个模型是两维的，分别称为“域”和“能力”。

a) 域维是由本标准中所有定义安全工程的过程组件（即安全工程过程域）构成。这些实施活动称为“过程组件”，即“过程域”。

b) 能力维代表组织能力。这一维由信息安全管理和制度化能力构成。这些实施活动被称作“公共特征”，可在广泛的域中应用。执行一个公共特征是一个组织能力的标志。

通过设置这两个相互依赖的维，安全工程能力模型在各个能力级别上覆盖了整个安全活动范围。

重要的是，安全工程过程能力模型并不意味着在一个组织在其信息系统生命周期的安全管理实践中必须执行这个模型中所描述的任何过程。也不意味着执行通用实践的专门要求。一个组织机构一般可随意以他们所选择的方式和次序来计划、跟踪、定义、控制和改进他们的过程。然而，由于一些较高级别的通用实践依赖于较低级别的通用实践，因此组织机构应在试图达到较高级别之前，应首先实现较低级别通用实践。

10.2 安全工程能力级别说明

此章包含了可应用于所有信息系统安全安全工程保障控制类的通用实施。这些通用实施可在过程域评定中用于确定任何过程域的能力级别。通用实施依据公共特征和能力级别进行分组。

通用实施划分为如下的能力级别：

a) 能力级别 0：未实施；

b) 能力级别 1：基本执行；

c) 能力级别 2：计划跟踪；

d) 能力级别 3：充分定义；

e) 能力级别 4：量化控制；

f) 能力级别 5：持续改进。

10.2.1 能力级别0——未实施

未实施级别没有公共特征。在这个级别中通常不能成功执行过程域中的基本实施。此过程域的工作产品不易辨别或使用。

10.2.2 能力级别1——基本执行

过程域的基本实施通常被执行。基本实施的执行可能未经严格的计划和跟踪，而是基于个人的知识和努力。此过程域的工作产品可证实基本实施的执行。组织内的个人可识别出一个行动应被执行，并同意这个行动会在需要时执行。此过程域的工作产品是可识别的。

本能力级别包含下列公共特征：

a) 公共特征1.1——执行基本实践：此公共特征的通用实施只是保证过程域的基本实施以某种方式执行。然而，所产生的工作产品的一致性、性能和质量会因已有的控制的特别本质而存在极大的差异。
   1) GP1.1.1——执行过程：执行一个实现过程域的基本实践的过程，从而为用户提供工作产品和/或服务。

10.2.3 能力级别2——计划跟踪

在这一级别上，过程域基本实践的执行是经计划并被跟踪的。依据特定步骤的执行被验证。工作产品符合指定的标准和需求。测量被用于跟踪过程域的执行情况，因此，使组织能够基于实际实施活动进行过程。与非正式实施级别间的主要区别是过程域实施被计划和过程。

本能力级别包含下列公共特征：

a) 公共特征2.1——计划执行：此通用实践引入了第一级的可测量的成熟度（例如：一个计划）。它的目的是建立在供应商组织机构中所使用的基准能力。此计划并不必成为组织机构的标准化过程，但它们应适用于特定人员组（例如：评估小组、网络小组和威胁分析小组）。
   1) GP2.1.1——分派资源：为执行过程域提供充份的资源（包括时间、工具和人）。
   2) GP2.1.2——分配责任：为开发工作产品和/或提供过程域服务分配责任。
   3) GP2.1.3——文档化过程：将过程域执行的方法形成标准化和/或程序化文档。
   4) GP2.1.4——提供工具：为支持过程域的执行提供适当的工具。
   5) GP2.1.5——保证培训：保证过程域执行人员获得适当的过程执行方面的培训。
   6) GP2.1.6——规划过程：计划过程域的执行。
b) 公共特征2.2——规范化执行：一旦建立一套基准文档，组织机构必须提供其实现级别2所对应实施的相关证据。
   1) GP2.2.1——使用计划、标准和流程：在执行过程域中，使用文档化的计划、标准和/或程序。
   2) GP2.2.2——进行配置过程：将过程域工作产品适当的置于版本控制和/或配置过程下。
c) 公共特征2.3——验证执行：本通用实践是级别2行动的确认和验证。
   1) GP2.3.1——验证过程符合性：验证过程与可用标准和/或程序的符合性。
   2) GP2.3.2——审计工作产品：验证工作产品与可适用的标准和/或需求的一致性。
d) 公共特征2.4——跟踪执行：本通用实践是用于搜集过程相关的测量，以此作为建立一个标准化的过程能力的基础。修正行动用于精炼当前过程以确保创建最有效的标准。
   1) GP2.4.1——使用测量跟踪：适用测量跟踪过程域的状态。
   2) GP2.4.2——采取修正措施：当过程与计划间有重大差别时适当地采取修正措施。

10.2.4 能力级别3——充分定义

在这一级别，基本实践使用已批准的、裁剪的标准和文档化的过程版本按照充分定义的过程执行。充分定义的过程是依据对文档化的标准过程进行裁剪并经批准的过程版本。这一过程与计划和跟踪级的主要区别在于利用组织范围内而不是独立行动的过程标准来过程和规划。

该能力级别包括以下公共特征：

a) 公共特征 3.1——定义标准过程：该公共特征的通用实践注重于组织标准过程的制度化。制度化过程的起因和基础可能是一个或多个相似过程在特定项目中的成功应用。一个组织机构的标准过程可能需要裁剪以适合特定环境的使用，所以如何进行裁剪也应考虑。因此，为组织提出了标准过程的文档和为满足特定用途对标准过程进行裁剪。这些通用过程形成了执行已定义过程的基础。
   1) GP3.1.1——过程标准化：为组织文档化一个过程或过程族，描述了如何实现过程域的基本实践。
   2) GP3.1.2——裁剪标准过程：裁剪组织机构的标准过程族以建立一个满足专门用途的特定需要的定义过程。
b) 公共特征 3.2——执行已定义的过程：此公共特征的这些通用实践注重于充分定义过程的可重复执行。因此它们解决了针对缺陷的制度化过程的使用、过程结果和工作产品的复查审阅，并解决了过程执行及其结果数据的使用。这些通用实践构成了协调过程行动的重要基础。
   1) GP3.2.1——使用充分定义的过程：在过程域的实施中使用充分定义的过程。
   2) GP3.2.2——执行缺陷复查：对过程域的相应工作产品进行缺陷复查。
   3) GP3.2.3——使用充分定义的数据：使用执行已定义过程的数据。
c) 公共特征 3.3——协调安全实施
   1) GP3.3.1——执行组内协调：在一个过程域行动组内的协调沟通。
   2) GP3.3.2——执行组间协调：协调组织内不同组间的协调沟通。
   3) GP3.3.3——执行外部协调：协调同外部组之间的协调沟通。

10.2.5 能力级别 4——量化控制

收集、分析执行的详细测量。这将通向对过程能力和改进能力的量化理解以进行可预测的执行。这个级执行的过程是客观的，工作产品的质量是量化的。这一级与充分定义级的主要区别在于定义的过程是定量的理解和控制。

本能力级别包含下列公共特征：

a) 公共特征 4.1——建立可测量的质量目标：该公共特征的通用实践注重于就组织过程开发的工作产品而言建立可测量目标。因此这个公共特征提出了质量目标的建立。这些通用实践为客观地执行过程提供了必须的基础。
   1) GP4.1.1——建立质量目标：为组织标准过程族的工作产品建立可测量的质量目标。
b) 公共特征 4.2——客观地过程执行：该公共特征的通用实践注重于确定过程能力的量化测量并使用量化测量来进行过程。这个公共特征提出了确定量化过程能力和以量化测量作为修正行动的基础。这些通用实践构成了获得持续改进能力的必要基础。
   1) GP4.2.1——确定过程能力：量化地确定已定义过程的过程能力。
   2) GP4.2.2——使用过程能力：当过程未按过程能力执行时，适当地采取修正行动。

10.2.6 能力级别 5——持续改进

在这个级别上，基于组织的业务目标建立了过程有效性和效率的量化执行目标。针对这些目标的持续性过程改进是通过执行已定义的过程和创新性的思路和技术的量化反馈开始的。这一级与定量控制级的主要区别在于已定义的过程和标准过程基于对这些过程变化效果的量化理解，进行连续调整和改进。

本能力级别包含下列公共特征：

a) 公共特征 5.1——改进组织机构的能力：该公共特征的通用实践注重于在整个组织范围内对标准过程的使用进行比较和在这些不同使用之间进行比较。当这些过程被使用时，寻找改进标准过程的机会，分析产生的缺陷以识别对标准过程的其他可能改进。因此，这个公共特征对过程的有效性建立了目标、标识对标准过程的改进以及分析对标准过程的可能变更。这些通用实践构成了改进过程有效性的必要基础。

1） GP5.1.1——建立过程有效性目标：根据组织的业务目标和当前过程能力，为改进标准过程族的过程有效性建立量化目标。

2） GP5.1.2——持续改进标准过程：通过改变组织机构的标准过程持续地改进过程，从而提高其有效性。

b） 公共特征 5.2——改进过程有效性：该公共特征的通用实践注重于制定处于受控改进的连续状态下的标准过程。

1） GP5.2.1——执行因果分析：执行缺陷的因果分析。

2） GP5.2.2——减少差错起因：有选择的减少已定义过程中缺陷产生的原因。

3） GP5.2.3——持续改进已定义过程：通过改变已定义过程来连续地改进过程实施，以提高其有效性。

10.3 信息系统安全工程能力级别要求

通过对安全工程保障控制类的执行范围要求和每个过程域的执行能力评级，可以在信息系统安全保护轮廓中对特定信息系统安全管理进行科学、规范、有可比度量标准的要求。图 23 就是某个信息系统安全工程能力要求级别图示例。

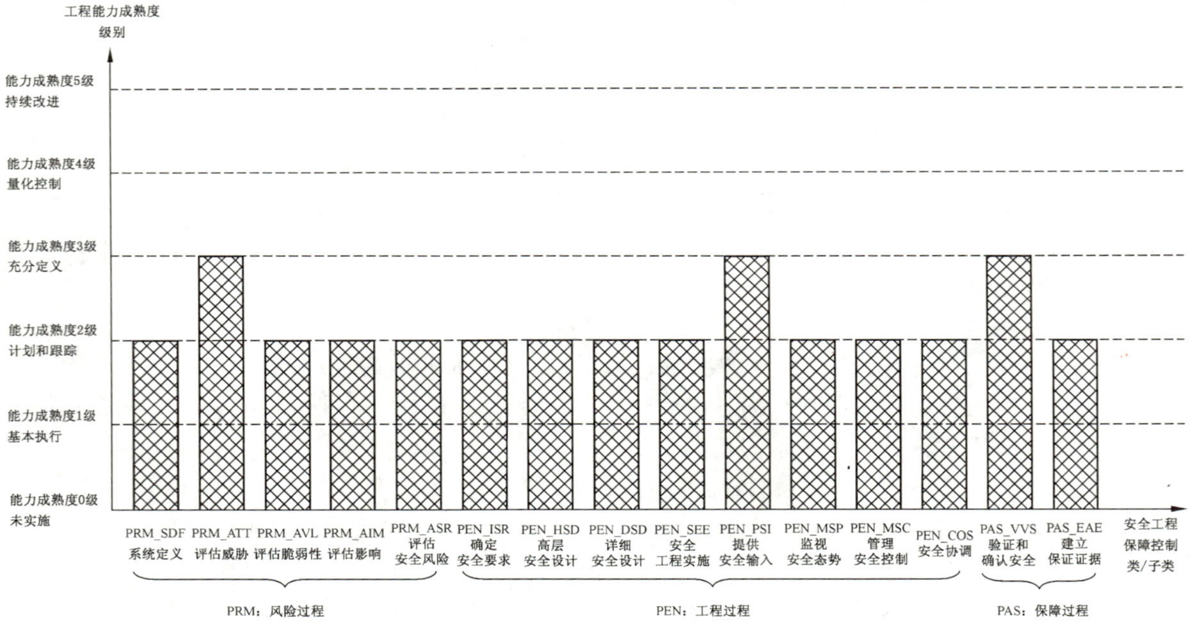

图 23 信息系统安全工程能力要求级别图

参 考 文 献

［1］ GB/T 19000—2000 质量管理体系 基础和术语(idt ISO 9000:2000)

［2］ GB/T 19001—2000 质量管理体系 要求(idt ISO 9001:2000)

［3］ GB/T 19004—2000 质量管理体系 业绩改进指南(idt ISO 9004:2000)

［4］ System Security Engineering Capability Maturity Model (SSE-CMM®) Model Descritpion Document, Version 3.0, June 15, 2003.

［5］ System Security Engineering Capability Maturity Model (SSE-CMM®) Appraisal Method, Version 2.0, April 16, 1999.

［6］ NIST Special Publication 800-18, Guide for Developing Security Plans for Information Technology Systems, November 2001.

［7］ NIST Special Publication 800-30 Risk Management Guide for Information Technology Systems, January 2002.

［8］ NIST Special Publication 800-34 Continuity Planning Guide for Information Technology System, June 2002.

［9］ NIST Special Publication 800-50, Building an Information Security Awareness and Training Program, October 2003.

［10］ NIST Special Publication 800-64, Security Considerations in the Information System Development Life Cycle, October 2003.

［11］ NIST Special Publication 800-53, Recommended Security Controls for Federal Information Systems, Feberuary 2005.

［12］ NSTISSI No. 4009 National Information Systems Security (INFOSEC) Glossary.

［13］ Carnegie Mellon University/Software Engineering Institute, CMU/SEI—2002-TR-011, CMMI℠ for Systems Engineering, Software Engineering, Integrated Product and Process Development, and Supplier Sourcing (CMMI-SE/SW/IPPD/SS, V1.1) Continuous Representation, CMMI Product Team, March 2002.

［14］ Carnegie Mellon University/Software Engineering Institute, CMU/SEI—2002-TR-012, CMMI℠ for Systems Engineering, Software Engineering, Integrated Product and Process Development, and Supplier Sourcing (CMMI-SE/SW/IPPD/SS, V1.1) Staged Representation, CMMI Product Team, March 2002.

［15］ Information Assurance Technical Framework, Release 3.1, National Security Agency Information Assurance Solutions Technical, September 2002.

［16］ CoBIT®, 3rd Edition, Management Guidelines, COBIT Steering Committee and the IT Governance Institute™, July 2000.

［17］ CoBIT®, 3rd Edition, Audit Guidelines, COBIT Steering Committee and the IT Governance Institute™, July 2000.

［18］ CoBIT®, 3rd Edition, Control Objectives, COBIT Steering Committee and the IT Governance Institute™, July 2000.

ICS 83.080.20
G 31

中华人民共和国国家标准

GB/T 20417.1—2008

塑料　丙烯腈-丁二烯-苯乙烯(ABS)模塑和挤出材料
第1部分:命名系统和分类基础

Plastics—Acrylonitrile-butadiene-styrene(ABS) moulding and extrusion materials—Part 1: Designation system and basis for specifications

(ISO 2580-1:2002,MOD)

2008-08-01 发布　　2009-04-01 实施

中华人民共和国国家质量监督检验检疫总局
中国国家标准化管理委员会　发布

前　言

GB/T 20417《塑料　丙烯腈-丁二烯-苯乙烯(ABS)模塑和挤出材料》分为如下两个部分：

——第1部分：命名系统和分类基础；

——第2部分：试样制备和性能测定。

本部分为GB/T 20417的第1部分。

本部分修改采用ISO 2580-1:2002《塑料　丙烯腈-丁二烯-苯乙烯(ABS)模塑和挤出材料　第1部分：命名系统和分类基础》(英文版)。本部分根据ISO 2580-1:2002重新起草。

本部分的结构与ISO 2580-1:2002完全相同。本部分与ISO 2580-1:2002相比，主要差异如下：

——规范性引用文件中，将不注日期的文件改为注日期的文件(第2章)；

——命名和分类系统标准模式中，省略可选择的"热塑性塑料"说明组和国际标准号(第3章)；

——特征性能用熔体质量流动速率代替熔体体积流动速率(3.4.3)。

本部分由中国石油化工集团公司提出。

本部分由全国塑料标准化技术委员会石化塑料树脂产品分技术委员会(SAC/TC 15/SC 1)归口。

本部分起草单位：中国石油化工股份有限公司北京燕山分公司树脂应用研究所。

本部分参加单位：中国石油天然气股份公司兰州石化公司、中国石油天然气股份公司大庆石化公司化工三厂。

本部分主要起草人：杨春梅、王晓丽、陈宏愿。

塑料　丙烯腈-丁二烯-苯乙烯(ABS)模塑和挤出材料 第1部分:命名系统和分类基础

1　范围

1.1　GB/T 20417 的本部分规定了丙烯腈-丁二烯-苯乙烯(ABS)热塑性塑料材料的命名系统。该系统可作为分类基础。

1.2　不同类型的 ABS 热塑性材料用下列指定的特征性能的值以及推荐用途和(或)加工方法、重要性能、添加剂、着色剂、填料和增强材料等为基础的一种分类系统加以区分:

a)　维卡软化温度;

b)　熔体质量流动速率;

c)　简支梁缺口冲击强度;

d)　拉伸弹性模量。

1.3　本部分适用于主要以苯乙烯(和/或取代苯乙烯)和丙烯腈共聚物为连续相,与主要以聚丁二烯和按文本规定数量的其他组分为分散弹性相组成的丙烯腈-丁二烯-苯乙烯材料。

本部分适用于常规为粉状、颗粒或碎粒状,未改性或经着色剂、添加剂、填料等改性的材料。

本部分不适用于以下材料:

——其简支梁冲击强度小于 3 kJ/m²;

——在弹性相的弹性体中,丁二烯质量分数小于 50%;

——在连续相中,丙烯腈质量分数小于 15%。

1.4　本部分不意味着命名相同的材料必定具有相同的性能。本部分不提供用于说明材料具体用途和(或)加工方法所需的工程数据、性能数据或加工条件数据。

如果需要,可按本标准第 2 部分中规定的试验方法确定这些附加性能。

1.5　为了说明某种 ABS 材料的特殊用途或为了保证加工的重现性,可以在字符组 5 中给出附加要求。

2　规范性引用文件

下列文件中的条款通过 GB/T 20417 的本部分的引用而成为本部分的条款。凡是注日期的引用文件,其随后所有的修改单(不包括勘误的内容)或修订版均不适用于本部分,然而,鼓励根据本部分达成协议的各方研究是否可使用这些文件的最新版本。凡是不注日期的引用文件,其最新版本适用于本部分。

GB/T 1844.1—2008　塑料　符号和缩略语　第 1 部分:基础聚合物及其特征性能(ISO 1043-1:2001,IDT)

GB/T 1844.2—2008　塑料　符号和缩略语　第 2 部分:填充及增强材料(ISO 1043-2:2000,IDT)

GB/T 20417.2—2006　塑料　丙烯腈-丁二烯-苯乙烯(ABS)模塑和挤出材料 第 2 部分:试样制备和性能测定(ISO 2580-2:1994,MOD)

3　命名和分类系统

3.1　概述

丙烯腈-丁二烯-苯乙烯的命名和分类系统基于下列标准模式:

命名				
特　征　项　目　组				
字符组 1	字符组 2	字符组 3	字符组 4	字符组 5

命名由表示特征项目组的五个字符组构成：

字符组 1:按照 GB/T 1844.1—2008 规定的丙烯腈-丁二烯-苯乙烯代号 ABS 以及其聚合物组成的信息(见 3.2)。

字符组 2:位置 1:推荐用途或加工方法 (见 3.3)。

位置 2～8:重要性能、添加剂及其他说明 (见 3.3)。

字符组 3:特征性能 (见 3.4)。

字符组 4:填料或增强材料及其标称含量(见 3.5)。

字符组 5:为达到分类的目的,可在第 5 字符组里添加附加信息(见 3.6)。

字符组间用逗号隔开,如果某个字符组不用,就要用两个逗号即“,,”隔开。

3.2 字符组 1

GB/T 1844.1—2008 规定的丙烯腈-丁二烯-苯乙烯代号为“ABS”,空一格,用一个数字代号表示组成,见表 1。用一个字母代号表示其他单体,见表 2。

表 1　字符组 1 中表示组成的代号

代号	组　成
0	基于丙烯腈、丁二烯和苯乙烯(和/或烷基取代苯乙烯)的单体和/或聚合物,其他单体和/或聚合物质量分数不大于 5%。
1	基于丙烯腈、丁二烯和苯乙烯(和/或烷基取代苯乙烯)的单体和/或聚合物,其他单体和/或聚合物质量分数大于 5%,但小于或等于 15%。
2	基于丙烯腈、丁二烯和苯乙烯(和/或烷基取代苯乙烯)的单体和/或聚合物,其他单体和/或聚合物质量分数大于 15%,但小于或等于 30%。

表 2　字符组 1 中表示其他单体的代号

代号	其他单体
A	丙烯酸盐类
M	顺丁烯二酸酐和其他酐类
P	*N*-苯基马来酰胺和其他马来酰胺类
X	其他/未确定

3.3 字符组 2

在该字符组中,位置 1 给出有关材料的推荐用途和(或)加工方法的说明,位置 2～8 给出有关重要性能、添加剂和颜色的说明。所用字母代号的规定见表 3。

如果在位置 2～8 有说明内容,而在位置 1 没给出说明时,则应在位置 1 插入字母 X。

表 3　字符组 2 中使用的字母代号

字母代号	位置 1	字母代号	位置 2～8
		A	加工稳定化的
		B	抗粘连
		C	着色的

表 3（续）

字母代号	位置 1	字母代号	位置 2～8
		D	粉末状
E	挤出		
F	薄膜挤出	F	特殊燃烧性
G	一般用途	G	颗粒
		H	耐热稳定化的
		L	光或气候稳定的
M	注塑		
		N	本色（未着色的）
		R	加脱模剂的
		S	加润滑剂的
X	未说明		
		Z	抗静电的

3.4 字符组 3

3.4.1 总则

在该字符组中，用三个数字组成的代号表示维卡软化温度（见 3.4.2），用两个数字组成的代号表示熔体质量流动速率（见 3.4.3），用两个数字组成的代号表示简支梁缺口冲击强度（见 3.4.4），用两个数字组成的代号表示拉伸弹性模量（见 3.4.5），各代号间用一个连字符“-”隔开。

丙烯腈-丁二烯-苯乙烯的生产者应对材料进行命名。由于生产过程的容许限，材料的试验值一般与命名的值不同，该命名不受影响。

注：目前可买到的原料不一定提供所有的特征性能值。

3.4.2 维卡软化温度

维卡软化温度测定按 GB/T 20417.2—2006 规定进行。试样由干燥材料模塑制备，试验前将试样保存在 23 ℃±2 ℃的干燥器中。

按照可能出现的数值，将维卡软化温度分为六个范围，每个范围用三个数字组成的数字代号表示，见表 4。

表 4 字符组 3 中维卡软化温度使用的代号及范围

数字代号	维卡软化温度的范围/℃
085	≤90
095	＞90～100
105	＞100～110
115	＞110～120
125	＞120～130
135	＞130

3.4.3 熔体质量流动速率

熔体质量流动速率（*MFR*）测定按 GB/T 20417.2—2006 规定进行。试验前，试样应在 80 ℃±2 ℃的温度下干燥 4 h，并保存在 23 ℃±2 ℃的干燥器中。

按照可能出现的数值，将熔体质量流动速率分为五个范围，每个范围用两个数字组成的数字代号表示，见表 5。

表 5　字符组 3 中熔体质量流动速率使用的代号及范围

数字代号	熔体质量流动速率（*MFR*）的范围/(g/10 min)
04	≤5
08	>5～10
15	>10～20
30	>20～40
50	>40

3.4.4　简支梁缺口冲击强度

简支梁缺口冲击强度测定按 GB/T 20417.2—2006 规定进行。

按照可能出现的数值，将简支梁缺口冲击强度分为五个范围，每个范围用两个数字组成的数字代号表示，见表 6。

表 6　字符组 3 中简支梁缺口强度使用的代号及范围

数字代号	简支梁缺口冲击强度的范围/(kJ/m^2)
05	>3～7
09	>7～14
16	>14～23
25	>23～35
35	>35

3.4.5　拉伸弹性模量

拉伸弹性模量测定按 GB/T 20417.2—2006 规定进行。

按照可能出现的数值，将拉伸弹性模量分为四个范围，每个范围用两个数字组成的数字代号表示，见表 7。

表 7　字符组 3 中拉伸弹性模量使用的代号及范围

数字代号	拉伸弹性模量的范围/MPa
15	≤1 800
20	>1 800～2 300
25	>2 300～2 800
30	>2 800

3.5　字符组 4

丙烯腈-丁二烯-苯乙烯所用填料或增强材料及类型的代号按 GB/T 1844.2—2008 规定。在该字符组中，位置 1 用一个字母代号表示填料或增强材料的类型，位置 2 用一个字母代号表示其物理形态，字母代号的规定见表 8。紧接着字母（不空格），在位置 3 和位置 4 用两个数字为代号表示其质量分数。

表 8　字符组 4 中填料和增强材料的字母代号

字母代号	材料（位置 1）	字母代号	形态（位置 2）
B	硼	B	球状，珠状
C	碳[a]		
		D	粉末状，干混料

表 8（续）

字母代号	材料(位置 1)	字母代号	形态(位置 2)
		F	纤维状
G	玻璃	G	颗粒状,研磨料
		H	须晶状
K	碳酸钙		
M	矿物[a,b],金属[a]		
		S	鳞状,片状
T	滑石粉		
X	未说明	X	未说明
Z	其他[a]	Z	其他

a 这些材料可用其化学符号或有关国家标准中规定的附加符号进一步明确表示。对于金属(M),用化学符号表示金属类型非常重要。

b 如果可能,矿物填料应该用具体符号明确表示。

多种材料和(或)多种形态材料的混合物,可用“+”号将相应的代号组合放在括号内表示。例如:含有 25%(质量分数)玻璃纤维(GF)和 8%(质量分数)矿物粉(MD)的混合物可表示为(GF25+MD08)。

3.6 字符组 5

在这个可选用的字符组中,附加要求是一种将材料的命名转换成特定用途规格的方法。例如对已确定规格的产品可参考合适的国家标准或类似标准进行。

4 命名示例

某丙烯腈-丁二烯-苯乙烯(ABS)模塑材料,加入 8% 的 N-苯基马来酰胺(1P),推荐用于注塑模塑(M),着色的 (C),抗静电的 (Z),维卡软化温度 *VST* 为 121 ℃(125),熔体质量流动速率为5 g/10 min(04),简支梁缺口冲击强度为 16 kJ/m²(16),拉伸弹性模量为 2 600 MPa(25),其命名为:

ABS 1P，　MCZ，　125-04-16-25

字符组 1：代号

组成

字符组 2：位置 1：注塑模塑

位置 2：着色的

位置 3：抗静电的

字符组 3：维卡软化温度

熔体质量流动速率

简支梁缺口冲击强度

拉伸弹性模量

命名：ABS 1P，MCZ，125-04-16-25

ICS 37.040.30
G 84

中华人民共和国国家标准

GB/T 20432.3—2008/ISO 10349-3:1992

摄影　照相级化学品 试验方法　第3部分：氨水不溶物的测定

Photography—Photographic-grade chemicals—Test methods—Part 3: Determination of matter in ammonium hydroxide solution

(ISO 10349-3:1992,IDT)

2008-03-31 发布　　2008-09-01 实施

中华人民共和国国家质量监督检验检疫总局
中国国家标准化管理委员会　发布

前　言

GB/T 20432《摄影　照相级化学品　试验方法》分为如下几部分：

——第1部分：总则；

——第2部分：水不溶物的测定；

——第3部分：氨水不溶物的测定；

——第4部分：灼烧残渣的测定；

——第5部分：重金属和铁含量的测定；

——第6部分：卤化物含量的测定；

——第7部分：碱度或酸度的测定；

——第8部分：挥发性物质的测定；

——第9部分：和硝酸银氨溶液的反应；

——第10部分：硫化物的测定；

——第11部分：相对密度的测定；

——第12部分：密度的测定；

——第13部分：pH值的测定。

本部分为GB/T 20432的第3部分。

本部分等同采用ISO 10349-3:1992《摄影　照相级化学品　试验方法　第3部分：氨水不溶物的测定》(英文版)。

本部分等同翻译ISO 10349-3:1992。

为方便使用，本部分做了下列编辑性修改：

a) “ISO 10349的本部分”一词改为“GB/T 20432的本部分”。

b) 用小数点“.”代替作为小数点的逗号“,”。

c) 删除了ISO 10349-3:1992的前言。

d) ISO 10349-3:1992规范性引用文件中引用的是ISO 10349-1:1992，而ISO 10349-1:1992现已修定为ISO 10349-1:2002，本部分引用的是GB/T 20432.1(ISO 10349-1:2002,IDT)。

e) ISO 10349-13:2002《摄影　照相级化学品　试验方法 第13部分：pH的测定》标准是2002年才纳入ISO 10349系列标准中的，ISO 10349-3:1992在1992年出版发行时还不存在ISO 10349-13:2002，出于标准完整性的考虑，本部分在转化ISO 10349-3:1992时将其纳入了本系列标准中。

本部分由中国石油和化学工业协会提出。

本部分由全国感光材料标准化技术委员会(SAC/TC 102)归口。

本部分起草单位：中国乐凯胶片集团公司。

本部分起草人：王君。

摄影　照相级化学品
试验方法　第3部分：
氨水不溶物的测定

1　范围

GB/T 20432的本部分规定了照相级化学品氨水不溶物(氨水与钙、镁形成的沉淀物)测定的通用试验方法。

2　规范性引用文件

下列文件中的条款通过GB/T 20432的本部分的引用而成为本部分的条款。凡是注日期的引用文件,其随后所有的修改单(不包括勘误的内容)或修订版均不适用于本部分,然而,鼓励根据本部分达成协议的各方研究是否可使用这些文件的最新版本。凡是不注日期的引用文件,其最新版本适用于本部分。

GB/T 20432.1　摄影　照相级化学品　试验方法　第1部分:总则(GB/T 20432.1—2006,ISO 10349-1:2002,IDT)

3　危害性

一般的危害性警告及GB/T 20432中所使用的危害性符号,执行GB/T 20432.1中的规定。

4　试剂

一般要求,应符合GB/T 20432.1的规定。

4.1　草酸铵溶液

溶解40 g一水合草酸铵[$(NH_4)_2C_2O_4 \cdot H_2O$,危险等级为＜＜S＞＞＜B＞]于500 mL水中,然后用水稀释至1 000 mL。

4.2　磷酸氢二铵[$(NH_4)_2HPO_4$]溶液

溶解10 g的磷酸氢二铵[$(NH_4)_2HPO_4$]于50 mL水中,然后用水稀释至100 mL。

4.3　氨水(NH_4OH)溶液(1+9)

缓慢将10 mL密度约为0.91的氨水(危险等级为＜C＞＜B＞)加到90mL水中,混合均匀。

4.4　氨水(NH_4OH)溶液(1+39)

缓慢将25 mL密度约为0.91的氨水(危险等级为＜C＞＜B＞)加到975mL水中,混合均匀。

5　仪器

5.1　灼烧坩埚,容量为100 mL或更大,根据样品性质,选用陶瓷、氧化铝、铂或石英等材质的坩埚。

5.2　马弗炉,能够维持600℃的高温。

5.3　滤纸,无灰,中等孔隙(10 μm～15 μm)。

5.4　干燥器,装有适量的干燥剂。

6　采样

执行GB/T 20432.1的规定。

7 程序

称取 10.0 g±0.1 g 的样品，溶解在 75 mL 水中，加入 5 mL 草酸铵溶液(4.1)、4 mL 磷酸氢二铵溶液(4.2)及 10 mL 氨水溶液(4.3)，放置 8h，若有沉淀生成，用滤纸(5.3)过滤，用氨水溶液(4.4)洗涤。将滤纸和滤渣转移至一个已于 600℃±50℃灼烧至恒重(称量时准确至 1mg)的坩埚(5.1)[1)]中，小心地在喷灯上加热灰化，按指定温度，在指定的时间内在马弗炉(5.2)中灼烧残渣，在干燥器(5.4)中冷却，称量(准确至 0.001 g)。

8 计算

氨水不溶物的质量分数 w，数值以%表示，并按式(1)进行计算：

$$w = \frac{m_2 - m_1}{m_0} \times 100 \qquad \cdots\cdots(1)$$

式中：

m_0——样品的质量，单位为克(g)；

m_1——坩埚的质量，单位为克(g)；

m_2——过滤后的灼烧残渣加坩埚的质量，单位为克(g)。

9 试验报告

试验报告应写明所用的方法及试验结果。

试验报告也应提及 GB/T 20432 的本部分中没有规定的所有操作细节，或者被认为是可任选的操作细节，并说明任何有可能影响试验结果的事件的细节。

试验报告应包括完成样品鉴定所需的所有资料。

1) 干燥灼烧坩埚的描述，见 GB/T 20432.1。

ICS 37.040.30
G 84

中华人民共和国国家标准

GB/T 20432.6—2008/ISO 10349-6:1992

摄影 照相级化学品 试验方法 第6部分:卤化物含量的测定

Photography—Photographic-grade chemicals—Test methods—Part 6:Determination of halide content

(ISO 10349-6:1992,IDT)

2008-03-31 发布 2008-09-01 实施

中华人民共和国国家质量监督检验检疫总局
中国国家标准化管理委员会 发布

前　言

GB/T 20432《摄影　照相级化学品　试验方法》分为如下几部分：
——第1部分：总则；
——第2部分：水不溶物的测定；
——第3部分：氨水不溶物的测定；
——第4部分：灼烧残渣的测定；
——第5部分：重金属和铁含量的测定；
——第6部分：卤化物含量的测定；
——第7部分：碱度或酸度的测定；
——第8部分：挥发性物质的测定；
——第9部分：和硝酸银氨溶液的反应；
——第10部分：硫化物的测定；
——第11部分：相对密度的测定；
——第12部分：密度的测定；
——第13部分：pH值的测定。

本部分为GB/T 20432的第6部分。

本部分等同采用ISO 10349-6:1992《摄影　照相级化学品　试验方法　第6部分：卤化物含量的测定》(英文版)。

本部分等同翻译ISO 10349-6:1992。

为方便使用，本部分做了下列编辑性修改：

a) "ISO 10349的本部分"一词改为"GB/T 20432的本部分"；
b) 用小数点"."代替作为小数点的逗号","；
c) 删除了ISO 10349-6:1992的前言；
d) ISO 10349-6:1992规范性引用文件中引用的是ISO 10349-1:1992，而ISO 10349-1:1992现已修定为ISO 10349-1:2002，本部分引用的是GB/T 20432.1(ISO 10349-1:2002,IDT)；
e) ISO 10349-13:2002《摄影　照相级化学品　试验方法　第13部分：pH的测定》标准是2002年才纳入ISO 10349系列标准中的，ISO 10349-6:1992在1992年出版发行时还不存在ISO 10349-13:2002，出于标准完整性的考虑，本部分在转化ISO 10349-6:1992时将其纳入了本系列标准中。

本部分由中国石油和化学工业协会提出。

本部分由全国感光材料标准化技术委员会(SAC/TC 102)归口。

本部分起草单位：中国乐凯胶片集团公司。

本部分起草人：王君。

摄影　照相级化学品　试验方法　第6部分:卤化物含量的测定

1　范围

GB/T 20432的本部分规定了照相级化学品中卤化物含量(以Cl^-计)测定的通用试验方法。

注:个别标准可通过修改计算,以一种卤盐计。

2　规范性引用文件

下列文件中的条款通过GB/T 20432的本部分的引用而成为本部分的条款。凡是注日期的引用文件,其随后所有的修改单(不包括勘误的内容)或修订版均不适用于本部分,然而,鼓励根据本部分达成协议的各方研究是否可使用这些文件的最新版本。凡是不注日期的引用文件,其最新版本适用于本部分。

GB/T 20432.1　摄影　照相级化学品　试验方法　第1部分:总则(GB/T 20432.1-2006,ISO 10349-1:2002,IDT)

3　危害性

一般的危害性警告及GB/T 20432中所使用的危害性符号,执行GB/T 20432.1中的规定。

4　试剂

一般要求,应符合GB/T 20432.1的规定。

4.1　卤化物标准溶液

依据检出限(见表1)制备卤化物标准溶液A和/或卤化物标准溶液B。

4.1.1　卤化物标准溶液A[含量(以Cl^-计)0.01 mg/mL]

于1 000 mL的单标线容量瓶中,溶解1.65 g氯化钠(已于105℃下烘干2 h,并于干燥器中冷至室温)于500 mL水中,然后用水稀释至1 000 mL,充分混匀。用移液管吸取1 mL该溶液,置于100 mL的单标线容量瓶中,用水稀释至刻度,并贴上"卤化物标准溶液A"的标签。

4.1.2　卤化物标准溶液B[含量(以Cl^-计)0.001 mg/mL]

于1 000 mL的单标线容量瓶中,溶解0.165 g氯化钠(已于105℃下烘干2 h,并于干燥器中冷至室温)于500 mL水中,然后用水稀释至1 000 mL,充分混匀。用移液管吸取1 mL该溶液,置于100 mL的单标线容量瓶中,用水稀释至刻度,并贴上"卤化物标准溶液B"的标签。

4.2　硝酸溶液(1+9)

缓慢地加入10 mL质量分数约为69%的硝酸(危险等级为:＜C＞＜B＞＜O＞)于90 mL水中。

4.3　硝酸银溶液100 g/L(危险等级为:＜C＞)

溶解10 g硝酸银(危险等级为:＜C＞)于50 mL水中并用水稀释至100 mL。

5　仪器

玻璃器具应符合GB/T 20432.1的规定。

5.1 两个匹配的50 mL奈氏比色管。

6 采样

执行GB/T 20432.1的规定。

7 程序

称取0.9 g～1.1 g样品，置于250 mL的烧杯中，加200 mL的水溶解。取20 mL该溶液置于一个100 mL烧杯中。用移液管吸取卤化物标准溶液A(4.1.1)或卤化物标准溶液B(4.1.2)置于第二个100 mL的烧杯中，吸取的量(基于给出的检出限)见表1。在每一个烧杯中各加入5 mL硝酸溶液(4.2)和1 mL硝酸银溶液(4.3)并用水稀释至50 mL，混匀，转移至两个50 mL奈氏比色管(5.1)中。

试样所呈浊度不应超过卤化物标样所生成的浊度。

表1 检出限和卤化物标准溶液的用量

检出限(以 Cl^- 计)/%	卤化物标准溶液	卤化物标准溶液的用量/mL
0.001	卤化物标准溶液B(4.1.2)	1
0.005		5
0.006		6
0.01		10
0.05	卤化物标准溶液A(4.1.1)	5
0.06		6
0.1		10
0.2		20
0.3		30

8 试验报告

试验报告应写明所用的方法及试验结果。

试验报告也应提及GB/T 20432的本部分中没有规定的所有操作细节，或者被认为是可任选的操作细节，并说明任何有可能影响试验结果的事件的细节。

试验报告应包括完成样品鉴定所需的所有资料。

ICS 37.040.30
G 84

中华人民共和国国家标准

GB/T 20432.12—2008/ISO 10349-12:1992

摄影 照相级化学品 试验方法 第12部分:密度的测定

Photography—Photographic-grade chemicals—Test methods—Part 12:Determination of density

(ISO 10349-12:1992,IDT)

2008-03-31 发布 2008-09-01 实施

中华人民共和国国家质量监督检验检疫总局
中国国家标准化管理委员会 发布

前　　言

GB/T 20432《摄影　照相级化学品　试验方法》分为如下几部分：

——第 1 部分：总则；

——第 2 部分：水不溶物的测定；

——第 3 部分：氨水不溶物的测定；

——第 4 部分：灼烧残渣的测定；

——第 5 部分：重金属和铁含量的测定；

——第 6 部分：卤化物含量的测定；

——第 7 部分：碱度或酸度的测定；

——第 8 部分：挥发性物质的测定；

——第 9 部分：和硝酸银氨溶液的反应；

——第 10 部分：硫化物的测定；

——第 11 部分：相对密度的测定；

——第 12 部分：密度的测定；

——第 13 部分：pH 值的测定。

本部分为 GB/T 20432 的第 12 部分。

本部分等同采用 ISO 10349-12:1992《摄影　照相级化学品　试验方法　第 12 部分:密度的测定》(英文版)。

本部分等同翻译 ISO 10349-12:1992。

为方便使用,本部分做了下列编辑性修改:

a) "ISO 10349 的本部分"一词改为"GB/T 20432 的本部分"。

b) 用小数点"."代替作为小数点的逗号","。

c) 删除了 ISO 10349-12:1992 的前言。

d) ISO 10349-12:1992 规范性引用文件中引用的是 ISO 10349-1:1992,而 ISO 10349-1:1992 现已修定为 ISO 10349-1:2002,本部分引用的是 GB/T 20432.1(ISO 10349-1:2002,IDT)。

e) ISO 10349-13:2002《摄影　照相级化学品　试验方法　第 13 部分:pH 的测定》标准是 2002 年才纳入 ISO 10349 系列标准中的,ISO 10349-12:1992 在 1992 年出版发行时还不存在 ISO 10349-13:2002,出于标准完整性的考虑,本部分在转化 ISO 10349-12:1992 时将其纳入了本系列标准中。

本部分由中国石油和化学工业协会提出。

本部分由全国感光材料标准化技术委员会(SAC/TC 102)归口。

本部分起草单位:中国乐凯胶片集团公司。

本部分起草人:王君。

摄影 照相级化学品
试验方法 第12部分:
密度的测定

1 范围

GB/T 20432的本部分规定了照相加工过程中所用溶液密度测定的通用试验方法。

2 规范性引用文件

下列文件中的条款通过GB/T 20432的本部分的引用而成为本部分的条款。凡是注日期的引用文件，其随后所有的修改单(不包括勘误的内容)或修订版均不适用于本部分，然而，鼓励根据本部分达成协议的各方研究是否可使用这些文件的最新版本。凡是不注日期的引用文件，其最新版本适用于本部分。

GB/T 20432.1 摄影 照相级化学品 试验方法 第1部分:总则(GB/T 20432.1—2006,ISO 10349-1:2002,IDT)

3 危害性

对于化学品操作的一般危害性警告，执行GB/T 20432.1中的规定。

4 仪器

4.1 密度计，能测量到0.001密度单位。

4.2 恒温水浴

用泵和加热系统来维持一个循环水流和恒定温度(±0.05℃)。这个水浴应足够深，以保证样品容器中的样品低于水面，水浴的温度为25℃。

5 采样

执行GB/T 20432.1的规定。

6 程序

6.1 校准

就校准的详细介绍，查阅厂商的仪器使用说明书。用去离子水或蒸馏水25℃时的相对密度值0.997 04进行校准。

6.2 测定

在一个洁净干燥的密度计筒中加入100 mL样品，并将该筒放在水浴(4.2)中，样品和水浴温度达到平衡后，按仪器使用说明书的规定用密度计(4.1)测量密度。

7 试验报告

试验报告应写明所用的方法及试验结果。

试验报告也应提及GB/T 20432的本部分中没有规定的所有操作细节，或者被认为是可任选的操作细节，并说明任何有可能影响试验结果的事件的细节。

试验报告应包括完成样品鉴定所需的所有资料。

ICS 65.060.80
B 95

中华人民共和国国家标准

GB/T 20456—2008/ISO 13772:2004
代替 GB/T 20456—2006

林业机械 便携式油锯被动式锯链制动器性能

Forestry machinery—Portable chain-saws—Non-manually actuated chain brake performance

(ISO 13772:2004,IDT)

2008-12-11 发布

2009-06-01 实施

中华人民共和国国家质量监督检验检疫总局
中国国家标准化管理委员会 发布

前　言

本标准等同采用国际标准 ISO 13772:2004《林业机械　便携式油锯　被动式锯链制动器性能》。

本标准代替 GB/T 20456—2006《林业机械　便携式油锯　自动式链制动器性能》。

本标准与 GB/T 20456—2006 相比主要变化如下：

——标准的中文名称改为《林业机械　便携式油锯　被动式锯链制动器性能》，英文名称不变，使用国际标准的名称；

——“规范性引用文件”中删除了原 GB/T 13823.1 和 GB/T 14412；

——在第 3 章中删除了原“3.1　自动链制动器：当发生反弹时不需操作者控制便能自动启动的链制动器”的内容；

——表 1 中的导板长度单位改为厘米；

——原图 1 改变为按三种排量范围的油锯来表示，即用 a)、b)、c)三个图来表示；

——删除了原“将链锯悬挂在该试验装置上，用绳索一端与导板连接，另一端与节流阀扳机后的后手把连接，用此方法使油锯能在导板顶端被撞之后产生一种自动旋转与平移的复合运动。通过试验得到启动该制动器所需要的导板顶端的加速度并将其确定为评价该制动器性能的一个指标。”的内容；

——将 6.1 注的内容改为正文内容；

——表 A.1 中的对数改为底数为 10 的对数，原标准缺底数；

——增加了三个参考文献。

本标准的附录 A 为规范性附录。

本标准由全国林业机械标准化技术委员会提出并归口。

本标准起草单位：浙江中马园林机器有限公司、国家林业局哈尔滨林业机械研究所。

本标准主要起草人：杨锋、王振东、冯健、唐恩常、杨雪峰。

本标准所代替标准的历次版本发布情况为：

——GB/T 20456—2006。

林业机械　便携式油锯
被动式锯链制动器性能

1　范围

本标准规定了林用便携式油锯的被动式锯链制动器(以下简称链制动器)的性能要求和检测方法。

2　规范性引用文件

下列文件中的条款通过本标准的引用而成为本标准的条款。凡是注日期的引用文件,其随后所有的修改单(不包括勘误的内容)或修订版均不适用于本标准,然而,鼓励根据本标准达成协议的各方研究是否可使用这些文件的最新版本。凡是不注日期的引用文件,其最新版本适用于本标准。

GB/T 18960　林业机械　油锯　词汇(GB/T 18960—2003,ISO 6531:1999,IDT)

3　定义

GB/T 18960 确立的术语和定义适用于本标准。

4　性能要求

被动式锯链制动器的性能检测应在正常生产且装有规定导板和锯链的油锯上进行。如果对导板未作特殊要求,则导板长度(不包括导向链轮)应符合表 1 要求。油锯应是新的和清洁的,不符合之处应在试验报告中注明。

表 1　发动机排量与其对应的导板长度

发动机排量 D/ cm^3	导板的有效长度 L/ cm
$D<45$	$25\leqslant L<35$
$45\leqslant D<70$	$30\leqslant L<40$
$70\leqslant D<90$	$40\leqslant L<50$
$D\geqslant 90$	$L\geqslant 50$

在按照第 8 章规定进行测试时,当被测油锯的水平加速度 a_x 和垂直加速度 a_y 的坐标交点分别位于图 1 的 a)、b)或 c)中所规定的临界线下方区域内时,如果链制动器启动,则判定该链制动器性能合格。

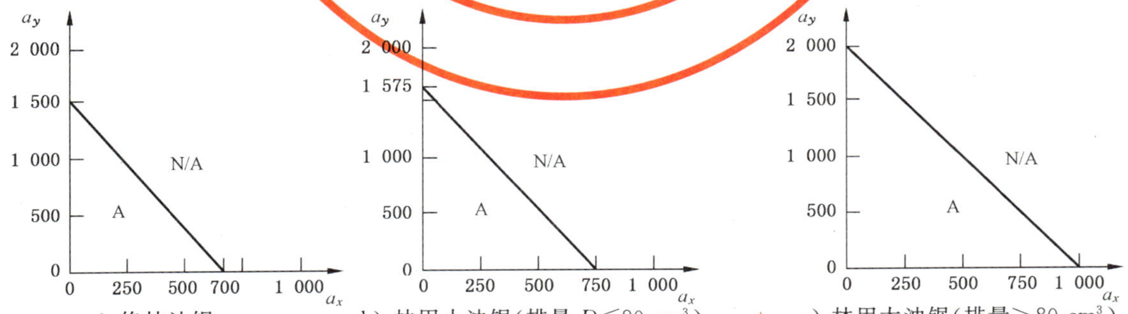

a) 修枝油锯　　b) 林用小油锯(排量 $D\leqslant 80\ cm^3$)　　c) 林用大油锯(排量>80 cm^3)

a_x——水平加速度,m/s^2;

a_y——垂直加速度,m/s^2;

A——性能合格区域;

N/A——性能不合格区域。

图 1　被动式锯链制动器起动的临界值

5 试验原则

油锯应安装在图 2 所示的试验装置上。落块以一定的高度降落至摆臂的一端,并使另一端的油锯反方向加速运动。下落高度应逐渐增加到链制动器起动为止。

单位为毫米

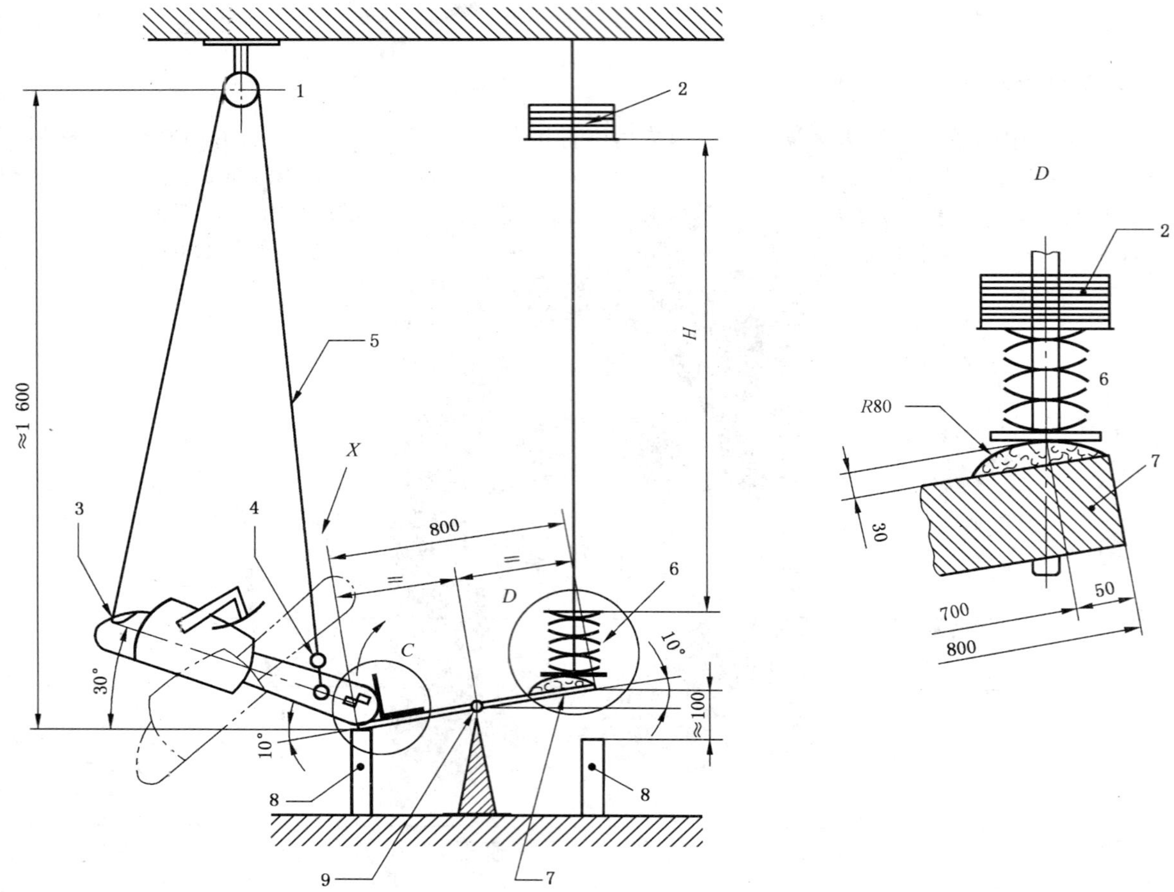

图 2 装有油锯的试验装置

单位为毫米

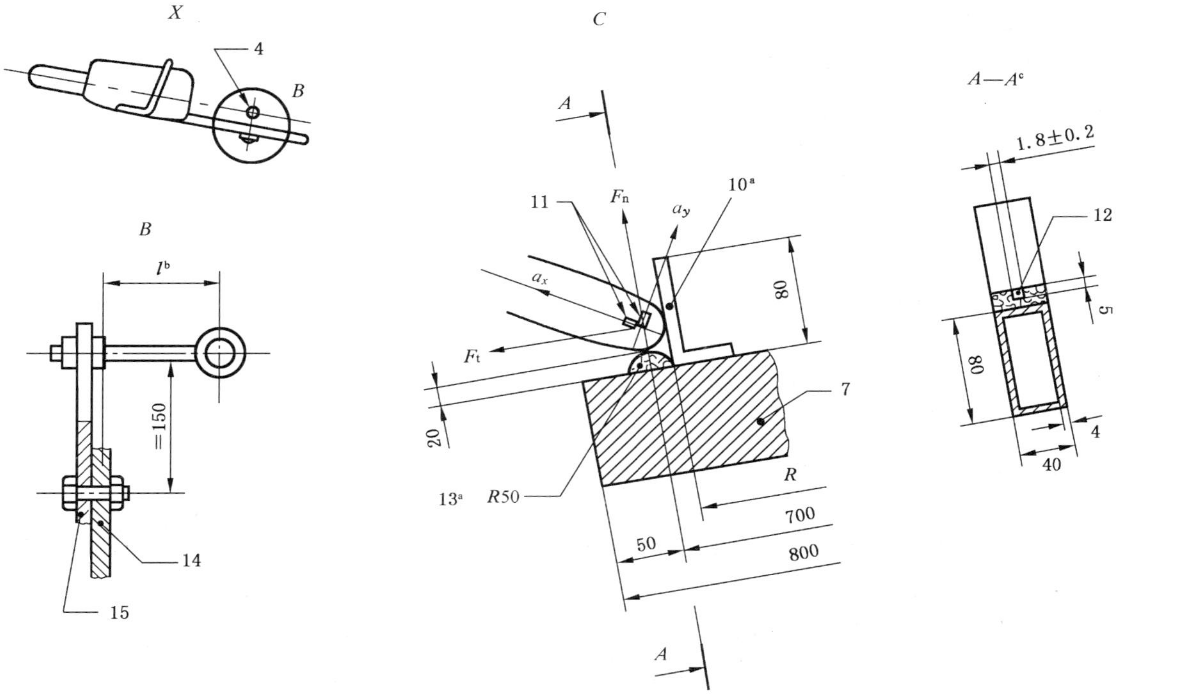

H——下落高度；
F_n——正压力；
F_t——切向力；
1——纵向和横向可调节的定滑轮；
2——落块；
3——悬挂点 A；
4——悬挂点 B；
5——绳索；
6——弹簧；
7——摆臂；
8——缓冲器；
9——球形铰链；
10——可调角形支座；
11——加速度计；
12——凹槽；
13——铅质垫板；
14——导板；
15——刚性连接臂。

a 为使导板前端的导向链轮凸出来的齿顶部分不妨碍链锯被加速，可采用在垫块上开一凹槽和加一角形限位支承座，或拆除导向链轮的方式来消除其影响(详见 A—A)。

b l 为悬挂点 B 至导板中心平面的距离，其长度可调，保证悬挂点与绳索构成的铅垂面经过油锯的重心。

c 为表示清楚略去油锯。

图 2 (续)

6 试验设备

6.1 加速度测试设备

加速度计总质量(包括固定件，但不包括电缆)应尽可能小，并且在任何情况下都不应超过 50 g。

加速度计输出信号的应用性能应符合附录 A 低通滤波器的要求。

安装加速度计时应小心，以保证在两个测试方向频率响应都能达到 300 Hz。涉及加速度计安装的有关规定要求参见 GB/T 14412[1]。如果加速度计附加物的质量增加到等于其自身质量时，对 a_x 和 a_y 没有明显的影响，可以认为频率响应没有被衰减。如果附加物是金属的，那么该附加物应位于加速度计和它的固定件之间；若此附加物是由像黏土或石蜡那样的材料制成的，则该附加物应位于加速度计周围。

测试设备包括加速度计固定件和滤波器,对于频率响应范围在 0 Hz～300 Hz 的加速度计,其精度应在显示值的±5%之内,校准方法参见 GB/T 13823.1[3]。

6.2 试验装置

试验装置的设计原则应如图 2 所示。

试验装置中绳索长度及定滑轮的纵向和横向位置应是可调的。

摆臂由矩型中空钢管制作而成,截面尺寸 80 mm×40 mm×4 mm。

落重装置应该有一个 15 000 g±20 g 的落块,落块下落高度至少应在 20 mm～140 mm 范围内可调节,而且每次调节高度不得超过 10 mm 。下落高度的误差应在±2 mm 之内。

为了承受不断增加的负荷,该落重装置中的弹簧刚度应为 640 N/mm±20 N/mm。

注:该弹簧装置可以用相互反向放置的七块板簧(45 mm×22.4 mm×1.75 mm)来获得,该弹簧决定着撞击特性和作用时间长短。模拟反弹的冲击时间大约为 10 ms。

7 试验的准备

按以下要求准备油锯试验:

a) 根据产品说明书检查油锯。如果没有规定导板长度,则按表 1 选择导板长度。

b) 预先将油锯的链制动器起动 10 次。例如:当用手握持油锯后手把的同时松开前手把,让油锯下落使其导板头部撞击一坚硬的木质表面。

c) 将锯链张紧装置调到中间位置后,使导板前端尽可能向上翘起以消除其向上的摆动间隙,然后夹紧导板。不安装锯链并且燃油箱应是空的。

d) 安装加速度计,分别测量水平和垂直加速度 a_x 和 a_y。加速度计的中心线应在导板前端半径中心点处交叉,偏差在±2 mm 之内。另外与中心线垂直,经过两加速度计重心的两条相互垂直线的交点也应在导板前端半径中心点附近,偏差在±10 mm 之内。加速度计的安装方位如图 2 所示。

e) 应该用绳索通过悬挂点 A 和 B(见图 2)将链锯吊挂在试验装置上,使导板纵向平面的中心线向下倾斜 30°±2°,并且使导板纵向平面与试验装置上摆臂的纵向平面平行。悬挂点 A 应选择在后手把的抓握部位。悬挂点 B 应选择在导板的纵向中心平面内,且应能横向调节,以保证导板平面铅垂,偏差小于±3°。悬挂点 B 的高度应选择得适当,即应使固定点 A 和 B 之间的连线高过油锯的重心,以确保链锯吊挂得稳定。当施加的正压力 F_n 为 2 N±0.4 N 时,使导板顶端能被顶离铝质垫块,见图 2。

f) 角形支承座应可以调节,以使过摆臂上的垫块与导板头部的接触点与摆臂纵向中心线垂直的直线能经过导板前端半径中心点,其偏差在±1 mm 之内。定滑轮应沿纵向放置,当施加切向力 F_t 为 2 N±0.4 N 时,应使导板顶端能被推离角形的支承座,见图 2。

8 试验程序

被动式锯链制动器靠落块下落过程中产生的加速度起动。

建议以 200 mm 的下落高度为起点,并且以每 100 mm 为一级逐渐增加高度直至该锯链制动器起动。在第一次起动之后,再以每 20 mm 为一级减小落块下落高度,直到该制动器不能被再次起动为止。然后,在此高度基础上,再增加下落高度 10 mm,在同样条件下重复 5 次试验,如果该制动器 5 次均被起动,则该工况即可被用来测量加速度 a_x 和 a_y,见图 1。

如果在此高度基础上,该制动器没有被起动 5 次,则应再增加下落高度 10 mm,并且再做 5 次试验。直到在该下落高度 5 次试验过程中被动式锯链制动器均被起动为止。

当最低的下落高度被确定后,在同一工况下分别测量导板前端加速度 a_x 和 a_y 各 5 次,并且计算出平均加速度值。

9 试验报告

试验报告应包括以下内容：

a) 依据标准(如："GB/T 20456")；

b) 测试日期、地点；

c) 操作者姓名；

d) 油锯信息：

——制造厂家；

——型式、型号及系列号；

——导板型式与长度；

——受试油锯的质量(装有导板、无锯链、燃油)，kg；

——锯链制动器的释放力(见 GB/T 19387[2])，N；

e) 试验设备描述；

f) 加速度计安装位置说明；

g) 记录导板端头的加速度 a_x 和 a_y，单位 m/s^2。分别计算在锯链制动器制动的临界状态下的平均加速度 a_{xav} 和 a_{yav}。

附　录　A
（规范性附录）
频率范围和低通滤波器性能

测试加速度 a_x 和 a_y 时所使用的低通滤波器应能满足表 A.1 的要求。图 A.1 给出了在截止频率为 120 Hz 及倍频梯度为－12 dB 的条件下，低通滤波器频率响应的极限值和理论滤波特征。

表 A.1　滤波器频率及响应的界限值

频率 f/ Hz	下限值 a_l/ dB	上限值 a_u/ dB
$f \leqslant 100$	$a_l = 20\lg\left[1/\sqrt{1+(f/100)^4}\right]-1$	$a_u = 20\lg\left[1/\sqrt{1+(f/140)^4}\right]+1$
$100 < f \leqslant 255$	$a_l = -\infty$	—
$f > 255$	$a_l = -\infty$	$a_u = -9.8 - 36.54\lg(f/255)$

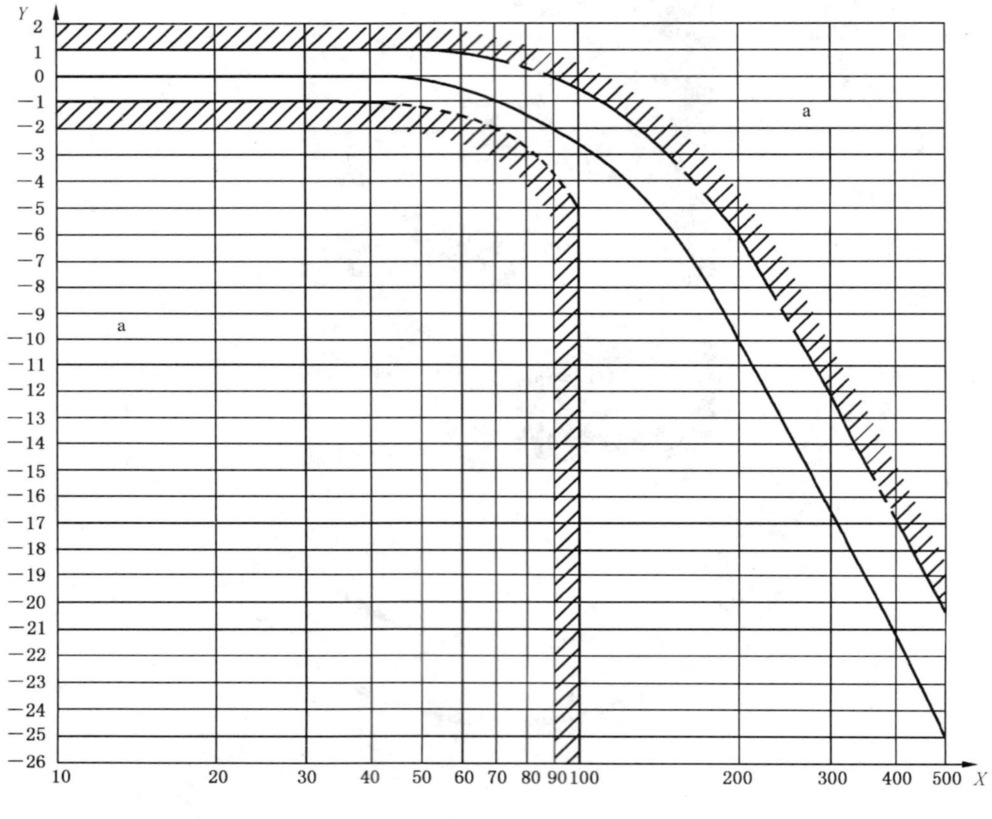

X——频率，Hz；

Y——衰减值，dB；

a——限制区域。

图 A.1　滤波器频率响应限值

参 考 文 献

[1] GB/T 14412 机械振动与冲击 加速度计的机械安装(GB/T 14412—2005,ISO 5348:1998,IDT)

[2] GB/T 19387 油锯 锯链制动器性能(GB/T 19387—2003,ISO 6535:1991,IDT)

[3] GB/T 13823.1 振动与冲击 传感器的校准方法 第1部分:基本概念(GB/T 13823.1—2005,ISO 16063-1:1998,IDT)

ICS 17.160
J 04

中华人民共和国国家标准

GB/T 20485.1—2008/ISO 16063-1:1998
代替 GB/T 13823.1—2005

振动与冲击传感器校准方法 第1部分:基本概念

Methods for the calibration of vibration and shock transducers—Part 1:Basic concepts

(ISO 16063-1:1998, IDT)

2008-03-03 发布

2008-08-01 实施

中华人民共和国国家质量监督检验检疫总局
中国国家标准化管理委员会 发布

前　言

GB/T 20485《振动与冲击传感器校准方法》预计结构由基本概念、绝对法校准、比较法校准和环境模拟校准等大类以及以下几部分组成：

——第1部分：基本概念；

——第11部分：激光干涉法振动绝对校准；

——第12部分：互易法振动绝对校准；

——第13部分：激光干涉法冲击绝对校准；

——第15部分：激光干涉法角振动绝对校准；

——第21部分：振动比较法校准；

——第22部分：冲击比较法校准。

本部分是GB/T 20485的第1部分。

本部分等同采用ISO 16063-1:1998《振动与冲击传感器校准方法　第1部分：基本概念》(英文版)。

本部分等同翻译ISO 16063-1:1998。

为使用方便，本部分作了如下编辑性修改：

——“本国际标准”一词改为“本部分”；

——删除国际标准的前言；

——对ISO 16063-1:1998中引用的其他国际标准，有被等同采用为我国标准的，用我国标准代替对应的国际标准，未被等同采用为我国标准的直接引用国际标准；

——4.3.6“磁灵敏度”中引入注释，表明所对应的国家标准(GB/T 13823.4)采用了旋转磁场方向的测试方法。

本部分代替GB/T 13823.1—2005《振动与冲击传感器的校准方法　第1部分：基本概念》。

与GB/T 13823.1—2005相比，主要修改内容如下：

——修改了“前言”部分；

——对正文中引用标准做了相应调整。

本部分的附录A为资料性附录。

本部分由全国机械振动、冲击与状态监测标准化技术委员会提出并归口。

本部分起草单位：中国计量科学研究院、北京市计量检测科学研究院。

本部分主要起草人：马明德、李学瑞、张宏宇、于梅、左爱斌。

本部分所代替标准的历次版本发布情况为：

——GB/T 13823.1—1993、GB/T 13823.1—2005。

引　言

对于人或各类设备所遭受的冲击和振动进行精确测量的要求日益迫切，所以振动与冲击传感器的校准已变得格外重要。关于这些校准已采用或推荐了一些方法，GB/T 20485 的本部分对其中一些方法进行了阐述。第 5 章介绍了几种方法，这些方法在振动与冲击传感器的绝对校准中已被证明是可靠的。

本部分包含有振动与冲击两类传感器共同使用的校准方法，事实证明按照振动测量或冲击测量来区分传感器是不切实际的。

本部分仅限于线性运动加速度、速度和位移传感器的校准；不涉及用于力、压力或应变测量的传感器，当然其中一些传感器可能使用类似的方法进行校准。此外，本部分也不包括用于测量旋转振动的传感器，因为目前此类传感器数量较少，其校准硬件和方法与本部分涉及的线运动传感器也有所不同。

本部分包括定义并叙述了作为基础的绝对校准方法。此外，在总则中还概括叙述了振动与冲击传感器的多种校准方法，以及除灵敏度外其他测量特性的校准方法。为能实现已知准确度的校准，必须详细规定仪器的技术要求和操作步骤。有关各种校准方法的上述信息将在 GB/T 20485 的后续部分详细介绍。

传感器本身可作为一个单元进行校准，它可以包括连接电缆和/或一个适配装置。对校准系统必须始终进行明确地说明。

本部分包括一个参考文献目录，正文中引用参考文献时以方括号中的数字表示。

振动与冲击传感器校准方法
第1部分:基本概念

1 范围

GB/T 20485 的本部分规定了振动与冲击传感器的校准方法,包括灵敏度以及其他特性的测量方法。

本部分推荐采用的一种绝对校准法为优先采用方法,还介绍了振动与冲击传感器的比较校准方法(见5.3),更详尽的叙述见 GB/T 13823 及 GB/T 20485 的相关标准。

本部分适用于连续读出的直线运动加速度、速度及位移传感器的校准,并建议了优先采用的方法,这种方法已被证明能给出可靠和可复现的结果。

本部分不适用于旋转式传感器的校准。

2 规范性引用文件

下列文件中的条款通过 GB/T 20485 的本部分的引用而成为本部分的条款。凡是注日期的引用文件,其随后所有的修改单(不包括勘误的内容)或修订版均不适用于本部分,然而,鼓励根据本部分达成协议的各方研究是否可使用这些文件的最新版本。凡是不注日期的引用文件,其最新版本适用于本部分。

GB/T 1182—1996 形状和位置公差 通则、定义、符号和图样表示法(eqv ISO 1101:1996)

GB/T 13824—1992 对振动烈度测量仪的要求(eqv ISO 2954:1987)

ISO 2041:1990 振动与冲击 术语

JJF 1059—1999 测量不确定度评定与表示(BIPM/IEC/IFCC/ISO/OIML/IUPAC,1995,IDT)

3 术语和定义

ISO 2041:1990 确立的及下列术语和定义适用于本部分。

3.1

传感器 transducer

把被测量的机械运动(如给定方向的加速度),转换成可方便测量或记录的量的装置。

注:传感器可包括辅助设备,如适调放大器、必备的供电电源、必要的电子元件、输出指示器或记录器等。

3.1.1

工作范围 operating range

传感器在指定允差限内可视为线性传感器的频率与幅值范围。

3.1.2

互易传感器 reciprocal transducer

双向机电传感器。对此类传感器施加的电流与其产生的力之比(此时传感器被约束使其速度为零)等于对其施加的速度与其产生的电压之比(此时传感器处于开路状态,使其电流为零)。

例如:磁电与压电传感器。

3.1.3

不可逆传感器 unilateral transducer

应变片作为敏感元件的传感器,此类传感器对施加的电激励不产生明显的机械响应。

3.2

输入信号　input signal

作用于传感器输入端的信号。

例如:作用于安装面的加速度。

3.3

输出信号　output signal

传感器对给定输入信号所产生的响应。

注1:对单端传感器,加速度矢量指向传感器安装面时被视为正方向。对背靠背安装的参考加速度计,加速度矢量从上表面指向被比较校准的加速度计时被视为正方向。

注2:输出量(如电压、电荷、电流、阻抗等)的相位规定以所定义的正加速度矢量或导出量(速度或位移)为参考。

3.4

灵敏度　sensitivity

对线性传感器,灵敏度为正弦激励作用于安装面且平行于灵敏轴时,输出量与输入量之比。

注:一般情况下,灵敏度包括幅值与相位两个信息,因此是随频率变化的复数量。

正弦输入运动可以由以下方程组表示:

$$s = \hat{s}\exp[j(\omega t+\varphi_1)] = \hat{s}[\cos(\omega t+\varphi_1)+j\sin(\omega t+\varphi_1)] \quad \cdots\cdots(1)$$

$$v = j\omega s = \hat{v}\exp[j(\omega t+\varphi_1+\pi/2)] = \hat{v}[\cos(\omega t+\varphi_1+\pi/2)+j\sin(\omega t+\varphi_1+\pi/2)] \quad \cdots(2)$$

$$a = j\omega v = \hat{a}\exp[j(\omega t+\varphi_1+\pi)] = \hat{a}[\cos(\omega t+\varphi_1+\pi)+j\sin(\omega t+\varphi_1+\pi)] \quad \cdots(3)$$

$$u = \hat{u}\exp[j(\omega t+\varphi_2)] = \hat{u}[\cos(\omega t+\varphi_2)+j\sin(\omega t+\varphi_2)] \quad \cdots\cdots(4)$$

式中:

s——位移复数量;

v——速度复数量;

a——加速度复数量;

u——输出复数量;

$\hat{s}$——正弦位移的峰值;

$\hat{v}$——正弦速度的峰值;

$\hat{a}$——正弦加速度的峰值;

ω——角频率;

φ_1 与 φ_2——相位角;

t——时间;

j——虚部单位量。

位移灵敏度 S_s,以输出信号单位每米表示:

$$S_s = \frac{u}{s} = \hat{S}_s\exp[-j(\varphi_1-\varphi_2)] \quad \cdots\cdots(5)$$

式中:

$\hat{S}_s=\frac{\hat{u}}{\hat{s}}$——位移灵敏度幅值;

$(\varphi_1-\varphi_2)$——相移。

速度灵敏度 S_v,以输出信号单位每米负一次方秒表示:

$$S_v = \frac{u}{v} = \hat{S}_v\exp[-j(\varphi_1+\pi/2-\varphi_2)] \quad \cdots\cdots(6)$$

式中：

$\hat{S}_v = \frac{\hat{u}}{\hat{v}}$——速度灵敏度幅值；

$\varphi_1 + \pi/2 - \varphi_2$——相移。

加速度灵敏度 S_a，以输出信号单位每米负二次方秒表示：

$$S_a = \frac{u}{a} = \hat{S}_a \exp[-j(\varphi_1 + \pi - \varphi_2)] \quad \cdots\cdots (7)$$

式中：

$\hat{S}_a = \frac{\hat{u}}{\hat{a}}$——加速度灵敏度幅值；

$(\varphi_1 + \pi - \varphi_2)$——相移。

通常，对位移传感器确定位移灵敏度，对速度传感器确定速度灵敏度，对加速度传感器确定加速度灵敏度。一般来说，灵敏度幅值和相位角是频率的函数，$f=\omega/2\pi$。

注：对位移、速度或加速度传感器，当频率趋于零而对应的灵敏度不为零，则被称为具有零频率响应（直流响应）。恒加速度下灵敏度对应于 $\omega=0$ 和相位差为零。具有零频率响应的传感器有使用应变片、电位差计、差动变压器、力平衡（伺服）或可变磁阻系统做敏感元件的加速度传感器。不具有零频率响应的传感器有自发电式惯性传感器，如压电或电动传感器等。

3.5

横向灵敏度比（TSR） transverse sensitivity ratio（TSR）

对同一输入量，传感器灵敏轴垂直于输入方向时的输出量与传感器灵敏轴平行于输入方向时的输出量之比。

3.6

振动发生器 vibration generator

对传感器安装面提供可控制运动的装置。

注：振动发生器有时被称为激励器或振动台。

4 特性测量

4.1 总则

传感器校准的基本目的是对传感器在其应用的自由度上，在整个幅值与频率范围确定它的校准系数（灵敏度）。此外，知道传感器在其他五个自由度上对运动的响应也很重要；例如对一个直线运动加速度传感器，应知道相对于灵敏轴垂直方向的运动响应以及对转动的响应。其他重要因素包括阻尼、相位角、非线性或响应随运动幅度的变化、温度与压力变化的影响，以及其他外部条件如连接电缆运动时的影响。

4.2 直接响应

4.2.1 频率响应与相位响应

通过安装传感器使其灵敏轴平行于振动发生器运动方向，测量由振动发生器提供的运动量或输入量，同时测量传感器的输出，即可获得传感器的灵敏度，使用幅值与频率均在传感器工作范围内的可控瞬态激励，可对连续读出或峰值读出的传感器进行校准。为测定谐振响应，应在全部频率范围内缓慢连续地改变振动频率，同时观测传感器输出。一般来说，只提供作为频率函数的幅值灵敏度校准数据。然而，如果振动传感器使用在靠近频率上限及频率下限，或做特殊应用时，就可能需要相位响应数据。在全部感兴趣的频率范围内，测量输出信号与机械激励之间的相位差，即可测定相位响应。

4.2.2 非线性度

使传感器输入幅值从所允许的最小值增加到最大值，同时测量其输出幅值，即可得到传感器输出的线性偏差(幅度畸变)。当使用正弦振动发生器时,应在不同频率点上重复测量几次。

非线性可能以几种形式出现。随着幅度增加,传感器灵敏度可能逐渐变化,也可能在振动或冲击之后存在永久变化导致传感器产生零位移动,或存在突然限制运动范围的间断点。

传感器非线性的类型和幅度可以由它的幅度畸变来表示,也可将它的谐振曲线、相位角及衰减量与理想的线性传感器的响应特征相比较来表示。线性度的允许偏差由测量而定。可以预见在传感器有用的动态范围上限存在非线性。

4.3 乱真响应

4.3.1 温度相关性

多数传感器的灵敏度、阻尼比和谐振频率都是随温度变化的函数。

温度响应校准通常利用比较法进行。安装标准传感器使其轴向与被测传感器的轴向一致。被测传感器放置在温度箱内,标准传感器安放在温度箱外,否则就应对标准传感器进行保护,以抑制温度变化的影响,以使在全部校准过程中,由于周围温度的影响而造成的标准传感器灵敏度变化保持在2%以内。振动发生器仅用在横向振动小于轴向振动25%的已知频率点上。在选择振动发生器和设计夹具时,应使在进行校准的频率上被测传感器与标准传感器之间的相对运动小到足以忽略。

进行温度响应校准的另一个可供选择的方法是把标准与被测传感器一同安装在温度箱内合适的夹具上。这种方法仅限于标准传感器温度响应已知的温度范围。

对具有静态加速度响应的传感器,应在最高和最低温度下测量其零点不对称性。

对内阻尼大于临界阻尼10%的传感器,应至少在四个频率点上以一单振动幅值选取五个温度点(含室温)进行校准。此方法同样适用于另外一些传感器,如动圈式电动传感器。所选择的频率要分布在预定使用的整个频率范围上。

在最高校准温度上,温度稳定后应对压电传感器的内部电容和电阻进行测量。

如果在最高校准温度所测量的压电加速度计内阻过低,和适调放大器一起使用时会影响低频响应。这时应在此温度下进行低频响应校准。要选择若干频率来充分描述频率响应。在加速度计和适调放大器一起使用的情况下,应进行系统校准。

注:高温可以影响加速度计的低频响应,也影响加速度计-适调放大器系统的噪声和稳定性。温度响应偏差以被测温度下的校准系数相对于室温(20℃)时校准系数的变化量来计算(测量频率选在室温下传感器响应的平坦段)。该变化量以相对于室温时校准系数的百分比表示。比较理想的情况是,在期望使用的温度范围内,所选择传感器的温度响应偏差不超过+15%。

4.3.2 压电传感器的瞬变温度灵敏度

所有压电传感器在瞬态温度变化下都产生热电输出。对铁电材料尤其如此。热电输出大小取决于构成晶体的材料和传感器的结构。通常,热电输出的主要频率明显小于1 Hz。鉴于大多数适调放大器的低频特性,来自传感器的大部分热电输出被滤除了。

显然,热电输出依赖于温度变化速率以及传感器与放大器配套特性。对传感器的热电测试要使用通常配套的同类型适调放大器。按常用方法将传感器安装在一铝块上。铝块的质量约为传感器的10倍。传感器与铝块快速浸入一个冰水槽或与室温相差约20℃的其他适当液体槽中。槽中液体应予以说明。应有措施确保液体不会浸入传感器中并保证连接头的漏电阻不被液体降低等。使用直流示波器或记录仪测量放大器的最大输出和从瞬变开始至达到最大输出的时间。如果输出在起始的2秒内反向并达到反极性的峰值,该峰值与对应时间也应予以记录。对压电加速度计,通过把传感器最大输出值除以槽温与室温之差与加速度灵敏度的乘积,即可得到瞬变温度灵敏度。单位等效为[$(m \cdot s^{-2})$/℃]。

对特殊应用的具有显著差异的低频特性放大器,热电测量应和所使用的这类特殊放大器一起进行系统测量。对瞬态温度变化速率与上述情况差异极大的应用场合,应通过模拟这种温度条件进行测量。

4.3.3 横向灵敏度比

横向灵敏度比(TSR)通常在低于 500 Hz 的单频率点上测量。所使用的频率应记录在报告中。对于所施加的单频正弦运动,应确认施加到垂直于灵敏轴方向的运动至少应为灵敏轴方向运动的 100 倍。当测量横向灵敏度比小于 1%的传感器时,为获得横向灵敏度比,所施加的运动更强烈,需要格外小心和熟练操作技巧。

安装传感器并沿灵敏轴在 360°范围内,以 45°或小于 45°为增量逐次旋转传感器,以测定最大横向响应。

注:实验表明,加速度计的横向灵敏度在 2 000 Hz 以内频率相关性不明显。当前可用的频率范围从 2 000 Hz 到 10 000 Hz的横向灵敏度资料非常有限。一些实验者指出,他们的实验结果通常表明,高频横向响应(从 2 000 Hz 至 10 000 Hz)具有与低频测量(指小于 500 Hz)一样的幅值量级。一般认为,轴向谐振频率大于 30 kHz 的加速度计,主要的横向谐振频率将大于 10 kHz,这样也就超出了传感器通常的工作范围。对其他类型的振动传感器,目前的资料更少。如有可能,应给出最低横向谐振频率。

4.3.4 旋转运动灵敏度

很多线运动传感器对旋转输入是敏感的,例如挠性压电与压阻加速度计及摆动式力平衡(伺服)加速度计。必须注意旋转灵敏度的存在,应该采取预防措施来排除由这种作用引起的测量误差。线运动振动传感器的旋转灵敏度可以通过旋转振动传感器灵敏度校准方法(见参考文献[36])来进行测量。

4.3.5 应变灵敏度

应优先选用下述方法来测定由于基座弯曲而在传感器输出端产生的误差。

传感器安装在可产生 25 m 曲率半径和 250×10^{-6}应变的简易悬臂梁上。

把钢制悬臂梁夹紧于一刚性支架上。梁的宽度 76 mm,厚度 12.5 mm,自由长度为 1 450 mm。

此梁的固有频率非常接近 5 Hz。在梁上粘有一个应变片用以测量应变量。其安装位置靠近(被测)传感器,离固定端大约 40 mm。安装位置处的运动用一个传感器测量。固定此传感器应使用附加的隔离方法以防止基座弯曲。测量过程通常宜使用校准系数高于被测传感器 10 倍以上的传感器。测量中应记录应变仪与传感器的输出。通过人工偏转梁的自由端来激励系统。在梁表面应变为 250×10^{-6}(相当于 25 m 曲率半径)时记录传感器输出。梁上安装位置处的运动与被测传感器指示运动之间的差值,就是由于基座弯曲而在传感器输出端产生的误差。用以上差值除以 250 即得到应变值为 10^{-6}(即一个微应变)时的应变灵敏度。

应在不同应变幅值下沿不同方向测量应变灵敏度。在某些使用和安装情况下,一些传感器的最大应变灵敏度能产生较大的误差。例如用于振动校准的振动发生器产生的应变,在一些频率上可使一些压电加速度计产生百分之几的误差信号。

4.3.6 磁灵敏度

把传感器安装在一个 50 Hz 或 60 Hz 的已知磁场内,转动被测量的传感器方向,记录传感器最大电输出信号。对于加速度计,灵敏度的单位为米每二次方秒特斯拉。对速度传感器,在可用频率范围内灵敏度单位为米每秒特斯拉。应从测量套组中剔除诱发的振动与乱真电噪声。

注:我国已正式出版的国家标准(GB/T 13823.4—1992 振动与冲击传感器的校准方法 磁灵敏度测试)中,采用了转动磁场方向测试传感器磁灵敏度的方法。

4.3.7 安装力矩灵敏度

对传感器安装力矩引起的校准系数变化,可通过施加几个特定安装力矩来进行测量。几个特定安装力矩分别为:二分之一规定安装力矩、规定安装力矩和二倍规定安装力矩(最大安装力矩)。这种测量方法限定传感器只有在使用螺钉、螺栓或其他螺纹紧固件进行安装时才能使用。如安装中使用一个以上紧固件,每个紧固件均应施加以力矩。

要确保传感器安装面没有毛刺或其他表面缺陷,以免影响平面安装。安装传感器的测试面要平坦、光滑,并且必须为钢制。推荐的平面度优于 5 μm,磨削加工后粗糙度均方根偏差不大于 2 μm。

对安装被校传感器的测试面，钻孔、攻丝必须垂直。其垂直度优于 0.05 mm（见 GB/T 1182—1996）。推荐使用接触面润滑方式，并加以说明。要从非紧固条件下施加力矩，即对于三个测试力矩中的任一力矩，施加力矩要从零开始进行。对于二分之一和两倍规定安装力矩，力矩灵敏度应记录为相对于规定力矩传感器校准系数的变化量。使用力矩的不确定度不应超过±15%。

4.3.8 特殊环境条件

在一些特定环境中，传感器的工作可能受到不良影响，如强静电场、变化的强磁场、射频场、强声场及电缆作用和核辐射的影响。虽然对预期存在不利影响的场所已经研究出特殊测量技术（见 GB/T 13824—1992），但是当前还没有普遍认可的技术来测定上述特殊环境对传感器工作的影响。

5 校准方法

5.1 总则

为对传感器进行直接校准，需使用一个振动发生器为传感器提供一个可控制并可测量的输入量，同时还应具备一种对传感器输出信号进行记录和测量的方法。传感器应紧固在振动发生器上（当传感器输出大小取决于传感器和振动体的相对运动时，传感器应靠近振动台面安装）。

传感器的固定要有足够的刚性，以便在传感器工作频段内振动发生器将运动全部传递给传感器。当传感器及连接物被看作质量——弹簧单自由度系统时，上述系统的固有频率应高于振动发生器给出振动的最高频率。振动发生器可以是一个使传感器与地球重力场方向形成倾斜角的支架，也可以是离心机、电动式振动台或冲击摆的砧子。倾斜支架和离心机可以用于零频校准；转动式校准则用于地球重力场的低频校准；电动式振动台通常被用作稳态正弦校准；冲击摆产生瞬态激励，作为电动式振动台的补充，可用来激励共振频率响应，也可用于高加速度和高速度校准。此外，冲击激励还可以在高加速度和高速度变化时验证传感器的性能，检查在瞬变条件下与传感器配套仪器的性能。

本部分还给出了用于不同目的的几种校准方法。推荐使用激光干涉法作为基本校准方法，只要条件允许，标准传感器校准时都推荐使用这一方法。在单一频率下做校准时，根据不同的使用情况，应优先选择以下频率点：160 Hz、80 Hz、16 Hz、8 Hz。频率响应可以从使用频率范围内，通过离散频率点上的校准得到，在低准确度下可相对于参考频率下的灵敏度得到频率响应。大多数其他校准通过与一个经绝对校准方法校准的标准传感器作比较得出。校准总是以传感器的运动基面为参考，对于“背靠背”校准而言，以被校传感器的安装基面为参考。

5.2 绝对法校准

5.2.1 通过测量位移幅值及频率进行校准

5.2.1.1 概述

许多动态校准方法都是依据传感器所承受的振动位移幅值来进行精确测量的。这种方法一般用于可连续读数的传感器。振动发生器施加的正弦振动应在严格定义的直线上，其横向运动应该小至可忽略。

对于位移为 $\hat{s}$ 和频率为 f 的正弦振动分别进行一次和二次微分即可导出公式 $\hat{v}=2\pi f\hat{s}$ 和 $\hat{a}=(2\pi f)^2\hat{s}$。使用这两个公式即可由测得的位移计算速度 v 和加速度 a。这些公式的使用前提是：即使微分后，运动过程中谐波和噪声也可以忽略。这里强调了将电源或诸如机械共振等其他因素引起的失真减为最小的必要性。谐波分量也是有害的，因为它们能激发起传感器的共振响应。

测出位移幅值后，通过计算传感器输出与速度或加速度的比值即可得到传感器灵敏度，位移幅值可利用激光干涉法测出。在参考文献[23]至[28]、[37]和[38]中详细介绍了这种方法。

基于激光干涉法对位移幅值进行测量的灵敏度计算方法，通常在 0.1 Hz～10 kHz 频率范围内能够得到较高的准确度（对应位移幅值 20 nm～0.5 m）。除灵敏度校准外，在干涉位移测量基础上，通过采用特殊方法还可以实现绝对相位校准。激光多普勒测速法（见参考文献[39]）。也可以实现高精度的绝对灵敏度校准和相位校准，这是基于位移测量的激光干涉法的一种替代方法。如果参考镜在传感器振动频率(或相关的谐波频率)上受到干扰，位移测量中就会产生重大误差。分光镜被干扰也会产生误差。最好用一个高灵敏度的加速度计监测干扰的大小。

5.2.1.2 理想干涉仪原理

图 1 给出了工作原理。其中 E_0、E_1 和 E_2 分别代表电场矢量，l_1 和 l_2 代表通过分光镜之后光束需经过的实际光程。被测量的位移幅值用 s(反射镜 2)表示。

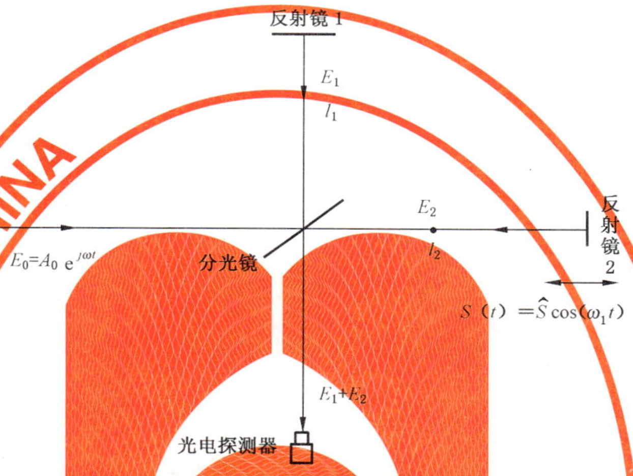

图 1 理想激光干涉仪原理图

电场矢量 E_1 和 E_2 可表示如下：

$$E_1 = A_1 \exp\left[j\left(\omega t + \frac{4\pi}{\lambda}l_1\right)\right]$$

$$E_2 = A_2 \exp\left\{j\left[\omega t + \frac{4\pi}{\lambda}(l_2 + s)\right]\right\}$$

式中：

λ——激光波长。

光电检测器的光电流强度 $I(t)$ 由下式给出：

$$I(t) \approx |E_1 + E_2|^2 = A + B\cos\left[\frac{4\pi}{\lambda}(L + s)\right]$$

式中：

A,B——系统常数；

$L = l_2 - l_1$。

由光电流表达式可看出，在 $\frac{4\pi}{\lambda}(l_2 - l_1 + s) = 2n\pi$ 时可得最大值，因此，两个相邻最大值之间对应的位移量为 $\Delta s = \lambda/2$。每个振动周期内出现最大值的数目为：

$$R_f = 4\hat{s}/(\lambda/2) = 8\hat{s}/\lambda$$

一般称 R_f 为频率比，它可由 1 秒内的干涉条纹数除以振动频率求得。

位移幅值可由下式求得：

$$\hat{s} = R_f \cdot \lambda/8$$

除了频率比，如果再测量出振动频率，就可以计算出振动速度和加速度。

也可用同样的装置在上述“条纹计数法”推荐的频率范围之外测量位移幅值。分析光电流 $I(t)$ 的频谱，便可导出其他几种振幅测量方法。参考文献[23]中给出展开式：

$$I(t)=A+B\cos\frac{4\pi L}{\lambda}\left[J_0\left(\frac{4\pi\hat{s}}{\lambda}\right)-2J_2\left(\frac{4\pi\hat{s}}{\lambda}\right)\cos(2\omega_1 t)+2J_4\left(\frac{4\pi\hat{s}}{\lambda}\right)\cos(4\omega_1 t)-\cdots\right]-$$

$$B\sin\frac{4\pi\hat{s}}{\lambda}\left[2J_1\left(\frac{4\pi\hat{s}}{\lambda}\right)\cos(\omega_1 t)-2J_3\left(\frac{4\pi\hat{s}}{\lambda}\right)\cos(3\omega_1 t)+\cdots\right]$$

下面的两个例子充分说明了这里所需信号处理类型。

a) 调节振动位移大小使其 n 阶谐波分量为零，解式 $J_n\left(\frac{4\pi\hat{s}}{\lambda}\right)=0$，就可以得到 $\hat{s}$；

b) 在不可能达到 $J_n\left(\frac{4\pi\hat{s}}{\lambda}\right)=0$ 所要求的振动位移时，可由两个谐波分量的比值求出 $\hat{s}$。例如，$\hat{s}$ 值可从下式解出：

$$\frac{J_1\left(\frac{4\pi\hat{s}}{\lambda}\right)}{J_3\left(\frac{4\pi\hat{s}}{\lambda}\right)}=\frac{\hat{u}_1}{\hat{u}_3}$$

式中：

$\hat{u}_1$ 和 $\hat{u}_3$——被测幅值的一阶和三阶谐波分量。

5.2.1.3 测量系统

图 2 是一个测量系统的实例，这里使用的传感器即是所谓的参考传感器，并且灵敏度由上端面来确定（参考安装面）。激光器输出功率为 1 mW，检测元件是常用的硅光电管。用脉冲发生器代替内部晶体振荡器以获得一个性能良好的计数输入信号。当使用零值法时，频率分析仪用来选定适当的频率，为避免参考镜或分光镜受振动台支座反作用力干扰，激光器、干涉系统和振动系统应分别安装在单独的大重量隔振块上（例如：每个重块应达到 400 kg 以上）。

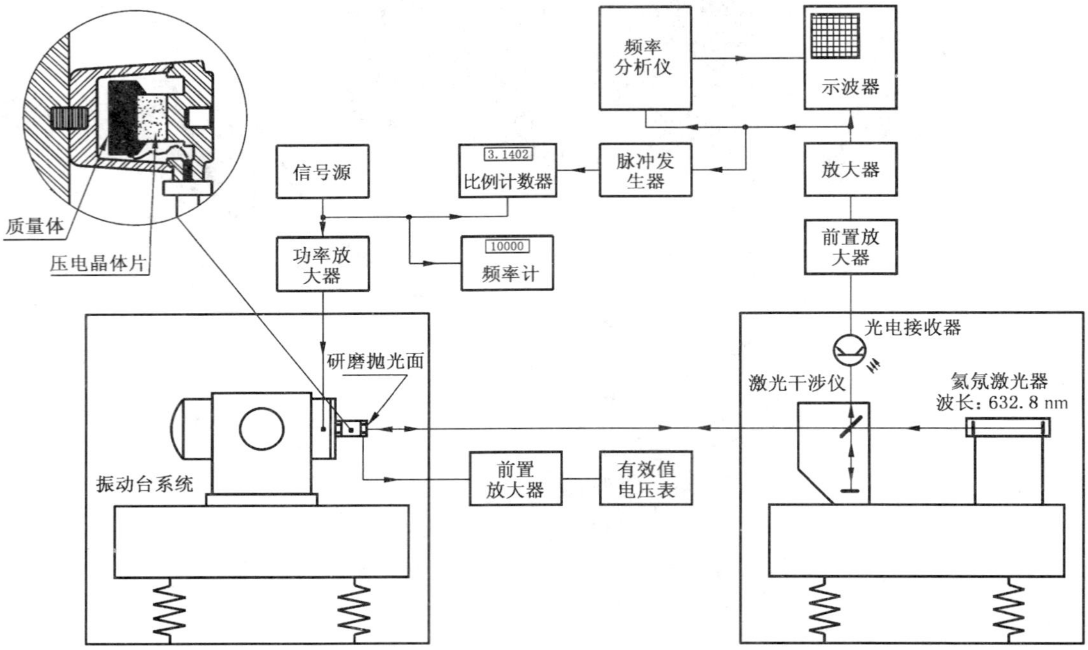

图 2 激光干涉法测量图例

5.2.2 互易法校准（见参考文献[28]至[30]）

绝对校准也可以用互易校准技术来实现。在传感器电输出与所使用的校准振动发生器的运动成线性正比关系的幅值范围内，互易理论可用来做振动标准的校准。该理论给出了振动发生器驱动线圈的互易关系，即力与电流之比等于电动势与速度之比。

对驱动线圈施加指定频率的电流来驱动校准器时，灵敏度 S_{uc} 定义为加速度计产生的电动势 u_{13}（V）与传感器安装面的加速度 a（m/s²）的比值：

$$S_{uc} = \frac{u_{13}}{\hat{a}} \qquad \cdots\cdots(8)$$

互易法的目的是确定灵敏度 S_{uc}，这样当测定了电动势 u_{13} 后，加速度 $\hat{a}$ 可用式(8)来计算。而 S_{uc} 由下式来确定：

$$S_{uc} = S_0 + s_Z Z_m \qquad \cdots\cdots(9)$$

式中：

Z_m——传感器的机械阻抗，单位为千克每秒(kg/s)；

参数 S_0 和 s_Z 由下面两个实验和计算步骤得出。

实验一：

将几个不同的重块固定到安装台面上，在分别加载每一个重量块和不加重量块时驱动线圈与加速度计之间的传递导纳 Y_e(A/V)由下式给出：

$$Y_e = \frac{i}{u_{13}} \qquad \cdots\cdots(10)$$

式中：

i——驱动线圈的电流，单位为安培(A)；

u_{13}——加速度计产生的电动势，单位为伏特(V)。

实验二：

把校准器安装面与一个振动发生器相联接，然后起动振动发生器[1)]。使校准器运动部件随振动发生器做正弦运动。测量加速度计产生的电动势 u_{13} 与校准器驱动线圈开路所产生的电动势 u_{15}，并求出他们的比值 u_{13}/u_{15}。

计算步骤：

以实验一中安装在台面的负荷质量 W 为横坐标做图，确定函数 $W/(Y_{ew}-Y_{eo})$ 的纵坐标截距 J 和斜率 Q，这里 Y_{ew} 是附加有负荷质量 W 的 Y_e 值，Y_{eo} 是 $W=0$ 时的 Y_e 值。将 $W/(Y_{ew}-Y_{eo})$ 的实部和虚部分别做出图形，由此可确定出 J 和 Q 的实部和虚部，方程式(9)中的 S_0 和 s_Z 的大小由下式给出：

$$S_0 = \sqrt{j\omega J u_{13}/u_{15}} \qquad \cdots\cdots(11)$$

$$s_Z = \sqrt{(u_{13}/u_{15})/j\omega J} \qquad \cdots\cdots(12)$$

式中：

ω——角频率，单位为弧每秒(rad/s)；

j——虚部单位。

5.2.3 离心机校准法

5.2.3.1 单离心机

离心机由绕垂直轴以匀角速度旋转的平衡盘或平衡臂组成。利用该装置可以在所需时间内将精确的已知恒加速度施加给加速度传感器。目前已制造出能够承载几千克重的传感器和加速到 6×10^5 m/s² 的离心机。市场也能见到低加速度离心机。

此类离心机仅可以校准具有零频响应的线加速度传感器。

校准时，将加速度传感器安装在离心机的转盘或转臂上，应注意使其灵敏轴与旋转圆的半径方向一致，这时作用在传感器的加速度为：

1) 电动振动台具有双驱动线圈结构，动圈与安装台面之间为机械连接。在这种情况下就没有必要使用另外的振动台了。

$$a = \omega^2 r \quad \cdots\cdots (13)$$

式中：

ω——离心机的角频率，单位为弧每秒(rad/s)；

r——转轴到传感器质量块质心的距离。

传感器的安装与转轴中心距离应足够远，以使得测定 r 时可以忽略传感器内质量块的定位偏差。

由于多数传感器的设计结构不便于直接测出 r，所以 r 的值可以这样来确定，将传感器分别装在相距已知距离 Δr 的两个位置上，绕转轴旋转并调节旋转转速，尽量使传感器在这两个位置得到的加速度一致，在第二个位置上的 r 值以 r_2 表示，那么：

$$r_2 = \frac{\Delta r}{1 - \omega_2^2 u_1 / \omega_1^2 u_2} \quad \cdots\cdots (14)$$

式中：

ω_1——第一个位置上的角频率，此时 $r = r_1 = r_2 - \Delta r$；

ω_2——第二个位置上的角频率，此时 $r = r_2$；

u_1——角频率为 ω_1 时传感器的输出；

u_2——角频率为 ω_2 时传感器的输出。

由 r_2 和 ω_2 的值，根据式(13)可确定其加速度。

如果传感器加速度线性范围的低端能扩展到重力加速度 g，就不必确定 r 的值，在这种情况下，可以用倾斜支架法在 $\pm g$ 下对传感器做第一次校准，然后将传感器放在离心机上，当传感器的输出与 g 值校准下的数值一致时，确定其对应的角频率为 ω_1，则在另外一个角频率 ω 下产生的加速度为：

$$a = g\omega^2 / \omega_1^2 \quad \cdots\cdots (15)$$

由于加速度随角频率的平方变化，所以与半径 r 相比需更精确地测定角频率值。多数校准用离心机上都装有转速表，它可以直接显示误差在2%以内的转速值，更精确地测定转速时可用频闪法或另外几种装置中的一种(如使用光电元件或磁电元件的装置)。它们能产生与转速成正比的脉冲。脉冲速率可用电子计数器来测定。

用离心机对机电传感器进行校准时导线要通过滑环和电刷。由于零频响应的加速度传感器是低阻抗器件，不存在对外部干扰场和电缆噪声的屏蔽问题，在通常情况下结构良好并经磨合的滑环所产生的电噪声可以忽略不计。但有些使用了应变元件的加速度传感器由于仅封装了1至2个敏感元件，构成惠斯登桥路的其他电阻安装在传感器的外部，校准这样的传感器就要把整个桥电路安装在转台上，以避免由于滑环组件电阻的微小变化产生虚假信号。另外，也可以使用开尔文桥路。

当传感器在小加速度下校准时，如果传感器对横向加速度较敏感，那么重力加速度就会产生明显影响。如果可能，当把传感器安装在离心机上时，应使传感器的最大横向灵敏度轴处于水平面内。

零频率下的加速度灵敏度可以通过高质量离心机校准，其扩展测量不确定度能达到1%或更好，但离心机校准不能给出在可用的频率范围内的频率响应。

5.2.3.2 倾斜离心机

当离心机的转轴与地球重力场方向不平行时，安装于离心机上的传感器所承受的加速度将包括重力加速度分量，大小为 $g\sin\varphi sin(\omega t)$，这个加速度分量附加到向心加速度 $\omega^2 r$ 上，这里 φ 是转轴与垂直轴线的夹角。地球重力场分量对传感器的影响可以用弹簧—质量系统来近似，相关内容见参考文献[31]。当 $r=0$ 并且 $\varphi=90°$ 时，作用于传感器的加速度为正弦加速度。这时，由重力引起的加速度就可测定，而且测量不确定度最小。当然，无论离心机在什么频率下旋转，其加速度的极限为 $\pm g$。受离心机及其平衡能力的限制，离心机最高旋转频率通常在数百赫兹以内。

5.2.3.3 双离心机(参考文献[32])

双离心机由一个偏心安装在大离心机上并如5.2.3.1所述环绕其垂直轴旋转的小离心机组成(见图3)。振动传感器A被安装在独立驱动的小离心机上。当两个离心机以恒定的角频率驱动时，传感器灵敏轴的方向相对于大离心机的中心以某一频率交替变化，以 Hz 为单位，其角频率等于小离心机相对于大离心机的每秒转数。任意时刻 t 施加于传感器灵敏轴的加速度分量 a 为：

$$a = r_c\omega^2\cos(\omega_p t) + r(\omega \pm \omega_p)^2 \quad \cdots\cdots(16)$$

式中：

ω——大离心机的角频率，单位为弧度每秒(rad/s)；

ω_p——小离心机相对于大离心机的角频率，单位为弧度每秒(rad/s)；

r_c——两离心机的中心距；

r——传感器质量块质心到小离心机中心的距离。

式(16)中，当 ω 和 ω_p 同为顺时针或同为逆时针时，最后一项取正号，当 ω 与 ω_p 反向时取负号。

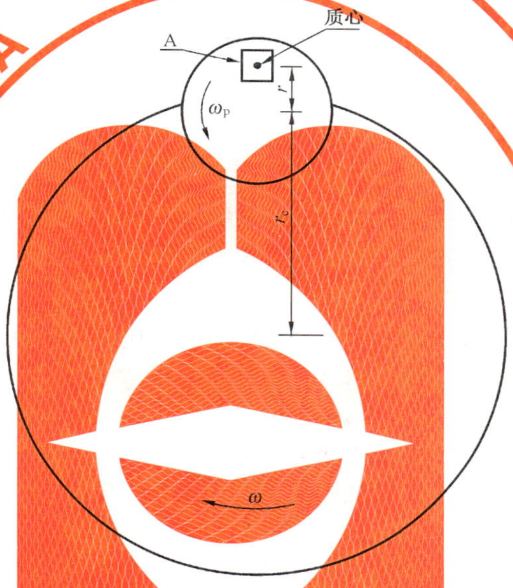

图 3 双离心机

当 $r(\omega\pm\omega_p)^2$ 一项可以忽略时，沿传感器灵敏轴方向上的加速度就剩下正弦项。

$$a = r_c\omega^2\cos(\omega_p t) \quad \cdots\cdots(17)$$

这时沿传感器灵敏轴的加速度分量是正弦量，同时还有一个与灵敏轴垂直的加速度分量，因此这种方法不适用于横向灵敏度比大的传感器。在 ω 与 ω_p 大小相等、方向相反时，$r(\omega\pm\omega_p)^2$ 一项为零。

当双离心机由下列形式构成时，运动方程(17)是精确的，并且沿传感器灵敏轴向的加速度是纯正弦的。在空间安装一皮带轮，使其与大离心机同心。另一尺寸相同的皮带轮被同轴安装在小离心机上，并用皮带使两者相连。用电动机驱动大离心机，则两离心机相对于各自的转轴的角频率大小相等，方向相反。

双离心机可用来在 0.7 Hz～10 Hz 频率范围内产生高达 500 m/s² 的正弦加速度。

5.2.3.4 倾斜校准支架

倾斜校准支架利用地球重力场对具有零频响应和可忽略横向灵敏度的线运动加速度传感器进行校准。可用范围从 $-g$ 到 $+g$。被校传感器固定在转臂末端的平台上，其灵敏轴与转臂方向一致，以感受沿臂方向上作用的加速度分量。转臂相对于铅垂方向成 φ 角，φ 角可在 0°～180°内调整。该装置上装有指针可从分度圆上读出 φ 角。注意在 $\varphi=0$ 时，将安装传感器的底座调到水平。使用高准确度的分度圆可使转臂在±0.1°或更高的准确度范围内定位。

沿臂方向作用的加速度分量为：

$$a = g\cos\varphi \quad \cdots\cdots(18)$$

角度变化 $\Delta\varphi$ 时，相应的加速度变化量为：

$$\Delta a = g\sin\varphi\Delta\varphi \qquad (19)$$

在与灵敏轴垂直的方向上，加速度传感器所承受的加速度分量 a_t 为：

$$a_t = g\sin\varphi \qquad (20)$$

通常，当传感器的横向灵敏度可忽略时，该量不影响校准结果。

注：为获得满意的结果，试验设备要求隔振。在对直流电压敏感的仪器仪表中采用电子滤波和平均的办法有助于减少台面上振动的影响。

5.2.4 冲击校准方法

为测量随时间变化的加速度，可以使用基于条纹计数和时间间隔测量的激光干涉法(见参考文献[40])。通过测得的位移值和对应的时间，利用内插多项式并进行两次微分运算即可获得加速度值。实验证明，通过使用一个特制的气动冲击加速度激励器——冲击锤和砧子，可以在冲击加速度峰值或高品质加速度计的冲击灵敏度测量中获得很小不确定度(见参考文献[41])。多数冲击绝对校准基于速度变化原理(见参考文献[28]和[33])。这是因为速度是一个可以进行直接测量的物理参数，通常的结构是把被校传感器安装在处于静止位置的悬吊砧体上(见参考文献[34])。用一个锤子打击这个砧台，使砧台产生一个瞬态运动。这一冲量是可控的，使得速度变化不要过快或过慢，以免激起仪器响应范围外明显的频率分量，这时可近似应用刚体动力学理论。被校速度或加速度传感器的质量与相连接的砧台质量相比要小，而且要保证碰撞时传感器灵敏轴方向与冲击力方向尽量一致。做冲击实验时，要记录加速度计输出与时间的对应关系，在冲击后随即测得砧台的速度 Δv。

测量砧子通过已知距离所用时间来测定砧子的速度。用光电或磁传感器触发电子计时器。在碰撞过程中砧子获得的速度是受到加速度作用的直接结果：

$$\Delta v = \int_{t_1}^{t_2} a(t)\mathrm{d}t \qquad (21)$$

式中：

Δv——速度增量，单位为米每秒(m/s)；

$a(t)$——随时间变化的加速度，单位为米每二次方秒(m/s^2)。

加速度计的输出 $u_r(t)$ 为：

$$u_r(t) = S_r a(t) \qquad (22)$$

式中：

S_r——参考标准的灵敏度，以输出信号单位每米负二次方秒表示。

由式(21)和式(22)可解出 S_r：

$$S_r = \left[\int_{t_1}^{t_2} u_r(t)\mathrm{d}t\right]/\Delta v \qquad (23)$$

由碰撞过程所记录下的输出及式(23)可以对线运动加速度传感器进行校准。如冲击施加于线性弹性体时，其脉冲为半正弦形，脉冲包络的面积 $A=0.637\ hb$，其中 h 和 b 分别为脉冲的高度和宽度。改变碰撞件的质量、垫层，及诸如跌落高度、空气压力等初始条件，或改变与冲击发生器特性有关的其他物理参数，可以调整脉冲形状和脉宽。

要得到方程(23)中的 Δv 值，两种方法(用砧子做碰撞或用线性弹性体做碰撞)都可行。用记忆示波器或高速示波器加上照像的办法均可记录碰撞过程中加速度传感器输出随时间的变化。通过分别施加已知的电位差信号 u_c 和已知的时间 t_c，测量其对应的 y_c 与 x_c，可以确定电位差标度和时间标度。电位差标度系数 k_1 和时间标度系数 k_2 由下列公式给出：

$$k_1 = u_c/y_c \quad k_2 = t_c/x_c \qquad (24)$$

所记录的加速度计输出随时间变化曲线下的面积，由下式给出：

$$A = \int_{x_1}^{x_2} y \mathrm{d}x \qquad \cdots\cdots(25)$$

式中：x_1 和 x_2 是冲击起始时间和结束时间。

将上述量代入(23)式，得出：

$$S_r = \frac{k_1 \cdot k_2 \cdot K \cdot A}{\Delta v} \qquad \cdots\cdots(26)$$

面积 A 可以从记录加速度时间历程的图形积分得到，用面积仪也可测量出加速度随时间变化曲线下的面积。要注意零漂、过冲和振铃对测定面积的影响。

式(23)中的积分也可以用电子积分或数字记录求和技术来求得。这样可以加快校准过程，减少主观误差与操作者的劳动强度。

在大多数合理的冲击幅值和持续时间范围内，对高质量加速度计基于速度变化原理的冲击绝对校准不确定度小于5%，前提是传感器在关注的频率范围内具有线性频率响应。如果不是线性的，会导致难以估计的误差。而且这种方法给出的只是灵敏度，无法得出任何实用的频率响应或相位响应信息。

5.3 比较法校准

通过绝对法校准的振动传感器，可用作其他传感器校准的参考标准。5.2.1所叙述的方法是优先选用的方法。

做比较法校准时，校准过的参考传感器1和被校准传感器2通过合理安装将感受相同的振动输入，同时测定它们的输出值 u_1 和 u_2 或测量两者的输出比。如果两个传感器检测同一振动参数，例如，同为速度或同为加速度，并且传感器1和2的响应都是线性的，那么传感器2的幅值灵敏度 S_2 和被校准过的传感器1的幅值灵敏度 S_1 相应关系为：

$$S_2 = \frac{u_2}{u_1} S_1 \qquad \cdots\cdots(27)$$

比较法校准限于传感器1已校准过的频率、脉冲持续时间和幅值范围内。如果已知传感器1的相位响应，且测得了 u_1 和 u_2 的相位关系，也可确定复数灵敏度 S_2。如果两个传感器检测的是不同的振动参数，例如，将一速度传感器与一加速度计进行比较，则灵敏度 S_2 与 $j\omega$ 某次幂有关。将两个传感器背靠背刚性地安装在一起，其灵敏轴方向与运动方向一致时，可以得到最好的结果。必须保证传感器1与传感器2承受相同的运动。如果两个传感器都是直线型的并安装在振动发生器的台面上，则可以忽略台面摆动的影响。对比较法来说不像绝对法那样对波形失真要求那么严格，在两个传感器检测同一振动参数时要求就更低。然而，运动中存在的谐波分量可能会不同程度地使两个传感器的输出电压增加，这取决于两个传感器在谐波频率下的灵敏度比。

实际校准时多用电动振动台。将一背靠背参考加速度计装到振动台面上，已校准面背向台面。被校的加速度计装到背靠背参考加速度计的校准面上。为了在高频下进行比较法校准，参考加速度计校准时应附加与被校加速度计同量级的质量负载。

通过利用精密放大器进行衰减和利用平衡比较仪调零的办法对信号进行比较，可方便地对参考加速度计前置放大器的输出电信号与被校加速度计的输出信号进行精确比较。

应当注意到，参考传感器的灵敏度与安装被校传感器的安装面上的质量负载有关，因此应当知道参考传感器在承受被校传感器的质量负载时的灵敏度值(见参考文献[35])。

6 测量不确定度的表达

按照《测量不确定度评定与表示》(JJF 1059)，校准测量不确定度应使用扩展不确定度 U 来表达，该表示指南以国际称重与测量委员会(CIPM)推荐的方法为依据。

附　录　A
（资料性附录）
校准测量不确定度表达

A.1　总则

见第6章。

U 的用途是提供一个区间 $y-U$ 到 $y+U$。由 y 评估的被校准的特定值 Y 在此区间可期望以高概率存在。为充分判定 $y-U\leqslant Y\leqslant y+U$，应按下述方法评定扩展不确定度 U。

A.2　测量扩展不确定度的计算

A.2.1　必须设法对明显影响测量结果的各个分量进行确定，并且对这些分量的影响用估计修正值或修正因子来修正。

如果某一分量对测量结果的影响可以用一个具有明确的期望值（特别是不对称分布）的概率分布（最好是概率密度 A.2.2）来表示。那么可以作为系统误差来对待，并且用修约来修正。

A.2.2　每个对测量结果有影响的不确定度分量，以标准偏差 u_i 来表示，即所谓的标准不确定度，等于变量 u_i^2 的正平方根。

有些标准不确定度可以从统计理论估算的标准差得到。这一标准差可由一系列观察值的统计分析得到（参见JJF 1059中标准不确定度的A类评定）。评估另一些标准不确定度可以某种概率分布的标准偏差来表示，该分布应能描述对相关量的所有可能取值的科学判断（B类）。这一评价是基于所有的有用信息量作出的。作为特例，如果没有数据表明某量的可能取值具有系统效应，仅知道这些估算值在 b_- 与 b_+ 范围之间，则可以 $[b_-;b_+]$ 间的平均分布来描述这些数据。它的标准不确定度是 $b/\sqrt{3}$，其中 $b=(b_+-b_-)/2$。在这种情况下期望值 $(b_++b_-)/2$ 可用作修正值。

如果一个影响量是均匀分布（矩形概率密度），但它转换为对测量结果的影响又是非线性的（例如：正弦信号、二阶或三阶多项式），这样就要选择相关的分布模型来处理这种情况。

实例：

在正弦加速度标称测量方向上，加速度灵敏度 S 是通过它的输出电压或电荷幅值 $\hat{x}$，以及振动激励产生的加速度幅值 $\hat{a}$，按公式 $S=\hat{x}/\hat{a}$ 来计算的。在多种对校准结果有影响的分量中，有一个来自振动台的明显横向运动分量，其加速度幅值为 $\hat{a}_{\mathrm{T}}$，与加速度计的横向灵敏度 S_{T} 结合，转换为输出信号中的误差分量 $e_{\hat{x}T}$。对这个例子来说，假设被测加速度和横向加速度频率相同并且没有相位差。由于横向灵敏度通常取决于最大横向灵敏度（$S_{\mathrm{T,max}}$）方向与横向激励方向夹角 β 的正弦，其误差分量可以表示为：

$$e_{\hat{x}T}=S_{\mathrm{T}}\cdot\hat{a}_{\mathrm{T}}=S_{\mathrm{T,max}}\cdot\hat{a}_{\mathrm{T,max}}\cos\beta$$

如果已知其最大横向灵敏度 $S_{\mathrm{T,max}}$ 和最大横向加速度 $\hat{a}_{\mathrm{T,max}}$，而角度 β 是不知道的，这时假设 β 在 $[-\pi,\pi]$ 之间按矩形分布是很合理的。这样，这一影响量，在角度 β 满足矩形分布的情况下，将产生测量误差分量 $e_{\hat{x}T}$，其概率密度为：

$$w(e_{\hat{x}T})=\frac{1}{b\pi\sqrt{1-\left(\frac{e_{\hat{x}T}}{b}\right)^2}}$$

式中：

$-b < e_{\hat{x}T} < b, b = S_{T,max}\hat{a}_{T,max}$

通常也称为反正弦分布，相应的标准不确定度为：$u(e_{\hat{x}T}) = b/\sqrt{2}$。

期望值 $E_{\{e_{\hat{x}T}\}}$ 在这时为零，这是对误差 $e_{\hat{x}T}$ 的最佳估计。

A.2.3 根据不确定度传播定律，由各标准不确定度分量（有时也包括协方差）合成确定的合成标准不确定度 u_c，作为测量值 Y 的标准不确定度。因此，合成标准不确定度由下式得到：

$$u_c(y) = \sqrt{\sum_{i=1}^{N}\left(\frac{\partial f}{\partial x_i}\right)^2 u^2(x_i) + 2\sum_{i=1}^{N-1}\sum_{j=i+1}^{N}\frac{\partial f}{\partial x_i}\frac{\partial f}{\partial x_j}u(x_i,x_j)} \quad \cdots\cdots(A.1)$$

这一方程式基于一阶泰勒级数的近似：

$$Y = f(X_1, X_2, \cdots\cdots, X_N) \quad \cdots\cdots(A.2)$$

这里 Y 是由 N 个输入量 $X_1, X_2, \cdots\cdots, X_N$ 通过函数关系 f 确定的被测对象。

被测量 Y 的估算值用 y 来表示。通过对输入量值使用输入估计 $x_1, x_2, \cdots\cdots, x_n$ 由式 A.1 获得。这样测量结果的输出评估可由下式得到：

$$y = f(x_1, x_2, \cdots\cdots, x_n) \quad \cdots\cdots(A.3)$$

在式(A.1)中，$\partial f/\partial x_i$ 常常称作灵敏系数 c_i，等于偏微分 $\partial f/\partial X_i$ 在 $X_i = x_i$ 时的估计值。$u(x_i, x_j)$ 是 x_i、x_j 的协方差估计值。

没有明显互相关的情况下，式(A.1)被简化为：

$$u_c(y) = \sqrt{\sum_{i=1}^{N}\left(\frac{\partial f}{\partial x_i}\right)^2 u^2(x_i)} \quad \cdots\cdots(A.4)$$

如果在不确定度 $u(x_i)$ 表征的范围内，相对于输入估计变量 x_i，模型函数 f 是充分线性的，那么可采用式(A.2)的一阶泰勒级数近似，其结果是方程(A.1)。在 A.2.2 的实例中，如果角度 β 被视为输入量 X_i，则不属于这种情况。在振动与冲击传感器校准中还存在具有相似影响的其他量，为克服这个障碍，这里介绍了一个合适的模型（见参考文献[42]）。为了简要地说明针对上述实例的模型，将因子$(1-e_{\hat{x}T}/\hat{x})$，此时 $e_{\hat{x}T}/\hat{x} << 1$，作为输入量 X_i 引入计算被测量的函数关系式。实例中方程(A.2)简化为三个输入量：

$$Y = f(X_1, X_2, X_3)$$

这里 Y 表示被测量（灵敏度 S），X_1 表示加速度计输出（电压或电荷幅值 $\hat{x}$），X_2 表示加速度幅值，$X_3 = 1 - e_{\hat{x}T}/\hat{x}$。这样，关系式 $Y = \frac{X_1}{X_2}X_3$ 可以成立，如果没有明显的相关性，即可用一阶泰勒级数近似去导出相对合成标准不确定度：

$$\frac{u_c(y)}{y} = \sqrt{\left[\frac{u(x_1)}{x_1}\right]^2 + \left[\frac{u(x_2)}{x_2}\right]^2 + \left[\frac{u(x_3)}{x_3}\right]^2}$$

在实例中使用引入的符号，最后的关系式表示如下：

$$\frac{u_c(s)}{s} = \sqrt{\left[\frac{u(\hat{x})}{\hat{x}}\right]^2 + \left[\frac{u(\hat{a})}{\hat{a}}\right]^2 + \left[\frac{u(e_{\hat{x}T}/\hat{x})}{1}\right]^2}$$

这里 $u(\hat{x})/\hat{x}$ 是输出电压幅值测量的相对标准不确定度，$u(\hat{a})/\hat{a}$ 是加速度幅值测量的相对标准不确定度，由于实例中 $u(e_{\hat{x}T}) = b/\sqrt{2}$，有 $u(e_{\hat{x}T}/\hat{x}) = u(e_{\hat{x}T})/\hat{x}$。这样，如果某量与 1 的偏差同样可由该量的相对误差来表示，那么，该量可以作为一个输入量引入，从而可分别将一系列不确定来源考虑起来。

A.2.4 将 u_c 乘以扩展因子 k 得到扩展不确定度

$$U = ku_c$$

这里优先选取扩展因子 $k=2$。如果能假设校准结果的估算值服从具有近似标准偏差 u_c 的近似正态分布，就能断定未知值位于由 U 限定的区间内，其置信水平或概率约为 95%。

A.2.5 当给出测量结果 y，扩展不确定度及所用包含因子的报告时，如果 k 不等于 2，要加以说明。另外，包含概率的近似值或取值区间的置信水平也应加以说明。

参考文献

[1] ISO 5347-1:1993, Methods for the calibration of vibration and shock pick-ups—Part 1: Primary vibration calibration by laser interferometry.

[2] ISO 5347-2:1993, Methods for the calibration of vibration and shock pick-ups—Part 2: Primary shock calibration by light cutting.

[3] ISO 5347-3:1993, Methods for the calibration of vibration and shock pick-ups—Part 3: Secondary vibration calibration.

[4] ISO 5347-4:1993, Methods for the calibration of vibration and shock pick-ups—Part 4: Secondary shock calibration.

[5] ISO 5347-5:1993, Methods for the calibration of vibration and shock pick-ups—Part 5: Calibration by Earth's gravitation.

[6] ISO 5347-6:1993, Methods for the calibration of vibration and shock pick-ups—Part 6: Primary vibration calibration at low frequencies.

[7] ISO 5347-7:1993, Methods for the calibration of vibration and shock pick-ups—Part 7: Primary calibration by centrifuge.

[8] ISO 5347-8:1993, Methods for the calibration of vibration and shock pick-ups—Part 8: Primary calibration by dual centrifuge.

[9] ISO 5347-9:1993, Methods for the calibration of vibration and shock pick-ups—Part 9: Secondary vibration calibration by comparison of phase angles.

[10] ISO 5347-10:1993, Methods for the calibration of vibration and shock pick-ups—Part 10: Primary calibration by high impact shocks.

[11] ISO 5347-11:1993, Methods for the calibration of vibration and shock pick-ups—Part 11: Testing of transverse vibration sensitivity.

[12] ISO 5347-12:1993, Methods for the calibration of vibration and shock pick-ups—Part 12: Testing of transverse shock sensitivity.

[13] ISO 5347-13:1993, Methods for the calibration of vibration and shock pick-ups—Part 13: Testing of base strain sensitivity.

[14] ISO 5347-14:1993, Methods for the calibration of vibration and shock pick-ups—Part 14: Resonance frequency testing of undamped accelerometers on a steel block.

[15] ISO 5347-15:1993, Methods for the calibration of vibration and shock pick-ups—Part 15: Testing of acoustic sensitivity.

[16] ISO 5347-16:1993, Methods for the calibration of vibration and shock pick-ups—Part 16: Testing of mounting torque sensitivity.

[17] ISO 5347-17:1993, Methods for the calibration of vibration and shock pick-ups—Part 17: Testing of fixed temperature sensitivity.

[18] ISO 5347-18:1993, Methods for the calibration of vibration and shock pick-ups—Part 18: Testing of transient temperature sensitivity.

[19] ISO 5347-19:1993, Methods for the calibration of vibration and shock pick-ups—Part 19: Testing of magnetic field sensitivity.

[20] ISO 5347-20:1997, Methods for the calibration of vibration and shock pick-ups—Part 20: Primary vibration calibration by reciprocity method.

[21] ISO 5347-22:1997, Methods for the calibration of vibration and shock pick-ups—Part 22: Accelerometer resonance testing—General method.

[22] 5347-23, Methods for the calibration of vibration and shock pick-ups—Part 23: Primary shock calibration using laser interferometry.

[23] HOHMANN, P. Schwingungsmessungen mit Laserinterferometern zur Kalibrierung von Aufnehmern, Acustica, 26, pp. 122-136(1972).

[24] HOHMANN, P. and MARTIN, R. Kalibrierung eines Schwingungsaufnehmer-Vergleichsnormals, Physikalisch-Technische Bundesanstalt, Braunschweig (1968), VDI-Berichte Nr. 135(1969).

[25] DERERRARi. H. A., DARBY, R. A. and ANDREWS, F. A. Vibrational displacement and mode-shape measurement by laser interferometer, Journal of the Acoustical Society of America, 52, No. 5, p. 982(1967).

[26] ACTLEY, R. A. and LOGUE, S. H. A laser interferometer and its applications to vibration amplitude measurement, Proceeding, Institute of Environmental Sciences Annual Meeting, pp. 235-240(1967).

[27] LICHT, T., BRUEL and KJAER. Technical Review, No. 1(1971).

[28] HARRIS, C. M. and CREDE, C. E. Shock and vibration Handbook, 3rd edn., McGraw-Hill (1987).

[29] LEVY, S. and BOUCHE, R. R. Calibration of vibration pick-ups by the reciprocity method, J. Research NBS, 57, No. 4, pp. 227-243(1956).

[30] BOUCHE, R. R. and ENSOR, L. C. Use of reciprocity calibrated accelerometer standards for performing routine laboratory comparison calibration, Shock and vibration Bulletin (Ap 440-502 Bull. 34, Part 4)(February 1965).

[31] WILDHACK, W. A. and SMITH, R. O. A basic method of determining the dynamic characteristics of accelerometer by rotation, Proceedings of the instrument Society of America, 9, Part V (1995), P. 4(Paper 54-50-3).

[32] SMITH, R. O., WILLIS, E. A. and HILTEN, J. S. A dual centrifuge for generating low-frequency sinusoidal acceleration, NBS Journal of Research, 66d, No. 4(1962).

[33] WITTKOWSKI, U. Stosspendelverfahren zum Kalibrieren and Prüfen von Beschleunigungsmessgeräten, Technisches Messen tm, No. 9, pp. 323-328(1979).

[34] BOUCHE, R. R. The absolute calibration of pick-ups on a drop-ball shock machine of the ballistic type, Endevco Corporation TP 206 (April 1961).

[35] LAUER, G.. Interferometrische Bestimmung der Belastungsabhängigkeit von Beschleunigungasaufnehmer-Vergleichsnormalen, Fortschritte der Akustik-FASE/DAGA'82, Göttingen.

[36] v. MARTENS, H,-J. Dynamic calibration of rotational transducers by diffraction grating interferometry. PTB Mitteilungen 103(1992)1, pp. 19-27.

[37] CLARK, N. H. An improved method for calibration reference standard accelerometers. Metrologia 20(1983), pp. 103-107.

[38] v. MARTENS, H,-J. Interferometric counting method for measuring displacements in the range 10^{-9} m to 1m. Metrologia 24(1987), PP. 163-170.

[39] LEWIN, A. C., ROTHE, V., SELBACH, H. Laser doppler interferometer for applications in the automotive industry. Proc. of the 25th ISATA Symposium, Florence 1992.

[40] v. MARTENS, H,-J., TÄUBNER, A. Interferometric measurement of translation and ro-

tational motion quantities. Recent advances in experimental mechanics. S. Gomez et al. (eds),Balkema,Rotterdam,1994.

[41] V. MARTENS,H,-J SCHLAAK,H,-J. ,TÄUBNER, A. Interferometrische Kailbrierung von Translations-und Rotationsaufnehmern mit Sinus-und Stossanregung. Fortschritte der Akustik-DAGA 94,Teil B,pp. 681-684.

[42] v. MARTENS,H,-J and ROGAZEWSKI,P. Representation and transfer of the units of vibration quantities in the GDR. Bulletin OIML No. 108,Sept. 1087.

STANDARDS PRESS OF CHINA

ICS 17.160
J 04

中华人民共和国国家标准

GB/T 20485.12—2008/ISO 16063-12:2002
代替 GB/T 13823.18—1997

振动与冲击传感器校准方法 第12部分：互易法振动绝对校准

Method for the calibration of vibration and shock transducers—
Part 12: Primary vibration calibration by the reciprocity method

(ISO 16063-12:2002, IDT)

2008-03-03 发布　　2008-08-01 实施

中华人民共和国国家质量监督检验检疫总局
中国国家标准化管理委员会　发布

前　言

GB/T 20485《振动与冲击传感器校准方法》预计结构由基本概念、绝对法校准、比较法校准和环境模拟校准等大类以及以下几部分组成：

——第1部分：基本概念；

——第11部分：激光干涉法振动绝对校准；

——第12部分：互易法振动绝对校准；

——第13部分：激光干涉法冲击绝对校准；

——第15部分：激光干涉法角振动绝对校准；

——第21部分：振动比较法校准；

——第22部分：冲击比较法校准。

本部分是GB/T 20485的第12部分。

本部分等同采用ISO 16063-12:2002《振动与冲击传感器校准方法　第12部分：互易法振动绝对校准》(英文版)。

本部分等同翻译ISO 16063-12:2002。

为便于使用，本部分作了如下编辑性修改：

——“国际标准的本部分”一词改为“本部分”；

——删除国际标准的前言；

——用小数点“.”代替作为小数点的逗号“,”；

——对ISO 16063-12:2002中引用的其他国际标准，有被等同采用为我国标准的，用我国标准代替对应的国际标准，未被等同采用为我国标准的直接引用国际标准。

本部分代替GB/T 13823.18—1997《振动与冲击传感器的校准方法　互易法校准》。

与GB/T 13823.18—1997相比，主要修改内容如下：

——标准名称“互易法校准”改为“互易法振动绝对校准”；

——原标准中规定的频率范围40 Hz～1 250 Hz改为40 Hz～5 000 Hz，并对仪器设备要求做了相应的调整；

——校准环境条件中室温由20℃±5℃改为23℃±3℃；

——校准频率的选择改为按照1/3倍频程；

——增加了加速度计复灵敏度辐角(相移)的计算内容；

——附录A不确定度计算采用新方法等；

——增加了第3章　测量不确定度和第4章　符号；

——附录A中增加了A.1.2和A.2.2复灵敏度辐角(相移)校准的不确定度计算；

——增加了附录B互易法理论在机电传感器校准中的应用。

本部分的附录A为规范性附录，附录B为资料性附录。

本部分由全国机械振动、冲击与状态监测标准化技术委员会提出并归口。

本部分起草单位：中国计量科学研究院、安徽大学。

本部分主要起草人：于梅、杨丽峰、葛立峰。

本部分所代替标准的历次版本发布情况为：

——GB/T 13823.18—1997。

振动与冲击传感器校准方法
第12部分：互易法振动绝对校准

1 范围

本部分规定了使用互易法和SI国际单位制对加速度计进行绝对校准所用的仪器设备及操作程序。

本部分适用于频率范围40 Hz～5 kHz、加速度幅值(取决于频率)范围10 m/s²～100 m/s² 的直线加速度计的校准，本部分基于电动振动台的线圈作为互易传感器的情况。

与被校传感器配套使用的信号适调仪或放大器具有良好特性时，可以使用本部分描述的方法进行传感器灵敏度校准。为了达到本部分第3章规定的测量不确定度，应该采用传感器与信号适调仪或放大器配套进行校准(在本部分中，把传感器与信号适调仪或放大器的组合简称为“加速度计”)。

2 规范性引用文件

下列文件中的条款通过GB/T 20485的本部分的引用而成为本部分的条款。凡是注日期的引用文件，其随后所有的修改单(不包括勘误的内容)或修订版均不适用于本部分。然而，鼓励根据本部分达成协议的各方研究是否可使用这些文件的最新版本。凡是不注日期的引用文件，其最新版本适用于本部分。

GB/T 20485.1—2008 振动与冲击传感器校准方法 第1部分：基本概念(ISO 16063-1:1998,IDT)

ISO 266 声学 优选频率

3 测量不确定度

在参考频率160 Hz和参考幅值100 m/s²、50 m/s²、20 m/s²、10 m/s² 时，传感器复灵敏度模(幅值)测量的不确定度不大于0.5%，辐角(相移)测量的不确定度不大于1°，在整个校准的频率和幅值范围内，灵敏度幅值测量的不确定度不大于1%，灵敏度相移测量的不确定度不大于2°。

要求使用本部分的所有用户根据附录A进行不确定度估算，提供测量不确定度的文件资料。

根据GB/T 20485.1—2008，测量不确定度表述为测量的扩展不确定度(简称为“不确定度”)。

4 符号

表1中列出了本部分使用的通用符号。对于公式中使用的特殊符号，在公式的下方对其进行了定义。

表1 通用符号

符 号	定 义	单 位
f	振动频率	Hz
n	试验质量块序数($n=0$表示无质量块)	
m_n	序号为n的试验质量块的质量	kg
u	复电压	V
U	复电压比	
Y	复电导纳	S

表 1(续)

符　号	定　义	单　位
R	电阻	Ω
α	最小二乘拟合的复截距	kg·Ω
β	最小二乘拟合的复斜率	Ω
S_a	被校加速度计的复灵敏度	
$\lvert S_a \rvert$	加速度灵敏度的模(幅值)	V/(m·s²)
φ_a	加速度灵敏度的辐角(相移)	°
Re	复数的实部	
Im	复数的虚部	
$\lvert\ \rvert$	复数的模或绝对值	
arg	复数的辐角	

5　仪器设备要求

5.1　总则

在关注的整个频率范围内,传感器的壳体在结构上应是刚性的。在计算传感器复灵敏度模和辐角的扩展不确定度时,应考虑加速度计(传感器与信号适调仪或放大器组成的套组)的基座应变灵敏度、横向灵敏度及灵敏度稳定性(参照附录 A)。

5.2　频率发生器和显示器或计数器

所用仪器应满足下列性能指标:

a)　频率不确定度:不大于 0.01%;

b)　频率稳定性:在每一个测量周期内不超过 0.01%;

c)　幅值稳定性:在每一个测量周期内不超过 0.01%。

5.3　功率放大器和振动台

在各种测量环境下,所用仪器均应满足下列性能指标:

a)　总谐波失真:不大于 2%;

b)　横向、弯曲及摇摆加速度:应符合灵敏度测量不确定度的相关要求(在所关注的整个频率范围内,其典型值应小于主轴方向加速度的 10%);

c)　加速度计输出的信噪比:不小于 30 dB;

d)　加速度幅值稳定性:在每一个测量周期内不超过 0.05%。

5.4　振动台的隔振块

为了减小振动台支撑结构对振动台运动产生的反作用力,振动台应安装在一个大的刚性隔振质量块上,以显著降低对校准结果不确定度的影响。隔振块的质量应至少是振动台运动部分质量的 2 000 倍。适合此用途的隔振块有花岗岩、钢制蜂窝状的光学平台等。若校准环境中存在明显的地面振动,隔振块应使垂直与水平方向的悬挂共振频率均小于 2 Hz。

5.5　复电压比测量仪

所用设备应满足下列性能指标:

a)　频率范围:40 Hz～5 kHz;

b)　复电压比模(幅值)的不确定度:不大于 0.1%;

c)　复电压比辐角(相移)的不确定度:不大于 0.1°。

5.6　电阻器

在校准频率和功耗范围内,电阻器电阻测量的不确定度应不大于 0.05%。

由于电流是通过标准电阻的阻抗值确定的，所以应确保其阻抗值不受电感与热效应的影响。

5.7 试验质量块组

试验质量块应：

a) 覆盖至少5个近似等间隔的测试范围，而最大的试验质量块应约为振动台运动部分质量的0.5至1倍；

b) 质量测量的不确定度不大于0.05%。

推荐试验质量块选用长宽比约为1的立方体或圆柱体。可利用公式$c/(2L)$来估算试验质量块呈刚体特性时的最高频率，其中c为试验质量块材料中的声速，L为质量块的长度。质量块表面粗糙度的技术要求及连接件机械加工公差都应满足或不大于被校传感器校准时的安装要求。如果在高频段进行校准，这些要求应更为严格。为了提高试验质量块自身的固有频率，质量块应选相对较硬的材料加工，如碳化钨。

实际上，在测量电导纳时所做的大量不同的测量会导致驱动线圈产生热效应。因此，在选用试验质量块的数量和尺寸时，应在减小统计不确定度和增大测量不确定度之间折衷考虑。

5.8 失真度测量仪

失真度测量仪总谐波失真的范围为0.01%～5%，并应满足下列性能指标：

a) 频率范围：40 Hz～5 kHz；

b) 不确定度：不大于失真度测量值的10%。

5.9 示波器

示波器可以用来观测加速度计和电动式动圈的信号波形，它是可选设备。

5.10 空气处理装置

该装置应确保环境条件满足第6章中的要求。

6 环境条件

校准应在以下环境条件中进行：

a) 室内温度：(23±3)℃；

b) 相对湿度：不大于75%。

7 优先选用的加速度幅值和频率值

校准使用的加速度幅值和频率应从以下序列中选择：

a) 加速度：10 m/s^2、20 m/s^2、50 m/s^2、100 m/s^2；

b) 参考加速度：100 m/s^2、50 m/s^2、20 m/s^2 或 10 m/s^2；

c) 频率：在40 Hz～5 kHz范围内，按照GB/T 3240规定的标准的1/3倍频程选择。

d) 参考频率：160 Hz。

在校准大加速度幅值时，驱动线圈产生的热效应将导致较大的幅值校准不确定度。

8 操作步骤

8.1 总则

互易法校准机电式传感器是利用被校传感器机电端口间的双向线性关系。为了对两只传感器进行绝对校准，实验共需3只传感器，其中一只仅作为振动传感器，一只仅作为振源，另外一只具有互易性，既作为振动传感器又作为振源（振动发生器）。通常，互易传感器的机电耦合方式可以是电动式或压电式。然而，在互易法振动校准的实际应用中，电动式传感器被更广泛地用作互易传感器。因此，本部分描述的方法都是基于将电动振动台的线圈作为互易传感器。安装被校传感器时应靠近该线圈。

仅作为振源的传感器可以是一个第二激振器，它与装有互易传感器和加速度传感器的运动部件机械联接，或是安装在同一运动部件上的第二线圈(参见利用第二激振器或第二线圈实现校准系统的参考文献)。如果使用第二激振器，可通过一个短螺栓与运动部件刚性联接，另外还应将互易传感器与第二激振器完全隔离，并保证运动部件的直线运动不因第二振源的存在而受到影响。若第二振源是电动式的，应注意防止两个电动元件间相互联接对校准结果不确定度带来不利影响。图1和图2是基于互易法的一个可实现的校准系统方框图，图中有安装在带有互易传感器的振动台内的加速度传感器，以及表示为第二激振器的第二振动源。

校准频率点应远远低于装有互易传感器和支撑被校传感器运动部件的固有频率。使用具有很高谐振频率的三向加速度计可以确定横向和轴向的谐振频率。运动部件与刚体运动的偏离可通过测量运动部件安装表面的相对运动确定。理想的是通过安装在试验夹具上的三向加速度计来测量横向和轴向谐振。加速度计与试验夹具质量之和等于确定 Y_n-Y_0 时的最大质量块的质量。当运动部件上装有被测传感器和确定 Y_n-Y_0 时的最大质量块时，加速度计校准时典型的上限频率应为运动部件谐振频率的0.25倍。应避免在出现次谐振的频率点进行校准。不应将悬挂系统和结构引起的这些次谐振视为由运动部件固有频率引起的谐振。

用互易传感器作为振源(激振器)和振动传感器(速度线圈)来得到测量结果(分别参见8.2.1和8.2.2)。对于第1种情况，要求在运动部件上加质量块和不加质量块两种条件下进行测量。重要的是应在均匀的温度场中，用磁隙中同一静态位置的互易传感器线圈完成这些测量。在温度场中，温度变化量上限的典型值应在1℃到2℃之间。用互易线圈两端的直流偏置电压可以对互易传感器的静态位置偏移量进行修正。理想的情况下，装置应只在一个点上接地以避免地回路的形成。测量互易线圈和标准电阻两端电压时，应尽量靠近电压电源以减小噪声的引入。在测量电压比 U_v(参见8.2.2)过程中，可以拆除或短接标准电阻器。然而，如果短接标准电阻，在高频校准时应检验电感效应是否对测量结果不确定度产生了影响。

设置好仪器设备后，在160 Hz和参考加速度幅值下进行校准，然后在其他选定的频率点和加速度幅值下进行校准。测量结果用复灵敏度的模(幅值)，复灵敏度的辐角(相移)，或复灵敏度的模(幅值)和辐角(相移)表述。对于每一个校准频率点对应的加速度，其失真、横向振动(弯曲和摇摆加速度)、交流声及噪声都应满足第3章中给定的不确定度要求。在进行校准时，未用的仪器设备不应与测量装置连接。

8.2 实验

8.2.1 实验1:复电导纳 Y(驱动线圈的电流与加速度计开路输出电压复数比)的测量

用互易电动线圈作为驱动线圈(振源)，由复电压比(U_d)除以标准电阻(R)的方法测量复电导纳，式中 U_d 是标准电阻两端的电压降(u_r)与加速度计输出的开路电压(u_{a1})之比(见图1)，即：

$Y=U_d/R=(u_r/u_{a1})(1/R)$

在运动部件上加质量块与不加质量块两种情况下得到一系列的测量值。在下面的公式中，不加质量的复电导纳用 Y_0 表示，加试验质量 m_n 的复电导纳用 Y_n 表示。

当测量 U_d 时，加速度计与标准电阻应处于相同的地电势，实验1应在使用的所有加速度幅值下进行校准。

8.2.2 实验2:复开路电压比 U_v(加速度计输出电压与速度线圈输出电压的复开路电压比)的测量

用互易电动线圈作为速度线圈(振动传感器)，使用一个外部振源或一个运动部件上的第二个激励线圈来驱动运动部件(见图2)，测量加速度计输出电压(u_{a2})与可动线圈输出电压(u_c)的复开环电压比。电压比($U_v=u_{a2}/u_c$)是在运动部件上无质量块的条件下测定的。

在测量 U_v 时，加速度计与互易线圈应处于相同的地电势。

9 灵敏度的计算

见方程(1)～(10)与附录B。

$$F(m_n, Y_n, Y_0) = \frac{m_n}{Y_n - Y_0} \qquad \cdots\cdots(1)$$

在每个校准频率和加速度幅值下，利用测量的 m_n，Y_n 和 Y_0 值，通过对(1)式最小二乘拟合，得到 $F(m_n,Y_n,Y_0)$ 的复截距与斜率。在下面的拟合公式中，可以使用不加权($w_n=1$)或加权的统计方法：

$$\mathrm{Re}\alpha = \frac{\sum(w_n^2 m_n^2)\sum \mathrm{Re}\left(\frac{w_n^2 m_n}{Y_n - Y_0}\right) - \sum w_n^2 m_n \sum \mathrm{Re}\left(\frac{w_n^2 m_n^2}{Y_n - Y_0}\right)}{\sum w_n^2 \sum(w_n^2 m_n^2) - \left[\sum(w_n^2 m_n)\right]^2} \qquad \cdots\cdots(2)$$

$$\mathrm{Im}\alpha = \frac{\sum(w_n^2 m_n^2)\sum \mathrm{Im}\left(\frac{w_n^2 m_n}{Y_n - Y_0}\right) - \sum w_n^2 m_n \sum \mathrm{Im}\left(\frac{w_n^2 m_n^2}{Y_n - Y_0}\right)}{\sum w_n^2 \sum(w_n^2 m_n^2) - \left[\sum(w_n^2 m_n)\right]^2} \qquad \cdots\cdots(3)$$

$$\mathrm{Re}\beta = \frac{\sum w_n^2 \sum \mathrm{Re}\left(\frac{w_n^2 m_n^2}{Y_n - Y_0}\right) - \sum w_n^2 m_n \sum \mathrm{Re}\left(\frac{w_n^2 m_n}{Y_n - Y_0}\right)}{\sum w_n^2 \sum(w_n^2 m_n^2) - \left[\sum(w_n^2 m_n)\right]^2} \qquad \cdots\cdots(4)$$

$$\mathrm{Im}\beta = \frac{\sum w_n^2 \sum \mathrm{Im}\left(\frac{w_n^2 m_n^2}{Y_n - Y_0}\right) - \sum w_n^2 m_n \sum \mathrm{Im}\left(\frac{w_n^2 m_n}{Y_n - Y_0}\right)}{\sum w_n^2 \sum(w_n^2 m_n^2) - \left[\sum(w_n^2 m_n)\right]^2} \qquad \cdots\cdots(5)$$

式中：

α——函数 $F(m_n,Y_n,Y_0)$ 的复截距，单位为千克欧姆(kgΩ)；

β——函数 $F(m_n,Y_n,Y_0)$ 的复斜率，单位为欧姆(Ω)；

n——试验质量块 m_n 的序数；

w_n——测量时使用的试验质量块 m_n 的统计加权因子；

m_n——施加的试验质量块，单位为千克(kg)；

Y_n——运动部件上有试验质量块 m_n 时测得的电导纳，单位为西门子(S)；

Y_0——运动部件上无试验质量块时测得的电导纳，单位为西门子(S)。

注：根据加速度计校准方法，可能不需要计算斜率，也不需要计算截距的实部和虚部而只需计算其幅值；见公式(8)～(10)(见参考文献[1])。

从下面公式可以得到以频率函数表示的加速度计复灵敏度的模和辐角。

对于在振动台运动部件上固定安装有标准参考传感器(用于通过比较法来校准其他传感器)的情况，被校加速度计灵敏度随施加在运动部件上的机械阻抗变化，可通过下面公式得出：

$$|S_a| = \left|\sqrt{\frac{U_v \alpha}{j2\pi f}\left[\frac{1}{1-\beta(Y_t - Y_0)}\right]}\right| \qquad \cdots\cdots(6)$$

$$\varphi_a = \arg\sqrt{\frac{U_v \alpha}{j2\pi f}\left[\frac{1}{1-\beta(Y_t - Y_0)}\right]} \qquad \cdots\cdots(7)$$

式中：

$|S_a|$——在频率 f 下加速度计复灵敏度的模(幅值)，单位为伏每米负二次方秒[$\mathrm{V/(m \cdot s^{-2})}$]；

φ_a——在频率 f 下加速度计复灵敏度的辐角(相移)，单位为度(°)；

j——虚数的单位，$j^2=-1$；

f——振动频率，单位为赫兹(Hz)；

U_v——用互易传感器作为速度线圈时，在频率 f 下测得的复开路电压比；

α——频率 f 处函数 $F(m_n,Y_n,Y_0)$ 的复截距，单位为千克欧姆(kgΩ)；

β——频率 f 处函数 $F(m_n,Y_n,Y_0)$ 的复斜率，单位为欧姆(Ω)；

Y_t——使用在振动台运动部件上附加的专用传感器，在频率 f 下测得的导纳，单位为西门子；

Y_0——在振动台运动部件上无附加质量时，在频率 f 下测得的导纳，单位为西门子(S)。

对于从运动部件上拆除标准参考传感器的情况，被校加速度计灵敏度可通过下列公式得到：

$$|S_a| = \left|\sqrt{\frac{U_v \alpha}{j2\pi f}}\right| \qquad \cdots\cdots (8)$$

$$\varphi_a = \arg\sqrt{\frac{U_v \alpha}{j2\pi f}} \qquad \cdots\cdots (9)$$

公式(8)和(9)中的符号与公式(6)和(7)中的定义相同。

在较低的频率点上(典型值是小于 1 kHz 频率点)，β 约为 0Ω，$\arg(U_v)$ 约为 90°，$\arg(U_d)$ 约为 0°，当这些条件都满足时，加速度计复灵敏度的模简化为：

$$|S_a| = \sqrt{\frac{|U_v||\alpha|}{2\pi f}} \qquad \cdots\cdots (10)$$

式中：

$|U_v|$——用互易传感器作为速度线圈时，在频率 f 下测得的复开路电压比的模(幅值)；

$|\alpha|$——频率 f 处函数 $F(m_n, Y_n, Y_0)$ 的复截距的模(幅值)，单位为千克欧姆(kgΩ)。

其他符号与公式(6)、(7)中的定义相同。

在使用公式(10)时，只需要确定复电压比的模(幅值)和复截距 α 的模。其中用复导纳微分的模，通过函数 $F(m_n, Y_n, Y_0)$ 的最小二乘拟合，可确定复截距 α 的模。

报告校准结果时，应计算总的校准不确定度和相应的包含因子，按照附录 A 取包含因子 $k=2$。

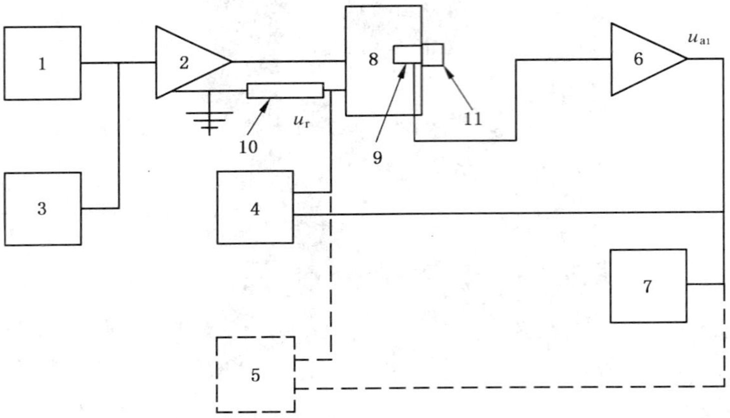

1——频率发生器；
2——功率放大器；
3——频率计数器；
4——电压比测量仪；
5——示波器(可选)；
6——信号适调仪或电荷放大器；
7——失真度分析仪；
8——装有互易传感器的振动台；
9——传感器；
10——标准电阻器；
11——试验质量块。

图 1　互易传感器作为振源的实验 1 测量系统方框图

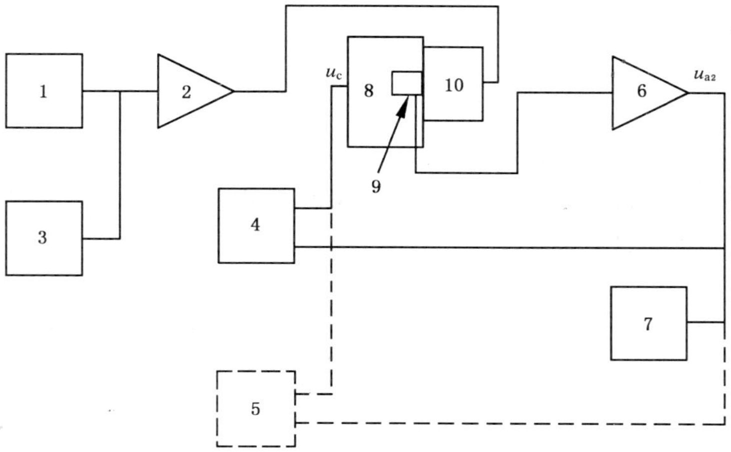

1——频率发生器；

2——功率放大器；

3——频率计数器；

4——电压比测量仪；

5——示波器(可选)；

6——信号适调仪或电荷放大器；

7——失真度分析仪；

8——装有互易传感器的振动台；

9——传感器；

10——第二个振动源。

图 2　互易传感器作为振动传感器的实验 2 测量系统方框图

附 录 A
（规范性附录）
不确定度的计算

A.1 在选定频率、振幅、放大器设置的校准条件下，复灵敏度的模（幅值）的测量扩展不确定度和辐角（相移）的测量扩展不确定度的计算

A.1.1 $U(|S|)$的计算

根据 GB/T 20485.1—2008 给出的下面公式，计算选定频率、振幅、放大器设置校准条件下的复灵敏度模（幅值）的测量扩展不确定度 $U(|S|)$：

$$U(|S|) = ku_c(|S|) \qquad \text{(A.1)}$$

$$u_c(|S|) = \frac{1}{|S|}\sqrt{\sum_{i=1}^{9} u_i^2(|S|)} \qquad \text{(A.2)}$$

式中包含因子 $k=2$。

不确定度分量见表 A.1。

表 A.1 确定|S|的不确定度分量

i	标准不确定度分量 $u(x_i)$	不确定度来源	不确定度分量大小 $u_i(y)$
1	$u(f_{FG})$	频率的不确定度	$u_1(\|S\|)$
2	$u(u_{Temp})$	校准过程中由温度影响引入的参考加速度计的不确定度	$u_2(\|S\|)$
3	$u(u_D)$	由失真带来的加速度计复谱输出的模（幅值）的不确定度	$u_3(\|S\|)$
4	$u(u_T)$	由振动台运动部件偏离理想运动方向引入的加速度计复输出的模（幅值）的不确定度（如：横向运动，基座应变）	$u_4(\|S\|)$
5	$u(m_m)$	质量测量的不确定度	$u_5(\|S\|)$
6	$u(U_v)$	确定加速度计输出与速度线圈输出的复开路电压比的模（幅值）的不确定度	$u_6(\|S\|)$
7	$u(R_Y)$	测量复导纳模时电阻的不确定度	$u_7(\|S\|)$
8	$u(U_Y)$	测量复导纳模时，确定复电压比的模（幅值）的不确定度	$u_8(\|S\|)$
9	$u(S_{RE})$	确定复灵敏度的模（幅值）的其他影响因素的不确定度（如：随机噪声，试验标准差）	$u_9(\|S\|)$

A.1.2 $U(\varphi)$的计算

根据 GB/T 20485.1—2008 给出的下面公式，计算选定频率、振幅、放大器设置校准条件下的复灵敏度辐角（相移）的测量扩展不确定度 $U(\varphi)$：

$$U(\varphi) = ku_c(\varphi) \qquad \text{(A.3)}$$

$$u_c(\varphi) = \sqrt{\sum_{i=1}^{9} u_i^2(\varphi)} \qquad \text{(A.4)}$$

式中包含因子 $k=2$。

不确定度分量见表 A.2。

表 A.2 确定 φ 的不确定度分量

i	标准不确定度分量 $u(x_i)$	不确定度来源	不确定度分量大小 $u_i(y)$
1	$u(f_{FG})$	频率的不确定度	$u_1(\varphi)$
2	$u(u_{Temp})$	校准过程中由温度影响引入的参考加速度计的不确定度	$u_2(\varphi)$
3	$u(u_D)$	由失真带来的加速度计复谱输出的辐角的不确定度	$u_3(\varphi)$
4	$u(u_T)$	由振动台运动部件偏离理想运动方向引入的加速度计复输出的辐角的不确定度(如:横向运动,基座应变)	$u_4(\varphi)$
5	$u(m_m)$	质量测量的不确定度	$u_5(\varphi)$
6	$u(U_v)$	确定加速度计输出与速度线圈输出的复开路电压比的辐角的不确定度	$u_6(\varphi)$
7	$u(R_Y)$	测量复导纳辐角时电阻的不确定度	$u_7(\varphi)$
8	$u(U_Y)$	测量复导纳辐角时,确定复电压比辐角的不确定度	$u_8(\varphi)$
9	$u(S_{RE})$	确定复灵敏度辐角的其他影响因素的不确定度(如:随机噪声,试验标准差)	$u_9(\varphi)$

A.2 在整个频率和幅值范围内,复灵敏度的模(幅值)的测量扩展不确定度和辐角(相移)的测量扩展不确定度的计算

A.2.1 $U(|S_t|)$的计算

按照 A.1.1 计算的复灵敏度模(幅值)测量的扩展不确定度 $U(|S|)$,只对特定的频率、振幅、放大器设置校准条件有效。对于整个频率和幅值范围,在任一连续校准的时间间隔内,复灵敏度模(幅值)的测量扩展不确定度 $U(|S_t|)$按以下公式计算:

$$U(|S_t|) = ku_c(|S_t|) \quad \cdots\cdots(A.5)$$

$$u_c(|S_t|) = \frac{1}{|S_t|}\sqrt{\sum_{i=1}^{10} u_i^2(|S_t|)} \quad \cdots\cdots(A.6)$$

式中包含因子 $k=2$。

不确定度分量见表 A.3。

表 A.3 确定 $|S_t|$ 的不确定度分量

i	标准不确定度分量 $u(x_i)$	不确定度来源	不确定度分量大小 $u_i(y)$
1	$u_c(\lvert S\rvert)$	在校准频率、振幅、放大器设定的情况下,按照 A.1.1 计算的复灵敏度模(幅值)合成不确定度	$u_1(\lvert S_t\rvert)$
2	$u(e_{GA})$	由参考放大器增益(放大器设置的一项功能)引入的不确定度	$u_2(\lvert S_t\rvert)$
3	$u(e_{FA})$	参考放大器增益随频率的变化引入的不确定度	$u_3(\lvert S_t\rvert)$
4	$u(e_{FT})$	参考传感器的灵敏度幅值随频率的变化引入的不确定度	$u_4(\lvert S_t\rvert)$
5	$u(e_{LA})$	参考放大器幅值线性度引入的不确定度	$u_5(\lvert S_t\rvert)$
6	$u(e_{LT})$	参考传感器幅值线性度引入的不确定度	$u_6(\lvert S_t\rvert)$

表 A.3 （续）

i	标准不确定度分量 $u(x_i)$	不确定度来源	不确定度分量大小 $u_i(y)$
7	$u(e_{TA})$	参考放大器的增益和参考加速度计输出阻抗随时间变化引入的不确定度(长期稳定性)	$u_7(\|S_t\|)$
8	$u(e_{TT})$	参考传感器灵敏度幅值随时间变化引入的不确定度(长期稳定性)	$u_8(\|S_t\|)$
9	$u(e_{EA})$	参考放大器增益由环境影响引入的不确定度	$u_9(\|S_t\|)$
10	$u(e_{ET})$	参考传感器灵敏度幅值由环境影响引入的不确定度	$u_{10}(\|S_t\|)$

A.2.2 $U(\varphi)$的计算

按照 A.1.2 计算的复灵敏度辐角(相移)测量的扩展不确定度 $U(\varphi)$，只对特定的频率、振幅、放大器设置校准条件有效。对于整个频率和幅值范围，在任一连续校准的时间间隔内，复灵敏度辐角(相移)的测量扩展不确定度 $U(\varphi_t)$按以下公式计算：

$$U(\varphi_t)=ku_c(\varphi_t) \quad \cdots\cdots(A.7)$$

$$u_c(\varphi_t)=\sqrt{\sum_{i=1}^{10}u_i^2(\varphi_t)} \quad \cdots\cdots(A.8)$$

式中包含因子 $k=2$。

不确定度分量见表 A.4。

表 A.4 确定 φ_t的不确定度分量

i	标准不确定度分量 $u(x_i)$	不确定度来源	不确定度分量大小 $u_i(y)$
1	$u_c(\varphi)$	在校准频率、振幅、放大器设定的情况下，按照 A.1.2 计算的复灵敏度辐角的合成不确定度	$u_1(\varphi_t)$
2	$u(e_{GA})$	由参考放大器相移(放大器设置的一项功能)引入的不确定度	$u_2(\varphi_t)$
3	$u(e_{FA})$	参考放大器相移随频率的变化引入的不确定度	$u_3(\varphi_t)$
4	$u(e_{FT})$	参考传感器的灵敏度相移随频率的变化引入的不确定度	$u_4(\varphi_t)$
5	$u(e_{LA})$	参考放大器相移随幅值的变化引入的不确定度	$u_5(\varphi_t)$
6	$u(e_{LT})$	参考传感器灵敏度相移随幅值的变化引入的不确定度	$u_6(\varphi_t)$
7	$u(e_{TA})$	参考放大器的相移和参考加速度计输出阻抗随时间变化引入的不确定度(长期稳定性)	$u_7(\varphi_t)$
8	$u(e_{TT})$	参考传感器灵敏度相移随时间变化引入的不确定度(长期稳定性)	$u_8(\varphi_t)$
9	$u(e_{EA})$	参考放大器相移由环境影响引入的不确定度	$u_9(\varphi_t)$
10	$u(e_{ET})$	参考传感器灵敏度相移由环境影响引入的不确定度	$u_{10}(\varphi_t)$

附 录 B
（资料性附录）
互易法理论在机电传感器校准中的应用

互易法理论应用于机电传感器校准，其假设条件为传感器线性和单自由度双向运动。在这两个限定条件下，用阻抗将传感器的机电耦合方式模拟为双路网路时，其公式如下：

$$u = z_e i + z_{em} v \tag{B.1}$$

$$F = z_{me} i + z_m v \tag{B.2}$$

式中：

u——电端口间的复电压；

i——通过电端口的复电流；

F——机械端口间的复力；

v——通过机械端口的复速度；

z_e——激励点 $v=0$ 时的电阻抗；

z_m——激励点 $i=0$ 时的机械阻抗；

z_{em}、z_{me}——换能系数，如果换能机械装置是压电型或静电型，则 $z_{me}=z_{em}$；如果换能机械装置是电磁型，则 $z_{me}=-z_{em}$。

速度传感器的灵敏度 S_v 被定义为开路输出与机械端口速度的复数比，力发生器的传感器灵敏度 G_F 被定义为开路力（固定机械阻抗）与电端口电流的复数比。则：

$$S_v = \left.\frac{u}{v}\right|_{i=0} = z_{em} \tag{B.3}$$

$$G_F = \left.\frac{F}{i}\right|_{v=0} = z_{me} \tag{B.4}$$

$$G_F = \pm S_v \tag{B.5}$$

如果两只线性传感器（其中至少一个是互易的）被单自由度正弦激励，可以通过两个测量实验确定两个传感器绝对复灵敏度 S_{v1} 和 S_{v2} 的乘积和比值，然后从这些值可以确定两个传感器中的任意一个或两个的绝对灵敏度。如果两个传感器在机械上被并列刚性联接，则传感器机械端口的参考速度幅值相等，而相位相反，$v_1=-v_2$。如果传感器 1 作为力发生器激励传感器 2，则按照下列方法确定传感器灵敏度的乘积（8.2.1 中的实验 1），当传感器的机械端口直接联接在一起时，则 z_T 等于两个传感器的合成机械阻抗。然后从公式（B.4）得到：

$$F = G_{F1} i_1 = v_1 z_T = -v_2 z_T \tag{B.6}$$

$$z_T = -G_{F1} i_1 \frac{S_{v2}}{u_2} = \mp S_{v1} S_{v2} Y_0 \tag{B.7}$$

式中：$Y_0 = \frac{i_1}{u_2}$。

如果已知在传感器机械端口之间引入了机械阻抗 z_n，那么激励的机械阻抗：

$$z_T + z_n = \mp S_{v1} S_{v2} Y_n \tag{B.8}$$

式中 $Y_n = \frac{i_1}{u_2}$ 包括已知附加的机械阻抗。从 $z_T + z_n$ 中减去 z_T，得到：

$$z_n = \mp S_{v1} S_{v2} (Y_n - Y_0) \tag{B.9}$$

所以：

$$S_{v1} S_{v2} = \pm \frac{z_n}{(Y_n - Y_0)} \tag{B.10}$$

如果附加的机械阻抗是一个已知的质量，对于正弦激励 z_n 是 $j\omega m_n$，灵敏度的乘积：

$$S_{v1}S_{v2}=\pm\frac{j\omega m_n}{(Y_n-Y_0)} \qquad \cdots\cdots(B.11)$$

式中：

j——虚数的单位，$j^2=-1$；

ω——角频率，$\omega=2\pi f$；

m_n——附加质量。

可以按照下列方法确定传感器灵敏度的比值(8.2.2 中的实验 2)。对于用两只并列刚性联接的传感器，则机械端口的速度幅值相等，相位相反（$v_1=-v_2$）。对于用作速度传感器的互易传感器($i_1=i_2=0$)，则两只传感器都使用公式(B.3)：

$$\frac{S_{v2}}{S_{v1}}=-\frac{u_2}{u_1}=-U_v \qquad \cdots\cdots(B.12)$$

式中 U_v 是传感器 1 和传感器 2 的开路电压比，其中传感器 1 作为速度传感器使用。

可以用灵敏度的乘积和比值确定任意一个或两个传感器的复灵敏度。例如，对传感器 2 的情况：

对于速度计：

$$S_{v2}=\sqrt{\pm\frac{U_v j\omega m_n}{(Y_n-Y_0)}} \qquad \cdots\cdots(B.13)$$

对于加速度计：

$$S_{a2}=\sqrt{\pm\frac{U_v m_n}{j\omega\ (Y_n-Y_0)}} \qquad \cdots\cdots(B.14)$$

如果互易传感器的换能机械装置是电磁型的，式中根号下的符号为正；如果互易传感器的换能机械装置是压电型或静电型的，式中根号下的符号为负。

通常只要使用一个附加质量块就可以确定灵敏度。然而在实际中，为了获得 $\alpha+\beta m$ 线性方程(式中 α 和 β 分别为截距和斜率)和 $m/(Y-Y_0)$ 与 m 的线性对应关系，使用 $m_1,m_2,\cdots m_n$ 一系列的质量块和与之对应测得的复电导纳 $Y_1,Y_2,\cdots Y_n$，进行 $m/(Y-Y_0)$ 与 m 的函数线性最小二乘拟合，就可获得更小的不确定度。通过替代，传感器 2 的测量复灵敏度则为：

对于速度计：

$$S_{v2}=\sqrt{\pm U_v j\omega\alpha} \qquad \cdots\cdots(B.15)$$

对于加速度计：

$$S_{a2}=\sqrt{\pm\frac{U_v\alpha}{j\omega}} \qquad \cdots\cdots(B.16)$$

通常在机电传感器互易校准所设计的实际系统中，两个传感器不但被一个机械阻抗分隔，而且在必需的附加质量连接点还有另外一个机械阻抗。在这种情况下，根据传感器开路输出电压与附加质量表面速度的复数比校准灵敏度是理想的，还可以用该校准过的传感器通过比较法来校准安装在附加质量块表面上的第二只传感器。当通过互易法校准使用的互易传感器是电动型的，与安装表面的力和速度、互易传感器(传感器 1)电端口的电流和电压、速度传感器(传感器 2)的开路输出电压相关的方程式由导纳模拟得出(见参考文献[8])：

$$i_1=y_e u_1-y_{em}F \qquad \cdots\cdots(B.17)$$

$$v=y_{em}u_1+y_m F \qquad \cdots\cdots(B.18)$$

$$u_2=k_e u_1+k_m F \qquad \cdots\cdots(B.19)$$

式中：

u_1——传感器 1 电端口的复电压；

u_2——传感器 2 电端口的复电压；

i_1——通过传感器 1 电端口的复电流；

F——安装表面的复力；

v——安装表面的复速度。

通常 y_e,y_m,y_{em},k_e 和 k_m 是电复阻抗和机械复阻抗、互易电动传感器、速度计和运动部件换能系数的函数，它们的值取决于校准设备特定的物理实现。

如果 F 是以速度 v 激励的机械阻抗 z_n 的反作用力，那么：

$$-F=vz_n \quad \cdots\cdots(B.20)$$

从公式(B.20)中计算出 v，将结果代入公式(B.18)，计算安装表面的力：

$$-F=\frac{u_1 y_{em} z_n}{y_m z_n+1} \quad \cdots\cdots(B.21)$$

将公式(B.21)获得的力表达式代入(B.19)和(B.20)，得到传感器 2 开路输出电压与安装表面速度的复数比，从而导出传感器 2 的复灵敏度 S_{v2}：

$$S_{v2}=\frac{u_2}{v}=\frac{k_e}{y_{em}}+\left(\frac{k_e y_m}{y_{em}}-k_m\right)z_n \quad \cdots\cdots(B.22)$$

将公式(B.21)获得的力表达式代入(B.17)和(B.19)，得到传感器 1 激励线圈中的电流与传感器 2 开路输出电压的复数比，从而导出传感器 2 的复传递导纳 Y_n：

$$Y_n=\frac{i_1}{u_2}=\frac{y_e+(y_e y_m+y_{em}{}^2)z_n}{k_e+(k_e y_m-y_{em}k_m)z_n} \quad \cdots\cdots(B.23)$$

正如前面所述，如果附加到安装表面的机械阻抗是一个已知的质量 m_n，那么 z_n 就是给定正弦激励的 $j\omega m_n$，函数式：

$$\frac{m_n}{(Y_n-Y_0)}=\alpha+\beta m_n \quad \cdots\cdots(B.24)$$

式中：

Y_n——用一个安装表面的附加质量 m_n 测量的电导纳；

Y_0——在安装表面上没有附加质量时测量的电导纳。

使用公式(B.23)得到函数式 $m_n/(Y_n-Y_0)$：

$$\alpha=\frac{k_e^2}{j\omega y_{em}(y_{em}k_e+y_e k_m)} \quad \cdots\cdots(B.25)$$

$$\beta=\frac{k_e(k_e y_m-y_{em}k_m)}{y_{em}(y_{em}k_e+y_e k_m)} \quad \cdots\cdots(B.26)$$

式中：

j——虚数的单位，$j^2=-1$；

ω——角频率，$\omega=2\pi f$。

用传感器 1 作为速度计，U_v 被定义为 u_2 与 u_1 的比，$i_1=i_2=0$，由公式(B.17)得：

$$F=u_1\frac{y_e}{y_{em}} \quad \cdots\cdots(B.27)$$

将公式(B.27)得出的力表达式代入公式(B.19)，比值 U_v 为：

$$U_v=\frac{y_{em}k_e+y_e k_m}{y_{em}} \quad \cdots\cdots(B.28)$$

分别对公式(B.25)和(B.28)得出的 α 和 U_v 表达式求积，得出：

$$U_v\alpha=\frac{k_e^2}{j\omega y_{em}^2} \quad \cdots\cdots(B.29)$$

$$\sqrt{j\omega U_v\alpha}=\frac{k_e}{y_{em}} \quad \cdots\cdots(B.30)$$

分别用公式(B.26)和(B.25)得出的 β 和 α 的表达式，导出 β、$j\omega$ 和 α 乘积的比值，然后将其结果与公式(B.30)得出的 k_e/y_{em} 表达式相乘：

$$\frac{\beta}{j\omega\alpha}\sqrt{j\omega U_v\alpha}=\frac{k_e y_m}{y_{em}}-k_m \quad \cdots\cdots(B.31)$$

从公式(B.22)，(B.30)和(B.31)得出传感器 2 的复灵敏度表达式为：

$$S_{v2} = \sqrt{j\omega U_v \alpha}\left[1 + \frac{\beta m_n}{\alpha}\right] \qquad \text{(B. 32)}$$

由公式(B.24)得到：

$$m_n = \frac{\alpha(Y_n - Y_0)}{1 - \beta(Y_n - Y_0)} \qquad \text{(B. 33)}$$

将公式(B.33)给出的 m_n 表达式代入公式(B.32)，传感器 2 的速度复灵敏度：

$$S_{v2} = \sqrt{j\omega U_v \alpha}\left[\frac{1}{1 - \beta(Y_n - Y_0)}\right] \qquad \text{(B. 34)}$$

加速度复灵敏度：

$$S_{a2} = \sqrt{\frac{U_v \alpha}{j\omega}}\left[\frac{1}{1 - \beta(Y_n - Y_0)}\right] \qquad \text{(B. 35)}$$

参 考 文 献

[1] BOUCHE, R. R. , ENSOR, L. C. Use of reciprocity calibrated accelerometer standards for performing routine laboratory comparison calibrations. Shock and Vibration Bulletin, 34 (4), 1965, pp. 21-29.

[2] COOK, R. K. Absolute pressure calibration of microphones. Journal of Research of the National Bureau of standards, 25(5), November 1940, pp. 489-505.

[3] DIMOFF, T. and PAYNE, B. Development and calibration of NBS vibration shaker AFV. National Bureau of Standards Internal Report 9670, Washington DC, January 1968.

[4] HARRISON, M. ,SYKES, A. O. and MARCOTTE, P. G. The reciprocity calibration of piezoelectric accelerometers. David Taylor Model Basin Report 811, Washington DC, August 1953.

[5] HARRISON, M. , SYKES, A. O. and MARCOTTE,P. G. The reciprocity calibration of piezoelectric accelerometers. Journal of the Acoustical Society of America, 24(4), July 1952, pp. 384-389.

[6] HUNT, F. V. Electroacoustics: The analysis of transduction, and its historical background. American Institute of Physics for the Acoustical Society of America, Woodbury, NY, 1982.

[7] LEVY, S. and BOUCHE, R. R. Calibration of vibration pickups by the reciprocity method. Journal of Research of the National Bureau of Standards, 57(4), October 1956.

[8] LONDON, A. The absolute calibration of vibration pickups. National Bureau of Standards Technical News Bulletin, 32(1), January 1948, pp. 8-10.

[9] THOMPSON, S. P. Reciprocity calibration of primary vibration standards. Naval Research Laboratory Report F-3337, Washington DC, August 1948.

[10] THOMPSON,S. P. Reciprocity calibration of primary vibration standards. Journal of the Acoustical Society of America, 20(5), September 1948, pp. 637-640.

[11] TRENT, H. M. The absolute calibration of electromechanical pickups. Journal of Applied Mechanics, 15, 1948, pp. 49-52.

[12] PAYNE, B. and EVANS, D. J. Comparison of results of calibrating the magnitude of the sensitivity of accelerometers by laser interferometry and reciprocity, Metrologia, 36, 1999, pp. 391-394.

[13] Guide to the Expression of Uncertainty in Measurement. BIPM,IEC, IFCC,ISO,OIML,IUPAC,1993[1).

1) 1995 年修订并重新出版。

ICS 17.160
J 04

中华人民共和国国家标准

GB/T 20485.22—2008/ISO 16063-22:2005
代替 GB/T 13823.10—1995

振动与冲击传感器校准方法 第22部分:冲击比较法校准

Methods for the calibration of vibration and shock transducers— Part 22:Shock calibration by comparison to a reference transducer

(ISO 16063-22:2005,IDT)

2008-03-03 发布 2008-08-01 实施

中华人民共和国国家质量监督检验检疫总局
中国国家标准化管理委员会 发布

前　　言

GB/T 20485《振动与冲击传感器校准方法》预计结构由基本概念、绝对法校准、比较法校准和环境模拟校准等大类以及以下几部分组成：

——第1部分：基本概念；

——第11部分：激光干涉法振动绝对校准；

——第12部分：互易法振动绝对校准；

——第13部分：激光干涉法冲击绝对校准；

——第15部分：激光干涉法角振动绝对校准；

——第21部分：振动比较法校准；

——第22部分：冲击比较法校准。

本部分是GB/T 20485的第22部分。

本部分等同采用ISO 16063-22:2005《振动与冲击传感器校准方法　第22部分：冲击比较法校准》（英文版）。

本部分等同翻译ISO 16063-22:2005。

为使用方便，本部分作了如下编辑性修改：

——“国际标准的本部分”一词改为“本部分”；

——删除国际标准的前言；

——用小数点“.”代替作为小数点的逗号“,”；

——对ISO 16063-22:2005中引用的其他国际标准，有被等同采用为我国标准的，用我国标准代替对应的国际标准，未被等同采用为我国标准的直接引用国际标准。

本部分代替GB/T 13823.10—1995《振动与冲击传感器的校准方法　冲击二次校准》。

与GB/T 13823.10—1995相比，主要修改内容如下：

——原标准中规定的频率范围40 Hz～1 250 Hz改为40 Hz～5 000 Hz，并对仪器设备要求做了相应的调整；

——校准环境条件中室温由20℃±5℃改为23℃±5℃；

——校准频率的选择改为按照1/3倍频程；

——增加了加速度计灵敏度相移的计算内容；

——增加了第3章　测量不确定度；

——附录A中增加了A.1.2和A.2.2复灵敏度相移校准的不确定度计算。

本部分的附录A为规范性附录，附录B为资料性附录。

本部分由全国机械振动、冲击与状态监测标准化技术委员会提出并归口。

本部分起草单位：中国兵器工业第202研究所、中国计量科学研究院、中国航空工业第一集团公司北京长城计量测试技术研究所。

本部分主要起草人：温波、于梅、李新良、顾国富。

本部分所代替标准的历次版本发布情况为：

——GB/T 13823.10—1995。

振动与冲击传感器校准方法 第22部分：冲击比较法校准

1 范围

本部分规定了采用测量随时间变化的参考加速度、速度或力的方法，对直线加速度计进行冲击比较法校准的仪器设备及操作程序。本方法适用于冲击脉冲持续时间范围[1)]为0.05 ms～8.0 ms，动态范围（峰值）为100 m/s^2～100 km/s^2（与脉冲持续时间有关）。这些方法可以得到传感器的冲击灵敏度（也就是加速度传感器输出量的峰值和加速度峰值的关系）。

这些方法不用于模态分析中用的动态力传感器的校准。

注1：本部分针对的是那些从事冲击测量的用户，他们需要如GB/T 19001《质量管理体系 要求》(idt ISO 9001)和GB/T 15481《检测和校准实验室能力的通用要求》(idt ISO/IEC 17025)所述的可溯源性。

注2：本部分规定的方法基于加速度的时间历程的测量，从根本上不同于GB/T 20485.1—2008所述基于速度变化原理的其他冲击校准方法，因此冲击灵敏度也从根本上不同于后者得到的冲击校准因子，但和GB/T 20485.13—2007冲击灵敏度一致。

2 规范性引用文件

下列文件中的条款通过GB/T 20485的本部分引用而成为本部分的条款。凡是注日期的引用文件，其随后所有的修改单（不包括勘误的内容）或修订版均不适用于本部分。然而，鼓励根据本部分达成协议的各方研究是否可使用这些文件的最新版本。凡是不注日期的引用文件，其最新版本适用于本部分。

GB/T 2298 机械振动与冲击 术语

GB/T 20485.1—2008 振动与冲击传感器校准方法 第1部分：基本概念(ISO 16063-1:1998，IDT)

GB/T 20485.11—2006 振动与冲击传感器校准方法 第11部分：激光干涉法振动绝对校准(ISO 16063-11:1999，IDT)

GB/T 20485.12—2008 振动与冲击传感器校准方法 第12部分：互易法振动绝对校准(ISO 16063-12:2002，IDT)

GB/T 20485.13—2007 振动与冲击传感器校准方法 第13部分：激光干涉法冲击绝对校准(ISO 16063-13:2001，IDT)

GB/T 20485.21—2007 振动与冲击传感器校准方法 第21部分：振动比较法校准(ISO 16063-21:2003，IDT)

ISO 5347-22 振动与冲击传感器校准方法 第22部分：加速度计谐振测试 通用方法[2)]

ISO 18431-2 机械振动与冲击 信号处理 第2部分：用于傅里叶变换分析的时域窗

3 术语和定义

GB/T 2298及下列给出的术语和定义适用于本标准。

---

1) 例外情况，冲击脉冲持续时间可能更长或更短。

2) 下一个版本成为ISO 16063的一部分。

3.1

峰值

冲击脉冲幅值的最大值或绝对值的最大值。

4 测量不确定度

冲击灵敏度测量的不确定度如表1所示。

表1 比较法校准不确定度参考条件

冲击校准装置	加速度峰值[a]/(km/s^2)	最小脉冲持续时间[a,b]/ms	不确定度
摆锤式	1.5	3	5%
落球式	100	0.100	5%
气动活塞式	100	0.100	5%
采用速度比较法的霍普金森棒	100[c]	0.050[c]	10%
采用加速度比较法的霍普金森棒	100[c]	0.050[c]	6%
采用力比较法的分离霍普金森棒	100[c]	0.050[c]	10%

a 峰值和持续时间的变化=±10%。

b 脉冲持续时间是在峰值的10%处测量(见第7章)。

c 较大的加速度(峰值)和较短的脉冲持续时间是可能的,但是不能以绝对法校准做参考。

测量不确定度表示为相对扩展测量不确定度,与GB/T 20485.1—2008一致(简称不确定度),该不确定度包含因子$k=2$,置信概率约95%。

校准时,只要激励引起的传感器或冲击机械结构中任何固有共振模态的谱能量相对于校准频率范围内的谱能量很小,就可以达到表1所列的不确定度指标。传感器固有频率的测试按照ISO 5347-22进行。

注:对高精度等级传感器(如参考传感器)的校准,应仔细操作,确保给出的全部不确定度分量比相应的规定(不确定度的分量参看附录A)都足够小,可以得到比表1所列要小的不确定度。对摆锤、落球和气动活塞的冲击校准器,在加速度峰值范围200 m/s^2~2 000 m/s^2内,已在多个实验室进行的比较校准中得到了1%的不确定度[1]。

加速度峰值可以用标准重力加速度表示,符号表示为g_n($1\ g_n=9.806\ 65\ m/s^2$;$1.5\ km/s^2\approx150\ g_n$)。

根据传感器生产厂家的指标,应该考虑传感器所适用的最窄冲击持续时间,以避免加大测量不确定度和损坏或毁坏传感器。

5 仪器

5.1 总则

安装传感器(参考或被校传感器)的所有表面应该抛光、平整和清洁。安装传感器的表面粗糙度,用算术平均偏差Ra表示,其值应小于1 μm。表面平面度的要求是:在对应于任何被校传感器的最大安装表面内,该表面应包容在距离为5 μm的两个平行平面之间。连接传感器用的通孔和螺纹孔相对于安装面的垂直度应小于10 μm,即该孔的中心线应被包含在一个直径10 μm、高度等于孔深度的圆柱形区域内。根据安装表面的材料,可以在各种的参考文献找到合适的螺钉和螺栓的安装力矩,在任何情况下都应遵循传感器生产厂家的建议。

5.2 砧子式冲击校准器(100 m/s^2~100 km/s^2)

5.2.1 总则

本章给出了能满足第4章中不确定度要求的砧子冲击校准器的推荐指标。当用落球冲击校准器或气体驱动活塞冲击校准器进行背靠背校准时，建议被校传感器直接安装在参考传感器顶部，如图 1 所示。不推荐摆锤式冲击校准器采用这种安装方式，其安装方式参见 5.2.2 和图 3。由于参考传感器的灵敏度和频响随着附加质量的大小有轻微的变化，为得到最佳准确度，被校传感器和安装夹具的尺寸或质量不应明显大于参考传感器。为了消除过冲和共振激励产生的振铃，对所有方法被校传感器的固有周期(等于共振频率的倒数)应小于所施加冲击脉冲的半正弦脉冲持续时间的 0.2 倍。

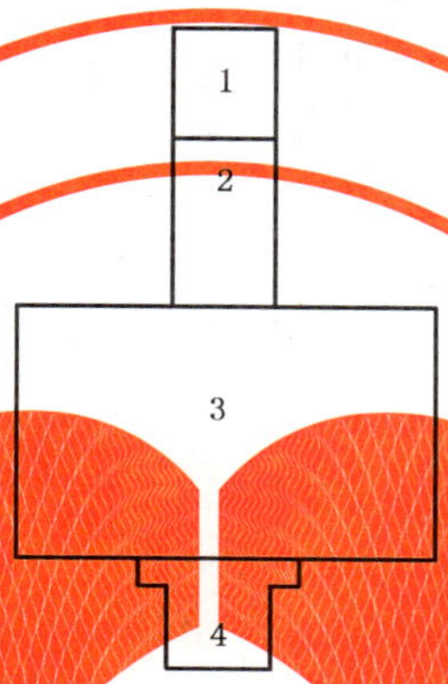

1——被校传感器；
2——参考传感器；
3——试验质量；
4——砧子。

图 1 推荐的传感器、砧子和试验质量的安装方式

5.2.2 摆锤式冲击校准装置

摆锤式冲击校准装置用于传感器的冲击灵敏度和幅值线性度的测定，以及大批量传感器的校准。采用比较法校准的加速度范围 100 m/s^2～1 500 m/s^2(10 g_n～150 g_n)，半正弦冲击脉冲持续时间(在 10% 幅值处测量)为 3 ms～8 ms。摆锤式冲击校准装置示意图如图 2 所示。冲击脉冲持续时间 T 跟加速度的峰值有关，例如在 1 500 m/s^2 时是 3 ms，而在 100 m/s^2 时是 8 ms。幅值线性度可以通过摆锤 4 到 7 次的碰撞测得，或者通过多次不同加速度幅值的冲击测得。

摆锤式冲击校准装置包括一个刚性支架、一个摆锤和一个砧摆。支架的典型尺寸约为 500 mm×500 mm 的方形基座，高度为 780 mm。结构的总质量大约 60 kg。砧摆的长度约为 400 mm。将摆锤转到需要的角度处释放，摆锤对砧摆产生一个碰撞。提供角度刻度尺来确定摆锤的角度。碰撞期间的最大速度变化量小于 3 m/s。参考传感器和被校传感器安装在摆上，如图 3 所示。用角度刻度尺测量摆锤角位移。两个摆的转动惯量大致相同，以产生一系列幅值逐渐降低的碰撞。通过两个摆之间的橡胶垫，将已知脉冲形状的碰撞从一个摆传递到另一个摆。橡胶垫的硬度决定脉冲的形状、脉冲持续时间以及可用的撞击次数。要产生一个半正矢脉冲形状，丁二烯橡胶垫的典型规格是 8 mm 厚，硬度为 56 HSA。被校传感器和参考传感器安装在砧摆的第一阶轴向模态的节点处，以避免结构振动而影响数据。建议使用安装螺栓或其他可选的安装接头，使砧摆上的被校传感器的惯性质量重心与参考传感器的灵敏轴重合[15]。

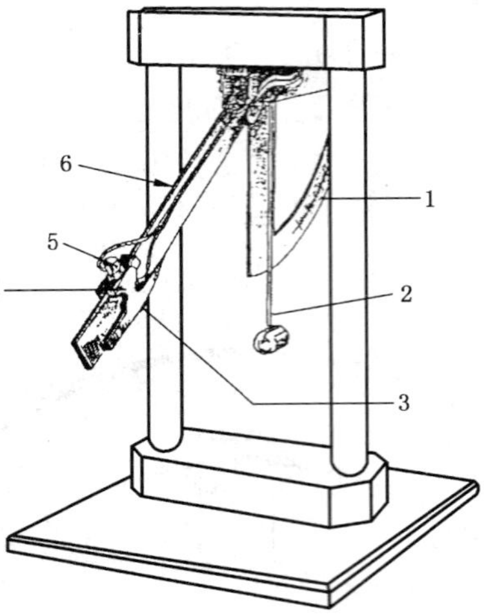

1——可调端点的刻度标尺；
2——摆锤；
3——橡胶垫；
4——参考传感器；
5——被校传感器；
6——砧摆。

图 2 摆锤式传感器冲击校准装置示例

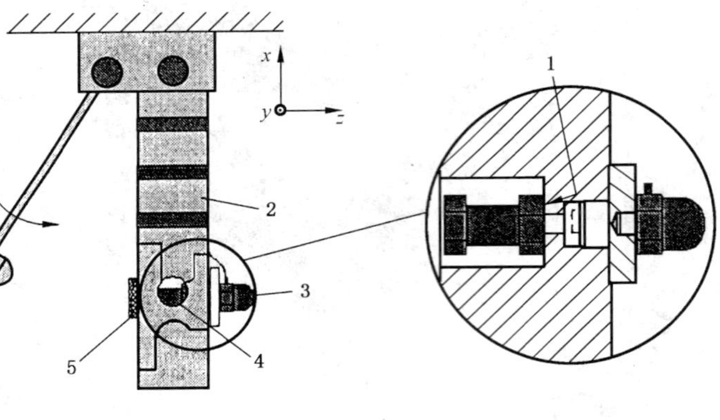

1——绝对法校准的参考和测量表面；
2——砧摆；
3——被校传感器；
4——参考传感器；
5——丁二烯橡胶；
6——摆锤。

图 3 摆锤式冲击校准装置上传感器的正确安装和参考传感器参考表面的选择

5.2.3 落球式冲击校准装置

落球式冲击校准装置使用一个参考传感器与被校传感器背靠背安装在钢制的砧子上，见图 4。用该落球可产生脉冲持续时间为 0.100 ms～10 ms、加速度峰值为 100 m/s^2～100 km/s^2 的冲击脉冲。传感器位于砧子的底部，构成的组合体插入落球装置的管子中。砧子靠磁性固定在管子内适当的位置。用真空吸盘定位和释放位于落球装置管子顶部的钢球，这样落球撞击位于管内的砧子中心。在撞击砧子时，落球产生机械的冲击脉冲，使砧子自由跌落到位于校准装置管子内部磁性吸盘下面的泡沫橡胶接收装置中。通过改变落球的直径和质量[2]，以及改变附加在砧子撞击表面材料的阻尼，可以调整撞击产生的峰值和脉冲持续时间。

落球装置用于确定作为加速度峰值(g_n)或频率函数的灵敏度[3]。理想的情况下，应改变参数，在5 kHz～10 kHz频率范围内产生一系列不受限于峰值的有效谱能量的冲击脉冲。例如，产生100 g_n～1 000 g_n峰值加速度幅值冲击脉冲的砧子，其直径小于25 mm。柱塞的用途是避免直径相对较小的落球与砧子在初次碰撞后产生多次撞击。使用小落球和小尺寸的砧子产生冲击有两个优点。首先，减小砧子的质量能降低砧子碰撞接受装置时损坏传感器的风险。其次，减小砧子的尺寸能提高它的固有频率。由于砧子的共振能明显地调制机械冲击脉冲的包络，在确定时域幅度的峰值时第二点尤其重要[3]。

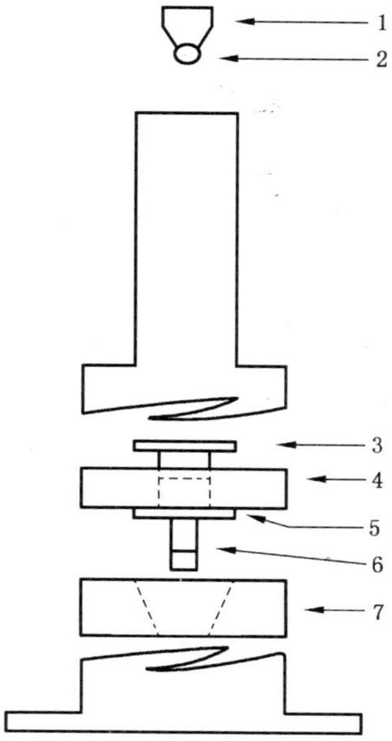

1——空吸盘；
2——钢球；
3——柱塞(可选)；
4——磁性吸盘；
5——砧子；
6——传感器(组合)；
7——接收装置。

图4 落球式传感器冲击校准装置示例

5.2.4 气动活塞式冲击校准装置

一个向上运动的气动活塞提供简单、可控和可重复的传感器比较法校准的手段，如图5所示[4]。射出的子弹(活塞)撞击在砧子上，产生冲击峰值幅度为200 m/s^2～100 km/s^2(20 g_n～10 000 g_n)，脉冲持续时间为100 μs～3 ms的半正弦脉冲。典型的砧子材料为钢和铝。参考传感器与被校传感器背靠背地安装在砧子上。用一个调压器控制子弹压力，通过一个阀门释放压力并精确控制子弹。当发生碰撞时，装有橡皮垫的砧子被弹起一个很短距离后，被软垫阻挡。子弹被限制在一个管子中。通过压力控制，以及砧子、附加质量和软垫厚度的组合可以产生宽范围的冲击峰值和持续时间。

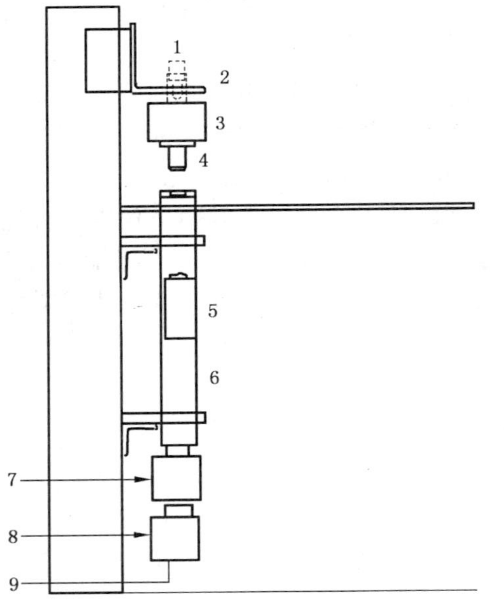

1——软垫约束；
2——被校传感器和参考传感器；
3——附加质量；
4——砧子和衬垫；
5——子弹(活塞)；
6——管子；
7——阀门；
8——调压器；
9——压缩空气源。

a) 冲击校准装置

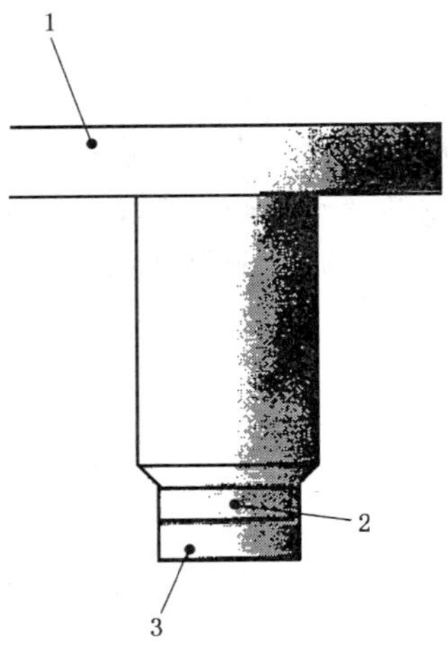

1——砧子；
2——橡胶垫；
3——毡垫。

b) 砧子和衬垫

图5 向上运动的气动活塞式冲击校准装置框图

衬垫有可能被高速子弹和大的附加质量撕裂。损坏了的衬垫产生不可重复的冲击脉冲，也许会出现过大的幅值。使用前一定要检查衬垫，尤其是损坏了的衬垫会使子弹和砧子间发生金属对金属的碰撞，从而产生潜在的、与驱动压力相关的破坏性加速度。

冲击脉冲的特性通常取决于

a) 子弹的速度；

b) 靶(砧子和传感器组合体)的质量；

c) 最为关键的是两者之间的材料变形。

子弹的速度近似正比于驱动压力。砧子的速度(加速度曲线下的面积)受目标质量和子弹质量之比的影响。目标质量是砧子质量、附加质量、所有安装夹具质量、标准参考传感器质量和被校传感器质量之和。碰撞点的材料越柔软，冲击脉冲持续时间越长。对冲击产生的给定速度，加速度幅值和脉冲持续时间的乘积近似为一个常数。在同一个砧子上较薄的衬垫产生持续时间短而幅值高的冲击，而较厚的衬垫会产生一个持续时间较长而幅值较低的冲击。这两个冲击脉冲加速度曲线下的面积应近似相等。

5.3 霍普金森棒(Hopkinson bar)冲击校准器

5.3.1 通用要求

霍普金森棒冲击校准器具有的高加速度工作范围(峰值 1 000 m/s^2～2 000 000 m/s^2)，用于评价加速度传感器的性能。本部分规定的加速度范围是 100 m/s^2～100 000 m/s^2，可以用绝对法作参考。(详见 GB/T 20485.13—2007/ ISO 16063-13)。

霍普金森棒通常被定义为长度和直径之比大于 10 的细长棒。长度和直径之比约为 100 时，用本节的方法可得到很好的结果。霍普金森棒冲击校准器可以配备应变测量仪器或激光多普勒测振仪(LDV)进行参考测量。在参考传感器测量值和被校传感器测量值之间可以进行速度或加速度的比较。对于分离式的霍普金森棒冲击校准器，被校传感器的参考加速度由测量的力值导出。所有霍普金森棒冲击校准器可以用于评价峰值加速度幅值高达 2 000 km/s^2 的加速度传感器的性能。霍普金森棒中的应力波传播理论在文献[5,6]中有较好的描述。

为了提供向绝对冲击标准的可溯源性，用一个经绝对法校准的参考传感器来验证用霍普金森棒冲击校准器校准的参考传感器的不确定度。

5.3.2 采用速度或加速度比较法的霍普金森棒冲击校准器

通过对传感器的积分输出和应变测量仪或激光多普勒测振仪的输出进行比较，以速度量校准被校传感器[7,8]。被校加速度传感器也可以通过对传感器的输出和应变计或激光多普勒测振仪输出的微分的比较来进行加速度校准[9,10]。霍普金森棒冲击校准器示意框图如图 6 所示。有关带传递标准的霍普金森棒的校准详见参考文献[9]。

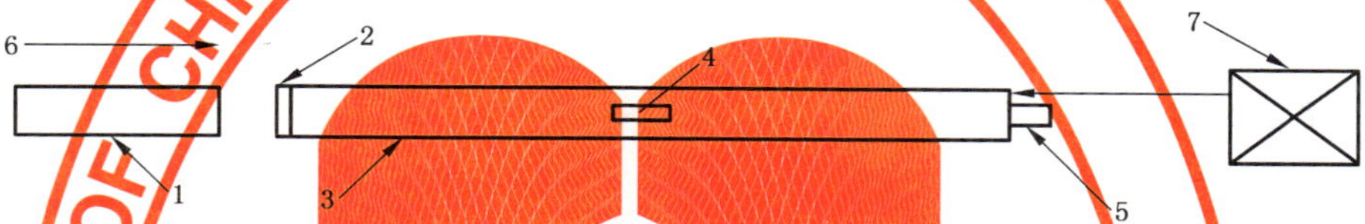

1——子弹；
2——冲击波型发生器；
3——霍普金森棒；
4——用于参考测量的应变仪；
5——被校加速度计；
6——子弹的初始速度，v_0；
7——激光参考测量仪。

图 6 霍普金森棒冲击校准器示意框图

5.3.3 采用与力传感器比较的分离式霍普金森棒冲击校准器

分离式霍普金森棒冲击校准器是用未积分的传感器输出和应变测量输出的微分进行加速度比较。图 7 是第一个棒的长度和直径之比大于 10 的铝分离式霍普金森棒冲击校准器的示意图[11,12]。使用 5.3.2 技术相同的设备[7~10]，不同的是分离式结构传感器直接安装在棒的端头。一个 0.254 mm 厚、19.0 mm 直径的 X 型剪切的石英量仪粘在第二个棒的一端，而在第二个棒的另一端安装被校传感器。

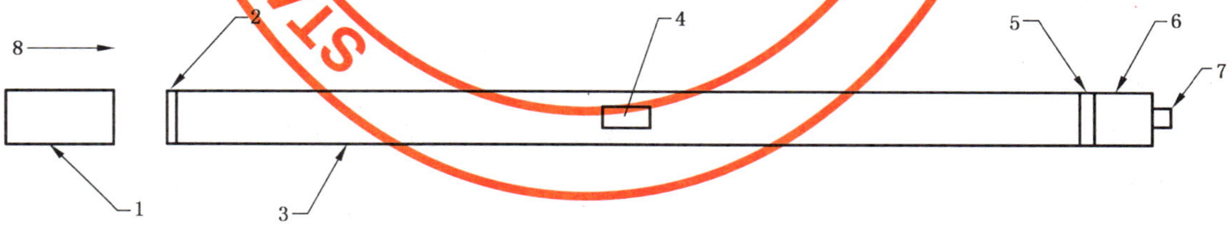

1——子弹；
2——冲击波型调节器；
3——第一个霍普金森棒；
4——用于应力波测量的应变片；
5——石英参考测力计(0.254 mm 厚)；
6——钢盘或第二个棒(12.7 mm 长)；
7——被校传感器；
8——子弹初始速度，v_0。

图 7 分离式霍普金森棒冲击校准器示例

只要子弹碰撞产生的相应应力脉冲上升时间足够长，并且钢盘（第二个棒）的长度足够短，第二个棒的响应可以近似看作钨钢盘的刚体运动[11]。钨钢盘的刚体运动加速度 a，用石英测力计测得的力 F 计算，根据牛顿第二定律，$F=ma$，式中，m 是包括被校传感器在内的（被力驱动的）活动质量，并与被校感器测得的加速度进行比较。一个真空环用于保持钢盘紧密的接触到附带的棒上。分离式霍普金森棒结构的证书详见文献[13]。

5.4 示波器

应提供一台两个或两个以上通道的示波器来检查加速度信号的波形，其最低的频率范围从 DC 到 1 MHz。

5.5 带计算机接口的波形记录仪

应提供一台带计算机接口能进行模数转换并储存两个加速度响应的波形记录仪，或者使用插在计算机里面的 A/D 转换卡。应具有足够的分辨率、采样率和内存，以满足附录 A 规定不确定度期望动态范围内进行的校准。对于传感器的输出应使用大于或等于 10 位、最好 12 位分辨率的模数转换。

5.6 带数据处理功能的计算机

应提供一台带数据处理程序的计算机或分析仪，满足本部分不同冲击校准器的需要。

5.7 滤波器

为避免混叠和/或抑制噪声的模拟滤波器应有适当的幅频和相频响应，以满足加速度信号测量的限定不确定度。数字处理程序中采用的数字滤波器也应满足这条要求。

5.8 其他要求

为了在校准中获得小的测量不确定度，应最好将传感器及其信号适调仪视为一个传感器，并一起校准。同样，也应将石英晶体和石英晶体放大器视为一个传感器，并一起校准。

传感器结构上应该是刚性的。当计算测量不确定度时，应该考虑基座应变灵敏度、横向灵敏度和传感器/放大器组合的稳定性。

如果校准背靠背的参考传感器，其灵敏度（幅值和/或相移）应使用模拟质量来测量，该模拟质量等于用背靠背参考传感器进行比较法校准的被校传感器的质量。

6 环境条件

校准应在下列环境条件下进行：

a） 室温：(23±3)℃；

b） 相对湿度：≤75%。

7 优选的加速度和脉冲持续时间

加速度的标称值（峰值）和冲击脉冲持续时间最好从以下序列中选取：

a） 加速度，m/s^2

100，200，500，1 000，2 000，5 000，10 000，20 000，50 000，100 000

b） 冲击脉冲持续时间[3)]，ms

0.05，0.07，0.1，0.2，0.5，1，2，3，5，8

注 1：对霍普金森棒冲击校准器产生的加速度信号，可以给定两个不同的正和负半脉冲持续时间（+10%和−10%）。

注 2：如果使用参考传感器，用 GB/T 20485.13—2007 中 4.3 规定的冲击装置进行校准，校准证书中规定冲击绝对校准的冲击脉冲持续时间与整个冲击过程（高斯速度形状）有关。这样，绝对法（基于速度）和比较法校准（基于加速度）对这一冲击过程有不同的冲击脉冲持续时间（大约 2 倍）。

3） 持续时间在峰值 10%处测量。

8 方法

8.1 试验程序

按第5章中所述的安装仪器设备。

施加冲击前，测量诸如交流声和噪声等干扰量，其值应足够小，以达到校准不确定度的要求。如果对参考传感器输出信号 $u_S(t)$ 和被校传感器输出信号 $u_X(t)$ 进行滤波，应选择低通和高通滤波器（如果有）的截止频率，以使其滤波对校准结果的影响可以接受[14]。

8.2 数据采集

应选择低通和高通滤波器（如果有）的截止频率，以使其滤波对校准结果的影响可以接受[15]。为了得到要求的不确定度，数据采集应有足够高的分辨率、采样率和大的内存。要满足 Nyquist 定理，采样率的设置应使最高频率低于采样率的一半。应在机械冲击开始前不久和结束后不久的测量周期内，对参考传感器的输出信号（u_S）和被校传感器的输出信号（u_X）进行等距采样。将用 $\{u_S(t_i)\}$ 和 $\{u_X(t_i)\}$ 表示的测量值的采样序列传输到计算机内存。

数据采集应从冲击过程发生前小于或等于 $1\times T$ 的时刻开始，到冲击过程结束后大于或者等于 $1\times T$ 时刻结束，其中 T 是第7章所定义的冲击脉冲持续时间。对霍普金斯棒冲击校准器，数据采集的区间应截止到反射脉冲发生前。

8.3 信号处理

8.3.1 通用要求

8.3.2 和 8.3.3 分别给出了砧子冲击校准器和霍普金森棒冲击校准器的数据处理方法示例，冲击灵敏度用传感器输出峰值与加速度峰值之比来计算。GB/T 20485.11—2006、GB/T 20485.12—2008 和 GB/T 20485.13—2007 对其做了说明。

8.3.2 砧子冲击校准器的冲击灵敏度计算

8.3.2.1 方法1：选择最大值作为峰值

如果采集的两个输出信号序列的最大值 $\max\{u_S(t_i)\}$ 和 $\max\{u_X(t_i)\}$ 能足够准确地代表低通滤波后的峰值 $\{u_{S,peak}\}$ 和 $\{u_{X,peak}\}$，就可以应用本方法。

经过低通滤波的输出信号描绘出的应该是一条光滑曲线，由任何共振（振铃）等引起的振荡和噪声所产生的失真较小或没有。冲击机的任何共振，或者参考传感器和/或被校传感器的谐振激励都可能引起振铃。

传感器的冲击灵敏度应按以下数据处理步骤 a）到 e）进行计算。程序包括步骤 a）和 c）中描述的数字低通滤波。如果采集的信号足够光滑，这些步骤可以省略。

a) 用低通数字滤波器的算法对采集的标准传感器输出数据 $\{u_{S,D}(t_i)\}$ 进行滤波，算法的参数应能抑制如振铃和高频噪声等干扰，并且不影响测试信息。结果是"光滑"的数据序列 $\{u_S(t_i)\}$。

注：有最大平坦幅值响应的滤波器适用于对非线性相位影响进行补偿的目的，如4阶递归 Butterworth 低通滤波器。

b) 从滤波过的传感器输出值序列 $\{u_S(t_i)\}$ 中，选择最大值 $\max\{u_S(t_i)\}$ 作为传感器输出的峰值 $u_{S,peak}$。

   如果信号有零位偏移，应该用直线相连冲击前的瞬时零点和冲击后的瞬时漂移的零点，这条线是确定输出的基础。相当于输出峰值1%的最大零偏是可以接受的。如果零偏大于1%，必须考虑其对测量不确定度的影响，并应给出零偏的数值。

   在某些冲击机械中，冲击后的信号会被共振响应（如振铃）混杂。在这种情况下，冲击前的瞬时零点可以被认为是确定输出的基础，并且必须在不确定度计算中考虑它可能对校准结果带来的影响。

c) 对有"失真"的被校传感器输出值 $\{u_{S,D}(t_i)\}$ 继续步骤 a）。滤波的结果是得到"光滑"的数据序列$\{u_X(t_i)\}$。

d) 对被校传感器继续步骤 b)。所选择的最大峰值表示为 $u_{X,peak}$。

e) 根据由步骤 b)和 d)得到的 $u_{S,peak}$ 值和 $u_{X,peak}$ 值及参考传感器的灵敏度 S_S，用以下公式计算冲击灵敏度 S_{sh}。

$$S_{sh} = S_S \frac{u_{X,peak}}{u_{S,peak}} \qquad \cdots\cdots(1)$$

注：为了简化，省略了被校传感器灵敏度符号中下标，即 $S_{sh}=S_{X,sh}$。

当报告校准结果时，应根据附录 A 计算并报告校准中测量的扩展不确定度。

如果在采集传感器输出信号前使用适当的两通道模拟滤波器，按照步骤 a)和步骤 c)的数字滤波可以省去。

8.3.2.2 方法 2：多项式拟合(时域)

如果采集的两个输出信号序列的最大值 $\max\{u_S(t_i)\}$ 和 $\max\{u_X(t_i)\}$ 能足够准确和直接代表峰值 $\{u_{S,peak}\}$ 和 $\{u_{X,peak}\}$，就可以应用本方法。

如果采集的参考和被校传感器输出信号$\{u_S(t_i)\}$和$\{u_X(t_i)\}$由任何一种共振(振铃)等产生的噪声或振荡造成失真，或者没有按照方法 1 进行较好的数字滤波，或者没有按照方法 3 进行较好的傅里叶变换时，建议采用本方法。

注：首选方法 2 的理由是，如果采用方法 1 时采样点数量不足以进行数字滤波，或采用方法 3 太耗时。

传感器的冲击灵敏度应可以按以下 a)到 g)的数据处理步骤进行计算。

a) 在参考传感器输出的采样数据序列$\{u_S(t_i)\}$估计的峰值附近，确定拟合的区间。

注：从采样数据序列$\{u_S(t_i)\}$中选出所有超过$\{u_S(t_i)\}=\alpha \cdot u_{S,peak}$ 的数值，最好选择 $\alpha=0.9$(第一选择)或 $\alpha=0.95$。用所选的数据形成逼近的$\{u_S(t_i)\}_{app}$序列。

b) 用 2 阶多项式拟合，逼近数据序列$\{u_S(t_i)\}_{app}$。

$$u_S(t) = b_{S,2}t^2 + b_{S,1}t + b_{S,0} \qquad \cdots\cdots(2)$$

用高斯最小二乘法计算常数 $b_{S,0}$，$b_{S,1}$，$b_{S,2}$。

c) 根据以下公式，由常数 $b_{S,0}$，$b_{S,1}$，$b_{S,2}$ 得到峰值 $u_{S,peak}$：

$$u_{S,peak}(t) = b_{S,0} - \frac{b_{S,1}{}^2}{4b_{S,2}} \qquad \cdots\cdots(3)$$

参照 8.3.2.1 中步骤 b)。

d) 对被校传感器执行步骤 a)，得到输出值$\{u_X(t_i)\}$。由所选的值形成序列$\{u_X(t_i)\}_{app}$。

注：可以选择不同于参考传感器所选的 α 值。

e) 对被校传感器执行步骤 b)，得到近似多项式 $u_X(t)$ 中的常数 $b_{X,0}$，$b_{X,1}$，$b_{X,2}$。

f) 对被校传感器执行步骤 c)，得到近似多项式的峰值 $u_{X,peak}$。

g) 用公式(1)，由步骤 c)和 f)得到的值 $u_{S,peak}$ 和 $u_{X,peak}$ 计算冲击灵敏度 S_{sh}。

报告校准结果时，应根据附录 A 计算和报告校准中测量的扩展不确定度。

8.3.2.3 方法 3：用 FFT 分析计算灵敏度

本方法可用于计算被校传感器在任一峰值冲击加速度激励下的复谱灵敏度 $S(j\omega)$ 或幅值和相移，或公式(1)定义的传感器冲击灵敏度 S_{peak}。

如果已知傅里叶谱相关频率上的参考传感器的复灵敏度，可以使用本方法。参考传感器的复灵敏度可根据 GB/T 20485.13—2007 附录 C 的冲击绝对校准确定。如果参考传感器已被证明是线性的，可以根据 GB/T 20485.11—2006 或 GB/T 20485.12—2008，用振动绝对校准取代冲击绝对校准，或根据 GB/T 20485.21—2007 用振动比较法校准取代。

由于没有任何传感器是完全线性的，在计算不确定度时必须考虑由于线性度偏差导致的不确定度的影响。

由以下数据处理步骤 a)到 g)和 a)到 i)，分别计算传感器的复灵敏度 $S(j\omega)$ 和冲击灵敏度 S_{peak}。

a) 进行 m 次重复测量(即 k 个采样序列)$\{u_S(t_i)\}_k$,$\{u_X(t_i)\}_k$,$k=1,2,\cdots,m$。

注:采样周期决定了可得到的采样率。例如,80 ms 采样周期得到采样率 12.5 Hz。

b) 用合适的窗进行快速傅里叶变换(FFT)或离散傅里叶变换(DFT)。如果使用矩形窗,参见 ISO 18431-2。

c) 在频域对重复测量的数据进行平均,分别得到参考输出信号和被测输出信号的平均谱 $u_S(j\omega)$ 和 $u_X(j\omega)$。

d) 用以下公式计算被校传感器的复灵敏度 $S_X(j\omega)$:

$$S_X(j\omega)=S_S(j\omega)\frac{u_X(j\omega)}{u_S(j\omega)} \qquad\cdots\cdots(4)$$

e) 计算相干函数 γ,并检查是否符合最小容许误差值。

注:γ 值应在 $\gamma\geqslant 0.99$ 范围内。只有已经考虑了它对测量不确定度的贡献时,才允许有较低的值。

f) 用参考传感器输出的平均谱及其复灵敏度计算复加速度谱:

$$a(j\omega)=\frac{u_S(j\omega)}{S_S(j\omega)} \qquad\cdots\cdots(5)$$

g) 用傅立叶逆变换(IFFT 或 IDFT)将平均谱 $u_X(j\omega)$ 和 $a(j\omega)$ 变换到时域,得到被校传感器输出 $u_X(t_i)$ 和相应的加速度 $a(t_i)$ 的时域测量序列。

h) 由步骤 g)得到的序列 $\{u_X(t_i)\}$ 和 $\{a(t_i)\}$ 中,选择最大值 $\max\{u_X(t_i)\}$ 和 $\max\{a(t_i)\}$ 作为峰值 $u_{X,peak}$ 和 a_{peak}。

i) 根据以下公式,由步骤 h)得到的 $u_{X,peak}$ 和 a_{peak} 计算冲击灵敏度 S_{sh}:

$$S_{sh}=\frac{u_{X,peak}}{a_{peak}} \qquad\cdots\cdots(6)$$

8.3.3 用霍普金森棒冲击校准器时的冲击灵敏度计算

8.3.3.1 通用要求

当比较的双方量值是同一单位时,使用 8.3.2 中的方法 1 和方法 2 计算用霍普金森棒冲击校准器时的冲击灵敏度。

8.3.3.2 用速度比较法计算用霍普金森棒冲击校准器时的冲击灵敏度

对本方法,用应变片或激光多普勒测振仪(LDV)进行的参考测量应为速度量。被校传感器的加速度测量必须通过积分由加速度转换成速度。由于积分是平滑处理,不需要其他的附加处理。可以使用方法 1(8.3.2.1)和方法 2(8.3.2.2),用速度峰值代替加速度峰值,计算冲击灵敏度。

8.3.3.3 用加速度比较法计算用霍普金森棒冲击校准器时的冲击灵敏度

对本方法,用应变片或激光多普勒测振仪(LDV)进行的参考测量应为速度量,并且必须通过微分转换成加速度。时域或频域微分都可以。通常,建议在微分处理前后采用低通滤波消除外来的噪声。滤波的截止频率要选的足够高,使所关注的频率带宽不受滤波处理的影响。可以使用方法 1(8.3.2.1)和方法 2(8.3.2.2),用加速度峰值计算冲击灵敏度。

8.3.3.4 用力传感器比较法计算用霍普金森棒冲击校准器时的冲击灵敏度

对本方法,参考测量是由石英测力计测量的力值除以石英晶体、钢盘和被校传感器的质量之和得到的加速度。可以使用方法 1(8.3.2.1)和方法 2(8.3.2.2),用加速度峰值计算冲击灵敏度。

9 校准结果报告

在校准结果报告中,除校准方法以外,至少应对下列校准条件和特性参数给予说明:

a) 环境条件

——环境空气温度。

b) 安装方法

——安装表面的材料;

——安装力矩(如果传感器用螺栓安装);

——油或油脂(如果使用);

——电缆的固定;

——安装方位(垂直或水平)。

c) 模拟质量块(如果使用)

——材料(如钢),尺寸(长度,直径)和质量;

——安装力矩。

d) 校准结果

——冲击加速度峰值和冲击脉冲持续时间;

——冲击灵敏度值;

——测量的扩展不确定度。如果包含因子 k 不等于 2,给出使用的 k 值。

附 录 A
（规范性附录）
校准中测量不确定度的表示

A.1 计算给定加速度峰值、冲击脉冲持续时间、放大器增益设置和滤波器截止频率时的冲击灵敏度 S_{sh} 的扩展不确定度 $U_{rel}(S_{sh})$

应按照 GB/T 20485.1—2008 和下面的公式，计算给定加速度峰值、冲击脉冲持续时间、放大器增益设置和滤波器截止频率时的冲击灵敏度测量的相对扩展不确定度 $U_{rel}(S_{sh})$：

$$U_{rel}(S_{sh}) = ku_{c,rel}(S_{sh})$$

$$u_{c,rel}(S_{sh}) = \frac{u_c(S_{sh})}{S_{sh}} = \frac{1}{S_{sh}}\sqrt{\sum_i u_i^2(S_{sh})}$$

式中，包含因子 $k=2$。参见表 A.1。

可以用不同于表中使用的方法对不确定度的误差源进行细化和计算。表中给出了按照 GB/T 20485.1—2008附录 A 考虑的每个显著影响测量结果的因素。

表 A.1

i	标准不确定度分量 $u(x_i)$	不确定度来源	不确定度分量大小 $u_i(y)$
1	$u(S_{sh,S})$	在特定条件下参考的合成标准不确定度（传感器或传感器/放大器组合）	$u_1(S_{sh})$
2	$u(G)$	适调放大器增益比（$G=G_S/G_X$）	$u_2(S_{sh})$
3	$u(R_V)$	电压峰值比测量（波形记录仪，如 ADC—分辨率）	$u_3(S_{sh})$
4	$u(R_I)$	参考传感器的长期不稳定性	$u_4(S_{sh})$
5	$u(R_F)$	电压滤波对电压峰值比测量的影响（频带限制）	$u_5(S_{sh})$
6	$u(R_{VD})$	电压干扰对电压峰值比测量的影响（如交流声，噪声）	$u_6(S_{sh})$
7	$u(R_T)$	横向、摆动和弯曲加速度对电压峰值比测量的影响（横向灵敏度）	$u_7(S_{sh})$
8	$u(R_F)$	安装参数（力矩、电缆固定、附加质量等）对峰值电压比测量的影响	$u_8(S_{sh})$
9	$u(R_{ED})$	温度和其他环境参数对峰值电压比测量的影响	$u_9(S_{sh})$
10	$u(R_{MD})$	运动干扰对峰值电压比测量的影响（如传感器敏感表面间的相对运动）	$u_{10}(S_{sh})$
11	$u(R_L)$	非线性对峰值电压比测量的影响和其他因素对峰值电压比测量的影响	$u_{11}(S_{sh})$
12	$u(S_{sh,RE})$	冲击灵敏度测量的其他影响（传感器或冲击机共振激励的影响，重复测量随机误差影响；算术平均值的标准偏差）	$u_{12}(S_{sh})$

A.2 在加速度峰值和冲击脉冲持续时间的整个范围内，计算冲击灵敏度 $S_{sh,t}$ 的扩展不确定度 $U_{rel}(S_{sh,t})$

按照 A.1 计算的冲击灵敏度测量的扩展不确定度 $U_{rel}(S_{sh})$，只对设定的加速度峰值、冲击脉冲持续时间、放大器增益和滤波器截止频率的设置有效。在连续校准过程中的任何时间间隔里，应按照

GB/T 20485.1 下面的公式计算加速度峰值和冲击脉冲持续时间整个范围内的冲击灵敏度 $S_{sh,t}$ 的相对扩展不确定度 $U_{rel}(S_{sh,t})$：

$$U_{rel}(S_{sh,t}) = ku_{c,rel}(S_{sh,t})$$

$$u_{c,rel}(S_{sh,t}) = \frac{u_c(S_{sh,t})}{S_{sh}} = \frac{1}{S_{sh}}\sqrt{\sum_i u_i^2(S_{sh,t})}$$

式中包含因子 $k=2$。参见表 A.2。

可以用不同于这些表中使用的方法对不确定度的误差源进行细化和计算。表中给出了按照 GB/T 20485.1—2008 附录 A 考虑的每个显著影响测量结果的因素。

表 A.2

i	标准不确定度分量 $u(x_i)$	不确定度来源	不确定度分量大小 $u_i(y)$
1	$u(S_{sh})$	根据 GB/T 20485.1—2008 的 A.1.1 中参考峰值、冲击脉冲持续时间和放大器增益设定计算的冲击灵敏度的不确定度	$u_1(S_{sh,t})$
2	$u(e_{T,A})$	适调放大器跟踪（对不同的放大器设置的增益和相移的偏差）	$u_2(S_{sh,t})$
3	$u(e_{L,f,A})$	与适调放大器恒定的幅值－频率特性和线性的相位－频率特性的偏差	$u_3(S_{sh,t})$
4	$u(e_{L,f,T})$	与参考传感器恒定的幅值－频率特性和线性的相位－频率特性的偏差	$u_4(S_{sh,t})$
5	$u(e_{L,a,A})$	幅值（峰值）对放大器增益的影响	$u_5(S_{sh,t})$
6	$u(e_{L,a,T})$	幅值（峰值）对传感器灵敏度的影响	$u_6(S_{sh,t})$
7	$u(e_{I,A})$	参考放大器增益的不稳定性和源阻抗对增益和相移的影响	$u_7(S_{sh,t})$
8	$u(e_{I,T})$	传感器灵敏度的不稳定性（幅值和相移）	$u_8(S_{sh,t})$
9	$u(e_{E,A})$	环境对参考放大器的增益和相移的影响	$u_9(S_{sh,t})$
10	$u(e_{E,T})$	环境对参考传感器灵敏度（幅值和相移）的影响	$u_{10}(S_{sh,t})$

附 录 B
（资料性附录）
不确定度例子——校准中测量不确定度的表示

表 B.1～表 B.3 给出了不确定度计算的示例。表中给出的数值均做了数字取舍处理。

表 B.1 砧子校准器——气动活塞式冲击校准器[4]

不确定度分量描述 幅值范围 脉冲持续时间范围		相对标准不确定度/% （示例） (0.2～2)km/s² (0.5～3.0)ms	相对标准不确定度/% （示例） (2～100)km/s² (0.05～0.1)ms
A. 参考传感器			
1	参考灵敏度	0.5	0.5
2	相对运动	0.25	0.5
3	旋转/横向运动[a]	0.15	0.3
4	温度	0.2	0.2
5	参考灵敏度的稳定性	0.1	0.1
6	幅值线性度	0.05	0.25
B. 被校传感器			
1	基座应变/安装	0.2	0.2
2	旋转/横向运动	0.15	0.3
3	电缆应变影响	0.1	0.2
4	温度	0.5	0.5
5	频率响应[b]	0.0	0.0
C. 信号适调仪			
1	放大器和数据采集的线性度	0.1	0.1
2	增益挡误差	0.2	0.2
3	相对的频率响应	0.1	0.5
4	温度	0.1	0.1
D. 算法			
1	峰值失真	0.2	0.5
2	零基线	0.2	0.2
3	峰值噪声	0.05	0.05
相对合成标准不确定度		0.9	1.7
相对扩展不确定度 $U(k=2)$		1.9	3.5

a 砧子上的附加质量、非对称传感器，或电缆力可能会显著增大横向运动。

b 许多压电传感器有一种倾斜的频率特性。不同脉冲持续时间的频率会导致与一种常规 100 Hz 振动灵敏度不同的一个灵敏度。表中没有考虑这种不确定度。

表 B.2 速度比较的分离式霍普金森棒冲击校准器的不确定度分析[4]

不确定度分量描述 幅值范围 脉冲持续时间范围		相对标准不确定度/% (示例) 100 km/s² 0.3 ms
A. 参考速度测量(应变仪)		
1	棒的灵敏度	2.0
2	激励电压的稳定性	0.2
3	衰减、偏差	0.5
4	温度	0.5
5	棒的灵敏度稳定性	0.1
6	应变仪因子的非线性	0.1
7	电缆、胶带的影响	0.2
B. 被校传感器		
1	基座应变/安装	0.5
2	旋转/横向运动	0.5
3	电缆应变影响	0.2
4	温度	0.5
5	频率响应[a]	0.5
C. 信号适调仪		
1	放大器和数据采集的线性度	0.1
2	增益挡误差	0.2
3	相对的频率响应	0.5
4	温度	0.1
D. 算法		
1	被校传感器零点,积分频率响应	1.0
2	被校传感器的非线性	0.5
3	棒的零基线	0.2
4	棒的峰值噪声	0.05
相对的合成标准不确定度		2.7
相对扩展不确定度 $U(k=2)$		5.4
注:在 GB/T 20485.1—2008 的附录 A 中对不确定度确定的程序做了描述。		
[a] 许多压电传感器有一个斜的频率响应。不同脉冲持续时间的频率成分会导致与常规 100 Hz 振动灵敏度不同的一个灵敏度。表中没有考虑这种不确定度。		

表 B.3 与力传感器比较的分离式霍普金森棒冲击校准器的不确定度分析[13]

不确定度分量描述		相对标准不确定度/% (示例)
A. 参考石英传感器		
1	X 形剪切石英的 d_{11}(可变性、方位、温度)	2.7
2	石英阵列和耦合	—
3	石英输出的可变性(释放波、ε 相对应变等)	1.0
4	运动质量,M	0.3
5	前置放大器/放大器(使用条件的校准;电压和频率的线性;校准之间的稳定性)	0.7
6	记录仪(分辨率、频率响应、稳定性)	0.3
7	峰值读取算法(流程、噪声)0.1	0.1
B. 被校传感器		
1	安装	—
2	信号适调仪/放大器(使用条件的校准;电压和频率的线性;校准之间的稳定性)	
3	记录仪(分辨率、频率响应、稳定性)	0.3
4	横向响应和共振	—
5	峰值读取算法(流程、噪声)	0.1
6	截止频率之外的能量响应损失与类似的石英标准的损失不匹配	~3
7	S 的随机变化	2.5
相对的合成标准不确定度		5.0
相对的扩展的不确定度 $U(k=2)$		10.0
注:在 GB/T 20485.1—2008 的附录 A 中对不确定度确定的程序做了描述。		

参 考 文 献

[1] H.-J. von Martens: "An interlaboratory comparison of accelerometer calibrations using shock excitation". PTB Report, 2003(in print).

[2] Tillett, J. P. A., "A Study of the Impact on Spheres of Plates", The Proceedings of the Physical Society, 1954, Section B, Vol 67, pp. 677-685.

[3] Evans, David J., "Testing the Sensitivity of Accelerometers Using Mechanical Shock Pulses Under NIST—Special Publication 250, Special Test No. 24040S", Proceedings of the 1995 International Mechanical Engineering Congress and Exposition, San Francisco, Ca November 12-177. 1995.

[4] Sill, R. D., "Endevco Automatic Acceleration Calibration System, Model 2925, Comparison Shock Calibrator (POP)", at website: hhttp://www.endevco.com/test/test_main.htm.

[5] Davies, R., "A Critical Study of the Hopkinson Pressure Bar", Philosophical Transactions, Series A, Royal Society of London, Vol. 240, pp. 352-375, January 8, 1948.

[6] Kolsky, H., Stress Waves in Solids, Oxford University Press, 1953.

[7] Sill, R. D., "Testing Technique Involved with the Development of High Shock Acceleration Sensors", Endvco Tech. Paper, TP 283, San Juan Capistrano, Ca, 1983.

[8] Sill, R. D. "Shock Calibration of Accelerometers at Amplitudes to 100,000 G Using Compression Waves", Endvco Tech. Paper, TP 283, San Juan Capistrano, Ca, 1983.

[9] Bateman, V. I., Leisher, W. B., Brown F. A., and Davie, N. T. 1993, "Calibration of Hopkinson Bar with Transfer Standard", Shock and Vibration, 1993, Vol, 1, No. 2, pp. 145-152.

[10] V. I. Bateman, B. D. Hansche, and O. M. Solomon, "Use of a Laser Doppler Vibrometer for High Frequency Accelerometer Characterizations", Proceedings of the 66th Shock and Vibration Symposium, Vol. I, Biloxi, MS, November 1995.

[11] Togami, T. C., Baker, W. E., and Forrestal, F. A., "A Split Hopkinson Bar Technique to Evaluate the Performance of Accelerometers", Journal of Mechanics, 1996, Vol. 63, pp. 353-356.

[12] Togami, T. C., Bateman, V. I., and Beown, F. A., "Evaluation of a Hopkinson Bar Fly-away Technique for High Amplitude Shock Accelerometer Calibration", Proceedings of the 68th Shock and Vibration Symposium, Vol. I, Hunt Valley, MD, November 1997.

[13] V. I. Bateman and P. D. Thatcher, "Certification of 200,000 g Shock Calibration Techniques for Sensors", IEST's 47th Annual Technique Meeting and Exposition Proceedings, Phoenix, Arizona, April 22-25, 2001.

[14] A. Link, H.-J. von Martens and W. Wabinski: New method for absolute shock calibration of accelerometers. Proceedings of 3rd International Conference "Vibration Measurements by Laser Techniques: Advances and Application". SPIE Volume 3411-1998.

[15] H. Muller: "Stobformige Kalibrierung von Beschleunigungsaufnehmern nach dem Vergleichsverfahren. Dissertation, TU Braunschweig und Volkswagen AG Wolfburg, 2001 (http://opus.tubs.de/opus/volltexte/2001/227)".

ICS 29.035.99
K 15

中华人民共和国国家标准

GB/T 20634.2—2008

电气用非浸渍致密层压木 第2部分:试验方法

Non-impregnated densified laminated wood for electrical purposes—Part 2:Methods of test

(IEC 61061-2:2001,MOD)

2008-12-30 发布

2010-01-01 实施

中华人民共和国国家质量监督检验检疫总局
中国国家标准化管理委员会 发布

前言

GB/T 20634《电气用非浸渍致密层压木》包含下列几个部分：

——第1部分：定义、名称和一般要求；

——第2部分：试验方法；

——第3部分：单项材料规范　桦木薄片制成的板材；

——第4部分：单项材料规范　桦木薄片制成的环材。

本部分是GB/T 20634的第2部分。

本部分修改采用IEC 61061-2：2001《电气用非浸渍致密层压木　第2部分：试验方法》(1.1版英文版)。

本部分与IEC 61061-2：2001的技术差异差异如下：

——进行编辑性补充和调整(如：补充剪切强度计算公式和将对液体电介质的污染调整到电气性能试验中)；

——删除了IEC 61061-2：2001中本身已明示的不适用项目；

——纠正了IEC 61061-2：2001中有关可压缩性试验中有Cres和Crev的计算公式错误。

本部分由中国电器工业协会提出。

本部分由全国绝缘材料标准化技术委员会(SAC/TC 51)归口。

本部分主要起草单位：阿里河林业局层压板厂、扎兰屯同德木业有限责任公司、沈阳瑞丰电力设备有限公司、黑龙江省苇河林业局电工层压木厂、桂林电器科学研究所。

本部分起草人：罗林生、吉臣、郑希清、宋春恩、杨焕金、孙志伟、任传德、李学敏。

本部分为首次发布。

电气用非浸渍致密层压木
第2部分:试验方法

1 范围

GB/T 20634的本部分规定了由多层薄木片及热固性树脂压制而成的电气用非浸渍致密层压木的试验方法。

本部分适用于由多层薄木片及热固性树脂压制而成的电气用非浸渍致密层压木。

2 规范性引用文件

下列文件中的条款通过GB/T 20634的本部分的引用而成为本部分的条款。凡是注日期的引用文件,其随后所有的修改单(不包括勘误的内容)或修订版均不适用于本部分,然而,鼓励根据本部分达成协议的各方研究是否可使用这些文件的最新版本。凡是不注日期的引用文件,其最新版本适用于本部分。

GB/T 1043.1—2008 塑料 简支梁冲击性能的测定 第1部分:非仪器化冲击试验(ISO 179-1:2000,IDT)

GB/T 1408.1—2006 绝缘材料电气强度试验方法 第1部分:工频下试验(IEC 60243-1:1998,IDT)

GB/T 1409—2006 测量电气绝缘材料在工频、音频、高频(包括米波波长在内)下电容率和介质损耗因数的推荐方法(IEC 60250:1969,IDT)

GB/T 5654—2007 液体绝缘材料相对电容率、介质损耗因数和直流电阻率的测量(IEC 60247:2004,IDT)

GB/T 9341—2008 塑料 弯曲性能的测定(ISO 178:2001,IDT)

IEC 60296:2003 用于变压器及开关的未使用过的矿物绝缘油规范

3 试样的条件处理

通常应将试样在温度23 ℃±2 ℃,相对湿度50%±5%下处理168 h,并应在该条件下试验或者在从该条件下取出后3 min内进行测试。

在有争议时,为确保试样经条件处理后,在质量方面有所增加,应先将试样在70 ℃下进行足够长时间的干燥处理,然后再在温度23 ℃±2 ℃,相对湿度50%±5%的处理条件下处理240 h。

4 试样的干燥处理

处理方法A:

做为优先选用的方法,其处理过程如下:

试样应在压力不大于100 Pa的真空干燥箱中,于105 ℃±5 ℃下处理24 h,到时取出并放置于干燥器中冷却至室温。

处理方法B:

将试样放置于循环鼓风干燥箱中,在大气压力下经过105 ℃±5 ℃干燥处理168 h,到时取出并放置于干燥器中冷却至室温,本方法是期望获得与处理方法A相近的干燥处理效果。

5 尺寸

5.1 厚度

5.1.1 测量仪器

使用分度值为 0.01 mm、测头直径为 ϕ6 mm～ϕ8 mm 的外径螺旋测微计或测厚仪，其测量面的平面度应在 0.01 mm 以内，且两测量面的平行度应在 0.003 mm 以内，其施加试样上的压强应为 0.1 MPa～0.2 MPa。

5.1.2 程序

在收货状态下，沿板材的每条边且距边缘不小于 20 mm 部位测量两点厚度，共测八点，精确至 0.01 mm。

在有争议时，应沿板材整幅宽方向切割一条 40 mm 宽的板条，再从该板条上等间距地切割八个试样，每个试样长度不应小于 40 mm。然后按第 3 章的规定进行条件处理，处理完毕再在每个试样的中央部位测量其厚度。

5.1.3 结果

取八次测量值的中值作为试验结果，并报告最大值和最小值。

5.2 平直度

将板材凹面朝上并自然地置于平台上，将 1 000 mm 长或 500 mm 长的轻质直尺（其质量应小于 500 g）以各个方向分别置于试样上，测量板材的上表面偏离直尺的最大间距，精确至 0.5 mm。

6 机械性能试验

6.1 弯曲强度

6.1.1 概述

按 GB/T 9341—2008 规定进行垂直层向弯曲试验。

6.1.2 试样

分别沿图 1 所示的板材 A 向和 B 向加工宽度为 20 mm±1 mm，其长度不小于 25 倍厚度的试样各 5 个，当厚度超过 20 mm 时，则应采用单面加工的方法将其加工至 20 mm，试验时应将未加工面与支座相接触。

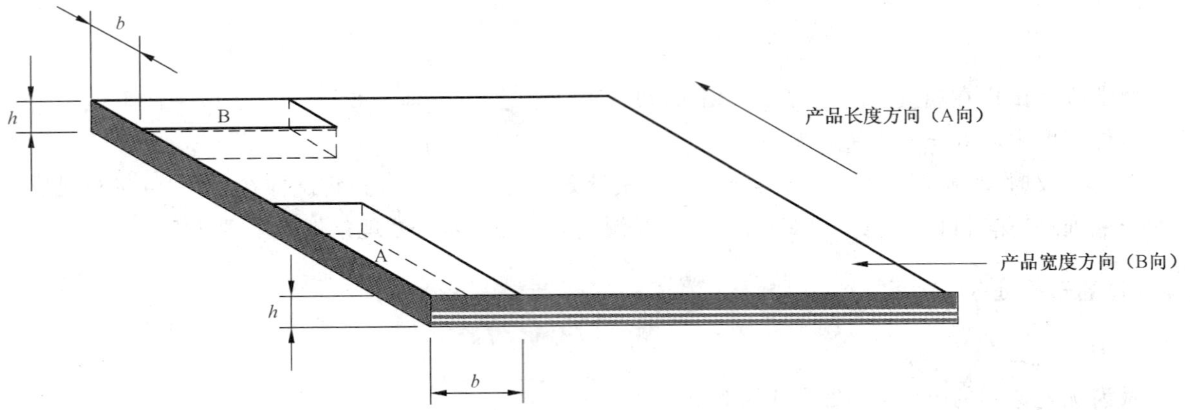

A、B——取样方向；

b——试样宽度；

h——试样的厚度。

图 1 取样方向

6.1.3 条件处理

按本部分第3章规定进行。

6.1.4 试验

按GB/T 9341—2008规定进行，其中试验速度按单项材料规范规定，若单项材料规范中无规定时，则取5 mm/min。

6.1.5 结果

分别报告每一方向试验结果的中值，并以两个方向的中值中较低值作为弯曲强度试验结果。对于纤维大抵沿同一方向排列的这类板材，则取两个中值中较高的值作为弯曲强度。

6.2 表观弯曲弹性模量

按GB/T 9341—2008规定进行试验，其中试验速度为2 mm/min。

6.3 可压缩性

6.3.1 试样

3个(25 mm±0.25 mm)长×(25 mm±0.25 mm)宽，厚度尽可能接近25 mm的试样。若试样厚度小于25 mm的三分之二时，可由多个试样叠合的办法使厚度尽可能地接近25 mm，此时任何试样的表面不应被加工。若样品厚度大于25 mm时，则应从单面加工至25 mm±0.25 mm，所加工的表面及其边缘应平整光滑、无毛刺。

6.3.2 条件处理

按本部分第3章规定进行。

6.3.3 试验设备及装置

6.3.3.1 试验机

具有压缩试验功能的材料试验机，并可准确测量动梁(十字头)的动移，否则可采用内径测微计测量压板间的距离。

6.3.3.2 压板

正方形压板，其边长应大于35 mm，以确保其每边均能超出试样至少5 mm。

6.3.4 方法

将试样放置于压板的中央，施加625 N±6 N(相当于1.0 MPa压强)初始压力负荷，保压5 min，测量试样的厚度 h_0，当试验机不具有自动的动梁位置测量功能时，可采用内径测微计或其他仪器，分别在靠近试样每边的中间附近各测量一次厚度，以四次测量结果的算术平均值作为在该压力下试样的厚度值。然后，再按单项材料规范规定的压强施加负荷，并保压5 min，测量此时试样的厚度 h_1，最后再减小压力负荷至625 N±6 N(相当于1 MPa压强)，并保压5 min，测量此时试样的厚度 h_2。

6.3.5 结果

可压缩性 C、弹性压缩量 C_{rev} 和塑性压缩量 C_{res} 的计算见式(1)、式(2)和式(3)：

$$C = \frac{h_0 - h_1}{h_0} \times 100\% \quad \cdots\cdots(1)$$

$$C_{rev} = \frac{h_2 - h_1}{h_0 - h_1} \times 100\% \quad \cdots\cdots(2)$$

$$C_{res} = \frac{h_0 - h_2}{h_0 - h_1} \times 100\% \quad \cdots\cdots(3)$$

式中：

C——可压缩性，单位为百分数(%)；

C_{rev}——弹性压缩量，单位为百分数(%)；

C_{res}——塑性压缩量，单位为百分数(%)；

h_0——初始压力下试样厚度，单位为毫米(mm)；

h_1——在单项材料规范中规定的压力下试样的厚度，单位为毫米(mm)；

h_2——从单项材料规范中规定的压力恢复到初始压力下试样的厚度，单位为毫米(mm)。

对每一性能，应分别以测得的中值作为试验结果，并报告另外两个值。

6.4 冲击强度

6.4.1 概述

按 GB/T 1043.1—2008 规定(3C 方法)进行侧向试验(见图 2)。

单位为毫米

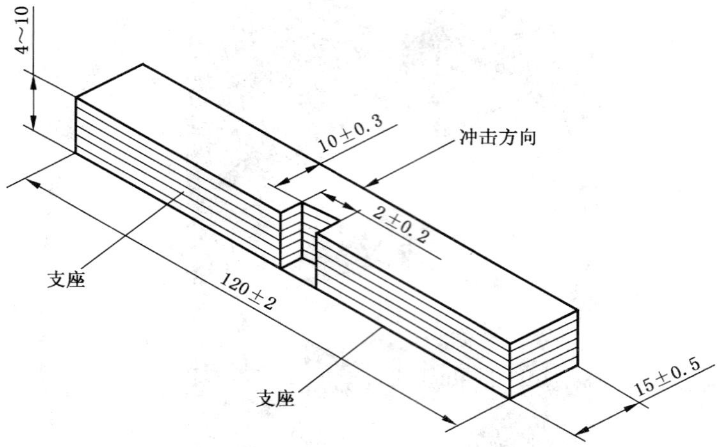

图 2 简支梁冲击试验的试样尺寸及试验方向

6.4.2 试样

分别沿板材的 A 向和 B 向各加工 5 个试样，当样品厚度大于 10 mm 时，则应将样品从单面加工成 10 mm±0.5 mm 厚的试样。

6.4.3 条件处理

按本部分第 3 章规定进行。

6.4.4 结果

分别以每个方向试验结果的中值为试验结果。

6.5 层间剪切强度

6.5.1 概述

平行层向剪切强度按图 3 所示原理进行试验，本项试验仅适用于厚度≥20 mm 的板材。

单位为毫米

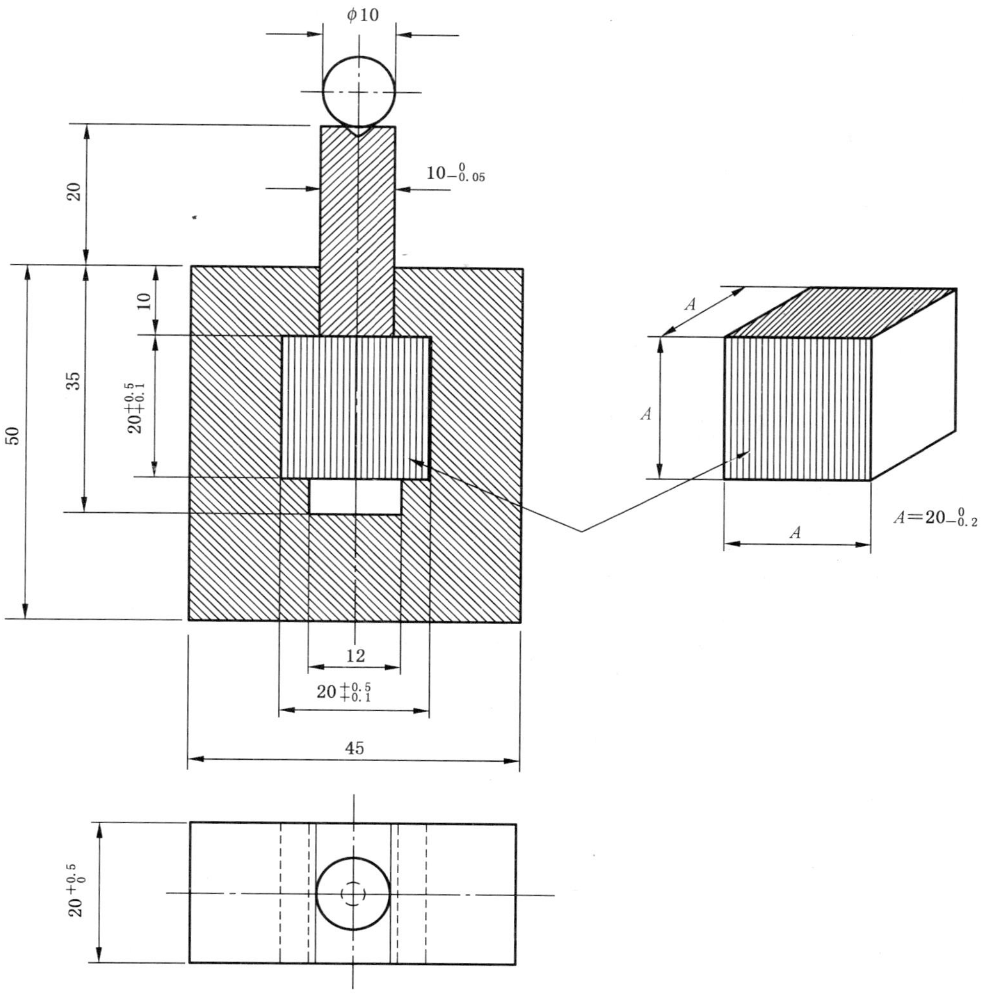

图 3　粘结层剪切强度试验装置和试样尺寸

6.5.2　试样

从板材上加工 5 个每个边长为 $20_{-0.2}^{0}$ mm 的立方体作为试样。当板材厚度大于 20 mm 时,则应采取双面等量加工的方法,将其厚度加工至 $20_{-0.2}^{0}$ mm。

6.5.3　条件处理

按本部分第 3 章规定进行。

6.5.4　程序

将试样放置在剪切装置内,此时应保证剪切应力作用于同一层面。施加负荷,使试样在 30 s～90 s 之间发生剪切破坏,记录破坏负荷。

6.5.5　结果

剪切强度按式(4)计算:

$$\tau = \frac{P}{s} \qquad \cdots\cdots (4)$$

式中:

τ——剪切强度,单为兆帕(MPa);

P——剪切破坏负荷,单位为牛顿(N);

s——剪切试验面积(取 400),单位为平方毫米(mm^2)。

以 5 次试验结果的中值作为剪切强度并报告最大值和最小值。

7 电气性能试验

7.1 电气强度和击穿电压

7.1.1 概述

电气强度和击穿电压试验按 GB/T 1408.1—2006 的规定进行，其中试验应在 90 ℃±2 ℃符合 IEC 60296:2003 规定的矿物油中进行，同时试样应按 8.4 的规定，进行干燥和浸油处理，所有试样的干燥和浸油处理须在机械加工后进行，经干燥和浸油处理过的试样不应暴露于大气中。为保证试样达到试验温度，试验前应将试样浸没于 90 ℃±2 ℃的矿物油中 0.5 h～1 h。

7.1.2 垂直层向电气强度

试样为 ϕ150 mm 圆板或 150 mm×150 mm 方型板材，当厚度超过 3.0 mm 时，其厚度可按 GB/T 1408.1—2006 规定，采用单面加工方法加工至 3.0 mm±0.2 mm。

试验电极系统为上电极为 ϕ25 mm 和下电极为 ϕ75 mm 圆柱形电极，试验升压方式为快速升压，升压速度为 500 V/s。

7.1.3 平行层向击穿电压

试样为 75 mm 长×(25 mm±0.2 mm)宽×原板厚的试样。

试验采用对称的 ϕ130 mm 平板电极，试验升压方式为快速升压，升压速度为 500 V/s。

7.1.4 结果

分别以 5 次试验结果的中值作为垂直层向电气强度(kV/mm)和平行层向击穿电压(kV)的试验结果，并报告最小值。

7.2 对液体电介质的污染

7.2.1 装置及器材

油杯：符合 GB/T 5654—2007 的规定。

电桥：符合 GB/T 1409—2006 的规定。

装油的容器：由中性或硼玻璃制成的，体积约 1 L，在油的液面上方应保持干燥的氮气气氛。

加热装置：强力鼓风烘箱或其他加热装置。

变压器油：符合 IEC 60296:2003 的油品，并已测定过中和值(酸值)和在 90 ℃下工频介质损耗因数。

7.2.2 试样

将足够量的板材细剥成薄于 1 mm，表面积约为 100 mm^2 的薄片，并经 105 ℃±1 ℃、16 h 干燥处理。在进行操作时，应避免用裸手触摸试样。

在注入油品前应检查容器清洁程度，然后将 750 mL 油注入清洁的容器中，并将 75 g 试样浸没于油中。在油品液面上方通入干燥的氮气气氛对油品进行保护。将装有油品和试样的容器，以及装有相同体积空白试验用油品的容器(在氮气气氛保护下)同时在 100 ℃±1 ℃的温度下加热 96 h。

到时终止加热，分别测量被试油品和空白油品的室温下中和值(酸值)或者在 90 ℃下的工频介质损耗因数。

7.2.3 结果

以被试油品和空白油品之间的中和值(酸值)或者在 90 ℃下工频介质损耗因数的差值表征层压木对液体电介质的污染程度。并报告空白油品和被试油品的测试值。

8 理化性能试验

8.1 表观密度

8.1.1 试样

分别从被试板材上加工 3 个试样，其尺寸为 100 mm 长×25 mm 宽×原板厚。

8.1.2 程序

分别测量每一试样的长度、宽度及厚度，测量精确至 0.02 mm。

分别测量每一试样的质量,精确至 0.1 g。

8.1.3 结果

以每一试样的质量除以其体积来计算表观密度,结果以 g/cm³ 表示。

以 3 次测量结果的中值做为表观密度,并报告最大值和最小值。

8.2 水分含量

在收货状态下从被试板材上加工 3 个试样,试样尺寸为 100 mm 长×25 mm 宽×原板厚。

8.2.1 收货状态下的质量

用分析天平称量试样的质量,精确至 1 mg。

8.2.2 干燥处理后的质量

按第 4 章 A 法的规定进行干燥处理,到时冷却至室温后称其质量精确至 1 mg。

8.2.3 结果

水分含量以干燥处理前后质量变化的百分数表示(%)。

以 3 次测量结果的中值做为水分含量,并报告最大值和最大小值。

8.3 干燥处理后的收缩率

8.3.1 试样

分别沿被试板材的 A 向和 B 向加工 50 mm 长×300 mm 宽×原板厚的试样各 3 个。

8.3.2 程序

首先按第 3 章的规定进行条件处理,处理后分别测量每一个试样的长度和厚度,其中厚度测量应距边缘不少于 20 mm。

注:必要时用标记笔、标记测量部位,以便于干燥处理后在相同部位测量。

然后再将试样按第 4 章 A 法的规定进行干燥处理,处理完毕冷却至室温后分别在同一部位(与条件处理后测试部位相同),分别再次测量每一试样的长度和厚度。

8.3.3 结果

以干燥处理前后,试样尺寸变化率的百分数分别表示 A 向及 B 向的长度收缩率和厚度收缩率或周长收缩率(%)。

分别以每一方向 3 次测得结果的中值作为试验结果并报告最大值和最小值。

8.4 吸油性

8.4.1 试样

从被试板材上加工 3 个试样,其尺寸为 100 mm 长×25 mm 宽×原板厚。

8.4.2 程序

首先按第 4 章 A 法的规定进行干燥处理,冷却至室温后分别测定其质量精确至 1 mg。

再将试样放入 90 ℃±2 ℃真空干燥箱中,抽真空,其压力应小于 100 Pa,并在该温度和真空度下保持 1 h。然后输入 90 ℃±2 ℃符合 IEC 60296:2003 规定的变压器油,输油应十分缓慢,以确保期间的压力不超过 250 Pa。

当试样被变压器油完全浸没后(为防止试样上浮,可预先在试样上悬挂金属重物),再缓慢解除真空达到大气压力后停止加热。并在此状态下保持试样浸油 24 h±1 h。然后再从油中取出试样并用吸油纸擦去多余的油,最后分别测量每一试样的质量。

8.4.3 结果

以吸油处理前后试样质量变化率表示吸油率(%)。

以 3 次测量结果的中值作为试验结果,并报告最大值和最小值。

ICS 29.035.99
K 15

中华人民共和国国家标准

GB/T 20634.3—2008

电气用非浸渍致密层压木 第3部分：单项材料规范 由桦木薄片制成的板材

Non-impregnated densified laminated wood for electrical purposes—Part 3：Specifications for individual materials—Sheets produced from birch veneer

(IEC 61061-3-1：1998，Non-impregnated densified laminated wood for electrical purposes—Part 3：Specifications for individual materials—Sheet1：Sheets produced from beech veneer，MOD)

2008-12-30 发布　　　　2010-01-01 实施

中华人民共和国国家质量监督检验检疫总局
中国国家标准化管理委员会　发布

前 言

GB/T 20634《电气用非浸渍致密层压木》包含有下列几部分：

——第1部分：定义、名称和一般要求；

——第2部分：试验方法；

——第3部分：单项材料规范 由桦木薄片制成的板材；

——第4部分：单项材料规范 由桦木薄片制成的环材。

本部分为GB/T 20634的第3部分。

本部分修改采用IEC 61061-3-1：1998《电气用非浸渍致密层压木 第3部分：单项材料规范 由山毛榉薄片制成的板材》(第2版，英文版)，修改原因是受我国林木资源品种的限制，我国是以桦木为主生产层压木制品。

本部分与IEC 61061-3-1：1998的主要技术差异如下：

——删除了P1R～P4R的技术要求，同时将型号C1R～C4R改为C1B～C4B；

——增补了>100 mm～≤150 mm厚度规格的板材及其允许偏差的要求；

——提高了板材“平直度”的要求；

——对文本进行了编辑性修改，如将试验方法单列一章，并增加了包装、标志、运输和贮存。

本部分由中国电器工业协会提出。

本部分由全国绝缘材料标准化技术委员会(SAC/TC 51)归口。

本部分主要起草单位：扎兰屯同德木业有限责任公司、阿里河林业局层压板厂、沈阳瑞丰电力设备有限公司、黑龙江省苇河林业局电工层压木厂、桂林电器科学研究所。

本部分起草人：郑希清、宋春恩、罗林生、吉臣、杨焕金、孙志伟、李树军、李学敏。

本部分为首次发布。

电气用非浸渍致密层压木
第3部分：单项材料规范
由桦木薄片制成的板材

1 范围

GB/T 20634的本部分规定了由桦木薄片制成的电气用非浸渍致密层压木板材的要求、试验方法、包装、标志、运输和贮存。

本部分适用于由桦木薄片制成的电气用非浸渍致密层压木的板材。

2 规范性引用文件

下列文件中的条款通过GB/T 20634的本部分的引用而成为本部分的条款。凡是注日期的引用文件，其随后所有的修改单(不包括勘误的内容)或修订版均不适用于本部分，然而，鼓励根据本部分达成协议的各方研究是否可使用这些文件的最新版本。凡是不注日期的引用文件，其最新版本适用于本部分。

GB/T 20634.1—2006 电气用非浸渍致密层压木 第1部分：定义、名称和一般要求(IEC 61061-1：1998，IDT)

GB/T 20634.2—2008 电气用非浸渍致密层压木 第2部分：试验方法(IEC 61061-2：2001，MOD)

3 要求

3.1 标称厚度及其允许偏差

对未经机械加工板材的标称厚度及其允许偏差要求见表1。

表1 对未经机械加工板材的厚度及其允许偏差

单位为毫米

标称厚度	允许偏差
≤10	±1.4
>10～≤15	±1.6
>15～≤20	±1.8
>20～≤25	±2.0
>25～≤30	±2.2
>30～≤40	±2.6
>40～≤60	±3.0
>60～≤100	±4.0
>100～≤150	±4.0

对经机械加工后板材标称厚度的允许偏差为±0.5 mm。

3.2 标称长度和宽度及其允许偏差

对板材的标称长度和宽度及其允许偏差见表2。

表 2 板材的标称长度和宽度及允许偏差

单位为毫米

长度和宽度	允许偏差
>100～≤250	±0.8
>250～≤500	±1.0
>500～≤1 000	±2.0
>1 000～≤2 000	±3.0
>2 000	±4.0

3.3 平直度

对板材平直度要求见表 3。

表 3 板材的平直度

单位为毫米

标称厚度	板材上表面任何一点偏离直尺最大间距	
	500 直尺	1 000 直尺
≤15	2.0	4.0
>15～≤25	1.5	3.0
>25～≤60	1.0	2.0
>60	1.0	1.0

3.4 性能要求

性能要求见表 4。

表 4 性能要求

性能		单位	要求			
			型号			
			C1B	C2B	C3B	C4B
垂直层向弯曲强度	A 向	MPa	≥45	≥55	≥65	≥80
	B 向		≥45	≥55	≥65	≥80
垂直层向弯曲弹性模量	A 向	GPa	≥4.5	≥6	≥8	≥9
	B 向		≥4.5	≥6	≥8	≥9
可压缩性（20 MPa 下）	C	%	≤5	≤4	≤3	≤2.5
	C_{rev}		≥70	≥70	≥70	≥70
冲击强度（侧向试验）	A 向	kJ/m^2	≥6	≥10	≥13	≥15
	B 向		≥6	≥10	≥13	≥15
层间剪切强度		MPa	≥5	≥7	≥8	≥9
垂直层向电气强度（90±2）℃油中		kV/mm	≥9	≥10	≥11	≥12
平行层向击穿电压（90±2）℃油中		kV	≥50	≥50	≥50	≥50
对液体电介质的污染（$\Delta\tan\delta$）		—	≤0.1	≤0.1	≤0.1	≤0.1

表 4（续）

性能		单位	要求			
			型号			
			C1B	C2B	C3B	C4B
表观密度		g/cm³	0.7～0.9	>0.9～1.1	>1.1～1.2	>1.2～1.3
含水量		%	≤6	≤6	≤6	≤6
干燥后收缩率	A 向	%	≤0.3	≤0.3	≤0.3	≤0.3
	B 向		≤0.3	≤0.3	≤0.3	≤0.3
	厚度		≤3	≤3	≤3	≤3
吸油性		%	≥20	≥15	≥8	≥5

4 试验方法

4.1 外观及可加工性检查

按 GB/T 20634.1—2006 的规定进行外观检查和可加工性检验。

4.2 标称厚度及其允许偏差

按 GB/T 20634.2—2008 中 5.1 的规定进行。

4.3 标称长度和宽度及其允许偏差

用分度为 0.5 mm 的卷尺或钢直尺测量。

4.4 平直度

按 GB/T 20634.2—2008 中 5.2 的规定进行。

4.5 垂直层向弯曲强度

按 GB/T 20634.2—2008 中 6.1 的规定进行。

4.6 垂直层向弯曲弹性模量

按 GB/T 20634.2—2008 中 6.2 的规定进行。

4.7 可压缩性

按 GB/T 20634.2—2008 中 6.3 的规定进行。

4.8 冲击强度

按 GB/T 20634.2—2008 中 6.4 的规定进行。

4.9 层间剪切强度

按 GB/T 20634.2—2008 中 6.5 的规定进行。

4.10 垂直层向电气强度

按 GB/T 20634.2—2008 中 7.1.2 的规定进行。

4.11 平行层向击穿电压

按 GB/T 20634.2—2008 中 7.1.3 的规定进行。

4.12 对液体电介质污染（$\Delta\tan\delta$）

按 GB/T 20634.2—2008 中 7.2 的规定进行。

4.13 表观密度

按 GB/T 20634.2—2008 中 8.1 的规定进行。

4.14 含水量

按 GB/T 20634.2—2008 中 8.2 的规定进行。

4.15 干燥后收缩率

按 GB/T 20634.2—2008 中 8.3 的规定进行。

4.16 吸油率

按 GB/T 20634.2—2008 中 8.4 的规定进行。

5 包装、标志、运输和贮存

按 GB/T 20634.1—2006 的规定执行。

ICS 29.035.99
K 15

中华人民共和国国家标准

GB/T 20634.4—2008

电气用非浸渍致密层压木 第4部分：单项材料规范 由桦木薄片制成的环材

Non-impregnated densified laminated wood for electrical purposes—Part 4: Specifications for individual materials—Rings produced from birch veneer

(IEC 61061-3-2:2001, Non-impregnated densified laminated wood for electrical purposes—Part 3: Specifications for individual materials—Sheet 2: Rings produced from beech veneer, MOD)

2008-12-30 发布 2010-01-01 实施

中华人民共和国国家质量监督检验检疫总局
中国国家标准化管理委员会 发布

前　言

GB/T 20634《电气用非浸渍致密层压木》包含下列几个部分：

——第1部分：定义、名称和一般要求；

——第2部分：试验方法；

——第3部分：单项材料规范　由桦木薄片制成的板材；

——第4部分：单项材料规范　由桦木薄片制成的环材。

本部分为GB/T 20634的第4部分。

本部分为修改采用IEC 61061-3-2:2001《电气用非浸渍致密层压木　第3部分：单项材料规范　由山毛榉薄片制成的环材》(第1版，英文版)，修改原因是受我国林木资源品种限制，我国是以桦木为主生产层压木制品。

本部分与IEC 61061-3-2:2001主要技术差异如下：

——将T2R和T4R型号改为T2B和T4B；

——增补了＞100 mm～≤150 mm厚度规格的环材及其允许偏差的要求；

——将经机械加工板材的标称厚度允许偏差提高至0.5 mm；

——将含水量由8%提高至6%；

——对文本进行编辑性修改，如将试验方法单列为一章，并增加了包装、标志、运输和贮存要求。

本部分由中国电器工业协会提出。

本部分由全国绝缘材料标准化技术委员会(SAC/TC 51)归口。

本部分主要起草单位：沈阳瑞丰电力设备有限公司、黑龙江省苇河林业局电工层压木厂、扎兰屯同德木业有限责任公司、阿里河林业局层压板厂、桂林电器科学研究所。

本部分起草人：杨焕金、孙志伟、李树军、宋春恩、郑希清、罗林生、吉臣、李学敏。

本部分为首次发布。

电气用非浸渍致密层压木
第4部分：单项材料规范
由桦木薄片制成的环材

1 范围

GB/T 20634的本部分规定了由桦木薄片制成的电气用非浸渍致密层压木环材的技术要求、检验方法、包装、标志、运输和贮存。

本部分适用于由桦木薄片制成的电气用非浸渍致密层压木环材。

2 规范性引用文件

下列文件中的条款通过GB/T 20634的本部分的引用而成为本部分的条款。凡是注日期的引用文件，其随后所有的修改单（不包括勘误的内容）或修订版均不适用于本部分，然而，鼓励根据本部分达成协议的各方研究是否可使用这些文件的最新版本。凡是不注日期的引用文件，其最新版本适用于本部分。

GB/T 20634.1—2006 电气用非浸渍致密层压木 第1部分：定义、名称和一般要求(IEC 61061-1:1998,IDT)

GB/T 20634.2—2008 电气用非浸渍致密层压木 第2部分：试验方法(IEC 61061-2:2001,MOD)

3 要求

3.1 标称厚度及其允许偏差

对标称厚度及其允许偏差要求见表1。

表1 未经机械加工环材的标称厚度及其允许偏差 单位为毫米

标称厚度	允许偏差
≤10	±1.4
>10～≤15	±1.6
>15～≤20	±1.8
>20～≤25	±2.0
>25～≤30	±2.2
>30～≤40	±2.6
>40～≤60	±3.0
>60～≤100	±4.0
>100～≤150	±4.0

对机械加工后环材标称厚度的允许偏差为±0.5 mm。

3.2 直径

对标称直径及其允许偏差的要求见表2。

表 2　标称直径及其允许偏差

单位为毫米

标称直径	允许偏差
>250～≤500	±1.0
>500～≤1 000	±2.0
>1 000～≤2 000	±3.0
>2 000	±4.0

3.3　平直度

对环材平直度要求见表 3。

表 3　环材平直度要求

单位为毫米

标称厚度	环材上表面任何一点偏离直尺的最大间距	
	500 直尺	1 000 直尺
≤15	2.5	6
>15～≤25	2.0	4
>25～≤60	1.5	2
>60	1.0	1.5

3.4　性能要求

性能要求见表 4。

表 4　性能要求

性　能		单　位	要　　求	
			型　　号	
			T2B	T4B
垂直层向弯曲强度	直径>1 000 mm	MPa	≥100	≥140
	直径≤1 000 mm		≥90	≥125
垂直层向弯曲弹性模量		GPa	≥10	≥13
可压缩性(20 MPa 下)	C	%	≤5	≤3
	C_{rev}		≥70	≥70
冲击强度(侧向试验)		kJ/m^2	≥25	≥35
层间剪切强度		MPa	≥7	≥9
垂直层向电气强度(90 ℃±2 ℃)油中		kV/mm	≥10	≥10
平行层向击穿电压(90 ℃±2 ℃)油中		kV	≥50	≥50
对液体电介质污染(Δtanδ)		—	≤0.1	≤0.1
表观密度		g/cm^3	1.0±0.1	1.25±0.05
含水量		%	≤6	≤6
干燥后收缩率	周长	%	≤0.5	≤0.5
	厚度		≤3	≤3
吸油性		%	≥15	≥5

4 试验方法

4.1 外观及可加工性检查

按 GB/T 20634.1—2006 的规定进行外观检查和可加工性检验。

4.2 标称厚度及其允许偏差

按 GB/T 20634.2—2008 中 5.1 的规定进行。

4.3 标称直径及其允许偏差

用分度为 0.5 mm 卷尺或钢直尺沿相互垂直的方向测量两次，取其平均值作为试验结果。

4.4 平直度

按 GB/T 20634.2—2008 中 5.2 的规定进行。

4.5 垂直层向弯曲强度

按 GB/T 20634.2—2008 中 6.1 的规定进行，其中取样方向是沿环材的圆周切线方向切取加工试样。

4.6 垂直层向弯曲弹性模量

按 GB/T 20634.2—2008 中 6.2 的规定进行，取样方向同 4.5。

4.7 可压缩性

按 GB/T 20634.2—2008 中 6.3 的规定进行。

4.8 冲击强度

按 GB/T 20634.2—2008 中 6.4 的规定进行侧向试验，取样方法同 4.5。

4.9 层向剪切强度

按 GB/T 20634.2—2008 中 6.5 的规定进行。

4.10 垂直层向电气强度

按 GB/T 20634.2—2008 中 7.1.2 的规定进行。

4.11 平行层向击穿电压

按 GB/T 20634.2—2008 中 7.1.3 的规定进行。

4.12 对液体电介质污染（$\Delta\tan\delta$）

按 GB/T 20634.2—2008 中 7.2 的规定进行。

4.13 表观密度

按 GB/T 20634.2—2008 中 8.1 的规定进行。

4.14 含水量

按 GB/T 20634.2—2008 中 8.2 的规定进行。

4.15 干燥后收缩率

按 GB/T 20634.2—2008 中 8.3 的规定进行。

4.16 吸油率

按 GB/T 20634.2—2008 中 8.4 的规定进行。

5 包装、标志、运输和贮存

按 GB/T 20634.1—2006 规定执行。

ICS 19.040
K 04

中华人民共和国国家标准

GB/T 20643.2—2008

特殊环境条件　环境试验方法
第2部分：人工模拟试验方法及导则
电工电子产品（含通信产品）

Specific environment condition—Environmental test methods—
Part 2: Artificial environment test method and guidance—Electric and electronic products (including communication products)

2008-04-24 发布　　2008-12-01 实施

中华人民共和国国家质量监督检验检疫总局
中国国家标准化管理委员会　发布

前　言

GB/T 20643 特殊环境条件　环境试验方法系列标准由若干部分组成：

——GB/T 20643.1　特殊环境条件　环境试验方法　第 1 部分：总则

——GB/T 20643.2　特殊环境条件　环境试验方法　第 2 部分：人工模拟试验方法及导则　电工电子产品(含通信产品)

——GB/T 20643.3　特殊环境条件　环境试验方法　第 3 部分：人工模拟试验方法及导则　高分子材料

……。

本部分为 GB/T 20643 的第 2 部分。

本部分应与第 1 部分总则一起使用。

本部分内容等效引用了一般环境系列基础国家标准的环境条件、试验方法、严酷等级，突出了西部高原、干热、干热沙漠地区的特殊环境条件，重点在低气压、低温、高辐射、干热、风沙、静电等方面对电工电子通信产品提出试验项目和严酷等级，此外在附录中还指出了西部环境对产品的主要影响，供有关人员参考。

本部分的附录 A 是资料性附录。

本部分由中国电器工业协会提出并负责归口。

本部分由广州电器科学研究院、机械工业北京电工技术经济研究所负责起草。

本部分主要起草人：陆颂梅、刘奎方、方晓燕。

本部分委托广州电器科学研究院负责解释。

特殊环境条件　环境试验方法 第 2 部分:人工模拟试验方法及导则 电工电子产品(含通信产品)

1　范围

本部分规定了高原、干热、干热沙漠环境条件下电工电子产品(含通信产品)人工模拟试验方法及导则。

本部分适用于考核在海拔 5 000 m 及以下高原、干热、干热沙漠环境条件下使用的电工电子类产品,包含通信类产品的环境适应能力。

本部分中的“特殊环境条件”指我国西部高原、干热、干热沙漠地区的环境条件。

2　规范性引用文件

下列文件中的条款通过 GB/T 20643.2 的本部分的引用而成为本部分的条款。凡是注日期的引用文件,其随后所有的修改单(不包括勘误的内容)或修订版均不适用于本部分,然而,鼓励根据本部分达成协议的各方研究是否可使用这些文件的最新版本。凡是不注日期的引用文件,其最新版本适用于本部分。

GB/T 2423.1　电工电子产品环境试验　第 2 部分:试验方法　试验 A:低温(GB/T 2423.1—2001,idt IEC 60068-2-1:1990)

GB/T 2423.2　电工电子产品环境试验　第 2 部分:试验方法　试验 B:高温(GB/T 2423.2—2001,idt IEC 60068-2-2:1974)

GB/T 2423.4　电工电子产品基本环境试验规程　试验 Db:交变湿热试验方法(GB/T 2423.4—1993,IEC 68-2-30:1980 第二版及 85 年修正件,MOD)

GB/T 2423.10　电工电子产品环境试验　第 2 部分:试验方法　试验 Fc 和导则:振动(正弦)(GB/T 2423.10—1995,idt IEC 68-2-6:1982)

GB/T 2423.17　电工电子产品基本环境试验规程　试验 Ka:盐雾试验方法(GB/T 2423.17—1993,IEC 68-2-11:1981 第三版,MOD)

GB/T 2423.21　电工电子产品基本环境试验规程　试验 M:低气压试验方法(GB/T 2423.21—1991,neq IEC 68-2-13:1983)

GB/T 2423.22　电工电子产品环境试验　第 2 部分:试验方法　试验 N:温度变化试验方法(GB/T 2423.22—2002,idt IEC 60068-2-14:1984)

GB/T 2423.24　电工电子产品环境试验　第 2 部分:试验方法　试验 Sa:模拟地面上的太阳辐射(GB/T 2423.24—1995,idt IEC 68-2-5:75)

GB/T 2423.25　电工电子产品基本环境试验规程　试验 Z/AM:低温/低气压综合试验(GB/T 2423.25—1992,neq IEC 68-2-40:1976)

GB/T 2423.37　电工电子产品基本环境试验规程　试验 L:砂尘试验方法(GB 2423.37—1989,neq DTN 40046:1978)

GB/T 17626.2　电磁兼容　试验和测量技术　静电放电抗扰度试验(GB/T 17626.2—1998,idt IEC 61000-4-2:1955)

GB/T 19608.1　特殊环境条件分级　第 1 部分:干热

GB/T 19608.2　特殊环境条件分级　第2部分：干热沙漠

GB/T 19608.3　特殊环境条件分级　第3部分：高原

GB/T 20643.3　特殊环境条件　环境试验方法　第3部分：人工模拟试验方法及导则　高分子材料

3　使用环境条件

3.1　高原地区

高原地区极端环境条件见表1。

表1　高原地区极端环境条件

环境参数	无气候防护场所			
	海拔 2 000 m	海拔 3 000 m	海拔 4 000 m	海拔 5 000 m
年最低空气压力/kPa	78.0	68.0	60.0	52.5
最高气温/℃	35	30	25	20
最低气温/℃	−5、−10、−25、−35			
太阳辐射强度/(W/m^2)	1 120	1 120	1 180	1 180
最低空气含氧量/(g/m^3)	234.8	209.6	182.0	159.7
结冰、结霜、冻土	有			
凝露	有			
最大风速/(m/s)	30			
最大沙浓度/(mg/m^3)	1 000			
最大尘浓度(漂浮)/(mg/m^3)	15			
最大尘沉积密度(沉降)/[mg/(m^2·h)]	40			
注：高原环境条件详细内容参见GB/T 19608.3。				

3.2　干热地区

干热地区极端环境条件见表2。

表2　干热地区极端环境条件

环境参数	无气候防护场所
最高气温/℃	45
最低气温/℃	−30
最大日温差/℃	40
最低相对湿度/%	5
太阳辐射强度/(W/m^2)	1 120
地表最高温度/℃	75
凝露	有
最大风速/(m/s)	30
最大沙浓度/(mg/m^3)	1 000
最大尘浓度(漂浮)/(mg/m^3)	15
最大尘沉积密度(沉降)/[mg/(m^2·h)]	40
注：干热地区环境条件详细内容参见GB/T 19608.1。	

3.3 干热沙漠地区

干热沙漠地区极端环境条件见表3。

表3 干热沙漠地区极端环境条件

环境参数	无气候防护场所
最高气温/℃	50
最低气温/℃	−30
最大日温差/℃	40
最低相对湿度/%	5
太阳辐射强度/(W/m^2)	1 120
地表最高沙土温度/℃	80
凝露	有
最大风速/(m/s)	30
最大沙浓度/(mg/m^3)	4 000
最大尘浓度(漂浮)/(mg/m^3)	20
最大尘沉积密度(沉降)/[$mg/(m^2 \cdot h)$]	80
注：干热沙漠环境条件详细内容参见GB/T 19608.2。	

注：高原、干热、干热沙漠特殊环境条件对电工电子产品、通信产品性能的影响可参考附录A。

4 人工模拟环境试验项目

4.1 概述

用于高原、干热、干热沙漠地区的电工电子产品及通信产品应在其基本性能合格后，再根据各类产品受高海拔、干热、干热沙漠环境因素影响的敏感程度及自身条件选取相应的人工模拟试验项目、严酷等级和检验内容。

4.2 人工模拟试验项目、方法及严酷等级

电工电子产品包括通信产品在特殊环境条件下需做的人工模拟试验项目及严酷等级见表4。

表4 特殊环境试验项目表

序号	试验项目	试验方法标准	试验严酷等级	使用环境			检验内容	说明
				高原	干热	沙漠		
1	低气压试验	GB/T 2423.21	气压值：52.5 kPa、60 kPa、68 kPa、78 kPa、87 kPa 持续时间：5 min、30 min、2 h、4 h、16 h	√			外观及电气和机械性能 (包括耐压强度、灭弧能力、防电晕、启动、温升、外观、密封等)	适用于考核受低气压影响的产品在低压条件下的适应性
2	低温试验	GB/T 2423.1	温度：−40℃、−25℃ 持续时间：2 h、16 h、72 h、96 h	√	√	√	外观及电气和机械性能 (包括启动性能、非金属件机械强度、电路的通断能力等)	适用于考核受温度影响的产品在低温条件下的适应性

表 4（续）

序号	试验项目	试验方法标准	试验严酷等级	使用环境			检验内容	说明
				高原	干热	沙漠		
3	低温/低气压综合试验	GB/T 2423.25	温度：−40℃、−25℃、−10℃ 气压值：52.5 kPa、60 kPa、68 kPa 持续时间：2 h、16 h、72 h、96 h	√			外观及电气和机械性能 （包括低气压、低温试验所含各项内容）	适用于当产品进行单一环境试验不能揭示综合环境影响时使用
4	高温试验	GB/T 2423.2	温度：85℃、70℃、55℃、40℃ 持续时间：2 h、16 h、72 h、96 h		√	√	外观及电气和机械性能 （包括绝缘、老化、温升等）	适用于考核产品在高温环境条件下的适应性
5	温度变化试验	GB/T 2423.22	低温：−40℃、−25℃、−10℃、−5℃ 高温：85℃、70℃、55℃、40℃、30℃ 持续时间：0.5 h～3 h 转换时间：2 min～3 min 循环次数：5 个周期	√	√	√	外观及电气和机械性能 （包括机械强度、开裂、绝缘、电性能等）	适用于考核产品经受环境温度迅速变化的能力
6	湿热试验	GB/T 2423.4	温度：40℃ 试验周期：2 d、6 d、12 d、21 d	√	√	√	绝缘强度和电气性能	适用于考核因温差变化而产生凝露现象的产品
7	振动(正弦)试验	GB/T 2423.10	从相关标准选定	√	√	√	外观及电气和机械性能	适用于考核产品在实际使用和运输安装过程中或安装在运输工具上使用时承受振动的能力
8	太阳辐射试验	GB/T 2423.24	辐射强度： 1 120 W/m^2 试验时间： 方法 A、B 或 C 试验周期： 3 d、10 d、56 d	√	√	√	外观及电气和机械性能 （包括绝缘、老化、变形、温升等）	确定太阳辐射对产品的影响
9	砂尘试验	GB/T 2423.37	外壳防尘：La 自由降尘：Lb 吹砂尘：Lc	√	√	√	外观及电气和机械性能	适用于在砂尘环境中使用的产品

表 4（续）

序号	试验项目	试验方法标准	试验严酷等级	使用环境			检验内容	说明
				高原	干热	沙漠		
10	抗静电试验	GB/T 17626.2	接触放电：2 kV、4 kV、6 kV、8 kV 空气放电：2 kV、4 kV、8 kV、15 kV 试验次数：正负各10次		√	√	检验产品是否能正常工作或能及时恢复正常工作	适用于考核产品因气候干燥遭受静电干扰时的抵抗能力
11	盐雾试验	GB/T 2423.17	氯化钠浓度：5%±0.1% pH值：6.5～7.2 温度：35℃±2℃ 试验周期：24 h、48 h、96 h	√			外观、绝缘、腐蚀	适用于考核产品抗盐雾腐蚀的能力
注：“√”表示干热沙漠和高原需要做的试验项目。								

4.3 试验严酷等级的推荐选用

4.3.1 表 4 列出的试验项目、严酷等级、可由生产厂和用户协商确定选用。

4.3.2 低气压试验应以所在海拔高度来选择气压参数。推荐以 3 000 m 和 5 000 m 海拔高度年最低气压值 68 kPa 和 52.5 kPa 作为两个等级，持续时间 2 h 或 4 h。

4.3.3 低温试验温度应与产品实际使用环境条件的下限温度相一致或更严酷。推荐选择－25℃或－40℃，有动力系统的产品主要考核其能否正常启动运行，持续时间可选 2 h；电子产品及非金属件等需要较长时间考核其对低温的适应性，试验持续时间建议选 4 h 或 16 h。

4.3.4 低温低气压试验适用于在产品进行单一环境试验不能揭示综合环境影响时使用，严酷等级的使用原则，应考虑我国的实际情况，气温除了与海拔高度有关，还与纬度有关，表 4 列出了气压和温度的等级，产品可根据实际使用地区搭配。

4.3.5 高温试验温度除考虑产品实际使用环境温度的上限温度外，必要时还应考虑地表的传导温度和太阳辐射温度等附加温度。推荐选择 50℃或 80℃，持续时间根据产品大小及热传导性能，以达到温度平衡为准，推荐 4 h 或 16 h。

4.3.6 温度变化试验主要针对无气候防护场所下的产品，可根据实际使用环境优先选择表 4 所推荐的高低温试验温度，持续时间 2 h，转换时间 3 min，试验周期 5 个循环。

4.3.7 湿热试验仅针对因温差变化会产生凝露现象的产品，只做交变湿热试验，推荐严酷等级高温 40℃，持续时间 2 d 或 6 d。

4.3.8 太阳辐射试验如整机试验条件不能达到时，推荐考虑对其部件或材料进行试验，试验方法可参照 GB/T 20643.3 中 4.2 表 1 的氙灯试验或荧光紫外灯试验。

4.3.9 砂尘试验，可根据不同的使用场合从外壳防尘、自由尘降和吹砂尘三种试验方法中选用。

4.3.10 抗静电试验应根据产品的技术要求选择放电电压强度。推荐选用接触放电 4 kV 或空气放电 8 kV，正、负各 10 次；对于在相对湿度低于 10% 的环境下使用的产品，试验电压可增加到接触放电 8 kV 或空气放电 15 kV。试验主要针对仪器和电子元器件。

4.3.11 盐雾试验仅在高原盐湖地区考虑。试验持续时间推荐 48 h 或 96 h。

5 试验设备

——低压试验箱；
——低温试验箱；
——低温低压试验箱；
——高温试验箱；
——高低温试验箱；
——湿热试验箱；
——振动台；
——氙灯老化箱；
——荧光紫外灯试验箱；
——砂尘试验箱；
——静电发生器；
——盐雾试验箱。

附 录 A
（资料性附录）
特殊环境条件对电工电子产品包括通信产品性能的主要影响

A.1 低气压

A.1.1 随着海拔的升高气压降低，空气密度减少，使以空气作为绝缘介质的电气产品绝缘强度降低、高压设备的电晕起始电压降低、电器产品的局部放电起始电压降低。

A.1.2 随着气压的降低，空气密度的减少，使以自然对流、强迫通风或空气散热为主要散热方式的产品散热能力下降，温升增高。（但由于随着海拔的增高气温随着降低，这一现象有时可忽略）

A.1.3 海拔升高，空气密度降低，以空气为灭弧介质的开关电气产品触点灭弧能力降低，通断能力和电寿命受到一定的影响。

A.1.4 随着海拔的升高，气压降低，使有密封容器的产品腔体内外压力差增大，容易引起气体或液体从密封容器的结合处向外泄露，甚至可能引起容器破裂。

A.1.5 气压降低，会使某些材料中含有的填料和溶剂物质加速挥发。

A.1.6 低气压低氧还会影响动力点火系统的启动。

A.2 高低温和大温差

A.2.1 低温会使产品尤其是塑料和橡胶制品变硬、变脆、开裂、变形，从而造成电路开路。

A.2.2 低温还会使油等液体冻结影响动力系统的启动性能。

A.2.3 高温对产品的耐热、绝缘、老化都有很大的影响，尤其是运行中发热的产品在高温环境下散热困难，温升提高，更易造成绝缘损坏或加速老化。

A.2.4 温差变化大，易引起产品变形、开裂、电路开路。大温差还容易形成凝露，影响产品的绝缘，尤其是使有箱体封闭的产品因产生凝露而积水受潮，造成绝缘短路。

A.3 干燥

干燥气候特别有助于静电电荷的产生，静电荷的积累以及随后的放电会对电子线路或通信系统产生严重干扰，使其误动作或失灵，严重的会被静电打坏，计算机存贮系统、积成块等微电子电路中这种现象尤其严重。

A.4 太阳辐射

高原和干热沙漠地区太阳辐射非常强烈，高原因空气稀薄太阳直接照射，紫外线绝对通过量是平原地区 2.3 倍以上；沙漠地区雨水少太阳日照长。太阳光会提高产品的温升、加速产品的绝缘老化，缩短使用寿命和可靠性。

A.5 沙尘

高原、沙漠地区的大沙尘往往会使电气触点接触不良、线路被灰尘腐蚀、管道堵塞、运转的机械磨损、冷却或润滑油污染、另外大风沙还会使设备外壳抛光磨损。

A.6　运输

高原沙漠地区的运输条件恶劣、主要是振动、颠簸、高低温度极端严酷，易使产品在运输过程中损坏。

A.7　振动

沙漠地区土质疏松，会因振动使仪器设备损坏。